Oldenbourgs

Technische Handbibliothek

Band XIV:

Das Trocknen und die Trockner

von

Otto Marr

München und Berlin 1914
Druck und Verlag von R. Oldenbourg

Das Trocknen und die Trockner

Anleitungen zu Entwurf, Beschaffung und Betrieb

von Trocknereien für alle Zweige der mechanischen und chemischen Industrie, für gewerbliche und für landwirtschaftliche Unternehmungen

Von

Ingenieur Otto Marr

Zweite Auflage

Mit 262 Textabbildungen

München und Berlin 1914
Druck und Verlag von R. Oldenbourg

Vorwort zur II. Auflage.

Beim Herantreten an die Neuausgabe des vorliegenden Buches traten nach und nach allerlei Schwächen und Unvollkommenheiten der ersten Auflage zutage; außerdem war die Zeit nicht spurlos an der Trockenindustrie vorübergegangen, sondern hatte manche Verbesserungen gebracht, und endlich hatte sich mehr und mehr die große Bedeutung herausgestellt, welche den wechselnden Zuständen der Trockenluft bei Änderung ihres Wassergehalts durch Anwendung von Wärme beizumessen ist. —

Legt man einen normalen Barometerstand zugrunde, so ist ein jeder dieser Zustände bedingt durch Temperatur, Wärmewert und Wassergehalt der Luft, indem diese Faktoren in einem genau zueinander festgelegten Verhältnis stehen, dessen Kenntnis die Tabelle IX im wesentlichen vermittelt. Sie ermöglicht auf eine im Grunde sehr einfache Weise die Klarstellung der schwierigsten, ohne ihre Mithilfe kaum lösbaren Fragen der Trocken-Industrie, wie an vielen Beispielen der verschiedensten Art gezeigt wurde, doch hat sie sich selbst eine Abänderung gefallen lassen müssen, indem in der I. Auflage leider die für die Überhitzung des Dampfanteils bei nur teilweiser Sättigung aufzuwendende Wärme außer acht gelassen war.

Wenn sich der Verfasser nun auch bemüht hat, seinen Lesern das Verständnis für die Benutzung dieser Tabelle tunlichst zu erleichtern, so kann denselben doch nicht genug empfohlen werden, sich selbst einmal eine geeignete Aufgabe zu stellen und bei deren Lösung immer im Auge zu behalten, daß sich bei gleichbleibender Pressung jede, ohne Zu- oder Abführung von Wärme herbeigeführte Zustandsänderung von Luftgemischen nur auf deren Temperatur und Feuchtigkeitsgehalt erstrecken kann, und zwar so, daß eins immer durch das andere mitbestimmt ist. — Die auf eine solche Arbeit verwendete Mühe wird sich reichlich lohnen, denn sie schafft nicht bloß einen Einblick in die sich beim Trocknen abspielenden Vorgänge, sondern auch in solche, welche für die Lüftung, die Entnebelung und Befeuchtung von Räumen aller Art von Wichtigkeit sind. —

Neben dem Ausbau, den der sich hierauf beziehende Teil der neuen Auflage erfahren hat, wurden die Ergebnisse vieler neueren Forschungen und Versuche gebührend berücksichtigt, sowie manche frühere Lücke ausgefüllt, so daß aus dem ursprünglich nur beabsichtigten Erweiterungsbau fast ein neues Werk entstand. —

Möge dasselbe vor allem dem deutschen Vaterlande denjenigen Nutzen bringen, der daraus zu ziehen ist.

Leipzig, im Juni 1914.

Otto Marr.

Inhaltsverzeichnis.

I. TEIL.

Die Theorie des Trocknens.

I. Abschnitt. Die Wärme.

II. Abschnitt. Erzeugung der Wärme.

III. Abschnitt. **Wärmeübertragung und Fortleitung.**

IV. Abschnitt. **Das Trockengut.**

V. Abschnitt. **Die verschiedenen Trockenverfahren.**

II. TEIL.

Die Ausführung der Trockner.

*

I. Teil.

Die Theorie des Trocknens.

I. Abschnitt.

Die Wärme.

Einleitung.

Die Gewichtsverringerung einer Substanz durch Herabmindern ihres Gehalts an Wasser sei von uns als „Trocknen" bezeichnet.

Der Sprachgebrauch kennt zwar auch andere Arten, welche diesem Begriff nicht entsprechen, wie z. B. wahrscheinlich beim Pauspapier der so benannte Vorgang hauptsächlich in einer Erhärtung der bei der Herstellung verwendeten Fette durch den Sauerstoff der Luft besteht.

Ebenso mögen beim Trocknen von Lacken und Firnissen zum Teil die gleichen Ursachen wirken, zum andern Teil die Verflüchtigung der ihnen beigemengten ätherischen Öle oder leicht verdampfender Alkohole, um die gewünschte Erhärtung zu erzielen, auf die es auch hier wieder ankommt.

Nach einem von Artur Junghans, Schramberg i. Württ. erfundenen, in den Patentschriften 148 665 und 162 696 beschriebenen Verfahren soll sich für diesen Zweck auch die Bestrahlung durch starke Lichtquellen bestens bewähren. So erhärtete Lack, welcher einem elektrischen Lichtbade ausgesetzt wurde, in 1—1½ Stunden, wobei die Temperatur nur 26—28° C betrug[1]).

[1]) Als erforderlich bei diesem Verfahren hat sich herausgestellt, jeden zu behandelnden Körper vorher einer Untersuchung daraufhin zu unterziehen, welchen der verschiedenfarbigen Strahlen des weißen Lichts er ausgesetzt werden darf und die übrigen abzublenden; so schmolz Zucker bei alleiniger Einwirkung von roten Strahlen, blaue dagegen sollen vielfach recht gute Ergebnisse geliefert haben.

Auch für die Trocknung von Holz genügt es keineswegs immer, ihm seinen Feuchtigkeitsgehalt zu nehmen, denn es handelt sich bei ihr ebenso sehr, oft sogar noch mehr, um Lösung und Auswaschung der schädlichen Salze etc. des Saftes, wenn jedes spätere Reißen, Werfen oder Quellen völlig ausgeschlossen sein soll.

Häufig besteht die Feuchtigkeit eines Stoffes aus Flüssigkeiten, wie Alkohol, Äther, Benzol, welche sich leichter, jedoch auf gleiche Art wie Wasser, entfernen lassen, so daß die hierfür gültigen Gesetze nach Einsetzung entsprechend anderer Zahlenwerte[1]) auch auf jene übernommen werden können. Doch ist die Umrechnung oft ziemlich umständlich und von geringem Allgemeininteresse, weshalb wir uns auf Untersuchung der Bedingungen für Austreibung des Wassers beschränken werden.

Hierfür steht (ebenso wie bei den anderen Flüssigkeiten) dasselbe Hauptmittel zur Verfügung: Überführung in dampfförmigen Zustand durch die Wärme.

Als weiteres Mittel besitzen wir den elektrischen Strom, und zwar nicht in Licht umgesetzt, wie vorhin, oder in Wärme. sondern als Elektro-Osmose, auf deren Anwendung für Trokkenzwecke Graf Botho Schwerin auf Wildenhoff i. Ostpr. zuerst hinwies. Die Wirkung desselben beruht darauf, daß ein elektrischer Strom die Bewegung von Flüssigkeiten derartig beeinflußt, daß dieselben vom positiven nach dem negativen Pol wandern. Bringt man daher lockere Stoffe mit hohem Feuchtigkeitsgehalt in dauernde Verbindung mit beiden Elektroden, so diffundiert das Wasser von Stoffteilchen zu Stoffteilchen bis zum Minuspol, der deshalb am besten unten angeordnet wird, um es dort abtropfen lassen oder absaugen zu können. Das Verfahren soll später von den Farbwerken vorm. Meister Lucius & Brüning in Höchst a. Main durch Erwärmung des negativen Pols in seiner Leistungsfähigkeit sehr erhöht worden sein, wie aus einer der Patentschrift Nr. 179 985 entnommenen Zusammenstellung über die bei der

---

[1]) Landolt-Börnstein-Meyerhoffer, Physik.-Chemische Tabellen. 1905. Berlin, J. Springer.

Trocknung von Torf erzielten Ergebnisse hervorgeht. Nach derselben wurde unter sonst gleichen Umständen und bei annähernd gleichem Kraftverbrauch Torf von 90 auf 35 und weniger Prozente Wasser gebracht:

bei einer Temperatur von	in einer Zeit von
8°	65 Minuten
29°	50 „
58°	30 „

Ob es sich hierbei nur um einen Laboratoriumsversuch handelt und wie weit sich die Sache in der Praxis bewährt hat, war nicht zu erfahren.

Immer aber lassen sich den Stoffen die letzten Wasserreste nur nach Überführung in dampfförmigen Zustand durch Wärme entziehen, da alle mechanischen Kräfte, wie Auspressen, Absaugen, Ausschleudern (Osmose ?), zwar bis zu einer gewissen Grenze wirken, jedoch versagen, sobald die Feuchtigkeit der Ware auf ein von ihrer Natur abhängiges Maß herabgemindert ist, welches oft noch 50 und mehr Prozente des Totalgewichts beträgt; trotzdem ist die mechanische Austreibung als Vorbereitung unersetzlich, da es in vielen Fällen nur mit ihrer Hilfe möglich ist, einen ursprünglich sehr hohen Feuchtigkeitsgehalt schnell und billig so weit zu verringern, daß an die völlige Trocknung durch Wärme gedacht werden kann.

Denn diese kostet Geld und nochmals Geld und abermals Geld, sowohl bei Gegenständen, welche rasch ihre Feuchtigkeit abgeben, wovon sie dann meistens viel besitzen, als auch bei solchen, welche mit nur geringem Wassergehalt 5, 6 und mehr Tage in erwärmten Räumen liegen müssen, um trocken zu werden.

Jeder Stoff stellt andere Anforderungen, und nur in dem einen Punkt gleichen alle einander: sie brauchen sämtlich Wärme, unmittelbare wie auch in Arbeit umgesetzte, und ist der Bedarf darin in erster Linie ausschlaggebend für die Rentabilität eines Trockenprozesses.

Was ist denn aber „Wärme" ?

Die von Weyrauch in Luegers Lexikon gegebene Erklärung: sie sei eine Ursache von mechanischer Arbeit, kann hier nicht befriedigen; anderseits ist es schwer oder untunlich, den Begriff „Wärme" klar in wenige Worte zu fassen, da er nichts Körperliches bezeichnet, sondern nur einen Zustand, in welchem sich ein Körper befindet, und der von ihm ohne weiteres oder in anderer Form auf andere Körper übertragen werden kann.

Am einfachsten gestaltet sich die Erkenntnis vom Wesen der Wärme durch die Prüfung der von ihr hervorgebrachten Wirkungen, welcher Weg deshalb auch hier eingeschlagen und so weit verfolgt werden soll, als für unsere Zwecke notwendig ist.

Wärmeeinheit.

Als Maß gilt allgemein die Kalorie oder Wärmeeinheit abgekürzt geschrieben: WE; sie ist gleich derjenigen Wärmemenge, welche benötigt wird, um die Temperatur von 1 kg Wasser um 1° C zu erhöhen[1]). Die Begriffe Wärme und Temperatur sind demnach streng auseinanderzuhalten, indem die letztere nur eins der Hilfsmittel zur Bestimmung der ersten ist. Die Temperatur wird in allen technischen Werken gemessen nach Celsiusgraden (° C), abweichend von den im gewöhnlichen Leben gebräuchlichen Graden nach Réaumur, und entsprechen 100° C = 80° R der Siedehitze des Wassers unter atmosphärischem Druck, wogegen der Nullpunkt beider Skalen mit seinem Gefrierpunkt zusammenfällt; alle im weiteren Verlaufe gemachten Temperaturangaben beziehen sich auf Celsiusgrade.

Während 1 kg trockner Luft von 100° und 1 kg Dampf von 100° dieselbe Temperatur haben, ist ihr Wärmegehalt sehr verschieden, wie sofort zutage tritt, wenn man jedes in ein Gefäß mit etwa 20 l Wasser leitet; die Luft wird diese Menge um ca. 1°, der Dampf sie aber um ca. 30° erwärmen, so daß er bei gleicher Temperatur bedeutend mehr Wärme enthalten haben muß als die Luft.

---

[1]) Als normal für hochwissenschaftliche Zwecke gilt vielfach die Temperaturänderung von 14,5 auf 15,5° C, doch weicht der Wärmeverbrauch hierfür so wenig von dem Verbrauch für 1° in andern Höhenlagen ab, daß für die Praxis keine Rücksicht darauf genommen zu werden braucht.

Maße der Temperatur.

Außer in Graden nach Celsius und Réaumur wird die Temperatur auch in Graden nach Fahrenheit gemessen, und zwar insbesondere in den unter englischem Einfluß stehenden Ländern. Der Nullpunkt der Fahrenheitschen Skala liegt 32⁰ tiefer als der der beiden anderen, und ist der Unterschied zwischen Gefrier- und Siedepunkt nicht in 100 oder 80, sondern in 180⁰ geteilt.

Daraus ergeben sich folgende Beziehungen:

⁰C	⁰R	⁰F
—15	—12	+5
0	0	32
20	16	68
45	36	113
65	52	149
100	80	212

Ferner:

$$a^0\,\mathrm{C} = 0{,}8\,a^0\,\mathrm{R} = 1{,}8\,a + 32^0\,\mathrm{F}.$$

$$1{,}25\,a^0\,\mathrm{C} = a^0\,\mathrm{R} = 2{,}25\,a + 32^0\,\mathrm{F}.$$

$$\tfrac{5}{9}\,(a - 32)\,{}^0\mathrm{C} = \tfrac{4}{9}\,(a - 32)\,{}^0\mathrm{R} = a^0\,\mathrm{F}.$$

Hiernach ist eine Umrechnung von einer auf die andere Skala jederzeit leicht.

Ausdehnung durch die Wärme.

Jeder Körper dehnt sich bei der Erwärmung aus und verdrängt dabei seine Umgebung aus der bisherigen Lage; er verrichtet also eine Arbeit, zu welcher er durch die Aufnahme von Wärme befähigt worden ist. Umgekehrt zieht er sich bei der Abkühlung zusammen, wie wir uns auszudrücken pflegen, wogegen genauere Untersuchung lehrt, daß nur die vorhin geleistete Arbeit rückgängig gemacht und der ursprüngliche Zustand wieder hergestellt wurde.

Die Ausdehnung findet bei frei im Raum schwebenden Körpern nach allen Richtungen statt, kann aber auch als bloße Längen- oder Flächenvergrößerung erscheinen, wenn ihr nach anderen Richtungen Grenzen gesetzt sind, wie beispielsweise im Thermometer, oder wenn eine Dimension eines Körpers so groß ist, daß die übrigen dagegen verschwinden. Bei festen Körpern ist meistens nur die Längenausdehnung von Wichtigkeit; die der Fläche ist ungefähr doppelt, die räumliche annähernd dreimal so groß. Abweichungen hiervon bei Flüssigkeiten lassen sich ihrer Geringfügigkeit wegen übergehen. Anders dagegen liegt es bei den Gasen, speziell bei Luft und beim Wasserdampf, und erfordern sie zunächst die Feststellung eines neuen Begriffes, genannt:

Absolute Temperatur.

Durch genaue Versuche wurde ermittelt, daß die räumliche Ausdehnung aller Gase für jeden Grad Temperaturänderung $^1/_{273}$ desjenigen Volumens ausmacht, welches sie bei 0^0 einnehmen. Kühlt man sie demnach von diesem Punkt noch weiter herunter, so müßten sie schließlich bei $\div 273^0$ ganz verschwinden; in Wirklichkeit verflüssigen sie sich jedoch lange vorher und folgen dann anderen Gesetzen; bei $\div 273^0$ wäre der absolute Nullpunkt erreicht, von welchem aus die „absolute" Temperatur, bezeichnet mit T, gerechnet wird; T ist also $= t + 273$, wenn t die Temperatur nach Celsiusgraden angibt.

Gewicht, Spannung und Temperatur der Luft.

Das Gewicht von 1 cbm trockner Luft von 0^0 beträgt bei einem Barometerstande von 760 mm Quecksilbersäule 1,293 kg.

Wird die Temperatur solcher Luft bei gleichbleibendem Druck um 1^0 geändert, so ändert sich ihr Volumen, wie wir soeben sahen, um $^1/_{273}$ des ursprünglichen bei 0^0, und bezeichnet man diesen Wert allgemein mit dem Buchstaben α.

Das Volumen eines Kubikmeters trockener Luft von 0^0 ist bei t^0 daher in Kubikmetern:

$$V_t = 1 + \alpha t \quad \ldots\ldots\ldots \quad (1)$$

Das Gewicht des neuen Volumens bleibt wie bisher 1,293 kg und wiegt mithin 1 cbm von t^0:

$$G_t = \frac{1{,}293}{1 + \alpha t} = 1{,}293 \frac{1}{1 + \alpha t} \quad \ldots\ldots \quad (2)$$

Diese Werte gelten für einen Druck von 760 mm Quecksilbersäule, also für eine Pressung, entsprechend unserem mittleren Barometerstand; die geringeren Druckhöhen bei Gasen pflegt man in mm QS auszudrücken, doch sind für sie auch andere Maßeinheiten zulässig, wie mm Wassersäule, oder kg pro qcm = 1 at, oder neue metrische Atmosphäre; da nun 1 cdm = 1 l Wasser 1 kg wiegt, so übt eine Säule von 10 m = 100 dm auf eine Grundfläche von 0,01 qdm, = 1 qcm ebenfalls einen Druck aus von $0{,}01 \cdot 100 = 1$ kg und entspricht ebenso der Druck von 1 mm Wassersäule dem von $\frac{1}{10 \cdot 1000} = 0{,}0001$ kg auf den Quadratzentimeter bzw. der von 10 m Wassersäule demjenigen einer neuen Atmosphäre.

Eine alte Atmosphäre, 1 Atm. = 760 mm QS, ist = 1,0333 at.

Zur Erleichterung des Umrechnens von einer auf die andere Maßeinheit dient die Vergleichstabelle I.

Wenn in den späteren Formeln nicht ausdrücklich anderes angegeben, ist der Druck von Luft und Gasen immer in mm Quecksilbersäule zu verstehen.

Nach den vereinigten Gay-Lussac- und Mariotteschen Gesetzen ändert sich das Volumen einer gegebenen Gasmenge bei konstanter Temperatur umgekehrt proportional dem Druck, welchem sie ausgesetzt wird; das Produkt aus dem Druck p und dem Volumen V ist konstant.

Das heißt in Buchstaben:

$$V_{760} : V_p = p : 760 \text{ bzw.}$$

$$V_{t760} : V_{tp} = (1 + \alpha t)\, p : (1 + \alpha t)\, 760, \text{ oder}$$

$$V_{tp} = V_{t760}\,(1 + \alpha t)\,\frac{760}{p}.$$

woraus gleichzeitig folgt, nach (2):

$$G_{tp} = 1{,}293 \left(\frac{1}{1 + \alpha t}\right) \frac{p}{760}.$$

Der Ausdruck $\frac{1}{1 + \alpha t}$ läßt sich, wenn oben und unten mit 273 multipliziert, schreiben $\frac{273}{273 + t}$; dies in die letzte

Tabelle I. Vergleichung der spez. Drucke.

	Atmosphäre (alt) Atm.	kg pro qcm	mm Quecksilbersäule	mm Wassersäule	Höhe in m einer Säule aus trock. Luft von 0° u. 760 mm Q. S.	kg pro qm	Pfd. pro Quadr.-Zoll (engl.)	Engl. Zoll Quecksilbersäule	Fuß engl. Wassersäule	Meter Wassersäule	Metrische Atm. at.
1 Atmosphäre (alt) Atm. = . . .	1	1,033	760	10333	7991,46	10333	14,696	29,92	33,9	10,333	1,033
1 kg pro qcm = .	0,9678	1	735,5	10000	7733,93	10000	14,226	28,96	32,8	10	1
1 mm Quecksilbersäule = . . .	0,001316	0,0013596	1	13,596	10,514	13,596	0,0197	0,0394	0,0446	0,013	0,00136
1 mm Wassersäule	0,0000968	0,0001	0,0735	1	0,7734	1	0,0014	0,0029	0,00328	0,001	0,0001
1 m trock. Luftsäule v. 0°/760 mm	0,000125	0,000129	0,0951	1,293	1	1,293	0,0018	0,0037	0,0043	0,0013	0,000129
1 kg pro qm . .	0,0000968	0,0001	0,0735	1	0,7734	1	0,0014	0,0029	0,00328	0,001	0,0001
1 Pfd. pro Quadratzoll engl. . . .	0,068	0,0703	51,714	703,03	543,8	703,03	1	2,036	2,307	0,7	0,0703
1 engl. Zoll Quecksilbersäule . .	0,0334	0,0345	25,4	345,35	267,1	345,35	0,491	1	1,133	0,345	0,0345
1 Fuß engl. Wassersäule	0,0295	0,0305	22,4	304,8	235,7	304,8	0,433	0,882	1	0,3	0,0305
1 m Wassersäule .	0,097	0,1	73,55	1000	773,4	1000	1,4	2,9	3,28	1	0,1
1 metrische (neue) at.	0,9678	1	735,5	10000	7733,93	10000	14,226	28,96	32,8	10	1

Gleichung eingesetzt, gibt als Gewicht von 1 cbm Luft bei t^0 und einer Spannung p in mm Quecksilbersäule:

$$G_{pt} = 1{,}293 \frac{273}{273+t} \frac{p}{760},$$

oder:

$$G_{pt} = 0{,}465 \frac{p}{273+t} \text{ kg} \quad . \; . \; . \; . \; . \; . \quad (3)$$

Danach verhalten sich die Gewichte pro cbm bei verschiedenen Spannungen p_1 und p_2, aber gleichbleibender Temperatur:

$$G_{p_1} : G_{p_2} = p_1 : p_2,$$

hingegen bei gleicher Spannung und verschiedenen Temperaturen t_1 und t_2:

$$G_{pt_1} : G_{pt_2} = \frac{1}{273+t_1} : \frac{1}{273+t_2},$$

und wenn sowohl Spannung, wie Temperatur verschieden sind:

$$G_{p_1 t_1} : G_{p_2 t_2} = \frac{p_1}{273+t_1} : \frac{p_2}{273+t_2}.$$

Hieraus lassen sich die Werte für alle vorkommenden Verhältnisse berechnen, wenn sie für irgendein anderes bekannt sind. Da das Volumen V_0 von 1 kg trockner Luft bei 760 mm Quecksilbersäule und 0^0 ist:

$$V_0 = \frac{1}{1{,}293} = 0{,}7734 \text{ cbm},$$

so ändert es sich bei t^0 auf:

$$V_t = 0{,}7734\,(1 + \alpha t) \text{ cbm}$$

und, sofern der Druck ebenfalls ein anderer $= p$ wird, auf:

$$V_{tp} = 0{,}7734\,(1 + \alpha t) \frac{760}{p},$$

oder:

$$= (1 + \alpha t) \frac{588}{p} \text{ cbm} \quad . \; . \; . \; . \; . \; . \; . \quad (4)$$

p ist natürlich in mm Quecksilbersäule einzusetzen.

Die vorstehende Schreibweise der linken Seite der Gleichungen bedeutet nichts anderes, als daß das Gewicht oder Volumen sich bezieht auf den durch den angehängten Zeiger bezeichneten Zustand des Körpers, also hier, daß G sich bezieht auf Luft von einer Temperatur $= t$ und einer Spannung $= p$.

Sind die Zustandsänderungen sehr bedeutend, wie z. B. bei der Kompression oder Expansion von Luft und anderen Gasen in geschlossenen Gefäßen, so lassen sich folgende Formeln für die Beziehungen zwischen Spannung und Volumen benutzen:

a) wenn die Änderung bei gleichbleibender Temperatur erfolgt, wobei eine gewisse Wärmemenge Q von außen zu- oder dahin abgeführt werden muß:

$$\frac{p_1}{p_2} = \frac{V_2}{V_1} \quad \ldots \ldots \ldots \quad (5)$$

und $pV =$ konstant. (Isothermische Änderung.)

b) wenn die Änderung ohne äußere Zu- oder Abfuhr von Wärme in wärmedichten Behältern erfolgt:

$$\frac{p_1}{p_2} = \left(\frac{V_2}{V_1}\right)^x \quad \ldots \ldots \ldots \quad (6)$$

und

$$\frac{T_1}{T_2} = \left(\frac{V_2}{V_1}\right)^{x-1} = \left(\frac{p_1}{p_2}\right)^{\frac{x-1}{x}} \quad \ldots \ldots \quad (7)$$

$pV^x =$ konstant. (Adiabatische Änderung.)

Die Zeiger 1 und 2 beziehen sich auf den Anfangs- und den Endzustand des betreffenden Gases.

Für Luft ist $x = 1{,}41$ und $\frac{x-1}{x} = 0{,}286$.

In der Praxis pflegen die Veränderungen völlig rein weder auf dem einen noch auf dem andern Wege zu erfolgen.

Flüssigkeits- und Verdampfungswärme.

Wird ein Gefäß mit Wasser ans Feuer gestellt, so steigt die Temperatur des Wassers nach und nach bis auf ca. 100°, von wo ab das Thermometer keinen weiteren Zuwachs mehr anzeigt, doch hat schon kurz vorher ein Aufsteigen von Dampf aus der Flüssigkeit begonnen, welches nunmehr in ein lebhaftes Kochen übergeht, worin sie bei fortgesetztem Feuern verharrt, bis alles Wasser verschwunden ist, ohne daß dasselbe wärmer als 100° wurde.

Wog es 1 kg bei anfangs 0°, so benötigte diese Menge 100 WE zu ihrer Erwärmung auf 100° und alles, was ihr darüber noch zuging, diente zur Umwandlung des flüssigen Zustandes in einen gasförmigen. Das Kilogramm Wasser verdampfte allmählich und verschwand völlig, nachdem obigen 100 weitere 539,7 WE zugeführt wurden.

Der daraus entstandene Dampf wiegt immer noch 1 kg, seine Temperatur bleibt ebenfalls 100°, gleich der des Wassers, aber er enthält die sämtlichen 639,7 WE, welche zu seiner Erzeugung verbraucht sind.

Hiernach ist zu unterscheiden a) die Flüssigkeitswärme, welche nahezu derjenigen Temperatur entspricht, bei der die Flüssigkeit verdampft; b) die Verdampfungswärme, welche den Wärmeaufwand angibt, der lediglich für die Dampfbildung erforderlich ist, und c) die Erzeugungs- oder Gesamtwärme; das ist die Summe der beiden, welche gleichbedeutend ist mit der von uns später anzuwendenden Bezeichnung „Wärmewert des Dampfes".

Gewicht, Spannung, Temperatur und Wärme des Wasserdampfes.

Nach Zeuner läßt sich für trocken gesättigten Wasserdampf der bei der Zustandsänderung der Gase kennen gelernte Exponent $x = 1{,}0646$ setzen und:

$$p V^{1.0646} = \text{konstant} = 1{,}7617;$$

ferner das Gewicht von 1 cbm in kg:

$$G_d = 0{,}588\, p^{0{,}9393},$$

woraus sich das Volumen in cbm von 1 kg ergibt zu:

$$V_d = \frac{1}{0{,}588\, p^{0{,}9393}}.$$

Gewicht und Volumen werden damit abhängig von der Spannung „p", die ihrerseits wieder von der Temperatur „t" abhängt, solange der Dampf mit der Erzeugungsflüssigkeit in Berührung steht, bei allem gesättigten oder Sattdampf also. Über das Verhältnis zwischen beiden, ebenso wie über die im Dampf enthaltene Wärme, sind viele eingehende Versuche angestellt; sie sind vor einigen Jahren von Mollier auf Grund neuerer Forschungen umgerechnet und ergänzt[1]) und haben in dieser Fassung Aufnahme in der „Hütte“ gefunden (20. Auflage, 1908).

Nach noch jüngeren Versuchen in der Physikalisch-Technischen Reichsanstalt[2]) bedürfen die Mollierschen Werte bereits wieder einer Korrektur und sind deshalb in der Tab. II

Tabelle II. Sattdampf oder gesättigter Dampf bis zu 100°.

Temperatur	Absoluter Druck		Gesamtwärme pro kg	Raumeinnahme	Gewicht
	kg pro qcm	mm Q.-S.	WE	cbm pro kg	g pro cbm
—15	0,002	1,30	588	685	1,46
—10	0,003	2,05	590	443	2,26
—5	0,004	3,10	592	300	3,33
0	0,006	4,58	594,7	205	4,88
5	0,009	6,54	597,1	147	6,81
10	0,012	9,20	599,4	107	9,38
15	0,017	12,78	601,8	78,2	12,78
20	0,024	17,51	604,1	58,1	17,20
25	0,032	23,69	606,5	43,7	22,90
30	0,043	31,71	608,8	33,1	30,18
35	0,057	42,02	611,1	25,4	39,38
40	0,075	55,13	613,5	19,6	50,89
45	0,097	71,66	615,8	15,3	65,16
50	0,125	92,30	618,0	12,1	82,71
55	0,160	117,85	620,3	9,61	104,1
60	0,204	149,19	622,6	7,69	129,9
65	0,255	187,36	624,8	6,21	161,0
70	0,318	233,53	627,0	5,5	198,0
75	0,393	289,0	629,2	4,14	241,8
80	0,483	355,1	631,3	3,41	293,4
85	0,590	433,5	633,5	2,83	353,7
90	0,715	525,8	635,6	2,36	423,9
95	0,862	634,0	637,6	1,98	505,1
100	1,033	760,0	639,7	1,67	598,7

[1]) S. Mollier, Neue Tabellen und Diagramme für Wasserdampf. Berlin 1906. Julius Springer.

[2]) Mitteilung aus der Physikalisch-Techn. Reichsanstalt von L. Holborn und F. Henning, Zeitschr. d. Ver. D. I. 1909, S. 302.

die Zahlen der Spalten 2 und 3 für die zwischen 0 und 100° liegenden Temperaturen nach den Mitteilungen der Reichsanstalt und diejenigen der Spalten 4—6 nach den Mollierschen Angaben eingesetzt. Genau genommen ändern sich die spez. Gewichte zwar auch mit den Spannungen, doch mag davon wegen der Geringfügigkeit abgesehen werden. Die Zahlen der Tab. III sind sämtlich der „Hütte" nach Mollier entnommen.

Tabelle III. Sattdampf bis zu Temperaturen von 200° C und entsprechend hohen Spannungen.

Absolute Spannung in at. kg pro qcm	Temperatur ° C	Wärmewert pro kg in WE	Raumeinnahme cbm pro kg	Gewicht g pro cbm
1,0	99,1	639,3	1,72	580,7
1,1	101,8	640,7	1,575	634,9
1,2	104,2	641,3	1,452	688,7
1,4	108,7	643,1	1,257	795,5
1,6	112,7	644,7	1,110	901,3
1,8	116,3	646,0	0,994	1006
2,0	119,6	647,2	0,901	1110
2,5	126,7	649,9	0,731	1368
3,0	132,8	652,0	0,616	1622
3,5	138,1	653,8	0,533	1874
4,0	142,8	655,4	0,471	2124
4,5	147,1	656,8	0,422	2372
5,0	151,0	658,1	0,382	2618
5,5	154,6	659,2	0,349	2862
6,0	157,9	660,2	0,322	3106
6,5	161,1	661,1	0,299	3348
7,0	164,0	662,0	0,279	3589
7,5	166,8	662,8	0,261	3829
8,0	169,5	663,5	0,246	4068
8,5	172,0	664,2	0,232	4307
9,0	174,4	664,9	0,220	4545
9,5	176,7	665,5	0,209	4782
10	178,9	666,1	0,199	5018
11	183,1	667,1	0,182	5489
12	186,9	668,1	0,168	5960
13	190,6	668,9	0,156	6425
14	194	669,7	0,145	6889
15	197,2	670,5	0,136	7352
16	200,3	671,2	0,128	7814

Überhitzter Dampf.

Trockener Dampf, welchem in der Rohrleitung vom Dampferzeuger zu den Verbrauchsstellen noch weitere Wärme zugeführt wird, erfährt dadurch einen Zuwachs an Temperatur, ohne daß gleichzeitig seine Spannung steigt; nur wenn er etwas mitgerissenes Wasser enthält, tritt die Erwärmung nicht eher ein, als bis dieses völlig verdampft ist.

Feuchter Dampf und solcher, der noch mit der Erzeugungsflüssigkeit in Berührung steht, folgt den im vorigen Absatz besprochenen Gesetzen und wird bezeichnet als gesättigter oder Sattdampf, der trockene und weiter erwärmte dagegen als überhitzter oder Heißdampf. Letzterer verhält sich wie ein permanentes Gas und gelten für ihn in vielen Punkten dieselben Gesetze, wie wir sie für atmosphärische Luft kennen lernten.

Zur Berechnung der Raumeinnahme und des Wärmewerts stellte Mollier die Formeln auf:[1])

$$v = 47\frac{T}{P} + 0{,}001 - \mathfrak{B} \quad . \; . \; . \; . \; . \quad (8)$$

$$i = 594{,}7 + 0{,}477\,t - \mathfrak{J}p \quad . \; . \; . \; . \quad (9)$$

worin bedeuten:

v = Volumen in cbm pro kg,
T = absolute Temperatur,
P = absolute Spannung in kg pro qm,
$\mathfrak{B}$ = einen Koeffizienten, abhängig von t,
i = Wärmewert in WE,
t = Temperatur in ^{0} C,
p = absolute Spannung in kg pro qcm,
$\mathfrak{J}$ = einen Koeffizienten, abhängig von t.

Es ist unter anderem einzusetzen für:

t	$\mathfrak{B}$	$\mathfrak{J}$	t	$\mathfrak{B}$	$\mathfrak{J}$
0	0,075	8	50	0,043	4,3
5—10	ca. 0,069	7	60	0,039	3,9
15—25	ca. 0,059	6	70	0,035	3,5
30—45	ca. 0,049	5	80	0,032	3,2

[1]) Vgl. „Hütte" I, 1908, S. 340.

t	𝔙	𝔍	t	𝔙	𝔍
90	0,029	2,9	130	0,020	2,1
100	0,026	2,6	140	0,019	1,9
110	0,024	2,4	150	0,017	1,75
120	0,022	2,2		usf.	

Da sich der Dampf in Dampfluftgemischen durchweg in überhitztem Zustande befindet, haben vorstehende Formeln zur Berechnung der Tab. IX wesentliche Dienste tun müssen.

Die Anwendung von Heißdampf hat sich aus hier nicht weiter zu erörternden Gründen für Kraftmaschinen vorzüglich bewährt; für Heizzwecke dagegen bietet sie keine oder unwesentliche Vorteile, da solche nur in der höheren Temperatur erblickt werden könnten, welche sich in der Praxis jedoch kaum verwerten läßt, da der Heißdampf seine Überhitzung, d. h. die zur Temperaturerhöhung verbrauchte Wärme selbstverständlich zuerst verliert und diese nur verhältnismäßig gering ist, indem sie nicht mehr als einen sehr kleinen Bruchteil der Verdampfungswärme ausmacht; außerdem ist die Wärmeübertragung an die Luft von trockenem Heißdampf bedeutend schlechter als von feuchtem Sattdampf.

Wollte man daher Dampf von sehr niedriger Spannung bzw. von etwas über 100° auf 150—200° überhitzen, um mit ihm Räume auf 120—150° zu heizen, so wären hierzu sehr große Heizflächen nötig, da der Heißdampf schnell auf eine so geringe Temperatur abkühlt, daß er keine Wärme mehr an die zu beheizenden Räume abzugeben vermag, obgleich er noch bedeutende Mengen davon enthält, denn sobald kein Unterschied zwischen den Temperaturen des wärmeabgebenden und wärmeaufnehmenden Körpers mehr besteht, sondern darin gewissermaßen ein Gleichgewichtszustand erreicht ist, hört jede weitere Überströmung von Wärme auf.

Es sind also stets außergewöhnliche Fälle, in denen mit überhitztem Dampf über 100° etwas zu erreichen ist, doch tut man dann meistens besser, heißes Wasser, Öl oder Feuerluft statt seiner zu verwenden.

Nur wenn sich der Heißdampf unmittelbar in eine zu erwärmende Flüssigkeit hineinblasen läßt, bietet er durch seinen um 15—20% größeren Wärmewert dem Sattdampf gegenüber einen Vorteil, welcher jedoch nicht darin besteht, daß nunmehr eine besonders hohe Temperatur zu erreichen ist, sondern darin, daß die vorgeschriebene Temperaturzunahme mit einem kleineren Dampfgewicht erzielt werden kann und also eine geringere Verdünnung der erwärmten Substanz stattfindet.

Spezifische Wärme.

Die Zahl, welche angibt, wieviel Wärmeeinheiten nötig sind, um die Temperatur von 1 kg eines Stoffes von 0° um 1° C zu erhöhen, wird seine spezifische Wärme genannt und mit „*c*“ bezeichnet; bei Gasen bezieht man sie häufig auf die Raumeinheit, also auf 1 cbm, anstatt auf das Gewicht, unter Anwendung einer anderen Bezeichnung „*C*“.

Für Wasser ist sowohl das spez. Gewicht, wie die spez. Wärme = 1. Die Zahl für das spez. Gewicht eines Körpers gibt also an, wievielmal er schwerer ist als Wasser; die spez. Wärme, ausgedrückt durch den Wert c, zeigt, wievielmal mehr seine Erwärmung erfordert.

Die spez. Wärme ist veränderlich und schwankt mit der Temperatur, und zwar bei Gasen mehr als bei festen und flüssigen Körpern, doch auch bei ihnen mit wenig Ausnahmen nur innerhalb solcher Grenzen, daß es für vorliegende Zwecke nicht nötig ist, besondere Rücksicht darauf zu nehmen.

Die verhältnismäßig große Ausdehnung der Gase und Dämpfe durch Erwärmung übt auch einen Einfluß aus auf ihre spez. Wärme, und die Wärmezunahme kann stattfinden bei gleichbleibendem Druck und auch bei gleichbleibendem Volumen. Im ersten Fall wird eine gewisse Kraft verbraucht, um Platz zu schaffen für die größere Raumbeanspruchung bzw., um die benachbarten Teile zu verdrängen, und muß hierzu ein Teil der Wärme in Energie umgesetzt werden; als Wärme kommt er also nicht mehr in Betracht; das Umgekehrte tritt ein bei der Abkühlung.

Bei unverändertem Volumen, also etwa bei Temperaturänderung in einem geschlossenen Kessel, bleibt dem Gas alle Wärme erhalten und wird in ihm aufgestapelt.

Danach ist zu unterscheiden die spez. Wärme c_p bei konstantem Druck von derjenigen c_v bei konstantem Volumen.

Tabelle IV. Mittlere spez. Wärme c von festen und flüssigen Körpern zwischen 0 und 100° (nach verschiedenen Quellen).

Aluminium	0,21	Nickel	0,11
Asche	0,20	Steinkohle	0,31
Blei	0,03	Schmiedeeisen	0,114
Eis (÷ 20 — 0)	0,5	Stahl	0,117
Gips	0,2	Schlacke	0,18
Glas	0,2	Sandstein	0,22
Granit	0,195	Silber	0,06
Holz (Eichen)	0,57	Zinn	0,06
Holz (Fichten u. Tannen)	0,65	Ziegelsteine	0,18—0,24
Holzkohle und Koks	0,2	Feuerfeste Steine	0,21
Kupfer, Messing	0,09	Alkohol	0,6
Platin, Quecksilber	0,033	Olivenöl	0,35
Roheisen	0,13	Petroleum	0,51
Wolle, trocken	0,39	Terpentinöl	0,5
desgl., mit 11% Wasser	0,46	Wasser	1
Kochsalz	0,25		

Tabelle V. Spez. Wärme von Gasen und Dämpfen.

Name	Zeichen	c_p, bezogen auf 1 kg	C_p, bezogen auf 1 cbm von 0° und 760 mm
Wasserstoff	H	3,41	0,307
Sauerstoff	O	0,217	0,307
Stickstoff	N	0,247	0,307
Kohlenoxyd	CO	0,242	0,307
Kohlensäure	CO_2	0,21	0,393
Schwefl. Säure	SO_2	0,15	0,429
Luft, reine u. trockene		0,238	0,307

Verbrennungsgase des Leuchtgases 0,27 [1])

do. der festen Brennstoffe bei doppelter theoret. Luftmenge 0,241—0,256 [2]).

[1]) 0,463 nach Knoblauch und Jacob. — Vgl. Tab. XIII.

Tabelle VI. Spez. Wärme c_p des Wasserdampfes bei der Überhitzung von t_s auf t.[1])

p / t_s	1 kg pr. qcm 99°	2 kg pr. qcm 120°	4 kg pr. qcm 143°	6 kg pr. qcm 158°	8 kg pr. qcm 169°
$t = 150°$	0,462	0,478	0,515	—	—
200°	0,462	0,475	0,502	0,530	0,560
250°	0,463	0,474	0,495	0,514	0,532
300°	0,464	0,475	0,492	0,505	0,517

[1]) Nach Knoblauch und Jacob, Zeitschr. d. Ver. d. Ing. 1907, S. 128.

Für sehr hohe Gastemperaturen sind beide noch unerforscht, für hochüberhitzten Wasserdampf ist c_p erst durch neuere Versuche bestimmt.

Die Tabellen IV—VI (s. S. 19 u. 20) enthalten die spez. Wärme für die wichtigsten Stoffe.

Gasmischungen.

Die spez. Wärme von Gasmischungen ist gleich der Summe der Produkte aus den einzelnen Teilen, multipliziert mit den zugehörigen spez. Wärmen, d. h.

$$S_p A = c_p a + c_p b + c_p c + c_p d,$$

wenn

$$A = a + b + c + d \ldots$$

einen Stoff aus den einzelnen Bestandteilen a, b, c im Gesamtgewicht von 1 kg bezeichnet. Hiernach läßt sich unter anderem die spez. Wärme von Rauchgasen ermitteln.

Die für Trockenprozesse wichtigste Mischung bleibt stets diejenige aus Wasserdampf und Luft bzw. Wasserdampf und Verbrennungsgasen. Beide sind zwar schon Gasmischungen, aber doch solche, deren Gesamtwirkung soweit bekannt ist, daß sie damit als einfache Gase in Rechnung gestellt werden können. Nach dem Gesetz von Dalton verhält sich die irgendeinen Raum erfüllende Mischung so, als ob jedes einzelne der sie bildenden Gase derartig zwischen die Atome des andern eingebettet ist, daß keine Volumvergrößerung des Ganzen hervorgerufen wird, daß aber die Spannung des Gemisches der Summe der Einzelspannungen gleichkommt.

Haben wir also eine Mischung aus trockener Luft und Wasserdampf, deren Gesamtspannung 760 mm und deren Temperatur 15° ist, also mit anderen Worten: feuchte Luft von 15° bei 760 mm Barometerstand, dann hat der Dampf darin, entsprechend seiner Temperatur, eine Spannung von 12,78 mm (laut Tab. II), und es verbleiben für die Luft allein noch 747,22 mm. Ihr Gewicht beträgt dabei gemäß Formel (3):

$$G_{747,22} = 0,465 \frac{747,22}{15 + 273} = 1,2065 \text{ kg pro cbm.}$$

Das Gewicht eines Kubikmeters Dampf von 15° oder 12,78 mm Spannung, dessen Atome zwischen vorstehende 1,2065 kg Luft eingebettet sind, ist (laut Tab. II) 0,0128 kg, das Gesamtgewicht der feuchten Luft also 1,2065 + 0,0128 = 1,2193 kg pro cbm (vgl. Tab. VIII b).

1 cbm *trockener* Luft von 15° C und 760 mm Druck wiegt dagegen nach Formel (3):

$$G_{760} = 0,465 \frac{760}{15 + 273} = 1,226 \text{ kg}$$

und ist somit *schwerer* als feuchte Luft von derselben Temperatur.

Zur weiteren Beleuchtung der Verhältnisse denken wir uns ein würfelförmiges geschlossenes Gefäß von genau 1 cbm Inhalt, auf dem von außen ein Druck von 760 mm lastet, mit einem federleichten Ventilchen versehen, welches sich bei dem geringsten Druckunterschied öffnet, und dies Gefäß angefüllt mit trockener Luft von 0° bei 760 mm Spannung, also von 1,293 kg Gewicht.

Wird der Inhalt nun auf irgendeine Weise um 15° erwärmt, so dehnt er sich aus und entweicht so weit durch das Ventil, bis nur noch 1,226 kg im Gefäß enthalten sind; die einzelnen Moleküle müssen sich also weiter voneinander entfernt haben als vorher, um den ganzen Raum auch jetzt noch einzunehmen.

Denken wir uns nunmehr das Gefäß wieder vollständig entleert und von neuem gefüllt mit Dampf von 15°, so hat derselbe ein Gewicht von 0,0128 kg und eine Pressung von 12,78 mm Quecksilbersäule; die einzelnen Moleküle schweben also in sehr großer Entfernung von einander, verhindern aber doch, daß alle soeben abgelassenen Luftmoleküle von 15° Platz finden, wenn sie jetzt von neuem zugeführt würden. Der Zutritt hört auf, sobald außer den 12,78 mm Dampfpressung noch 760 — 12,78 = 747,23 mm durch die Luft von innen auf die Gefäßwand wirken, also Gleichgewicht zwischen Innen- und Außendruck eingetreten ist; der Kubikmeter Luft von 747,3 mm wiegt jetzt nur 1,2065 kg, läßt also zwischen seinen weiter auseinander gerückten noch Platz für die 0,0128 kg Dampfmoleküle, und das Gesamtgewicht wird, wie vorhin, 1,2193 kg.

Natürlich ist es ebensowenig möglich, diesem Gemisch noch weiteren Dampf zuzuführen, denn auch dadurch würde die Spannung erhöht, und der Überschuß müßte entweichen, oder, und so gestaltet sich die Sache in Wirklichkeit, er scheidet als Wasser aus, wobei die Temperatur des Gemisches durch die frei werdende Verdampfungswärme eine gewisse Erhöhung erfährt und dasselbe dadurch befähigt, noch eine Kleinigkeit mehr an Feuchtigkeit aufzunehmen. Jedem Temperaturgrad entspricht somit ein ganz bestimmter Maximalbetrag an Wasser, welcher in der Luft enthalten sein kann, und zwar ist derselbe pro cbm gleich dem Kubikmetergewicht des Dampfes von gleicher Temperatur.

Sobald die Luft so viel aufgenommen hat, wird sie als „gesättigt" bezeichnet, andernfalls als zu 70, 60% gesättigt bzw. als trocken; dabei ist jedoch festzuhalten, daß es sich nicht um den absoluten Gehalt an Feuchtigkeit, sondern nur um einen Prozentsatz handelt von derjenigen Menge, welche überhaupt aufgenommen werden kann, welche oft als „relativer" Feuchtigkeitsgrad bezeichnet wird.

Fragen wir uns nun, wann und wodurch tritt überhaupt eine Aufnahme von Wasser durch die Luft ein, so ist dazu zunächst ein Unterschied zwischen den Temperaturen in beiden erforderlich, damit ein Wärmeaustausch zur Herstellung völligen Gleichgewichts vor sich gehen kann. Da dasselbe so lange gestört bleibt, bis der Dampfdruck über dem Wasser der Temperatur der dort befindlichen Luft entspricht, so wird bis dahin auch alle übergehende Wärme zur Dampfbildung verbraucht, und erst nachdem die Luft vollständig gesättigt ist, kommt etwaiger weiterer Wärmeübergang dem allmählichen Ausgleich der Temperaturen von Luft und Wasser zugute.

Der innige Zusammenhang zwischen Spannung und Temperatur des der Luft beigemengten Wasserdampfes bildet also die treibende Kraft für die Feuchtigkeitsaufnahme und -abgabe der Luft, und zwar sowohl gegenüber Wasser als auch gegenüber anders temperierter Luft, wie das Entstehen und Verschwinden der Nebel erkennen läßt, denn sie sind nichts anderes als zu den feinsten Tröpfchen ausgeschiedenes, in der Luft schwebendes Wasser, welches seinen gasförmigen Zustand (Dampf) infolge Auftretens von Übersättigung der Luft (Überschreitung des Taupunktes) aufgeben mußte.

Schwankungen in der Beschaffenheit der Außenluft.

Für genauere Berechnungen ist es unzulässig, die Spannung der Luft, den Druck der äußeren Atmosphäre also, ohne weiteres zu 760 mm QS anzunehmen, da diese Zahl nicht einmal als durchschnittliches Maß für sämtliche Ortschaften gelten kann. Der mittlere Luftdruck richtet sich vielmehr für jeden Platz nach seiner Höhenlage über dem Meeresspiegel, und müßten danach eigentlich alle Werte umgerechnet werden. Außerdem sind die lokalen täglichen Schwankungen nicht unbeträchtlich und auch ihnen wäre Rechnung zu tragen.

In der Praxis würde das jedoch zu weit führen, und genügt es, für solche Orte, welche andauernd hohen oder tiefen Barometerstand haben, eine entsprechende generelle Änderung zu berücksichtigen; in den meisten Fällen läßt sich aber auch hiervon absehen und die Berechnung von Trockeneinrichtungen durchweg auf 760 mm Barometerstand beschränken.

Weit wichtiger sind die Abweichungen von Temperatur und Feuchtigkeitsgehalt der Außenluft im Sommer und Winter, so daß jede Neuanlage eigentlich für die äußersten Grenzzustände bemessen werden müßte, doch würde dies sehr weit führen, indem gerade nach beiden äußersten Punkten hin, als welche ÷ 20 und + 30° C zu bezeichnen sein dürften, der Wärme- oder Luftbedarf ganz unverhältnismäßig zunimmt bei allen Einrichtungen, welche überhaupt mit Verwendung von Außenluft arbeiten, und dazu zählen vorläufig noch die meisten.

In den späteren Beispielen sind deshalb durchweg ÷ 15° bei voller Sättigung und + 25° bei 60% Sättigung als Grenzen, sowie außerdem als mittlerer Zustand + 5° und volle Sättigung zugrunde gelegt, da sich die hierfür ergebenden Forderungen praktisch erfüllen lassen und es richtiger scheint, an den wenigen Tagen, an welchen diese Verhältnisse überschritten werden, den Betrieb um ein geringes einzuschränken, als ihretwegen die Wärme- und Krafterzeugung auf einen Umfang zu bringen, der für die ganze übrige Zeit des Jahres nutzlos, wenn nicht schädlich ist.

Wasser- und Wärmegehalt der feuchten Luft.

Unsere erste Gleichung

$$V_t = 1 + a\,t$$

ermöglicht den Vergleich der Raumeinnahme von trockener Luft jeder Temperatur mit derjenigen einer Luft von 0°.

Gleichung 2 deutet in ähnlicher Weise auf die Gewichtsverhältnisse hin, wenn wir mit G ein Luftvolumen von 0° bezeichnen, dessen Gewicht 1 kg beträgt; es wird dann

$$G_t = \frac{1}{1 + at}$$

und gibt die Größe $\frac{1}{1+at}$ an, wieviel schwerer oder leichter dasselbe Volumen bei der Temperatur t ist.

Mit Hilfe der beiden Ausdrücke läßt sich sowohl Gewicht, wie Volumen der Luft bei jeder Temperatur berechnen, welche Größen in allen auf Luft bezüglichen Formeln wiederkehren. Ihr Zahlenwert ist deshalb in Tab. VII für eine Reihe von Temperaturen angegeben und daran anschließend das Gewicht von 1 cbm und die Raumeinnahme von 1 kg trockenes Luft; außerdem enthält die Tabelle das Wassergewicht, welcher 1 cbm Luft bei voller Sättigung aufnehmen kann; es entspricht dem Gewicht von 1 cbm Dampf, welcher die gleiche Temperatur hat, wie die ihn umgebende Luft.

Auch das Gewicht und die Raumeinnahme feuchter Luft müssen für manche Zwecke bekannt sein, und wurde im Abschnitt über Gasmischungen bereits angegeben, wie sich diese Größen ermitteln lassen; sie finden sich in den Tab. VIII a und VIII b zusammengestellt, haben aber für die Berechnung

Tabelle VII. Gewicht, Dichtigkeit und Wassergehalt der Luft bei 760 mm Barometerstand.

Temp. in ° C	Gewicht der trockenen Luft in kg pro cbm	Raum-verhältnis der trockenen Luft bei t^0 und bei 0^0	Gewichts-verhältnis der trockenen Luft bei t^0 und bei 0^0	Wassergehalt der mit Feuchtigkeit gesättigten Luft	
	kg	$1+\alpha t$	$\frac{1}{1+\alpha t}$	g pro cbm	g pro kg
— 15	1,368	0,945	1,058	1,46	1,2
— 10	1,342	0,963	1,038	2,26	1,8
— 5	1,317	0,982	1,019	3,33	2,7
0	1,293	1,000	1,000	5	4
5	1,270	1,018	0,982	7	6
10	1,248	1,037	0,965	9	8
15	1,226	1,055	0,948	13	11
20	1,205	1,073	0,932	17	15
25	1,185	1,092	0,916	23	20
30	1,165	1,110	0,901	30	26
35	1,146	1,128	0,886	39	35
40	1,128	1,147	0,872	51	46
45	1,110	1,165	0,858	65	61
50	1,093	1,183	0,845	83	80
55	1,070	1,202	0,832	104	102
60	1,060	1,220	0,820	130	132
65	1,044	1,238	0,808	161	170
70	1,029	1,257	0,796	198	217
75	1,014	1,275	0,784	242	278
80	1,000	1,293	0,773	293	355
85	0,986	1,312	0,763	354	455
90	0,973	1,330	0,752	424	586
95	0,959	1,348	0,742	505	760
100	0,947	1,367	0,732	599	1000

Tabelle VIII a. Raum in cbm, welchen 1 kg feuchter Luft bei 760 mm Barometerstand einnimmt.

Temp. in ° C	Sättigungsgrade in Prozenten											Temp. in ° C
	100	90	80	75	70	60	50	40	30	20	10	0	
÷ 15	0,731	0,731	0,731	0,731	0,731	0,731	0,731	0,731	0,731	0,731	0,731	0,731	÷ 15
÷ 10	0,745	0,745	0,745	0,745	0,745	0,745	0,745	0,745	0,745	0,745	0,745	0,745	÷ 10
÷ 5	0,760	0,760	0,760	0,760	0,760	0,760	0,759	0,759	0,759	0,759	0,759	0,759	÷ 5
0	0,775	0,775	0,775	0,775	0,775	0,775	0,774	0,774	0,774	0,774	0,774	0,773	0
5	0,789	0,789	0,789	0,789	0,789	0,789	0,788	0,788	0,788	0,788	0,788	0,787	5
10	0,805	0,805	0,805	0,804	0,804	0,804	0,803	0,803	0,802	0,802	0,801	0,801	10
15	0,820	0,820	0,820	0,820	0,819	0,819	0,818	0,818	0,817	0,816	0,816	0,816	15
20	0,837	0,836	0,836	0,835	0,835	0,834	0,833	0,833	0,832	0,831	0,831	0,830	20
25	0,854	0,853	0,852	0,851	0,851	0,850	0,849	0,848	0,847	0,846	0,845	0,844	25
30	0,872	0,870	0,869	0,868	0,867	0,866	0,865	0,863	0,862	0,861	0,860	0,858	30
35	0,892	0,890	0,888	0,887	0,886	0,884	0,882	0,880	0,878	0,876	0,874	0,873	35
40	0,911	0,908	0,906	0,905	0,903	0,901	0,898	0,896	0,894	0,891	0,889	0,886	40
45	0,935	0,931	0,928	0,926	0,924	0,921	0,917	0,914	0,911	0,907	0,904	0,901	45
50	0,958	0,956	0,950	0,948	0,945	0,941	0,936	0,932	0,928	0,923	0,919	0,915	50
55	0,985	0,979	0,974	0,971	0,968	0,962	0,957	0,951	0,945	0,940	0,935	0,929	55
60	1,018	1,010	1,002	0,998	0,995	0,987	0,979	0,972	0,964	0,958	0,951	0,943	60
65	1,055	1,044	1,034	1,029	1,024	1,014	1,004	0,995	0,985	0,976	0,967	0,958	65
70	1,099	1,083	1,070	1,064	1,057	1,042	1,031	1,018	1,006	0,995	0,983	0,971	70
75	1,148	1,130	1,111	1,102	1,094	1,078	1,062	1,045	1,030	1,015	1,000	0,986	75
80	1,211	1,186	1,161	1,149	1,139	1,116	1,095	1,075	1,055	1,036	1,017	1,000	80
85	1,285	1,252	1,219	1,205	1,190	1,161	1,134	1,107	1,083	1,059	1,036	1,014	85
90	1,381	1,335	1,292	1,272	1,252	1,215	1,179	1,145	1,114	1,083	1,055	1,029	90
95	1,506	1,443	1,383	1,355	1,330	1,277	1,233	1,189	1,149	1,111	1,076	1,043	95
100	1,669	1,577	1,495	1,458	1,422	1,355	1,294	1,238	1,186	1,139	1,097	1,056	100

Tabelle VIII b. Gewicht von 1 cbm feuchter Luft bei 760 mm Barometerstand, in Gramm.

Temp in °C	Volle Sättigung: Dampf allein: Spannung in mm Q.-S.	Volle Sättigung: Dampf allein: Gewicht in g	Volle Sättigung: Luft allein: Spannung in mm Q.-S.	Volle Sättigung: Luft allein: Gewicht in g	Sättigungsgrad in Prozenten: 100	90	80	75	70	60	50	40	30	20	10	0	Temp. in °C
÷15	1,3	1,7	757,8	1366	1368	1368	1368	1368	1368	1368	1368	1368	1368	1368	1368	1368	÷15
÷10	2,05	2,4	757,2	1340	1342	1342	1342	1342	1342	1342	1342	1342	1342	1342	1342	1342	÷10
÷ 5	3,10	3,5	756,35	1312	1316	1316	1316	1316	1316	1316	1317	1317	1317	1317	1317	1317	÷ 5
0	4,58	4,9	755,42	1286	1291	1291	1291	1291	1292	1292	1292	1292	1292	1293	1293	1293	0
5	6,54	6,8	753,46	1260	1267	1267	1268	1268	1268	1268	1268	1269	1269	1269	1270	1270	5
10	9,20	9,4	750,8	1233	1242	1243	1243	1244	1244	1244	1245	1246	1246	1247	1247	1248	10
15	12,78	12,8	747,22	1206	1219	1220	1220	1220	1221	1222	1222	1223	1224	1225	1225	1226	15
20	17,51	17,2	742,49	1177	1194	1195	1196	1197	1197	1198	1199	1201	1202	1203	1204	1205	20
25	23,69	22,9	736,31	1148	1171	1172	1174	1175	1175	1177	1178	1179	1181	1182	1184	1185	25
30	31,71	30,2	728,29	1117	1147	1149	1151	1151	1152	1154	1156	1158	1160	1161	1163	1165	30
35	42,02	39,4	717,98	1082	1121	1123	1126	1127	1128	1131	1133	1136	1138	1141	1143	1146	35
40	55,13	50,9	704,87	1047	1098	1101	1104	1105	1107	1110	1113	1116	1119	1122	1125	1128	40
45	71,66	65,2	688,34	1005	1070	1074	1078	1080	1082	1086	1090	1094	1098	1102	1106	1110	45
50	92,30	82,7	667,70	960	1043	1048	1053	1055	1058	1063	1068	1073	1078	1083	1088	1093	50
55	117,85	104,1	642,15	910	1015	1021	1027	1030	1033	1039	1045	1052	1058	1064	1070	1076	55
60	149,19	130	610,81	852	982	990	998	1002	1005	1013	1021	1029	1037	1044	1052	1060	60
65	187,36	161	572,64	787	948	958	967	972	977	986	996	1006	1015	1025	1034	1044	65
70	233,53	198	526,47	713	911	923	935	940	946	958	970	982	994	1005	1017	1029	70
75	289,00	242	471,0	629	871	885	900	907	914	928	942	957	971	985	1000	1014	75
80	355,1	293	404,9	533	826	843	861	870	878	896	913	930	948	965	983	1000	80
85	433,5	354	326,5	424	778	799	820	830	840	861	882	903	923	944	965	986	85
90	525,8	424	234,2	300	724	749	774	786	799	824	848	873	898	923	948	973	90
95	634	505	126,0	159	664	693	723	738	752	782	811	841	870	900	929	959	95
100	760	599	—	—	599	634	669	686	703	738	773	808	843	878	912	947	100

von Trockenanlagen verhältnismäßig geringen Wert, da die dabei zu verwendenden Formeln sich nicht auf 1 cbm oder 1 kg feuchte Luft, sondern auf die Maßeinheit der in feuchter Luft (Dampfluftgemischen) enthaltenen trockenen Luft beziehen.

Da die Raumeinnahme von 1 kg Luft sich je nach der Temperatur verändert, wogegen ihr Gewicht stets dasselbe bleibt, beziehen wir alle ferneren Berechnungen auf 1 kg trockne Luft und stellen immer erst am Schluß für die uns interessierenden Strecken des von ihr durchlaufenen Weges das sich nach der dort herrschenden Temperatur ergebende Volumen fest, welches der Tab. X und nicht den Tab. VIII a oder VIII b zu entnehmen ist.

Da für fast alle Berechnungen von Trockeneinrichtungen, selbst von solchen, die scheinbar gar nichts damit zu tun haben, die Zustandsänderungen der in irgendeiner Weise beteiligten Luft von allergrößter Wichtigkeit sind, so wollen wir uns zunächst ein klares Bild darüber verschaffen, auf welche Weise die wichtigsten Werte für 1 kg trockne Luft unter verschiedenen Verhältnissen zu ermitteln sind.

Als wichtigste Werte haben zu gelten:

Raumeinnahme, Wassergehalt und Wärmewert, unter welch letzterem diejenige Anzahl Wärmeeinheiten zu verstehen ist, welche 1 kg des betrachteten Stoffes innewohnt.

Da die beim Trocknen verwendete Luft kaum je für sich allein besteht, sondern ihr fast stets Wasserdampf beigemengt ist, muß der Wärmewert des Gemisches aus dem der einzelnen Bestandteile ermittelt werden. Die spez. Wärme der trockenen Luft beträgt 0,2375 WE pro kg; Tab. II enthält Angaben über die Wärme etc. des Wasserdampfes bei verschiedenen Temperaturen; die Summe von beiden gibt den Wärmewert des Gemisches, bezogen auf 1 kg seines Luftanteils, doch müssen wir dazu erst feststellen, wieviel Dampf auf 1 kg Luft entfällt.

Gehen wir aus von feuchter, vollkommen gesättigter Luft unter Normalbarometerdruck = 760 mm QS und nehmen an, daß dieselbe eine Temperatur $t = 45^0$ habe. Dann ist die Dampfspannung nach Tab. II: $p_{dt} = 71{,}66$ mm QS.

Die Spannung der Luft wird: $p_L = 760 - p_{dt} = 688{,}34$ mm. Luft von dieser Spannung nimmt nach Gleichung (4) einen Raum ein:

$$V_{pL} = (1 + at)\frac{588}{760 - p_{dt}} = 1{,}165\,\frac{588}{688{,}34} = 0{,}9952 \text{ cbm pro kg.}$$

Nun beträgt das Gewicht g_t von 1 cbm Dampf der Temperatur $t = 45^0$ gemäß Tab. II:

$$g_t = 0{,}065 \text{ kg pro cbm}$$

und kommt daher auf den Raum von 1 kg Luft $= 0{,}9952$ cbm ein Dampfgewicht:

$$g_w = V_{pL} \cdot g_t = 0{,}9952 \cdot 0{,}065 = 0{,}0647 \text{ kg} \quad . \quad (10)$$

Der Dampfgehalt feuchter Luft von 45^0 beträgt also bei 760 mm Gesamtspannung und voller Sättigung 0,0647 kg = 64,7 g, bezogen auf 1 kg der in der Mischung enthaltenen trockenen Luft.

In der Formel 10, wonach die unteren Zahlen der Tab. IX berechnet wurden, ist g_t der Tab. II zu entnehmen und das Volumen der Luft pro kg gemäß Gleichung (4) zu setzen:

$$V_{pL} = (1 + at)\frac{588}{760 - p_{dt}} \quad . \quad . \quad . \quad . \quad (11)$$

Die damit berechneten Werte beziehen sich auf einen Barometerstand von 760 mm QS; ist derselbe größer oder kleiner, allgemein $= p_a$, so geht das Volumen der Luft pro kg über in:

$$V_{pLa} = (1 + at)\frac{588}{p_a - p_{dt}} = V_{pL} \cdot \left(\frac{760 - p_{dt}}{p_a - p_{dt}}\right) \quad . \quad (12)$$

und wird dementsprechend der Wasser- bzw. Dampfgehalt pro kg Luft beim Barometerstand p_a:

$$g_{wa} = \left(\frac{760 - p_{dt}}{p_a - p_{dt}}\right) g_w \quad . \quad . \quad . \quad . \quad . \quad (13)$$

Ist die Luft des Gemisches nur teilweise zu 80—60—50% gesättigt, so ändert sich die Spannung des Dampfes in ihm auf $0{,}8\,p_{dt}$ — $0{,}6\,p_{dt}$ — $0{,}4\,p_{dt}$, da seine Expansion isothermisch erfolgt (also pV unveränderlich bleibt[1]), also auch die Spannung der Luft p_L sowie deren spez. Volumen V_{vL}.

Um den Dampf- (bzw. Wasser-) Gehalt, z. B. von 45° warmer Luft zu ermitteln, welche nur zu 70% gesättigt ist, setzen wir zuerst fest, daß die Dampfspannung p_{dt} nunmehr wird: $0{,}7 \cdot 71{,}66 = 50{,}16$, die Luftspannung also $p_L = 760 - 50{,}16 = 709{,}84$ mm.

Daraus ergibt sich weiter, durch Einsetzung der Werte, das spez. Volumen der Luft:

$$V_{vL} = 1165 \frac{588}{709{,}84} = 0{,}965 \text{ cbm pro kg.}$$

Da ferner das 0,7 fache Dampfgewicht der Mischung nach der Expansion wiegt:

$$g_t = 0{,}7 \cdot 0{,}065 = 0{,}0455 \text{ kg pro cbm,}$$

so beträgt das Dampfgewicht pro kg Luft nach Gleichung (10):

$$g_w = 0{,}965 \cdot 0{,}0455 \cdot 1000 = 43{,}9 \text{ g pro kg Luft.}$$

Aus dem Dampfgewicht in kg, multipliziert mit dem Wärmewert i, findet sich ohne weiteres der Wärmewert des Dampfanteils w_d, wozu i freilich erst aus Gleichung (9) festgestellt werden muß.

Für $p_{dt} = 71{,}66$ wird danach: $i = 615{,}68$ WE,
" " $= 50{,}16$ " " $i = 615{,}82$ "

und somit für w_d:

bei voller Sättigung: $w_d = 615{,}68 \cdot 0{,}0647 = 39{,}82$ WE,
" 70% " $w_d = 615{,}82 \cdot 0{,}0439 = 27{,}04$ "

Zu den ermittelten Wärmewerten des Dampfanteils w_d ist jedesmal noch der Wärmewert w_L von 1 kg Luft:

$$w_L = 0{,}2375\, t$$

hinzuzuzählen, um den vollen Wärmegehalt des Gemisches pro kg seines Luftanteils

$$w_G = w_L + w_d = 0{,}2375\, t + i \cdot V_{vL} \cdot g_w$$

[1]) Vgl. Hütte I, S. 325, 1908.

zu erhalten, entsprechend den oberen Zahlenreihen der Tab. IX:

Für $t = 45^0$ ergibt sich: $w_L = 10{,}69$ WE und sonach
bei voller Sättigung: $w_G = 10{,}69 + 39{,}82 = 50{,}51$ WE,
„ 70% „ $w_G = 10{,}69 + 27{,}04 = 37{,}73$ „

Steht die Mischung nicht unter 760, sondern unter einem andern Druck p_a in mm QS, so hat dies nur Einfluß auf das zweite Glied unserer. Gleichung, und dürfen wir deshalb nur auf dieses unsern Faktor $\frac{760 - p_{dt}}{p_a - p_{dt}}$ anwenden.

Hiernach muß die Formel lauten, mit deren Hilfe sich der Gesamtgehalt an Wärme w_{Ga} für einen Luftdruck $= p_a$ in mm QS aus den in oberen Reihen der Tab. IX für 760 mm zusammengestellten Werten w_G erhalten läßt:

$$w_{Ga} = (w_G - 0{,}2375\,t)\,\frac{760 - p_{dt}}{p_a - p_{dt}} + 0{,}2375\,t.$$

Vorstehende sowie die Formeln 12 und 13 verlieren ihre Gültigkeit, sobald p_{dt} größer wird als 760 oder p_a.

Das spezifische Luftvolumen V_{pL} für 760 mm Barometerstand geht unmittelbar aus Tab. X hervor; für andere Drücke ist es mit obiger Einschränkung gemäß Gleichung (12) umzurechnen.

Ganz ausdrücklich sei hierbei nochmals auf den Unterschied zwischen Tab. VIII a und X aufmerksam gemacht; die erste gibt den Raum an, welchen 1 kg feuchte Luft einnimmt, die zweite dagegen gibt an, wieviel cbm auf 1 kg des in feuchter Luft enthaltenen Anteils an trockener Luft kommen, indem feuchte Luft immer ein Gemisch aus Wasserdampf und trockner Luft ist.

Die zum Trocknen benutzte, stets feuchte Luft wird von uns als „Trockenluft“ bezeichnet; alle unsere Berechnungen beziehen sich jedoch immer auf das Gewicht des reinen Luftanteils, welcher in dem Trockenluftgemisch enthalten ist.

Der Vollständigkeit wegen sind noch angefügt: Tab. XI über die Dampfspannung, auch Dunstdruck genannt, in Dampfluftgemischen; Tab. XII über das zur Aufnahme von 1 kg Dampf in Dampfluftgemischen nötige Volumen.

Tabelle IX. Wärmewerte in WE (oben) und Wassergehalt in Gramm (unten) auf 1 kg des darin enthaltenen

Temp. in °C	Sättigung der Mischung									
	100	95	90	85	80	75	70	,65	60	55
—15°	—3,02	—3,05	—3,08	—3,10	—3,13	—3,16	—3,18	—3,21	—3,24	—3,26
	0,88	0,84	0,79	0,75	0,70	0,66	0,62	0,57	0,53	0,48
—10°	—1,44	—1,49	—1,54	—1,59	—1,63	—1,68	—1,72	—1,77	—1,81	—1,86
	1,58	1,50	1,42	1,34	1,26	1,18	1,11	1,03	0,95	0,87
—5°	0,30	0,23	0,15	0,08	0,00	—0,07	—0,15	—0,22	—0,30	—0,37
	2,50	2,37	2,25	2,12	2,00	1,87	1,75	1,62	1,50	1,37
0°	2,27	2,16	2,04	1,93	1,82	1,71	1,59	1,48	1,36	1,25
	3,8	3,6	3,4	3,2	3,0	2,8	2,7	2,5	2,3	2,1
5°	4,42	4,25	4,09	3,93	3,77	3,61	3,45	3,29	3,13	2,96
	5,4	5,1	4,9	4,6	4,3	4,1	3,8	3,6	3,3	3,0
10°	6,95	6,71	6,48	6,25	6,02	5,79	5,56	5,33	5,10	4,87
	7,6	7,3	6,9	6,5	6,1	5,7	5,3	5,0	4,6	4,2
15°	9,94	9,62	9,30	8,98	8,66	8,34	8,01	7,68	7,36	7,04
	10,6	10,1	9,5	9,0	8,5	8,0	7,4	6,9	6,4	5,8
20°	13,58	13,13	12,68	12,23	11,78	11,33	10,88	10,43	9,99	9,55
	14,4	13,7	13,0	12,2	11,5	10,8	10,1	9,4	8,6	7,9
25°	18,10	17,48	16,86	16,24	15,62	15,00	14,38	13,76	13,15	12,54
	20,0	19,0	18,0	17,0	16,0	15,0	14,0	13,0	12,0	11,0
30°	23,60	22,73	21,88	21,03	20,19	19,35	18,51	17,67	16,84	16,01
	27,1	25,6	24,2	22,9	21,5	20,1	18,7	17,3	16,0	14,6
35°	30,55	29,38	28,21	27,05	25,90	24,76	23,61	22,48	21,35	20,23
	36,4	34,5	32,6	30,7	28,8	26,9	25,0	23,1	21,3	19,5
40°	39,37	37,78	36,18	34,60	33,03	31,48	29,94	28,40	26,89	25,38
	48,7	46,1	43,5	40,9	38,4	35,8	33,3	30,8	28,3	25,9
45°	50,51	48,33	46,12	44,02	41,91	39,81	37,73	35,67	33,64	31,62
	64,7	61,1	57,6	54,1	50,7	47,3	43,9	40,6	37,3	34,0
50°	65,12	62,12	59,12	56,22	53,34	50,45	47,67	44,92	42,27	39,59
	86,2	81,3	76,5	71,7	67,0	62,4	57,9	53,4	49,0	44,6
55°	84,11	79,90	75,82	71,80	67,86	63,99	60,18	56,44	52,76	49,15
	114,5	107,8	101,2	94,7	88,4	82,1	75,9	69,9	64,0	58,2
60°	109,29	103,46	97,76	92,20	86,76	81,45	76,26	71,19	66,23	61,48
	152,6	143,3	134,1	125,2	116,5	107,9	99,6	91,4	83,6	75,7
65°	143,30	134,96	126,88	119,06	111,48	104,12	96,98	90,07	83,32	76,78
	204,7	191,3	178,3	165,8	153,7	141,9	130,5	119,4	108,6	98,1
70°	190,88	178,59	166,64	155,54	144,71	134,32	124,33	114,73	105,48	96,58
	278,0	258,3	239,6	221,5	204,3	187,7	171,7	156,0	141,7	127,0
75°	259,96	241,02	223,18	206,35	190,43	175,35	161,05	147,47	134,57	122,27
	384,9	363,0	326,4	299,6	274,3	250,3	227,5	205,9	185,4	165,9
80°	366,35	335,31	306,61	280,08	255,65	232,84	211,76	191,98	173,54	156,23
	550,7	501,4	455,8	413,7	375,0	338,8	305,3	273,9	244,7	217,3
85°	549,41	491,61	440,67	394,60	354,85	318,31	285,28	255,22	227,77	202,58
	835,4	744,1	663,6	590,9	528,0	470,3	418,1	370,7	327,3	287,6
90°	922,24	790,06	682,96	593,82	518,40	453,98	398,5	349,26	305,91	267,92
	1416	1 209	1041	900,3	781,5	680,1	592,1	515,3	447,5	387,4
95°	2047	1 550	1235,4	999,82	830,81	695,99	588,19	500,97	426,56	364,41
	3176	2 396	1904	1532	1267	1055	886,1	749,3	633,1	535,2
100°	—	7 721	3671	2321	1646	1240	970,0	777,0	632,3	519,74
	—	12 030	5700	3588	2533	1900	1477	1176	950	774
110°	—	7 758	3687	2330	1652	1245	973,4	779,7	634,5	521,6
	—	11 991	5676	3571	2519	1888	1468	1167	942	767
120°	—	7 808	3712	2347	1664	1254	981,9	787	640,9	527,3
	—	11 973	5669	3567	2516	1886	1466	1166	941,3	766,5
130°	—	7 861	3739	2365	1678	1265	990,8	794,6	647,6	533,2
	—	11 965	5665	3565	2515	1885	1465	1166	941,1	766,4
140°	—	7 915	3766	2382	1691	1276	1000	802,1	654	538,6
	—	11 948	5657	3560	2512	1883	1464	1164	940,1	765,2
150°	—	7 971	3793	2401	1705	1287	1008	809,7	660,7	544,8
	—	11 939	5653	3558	2510	1881	1463	1164	939,8	765,4

von feuchter Luft mit 760 mm Gesamtspannung (Barometerstand), bezogen Anteils an reiner (trockner) Luft.

in Prozenten											
50	45	40	35	30	25	20	15	10	5	0	Temp. in ° C
—3,29	—3,32	—3,34	—3,37	—3,40	—3,43	—3,45	—3,48	—3,51	—3,53	—3,56	—15°
0,44	0,40	0,35	0,31	0,26	0,22	0,18	0,13	0,09	0,04	—	
—1,91	—1,96	—2,00	—2,05	—2,09	—2,14	—2,19	—2,23	—2,28	—2,32	—2,37	—10°
0,79	0,71	0,63	0,55	0,47	0,39	0,32	0,24	0,16	0,08	—	
—0,45	—0,52	—0,59	—0,67	—0,74	—0,82	—0,89	—0,97	—1,04	—1,12	—1,19	—5°
1,25	1,12	1,00	0,87	0,75	0,62	0,50	0,37	0,25	0,12	—	
1,13	1,02	0,91	0,79	0,68	0,57	0,45	0,34	0,23	0,11	0	0°
1,9	1,7	1,5	1,3	1,1	1,0	0,8	0,6	0,4	0,2	—	
2,80	2,63	2,47	2,31	2,15	1,99	1,83	1,67	1,51	1,35	1,19	5°
2,7	2,4	2,2	1,9	1,6	1,4	1,1	0,8	0,5	0,3	—	
4,64	4,42	4,19	3,96	3,73	3,50	3,28	3,05	2,82	2,59	2,37	10°
3,8	3,4	3,0	2,7	2,3	1,9	1,5	1,1	0,8	0,4	—	
6,72	6,40	6,09	5,78	5,46	5,14	4,82	4,50	4,18	3,87	3,56	15°
5,3	4,8	4,2	3,7	3,2	2,6	2,1	1,6	1,1	0,5	—	
9,11	8,67	8,23	7,79	7,35	6,91	6,47	6,04	5,61	5,18	4,75	20°
7,2	6,5	5,8	5,0	4,3	3,6	2,9	2,2	1,4	0,7	—	
11,93	11,32	10,72	10,12	9,52	8,92	8,32	7,72	7,12	6,53	5,94	25°
9,9	8,9	7,9	6,9	5,9	4,9	3,9	2,9	1,9	1,0	—	
15,18	14,36	13,54	12,73	11,92	11,11	10,31	9,51	8,71	7,91	7,12	30°
13,2	11,9	10,5	9,2	7,9	6,5	5,2	3,9	2,6	1,3	—	
19,12	18,01	16,91	15,81	14,72	13,64	12,56	11,49	10,42	9,36	8,31	35°
17,7	15,9	14,1	12,3	10,5	8,7	7,0	5,2	3,5	1,7	—	
23,88	22,39	20,92	19,46	18,06	16,56	15,12	13,70	12,29	10,89	9,50	40°
23,4	21,0	18,6	16,2	13,8	11,5	9,2	6,9	4,6	2,3	—	
29,62	27,65	25,69	23,75	21,83	19,93	18,05	16,18	14,33	12,50	10,69	45°
30,7	27,5	24,4	21,2	18,1	15,0	11,9	8,9	5,9	2,9	—	
36,87	34,14	31,56	28,95	26,44	23,95	21,44	19,02	16,63	14,20	11,87	50°
40,3	36,0	31,8	27,7	23,6	19,5	15,5	11,6	7,7	3,8	—	
45,59	42,09	38,66	35,28	31,95	28,67	25,45	22,28	19,16	16,09	13,06	55°
52,4	46,8	41,6	35,8	30,4	25,1	20,0	14,8	9,8	4,9	—	
56,63	51,98	47,43	42,98	38,62	34,35	30,17	26,07	22,05	18,11	14,25	60°
68,1	60,6	53,2	46,1	39,1	32,3	25,5	19,0	12,5	6,2	—	
70,44	64,26	58,24	52,38	46,68	41,14	35,74	30,47	25,33	20,32	15,44	65°
87,9	78,0	68,4	59,1	50,0	41,1	32,4	24,0	15,8	7,8	—	
87,99	79,72	71,73	64,02	56,56	49,35	42,38	35,63	29,09	22,76	16,62	70°
113,8	100,5	87,8	75,5	63,6	52,2	41,0	30,3	19,9	9,8	—	
110,56	99,37	88,69	78,48	68,71	59,33	50,35	41,72	33,44	25,42	17,81	75°
147,3	129,5	112,5	96,3	80,7	65,9	51,6	37,9	24,8	12,1	—	
139,98	124,67	110,25	96,63	83,74	71,38	59,95	48,94	38,48	28,51	19,00	80°
191,5	167,2	144,4	122,8	102,4	83,0	64,8	47,4	30,8	15,0	—	
179,42	158,01	138,19	119,77	102,62	86,76	71,62	57,57	44,36	31,92	20,19	85°
251,0	217,2	186,0	156,9	129,9	104,9	89,0	58,8	38,1	18,5	—	
233,66	202,88	175,05	149,70	126,54	105,40	85,89	67,91	51,23	35,78	21,37	90°
333,5	285,1	241,3	201,5	165,1	131,9	101,2	73,0	46,8	22,6	—	
311,16	264,99	224,61	188,59	157,28	128,93	103,41	80,31	58,48	40,14	22,56	95°
451,8	379,4	316,2	259,8	210,7	166,4	126,4	90,3	56,2	27,5	—	
429,66	355,92	294,47	242,46	197,86	159,23	125,36	95,49	68,91	45,15	23,75	100°
633	518	422	341	271,4	211,1	158,3	111,7	70,4	33	—	
431,3	357,5	296	244	199,4	161,1	127,1	97,39	70,97	47,36	26,12	110°
627	513	418	337	268,1	208,9	156,2	110,2	69,3	32,8	—	
436,4	362,1	300,2	247,9	203	164,5	130,2	100,3	73,67	49,89	28,5	120°
626,8	512,5	417,3	336,9	268	208,8	156,1	110,1	69,3	32,8	—	
441,7	366,9	304,6	251,8	206,7	167,9	133,4	103,2	76,40	52,43	30,87	130°
626,8	512,5	417,4	336,9	268	208,8	156,2	110,2	69,3	32,8	—	
446,8	371,5	308,8	255,7	210,3	171,1	136,4	106,1	78,97	54,95	33,25	140°
626,1	512	417	336,7	267,8	208,7	156,1	110,1	69,1	32,8	—	
452,1	376,3	313,1	259,7	213,9	174,5	139,5	109	81,80	57,48	35,62	150°
626	511,9	417	336,6	267,8	208,7	156,1	110,4	69,3	32,8	—	

Tabelle X. Raumeinnahme von 1 kg des Anteils an reiner Luft in Gemischen, welche bei 760 mm Barometerstand mit Feuchtigkeit gesättigt sind zu:

Temp.	100%	95%	90%	85%	80%	75%	70%	65%	60%	55%	50%	45%	40%	35%	30%	25%	20%	15%	10%	5%	0%	Temp.
÷15°	0,732	0,732	0,732	0,732	0,732	0,732	0,732	0,732	0,732	0,731	0,731	0,731	0,731	0,731	0,731	0,731	0,731	0,731	0,731	0,731	0,731	÷15°
÷10°	0,747	0,747	0,747	0,747	0,747	0,747	0,746	0,746	0,746	0,746	0,746	0,746	0,746	0,745	0,745	0,745	0,745	0,745	0,745	0,745	0,745	÷10°
÷5°	0,763	0,763	0,763	0,763	0,762	0,762	0,762	0,762	0,761	0,761	0,761	0,761	0,761	0,760	0,760	0,760	0,760	0,760	0,759	0,759	0,759	÷5°
0°	0,778	0,778	0,778	0,778	0,777	0,777	0,777	0,777	0,776	0,776	0,776	0,776	0,775	0,775	0,775	0,775	0,774	0,774	0,774	0,773	0,773	0°
5°	0,795	0,794	0,794	0,794	0,793	0,793	0,793	0,793	0,792	0,792	0,792	0,791	0,791	0,790	0,790	0,789	0,789	0,788	0,788	0,787	0,787	5°
10°	0,812	0,811	0,811	0,810	0,810	0,809	0,809	0,808	0,808	0,807	0,807	0,806	0,806	0,805	0,805	0,804	0,804	0,803	0,803	0,802	0,801	10°
15°	0,830	0,830	0,829	0,829	0,828	0,827	0,826	0,825	0,825	0,824	0,824	0,823	0,822	0,821	0,820	0,819	0,819	0,818	0,818	0,817	0,816	15°
20°	0,850	0,849	0,848	0,847	0,846	0,845	0,844	0,843	0,842	0,841	0,840	0,839	0,838	0,837	0,836	0,835	0,834	0,833	0,832	0,831	0,830	20°
25°	0,872	0,870	0,869	0,867	0,866	0,865	0,863	0,862	0,860	0,859	0,858	0,857	0,856	0,855	0,853	0,852	0,850	0,849	0,847	0,846	0,844	25°
30°	0,896	0,894	0,892	0,890	0,888	0,886	0,885	0,883	0,881	0,879	0,877	0,875	0,873	0,871	0,870	0,868	0,866	0,864	0,862	0,860	0,858	30°
35°	0,924	0,921	0,918	0,916	0,913	0,910	0,908	0,905	0,903	0,900	0,897	0,895	0,892	0,890	0,887	0,885	0,882	0,880	0,877	0,875	0,873	35°
40°	0,957	0,953	0,949	0,946	0,942	0,938	0,935	0,931	0,928	0,924	0,921	0,917	0,914	0,911	0,907	0,904	0,900	0,897	0,894	0,890	0,886	40°
45°	0,995	0,990	0,985	0,980	0,975	0,970	0,965	0,960	0,955	0,951	0,946	0,941	0,937	0,932	0,928	0,923	0,919	0,914	0,910	0,905	0,901	45°
50°	1,042	1,034	1,027	1,021	1,014	1,007	1,000	0,994	0,987	0,981	0,974	0,968	0,962	0,956	0,950	0,944	0,938	0,932	0,926	0,921	0,915	50°
55°	1,101	1,091	1,081	1,071	1,062	1,052	1,043	1,034	1,025	1,017	1,008	1,000	0,991	0,983	0,975	0,968	0,960	0,952	0,944	0,937	0,929	55°
60°	1,174	1,160	1,146	1,133	1,120	1,107	1,094	1,082	1,070	1,058	1,046	1,035	1,024	1,013	1,003	0,993	0,983	0,973	0,963	0,953	0,943	60°
65°	1,271	1,251	1,231	1,212	1,193	1,175	1,158	1,142	1,124	1,108	1,092	1,077	1,062	1,048	1,034	1,021	1,008	0,995	0,982	0,970	0,958	65°
70°	1,404	1,373	1,344	1,316	1,290	1,264	1,239	1,215	1,192	1,170	1,149	1,129	1,109	1,090	1,071	1,053	1,036	1,019	1,003	0,988	0,971	70°
75°	1,592	1,544	1,500	1,458	1,418	1,380	1,344	1,310	1,278	1,247	1,218	1,190	1,163	1,138	1,113	1,090	1,068	1,046	1,025	1,006	0,986	75°
80°	1,877	1,799	1,726	1,659	1,597	1,539	1,487	1,436	1,390	1,346	1,305	1,267	1,230	1,196	1,163	1,131	1,103	1,076	1,049	1,024	1,000	80°
85°	2,363	2,215	2,085	1,970	1,867	1,773	1,689	1,613	1,543	1,479	1,420	1,365	1,315	1,268	1,224	1,186	1,146	1,110	1,076	1,045	1,014	85°
90°	3,339	3,002	2,727	2,498	2,304	2,139	1,995	1,870	1,759	1,661	1,573	1,494	1,423	1,358	1,298	1,244	1,194	1,148	1,105	1,066	1,029	90°
95°	6,291	5,026	4,185	3,585	3,135	2,786	2,507	2,283	2,088	1,927	1,789	1,670	1,565	1,473	1,391	1,318	1,252	1,192	1,138	1,088	1,043	95°
100°	—	21,150	10,580	7,050	5,288	4,230	3,525	3,022	2,638	2,350	2,115	1,923	1,763	1,627	1,511	1,410	1,322	1,244	1,175	1,146	1,056	100°
110°	—	21,709	10,855	7,236	5,427	4,342	3,618	3,101	2,714	2,412	2,171	1,974	1,809	1,670	1,551	1,447	1,357	1,277	1,206	1,143	1,085	110°
120°	—	22,275	11,137	7,425	5,569	4,455	3,712	3,182	2,784	2,475	2,227	2,025	1,856	1,713	1,591	1,485	1,392	1,310	1,237	1,173	1,114	120°
130°	—	22,855	11,427	7,618	5,713	4,571	3,809	3,265	2,857	2,539	2,285	2,078	1,905	1,758	1,632	1,524	1,428	1,344	1,270	1,203	1,142	130°
140°	—	23,412	11,706	7,804	5,853	4,682	3,902	3,345	2,926	2,601	2,341	2,128	1,951	1,801	1,672	1,561	1,463	1,377	1,301	1,232	1,170	140°
150°	—	23,985	11,992	7,995	5,996	4,797	3,997	3,426	2,998	2,665	2,398	2,180	1,999	1,845	1,713	1,599	1,499	1,411	1,332	1,262	1,198	150°

Tabelle XI. Teildruck des Dampfes in feuchter Luft von 760 mm Pressung, gemessen in mm QS., wenn deren Sättigung beträgt:

Temp.	Dampf. spannung in mm QS.	100%	95%	90%	85%	80%	75%	70%	65%	60%	55%	50%	45%	40%	35%	30%	25%	20%	15%	10%	5%	Temp.
÷15°	1,12	1,12	1,06	1,01	0,95	0,90	0,84	0,78	0,73	0,67	0,62	0,56	0,51	0,45	0,40	0,34	0,28	0,22	0,17	0,11	0,056	÷15°
÷10°	1,91	1,91	1,81	1,72	1,62	1,53	1,43	1,34	1,24	1,15	1,05	0,96	0,86	0,76	0,66	0,57	0,47	0,38	0,28	0,19	0,095	÷10°
÷5°	3,04	3,04	2,89	2,74	2,58	2,43	2,28	2,13	1,97	1,82	1,67	1,52	1,37	1,22	1,06	0,91	0,76	0,61	0,46	0,30	0,152	÷5°
0°	4,58	4,58	4,35	4,12	3,89	3,66	3,44	3,21	2,98	2,75	2,52	2,29	2,06	1,83	1,60	1,37	1,15	0,92	0,69	0,46	0,229	0°
5°	6,54	6,54	6,21	5,89	5,56	5,23	4,90	4,58	4,25	3,92	3,60	3,27	2,94	2,62	2,29	1,96	1,64	1,31	0,98	0,65	0,327	5°
10°	9,20	9,20	8,74	8,28	7,82	7,36	6,90	6,44	5,98	5,52	5,06	4,60	4,14	3,68	3,22	2,76	2,30	1,84	1,38	0,92	0,460	10°
15°	12,78	12,78	12,14	11,50	10,86	10,22	9,59	8,95	8,31	7,67	7,03	6,39	5,75	5,11	4,48	3,83	3,20	2,56	1,92	1,28	0,639	15°
20°	17,51	17,51	16,62	15,76	14,87	14,01	13,13	12,25	11,37	10,51	9,62	8,75	7,87	7,00	6,12	5,25	4,37	3,50	2,62	1,75	0,875	20°
25°	23,69	23,69	22,50	21,32	20,13	18,95	17,77	16,58	15,39	14,21	13,02	11,84	10,66	9,48	8,29	7,11	5,92	4,74	3,55	2,37	1,184	25°
30°	31,71	31,71	30,12	28,54	26,94	25,37	23,78	22,20	20,60	19,03	17,43	15,85	14,26	12,68	11,09	9,51	7,92	6,34	4,75	3,17	1,585	30°
35°	42,02	42,02	39,92	37,82	35,71	33,62	31,52	29,41	27,31	25,21	23,11	21,01	18,91	16,81	14,70	12,61	10,50	8,40	6,30	4,20	2,101	35°
40°	55,13	55,13	52,37	49,62	46,86	44,10	41,35	38,59	35,83	33,08	30,32	27,56	24,80	22,05	19,29	16,54	13,78	11,03	8,27	5,51	2,756	40°
45°	71,66	71,66	68,08	64,49	60,91	57,33	53,75	50,16	46,58	42,99	39,41	35,83	32,25	28,66	25,08	21,50	17,92	14,33	10,75	7,17	3,583	45°
50°	92,30	92,30	87,67	83,07	78,44	73,84	69,22	64,61	59,99	55,38	50,75	46,15	41,52	36,92	32,30	27,69	23,06	18,46	13,83	9,23	4,610	50°
55°	117,85	117,85	111,95	106,06	100,17	94,28	88,38	82,49	76,60	70,71	64,81	58,92	53,03	47,14	41,25	35,35	29,46	23,57	17,68	11,78	5,892	55°
60°	149,19	149,19	141,72	134,27	126,81	119,35	113,89	104,43	96,98	89,51	82,05	74,59	67,13	59,68	52,21	44,76	37,29	29,84	22,37	14,92	7,459	60°
65°	187,36	187,36	177,99	168,62	159,25	149,89	140,52	131,15	121,79	112,42	103,05	93,68	84,31	74,94	65,58	56,21	46,84	37,47	28,10	18,74	9,368	65°
70°	233,53	233,53	221,85	210,18	198,50	186,82	175,15	163,47	151,79	140,12	128,44	116,76	105,08	93,41	81,73	70,06	58,38	46,70	35,03	23,35	11,676	70°
75°	289,0	289,0	274,55	260,1	245,65	231,2	216,75	202,3	187,85	173,4	158,95	144,5	130,05	115,60	101,15	86,7	72,25	57,8	43,35	28,90	14,45	75°
80°	355,1	355,1	337,34	319,59	301,83	284,08	266,33	248,57	230,81	213,06	195,25	177,55	159,79	142,04	124,28	106,53	88,77	71,02	53,26	35,51	17,75	80°
85°	433,5	433,5	411,81	390,15	368,46	346,8	325,1	303,45	281,76	260,1	238,37	216,75	195,06	173,40	151,71	130,05	108,36	86,70	65,01	43,35	21,67	95°
90°	525,8	525,8	499,51	473,22	446,93	420,64	394,35	368,06	341,77	315,48	289,19	262,90	236,61	210,32	184,03	157,74	131,45	105,16	78,87	52,58	26,29	90°
95°	634,0	634,0	602,3	570,6	538,9	507,2	475,5	443,8	412,1	380,4	348,7	317,0	285,3	253,6	221,9	190,2	158,5	126,8	95,1	63,4	31,7	85°
100°	760	760	722	684	646	608	570	532	494	456	418	380	342	304	266	228	190	152	114	76	38	100°
110°	760	760	722	684	646	608	570	532	494	456	418	380	342	304	266	228	190	152	114	76	8	110°
120°	760	760	722	684	646	608	570	532	494	456	418	380	342	304	266	228	190	152	114	76	38	120°
130°	760	760	722	684	646	608	570	532	494	456	418	380	342	304	266	228	190	152	114	76	38	130°
140°	760	760	722	684	646	608	570	532	494	456	418	380	342	304	266	228	190	152	114	76	38	140°
150°	760	760	722	684	646	608	570	532	494	456	418	380	342	304	266	228	190	152	114	76	38	150°

Tabelle XII.

Temp.	Raumeinnahme in Kubikmetern der 1 kg Wasser enthaltenden Luft von 760 mm Pressung, wenn ihre Sättigung beträgt:																			Temp.
	100%	95%	90%	85%	80%	75%	70%	65%	60%	55%	50%	45%	40%	35%	30%	25%	20%	15%	10%	5%	
÷15°	813	856	903	957	1016	1084	1162	1251	1355	1479	1627	1807	2033	2324	2711	3253	4066	5422	8133	16267	÷15°
÷10°	476	501	529	560	595	635	680	732	793	865	952	1058	1190	1360	1586	1904	2380	3173	4760	9520	÷10°
÷5°	305	321	339	359	381	407	436	470	508	555	610	678	763	872	1017	1221	1526	2035	3052	6104	÷5°
0°	205	216	227	241	256	273	292	315	341	372	409	455	511	585	682	819	1023	1365	2047	4095	0°
5°	147	155	163	173	181	196	210	226	245	268	294	327	368	421	490	589	736	981	1472	2944	5°
10°	107	112	118	126	134	143	152	164	178	194	214	237	267	305	356	427	534	712	1068	2137	10°
15°	78,3	82,4	87	92,1	97,9	104	112	121	130	142	157	174	195	224	261	313	391	522	783	1566	15°
20°	58	61,1	64,4	68,2	72,5	77,3	83	89,2	96,5	105	116	129	145	166	193	232	290	387	580	1160	20°
25°	43,6	45,9	48,4	51,3	54,5	58,1	62,3	67,1	72,5	79,3	87,2	96,9	109	125	145	174	218	291	436	872	25°
30°	33,1	34,8	36,7	38,9	41,4	44,1	47,2	50,8	55	60,1	66,1	73,4	82,5	94,4	110	132	165	220	331	661	30°
35°	25,4	26,7	28,2	29,9	31,7	33,9	36,3	39,1	42,3	46,2	50,8	56,4	63,5	72,6	84,7	102	127	169	254	508	35°
40°	19,6	20,7	21,8	23,1	24,5	26,1	28,1	30,2	32,7	35,7	39,3	43,7	49,1	56,1	65,5	78,6	98,2	131	196	393	40°
45°	15,4	16,2	17,1	18,1	19,2	20,5	22	23,7	25,6	28	30,8	34,2	38,5	44	51,3	61,6	77	103	154	308	45°
50°	12,1	12,7	13,4	14,2	15,1	16,1	17,3	18,6	20,1	22	24,2	26,9	30,2	34,6	40,3	48,4	60,5	80,7	121	242	50°
55°	9,62	10,1	10,6	11,3	12	12,8	13,7	14,8	16	17,5	19,2	21,3	24	27,4	32	38,4	48,1	64	96,2	192	55°
60°	7,72	8,11	8,55	9,06	9,65	10,3	11	11,8	12,8	14	15,4	17,1	19,3	22	25,7	30,8	38,6	51,3	77,2	154	60°
65°	6,21	6,53	6,89	7,29	7,76	8,28	8,85	9,54	10,3	11,3	12,4	13,8	15,5	17,7	20,7	24,8	31	41,3	62,1	124	65°
70°	5,05	5,32	5,61	5,94	6,31	6,73	7,21	7,77	8,42	9,17	10,1	11,2	12,6	14,4	16,8	20,2	25,2	33,7	50,5	101	70°
75°	4,13	4,35	4,59	4,86	5,16	5,51	5,91	6,36	6,89	7,52	8,27	9,19	10,3	11,8	13,8	16,5	20,6	27,6	41,3	82,7	75°
80°	3,41	3,59	3,79	4,01	4,26	4,55	4,87	5,25	5,68	6,10	6,82	7,58	8,50	9,74	11,4	13,6	17,0	22,7	34,1	68,2	80°
85°	2,83	2,98	3,14	3,33	3,54	3,77	4,04	4,35	4,71	5,15	5,66	6,29	7,05	8,09	9,43	11,3	14,1	18,9	28,3	56,6	85°
90°	2,36	2,48	2,62	2,78	2,95	3,15	3,37	3,63	3,93	4,29	4,72	5,24	5,90	6,74	7,87	9,48	11,8	15,7	23,6	47,2	90°
95°	1,98	2,08	2,20	2,33	2,47	2,64	2,83	3,05	3,30	3,60	3,96	4,40	4,95	5,66	6,60	7,92	9,9	13,2	19,8	39,6	95°
100°	—	1,76	1,85	1,96	2,09	2,23	2,39	2,57	2,78	3,04	3,34	3,71	4,15	4,77	5,57	6,68	8,35	11,1	16,7	33,4	100°
110°	—	1,81	1,91	2,03	2,15	2,30	2,47	2,66	2,88	3,14	3,46	3,85	4,33	4,95	5,78	6,93	8,69	11,6	17,4	34,8	110°
120°	—	1,86	1,96	2,08	2,21	2,36	2,53	2,72	2,96	3,23	3,55	3,95	4,45	5,10	5,94	7,12	8,92	11,9	17,8	35,7	120°
130°	—	1,91	2,02	2,14	2,27	2,42	2,60	2,80	3,04	3,31	3,65	4,05	4,56	5,22	6,09	7,30	9,15	12,2	18,3	36,6	130°
140°	—	1,96	2,07	2,19	2,33	2,49	2,67	2,87	3,11	3,40	3,74	4,16	4,68	5,35	6,25	7,48	9,37	12,5	18,8	37,5	140°
150°	—	2,01	2,12	2,25	2,39	2,55	2,73	2,94	3,19	3,48	3,83	4,26	4,79	5,48	6,40	7,66	9,60	12,8	19,2	38,5	150°

II. Abschnitt.
Erzeugung der Wärme.

Die Brennstoffe.

Wenden wir uns jetzt zur Erzeugung der Wärme, so kommt für unsere Zwecke fast allein diejenige durch Verbrennung in Frage; jede andere, wie die auf Umwandlung von Kraft in Wärme bei der Reibung oder der Kompression zurückzuführende oder solche, welche durch Elektrizität u. dgl. entsteht, kann außer acht gelassen werden, da sie weitaus zu teuer wird; selbst die durch Verbrennung entwickelte kann sich bei dem oft für Trockenzwecke sehr großen Bedarf noch so hoch im Preise stellen, daß ihre möglichst vollkommene Erzeugung notwendig wird.

Tropfbarflüssige und gasförmige Brennmaterialien kommen selten und meist nur bei kleineren Einrichtungen zur Verwendung; es bleiben also nur die festen: Holz, Torf und Kohlen aller Art.

Die Verbrennung selbst ist ein chemischer Reaktionsprozeß, bei welchem sich vornehmlich der Kohlenstoff (C) des Brennmaterials mit dem Sauerstoff (O) der Atmosphäre bei einer gewissen Temperatur unter großer Wärmeentwicklung verbindet, und zwar 1 Volumen Kohlenstoff mit 1 Volumen Sauerstoff zu Kohlenoxyd (CO) oder 1 Volumen Kohlenstoff mit 2 Volumen Sauerstoff zu Kohlensäure (CO_2); im ersten Fall entwickeln sich 2400, im andern 8100 WE bei Verbrennung des Volumens von 1 kg Kohlenstoff.

Von den übrigen Bestandteilen des Brennstoffs, falls er nicht sehr feucht oder stark verunreinigt ist, hat nur der freie Wasserstoff (H) Bedeutung, da er sich eventuell nach einigen Zwischenstufen in Wasser (H_2O) und Kohlensäure unter Entbindung von 29 000 WE umsetzt.

Vollkommene Verbrennung mit höchster Wärmeentwicklung erfordert mithin genügenden Sauerstoff für Umbildung allen Kohlenstoffs zu Kohlensäure (CO_2) und nicht zu Kohlenoxyd (CO) sowie zur Verbindung mit den geringen Mengen an Wasserstoff zu Wasser (H_2O) und mit dem als Verunreinigung häufig vorkommenden Schwefel (S) zu schwefl. Säure (SO_2). Daß der Prozeß in einer Zone von ausreichend hoher Temperatur stattfinden muß, wurde schon erwähnt.

Die von 1 kg Brennstoff dabei entwickelte Wärmemenge heißt sein Heizwert und wird berechnet nach der Formel:

$$h = 8100\,C + 29\,000\,(H - {}^1\!/_8\,O) + 2500\,S + 600\,W,$$

wenn 1 kg Brennstoff C kg Kohlenstoff, H kg Wasserstoff, O kg Sauerstoff, S kg Schwefel und W kg Wasser enthält.

Er läßt sich auch ohne die Kenntnis der Zusammensetzung des Brennstoffs und sogar zuverlässiger auf physikalischem Wege bestimmen, doch ist sie immer erwünscht zur Ermittelung der für die Verbrennung nötigen Luft- und der dabei entwickelten Gasmenge.

Die in der Chemie auf 1 Atom Wasserstoff = 1 bezogenen Volum- oder Atomgewichte sind für Sauerstoff = 16, Kohlenstoff = 12 und Schwefel = 32, mithin kommen in der Kohlensäure (CO_2) auf 3 Gewichtsteile C 8 Gewichtsteile O, und zur Verbrennung von 3 kg C zu CO_2 sind nötig 8 kg O. Im Wasser H_2O entfallen auf 1 Gewichtsteil H sogar 8 Gewichtsteile O, während für das Schwefligsäureanhydrid SO_2, gewöhnlich als schwefl. Säure bezeichnet, zu welchem der Schwefel verbrennt, auf 1 Gewichtsteil S nur 1 Gewichtsteil O zu rechnen ist.

Das Gewicht an Sauerstoff, welches sich theoretisch zur vollkommenen Verbrennung von 1 kg Brennstoff nötig macht, wird somit:

$${}^8\!/_3\,C + 8\,H + S - O.$$

und da 1 kg atm. Luft rund 0,23 kg Sauerstoff enthält, so stellt sich die theoretisch erforderliche Luftmenge auf:

$$L = \frac{{}^8\!/_3\,C + 8\,H + S - O}{0{,}23}\ \text{kg}.$$

Die mit ihr entwickelte Wärmemenge wird „Heizwert" des Brennstoffs genannt, mit dem Buchstaben „*h*" bezeichnet und in Wärmeeinheiten (WE pro kg) ausgedrückt.

Mit dem vorstehend berechneten Luftquantum läßt sich in der Praxis jedoch nicht auskommen, da es unmöglich ist, jedes zugeführte Sauerstoffteilchen zur Geltung zu bringen und es bisher nur in den besten Anlagen gelang, mit dem ca. 1,3 fachen der theoretischen Luftmenge eine befriedigende Verbrennung zu erzielen; meistens kommt aber das Doppelte und seltener schon das 1,5—1,3 fache zur Anwendung.

Doch selbst hierbei ist die vollständige Überführung aller brennbaren Bestandteile in ihre Oxydations- oder Verbrennungsprodukte nicht zu ermöglichen, sondern muß man sich im praktischen Betriebe damit begnügen, wenn dies Ziel nur zu 8—9 Zehntel erreicht wird. Der Wirkungsgrad η_1 der Verbrennung ist demnach zu setzen:

$$\eta_1 = 0{,}8—0{,}9.$$

Höhere Werte beschränken sich durchweg auf Probeheizungen und Paradevorführungen.

Nach der Menge der zugeführten Frischluft richtet sich wieder das Gewicht und die spez. Wärme der Rauchgase sowie die Verbrennungstemperatur.

Die Rauchgase wiegen so viel wie Brennstoff und zugeführte Luft zusammen, abzüglich der zurückbleibenden Schlacke und Asche, doch ist der hierfür zu machende Abzug so geringfügig, daß er vernachlässigt und daß das Gewicht der Rauchgase mit einer für die Praxis ausreichenden Genauigkeit zu $1 + L$ kg pro kg Brennstoff gesetzt werden kann, wenn L das Gewicht der zugeführten Luftmenge in kg bezeichnet. Da trockene Luft von 0^0 pro cbm 1,293 $\sim$ 1,3 kg wiegt und ihre Dichtigkeit nur wenig von derjenigen der Rauchgase abweicht, so dürfen wir die Gasmenge in cbm, reduziert auf 0^0, welche aus 1 kg Brennstoff entsteht, bestimmen durch:

$$G = B\frac{L+1}{1{,}3} \quad \ldots\ldots \quad (13)$$

Die spez. Wärme der Rauchgase hängt von ihrer Zusammensetzung und Temperatur ab; sie liegt für die meisten Brennstoffe bei Anwendung der 1½—2 fachen Luftmenge in der Nähe von 0,25.

Zu ihrer genaueren Berechnung dient die Formel, wenn $G_1 — G_2 — G_3 — G_4$ die Gewichte der einzelnen Verbrennungsprodukte und $s_1 — s_2 — s_3 — s_4$ die zugehörigen spez. Wärmen pro kg bezeichnen:

$$c_p = \frac{G_1 s_1 + G_2 s_2 + G_3 s_3 + G_4 s_4 + \ldots}{G_1 + G_2 + G_3 + G_4 + \ldots} \quad . \quad . \quad (14)$$

Die theoretische Verbrennungstemperatur ergibt sich hiernach sehr einfach zu:

$$T = \frac{h}{c_p \cdot (L + 1)} \, {}^0\mathrm{C},$$

da das Gewicht des Gasgemisches, multipliziert mit seiner spez. Wärme und Temperatur, gleich dem Heizwert h sein muß.

In der Praxis läßt sich die so berechnete Temperatur jedoch nicht erreichen, sondern sie muß zunächst mit dem Wirkungsgrad der Verbrennung multipliziert werden, nämlich: $\eta_1 = 0{,}8$ bis 0,9 bei normalen Ausführungen, so daß entsteht:

$$T = \eta_1 \frac{h}{c_p \cdot (L + 1)}.$$

Aber auch das genügt noch nicht, indem unvermeidliche Abkühlungsverluste die Wirkung herabsetzen, welchem dadurch Rechnung getragen zu werden pflegt, daß der Heizwer h um 5% niedriger eingesetzt wird, als er tatsächlich ist, also:

$$T = \eta_1 \frac{0{,}95\, h}{c_p \cdot (L + 1)} \quad . \quad . \quad . \quad . \quad . \quad . \quad (15)$$

Bei Innen- oder Unterfeuerungen von Kesseln kommt noch ein weiterer Koeffizient hinzu, hervorgerufen durch das Ausstrahlungsverhältnis σ von der durch Strahlung an den Kessel übertragenen zu der gesamten erzeugten Wärme; für Innenfeuerungen ist nach Péclet $\sigma = 0{,}25$ bis 0,3, für Unterfeuerung $= 0{,}2$ bis 0,25 zu setzen. Wo alle diese Faktoren zu berücksichtigen sind, wird:

$$T = \eta_1 \frac{(1 - \sigma)\, 0{,}95\, h}{(1 + L)\, c_p} \quad . \quad . \quad . \quad . \quad . \quad (16)$$

Die Richtigkeit der nach diesen Formeln erhaltenen Ergebnisse wird häufig durch Dissoziation (Zerfall der Moleküle der Verbrennungsprodukte bei hoher Temperatur) beeinflußt, doch tritt deren positive Wirkung nur ganz lokal über dem Rost auf, um sofort hinter ihm durch eine entsprechende negative wieder herabgesetzt zu werden, da andernfalls auch der festliegende Heizwert eine Änderung erfahren müßte.

Für unsere Untersuchungen dürfen wir somit die rechnungsmäßige Höhe der Verbrennungstemperatur zugrunde legen und danach das zur Wirkung kommende Temperaturgefälle bewerten.

Über Heizwert, Luftmenge, theoretische Verbrennungstemperatur etc. enthält Tab. XIII gute Mittelwerte für die hauptsächlichsten Brennstoffe.

Von großer Wichtigkeit ist es in vielen Fällen, auch die Abzugstemperatur der Rauchgase zu kennen, und sollte man meinen, daß diese am besten so tief gelegt würde, daß sie gerade genügte zur Hervorrufung des erforderlichen Schornsteinzuges.

Dem ist indessen nicht so, denn dann fiele unter anderem der Temperaturunterschied zwischen Heizgasen und Wasser in den letzten Zügen der Kesselfeuerungen so gering aus, daß dort nur noch sehr wenig Wärme pro qm Heizfläche überginge; der Kessel müßte also unverhältnismäßig vergrößert werden, und zehrten die vermehrten Aufwendungen an Raum, Anschaffung und Reparaturen den erzielten Nutzen meistens wieder auf. Man begnügt sich daher mit 200—250°, ja oft mit 300°, und dürfte auch bei Anwendung von mechanisch angetriebenen Exhaustoren nicht viel tiefer gegangen werden, wenn nicht Gelegenheit gegeben ist, die niedrigeren Temperaturen für die Heizung von Vorwärmern, Ekonomisern u. dgl. auszunutzen.

Der Rost und seine Beschickung.

Jeder Brennstoff erfordert eine, seiner besonderen Eigenart angepaßte Ausbildung der Feuerstelle, was zu einer Unzahl von Konstruktionen geführt hat[1]), von denen jedoch

[1]) Haier, Dampfkesselfeuerungen, 1899. Berlin, Julius Springer. (Inzwischen neu aufgelegt.)

Tabelle XIII. Heizwert, Luftbedarf, Verbrennungstemperatur etc. verschiedener Brennstoffe pro kg.

Brennstoff	Theoret. entwickelte WE (Heizwert „h“)	Theor. erf. Luftmenge in kg	Bei anderthalbfacher theoret. Luftmenge					Bei doppelter theoret. Luftmenge				
			gasförmige Verbrennungsprodukte		spez. Wärme	spez. Gewicht in bezug auf Luft	Verbrennungstemperatur	gasförmige Verbrennungsprodukte		spez. Wärme	spez. Gewicht in bezug auf Luft	Verbrennungstemperatur
			in kg	in cbm von 0°				in kg	in cbm von 0°			
Westfäl. Steinkohle .	ca. 7500	ca. 10,5	16,7	13	0,25	1,04	1400	22	16,6	0,24	1,03	1150
Sächs. „ . .	„ 6000	9	14,5	11,2	0,25	1,04	1300	19	14,3	0,24	1,03	1050
Oberschles. „ . .	„ 6800	9,5	15,2	11,7	0,25	1,04	1400	20	15	0,24	1,03	1100
Englische „ . .	„ 7000	10	16	12,3	0,25	1,04	1400	21	15,8	0,24	1,03	1100
Westfäl. Koks . . .	„ 6600	9,2	14,8	11,4	0,25	1,06	1400	19,4	14,5	0,24	1,04	1100
Gaskoks	„ 6000	9	14,5	11,2	0,25	1,04	1300	19	14,3	0,24	1,03	1050
Böhm. Braunkohle .	„ 4500	6,5	10,7	8,2	0,25	1,02	1350	14	10,8	0,25	1,01	1000
Mitteldeutsche u. ähnliche Braunkohlen .	2100 bis 4500	—	—	—	—	—	—	—	—	—	—	—
Dieselben, in der Regel	2200 bis 2300	ca. 4,2	7,3	5,6	0,26	0,99	900	9,4	7,3	0,25	0,99	800
Braunkohlenbriketts .	ca. 4500	„ 6,8	11,1	8,5	0,25	1,02	1300	14,5	11,2	0,25	1,01	1000
Holz mit 20% Wasser	„ 2700	„ 4,5	7,8	6	0,26	1	1000	10	8	0,25	1	850

die meisten nur ein kurzes oder beschränktes Interesse zu erwecken vermögen. Alle haben in den Feuerungsanlagen der Dampfkessel die größte Ausbildung erfahren und behalten die hierfür aufgestellten Regeln auch für andere Feuerstellen Gültigkeit, also auch für solche, deren Abgase ohne weiteres zum Trocknen dienen sollen.

Der wichtigste Teil jeder Feuerung ist der Rost und kommt dieser in vier Hauptgestaltungen vor, als Plan-, Schräg-, Treppen- oder Korbrost, wovon der erste für alle Brennstoffe, der zweite vorherrschend für kleinkörnige Stein- und Braunkohle, der dritte für Braunkohle von noch kleinerem Kaliber sowie für Holz, Sägemehl, Lohe und der letzte für Koks zur Anwendung gelangt. Die Rostfläche wird bezeichnet als totale oder als freie, und zwar bildet der von den Spalten zwischen den Stäben oder Platten eingenommene Teil die für den Zutritt der Verbrennungsluft „freie" Rostfläche. Sie soll sein nach Erfahrungsregeln:

bei Steinkohlen . . .	$^1/_4$—$^1/_2$	der totalen.
„ Braunkohlen . . .	$^1/_5$—$^1/_3$	
„ Holz, Torf	$^1/_7$—$^1/_5$	
„ Koks	$^1/_3$—$^1/_2$	

Bezeichnen wir dieses Verhältnis nach der „Hütte" mit m, so muß die totale Rostfläche R, wenn stündlich darauf B kg verbrannt werden sollen, eine Größe in qm erhalten:

$$R = \frac{B \cdot L}{4680\, m \cdot v} \quad \dots\dots \quad (17)$$

worin bedeutet:

L = die wirkliche, zur Verbrennung von 1 kg des Brennstoffs erforderliche Luftmenge in kg,

v = Geschwindigkeit der zutretenden Luft in den Rostspalten, im Mittel = 1 m pro Sek.

Beispiel 1. Es sollen stündlich 100 kg Braunkohlenbriketts von ca. 4500 WE pro kg bei normaler Beanspruchung der Feuerung verbrannt werden. Wie groß muß die Rostfläche sein?

Nach Tabelle XIII beträgt die theoretisch erforderliche Luftmenge 6,8 kg pro kg Briketts; wir sehen den doppelten Betrag vor, wählen das Verhältnis $m = 0,3$ und die Geschwindigkeit $v = 1$ m pro Sek. Dann ergibt sich:

$$R = \frac{100 \cdot 6,8 \cdot 2}{4680 \cdot 1 \cdot 0,3} = 0,97 \text{ qm}.$$

Zur guten Ausnutzung eines Brennmaterials genügt natürlich nicht allein die richtige Dimensionierung der Rostfläche, sondern es muß auch die Verbrennung auf ihr so geleitet werden, daß sich die meiste Wärme entwickelt. — Dazu ist nötig, wie im vorigen Abschnitt des näheren angegeben wurde, daß sowohl dem festen Brennstoff, wie jedem sich aus ihm entwickelnden Gasteilchen, Sauerstoff in der erforderlichen Menge zugehen kann, und zwar den Gasen insbesondere in einer möglichst hoch temperierten Brennzone.

Denken wir uns ein Stück Kohle auf den Rost gelangend, so wird es zunächst erwärmt, und seine flüchtigen Bestandteile entweichen in Rauchform; diese müssen nun so geführt werden, daß sie vor dem Verlassen der Feuerstelle über bereits in voller Verbrennung befindliche Kohlen streichen und sich in der dort herrschenden Hitze entzünden, um bei gleichzeitiger inniger Mischung mit dem erforderlichen Sauerstoff vollkommen zu verbrennen.

Der von dem Kohlenstück verbleibende feste Rückstand, hauptsächlich aus Kohlenstoff bestehend, ist währenddessen ins Glühen gekommen und verbrennt bei entsprechender Zuführung von Sauerstoff ebenfalls vollkommen bis auf das Unverbrennliche, die Asche.

Der ganze Prozeß zerfällt somit in zwei Teile: die Entgasung bzw. die Austreibung der Kohlenwasserstoffe und die Verbrennung derselben zusammen mit dem restierenden festen Kohlenstoff, durch Zumischung von Sauerstoff zu Kohlensäure und Wasser.

Zu seiner richtigen Durchführung sind daher nachstehende drei Bedingungen zu erfüllen:

1. Die Einführung des Brennstoffs in die Feuerungsstelle hat derart zu erfolgen, daß die ihm bei eintretender Erwärmung entströmenden Gase und Dämpfe wie die verbleibenden festen Bestandteile eine Temperaturzone durchstreichen, welche in einem zu ihrer vollkommenen Verbrennung bei

freier Flammenentfaltung geeigneten Raume vor der Feuerbrücke liegt.

2. Die frische Luft soll in einer dem Bedarf entsprechenden Menge durch den Rost eintreten und sich über ihm mit den entwickelten Gasen innerhalb des Wirkungsbereiches der hohen Temperatur der Verbrennungszone innig mischen können.

3. Die Zumischung überschüssiger Luft ist auf das geringste Maß zu beschränken.

Untenstehende Fig. 1 zeigt den naturgemäßen Weg, um diesen Forderungen bei einer Planrostfeuerung nachzukommen. Die Kohle ist danach in hohen Schichten vorn auf

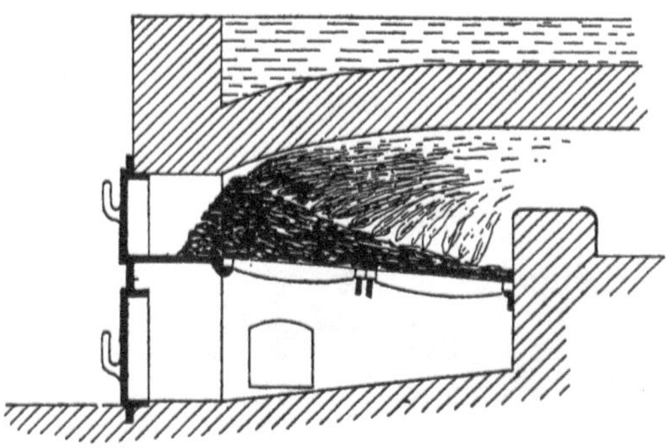

Fig. 1.

den Rost zu geben und nach Maßgabe der Verbrennung langsam weiter nach hinten zu schieben, was bei den mechanisch betriebenen Ketten- oder Wanderrosten (Fig. 2) die idealste Verwirklichung finden kann, indem bei ihnen jeder Roststab gewissermaßen durch eine endlose Kette ersetzt ist, deren Gesamtheit aus einer oberen langsam über zwei Trommeln von vorn nach hinten und einer unteren umgekehrt wandernden Fläche besteht. Auf der oberen, welche hauptsächlich in Betracht kommt, gelangen die vorn aus dem Fülltrichter fallenden Kohlen allmählich durch die Vergasungs- in die Brennzone, um dann hinten als Asche und Schlacke in den Aschenraum zu stürzen.

Der Rost läßt sich leicht allen Brennstoffen anpassen und eignet sich daher auch für backende Kohlen.

Neben den Kettenrosten haben die Wurfschaufelapparate die größte Verbreitung für mechanische Beschickung von Kesseln mit Planrostfeuerungen gefunden, und zwar sind von ihnen zu nennen die Systeme von:

Leach, gebaut von der Sächsischen Maschinenfabrik zu Chemnitz,

Axer, gebaut von der H. Pauksch A.-G., Landsberg a. d. Warthe.

Münckner, gebaut von Münckner & Co., Bautzen.

Ruppert, gebaut von der Masch.-Fabr. Germania, Chemnitz.

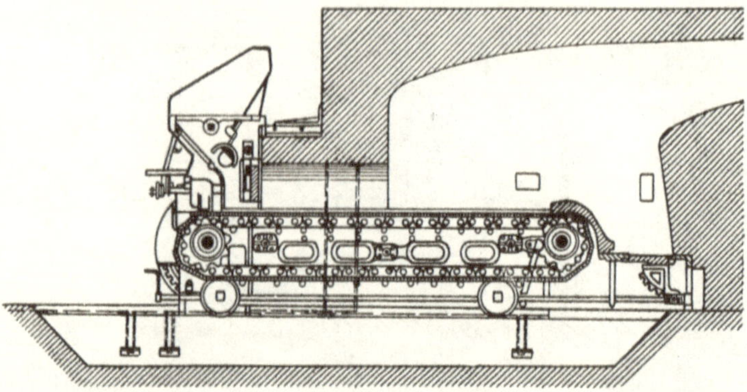

Fig. 2.

Sie verlangen alle ein Brennmaterial von annähernd gleicher mittleren Korngröße und nicht backender Beschaffenheit mit wenig Schlackenbildung.

Braunkohle bedarf derartiger mechanischer Beschickungsvorrichtungen nicht, und stellt z. B. Fig. 3 einen Treppenrost für diesen Brennstoff dar, in welchem sich die Bedingungen für eine gute Verbrennung ebenfalls verkörpert finden. Die frische Kohle gelangt in den kältesten Teil des Raumes über dem Rost, erwärmt sich dort unter gleichzeitiger Entgasung, wobei sie allmählich herabrutscht, um dort völlig zu verbrennen und dabei die über ihn hinstreichenden Gase zur Verbrennung zu bringen; die, nach unten zu immer niedriger und lockerer werdende Schichtung des Brennmaterials erleichtert den Zutritt frischer Luft in demselben Maß, wie sich der Bedarf an Sauerstoff allmählich vergrößert.

Von Schütt- oder Füllfeuerungen sei hier noch diejenige von Fränkel & Co., Lindenau bei Leipzig, erwähnt, weil sie sich auch für kleinere Feuerstellen und geringwertiges Brennmaterial eignet.

Trockengase aus Koks werden am einfachsten in gemauerten Füllschächten erzeugt, die nur leider einer überaus starken Abnutzung durch die hohe Temperatur und das

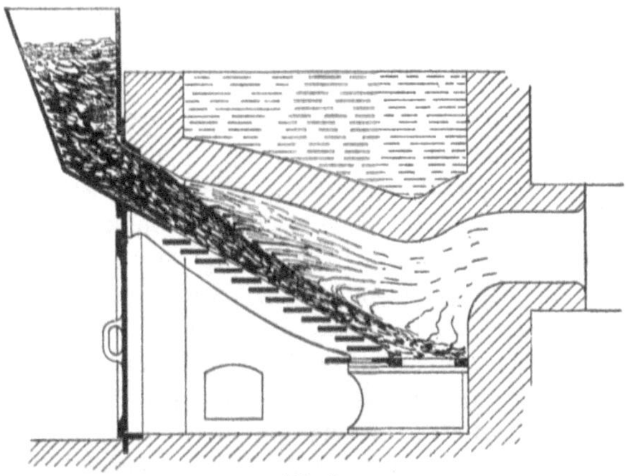

Fig. 3.

Festbrennen der Schlacke am Mauerwerk unterworfen sind, welches beim Entfernen derselben leicht mit zerstört wird.

In allen Feuerstellen, mögen sie einen Rost haben, welchen sie wollen, erfolgt die Regelung der Verbrennung durch die Menge der zum brennenden Kohlenstoff geführten Luft; sie wird meistens festgelegt durch die Stellung des Rauchschiebers h i n t e r der Feuerung, wogegen es gerade für die Herstellung von Trockengasen zweckmäßiger erscheint,, den Luftzutritt v o r der Feuerung dem Bedarf entsprechend regeln zu können, wie es bei den mit Koks beschickten Kesseln der Zentralheizungen allgemein gebräuchlich ist; durch Abschließung des Aschenfalls und Ausrüstung desselben mit einem stellbaren Abschlußorgan für Luftdurchgang läßt sich dies Ziel bei allen Feuerungen erreichen, nur muß gut darauf geachtet werden, daß keine Nebenluft durch Ritzen und Spalten oder andere Undichtigkeiten auf der Strecke von diesem Abschlußorgan bis zum Schornstein in die Feuerzüge gelangen kann.

Kessel und Heizschlangen für Niederdruckdampf und Heißwasser.

Dort, wo hochgespannter Dampf nicht zur Verfügung steht, machen Trockenzwecke allein oft die Aufstellung eines Dampfkessels nötig, in einzelnen Fällen wohl auch die Anlage einer Heißwasserheizung.

Meistens genügen Niederdruckkessel, welche keiner behördlichen Konzession bedürfen und wie sie überall für Zentralheizungen benutzt werden; der in ihnen erzeugte Dampf hat eine Spannung von 0,05—0,2 Atm., entsprechend einer Temperatur von 100—105°; er gleicht also dem Abdampf und reicht völlig aus, wenn nur Rohrweiten wie Heizflächen die erforderliche Größe erhalten; ja, man darf mit ziemlicher Sicherheit behaupten, daß in der Praxis sehr häufig die angewandten hohen Spannungen vermieden bleiben könnten, wenn die für die Benutzung von Dampf niedrigen Druckes zu beobachtenden Vorschriften überall befolgt würden.

Dampfniederdruckkessel werden meistens aus einzelnen gußeisernen Gliedern zusammengesetzt und mit Koks befeuert; das erste erleichtert den Transport und die Aufstellung an schwer zugänglichen Plätzen; das zweite vereinfacht die Bedienung außerordentlich, wodurch der hohe Preis des Brennstoffs reichlich aufgewogen wird. Die gesetzlich zulässige Höchstspannung beträgt 0,5 Atm. und es werden z. B. bei Kochanlagen für Massenverpflegung Betriebsspannungen bis zu 0,4 Atm. angewandt.

Die Fig. 4—5 geben einen gußeisernen Gliederkessel wieder, welcher sich ganz besonders zur Erzeugung niedrig gespannten Dampfes eignet, indem er in der Breite reichliche Abmessungen bei einer flachen Decke besitzt. Aus dem Querschnitt

(Fig. 4) sind die sich daraus ergebenden Vorteile leicht erkennbar, indem als solche hauptsächlich zu betrachten sind:

a) eine verhältnismäßig große Wasseroberfläche, welche ein ruhiges Verdampfen und damit eine hohe Trockenheit des Dampfes verheißt;
b) ein großer Dampfraum und eine sehr wirksame Heizfläche;
c) geringe Höhe des mittleren Wasserstandes über Fußboden, was oft wegen des Einbauens in niedrige Kellergeschosse von ausschlaggebender Bedeutung ist;
d) die Möglichkeit, über den Kesseln eine Fahrbahn anzubringen und sie von dort aus zu beschicken.

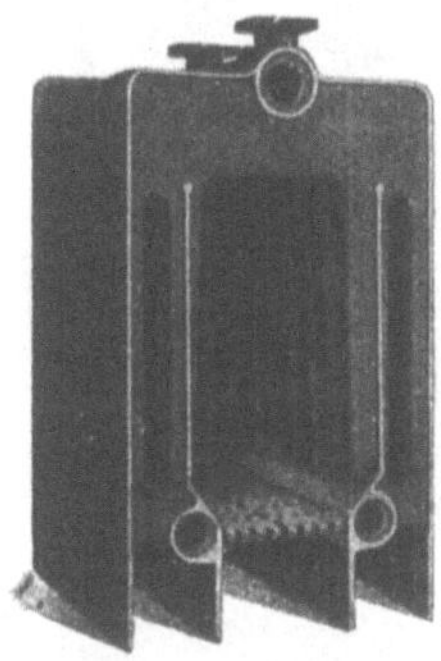

Fig. 4.

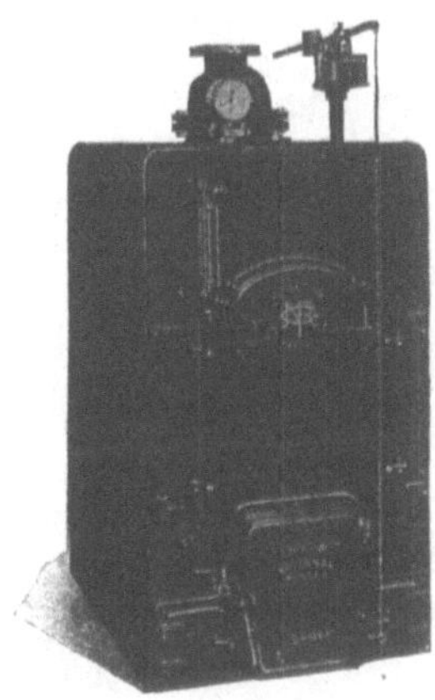

Fig. 5.

Die Fig. 4 u. 5 stellen den Kessel Serie F der Nationalen Radiator Gesellschaft m. b. H., Berlin S. 45, in Vorderansicht und Querschnitt dar. In ähnlicher Weise baut das Strebelwerk, Mannheim, für sehr großen Bedarf an Dampf einen Gliederkessel, wie ihn Fig. 6 zeigt. Derselbe kann als eine Aneinanderreihung mehrerer Einzelkessel angesehen werden, deren Trennungsfuge durch die Mitte der Feuerungen geht.

So besteht die abgebildete Größe mit 3 Feuerstellen aus 2 Mittel- und 2 Seitenkesseln, welche vorn und hinten nur durch Laschen und die Anschlußrohre untereinander verbunden sind, und wovon jeder in üblicher Weise aus einzelnen Gliedern zusammengesetzt ist.

Diese Bauart gewährt einerseits große Sicherheit gegen das Auftreten schädlicher Materialspannungen und ermöglicht anderseits die Zusammenstellung beliebig großer Kessel ohne unbequeme Rostabmessungen in Länge oder Breite. Es wird eben eine reichliche Anzahl Feuerstellen für den Bedarf vorgesehen, zu deren Beschickung außer der Tür in der Vorderwand noch ein dicht schließender Deckel über dem Füllschacht zur Verfügung steht, wovon bei gelinderer Beanspruchung

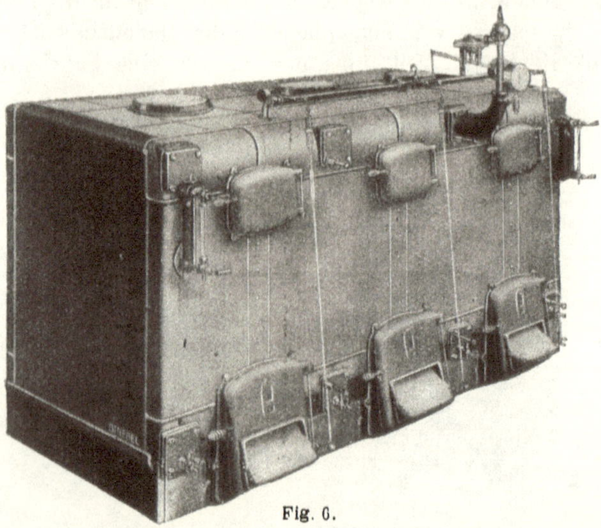

Fig. 6.

eine oder mehrere nicht beschickt werden, ohne daß dies den Wirkungsgrad wesentlich beeinträchtigte.

Außer den genannten besteht noch eine ganze Anzahl guter Konstruktionen, doch würde es hier zu weit führen, näher auf sie einzugehen.

In gußeisernen Kesseln wird durchweg Koks verfeuert, doch ist vom Strebelwerk neuerdings die, von ihm Bricokessel genannte und durch Fig. 7 in der Ansicht, durch Fig. 8 im Schnitt dargestellte Bauart zum Verfeuern von Braunkohlenbriketts in den Handel gebracht, welche sich aller Wahrscheinlichkeit nach dauernd bewähren wird, so daß damit einem vielfach schwer empfundenen Mangel abgeholfen sein dürfte.

Selbstverständlich werden ebenfalls schmiedeeiserne Kessel der verschiedensten Systeme und für alle Brennstoffe zur Erzeugung von Niederdruckdampf verwandt, und sind sie den gußeisernen auch da vorzuziehen, wo plötzliche starke Dampfentnahmen und natürlich ebenso plötzliche Zufuhr kühlen Speisewassers häufig vorkommen, wo also einerseits schnelle Abkühlungen des Materials zu befürchten stehen, denen Gußeisen nur sehr schlecht standhält, und wo anderseits Großwasserraumkessel am Platze sind.

Fig. 7.

Fig. 8.

Als für die kältesten Wintertage in Rechnung zu stellende höchste Beanspruchung hat sich eine stündliche Wärmeübertragung von 7500 WE pro qm wasserberührter Heizfläche bewährt und sollte sie für Dauerleistung keinenfalls überschritten werden, schon weil der Brennstoff durchaus nicht immer gleichwertig ist, dann aber auch, um bei langsamer Verbrennung und ruhiger Dampfentwicklung auf gute Ausnutzung des Brennstoffs und möglichst wasserfreien Dampf rechnen zu können.

Wenden wir uns nunmehr zu den Heißwasserheizungen, wie sie in einigen Industrien, z. B. in der Strumpfwirkerei, in Lackierereien etc., für die Erhitzung der Trockenöfen vielfach und mit Recht angewandt werden, so bestehen sie aus in sich geschlossenen Rohrzügen bis zu 180 m Länge, welche überall dieselbe Weite von gewöhnlich 23 mm i. L., 34 mm

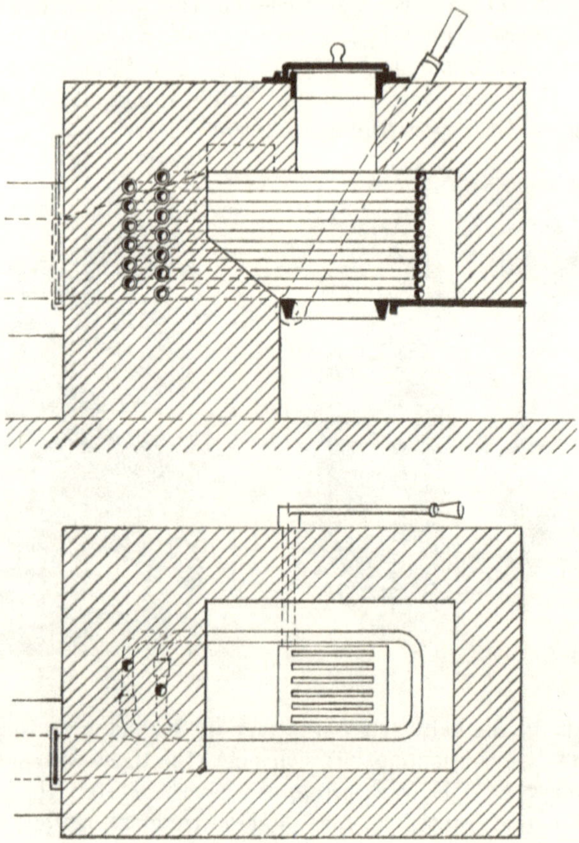

Fig. 9 u. 10.

auswendig haben und völlig mit Wasser angefüllt sind. Von ihnen werden etwa 15% zu einer im Heizofen der direkten Wirkung des Feuers ausgesetzten Schlange gewickelt, wie aus Fig. 9 u. 10 ersichtlich, während alles übrige in den zu erwärmenden Trockenräumen untergebracht wird. Da die Heizöfen stets tiefer liegen, steigt das in ihren Schlangen bis zu 150° erhitzte Wasser nach oben, gibt dort einen Teil seiner Wärme ab und tritt von unten wieder in die Heizschlange des Ofens zurück, um dort den Kreislauf von neuem zu beginnen. Die Heizung geschieht mit Koks, selten mit Braunkohle wegen der dafür nötigen umfangreicheren Bedienung und eignen sich derartige Anlagen fast überall dort, wo hohe Temperaturen verlangt werden, Dampf von hoher Spannung aber nicht zur Verfügung steht. Eine genaue Berechnung der Wärmeabgabe ist ziemlich umständlich; doch genügt es für den Überschlag, sie mit 600—700 WE auf den im Feuer liegenden, mit 100 WE auf den in den Trockenräumen wirkenden Teil der Rohre pro lfd. Meter und Stunde anzunehmen.

Vollständig hiervon verschieden, aber in seiner Wirkung kräftiger ist das zuerst von Wieghorst, Hamburg, für seine Backöfen angewandte System, auf welches hier aber nicht näher eingegangen werden soll, um Wiederholungen zu vermeiden, da sich Beschreibung und Abbildung davon im II. Teil (Trockner für hohe Temperaturen) finden.

Bei allen durch Wasser beheizten Anlagen ist natürlich darauf zu achten, daß sie in kalten Winternächten nicht einfrieren können.

Kaloriferes für Verbrennungsgase.

Nachdem Kessel für Niederdruckdampf überall konzessionsfrei aufgestellt werden dürfen und sich durch den in ihnen erzeugten Dampf leicht und ohne Feuersgefahr die Erwärmung von Trockenluft erreichen läßt, ist die Verwendung von solchen Kaloriferen, deren Heizung durch den Brennstoff direkt geschieht, nur noch in Ausnahmefällen nötig.

Das ist insofern von Wichtigkeit, als ihre Bedienung unstreitig Aufmerksamkeit und Zuverlässigkeit erfordert, um eine gleichmäßige Temperatur aufrecht zu erhalten sowie um Überhitzungen der Kaloriferflächen zu vermeiden und damit Undichtigkeiten oder Feuerschäden vorzubeugen.

Die Einrichtung eines solchen Apparats ist aus den Fig. 11 u. 12 ersichtlich, welche ein in eine Luftheizkammer gebautes Körtingsches Kalorifer in Längs- und Querschnitt

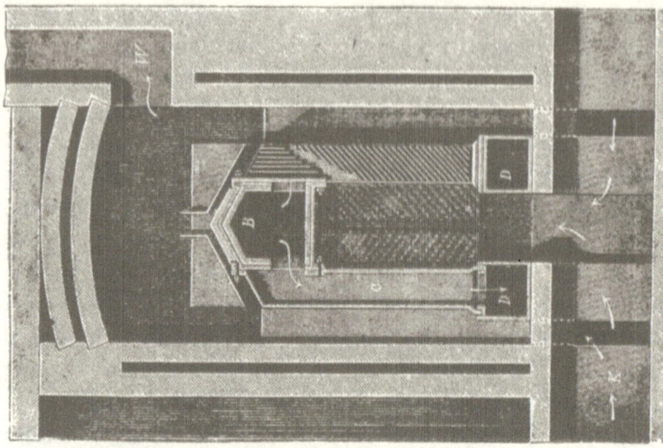

Fig. 12.

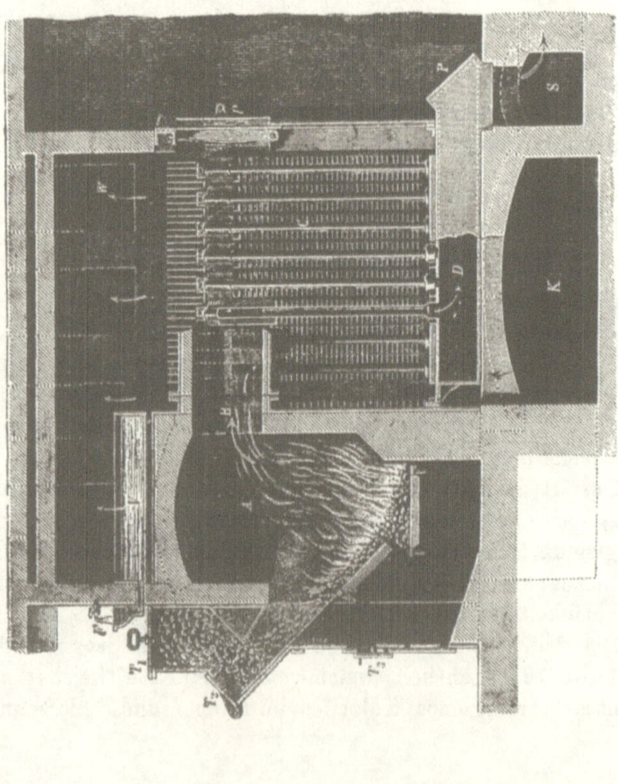

Fig. 11.

wiedergeben, doch hat fast jede der größeren Heizungsfirmen ihr eigenes Modell; zur Herstellung wird gewöhnlich Gußeisen verwandt, mit äußeren Rippen zur Erhöhung der Wärmeabgabe; auf 1 qm solcher Heizfläche werden 1200 bis 1500 WE pro Stunde gerechnet.

Hochdruckdampf.

Dampf von einer absoluten Spannung = 1,1 kg pro qcm = 0,1 at Überdruck hat nach Tab. III einen Wärmewert = 640,7 WE und eine Temperatur von 101,8°, wogegen Dampf von 5 kg pro qcm abs. = 4 at Überdruck bei 658,1 WE eine Temperatur von 151° besitzt.

Nehmen wir an, es sei Luft zu erwärmen von im Mittel 0° auf 60°, wobei der Heizdampf sich zu Wasser von 100° bzw. 150° niederschlage, indem es nicht kälter werden kann, als der Spannung entspricht, unter welcher es steht (wenn es nicht in mehr oder weniger langen Kondenswasserleitungen starke Abkühlungen erfährt), so beträgt der mittlere Temperaturunterschied zwischen Heizdampf und Luft ca. 71,8, im zweiten Falle ca. 121°, so daß mit derselben Heizfläche durch den Hochdruckdampf das $\frac{121}{71,8}$ = ca. 1,7 fache desjenigen geleistet werden kann wie durch den Dampf der geringeren Spannung.

Nun vermag 1 kg des letzteren 640,7—100 = ∾ 540 WE pro kg, 1 kg vom Hochdruckdampf aber nur 658,1—150 = ∾ 508 WE bei seiner Kondensation abzugeben, so daß also der Niederdruckdampf der leistungsfähigere sein würde, wenn wir in beiden Fällen das Kondensationswasser fortlaufen ließen; da wir es aber wieder auffangen und in den Kessel zurückleiten werden, so kommen wir zu dem Ergebnis, daß seine Gesamtleistung beidemal nahezu die gleiche ist. Nennenswerte Ersparnisse an Dampf und demzufolge an Brennstoff sind also mit der Verwendung höherer Spannungen nicht verbunden, sondern nur Ersparnisse an Heizflächen, doch werden diese in der Praxis oft völlig wieder aufgewogen durch das mit dem hohen Druck verbundene schwierigere Abdichten der Verbindungen etc., welches besonders bei

Trockeneinrichtungen zuverlässig ausgeführt sein muß, da etwaige Leckagen nicht bloß unmittelbare Verluste bringen, sondern noch größere durch die Aufwendungen, die zur Wiederentfernung der in das trocknende Material eingedrungenen Feuchtigkeit nötig werden.

Man wendet deshalb bei guten neueren Heizanlagen durchweg nur noch in Zwangsfällen Dampf von höherer Spannung an und auch selten von mehr als 3 Atm. Überdruck; wenn irgend tunlich, sollte man aber selbst dies vermeiden und bei höchstens 0,2 Atm. Überdruck stehenbleiben, um jederzeit Kesseldampf und Maschinenabdampf miteinander mischen und durcheinander ergänzen zu können.

Da aber in allen Kraftbetrieben Dampf von hoher Spannung nötig ist, für welche auch die Kessel hergestellt sein müssen, so sind geeignete Einrichtungen vorzusehen, um den Kesseln den für Heiz- und Kochzwecke erforderlichen Dampf durch besondere Leitungen entnehmen und seine Spannung entsprechend herabmindern zu können; andernfalls würden doppelte Kessel, d. h. solche für hohen und solche für niedrigen Druck, anzulegen sein, was nicht gerade zur Vereinfachung des Betriebes beiträgt.

Auf die verschiedenen Bauarten der Hochdruckkessel kann hier nicht eingegangen werden, zumal sie sich nach dem Hauptzweck der Dampferzeugung zu richten haben und dieser nur ausnahmsweise allein in der Deckung des Wärmebedarfs der Trockeneinrichtung besteht.

Art der Verbrennung	Verbrauchte Brennstoff-Wärme in WE pro Stunde und pro qm Heizfläche	Vielfaches der zugeführten zur theoret. erf. Luftmenge	Gesamt-Wirkungsgrad der Kesselanlage ca.	Erzeugte Dampfmenge in kg aus Wasser von 10°, pro qm Heizfläche und Stunde
1.	2.	3.	4.	5.
sehr langsam . .	ca. 7500	ca. 2,1	0,73—0,71	8,5—8,3
gewöhnlich . . .	ca. 15 000	ca. 1,95	0,65—0,62	15—14,3
lebhaft	ca. 22 000	ca. 1,8	0,61—0,56	21—19,5
Lokomobilen . . u. gesteig. Betrieb	ca. 37 000	ca. 1,7	0,51—0,42	29,5—24,5

(vgl. „Hütte".)

Als Anhalt für die Leistung von ortsfesten Großwasserraum-Hochdruckkesseln kann die Zusammenstellung S. 56 gelten, in welcher die vorderen Zahlen der 4. und 5. Spalte zu wählen sind bei Innenfeuerung, die darauffolgenden bei Vorfeuerung; die Werte für Kessel mit Unterfeuerung liegen zwischen beiden.

Aus den Angaben der Spalte 2 und dem Heizwert des in Frage kommenden Brennstoffs ergibt sich das stündlich davon aufzuwendende Gewicht, wobei natürlich vorausgesetzt werden muß, daß die Feuerungseinrichtung seiner Eigenart angepaßt ist.

Durch Einbau von Überhitzern, Ekonomisern, Vorwärmern erfahren die Werte eine entsprechende Veränderung. Zu gleichen Ergebnissen führt die folgende Betrachtung.

Wirkungsgrad der Kesselanlagen.

Der Wirkungsgrad der Heizfläche bzw. der Ausnutzung der heißen Verbrennungsprodukte wird bezeichnet mit η_2.

Werden von t^0 bei der Verbrennung nur $t—t_1^0$ ausgenutzt, indem die Gase mit t_1^0 abziehen, so verhält sich die volle Wirkung $= 1$ zur Ausnutzung η_2, wie $t : t—t_1$, mithin

$$\eta_2 = \frac{t - t_1}{t}.$$

Bei Kesseln und Einrichtungen, bei welchen eine direkte Wirkung durch Strahlung $= \sigma$ zu berücksichtigen ist, wird

$$\eta_2 = \sigma + (1 - \sigma)\left(\frac{t - t_1}{t}\right).$$

Bei ortsfesten Kesseln schwankt η_2 zwischen 0,65 und 0,85. Erinnern wir uns jetzt, daß der Wirkungsgrad der Verbrennung η_1 nur zu 0,8—0,9 einzusetzen war, und gedenken ferner der Abkühlungsverluste durch Mauerwerk etc., welche wir dadurch zur Geltung bringen, daß wir nur das 0,92—0,95 fache des Heizwertes in Rechnung stellen, so ergibt sich für den Gesamtwirkungsgrad der Kesselanlage

$$\eta = \eta_2 \cdot \eta_1 \cdot \eta_0$$

und bewegt er sich mithin zwischen

$$\eta = 0{,}65 \cdot 0{,}8 \cdot 0{,}92 = 0{,}48$$

und

$$\eta = 0{,}85 \cdot 0{,}9 \cdot 0{,}95 = 0{,}73.$$

Die häufig angepriesenen Werte von 0,85 und mehr sind daher nur möglich, wenn fast gar keine Schlacken- und Aschenabkühlungsverluste eintreten, oder wenn die Leistungen der Überhitzer und der oft zu mehreren hintereinander in den Fuchs eingebauten Vorwärmer dem Kessel angerechnet werden. Als mittleren Gesamtwirkungsgrad eines Kessels ohne alle Nebenapparate kann, obigen Angaben entsprechend, angesehen werden:

$$\eta = 0{,}60—0{,}65$$

und damit gleichzeitig, daß von 1000 WE des Brennstoffs nur 600—650 WE auf das Kesselwasser übergehen, daß sich also mit anderen Worten in normalen Kesselanlagen durch 1000 Brennstoff-WE rund 1 kg Wasser von 0° zu Dampf von 100° verwandeln läßt.

Einrichtungen zur Verwertung von Hochdruckdampf.

Durch die Einschaltung von Reduzierventilen lassen sich hohe Spannungen von Kesseldampf zwar herabmindern, so daß er nötigenfalls ohne weiteres mit Abdampf gemischt werden kann, doch würden sich dann selbst bei ordnungsmäßigem Arbeiten leicht Störungen einstellen, wenn dem nicht durch eine Reihe von Nebenapparaten vorgebeugt wird. Das dazu unter Umständen Erforderliche läßt sich aus Fig. 13 erkennen, indem dieselbe eine Einrichtung darstellt für Dampf von 3 verschiedenen Betriebsspannungen, nämlich für Kraft-, Koch- und Heizzwecke, wie sie vielfach vorkommt; sind nur 2 Sorten nötig, so bleibt ein Verteiler *K* und ein Reduzierventil *M* nebst Zubehör fort.

Bei aufmerksamer Betrachtung fällt zunächst auf, daß dieses letztere in seiner Bauart von dem zweiten Reduzierventil *J* völlig abweicht, und kommen tatsächlich auch für die Minderung des Drucks bis zu 2 Atm. herab ganz andere Ausführungen zur Verwendung als für Minderung auf $^1/_{20}$ — $^1/_{10}$ — $^1/_5$ Atm.

Ventile der ersten Art wirken durch Feder- oder Gewichtsbelastung auf einen, unter dem Einfluß des verminderten Druckes stehenden Kolben, der mit dem völlig entlasteten und die Regelung der Dampfzufuhr besorgenden Ventil fest verbunden ist. Steigt der geminderte Druck über Gebühr, so wirkt er auf Schließung des Ventils und umge-

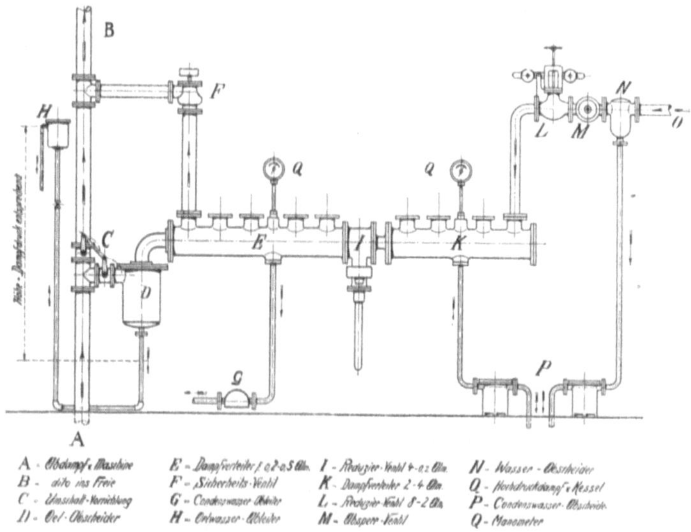

Fig. 13.

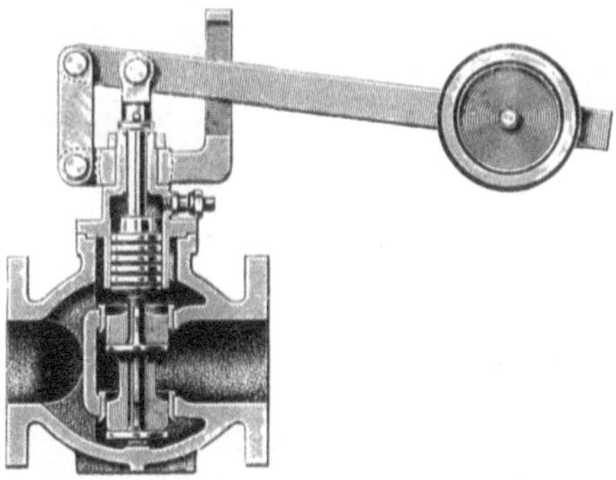

Fig. 14.

kehrt, so daß der durch die Gewichts- oder Federbelastung eingestellte Druck nahezu gleichmäßig aufrechterhalten bleibt.

Fig. 14 zeigt ein derartiges einfaches, aber gut wirkendes Ventil von Schäffer & Budenberg, Magdeburg; anstatt des

Kolbens gelangt vielfach eine Membrane zur Anwendung, ebenso wie man häufig auch eine durch ein Handrad zu drehende Spindel vorsieht, um das Ventil auch zum völligen Absperren des Dampfes benutzen zu können, doch ist es immer richtiger, Absperrung und Druckminderung ganz voneinander zu trennen.

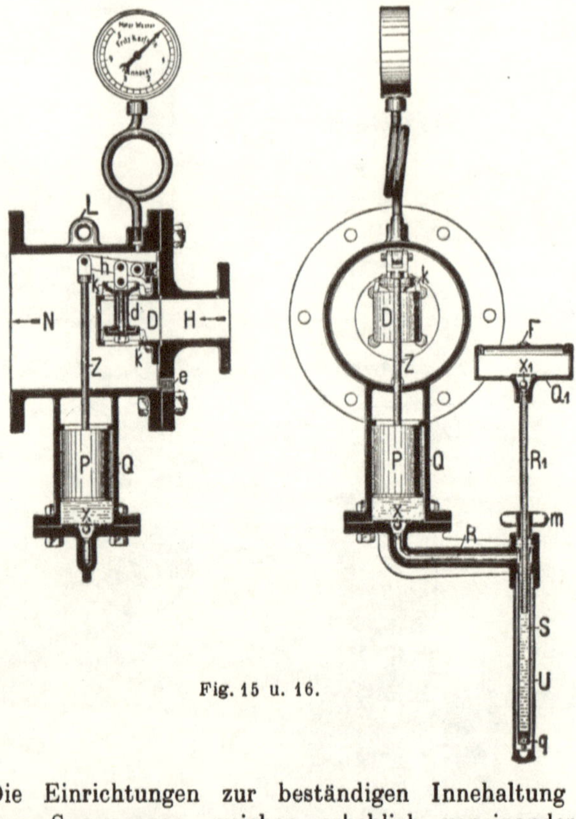

Fig. 15 u. 16.

Die Einrichtungen zur beständigen Innehaltung sehr niedriger Spannungen weichen erheblich voneinander ab, weshalb hier nur einige besondere Bauarten erwähnt werden sollen, nämlich

1. der dem Verfasser als durchaus zuverlässig bekannte Dampfdruckminderer von Fritz Käferle, Hannover (Fig. 15 u. 16), dessen völlig entlastetes Ventil durch einen vollen

Schwimmkörper *P* betätigt wird, sobald das Niveau des Quecksilbers, auf welchem er schwimmt, infolge etwaiger Pressungsänderungen des reduzierten Dampfes steigt oder fällt.

Bei dem ebenfalls sehr zuverlässigen Druckminderer von Chr. Salzmann, Leipzig, drückt der reduzierte Dampf unter eine auf Quecksilber schwimmende Glocke, welche ihrerseits wieder durch Hebelübersetzung auf ein Drosselventil wirkt.

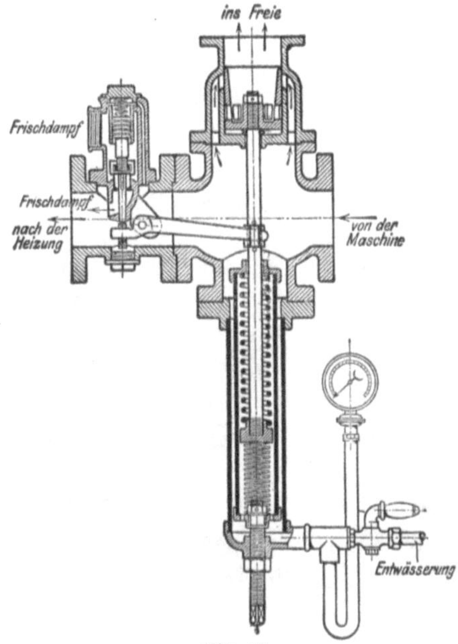

Fig. 17.

Durch beide Apparate lassen sich Drücke von 10 Atm. und mehr in einer Stufe auf 0,05 Atm. und weniger nicht bloß herabbringen, sondern auf diesem Stande auch dauernd gleichmäßig erhalten.

2. Anstatt der reinen Dampfdruckminderer in Verbindung mit Dampfverteilern werden vielfach Druckminderer, verbunden mit Druckreglern nach Fig. 17, verwendet, deren Betätigung durch Federkraft erfolgt und welche die Verwendung mehrerer Einzelapparate überflüssig machen sollen. Sie werden

hauptsächlich hergestellt von den Firmen J. C. Eckardt, Kannstatt, und C. F. Scheer & Co., Feuerbach bei Stuttgart.

Als ihr eigentlicher Zweck muß jedenfalls der Ausgleich der durch den Auspuff der Maschine erzeugten Druckstöße in den Heizrohrleitungen betrachtet werden, weshalb sie, anstatt mit den sonst gebräuchlichen Sicherheitsventilen, mit geräuschlos arbeitenden Kolbenschiebern ausgerüstet sind, welche durch Federn, Schwimmer, Gegenkolben etc. in einer solchen Lage gehalten werden, daß sie den Austritt ins Freie in dem Augenblick ohne jeden Stoß frei geben, in welchem die Spannung in der Abdampfleitung das dafür festgesetzte Maß überschreitet.

Schon in dieser einfachen Ausführung, wobei sie nur eine Druck ü b e r schreitung verhindern, finden die Apparate Verwendung, doch lag es nahe, sie durch Verbindung mit einem entlasteten Zuführungsventil für hochgespannten Dampf auch für die Verhütung einer Druck u n t e r schreitung, also für die vollkommene Aufrechterhaltung einer stets gleichmäßigen Druckhöhe zu befähigen; wie dies bewirkt wird, geht deutlich aus der Fig. 17 hervor.

Leider hört man häufig über Reduzierventile klagen, doch bleibt es zweifelhaft, ob solches immer berechtigt ist, denn in der Hauptsache wird von allen Regelungs- und Minderungseinrichtungen große Feinfühligkeit verlangt.

Dazu gehört aber nicht bloß eine durchaus exakte Herstellung, sondern die Apparate müssen auch richtig angebracht und montiert sowie zuverlässig vor rauhen Einflüssen aller Art beschützt werden.

So sind Staub und Unreinigkeiten fern- und alle beweglichen Teile gut in Öl zu halten; alle Federn bedürfen der peinlichsten Einstellung und wiederholter Kontrolle, ebenso wie die Gewichtsbelastung öfter auf ihre Richtigkeit nachzuprüfen ist.

Als wichtigste Schutzmittel gegen unliebsame Störungen sind Wasser- und Ölabscheider zu betrachten, doch genügt die Abscheidung allein noch nicht, sondern es müssen die abgeschiedenen Flüssigkeiten auch selbsttätig fortgeschafft werden oder ablaufen können, so daß jede etwaige Wiedervereinigung mit dem bereits gereinigten Dampf ausgeschlossen bleibt.

Die am meisten gebräuchlichen Ölabscheider lassen sich einteilen in solche, welche auf Schleuder- und solche, die

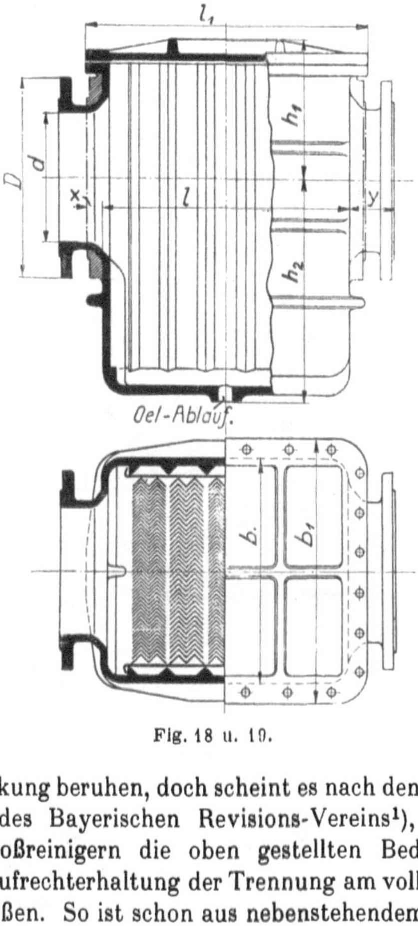

Fig. 18 u. 19.

auf Stoßwirkung beruhen, doch scheint es nach den eingehenden Versuchen des Bayerischen Revisions-Vereins[1]), als ob sich bei den Stoßreinigern die oben gestellten Bedingungen in bezug auf Aufrechterhaltung der Trennung am vollkommensten erreichen ließen. So ist schon aus nebenstehendem Horizontalschnitt (Fig. 19) durch den Stoßreiniger von Eduard Kluge,

[1]) Vgl. Zeitschr. d. Vereins d. Ing. 1910, S. 1969 u. f.

Leipzig, leicht zu erkennen, daß die toten Ecken der Winkelflächeneinheiten natürliche Ablaufrinnen für das bei der Richtungsänderung des Dampfstroms abgesonderte Öl bilden, in welchen es zu Boden laufen und dort nach außen abgeleitet werden kann.

Fig. 20 zeigt den Reiniger in Verbindung mit einem Klärbehälter für das abgesonderte Öl, wogegen aus Fig. 13 sowohl der Ort für seinen Einbau als auch eine andere Anordnung zur Ermöglichung ungehinderten freien Abflusses

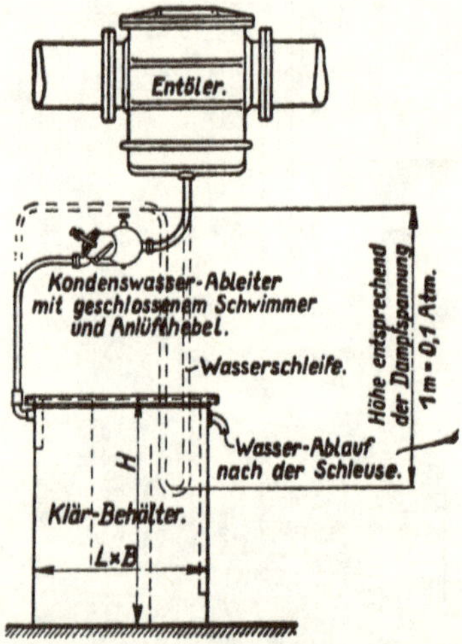

Fig. 20.

zu entnehmen ist. Durch Eindrosselung des Hahns im Standrohr mit seinem oben offenen, nur durch einen leichten Deckel verschlossenen Überlaufgefäß, sollen die durch den Auspuff leicht hervorgerufenen Schwankungen im Ölwasserstand auf das erforderliche Maß beruhigt werden.

Zur Ableitung des Kondensats aus Dampf von hoher und von niedriger Spannung sind im allgemeinen verschiedenartige Apparate anzuwenden, und zwar werden für den ersten Zweck hauptsächlich geschlossene Töpfe mit offenen Schwimmern benutzt, wogegen für niedrigeren Druck die bekannten halbmondförmigen und ähnliche Apparate genügen, welche meistens darauf beruhen, daß etwa austretender Dampf durch seine hohe Temperatur die sofortige Verlängerung der Betätigungsstange des Austrittventils und damit seinen Schluß hervorruft.

In kaltem Zustand steht diese Art von Ableitern also „offen" und der Inhalt des zu entwässernden Dampfraums mit der freien Luft in Verbindung, so daß keine besonderen Ent- und Belüfter vorzusehen sind; nötig ist dies dagegen bei Töpfen für Hochdruck, indem bei ihnen die Verbindung zwischen außen und innen nur für den Austritt von Wasser geöffnet wird.

An Bauarten, welche sich sowohl für Hoch- als für Niederdruck eignen, sind zu nennen die Ableiter der Kreuzstromwerke, G. m. b. H., Hagen i. W., bei denen die sich kreuzenden Rillen auf dem Abschlußpfropfen den Dampfdurchtritt verhindern sollen, diejenigen der „Samson"-

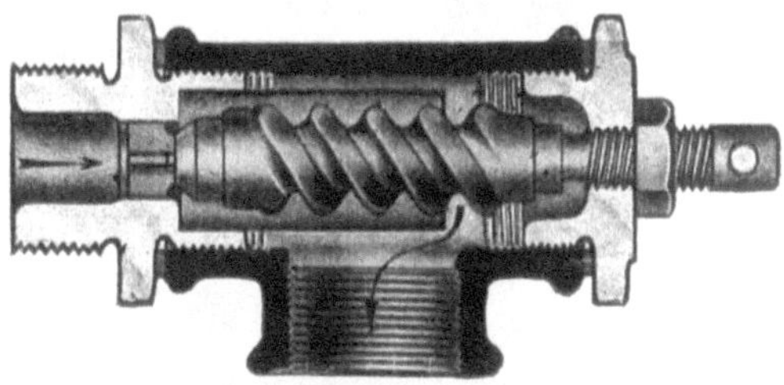

Fig. 21.

Apparate-Baugesellschaft Mannheim und die neuen Spiralableiter der Maschinen- und Armaturenfabrik vorm. Klein, Schanzlin & Becker, Frankenthal (Fig. 21), deren kräftiges gerades Spiralrohr aus Stahl angeblich noch bis zu Dampfdrücken von 6 Atm. ordnungsmäßig funktioniert; für die in der Heizungspraxis selten überschrittenen 4 Atm. muß es also jedenfalls genügen.

Kosten des Dampfes.

Wenn nach einem früheren Abschnitt ein Brennstoff einen Heizwert von $n \cdot 1000$ WE hat, so lassen sich mit 1 kg desselben n kg Wasser verdampfen; für 1000 kg Dampf sind mithin $\frac{1000}{n}$ kg Kohle nötig.

Kosten 1000 kg oder 1 t loco Verbrauchsstelle s M., so wird der Preis von 1000 kg Dampf:

$$Pr. = \frac{s}{n} \text{ Mk.} \quad \dots \dots \dots \quad (18)$$

Kohlenpreise wechseln und sind in jedem Ort anders; um aber eine Anschauung für die Herstellungskosten von 1000 kg Dampf zu geben, seien einmal folgende Verhältnisse angenommen:

Zur Verfügung stehende Kohlensorte	Preis ab Zeche	Fracht	Anfuhr pro 10 000 kg	Aschenabfuhr
Zwickauer Steinkohle . .	140	40	10	— M.
Böhmische Braunkohle . .	72	80	10	3 „
Meuselwitzer Braunkohle .	40	20	10	5 „
Braunkohlenbrikettstücke .	120	20	10	5 „
Gaskoks	210	—	10	— „

Insgesamt pro 1000 kg Brennstoff in M.:

	Bei eigenem Anschlußgleis	Einschließlich Anfuhr vom Bahnhof	Heizwert WE
Zwickauer	18,00	19,00	6000
Böhmische	15,50	16,50	4500
Meuselwitzer	6,50	7,5	2300
Brikettstücke . . .	14,50	15,50	4500
Gaskoks	21,00	22,00	6000

Hiernach kosten 1000 kg Dampf bei Verfeuerung von:

Zwickauer Steinkohle $\frac{18}{6}$ = M. 3,— bzw. $\frac{19}{6}$ = M. 3,33

Böhmische Braunkohle $\frac{15,5}{4,5}$ = „ 3,44 „ $\frac{16,5}{4,5}$ = „ 3,67

Meuselwitz. Braunkohle $\frac{6,5}{2,3}$ = „ 2,83 „ $\frac{7,5}{2,3}$ = „ 3,26

Brikettstücken . . . $\frac{14,5}{8,5}$ = „ 3,22 „ $\frac{15,5}{4,5}$ = „ 3,44

Gaskoks . . . . . $\frac{21}{6}$ = „ 3,60 „ $\frac{22}{6}$ = „ 3,67.

Die Zahlen schwanken also zwischen M. 2,83 und M. 3,67, wozu bemerkt sein möge, daß sich der Preis pro 1000 kg Dampf in den deutschen Industriebezirken meistens zwischen M. 2 und M. 3 bewegt, je nach Lage und Größe der Betriebsstätte.

Hierin eingeschlossen sind übrigens weder die Beträge für Verzinsung und Amortisation der Kesselanlage noch für Entlohnung des Heizers, und kann besonders die für Letztere erforderliche Summe das Bild sehr verändern.

Für manche Rechnungen ist es bequemer, den Preis pro 10 000 vom Dampf abgegebenen Wärmeeinheiten einsetzen zu können, zu welchem Zwecke es einer Feststellung der pro kg Dampf wirklich zu erwartenden Wärmemenge bedarf. Da sich dieselbe indessen je nach seiner Spannung und seinem Wassergehalt ändert, reduziert man sie am sichersten auf trockenen Dampf von atmosphärischem Druck, der aus Wasser von 0^0 mit einem Wärmeaufwand von rund 640 WE erzeugt worden ist, wie es auch sonst für Dampfverbrauchsbestimmungen immer mehr üblich wird.

Von dieser Wärme gehen verloren:

a) auf dem Wege vom Kessel bis zum Heizkörper, je nach Länge und Isolierung der Leitung: 2—8%, im Mittel ca. 30 WE;

b) auf dem Wege aus dem Heizkörper in den Kessel zurück, als Kondensat, einschließlich der Verluste durch Undichtigkeiten, mindestens 30 WE, doch mögen dafür gerechnet werden 40, und es verbleiben somit zur Ausnutzung 640—70 = 570 WE pro kg Kesseldampf.

Hiervon kommen ca. 70 auf das Kondenswasser, und nur der Rest = 500 WE bleibt für die eigentliche Heizung zur Verfügung. Beim Abdampf gehen dagegen verloren ca. 65 in Arbeit umgesetzte und ca. 35 in Zylinder und Stopfbüchsen, so daß für ihn verbleiben ca. 470 WE, wovon wieder 70 auf das Kondensat entfallen und 400 WE auf reine Heizwirkung. In beiden Fällen lassen sich die mit dem Kondensat abgeführten 70 WE wieder gewinnen, so daß sie nicht als Verlust anzusehen sind.

Nach vorstehenden Ermittelungen entspricht der Preis von 1000 kg Kesseldampf dem von 570 000 durch ihn ausnutzbaren Wärmeeinheiten, mithin derjenige von 10 000 WE dem 57. Teil davon; kosten also 1000 kg Dampf M. 1, so stellen sich 10 000 in der Trockenanlage erforderliche Wärmeeinheiten auf $\frac{100}{57} = 1,75$ Pf.

Da ferner zur Erzeugung von 1 kg Dampf mit 570 verwertbaren WE aufzuwenden sind 1000 WE des Brennstoffs, so haben 1000 WE des Dampfs denselben Wert wie

$$1000 \cdot \frac{1000}{570} = \sim 1750 \text{ WE des Brennstoffs.}$$

Hierbei ist Voraussetzung, daß das Kondensat dem Kessel sofort wieder zugeführt wird.

Betriebskraft.

Für den Antrieb von Trockenapparaten kommt neuerdings elektrischer Strom mehrfach zur Verwendung, was jedoch nur dann uneingeschränkte Berechtigung hat, wenn kein Hochdruckdampf zum Betrieb von Dampfmaschinen zur Verfügung steht oder schwieriger zu beschaffen ist als der elektrische Strom. Sonst ist fast überall dort die Auspuffdampfmaschine das Gegebene, wo sich ihr Abdampf zum Heizen der Trockeneinrichtung verwerten läßt; erst wo das nicht ganz möglich ist, kommt die Kondensationsmaschine und Zwischendampfverwertung in Frage.

Als Anhalt für die vom Betriebsdampf zu erwartenden Wärmemengen kann folgende Zusammenstellung benutzt werden.

Tabelle XIV. Dampfverbrauch pro Stunde und eff. PS in kg.[1])

Größe in PS	10	20	40	60	80	100	250	1000
A. Sattdampfmaschinen gewöhnl. Ausführung.								
a) Auspuffmaschinen:	Betriebsspannung: 6—8 Atm.							
bei voller Nennleistung	22	20	18,5	17	16,5	16	—	—
bei halber „	29	26	23	21	20	19	—	—
b) Kondens.-Maschinen:								
bei voller Nennleistung	—	—	14	13,5	13	12,5	—	—
bei halber „	—	—	16	15	14,5	14	—	—
c) Comp.-Kond.-Masch.:				bei 9 Atm. Betriebsdruck:				
bei voller Nennleistung	—	—	—	10,3	10	9,6	8	7,5
bei halber „	—	—	—	12,5	12,25	12	—	—

[1]) Vgl. Marr, Kosten der Betriebskräfte, 1904, R. Oldenbourg, München.

B. Heißdampfmaschinen.

Überhitzter Dampf von ca. 20 % höheren Erzeugungskosten als Sattdampf.

a) Auspuffmaschinen:	Betriebsspannung: 6–8 Atm.							
bei voller Nennleistung	14,5	13	11	9,5	9	8,8	—	—
bei halber „	18	16	12,4	11,4	10,8	10,5	—	—
b) Kondens.-Maschinen:								
bei voller Nennleistung	—	—	7,6	7,5	7,3	7,1	—	—
bei halber „	—	—	9	8,8	8,5	8,1	—	—
c) Comp.-Kond.-Masch.:				bei 9–10 Atm. Betriebsdruck:				
bei voller Nennleistung	—	—	—	5,9	5,7	5,5	5	4,8
bei halber „	—	—	—	7,2	7	6,7	—	—

Der Verbrauch exakt gearbeiteter ortsfester Dampfmaschinen und Lokomobilen mit neuzeitlichen Steuerungen für Sattdampf kann um 10 und mehr Prozent niedriger eingeschätzt werden, da sie durchweg mit weit höherer Spannung arbeiten als oben für Maschinen, wie sie vielfach in Gebrauch sind, angegeben wurde. Die Zahlen für Heißdampfbetrieb erfahren hierdurch keine Änderung.

Kondensation und Zwischendampfentnahme.

Bei allen Kondensationsmaschinen wird der Hauptteil der Wärme durch das in großen Mengen zur Anwendung kommende Kühlwasser abgeführt und kann nur unter ganz besonderen Verhältnissen (z. B. bei Verwendung für Schwimmbassins) nutzbar gemacht werden. Um hier Besserung zu schaffen, sind neuerdings zwei Wege eingeschlagen, welche jedoch für kleinere Maschinen (unter 80 PS etwa) nicht gangbar sind.

Der erste besteht in der Verwertung des Abdampfes von Kolbenmaschinen in sog. Abdampfturbinen, welche dadurch eine besonders gute Wärmeausnutzung ermöglichen, daß unausgesetzt ihre Eintrittsseite mit dem Abdampf, ihre Austrittsseite mit dem Kondensator in Verbindung bleibt. Das gesamte Triebwerk nimmt daher am einen Ende ungefähr die Temperatur des Abdampfs an und stuft diese sich von da allmählich auf die Temperatur des Kondensators vom andern Ende ab, so daß der Dampf während seiner ganzen Arbeitsleistung immer mit Flächen in Berührung bleibt, welche nahezu die seiner Spannung entsprechende Temperatur aufweisen.

Es fallen somit die bekannten großen Abkühlungsverluste fort, welche bei Kolbenmaschinen dadurch entstehen, daß bei jedem Hubwechsel der heiße Eintrittsdampf auf soeben auf Kondensatortemperatur gekühlte Flächen trifft, und da in gleicher Weise nachteilig die jeweilig mit dem Kondensator in Verbindung stehende Seite von Kolbenmaschinen beeinflußt wird, so ist verständlich, daß sich bei Abdampfturbinen ein weit besseres Vakuum aufrechterhalten läßt; beide Umstände zusammen ermöglichen den anerkannt sparsamen Betrieb der Abdampfturbinen.

Der zweite Weg zur besseren Ausnutzung der Dampfwärme hat zur Entnahme von Heiz- und Kochdampf aus dem Aufnehmer von Verbund- oder hintereinander geschalteten Maschinen geführt und bietet für die Beschaffung von Dampf für Trockenzwecke großes Interesse.

Der der sog. Zwischendampfentnahme zugrunde liegende Gedanke ist darin zu erblicken, daß man die Vorzüge der Auspuff- mit denen der Verbundkondensationsmaschine vereinigen möchte, indem man den Abdampf des ersten Zylinders zum Teil durch einen zweiten in den Kondensator schickt, zum andern Teil wie den einer gewöhnlichen Auspuffmaschine in eine Heiz- oder Kochdampfleitung.

Die dadurch erreichbaren Vorteile schrumpfen indessen bei genauerer Untersuchung auf einen nicht allzu großen Umfang zusammen, indem sich aus den bisher veröffentlichten Ergebnissen[1]) nachweisen läßt, daß dort, wo der Dampf außer für eine bestimmte Arbeitsleistung auch noch zur Abgabe einer bestimmten Wärmemenge hinreichen soll, der Verbrauch einer guten Auspuffmaschine dem einer guten Verbundkondensationsmaschine mit Zwischendampfentnahme ungefähr gleich kommt, wenn der Bedarf an Heizdampf sich auf ca. die Hälfte des gesamten stellt[2]).

---

[1]) Zeitschr. d. Bayr. Revisions-Vereins München 1904, Nr. 20 und 1907, Nr. 17 und 18. Zeitschr. d. Vereins deutsch. Ing. 1912, Nr. 1—5.

[2]) Zeitung f. Spiritus- u. Stärke-Industrie 1912, Nr. 8 und 10. Praktischer Maschinen-Konstrukteur, 1913, Nr. 1 u. 3.

Ist er durchschnittlich höher, so arbeitet die einfache Auspuffmaschine vorteilhafter, obgleich ein großer Teil ihres Abdampfes unbenutzt entweicht.

Bleibt der Bedarf an Heiz- und Kochdampf im Mittel unter der Hälfte des Gesamtverbrauchs, so ist zu erwägen, ob die durch Einführung von Zwischendampfentnahme zu erzielenden Vorteile so groß sind, daß sie die höheren Anschaffungskosten und den weit verwickelteren Betrieb gegenüber einer Auspuffmaschine rechtfertigen.

Ganz ähnlich liegt die Sache bei einzylindrigen Kondensationsmaschinen, nur daß hier die Grenze, wo die Kondensation keinen Nutzen mehr bringt, schon weit eher erreicht wird.

Veranschlagen wir den durch Kondensation erreichbaren Gewinn zu 20%, obgleich Professor Eberle bei seinen Versuchen im Jahre 1907 mit der Betriebsmaschine der dampftechnischen Versuchsanstalt des Bayerischen Revisions-Vereins, München, nicht über 18% brutto kam, und erinnern wir uns ferner, daß 1 kg Abdampf 470 WE, dagegen 1 kg Kesseldampf 570 WE liefern kann, so kommen wir zu folgenden Schlüssen:

a) wenn für eine bestimmte Arbeitsleistung in einer Auspuffmaschine 1 kg Kesseldampf nötig wird, so vermag dieses Kilogramm außerdem noch 470 WE für Koch- und Heizzwecke abzugeben;

b) da eine Kondensationsmaschine für Verrichtung derselben Arbeit nur 0,8 kg braucht, so stehen aus 1 kg Kesseldampf nur noch 0,2 kg mit $0{,}2 \cdot 570 = 114$ WE für Heiz- und Kochzwecke zur Verfügung.

Diese 114 WE entsprechen einer Ausnutzung von

$$\frac{114}{470} \cdot 100 = \text{ca. } 24{,}2\%$$

des Abdampfs der Auspuffmaschine, so daß diese bereits vorteilhafter als eine einzylindrige Kondensationsmaschine arbeitet, wenn sich durchschnittlich 25% ihres Abdampfes zum Heizen oder Kochen verwerten lassen.

Zieht man auch hier wieder die mit der Beschaffung und Rückkühlung des Kondensationswassers verbundenen Umstände in Betracht, so wird gar häufig eine gute Auspuffmaschine auch dann noch vorzuziehen sein, wenn ihre verwertbare Abdampfmenge unter 25% bleibt.

Hieraus dürfte zu erkennen sein, daß diese häufig hervortretende Angst vor Verlusten, sobald irgendwo etwas Dampf zum Dache hinausströmt, keineswegs immer berechtigt, sondern oft genug ganz grundlos ist.

Rückführung des Kondensats aus Trockenanlagen in die Dampfkessel.

In den Heizkörpern der Trockenanlagen schlägt sich der Dampf zu Wasser von mindestens 100° nieder, doch kühlt es in den Ablaufrohren und Kondenstöpfen schnell weiter ab, so daß es die letzteren mit höchstens 90° verläßt. Da es aber nicht allein sehr heiß, sondern außerdem als destilliertes Wasser chemisch rein ist, so würde es sich besonders gut zum Kesselspeisen eignen, wenn alle Speiseapparate Wasser von so hoher Temperatur anstandslos zu bewältigen vermöchten.

Das ist leider nicht der Fall, sondern die meisten von ihnen bereiten mehr oder weniger große Schwierigkeiten.

Infolgedessen haben selbsttätige Rückspeiser, die nach Art der Schwimmerkondenstöpfe arbeiten, weite Verbreitung gefunden, besonders da sie sich auch zum Fördern von Kondenswasser auf größere Entfernungen eignen.

Wie aus Fig. 22 eines Körtingschen Speiseautomaten schon erkennbar ist, muß das zu hebende heiße Wasser dem Apparat mit einem gewissen Gefälle durch das Rückschlagventil *c* zufließen, damit es ihn überhaupt anzufüllen vermag. Während dieser Periode hält sich der offene Schwimmer *a* in höchster Stellung und damit gleichzeitig auch das oben daran befestigte lange Ende eines Hebels, welcher an seinem andern kürzeren Ende zwei, hintereinander sitzende Ventile *c* in entgegengesetzter Weise betätigt, also das eine schließt, wenn er das andere öffnet und umgekehrt; in der jetzigen Stellung steht das offene mit der Außenluft, das geschlossene mit der Dampfzuleitung in Verbindung, so daß über den Wasserspiegeln im Topf und im Schwimmer kein Druck besteht.

Sobald jedoch so viel Wasser in den Schwimmer gelaufen ist, daß er an zu sinken fängt, stürzt sofort neues Wasser über seinen oberen Rand nach, und er fällt mit beschleunigter Geschwindigkeit unter fortwährendem Nachströmen von Wasser vollends zu Boden.

Damit aber hat der obere Hebel die Ventile *e* umgestellt, es kann also jetzt Dampf eintreten, unter dessen Druck sich das unten am Steigrohr *g* sitzende Rückschlagventil öffnet und so lange Wasser nach oben entläßt, bis der erleichterte Schwimmer steigt, worauf dasselbe Spiel von neuem beginnt.

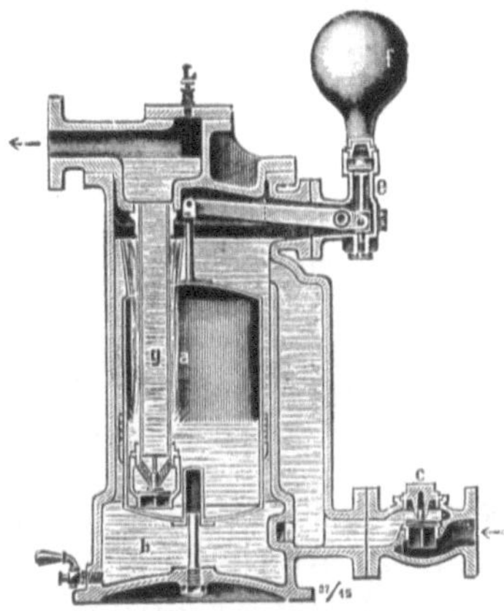

Fig. 22.

Unter Innehaltung dieser Grundidee weichen die verschiedenen Systeme nur in Nebenteilen voneinander ab; um das Wasser in den Kessel drücken zu können, von dem sie ihren Betriebsdampf erhalten, müssen sie ca. 2 m über dessen Wasserstand aufgestellt werden, damit das Wasser durch sein eigenes Gewicht herunter laufen kann, sobald durch Sinken des Schwimmers gleicher Druck in Apparat und Kessel hergestellt ist.

Kann deshalb das zu speisende Wasser nur an einem tiefer liegenden Punkt aufgefangen werden — ein Fall, der oft genug vorliegt —, so sind entweder 2 Rückspeiser zu verwenden, von denen der untere einem zweiten, ca. 2 m über

Kesselwasserstand aufgestellten das ihm selbst mit 1—2 m Gefälle zulaufende Wasser zubringt, oder es ist das etwaige, tief und entfernt vom Kesselraum aufzufangende Kondensat durch den ersten Rückspeiser in die allgemeine Sammelgrube für Speisewasser zu fördern, worin es sich mit von anderen Seiten kommendem kälteren Wasser mischen kann, um alsdann weiter durch Pumpen oder Injektoren in die Kessel geschafft zu werden.

Die durch Rückführung des Kondensats zu erzielenden Ersparnisse schwanken zwischen 10 und 14% des Bedarfs der Verbrauchsstellen, doch ist außerdem der in der Wiedergewinnung eines völlig einwandfreien Speisewassers liegende Wert nicht zu unterschätzen.

III. Abschnitt.

Wärmeübertragung und Fortleitung.

Der Wärmeübertragungs- oder Transmissionskoeffizient *k* (Wärmedurchgangszahl) und seine rechnerische Ermittlung[1].)

Wenn die Temperatur eines Körpers die seiner Umgebung übersteigt, geht so lange Wärme von einem aufs andere über, bis sich Temperaturengleichheit eingestellt hat. Die Menge der hinübergeströmten Wärme vermehrt sich mit der Temperaturdifferenz zwischen beiden, mit der Größe der wärmeaustauschenden Oberfläche und mit der Zeit, während welcher dieser Austausch stattfindet.

Um das Wärmeübertragungsvermögen der einzelnen Stoffe miteinander vergleichen zu können, muß es auf dieselbe Temperaturdifferenz und Zeitdauer bei gleich großer Oberfläche

[1]) Durch Nußbaum wurde neuerdings im Gesundh.-Ing. 1912, S. 301, ebenfalls auf die Unzweckmäßigkeit des Ausdrucks „Durchgang“ hingewiesen und „Übertragung“ dafür empfohlen.

bezogen werden und sind als Einheiten hierfür allgemein in Gebrauch: 1° C, 1 qm und 1 Stunde; die dabei übertretende Wärmemenge in Wärmeeinheiten wird bezeichnet als „Transmissionskoeffizient" (Wärmedurchgangszahl).

Derselbe, gewöhnlich mit „*k*" bezeichnet, setzt sich durchweg aus 2—3 Teilen zusammen, indem sich die Wärmeübertragung vollzieht:

a) durch unmittelbare Berührung, nach Maßgabe eines von uns als Fließzahl[1]) bezeichneten Wertes α;

b) durch Strahlung, nach Maßgabe des Strahlungskoeffizienten „*s*"

und sofern sich Trennungswände zwischen den wärmeabgebenden und wärmeaufnehmenden Stoffen befinden:

c) durch Überleitung, nach Maßgabe des Leitungskoeffizienten λ.

Hieraus darf schon geschlossen werden, daß die einwandfreie Bestimmung von „*k*" manche Schwierigkeiten bietet und läßt sich diese Aufgabe leider auch noch nicht als für alle Verhältnisse gelöst betrachten.

Vergegenwärtigen wir uns zunächst, daß Wärme nichts Körperliches ist, kein Stoff, keine Substanz, sondern nur ein Zustand, in den die von ihr betroffenen Körper versetzt werden. Sie äußert sich in Schwingungen, wie das Licht, der Schall und der elektrische Strom, und zwar befinden sich die Bestandteile eines warmen Gegenstandes in lebhafterer, uns allerdings nicht wahrnehmbarer Bewegung als die eines kalten. Durchaus falsch ist der oft gehörte Satz: „die Wärme steigt nach oben", denn ihre Wellen gehen von einem heißen Punkt gleichmäßig nach allen Richtungen in den Raum, gerade wie beim Licht und beim Ton; sie werden

---

[1]) Die zurzeit übliche Bezeichnung „Übergangszahl" unterscheidet sich dem Sinne nach so wenig von „Durchgangszahl" und „Leitungszahl", daß es kaum möglich ist, die verschiedenen Bedeutungen im Gedächtnis auseinanderzuhalten; um dies wenigstens den Lesern des vorliegenden Buches etwas zu erleichtern, wurde die neue Bezeichnung „Fließzahl" gewählt, hoffend, daß später einmal eine klarere Unterscheidung eingeführt werden wird. D. Verfasser.

ebenso zurückgeworfen, stoßen und verdrängen sich untereinander, bis sie sich über den ganzen Raum verteilt haben, wobei die Schwingungen an den unmittelbar bestrahlten Orten voraussichtlich am heftigsten sind. Das absolute Gewicht eines Stoffes erfährt durch diese Bewegung seiner Teilchen, durch seine Erwärmung also, keine Änderung, wohl aber das spezifische der Volumeneinheit, indem der warme Körper einen größeren Raum einnimmt, als vorher der kalte. Bei festen und tropfbar flüssigen Substanzen ist der Unterschied nicht groß, bei Luft und andern Gasen dagegen ziemlich erheblich. Bei ihnen nimmt mithin das spezifische Gewicht durch Erwärmung am stärksten ab, und was wir als aufsteigende Wärme bezeichnen, ist, richtig ausgedrückt, nichts anderes als „nach oben ziehende warme Luft".

Sobald Wärme durch Verbrennung erzeugt ist, teilt sie sich zum größten Teil den gasförmigen Verbrennungsprodukten mit; ein gewisser Betrag jedoch geht durch sie hindurch über auf die Umfassungswände der Feuerstelle und bildet die Wärmestrahlen, welche mit andern Strahlen auch noch das gemein haben, daß sie von der ihnen ausgesetzten Fläche sowohl absorbiert als reflektiert werden können. Im letzten Falle tragen sie bei zur Erhöhung der Temperatur der Verbrennungsgase, denen dann die Aufgabe zufällt, alle empfangene Wärme weiter an Kessel, Pfannen, Öfen etc. zu übermitteln.

Diese Übertragung pflanzt sich weiter fort auf den Inhalt der Kessel etc., wobei deren Wandungen ihr einen, durch Stärke und Materialbeschaffenheit bedingten Widerstand entgegensetzen.

Sie kann aber auch mit dem erwärmten Körper von Ort zu Ort weiter geschafft werden und eignen sich hierzu Flüssigkeiten oft noch besser als Gase; Dämpfe, besonders Wasserdämpfe, sind vielfach beiden überlegen, wogegen feste Körper, schon wegen ihres Gewichts, nur in besonderen Fällen als Wärmeträger zur Anwendung kommen.

Zwischen Gasen, Dämpfen und Flüssigkeiten untereinander kommt ein unmittelbarer Wärmeaustausch seltener vor, als der mittelbare durch eine Trennungswand hindurch; er vollzieht sich überhaupt nur bei gestörtem Gleichgewicht in Temperatur und Spannung nach dem zweiten Hauptsatz der Thermodynamik: „Wärme geht nicht von selbst aus einem kälteren in einen wärmeren Körper über", welcher auf den ersten Anblick als etwas Selbstverständliches erscheint, doch ist dabei immer im Auge zu behalten, daß Wärme und Temperatur zweierlei sind.

Zur Feststellung der Wärmeübertragung ist allein der Versuch anwendbar; aus einer großen Anzahl davon ergibt sich allenfalls das Gesetz und hiernach eine Möglichkeit, die verschiedenen Fälle zu berechnen.

Für die Hauptwärmeträger: Luft, Wasser und Dampf, wurden von Mollier die mit „α" bezeichneten Koeffizienten aufgestellt, entsprechend den verschiedenen Bewegungszuständen, in welchen sich die Stoffe befinden.

Diese Zahlen geben an, wieviel Wärmeeinheiten stündlich durch 1 qm Oberfläche pro 1^0 Temperaturdifferenz fließen; findet der Übergang auf einen festen Körper statt, so kann er durch die Ein- und Ausstrahlungsfähigkeit von dessen Oberfläche beeinflußt werden; bildet der feste Körper jedoch nicht selbst den Gegenstand der Erwärmung, sondern nur eine Trennungswand zwischen Wärmespender und Empfänger, so tritt für seine beiden Außenflächen ebenso wie für das Material der Wand selbst die Anforderung auf, eine gewisse, jedoch an allen drei Stellen gleichgroße Wärmemenge durchzulassen.

Der Durchgangskoeffizient setzt sich dann also zusammen aus denjenigen für Eintritt, Überleitung und Austritt, in welcher Weise, werden wir noch sehen.

Nach den Mollierschen Versuchen darf gesetzt werden

1. für durchweg ruhenden Zustand:

   a) bei siedendem Wasser und mäßiger Wallung
   $\alpha = 4000—6000$,

   b) bei nicht siedendem Wasser
   $\alpha = 500$,

   c) bei kondensierendem Wasserdampf
   $\alpha = 9—10\,000$,

   d) bei Luft, Gasen, überhitzten Dämpfen
   $\alpha = 2—4$, im allgemeinen 4.

2. Für lebhafte Bewegung bzw. Wechsel der äußeren Teile durch entsprechende Einrichtungen oder, wenn für schnelle Entfernung der Luft- und Dampfblasen gesorgt ist, durch Rührwerke u. dgl.:

a) bei siedendem Wasser

$$\alpha = 6000 \text{ und mehr,}$$

b) bei nicht siedendem Wasser, wenn umgerührt

$$\alpha = 2000—4000,$$

c) für kondensierenden Wasserdampf

$\alpha = 10\,000$ und mehr, bei schlanker Abführung des Niederschlagwassers, der Luftblasen etc.

d) bei Luft etc.

$$\alpha = 4,$$

jedoch kann es sich bei besonderer Form der Wand, beim Auftreten von Innenströmen, auf 2—8 ändern.

3. Sofern eine regelrechte Strömung von der Geschwindigkeit „v" in m pro Sek. besteht:

a) bei nicht siedenden Flüssigkeiten:

$$\alpha = 300 + 1800\sqrt{v}, \quad \text{für } v = 0{,}05—2 \text{ m pro Sek.}$$

b) bei Luft, Gasen, überhitztem Dampf:

$$\alpha = 2 + 10\sqrt{v}, \quad \text{für } v = 1—100 \text{ m pro Sek.}$$

für diese letzte, von Ser herrührende Formel soll nach neueren Versuchen von Holmboe, Christiania, zu setzen sein[1]):

c) bei Luft und Rauchgasen:

$$\alpha = 2 + 5{,}5\sqrt[1{,}8]{v\gamma} \quad . \; . \; . \; . \; . \quad (18a)$$

d) bei überhitztem Dampf:

$$\alpha = x \cdot 10{,}92\sqrt[1{,}3]{v\gamma} \quad . \; . \; . \; . \; . \quad (18b)$$

worin γ = Dichte in kg/cbm und x eine vom Rohrdurchmesser abhängige Zahl bezeichnet. Zu setzen ist:

bei einem lichten Rohrdurchmesser in mm =	20	40	60	80	100
x =	1	0,914	0,85	0,805	0,767.

[1]) Dinglers polytechn. Journal 1909, S. 803, und 1910, S. 88.

Jedenfalls verschwindet der Wert von α bei Luft, Gasen und überhitztem Dampf überall nahezu gegenüber demjenigen von α bei Wasser und Sattdampf.

Denken wir uns jetzt eine ebene Fläche von unendlich geringer Dicke und unendlich großer Leitungsfähigkeit zwischen zwei Flüssigkeiten gelegt, so daß die Temperatur in dieser Trennungsschicht überall dieselbe $= \Delta_z$ wird; bezeichnen wir alsdann die Wärmemenge, welche stündlich von einer Flüssigkeit mit der Temperatur t_1 und der Fließzahl α_1 auf eine andere von der Temperatur t_2 und der Fließzahl α_2 durch sie hindurchgeleitet werden soll, mit Q_{00}, so ergibt sich für eine Größe der Wand von 1 qm an der einen Seite:

$$Q_{00} = \alpha_1 (t_1 - \Delta_z)$$

und an der andern:

$$Q_{00} = \alpha_2 (\Delta_z - t_2),$$

woraus folgt, wenn beide Gleichungen auf Δ_z gebracht und alsdann gleichgesetzt werden:

$$\frac{-Q_{00} + \alpha_1 t_1}{\alpha_1} = \frac{Q_{00} + \alpha_2 t_2}{\alpha_2}.$$

Mithin

$$-\alpha_2 Q_{00} + \alpha_2 \alpha_1 t_1 = \alpha_1 Q_{00} + \alpha_1 \alpha_2 t_2,$$

oder, entsprechend reduziert:

$$Q_{00} = (t_1 - t_2) \frac{\alpha_1 \alpha_2}{\alpha_1 + \alpha_2}.$$

Wird hierin $t_1 - t_2 = 1^0$ gesetzt, so erhalten wir für 1^0 Temperaturdifferenz, 1 qm Fläche und 1 Stunde den Übertragungskoeffizienten:

$$k_0 = \frac{\alpha_1 \alpha_2}{\alpha_1 + \alpha_2} \quad \ldots \ldots \quad (19)$$

oder, wenn Nenner und Zähler durch $\alpha_1 \alpha_2$ dividiert werden, in üblicher Schreibweise:

$$k_0 = \frac{1}{\frac{1}{\alpha_1} + \frac{1}{\alpha_2}} \text{ bzw. } \frac{1}{k_0} = \frac{1}{\alpha_1} + \frac{1}{\alpha_2}.$$

Dieser für unmittelbare Berührung abgeleitete Wert ändert sich bei Vorhandensein einer wirklichen Scheidewand zwischen beiden Flüssigkeiten insofern, als noch ein dritter Koeffizient hinzukommt, welcher von dem Leitungswiderstand der Wand abhängt und in derselben Weise wirkt, wie die Ein- und Ausströmungsbehinderungen.

Dieser sog. Leitungskoeffizient wird für 1 m Wandstärke und für das betreffende Material mit λ bezeichnet und ändert sich für eine andere, ebenfalls in Metern angegebene Wandstärke δ in $\frac{\lambda}{\delta}$.

Offenbar ist auch hiervon der reziproke Wert den reziproken Werten $\frac{1}{\alpha_1}$ und $\frac{1}{\alpha_2}$ der rechten Seite unserer Gleichung hinzuzuzählen, um dem Einfluß der Wand gerecht zu werden, und geht die Gleichung damit über in:

$$\frac{1}{k_1} = \frac{1}{\alpha_1} + \frac{\delta}{\lambda} + \frac{1}{\alpha_2} \quad \ldots\ldots \quad (20)$$

Besteht die Scheidewand aus mehreren Schichten verschiedener Art von den Stärken $\delta_1 - \delta_2 - \delta_3 - \delta_4 \ldots$ und mit den Leitungskoeffizienten $\lambda_1 - \lambda_2 - \lambda_3 - \lambda_4 \ldots$, dann wird in entsprechender Weise:

$$\frac{1}{k_1} = \frac{1}{\alpha_1} + \frac{\delta_1}{\lambda_1} + \frac{\delta_2}{\lambda_2} + \frac{\delta_3}{\lambda_3} + \ldots + \frac{1}{\alpha_2}.$$

Setzen wir hierin jedoch die Summe der Mittelglieder

$$\frac{\delta_1}{\lambda_1} + \frac{\delta_2}{\lambda_2} + \ldots = \frac{D}{L},$$

dann ergibt sich wieder:

$$\frac{1}{k_1} = \frac{1}{\alpha_1} + \frac{D}{L} + \frac{1}{\alpha_2}.$$

Betrachten wir jetzt unsere Grundformel:

$$k_0 = \frac{\alpha_1 \alpha_2}{\alpha_1 + \alpha_2}$$

etwas genauer, so finden wir bald, daß bei einem größeren Unterschied zwischen α_1 und α_2 der Wert von k_1 dem des kleineren von ihnen sehr nahe kommt.

Setzen wir beispielsweise α_1 nacheinander $= 2, 3, 5, 8$, jedoch immer $\alpha_2 = 1000$, so wird $k_1 = 1{,}99 - 2{,}9 - 4{,}9 - 7{,}9$ etc., und es läßt sich daher k_1 mit genügender Genauigkeit $= \alpha_1$ setzen, wenn der Unterschied zwischen α_1 und α_2 groß, und α_1 der kleinere Wert ist.

Dieser Fall tritt ein, wo eine Wärmeverschiebung zwischen Gasen (Luft, überhitzten Dämpfen) und Sattdampf oder Wasser stattfindet (sofern den Gasen nicht gerade eine besonders hohe, dem Wasser aber gar keine Geschwindigkeit erteilt wird), und gilt somit dann:

$$k_0 = \alpha_1 \quad -$$

$$\frac{1}{k_1} = \frac{1}{\alpha_1} + \frac{\delta}{\lambda}$$

$$\frac{1}{k_1} = \frac{1}{\alpha_1} + \frac{\delta_1}{\lambda_1} + \frac{\delta_2}{\lambda_2} + \ldots.$$

bzw.

$$\frac{1}{k_1} = \frac{1}{\alpha_1} + \frac{D}{L}.$$

Bezeichnen wir jetzt weiter nach Péclet die stündlich pro qm und 1° Temperaturdifferenz durch Strahlung hervorgebrachte Wirkung mit S_1 und S_2, so ist klar, daß sie diejenige von α_1 und α_2 erhöht, so daß wir statt α_1 und α_2 einführen können: $(\alpha_1 + S_1)$ und $(\alpha_2 + S_2)$, wodurch unsere bisherigen Formeln sich für den g e s a m t e n durch k auszudrückenden Wärmeübergang ändern

a) bei Dampf auf Wasser, Wasser auf Wasser, Luft oder Gasen auf Luft oder Gase, und bei nicht siedendem Wasser auf bewegte Luft in:

$$\frac{1}{k} = \frac{1}{(\alpha_1 + S_1)} + \frac{\delta}{\lambda} + \frac{1}{(\alpha_2 + S_2)},$$

bzw.

$$\frac{1}{k} = \frac{1}{(\alpha_1 + S_1)} + \frac{D}{L} + \frac{1}{(\alpha_2 + S_2)};$$

b) bei Sattdampf oder kochendem Wasser auf Luft, Gase, überhitzten Dampf und umgekehrt in:

$$\frac{1}{k} = \frac{1}{(\alpha_1 + S_1)} + \frac{D}{L}.$$

Werden die Ausdrücke $(\alpha_1 + S_1)$ und $(\alpha_2 + S_2)$ durch die Buchstaben K und W ersetzt, so lauten die Formeln:

für a)

$$\frac{1}{k} = \frac{1}{K} + \frac{\delta}{\lambda} + \frac{1}{W} \quad \ldots\ldots \quad (21\,a)$$

bzw. allgemeiner:

$$\frac{1}{k} = \frac{1}{K} + \frac{D}{L} + \frac{1}{W} \quad \ldots\ldots \quad (21\,b)$$

und für b)

$$\frac{1}{k_1} = \frac{1}{K} + \frac{D}{L} \quad . \quad . \quad . \quad . \quad . \quad . \quad . \quad . \quad (21c)$$

Für eine Fläche F in qm und die Temperaturdifferenz $t_1 - t_2$ zwischen den wärmeaustauschenden Flüssigkeiten oder Gasen wird der stündliche Wärmeübergang Q in WE sodann:

$$Q_F = F \cdot k \, (t_1 - t_2)$$

und bei $F = 1$ qm

$$Q = k \, (t_1 - t_2) \quad . \quad . \quad . \quad . \quad . \quad . \quad (22)$$

Leider sind die Faktoren K und W, welche den Gesamteinfluß von Überströmung und Strahlung darstellen, abhängig von den Temperaturen und den Temperaturgefällen, bei denen sie stattfinden, und zwar nicht gleichartig, sondern voneinander verschieden.

Péclet gibt an, daß bei Wärmeübertragung von Luft an Luft oder Gase bis zu Temperaturen von 60° C gesetzt werden kann pro 1° Temperaturdifferenz, 1 qm und 1 Stunde:

$$S_1 = s_1 + (0{,}0075\, a_1 + 0{,}0056\, s_1)\, (\Delta_1 - t_1) \quad . \quad (23a)$$

$$S_2 = s_2\, (0{,}0075\, a_2)\, (t_2 - \Delta_2) \quad . \quad . \quad . \quad . \quad . \quad . \quad (23b)$$

und somit

a) für eine einem kalten Raum zugewandte oder Außenwand:

$$K = a_1 + s_1 + (0{,}0075\, a_1 + 0{,}0056\, s_1)\, (\Delta_1 - t_1) \quad (24a)$$

b) für eine Innenwand bzw. eine von der wärmeren Luft berührte:

$$W = a_2 + s_2\, (0{,}0075\, a_2)\, (t_2 - \Delta_2) \quad . \quad . \quad . \quad (24b)$$

Hierin bezeichnen noch:

s_1 und s_2 die Koeffizienten für Strahlung nach Péclet (Tabelle XVI).

t_1 und t_2 die Temperaturen der kalten und der warmen Luft.

Δ_1 und Δ_2 die entsprechenden Temperaturen der luftbespülten Wandflächen.

Für Δ_1 und Δ_2 kann nach Rietschel, von dem auch die unten in Tab. XVII zusammengestellten Werte berechnet wurden, gesetzt werden:

Für Backsteinmauern von 0,12—1 m Stärke: 8°—1°;
„ einfache Fenster: 20°;
„ Doppelfenster: 10° usw.

Von den nachstehenden Tabellen für λ, s und k bezieht sich Tab. XVI nur auf die Pécletschen Gleichungen (23) und (24)

Tabelle XV. Wärme-Überleitungskoeffizient λ nach verschiedenen Forschern in WE bei δ in m, pro qm, Std. u. 1° T.D.

Wolle	0,04	Isolierstoffe:	
Baumwolle	0,012–0,016	Porzellan	0,9
Mauerwerk aus:		Glyzerin	0,25
Bruchstein	1,5	Holzasche	0,06
Backsteinen	0,69[1])	Sand	0,27
Kalkstein	2	Wasser	0,5
Sandstein	1,3	Gipsdielen	0,45
Zement	0,7	Metalle:	
Filz	0,032	Eisen	ca. 45
Glas	0,5–0,7	Stahl	22–40
Isolierstoffe:		Bronze	ca. 55
Kieselgur	0,136	Kupfer	300
Seidenabfall	0,045	Blei	30
Papier	0,04	Aluminium	175
Korkmasse	0,08	Holz:	
Luft, ruhend	0,04	Eichenholz	0,21
sonst	0,02	Tannenholz	0,17
Sägemehl	0,06	quer zur Faser	0,1
Kork	0,2	Kiefernholz	0,1
Asbest	0,17	quer zur Faser	0,03
Kesselstein	2		

Tabelle XVI. Wärme-Strahlungskoeffizient s nach Péclet.

Eisen, verrostet	3,36	Baumwollzeug u. Wolle	ca. 3,6
Gußeisen, neu	3,17	Backsteine	
Eisenblech, gewöhnliches	2,77	Gips	
» blank	0,45	Holz	
» verbleit	0,65	Kohlenstaub	
Kupfer	0,16	Kreide, gepulvert	
Messing, blank	0,26	Ölanstrich	
Zinn, Zink	0,23	Papier	
Wasser	5,3	Sand	
Ruß	4	Sägespäne	
Glas	2,9	Seidenstoff	
Silberpapier	0,42		
Goldpapier	0,23		

[1]) Nach einer neueren Angabe 0,35.

Tabelle XVII. Transmissionskoeffizient für Luft an Luft bei verschiedenen Baustoffen.[1])

Außenwände.

Ziegelmauerwerk.

Wandstärke (ohne Putz) in m	0,25	0,38	0,51	0,64	0,77	1,03
$k =$	1,7	1,3	1,1	0,9	0,8	0,6

Ziegelmauerwerk mit einer Luftschicht.

Wandstärke ohne Luftschicht u. Putz in m	0,24	0,50	0,63	0,76
$k =$	1,4	0,9	0,8	0,7

Wand aus Stampfbeton.

Wandstärke in m	0,05	0,10	0,15	0,20	0,25
$k =$	3,4	2,7	2,3	2,0	1,7

Holzwand aus 0,25—0,3 m starken Brettern.

Einfach: $k = 1,9$. Doppelt: $k = 1,2$. Dopp. m. Luftschicht: $k = 0,92$.

Innenwände.

Ziegelmauerwerk.

Wandstärke (ohne Putz) in m	0,12	0,25	0,38	0,51
$k =$	2,2	1,5	1,2	1,0

Rabitzwand.

Wandstärke in m	0,04	0,06	0,08	0,10
$k =$	3,1	2,8	2,5	2,3

Holzwand aus 0,25—0,3 m starken Brettern, unverputzt.

Einfach: $k = 1,9$. Doppelt: $k = 1,2$. Dopp. m. Luftschicht: $k = 0,92$.

Wand aus Korkstein.

Wandstärke in m	0,12	0,25	0,38
$k =$	1,52	0,92	0,66

Gipsdielen.

Stärke in mm	0,03	0,04	0,05	0,06	0,07
$k =$	3,20	3,01	2,90	2,80	2,64

Fußböden und Decken.

Balkenlage mit einfacher Dielung	$k = 1,6$
do. unten verschalt, geputzt: kalte Luft unten	$k = 0,24$
do. „ „ „ „ „ oben	$k = 0,48$
Ziegelgewölbe mit Lagerhölzern und Holzdielung: kalte Luft unten	$k = 0,35$
Ziegelgewölbe mit Lagerhölzern und Holzdielung: „ „ oben	$k = 0,70$
Ziegelgewölbe mit Fließen, Asphalt- od. Linoleumbelag	$k = 1,65$

[1]) Rietschel, Lüftungs- und Heizungsanlagen. Berlin, Julius Springer.

T ü r e n.

Fichtenholz, 20 mm stark . . . $k = 2{,}2$, 30 mm stark $k = 1{,}8$
Eichenholz, 20 mm stark . . . $k = 2{,}9$, 30 mm stark $k = 2{,}5$

F e n s t e r u n d O b e r l i c h t e.

Einfach . . . . $k = 5$, doppelt $k = 2{,}3$.

D ä c h e r.

Teerpappe, Zink oder Schiefer auf Schalung . . . . . $k = 2{,}15$
Ziegeldach, ohne Schalung . . . . $k = 4{,}8$
Holzzement . . . . $k = 1{,}3$
Wellblech auf Schalung . . . . $k = 6$
do. ohne Schalung . . . . $k = 9$.

Vorstehende Zahlen gelten für die Umfassungen von Räumen, deren Geschoßhöhe 4 m beträgt; auf sie sind Zuschläge zu machen je nach der Himmelsrichtung, dem Wind- oder Wetteranfall, und zwar ungefähr:

10% für nach N., O., NO. oder NW. gelegene Wände,
20% für nach N., O., NO. oder NW. gelegene Wände in Eckräumen;
20% für die dem Windanfall aus obigen Himmelsrichtungen b e s o n d e r s ausgesetzten Flächen;
10% für Windanfall aus anderen Himmelsrichtungen;
2,5% auf den Gesamtbetrag ab oder zu für jeden Meter Abweichung von der Normalhöhe.

Ferner sollen auf die ermittelten Wärmemengen zugeschlagen werden bei Räumen, welche täglich, jedoch mit n Stunden Betriebsunterbrechung während der Nacht, beheizt werden, bei z Anheizstunden:

$$\frac{6{,}25\,(n-1)}{z} \text{ Prozent.}$$

Für die hohen Temperaturen bei Trockenkammern u. dgl. sind diese Koeffizienten nicht immer zutreffend, so daß es nötig werden kann, k hierfür besonders zu ermitteln.

Wo die Pécletschen Formeln für die Ermittelung des Wärmeübergangs durch Strahlung nicht mehr ausreichen oder auch statt ihrer ist die Stefan-Boltzmannsche Gleichung heranzuziehen, welche lautet:

$$q_0 = C\left[\left(\frac{\Theta}{100}\right)^4 - \left(\frac{T}{100}\right)^4\right] \quad . \; . \; . \; . \quad (25)^{1)}$$

[1]) „Hütte" I, 1908, S. 311.

In ihr bedeutet:

q_0 = Wärmeaustausch durch Strahlung pro Stunde und qm zwischen zwei Körpern mit den absoluten Temperaturen:

$\Theta = 273 + t_2$ für die heißere,

$T = 273 + t_1$ für die kältere der sich gegenüberstehenden Flächen,

C = eine Konstante,

t_2 und t_1 = Temperaturen der Flächen in Celsiusgraden.

Für die Konstante C kann nach Wamsler gesetzt werden[1]):

Material	Zustand der Oberfläche	Temperatur t_2 der Oberfläche	Konstante C
Lampenruß	glatt	0—50°	4,44
Messing	matt	50—250°	1,03
Kupfer	schwach poliert	50—280°	0,79
Schmiedeeisen . . .	matt, oxydiert	20—360°	4,4
»	hochpoliert	40—250°	1,33
Gußeisen	rauh, stark oxydiert	40—250°	4,48
Kalkmörtel, bez. Mauerwerk	rauh, weiß	10—90°	4,3
Zink	matt	50—290°	0,97

Nach der „Hütte" dagegen läßt sich nehmen:

Für absolut schwarze Körper: $C = 4{,}6$,

„ gewöhnliche oxydierte Metallflächen, Mauerwerk, Holz, Papier, Webstoffe, Ölanstrich, glühende oder flammende Brennstoffe: $C = 4$,

„ polierte Metallflächen: C bis $^1/_{10}$ dieser Werte und darunter.

Außerdem kann für Näherungsrechnungen benutzt werden die Rosettische Gleichung:

$$k = \alpha_1 + 0{,}5\left[\left(\frac{\Theta}{100}\right)^2 - 1{,}9\right] \quad . \; . \; . \; . \quad (26)$$

worin Θ die absolute Temperatur des Heizdampfes bezeichnet; die Formel bietet große Bequemlichkeit, da sie keine Ermittlung der Oberflächentemperatur erfordert, und findet besonders Verwendung bei der Berechnung des Wärmedurchgangs von Dampfkesselwandungen.

[1]) Zeitschrift d. V. D. I. 1911, S. 633.

Tritt die Wärmeübertragung auf während eines Zeitraums z, gemessen in Stunden, auf einer Fläche F in qm, dann ist seine Menge Q in WE:

$$Q = k \cdot F \cdot z\,(t_2 - t_1) \quad \ldots\ldots \quad (27)$$

Kehren wir jetzt zu Gleichung (21 a) oder (21 b) zurück:

$$\frac{1}{k} = \frac{1}{K} + \frac{D}{L} + \frac{1}{W},$$

so ist es oft erwünscht, die Wirkung von $\frac{D}{L}$ vorläufig ausschalten zu können, wozu uns folgende Betrachtung einen Weg zeigt.

Bei einer einflußlosen Schicht zwischen den wärmeaustauschenden Flächen, also beim Fehlen einer Zwischenwand, fanden wir, unter Vernachlässigung der Strahlungswirkung:

$$\frac{1}{k_0} = \frac{1}{\alpha_1} + \frac{1}{\alpha_2},$$

bei einer Wand von den Abmessungen δ und λ dagegen:

$$\frac{1}{k_1} = \frac{1}{\alpha_1} + \frac{1}{\alpha_2} + \frac{\delta}{\lambda}.$$

Es verhält sich also:

$$\frac{k_1}{k_0} = \frac{\frac{1}{\alpha_1} + \frac{1}{\alpha_2}}{\frac{1}{\alpha_1} + \frac{1}{\alpha_2} + \frac{\delta}{\lambda}}.$$

Wird hierin die rechte Seite oben und unten durch $\frac{1}{\alpha_1} + \frac{1}{\alpha_2}$ dividiert, so entsteht nach einigen Umformungen:

$$\frac{k_1}{k_0} = \frac{1}{1 + \frac{\delta}{\lambda} k_0} \quad \ldots\ldots \quad (28\,a)$$

und

$$k_1 = k_0 \frac{1}{1 + \frac{\delta}{\lambda} k_0} \quad \ldots\ldots \quad (28\,b)$$

Ebenso ist natürlich, entsprechend Gleichung (22):

$$\frac{Q_1}{Q_0} = \frac{1}{1 + \frac{\delta}{\lambda} k_0} \quad \ldots\ldots \quad (29\,a)$$

und

$$Q_1 = Q_0 \frac{1}{1 + \frac{\delta}{\lambda} k_0} \quad . \quad . \quad . \quad . \quad . \quad (29\text{b})$$

d. h. die für den bloßen Übergang durch Leitung bei Vernachlässigung des Wandeinflusses errechneten Werte k_0 und Q_0 ergeben nach Multiplikation mit dem Faktor:

$$\frac{1}{1 + \frac{\delta}{\lambda} k_0} \quad \text{bzw.} \quad \frac{1}{1 + \frac{D}{L} k_0}$$

die Werte k_1 und Q_1, welche die Wandwirkung mit enthalten.

Untersuchen wir nunmehr, wie sich die Temperaturverhältnisse einer einflußlosen Schicht gegenüber denjenigen einer wirksamen Zwischenwand für dieselben einfachen Verhältnisse gestalten, also wieder bei Nichtbeachtung der Strahlungswirkung.

Die Temperatur einer einflußlosen Schicht ergibt sich aus der Erwägung, daß das ganze Gefälle $t_2 - t_1$ in zwei Teile zerfällt, die sich umgekehrt verhalten wie die Einflüsse von $\frac{1}{\alpha_1}$ und $\frac{1}{\alpha_2}$, daß also wird:

$$t_2 - \varDelta_0 = \frac{\alpha_2}{\alpha_1 + \alpha_2} (t_2 - t_1) \quad . \quad . \quad . \quad . \quad (30\text{a})$$

$$\varDelta_0 - t_1 = \frac{\alpha_1}{\alpha_1 + \alpha_2} (t_2 - t_1) \quad . \quad . \quad . \quad (30\text{b})$$

$$\varDelta_0 = t_2 - \frac{\alpha_2}{\alpha_1 + \alpha_2} (t_2 - t_1) = \frac{\alpha_1}{\alpha_1 + \alpha_2} (t_2 - t_1) + t_1 \quad . \quad (30\text{c})$$

Sofern jedoch eine Wand zu berücksichtigen ist, ändern sich die Differenzen $t_2 - \varDelta_0$ in $t_2 - \varDelta_2$ und $\varDelta_0 - t_1$ in $\varDelta_1 - t_1$, und zwar wiederum nach der Beziehung:

$$t_2 - \varDelta_2 = \frac{1}{1 + \frac{\delta}{\lambda} k_0} (t_2 - \varDelta_0) = \frac{k_1}{k_0} (t_2 - \varDelta_0) \quad (31\text{a})$$

$$\varDelta_1 - t_1 = \frac{1}{1 + \frac{\delta}{\lambda} k_0} (\varDelta_0 - t_1) = \frac{k_1}{k_0} (\varDelta_0 - t_1) \quad (31\text{b})$$

Die Richtigkeit dieser Gleichungen folgt aus:

$$Q_0 (t_2 - t_1) = Q_1 (\varDelta_0 - t_1) = a_2 (t_2 - \varDelta_0),$$

denn es muß die durchströmende Wärmemenge immer gleich sein, sowohl der auf der einen Seite einströmenden wie der auf der andern Seite abströmenden, bei Berücksichtigung des Wandeinflusses also auch:

$$Q_1 (t_2 - t_1) = a_1 (\varDelta_1 - t_1) = a_2 (t_2 - \varDelta_2).$$

Es verhält sich mithin:

$$\varDelta_1 - t_1 \,/\, \varDelta_0 - t_1 = t_2 - \varDelta_2 \,/\, t_2 - \varDelta_0 = Q_1 \,/\, Q_0 = \frac{k_1}{k_0}.$$

Nunmehr dürfte es an der Zeit sein, auch dem Einfluß der Strahlung näher zu treten, indem wir nochmals zu Gleichung (21 b) greifen, in welcher derselbe bereits enthalten war:

$$\frac{1}{k} = \frac{1}{K} + \frac{D}{L} + \frac{1}{W}.$$

Fällt die Zwischenwand fort, so geht sie über in:

$$\frac{1}{ks_0} = \frac{1}{K} + \frac{1}{W}.$$

Ebenso würde, entsprechend den Formeln 30 a—c, 31 a und 31 b:

$$t_2 - \varDelta s_0 = \frac{K}{K+W} (t_2 - t_1) \quad \ldots \ldots \ldots \quad (32\,\mathrm{a})$$

$$\varDelta s_0 - t_1 = \frac{W}{K+W} (t_2 - t_1) \quad \ldots \ldots \ldots \quad (32\,\mathrm{b})$$

$$\varDelta s_0 = t_2 - \frac{K}{K+W} (t_2 - t_1) = \frac{W}{K+W} (t_2 - t_1) + t_1 \quad (32\,\mathrm{c})$$

$$t_2 - \varDelta s_2 = \frac{1}{1 + \frac{D}{L} k_0} (t_2 - \varDelta s_0) = \frac{k_1}{k} (t_2 - \varDelta s_0) \quad . \quad (33\,\mathrm{a})$$

$$\varDelta s_1 - t_1 = \frac{1}{1 + \frac{D}{L} k_0} (\varDelta s_0 - t_1) = \frac{k_1}{k} (\varDelta s_0 - t_1) \quad . \quad (33\,\mathrm{b})$$

Alle vorstehenden, K und W enthaltenden Gleichungen sind jedoch nur verwendbar beim Rechnen nach Péclet, nicht aber bei Benutzung der Gleichung (25) von Stefan-Boltzmann, da q_1 und q_2 sich unmittelbar auf die vollen Temperaturgefälle $\Delta_1 - t_1$ und $t_2 - \Delta_2$ beziehen und nicht etwa auf den einzelnen Grad, wie dies bei α und S der Fall ist.

Es muß demnach der Wärmeübergang durch Leitung und derjenige durch Strahlung getrennt ermittelt werden, und ergibt ihre Summe den Gesamtbetrag, nämlich:

$$Q = k_1 (t_2 - t_1) + q$$ [1]

$$\text{bzw. } Q = \left(k_1 + \frac{q}{t_2 - t_1}\right)(t_2 - t_1),$$

worin q bei Vorhandensein einer Zwischenwand nach derselben Methode zu bestimmen ist aus q_1 und q_2 bzw. aus den Aus- und Einstrahlungen an beiden Seiten der Wand wie bei Formel (19):

$$q = \frac{q_1 q_2}{q_1 + q_2} \quad \ldots \ldots \ldots \quad (34)$$

Da für die Berechnung von q_1 und q_2 aber nach Gleichung (25) die Oberflächentemperaturen Δ_{s1} und Δ_{s2} bekannt sein müssen, so sind wir gewissermaßen am toten Punkt wieder angelangt, denn irgendwelchen Anhalt zur Feststellung dieser Werte enthält die Stefan-Boltzmannsche Formel nicht.

In ganz ähnlicher Weise bedürfen wir bei Péclet zur Berechnung von K und W ebenfalls der Kenntnis von Δ_0 bzw. Δ_1 und Δ_2, welche wir auch nur mit Hilfe von K und W ermitteln können.

Wir müssen also unter allen Umständen zunächst Annahmen machen und damit so weit rechnen, um erkennen zu können, wieweit diese Annahmen zutreffen; wir haben sie dann so lange zu korrigieren, bis sie mit den Ergebnissen tunlichst übereinstimmen, welches Verfahren nunmehr an einigen Beispielen erläutert werden soll.

Zur größeren Bequemlichkeit seien die Zeichen für die einzelnen Begriffe nachstehend zusammengefaßt:

---

[1]) Für einen Zeitraum von Z Stunden geht auf einer Fläche F in qm natürlich eine Wärmemenge über in WE:

$$Q_{F \cdot z} = [k_1 (t_2 - t_1) + q]\, F \cdot z$$

und wird diese Menge gewöhnlich mit Q bezeichnet, doch wären wir genötigt, bei dieser Schreibweise für unsern Wert von Q noch einen neuen Buchstaben einzuführen, was jetzt auf einfache Art vermieden ist.

Bedeutung der Zeichen.

Allgemein-Bezeichnung	Bedeutung	für die kältere Seite einer Scheidewand	für die wärmere Seite einer Scheidewand
α =	Fließzahl, pro qm-Std. u. 1° Temp.-Untersch.	α_1	α_2
s =	Grundkoeffizient für die Strahlung nach Péclet, Tab. XVI	s_1	s_2
S =	Wirklicher Strahlungskoeffizient nach Péclet, pro qm-Std. u. 1° Temp.-Untersch. . .	S_1	S_2
q =	Strahlungskoeffizient nach Stefan-Boltzmann pro qm-Std.	q_1	q_2
	Summe des Leitungs- und des Strahlungskoeffizienten $\alpha + S$, nach Péclet, pro qm-Std. und 1° Temp.-Untersch.	K	W
λ =	Wärmeleitzahl für das Material einer Wand;		
δ =	Dicke der Wand in m; $\frac{D}{L}$ = Summe von $\frac{\delta_1}{\lambda_1} + \frac{\delta_2}{\lambda_2} + \frac{\delta_3}{\lambda_3} \ldots$ bei Zusammensetzung der Wand aus mehreren Schichten;		
t_1 =	Temperatur des kälteren Körpers in Celsiusgraden;		
t_2 =	dgl. des heißeren Körpers;		
$\varDelta_0$ =	dgl. einer einflußlosen Zwischenschicht bei Vernachlässigung der Strahlung;		
$\varDelta_1 \varDelta_2$ =	Temperatur in Celsiusgraden an der Oberfläche einer Zwischenwand bei Vernachlässigung der Strahlwirkung	$\varDelta_1$	$\varDelta_2$
$\varDelta s_0$ =	Temperatur einer einflußlosen Zwischenschicht bei Berücksichtigung des Einflusses von Leitung und Strahlung;		
$\varDelta s_1$, $\varDelta s_2$ =	Temperaturen in Celsiusgraden an der Oberfläche einer Zwischenwand bei Mitberücksichtigung der Strahlungswirkung	$\varDelta s_1$	$\varDelta s_2$
Q_{00} =	übergeleitete Wärmemenge pro qm und Std. bei dem Temp.-Untersch. $t_2 - t_1$, nur durch Leitung, bei fehlender Zwischenwand;		
Q_0 =	übergeleitete Wärmemenge durch die Fläche F in qm in der Zeit z in Std. bei dem Temp.-Unterschied $t_2 - t_1$, nur durch Leitung, bei fehlender Zwischenwand;		

Allgemein-Bezeichnung	Bedeutung	für die kältere Seite einer Scheidewand	für die wärmere Seite einer Scheidewand
Q_1 =	übergeleitete Wärmemenge durch 1 qm i. d. Std. bei dem Temp.-Untersch. $t_2 - t_1$, nur durch Leitung, bei Vorhandensein einer Zwischenwand;		
Q =	übergeleitete Wärmemenge in WE pro qm-Std. und beim Temp.-Untersch. $t_2 - t_1$ durch Leitung und Strahlung bei Vorhandensein einer Zwischenwand;		
$k_0\, k_1\, k$ =	Transmissionskoeffizient bzw. Wärmeübergang pro 1 qm-Std. u. 1° Temp.-Unterschied bei den Verhältnissen, welche bei Q mit gleichem Zeiger unterstrichen sind;		
ks_0 =	Wärmeübergang pro qm-Std. u. 1° Temp.-Unterschied durch Leitung und Strahlung, jedoch bei Fehlen einer Zwischenwand;		
Θ =	absolute Temperatur der wärmeabgebenden Fläche	Θ_1	Θ_2
T =	absolute Temperatur der wärmeaufnehmenden Fläche	T_1	T_2

Anwendung der Formeln zur Berechnung von Transmissions-Koeffizienten.

Beispiel 5. Über einen Teich von 600 qm Oberfläche streiche der Wind mit einer Geschwindigkeit von 10 m pro Sek.; seine Temperatur sei 20° und die des Wassers 10°. Wieviel von letzterem wird stündlich verdunsten?

Auflösung. Da keine Trennungswand vorhanden, gestaltet sich Gleichung 17 zu

$$\frac{1}{k} = \frac{1}{K} + \frac{1}{W}.$$

Hierin ist:

K für das kältere Wasser $= \alpha_1 + s_1 + (0{,}0075\, \alpha_1 + 0{,}0056 s_1)\, 10$,
W für die wärmere Luft $= \alpha_2 + s_2 + (0{,}0075\, \alpha_2)\, 10$,
$\alpha_1 = 1000$,

da das Wasser nicht als ganz ruhend anzusehen ist,

$s_1 = 5,$
$\alpha_2 = 2 + 10 \sqrt{1} = 12,$
$s_2 = 0,$ mithin
$K = 1075,$
$W = 12{,}9$ und daraus

$$\frac{1}{k} = \frac{1}{1075} + \frac{1}{12{,}9} \text{ oder}$$

$k = 12{,}7$, also nahezu α_2,
so daß es auch hier genügt, $k = \alpha_2$ anzunehmen.

Die übergehende Wärmemenge beträgt

$$12{,}7 \cdot 10 \cdot 600 = 76200 \text{ WE.}$$

Da nun 1 kg Dampf von 10° ca. 601 WE enthält, so sind zu seiner Erzeugung aus Wasser von 10° noch 591 WE aufzuwenden und werden stündlich verdunstet:

$$\frac{76\,200}{591} = \backsim 130 \text{ kg} = 130 \text{ l.}$$

Ganz ähnliche Verhältnisse liegen vor, wenn warme Luft über Trockengut, wie nasse Ziegel, Papptafeln u. dgl. geleitet wird, denn auch dabei bleibt die Oberfläche des zu trocknenden Stoffes bei richtiger Leitung des Vorgangs so lange feucht, bis alles Wasser durch sie ausgetrieben worden ist.

Beispiel 6. In einem eisernen Trockenschrank soll die Temperatur konstant auf 120° gehalten werden, der Schrank steht in einem auf 20° erwärmten Raum, und seine Oberfläche beträgt 6 qm. Wieviel Wärme geht stündlich durch Abkühlung verloren, wenn die Schrankwände aus zwei Eisenblechplatten à 2 mm Stärke mit 30 mm starker Zwischenlage aus Kieselgur bestehen? (Fig. 23.)

Fig. 23.

Antwort. In diesem Fall sind anzunehmen (vgl. Tab. XV und XVI):

α_2 (Innenluft) $= 4$ $\qquad s_1 = s_2$ für Eisenblech $= 2{,}8$
α_1 (Außenluft) $= 6$ $\qquad \delta_2 = 0{,}03$ m
$\delta_1 = \delta_3 = 0{,}002$ m $\qquad \lambda_2 = 0{,}14$ (für Kieselgur)
$\lambda_1 = \lambda_3 = 45.$

Aus

$$K_0 = 6 + 2{,}8 = 8{,}8$$

und

$$W_0 = 4 + 2{,}8 = 6{,}8$$

folgt zunächst unter Benutzung der Gleichungen 30a und 30b, da das ganze Temperaturgefälle 120—20 = 100⁰ beträgt:

$$\text{an der Innenwand } (t_2 - \varDelta_0) = 100 \frac{8{,}8}{6{,}8 + 8{,}8} = 56{,}5^0 \text{ und}$$

$$\text{,, ,, Außenwand } (\varDelta_0 - t_1) = 100 \frac{6{,}8}{6{,}8 + 8{,}8} = 43{,}5^0.$$

Bei Anwendung dieser Werte für die Lösung der Gleichungen 23 und 24 wird:

$$W = 4 + 2{,}8 + (0{,}0075 \cdot 4)\, 56{,}5 = 8{,}5$$

$$K = 6 + 2{,}8 + (0{,}0075 \cdot 6 + 0{,}0056 \cdot 2{,}8)\, 43{,}5 = 11{,}4,$$

welche Zahlen beibehalten werden können, wie eine Prüfung nach den Formeln 30 zeigt. Daraus folgt:

$$k_0 = \frac{11{,}4 \cdot 8{,}5}{11{,}4 + 8{,}5} = 4{,}9,$$

ferner ist:

$$\frac{D}{L} = \frac{\delta_1}{\lambda_1} + \frac{\delta_2}{\lambda_2} + \frac{\delta_3}{\lambda_3} = \frac{0{,}002}{60} + \frac{0{,}03}{0{,}14} + \frac{0{,}002}{60} = \frac{3}{14}.$$

Nach Einsetzung der für k_0 und $\frac{D}{L}$ ermittelten Werte in Formel 28a wird:

$$\frac{k_1}{k_0} = \frac{1}{1 + \frac{D}{L} k_1} = \frac{1}{1 + \frac{3}{14} 4{,}9} = \frac{1}{2{,}05},$$

also:

$$k = \frac{4{,}9}{2{,}05} = \text{ca. } 2{,}4.$$

Die pro qm in der Stunde übergehende Wärmemenge wäre bei den vorliegenden 100⁰ Temperaturdifferenz somit:

$$2{,}4 \cdot 100 = \mathbf{240\ WE.}$$

Versuchen wir auch die Lösung der Aufgabe nach der Stefan-Boltzmannschen Gleichung 25:

$$q = C\left[\left(\frac{\Theta}{100}\right)^4 - \left(\frac{T}{100}\right)^4\right],$$

in welcher zu setzen ist nach Wamsler:

$$C = 4{,}4.$$

Aus den bereits ermittelten Größen:

$$t_2 - \varDelta_0 = 56{,}5^0$$

$$\varDelta_0 - t_1 = 43{,}5^0$$

und

$$\frac{k_1}{k_0} = \frac{1}{2{,}05}$$

ergeben sich unter Benutzung der Gleichungen 33a und 33b:

$$t_2 - \Delta_2 = 27{,}5^0$$
$$\Delta_1 - t_1 = 21{,}2^0,$$

woraus folgt:

$$\Delta_2 = 120 - 27{,}5 = \text{ca. } 92^0$$
$$\Delta_1 = 20 + 21{,}2 = \text{ca. } 41^0.$$[1])

Hiernach entsteht für die eine Seite der Scheidewand:

$$\Theta_1 = 273 + 120 \qquad T_1 = 273 + 92$$

und für die andere:

$$\Theta_2 = 273 + 41 \qquad T_2 = 273 + 20,$$

oder

$$q_1 = 4{,}4\,(3{,}93^4 - 3{,}65^4) = 264$$
$$q_2 = 4{,}4\,(3{,}14^4 - 2{,}93^4) = 101.$$

Durch die an beiden Seiten tätige Strahlung entsteht nunmehr in bekannter Weise die Gesamtwirkung gemäß Gleichung 34:

$$q = \frac{q_1 \cdot q_2}{q_1 + q_2} = \frac{264 \cdot 101}{264 + 101} = \text{ca. } 74 \text{ WE pro qm u. Std.}$$

Hierzu kommt noch die durch reine Überströmung erzielte, für deren Koeffizienten Formel 20 anzuwenden ist:

$$\frac{1}{k_1} = \frac{1}{\alpha_1} + \frac{D}{L} + \frac{1}{\alpha_2} = \frac{1}{6} + \frac{3}{14} + \frac{1}{4} = \frac{53}{84},$$

wonach $k_1 = 1{,}6$ wird.

Die Wärmemenge aus Leitung ergibt sich somit bei 100° Temperaturdifferenz zu . . . . 100 · 1,6 = 160 WE
die Wärmemenge aus Strahlung war . . . . . . 74 „
zusammen pro Stunde und qm = 234 WE.

Vorhin erhielten wir 240 und wählen wir daher das Mittel = 237 WE pro qm und Stunde bei 100° Temperaturdifferenz.

B e i s p i e l 7. Ein Trockenschacht sei durch eine zusammengesetzte Wand vom Querschnitt nach Fig. 24 umgeben. Die Trockenluft ziehe innen mit 90° Temperatur und 1 m Geschwindigkeit hoch; die Außenluft habe ÷ 10° und bewege sich ebenfalls mit 1 m Geschwindigkeit vorüber.

---

[1]) So leichten Kaufs werden wir freilich selten davon kommen; im allgemeinen werden für q_1 und q_2 Annahmen zu machen sein, zur Verwertung in den Formeln 32a und b, in welchen $K = \alpha_1 + q_1$ und $W = \alpha_2 + q_2$ zu setzen ist, um damit zunächst Δs_0 zu bestimmen. Durch Benutzung des Ergebnisses in den Gleichungen 33a und b erhalten wir die Wandtemperaturen Δs_1 und Δs_2 und haben nun zu prüfen, ob sich bei ihrer Einsetzung in Gleichung 25 die für q_1 und q_2 angenommenen Werte ergeben; andernfalls sind sie so lange zu ändern, bis befriedigende Übereinstimmung erfolgt.

Die Wand besteht, von außen nach innen, aus 0,25 m Mauerwerk, 0,08 m Luft, 0,25 m Mauerwerk, 0,04 m Luft und 0,045 m Gipsdielen.

Für Mauerwerk und Gipsdielen ist $s = 3{,}6$, wogegen λ wird für Mauerwerk $= 0{,}69$, Luft $= 0{,}02$ und Gipsdielen $= 0{,}45$.

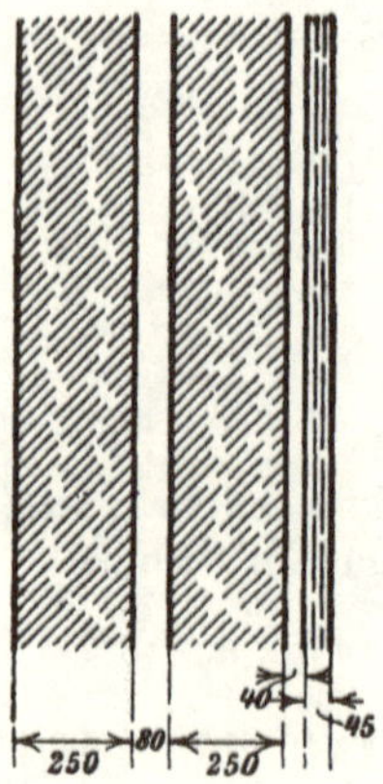

Fig. 24.

Daraus ergibt sich zunächst:

$$\frac{D}{L} = \frac{0{,}25}{0{,}69} + \frac{0{,}08}{0{,}02} + \frac{0{,}25}{0{,}69} + \frac{0{,}04}{0{,}02} + \frac{0{,}045}{0{,}45} = \frac{1}{0{,}147}.$$

Da ferner $\alpha_1 = \alpha_2 = 2 + 10\sqrt{1} = 12$ und ebenfalls $s_1 = s_2$ ist, dürfen wir das Temperaturgefälle an jeder Seite gleichgroß annehmen, und zwar, wenn wir wieder vorläufig vom Einfluß der Trennungswand absehen, zu

$$\tfrac{1}{2}(t_2 - t_1) = \tfrac{1}{2}[90 - (-10)] = 50^0.$$

Dies in die Formeln 24a und 24b gesetzt, gibt

$$K = 12 + 3{,}6 + (0{,}0075 \cdot 12 + 0{,}0056 \cdot 3{,}6)\,50 = 21{,}1.$$
$$W = 12 + 3{,}6 + (0{,}0075 \cdot 12)\,50 = 20{,}1.$$

Hieraus finden wir

$$k_0 = \frac{21{,}1 \cdot 20{,}1}{21{,}1 + 20{,}1} = 10{,}3$$

und unter Benutzung von Gleichung 28a:

$$\frac{k_1}{k_0} = \frac{1}{1 + \frac{1}{0{,}147} \cdot 10{,}3} = \frac{1}{71}$$

bzw. $k = 0{,}145$.

Der Gesamtwärmeübergang bei 100° Temperaturdifferenz beziffert sich somit auf

$$100 \cdot 0{,}145 = 14{,}5 \text{ WE pro qm und Stunde.}$$

Für unsere Zwecke genügt dies schon, doch sei zur Übung wieder eine Kontrollrechnung angefügt, wozu die Wandtemperaturen zu ermitteln sind.

Da das Temperaturgefälle an beiden Seiten ziemlich oder ganz gleich sein wird, so ist es unter Benutzung von Gleichung 28 und 31 zu setzen:

$$= \frac{1}{71} \cdot 50 = 0{,}7$$

und danach
$$90 - \varDelta_2 = 0{,}7$$
$$\varDelta_1 + 10 = 0{,}7 \text{ oder:}$$
$$\varDelta_2 = 89{,}3^0 \qquad \varDelta_1 = -9{,}3^0.$$

Damit ist auf keine große Übertragung durch Strahlung zu rechnen und bringt die Überleitung allein ja auch schon:
$$\frac{1}{k} = \frac{1}{12} + \frac{1}{0{,}147} = \frac{1}{12} = 7,$$
oder $k = 0{,}143$, während wir vorhin fanden $k = 0{,}145$.

Beispiel 8. Weit einfacher, wie von Luft auf Luft, gestaltet sich der Wärmeübergang von Dampf oder heißem Wasser auf Luft oder Gase und umgekehrt.

Fig. 25 zeigt die Wand eines mit Dampf gefüllten Zylinders von 10 mm Eisenblech, auf welche 3 mm Asbest, darüber 10 mm Filz und um das Ganze 1½ mm starkes, außen poliertes Eisenblech gelegt ist.

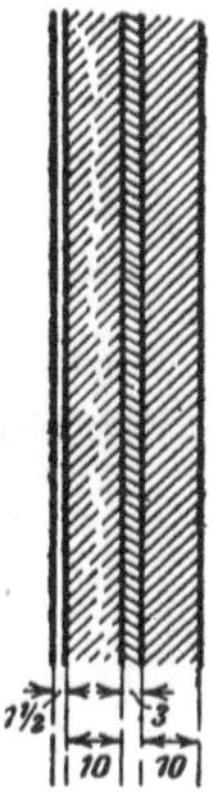

Fig. 25.

Der Heizdampf im Innern möge 110°, die umgebende Luft 15° Temperatur haben.

Heranzuziehen ist die Gleichung:
$$\frac{1}{k} = \frac{1}{K} + \frac{D}{L},$$
worin K sich auf die von der Luft bespülte Seite bezieht, wogegen die andere, vom Dampf berührte, ganz unberücksichtigt bleibt, da sie das Endergebnis zu wenig beeinflußt.

Nehmen wir vorläufig an, daß das ganze Temperaturgefälle von 95° fast allein an der Außenseite zur Geltung kommt, also $(\varDelta_1 - t_1)_1 = 94$ sei, so erhalten wir nach Péclet und Gleichung 18 zunächst für unendlich geringe Wandstärke bei Einsetzung von $\alpha_1 = 5$ (mäßig bewegte Luft) und $s_1 = 0{,}45$ (poliertes Eisenblech):
$$K = 5 + 0{,}45 + (0{,}0075 \cdot 5 + 0{,}0056 \cdot 0{,}45)\, 94 = 9{,}2.$$

Berücksichtigen wir jetzt die Wand selbst, so haben wir für ihre verschiedenen Bestandteile:

	Eisenblech	Asbest	Filz	Eisenblech
$\delta =$	0,01	0,003	0,01	0.0015
$\lambda =$	60	0,15	0,034	60

und es wird
$$\frac{D}{L} = \frac{0{,}01}{60} + \frac{0{,}003}{0{,}15} + \frac{0{,}01}{0{,}034} + \frac{0{,}0015}{60} = 0{,}3143,$$

woraus weiter nach Gleichung 28 a folgt:

$$\frac{k_1}{k_0} = \frac{1}{1 + 0{,}3143 \cdot 9{,}2} = \frac{1}{3{,}9}.$$

Schreiten wir nun zur Richtigstellung von K, indem wir die genauere Temperaturdifferenz an der Außenseite setzen, gemäß Gleichung 31 b:

$$(\varDelta_1 - t_1) = \frac{k}{k_1}\, 94 = \frac{1}{3{,}9} \cdot 94 = \text{ca. } 27^0$$

so folgt nach Einführung dieses Wertes:

$$K = 5 + 0{,}45 + (0{,}0075 \cdot 5 + 0{,}0056 \cdot 0{,}45)\, 27 = 6{,}53.$$

Hiermit wird, da die durch jeden Querschnitt strömende Wärmemenge dieselbe ist:

$$K\,(\varDelta_1 - t_1) = \frac{D}{L}\,(\varDelta_2 - \varDelta_1)$$

oder:

$$6{,}53\,(\varDelta_1 - 15) = \frac{1}{0{,}3143}\,(110 - \varDelta_1),$$

d. h. es ergibt sich die Wandtemperatur $\varDelta_1 = 46^0$, wogegen sich vorhin fand:

$$15 + 27 = 42^0.$$

Wir wählen das Mittel, nämlich $\varDelta_1 = 44^0$, also $(\varDelta_1 - t_1) = 29^0$, wobei sich $K =$ ca. 6,6 stellt, und erhalten dann:

$$\frac{1}{k} = \frac{1}{6{,}6} + 0{,}3143 = 0{,}466$$

oder $\quad k = 2{,}15.$

Die durch Leitung und Strahlung übertragene Wärmemenge bei 95⁰ Temperaturgefälle wird somit:

$$95 \cdot 2{,}15 = \mathbf{204} \text{ WE pro qm und Stunde.}$$

Dagegen erhalten wir aus der Stefan-Boltzmannschen Gleichung 5 für Strahlung:

$$q = 0{,}45\,(3{,}17^4 - 2{,}88^4) = 14{,}5 \text{ WE.}$$

Dazu kommt für Leitung allein:

$$\frac{1}{k_1} = \frac{1}{5} + 0{,}3143 = 0{,}5143, \text{ also}$$

$$k_1 = 1{,}94.$$

Das ergibt bei 95⁰ Temperaturdifferenz 95 · 1,94 = 184 WE,
hierzu durch Strahlung . . . . 14,5 „

Insgesamt mithin . . . 198,5 WE

gegen 204 nach dem Pécletschen Verfahren; wir dürfen also rund **200** WE als zutreffend annehmen.

Bei den durchgerechneten Beispielen ist im Auge zu behalten, daß die Ergebnisse, strenggenommen, nur für das Temperaturgefälle Gültigkeit besitzen, welches ihnen zugrunde liegt, denn sowohl K und W in Gleichung (24 a) und (24 b) wie q in Gleichung (25) ändern sich mit den Höhenlagen der Temperaturen. Die Berechnungen sind daher, wie ja auch allgemein gebräuchlich, stets für die ungünstigsten vorkommenden Verhältnisse anzustellen.

Sie brauchen glücklicherweise nicht oft durchgeführt zu werden, machen sich aber gerade bei Trockeneinrichtungen manchmal erwünscht infolge ihrer von den normalen abweichenden Verhältnisse.

Für den weitaus größten Bedarf reichen die in der Tab. XVII zusammengestellten Wärmeübergangszahlen aus, und möge ihre Anwendung an einer einfachen Aufgabe erläutert werden.

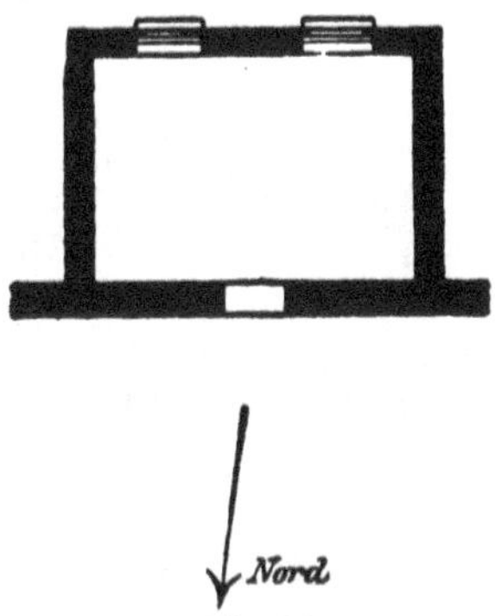

Fig. 26.

B e i s p i e l 9. Ein kleiner, an ein größeres Gebäude stoßender Raum nach Fig. 26 von 5 m Breite, 3,5 m Tiefe und 3 m Höhe soll dauernd auf 60° C Temperatur erhalten werden; er liegt zu ebener Erde, ist durch solides Holzzementdach abgedeckt, und die stündliche Lufterneuerung zur Abführung der Feuchtigkeit beschränkt sich im Winter auf einen einmaligen Wechsel des Inhalts. Die Erwärmung soll durch Abdampf in Rippenrohren erfolgen. Wieviel Quadratmeter davon sind aufzuwenden?

B e a n t w o r t u n g. Zur Feststellung des nötigen Wärmeaufwandes verwendet man gern ein Schema, ungefähr von nebenstehender Art, wobei für Trockeneinrichtungen eine strengste Außenkälte von ÷ 15° C zugrunde gelegt werden kann.

Da Abdampf ca. 105 und die an die Heizröhren tretende Luft ungefähr 45° Wärme hat, so beträgt der Unterschied 60°, und dürfen wir daher den Wärmeübergang zu $6 \cdot 60 = 360$ WE pro qm und Stunde für die Rippenrohre annehmen, wenn dieselben in einem Strang an den Wänden oder am Fußboden verteilt werden.

Es machen sich alsdann nötig $\frac{10\,170}{360}$ = ca. 31 qm, welche sich in acht Rohren à 2 m Länge und 4 qm Heizfläche unterbringen lassen.

Raumtemperatur 60°, größte Außenkälte ÷ 15°.

Temperatur-unterschied	Wand-stärke	Art der Fläche	Maße der Fläche in m	Inhalt in qm	Koeffizient Normal-	Koeffizient Zuschläge für Wind- u. Himmelsrichtung	Koeffizient Total-	Wärme-menge in WE
75°	38	A.W.	3,5 · 3	10,5	1,3	0,26	1,56	1 228
75°	38	A.W.	5 · 3	15	1,3	—	1,3	1 462
75°	Dopp.-Fenst.		2 · 0,8 · 1	3,2	2,3—1,3	—	1	240
75°	38	A.W.	3,5 · 3	10,5	1,3	0,26	1,56	1 228
45°	52	J.W.	5 · 3	15	1	—	1	675
45°	Tür		1 · 1,8	1,8	2,2—1	—	1,2	97
50°	Fußboden		5 · 3,5	17,5	1,6	—	1,6	1 400
75°	Dach		5 · 3,5	17,5	1,3	—	1,3	1 706
								8 036
Zuschläge für exponierte Lage, Unterbrechung des Nachts, abzüglich 2,5% für Unterschreitung der Höhe 17,5% =								1 406
								9 442
Hierzu kommt noch der Aufwand für die einmal stündl. Lufterneuerung = 31,5 cbm um 75° = 31,5 · 1,3 · 0,24 · 75								728
Demnach sind an kalten Wintertagen stündl. aufzubringen								10 170

Der mittlere Temperatur-Unterschied.

Unsern bisherigen Betrachtungen lag stets die Annahme zugrunde, daß der Wärmeaustausch erfolge zwischen Körpern von zwar verschiedenen, aber gleichmäßig verteilten und konstant aufrechterhaltenen Temperaturen.

Häufig ist das aber nicht der Fall, und zwar niemals, wenn sich je eine heizende und eine beheizte Flüssigkeit von gasförmiger oder tropfbarer Beschaffenheit zu beiden Seiten einer Trennungswand in strömender Bewegung befindet.

Beide Strömungen können gleich oder entgegengesetzt oder quer zueinander gerichtet sein nach Fig. 27, 28 oder 29, wobei die anfänglich heiße Flüssigkeit während der Weiterbewegung mehr und mehr abkühlen wird, während umgekehrt die Temperatur der kalten allmählich zunimmt. Der Unterschied der Temperaturen zu beiden Seiten ist also an jeder Stelle der Wand ein anderer.

Bezeichnen wir mit

t' = die Anfangstemperatur des Heizmittels,
t'' = die Endtemperatur des Heizmittels,
t_1 = die Anfangstemperatur des erwärmten Stromes,
t_2 = die Endtemperatur des erwärmten Stromes,
ϑ_a = den größeren Temperaturunterschied: $t'' - t_1$,
ϑ_b = den kleineren " $t' - t_2$,
ϑ_m = den mittleren "

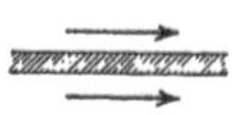
Fig. 27.

Fig. 28.

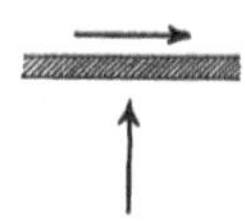
Fig. 29.

so besteht für den in Rechnung zu stellenden Temperaturunterschied bei Gleich- und Gegenstrom[1]) die Beziehung:

$$\vartheta_m = \frac{\vartheta_a - \vartheta_b}{\ln \frac{\vartheta_a}{\vartheta_b}} = \frac{\vartheta_a - \vartheta_b}{\ln \vartheta_a - \ln \vartheta_b} \quad . \quad . \quad (35)$$

Auch für den Quer- oder Kreuzstrom wollen wir sie beibehalten, obgleich sich Stimmen finden, welche allen 3 Strömungsarten verschiedenen Wert beimessen[2]).

Gewöhnlich pflegt man $\vartheta_m = \frac{\vartheta_a + \vartheta_b}{2}$ zu setzen, was auch mindestens so lange zulässig ist, als $\frac{\vartheta_b}{\vartheta_a} > 0{,}75$ bleibt[3]). Für den ln der am meisten vorkommenden Werte von $\frac{\vartheta_a}{\vartheta_b}$ gibt nachfolgende Zusammenstellung einen Anhalt.

[1]) Rietschel, Leitfaden 1909, S. 163.

[2]) Nusselt, Zeitschr. d. Ver. D. Ing. 1912, S. 2021.

[3]) Mitt. d. Prüfungsanstalt f. Heiz- u. Lüftungsanl., Heft 3, S. 10. Oldenbourg, München.

Tafel der natürlichen Logarithmen.

Nr.	ln	Nr.	ln	Nr.	ln	Nr.	ln
1,1	0,095	2,6	0,955	7,0	1,946	14,5	2,674
1,2	0,182	2,8	1,029	7,5	2,015	15	2,708
1,3	0,260	3,0	1,098	8,0	2,079	16	2,772
1,4	0,336	3,2	1,163	8,5	2,140	17	2,833
1,5	0,405	3,4	1,223	9,0	2,197	18	2,890
1,6	0,469	3,6	1,281	9,5	2,251	19	2,944
1,7	0,530	3,8	1,335	10,0	2,302	20	2,995
1,8	0,588	4,0	1,386	10,5	2,351	22	3,091
1,9	0,642	4,3	1,458	11,0	2,398	24	3,178
2,0	0,693	4,6	1,526	11,5	2,443	26	3,258
2,1	0,742	5,0	1,609	12,0	2,485	28	3,332
2,2	0,788	5,4	1,686	12,5	2,526	30	3,401
2,3	0,833	5,8	1,758	13,0	2,565	33	3,496
2,4	0,876	6,2	1,825	13,5	2,603	36	3,583
2,5	0,916	6,6	1,887	14,0	2,639	40	3,689

Die Heizkörper.

Die Arten der für Trockeneinrichtungen zur Verwendung kommenden Heizflächen lassen sich der Hauptsache nach in wenige Gruppen bringen, nämlich:

a) Glatte Rohre.

Dieselben können in einzelnen oder mehreren Strängen neben- oder übereinander verlegt sein, werden aber meistens zu Röhrenbündeln vereint in Winderhitzern nach Art der Vorwärmer (Fig. 30 u. 31), bei welchen das Heizmittel die Röhren zu umspülen pflegt, oder nach der Sturtevantschen Bauweise (Fig. 32 u. 33), wobei das Heizmittel die Röhren durchstreicht.

b) Rippenrohre.

Sie werden aus Gußeisen, auch vereinzelt aus Schmiedeeisen hergestellt und finden vielfache Anwendung in gemauerten Heizkammern, da sich die Rippenheizfläche verhältnismäßig niedrig im Preise stellt, bei entsprechend geringer Wirkung. Es empfiehlt sich in den meisten Fällen,

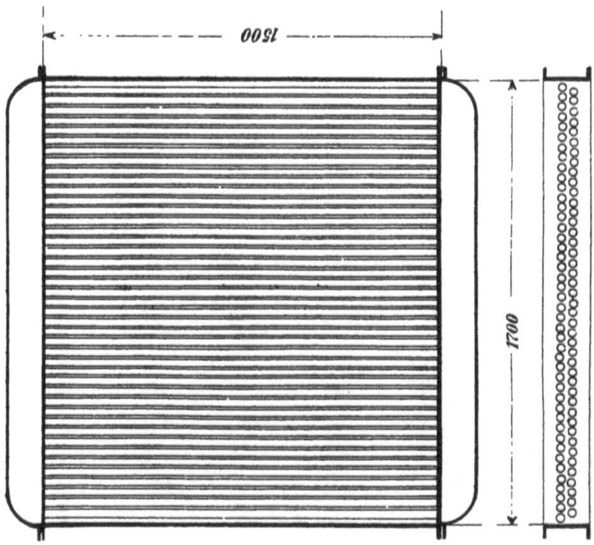

Fig. 32 u. 33.

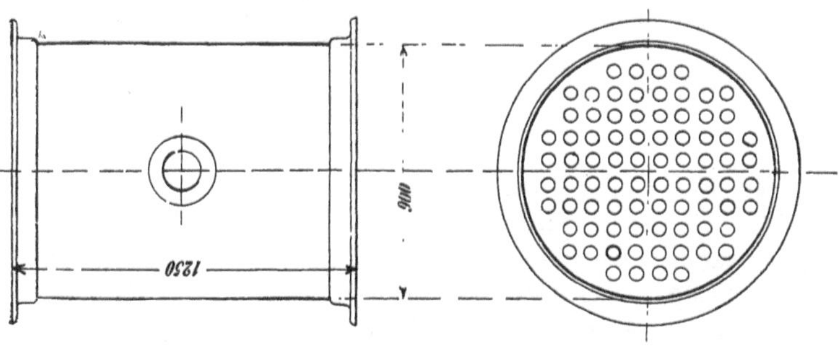

Fig. 30 u. 31.

eingehend zu kalkulieren, ob mit ihrer Verwendung auch wirklich nennenswerte pekuniäre Vorteile gegenüber anderen Heizflächenarten verbunden sind.

c) Radiatoren.

Von dieser Ofenart gibt Fig. 34 ein Bild, und eignet sie sich besonders zur Aufstellung in Windkanälen, indem sie sich deren Querschnitt leicht anpassen läßt, in der Breite durch die Anzahl der Elemente, in der Höhe durch eventuelle Schräglegung der nächst höheren Modellgröße. Man kann sie dann als eine Art von quer in den Windkanal gebauten Rost ansehen, dessen hohle Stäbe geheizt werden, um den durch die Spalten hindurch streichenden Wind zu erwärmen.

Fig. 34.

Die freie Rostfläche, der Spaltenfläche entsprechend, ist ungefähr gleich der Hälfte der totalen, die dem Windkanalquerschnitt gleichkommt, und da der Rost nur aus verhältnismäßig wenig Stäben gebildet wird, so ist die Heizfläche pro Kanalquerschnitt nicht übermäßig groß.

Deshalb sind Radiatoren am Platze, wo eine gewisse Windmenge regelmäßig umzuarbeiten ist und eine nur mäßige Erwärmung nicht allzu großer Luftmengen mit dem geringstmöglichen Kraftaufwand verlangt wird.

d) Lamellen-Heizkörper.

Den Radiatoren ähneln in mancher Beziehung die sog. Lamellenkaloriferen von Prof. Junkers, denn sie sind ebenfalls als rostenartig, quer in den Windkanal zu setzende Heizkörper zu betrachten, von jedoch weit größerer Heizfläche auf demselben Kanalquerschnitt als Radiatoren, die durch die kupfernen Rippen gebildet wird, welche auf die, auch aus Kupfer hergestellten Hohlkörper der Lamellen gelötet sind.

Eine Anschauung von ihrer Anpassungsfähigkeit geben die Fig. 35 bis 38, doch liefert die Firma Junkers & Co.,

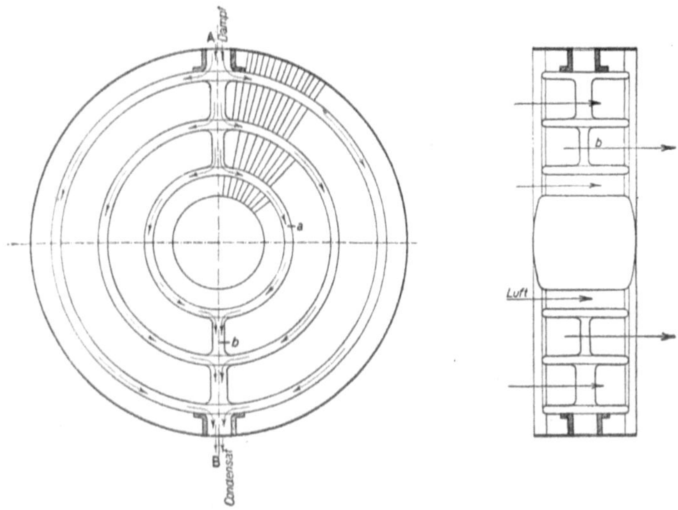

Fig. 35 u. 36.

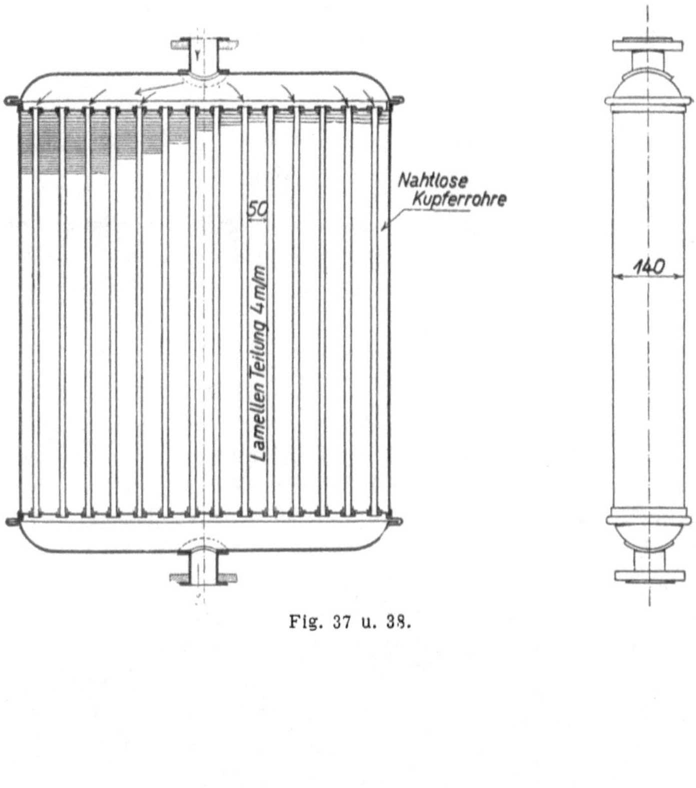

Fig. 37 u. 38.

Dessau, alle etwa gewünschten Formen für große und kleine Leistungen.

Ihr Anwendungsgebiet erstreckt sich vornehmlich auf enge Luftkanäle, große Luftgeschwindigkeiten und große zu übertragende Wärmemengen, bei entsprechend vermehrtem Kraftverbrauch der Gebläse.

e) W a b e n - H e i z k ö r p e r u n d - K ü h l e r.

Von diesem, nach Art der Honigwaben gebauten Heizkörper, der dem bekannten Automobilkühler ähnelt, gibt es einen Lufterhitzer von Dr. Otto Zimmermann, Ludwigshafen a. Rh., der einen im Verhältnis zur Gesamtfläche besonders großen freien Querschnitt zeigt, aber gleichzeitig auch eine ausgedehnte direkte Heizfläche besitzt, also Verhältnisse, wie sie oft genug r e c h t erwünscht sind. Selbstverständlich muß dafür gesorgt sein, daß der für den Durchtritt des Heizdampfes verbleibende Querschnitt ausreicht und er sich nicht mit der Zeit durch Steinansatz etc. zu sehr verengt. Auch die Firma P. Piepenbring & Co., Dortmund, bietet ähnliche Lufterhitzer an.

Transmissions-Koeffizienten für Heizkörper nach Versuchsergebnissen.

Die meisten Versuche über die Wärmeübertragung von Heizflächen verdanken wir dem Altmeister Rietschel unserer gesamten Heizungstechnik sowie der von ihm ins Leben gerufenen Prüfungsanstalt für Heizungs- und Lüftungseinrichtungen der Kgl. Techn. Hochschule zu Berlin, jetzt geleitet von Prof. Dr. techn. A. Brabbée.

Die nachstehenden Tabellen sind zum Teil dem Rietschelschen Leitfaden, zum Teil den Mitteilungen der Prüfungsanstalt entnommen und durch einige andere Angaben ergänzt, so daß wir in ihnen ein Material besitzen, welches für ein großes Gebiet der Praxis genügt; Lücken, und zwar manchmal recht unbequeme, weist es freilich noch auf, doch steht zu hoffen, daß auch sie bald gefüllt sein werden.

Tabelle XVIII. Wärmeübertragung durch metallene Heizflächen bei Wasser oder Dampf an Luft oder Gase und umgekehrt,

in WE pro Stunde und qm (Koeffizient k) für 1° C Temperaturdifferenz zwischen Heizflüssigkeit im Mittel und zuströmender Luft, welche nur die durch den natürlichen Auftrieb entstehende Geschwindigkeit besitzt.[1])

Art der Heizflächen	Die Heizflüssigkeit besteht aus		
	Wasser	Hochdruck-dampf	Niederdr.-dampf
A) Aus Schmiedeeisen.	Temp.-Diff. 50—60°		
Einfaches horizontales Rohr:			
Äußerer Durchmesser bis 33 mm	11,5	13	13
» » » 100 »	10	12	12
» » über 100 »	9	11,5	11,5
Einfaches vertikales Rohr:			
Äußerer Durchmesser bis 33 mm	11,5	14	13,5
» » » 100 »	10	13	12,5
» » über 100 »	9	12,5	12
Rohrschlangen bis 1 m Höhe:			
Äußerer Rohrdurchm. bis ca. 33 mm	10,5	12,5	12,5
» » über 33 »	8,5	11	11
Rohrregister, horiz. od. vertikal:			
Einreihig	8,5	11,5	11,5
Drei- und mehrreihig	6	8	8
B) Aus Gußeisen.			
Radiatoren aus 6 u. mehr Elementen	6,5	8,5	8
Rippenrohre:			
In 1 Strang: Rippenteilung mindestens 17 mm	4,5	6	6
In 3 Strängen übereinander . .	4	4,5	4,5
Noch dichter bzw. in mehr Strängen übereinander	3	4	4

Bei den Sturtevant-Heizkörpern und ähnlich ausgebildeten besteht ein bestimmter Zusammenhang zwischen freiem Durchströmungsquerschnitt und Heizflächengröße, welchem von Brabbée durch drei Hilfsgleichungen Rechnung getragen ist, welche lauten für einen mittleren Zustand der Luft von 0° und 760 mm Barometerstand:

---

[1]) Rietschel, Leitfaden.

für einen Sturtevant-Heizkörper mit 2 Rohrreihen:

$$v^{0,41} = 0{,}69 \frac{\vartheta}{t_2 - t_1} \quad \ldots \ldots \quad (36)$$

für einen Sturtevant-Heizkörper mit 3 Rohrreihen:

$$v^{0,41} = 1{,}11 \frac{\vartheta}{t_2 - t_1} \quad \ldots \ldots \quad (37)$$

für einen Sturtevant-Heizkörper mit 4 Rohrreihen:

$$v^{0,41} = 1{,}59 \frac{\vartheta}{t_2 - t_1} \quad \ldots \ldots \quad (38)$$

Tabelle XIX.[1]) **Transmissions-Koeffizienten** k **für Luftröhrenkessel nach Fig. 42/44.**

Mittlere Lufttemperatur 0°; normaler Barometerstand; Heizmittel: Dampf von 1—5 Atm. absolut.

Luft-geschwindig-keit in m/Sek.	Innerer Rohrdurchmesser in mm							
	21,5	33,5	46	57,5	70	82,5	94,5	119
	Abstand der Rohrmitten voneinander in mm							
	45	60	78	94	110	125	140	175
1	7,1	6,6	6,3	6,1	5,9	5,7	5,6	5,4
1,5	9,8	9,1	8,7	8,4	8,1	7,9	7,7	7,4
2	12,3	11,4	10,9	10,5	10,2	9,9	9,7	9,3
3	16,9	15,8	15	14,4	14	13,6	13,3	12,9
4	21,2	19,8	18,8	18,1	17,6	17,1	16,8	16,1
5	25,3	23,6	22,4	21,6	21,0	20,4	20,0	19,2
6	29,2	27,2	25,9	25,0	24,2	23,6	23,1	22,2
8	36,7	34,2	32,5	31,4	30,4	29,6	29,0	27,9
10	43,8	40,8	38,8	37,4	36,2	35,3	34,6	33,2
12	50,6	47,1	44,8	43,2	41,8	40,8	39,9	38,4
15	60,4	56,2	53,4	51,6	50,0	48,7	47,6	45,9

Die Werte der Zahlentafel sind zu multiplizieren bei einer mittleren Lufttemperatur von:

10°	mit: 0,97
20°	0,95
30°	0,92
40°	0,90
50°	0,88

[1]) Diese sowie die folgenden Tabellen einschließlich Tabelle XXII sind Auszüge aus den Zahlentafeln des Heftes 3 der Mitteilungen der Prüfungsanstalt für Heizungs- u. Lüftungs-Einrichtungen, Berlin-Charlottenburg.

worin bedeutet:

v = Geschwindigkeit der Luft in den 5 mm breiten Spalten;

ϑ = mittlerer Temperaturunterschied zwischen Heizdampf und Luft;

Tabelle XX. Transmissions-Koeffizient k bezogen auf eine mittlere Lufttemperatur von 0^0, bei normalem Barometerstand.

Heizmittel	Dampf von 1—5 Atm. abs.				desgl. von 1—3 Atm. abs.
Luftgeschwindigkeit in m/Sek.	Heizkörper n. d. Sturtevant-System, Fig. 45/46. Äußer. Heizrohrdurchm.: 33 mm Luftsp. zwisch. 2 Rohren: 5 mm Zahl der Rohrreihen: 2	3	4	Hilfswert $v^{0,41}$	Dachförmig zusammengestellte Radiatoren, Fig. 47.
0,2	—	—	—	—	7,2
0,3	—	—	—	—	9,2
0,4	—	—	—	—	10,9
0,5	12,2	13,0	14,0	0,75	12,5
0,6	—	—	—	—	14
0,8	—	—	—	—	16,7
1,0	18,3	19,6	21,0	1,00	19,1
1,2	—	—	—	—	21,4
1,4	—	—	—	—	23,5
1,5	23,3	24,9	26,7	1,18	—
1,6	—	—	—	—	25,5
1,8	—	—	—	—	27,4
2,0	27,6	29,6	31,7	1,33	—
2,5	31,5	33,7	36,1	1,46	33,5
3,0	35,0	37,5	40,2	1,57	37,5
4,0	41,5	44,5	47,7	1,77	—
5,0	47,4	50,8	54,4	1,94	—
6,0	52,7	56,5	60,5	2,09	—
8,0	62,5	67,0	71,8	2,35	—
10,0	71,3	76,4	81,9	2,57	—
12,0	79,4	85,0	91,1	2,77	—
15,0	90,6	97,1	104,0	3,04	—

Die Werte der Zahlentafel sind zu multiplizieren, bei einer mittleren Lufttemperatur von:

-10^0	mit:	1,02	30^0	mit:	0,94
10^0	„	0,98	40^0	„	0,92
20^0	„	0,96	50^0	„	0,90

Tabelle XXI. Druckhöhenverluste für Luftröhrenkessel, Fig. 42—44.
Mittlere Lufttemperatur 0^0, normaler Barometerstand.

Luftgeschwindigkeit in m p. Sek.	Innerer Rohrdurchmesser in mm. 21,5		33,5		46		57,5		70		82,5		94,5		119		h'_W
	h_R	h_W	h_R	h_W	h_R	h_W	h_R	h_W	h_R	h_W	h_R	h_W	h_R	h_W	h_R	h_W	
1,0	0,152	0,020	0,093	0,046	0,058	0,049	0,044	0,053	0,034	0,056	0,028	0,050	0,023	0,062	0,017	0,066	0,020
1,5	0,322	0,044	0,183	0,104	0,123	0,111	0,092	0,119	0,072	0,126	0,058	0,133	0,049	0,141	0,037	0,148	0,044
2,0	0,548	0,078	0,313	0,183	0,209	0,197	0,158	0,210	0,123	0,223	0,099	0,236	0,084	0,249	0,063	0,262	0,079
3,0	1,16	0,18	0,662	0,414	0,443	0,443	0,334	0,473	0,260	0,502	0,211	0,532	0,178	0,561	0,133	0,591	0,178
4,0	2,17	0,315	1,23	0,735	0,82	0,79	0,62	0,84	0,48	0,89	0,39	0,94	0,33	1,00	0,25	1,05	0,315
5,0	2,99	0,49	1,71	1,15	1,14	1,23	0,85	1,31	0,67	1,39	0,54	1,48	0,46	1,56	0,34	1,64	0,49
6,0	4,20	0,71	2,39	1,65	1,60	1,77	1,21	1,89	0,94	2,01	0,76	2,12	0,64	2,24	0,48	2,36	0,71
8,0	7,15	1,26	4,07	2,96	2,73	3,15	2,05	3,36	1,60	3,57	1,30	3,78	1,10	3,99	0,82	4,20	1,26
10,0	10,8	1,97	6,16	4,60	4,12	4,92	3,11	5,25	2,42	5,58	1,96	5,81	1,66	6,24	1,24	6,56	1,97
12,0	15,1	2,8	8,6	6,6	5,8	7,1	4,3	7,6	3,4	8,0	2,7	8,5	2,3	9,0	1,7	9,4	2,8
15,0	22,9	4,4	13,0	10,3	8,7	11,1	6,6	11,8	5,1	12,6	4,2	13,3	3,5	14,0	2,6	14,8	4,4

h_R = Druckhöhenverlust durch Reibung für 1 m Rohrlänge in mm WS.

h_W = Druckhöhenverlust durch die Widerstände beim Ein- und Austritt, falls hinter dem Kessel eine Rohrleitung angeschlossen ist. — Ist hinter dem Kessel keine Rohrleitung angeschlossen, so sind die Werte von h_W um diejenigen von h'_W zu vergrößern.

Die Werte der Zahlentafel sind zu multiplizieren, bei einer mittleren Lufttemperatur von:
10^0 mit 0,96, 20^0 mit 0,93, 30^0 mit 0,90, 40^0 mit 0,87, 50^0 mit 0,84.

t_1 = Anfangstemperatur der Luft;
t_2 = Endtemperatur der Luft.

Tabelle XXII. Druckhöhenverluste in mm Wassersäule bei einer mittleren Lufttemperatur von 0° und bei normalem Barometerstand.

Luftgeschwindigkeit in m p. Sek.	Für Heizkörper nach dem Sturtevant-System Fig. 45 u. 46: bei 2 Rohrreihen	bei 3 Rohrreihen	bei 4 Rohrreihen	Für dachförmig zusammengestellte Radiatoren, Fig. 47
	Rohrdurchmesser und Entfernung wie bei Tab. XX.			
0,2	—	—	—	0,007
0,3	—	—	—	0,014
0,4	—	-	—	0,023
0,5	0,03	0,04	0,05	0,035
0,6	—	—	—	0,048
0,8	—	—	—	0,080
1,0	0,10	0,14	0,18	0,12
1,2	—	—	—	0,17
1,4	—	—	—	0,22
1,5	0,21	0,30	0,37	—
1,6	—	—	—	0,28
1,8	—	—	—	0,35
2,0	0,36	0,50	0,62	0,42
2,5	0,53	0,75	0,92	0,63
3,0	0,74	1,04	1,28	0,87
4,0	1,25	1,75	2,12	—
5,0	1,87	2,61	3,15	—
6,0	2,60	3,62	4,35	—
8,0	4,37	6,09	7,24	—
10,0	6,47	9,10	10,7	—
12,0	9,1	12,6	15,2	—
15,0	13,6	18,9	22,0	—

Die Werte der Zahlentafel sind zu multiplizieren bei einer mittleren Lufttemperatur von:

—10°	—	mit 1,07
10°	mit 0,96	„ 0,94
20°	„ 0,93	„ 0,88
30°	„ 0,90	„ 0,83
40°	„ 0,87	„ 0,78
50°	„ 0,84	„ 0,74

Die Anwendung der Formeln wird sogleich an einem Beispiel gezeigt werden.

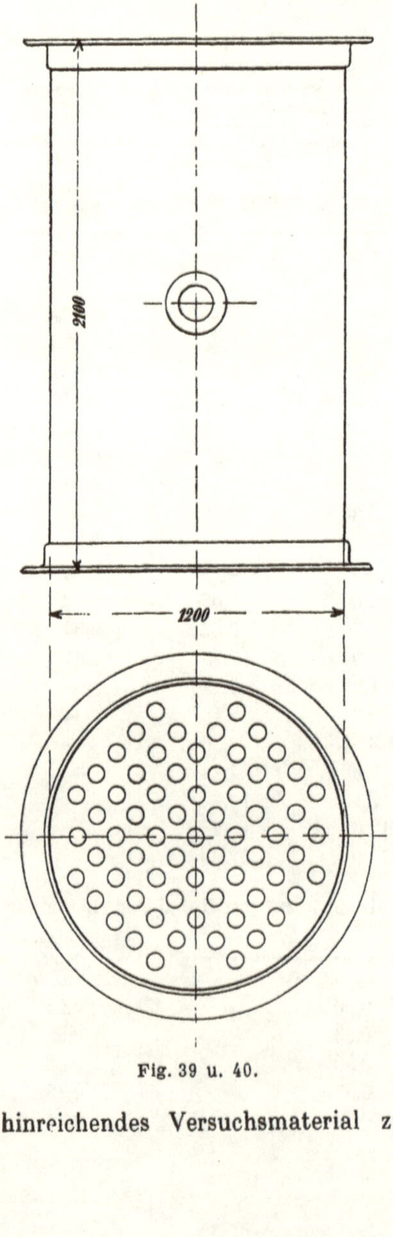

Fig. 39 u. 40.

Die Versuchszahlen gelten in erster Linie für die beim Versuch benutzten Formen (Fig. 30—33 und 39—41), weshalb für den Gebrauch jedesmal festzustellen ist, inwieweit Übereinstimmung zwischen den anzuwendenden und den Versuchsformen herrscht. Danach werden die eventuell zu machenden Zuschläge zu bemessen sein, welche gleichzeitig etwaige Nebeneinflüsse unschädlich zu machen haben.

Leider fehlt es vorläufig noch bei allen zur Klasse der Rippenheizflächen gehörenden Formen, zu welchen auch die Junkersschen Lamellen zu rechnen sind, an solchen, als einwandfrei anzuerkennenden Versuchswerten, in welchen die Geschwindigkeiten berücksichtigt sind, mit welcher Gase und Heizflüssigkeiten an den Heizflächen entlang streichen.

Zwar behaupten die Hersteller derartiger Spezialbauarten, über ein hinreichendes Versuchsmaterial zu verfügen, so daß ihren

Angaben unbedingtes Vertrauen geschenkt werden könne, doch erfordert dies bei den geringsten Abänderungen des Entwurfs erneute Nachfragen, was meistens recht störend ist und doch häufig nicht zu der wünschenswerten Klarheit führt.

Für gewöhnliche Rippenrohre zur Erwärmung von Heizkammern, wie sie sehr viel zur Anwendung kommen, macht sich das Fehlen zuverlässiger Versuchswerte besonders fühlbar, indem wir uns u. a. darauf beschränken müssen, das

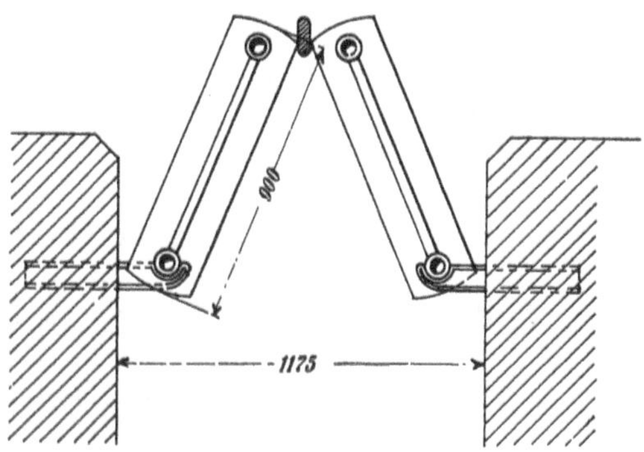

Fig. 41.

zuständige „k" durch Vergleich mit ähnlichen Verhältnissen bei anderen Heizflächen einzuschätzen.

Nach Tab. XVIII wird z. B. für durch Dampf geheizte Rippenrohre bei nur durch den natürlichen Auftrieb bewegter Luft:

$k = 6$, wenn nur ein Strang vorhanden;

$k = 4$, bei mehreren dicht übereinander liegenden Strängen.

Dagegen ergibt dieselbe Tabelle für glatte Rohre von 33 bis 100 mm l. W. unter den gleichen Umständen:

$k = 12$;

$k = 8$.

Das ist gerade doppelt so viel, und dürfen wir deshalb bei größeren Luftgeschwindigkeiten für Rippenrohre höchstens die Hälfte der in Tab. XX für glatte Rohre angegebenen Werte von „k" einsetzen, oder vielleicht besser noch die

Hälfte der für dachförmig zusammengestellte, also rechtwinkelig zur Vertikalachse durchströmte Radiatoren aufgeführten.

Die Verwertung der Tabellenzahlen geht aus folgenden Beispielen hervor.

Beispiel 10. Es sollen einer Gardinenspannerei stündlich an Luft zugeführt werden:

an den kältesten Wintertagen:	an den heißesten Sommertagen:
20 200 kg	30 800 kg,
welche von — 25° auf + 30°	von + 25° auf + 35°

zu erwärmen sind mit

260 000 WE 210 000 WE pro Stunde.

Hierzu soll ein Röhrenerhitzer nach Fig. 35 benutzt werden, welcher durch Dampf von 102—103° zu heizen ist.

Dann hat die ihn durchstreichende Luft eine mittlere Temperatur:

$$t_1 - t_2 = \frac{-25 + 30}{2} = 2{,}5^0 \text{ bez. } \frac{25 + 35}{2} = 30^0\,C,$$

und die mittlere Temperaturdifferenz zwischen Heizdampf und Luft beträgt:

$\vartheta = 100^0$ $\vartheta = 72{,}5^0$.

Bei obigen Temperaturen nimmt die Luft einen Raum ein von ca.:

15 600 cbm 26 800 cbm,

so daß sich die sekundlich zu fördernde Menge stellt auf:

ca. 4,3 cbm von 2,5° ca. 7 cbm von 30°.

Es sollen die zweckmäßigsten Abmessungen des erforderlichen Lufterhitzers berechnet werden.

Nehmen wir für die im Winter zu fördernde Luftmenge eine Geschwindigkeit von 10 m an, so müßte diese im Sommer weit größer werden, wenn alle Luft den Vorwärmer zu durchstreichen hätte; das läßt sich jedoch vermeiden durch Anbringung einer Klappe oder eines Schiebers am Verbindungsrohr zwischen Gebläse und Vorwärmer, mit Hilfe welcher Vorrichtung sich beliebige Mengen von Frischluft unmittelbar einsaugen und mit der durch den Vorwärmer kommenden mischen lassen, um auf diese Weise sowohl Menge als Temperatur der angesogenen Luft regeln zu können.

Aus Fig. 42 ist die betreffende Anordnung bei Junkers'schen Lamellen leicht erkennbar. Wählen wir bei Röhren die l. Weite zu 46 mm, so ergibt sich:

a) unter Berücksichtigung der Forderungen für den Winter muß der Gesamtquerschnitt aller Röhren werden: $\frac{4,3}{10} =$ 0,43 qm, oder da ein Rohr von 46 mm = 0,046 m l. W. einen Querschnitt hat von 0,00166 qm, so müssen davon $\frac{0,43}{0,00166} =$ rund 260 Stück vorhanden sein.

Der in Rechnung zu stellende Temperaturunterschied beträgt 100°, der Koeffizient „*k*" wird nach Tab. XIX = 38,8, also überträgt jeder Quadratmeter 100 · 38,8 = 3880 WE, und es werden erforderlich $\frac{260\,000}{3\,880} = 67$ qm Röhrenfläche.

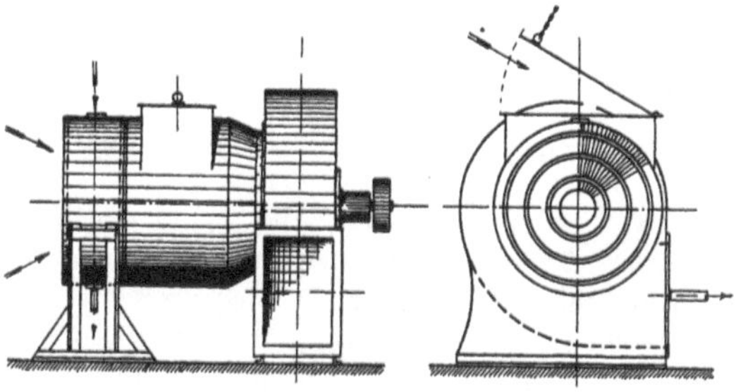

Fig. 42.

Nun haben 260 Röhren à 0,046 m Durchm. einen Umfang von:

$$260 \cdot 0,046 \cdot 3,14 = 37,57 \text{ m},$$

also muß ihre Länge werden:

$$\frac{67}{37,57} = 1,8 \text{ m}.$$

Der Durchmesser des Kessels wird zu veranschlagen sein zu 1,41 m, da jedes Rohr ungefähr braucht 0,078 · 0,078 = 0,006 qm, alle 260 also

$$260 \cdot 0,006 = 1,56 \text{ qm}.$$

b) Im Sommer sollen die ermittelten 67 qm abgeben 210 000 WE, der qm also $\frac{210\,000}{67} = 3134$ WE. Da der Temperaturunterschied dann aber nur 72,5° ist, so ergibt sich für „*k*":

$$k = \frac{3134}{72,5} = 43 \text{ WE}$$

das ist mehr als im Winter und nur durch entsprechend erhöhte Geschwindigkeit zu erreichen, wie Tab. XIX lehrt, nach welcher v = nahezu 12 m werden muß. — Dabei streichen durch die Röhren $12 \cdot 0{,}43 = 5{,}16$ cbm, und es bleiben an Frischluft durch die Regulierklappe einzusaugen $7 - 5{,}16 =$ rund 1,8 cbm Luft pro Sek.

c) Der Druckverlust berechnet sich nach Tab. XXI:

im Winter zu:	im Sommer zu:
$1{,}8 \cdot 4{,}12 + 4{,}92 = 12{,}33$ mm WS	$1{,}8 \cdot 5{,}8 + 7{,}1 \doteq 17{,}5$ mm WS
bzw. $12{,}33 + 1{,}97 = 14{,}3$ „ „	bzw. $17{,}5 + 2{,}8 = 20{,}3$ „ „

je nachdem eine Rohrleitung an den Kessel geschlossen ist oder nicht.

Beispiel 11. Für dieselben Verhältnisse sollen Sturtevant-Heizkörper berechnet werden, und zwar:

a) Mit 2 Rohrreihen.

Für die Winterbeanspruchung ergibt sich nach Formel 36:

$$v^{0,41} = 0{,}69 \frac{100}{30 + 25} = 0{,}69 \cdot 1{,}82 = 1{,}25.$$

Für diesen Wert liegt v nach Tab. XX in der Nähe von 1,8 und „k“ bei etwa 26, so daß der Wärmeübergang pro qm Rohroberfläche sich auf $100 \cdot 26 = 2600$ WE pro qm und Stunde stellt; für 260 000 WE brauchen wir somit 100 qm oder pro Rohrreihe 50 qm. Da 1 lfd./m von 0,033 m Durchm. nur 0,104 qm Oberfläche hat, muß jede Rohrreihe $\frac{50}{0{,}104} = 480$ m Gesamtlänge erhalten. — Aber auch die Spalten zwischen je 2 Rohren müssen bei 0,005 m Breite 480 m Länge bekommen, um bei 1,8 m Geschwindigkeit 4,3 cbm Luft pro Sek. durchzulassen, indem ist:

$$\frac{4{,}3}{1{,}8 \cdot 0{,}005} = 480 \text{ m.}$$

1^m Spalt und Rohr nehmen zusammen eine Breite ein von 0,038 m, so daß 480 m Länge eine Fläche von 18,24 qm beanspruchen, und müßte daher ein zweireihiger Heizkörper für im ganzen 100 qm Heizfläche und 960 m Rohrlänge bei einer Höhe von 4 m eine Breite von $\frac{18{,}24}{4}$ = ca. 4,6 m erhalten. — Das sind für die praktische Ausführung natürlich unausführbare Abmessungen, wenn sie nicht durch besondere örtliche Verhältnisse geboten werden sollten!

b) Mit 3 Rohrreihen:

Hierfür wird nach Formel 37:

$$v^{0,41} = 1{,}11 \cdot 1{,}82 = 2$$

und weiter nach Tab. XX:

$$v = 5{,}5, \; k = 54.$$

Es ergibt sich somit als erforderliche Heizfläche: $\frac{260\,000}{54 \cdot 100}$ = 48 qm. Auf jede der 3 Rohrreihen entfallen davon 16 qm = ca. 155 lfd./m. — Ebenso lang werden die Spalten, um 4,3 cbm Luft pro Sek. mit ca. 5,5 m Geschwindigkeit durchzulassen; die vom Heizkörper beanspruchte Fläche berechnet sich in derselben Weise wie oben, zu ca. 5,9 qm, so daß also schon 2,4 m · 2,5 m genügen.

Der durch den Heizkörper verursachte Widerstand beläuft sich nach Tab. XXII auf ca. **3 mm** WS.

c) Mit 4 Rohrreihen:

Hierfür erhalten wir:

$$v^{0,41} = 1{,}59 \cdot 1{,}82 = 2{,}89.$$
$$v = 13{,}5 \text{ und } k = 97.$$

Erforderliche Heizfläche = ca. 27 qm oder pro Reihe 6,75 qm = 65 m Rohrlänge; (Spaltlänge ebenso groß); beanspruchte Fläche des Heizkörpers = 2,47 qm oder 1,6 · 1,6 m. — Widerstand h = ca. **18 mm** WS.

Damit kommen wir auf Verhältnisse, welche sich für die Praxis eignen, und wollen deshalb kontrollieren, wie sie sich für den Sommerbetrieb stellen.

Es sind dann 210 000 WE durch 27 qm zu übertragen, pro qm also 7778 WE, wofür uns ein Temperaturunterschied von 72,5° zur Verfügung steht, bzw. es muß sein:

$$k = \frac{7778}{72{,}5} = 107.$$

Diesem Wert entspricht nach Tab. XX eine Geschwindigkeit von ca. 17 m pro Sek. und nach Tab. XXII ein Druckhöhenverlust von ca. 27 mm WS, so daß die Betriebskraft für das Gebläse gegenüber der Winterzeit wesentlich zunimmt.

Die durch die Regulierklappe zuzumischende Menge an Frischluft läßt sich in derselben Weise wie beim Röhrenkessel annähernd ermitteln; vollkommen genaue Berechnungen sind schwer oder gar nicht durchführbar, da sich durch jede Änderung auf einem Gebiet, z. B. in der Geschwindigkeit, gleichzeitig alle Faktoren auf den übrigen, z. B. den Temperaturunterschieden, ändern und deshalb fortwährend Korrekturen bis zur völligen Übereinstimmung nötig würden, die bei aller darauf verwendeten Mühe auf das Gesamtbild keinen wesentlichen Einfluß hätten.

Transmissions-Koeffizienten für besondere Fälle.

A. Wärmeübertragung von Rauchgasen bei Dampfkesseln, nach dem Taschenbuch d. Vereins „Hütte", 1908, I., S. 312.

a) Für eine dünne Metallwand (Heizrohre und einfache Heizkörper)

$$k = k_1 + 0{,}5\left[\left(\frac{T_1}{100}\right)^2 \div 1{,}9\right]$$

mit $k_1 = 4$;

b) für die direkte Heizfläche bei Innenfeuerung

$$k = k_1 + 0{,}5\,\frac{Fr}{F}\left(\frac{T_1}{100}\right)^2$$

bei Unterfeuerung

$$k = k_1 + 0{,}5\left(\frac{T_1}{100}\right)^2$$

mit $k_1 = 2 + 2\sqrt{B}$, wenn B in kg die stündlich pro qm Rostfläche verbrannte Menge Steinkohlen bezeichnet,

bzw. $k_1 = 2 + 10\sqrt{v}$, wenn v die Geschwindigkeit der Gase in m pro Sek.,

F_r = totale Rostfläche. F = Heizfläche in qm,

T_1 absolute Temperatur über dem Rost,

c) für die Rauchzüge

$$k = 23,$$

d) für Überhitzer

$$k = 10 - 15.$$[1]

B. Wärmeübertragung von durch Rauchgase beheizten Flächen bei normalen Temperaturen und Geschwindigkeiten:

bei glatter Heizfläche	von Kaloriferen	K = 1500—2000 WE
bei Rippenheizfläche	von Kaloriferen	K = 1200—1500 „
bei Warmwasser- und Niederdruckdampfkesseln		K = 7000 WE
bei Hochdruckdampfkesseln		K = 9600 „

pro qm und Stunde.

[1]) Siehe auch Berner. Forschungsarbeiten, H. 14—16, Berlin, Springer.

Diese Werte sind selbstverständlich als Durchschnittszahlen für normale Verhältnisse anzusehen, indem die Wärmeübertragung am Anfang jeder Heizfläche, entsprechend dem dort vorliegenden hohen Temperaturunterschied, eine ganz unverhältnismäßig größere ist als an ihrem Ende. — Will man sie also besonders wirksam erscheinen lassen (z. B. für Reklamezwecke), so braucht man sie nur kurz zu halten, so daß sie lediglich von noch sehr heißen Gasen bespült wird; soll dagegen möglichst viel der vom Brennstoff entwickelten Wärme durch sie übertragen werden, so ist sie groß, insbesondere lang zu machen. — Das wirtschaftlich Richtigste ist meistens, die Ausnutzung der Gase zu teilen, nämlich sie, solange ihre Temperatur noch hoch ist, in Einrichtungen zu verwerten, welche hohe Temperaturen benötigen, und sie nach Abkühlung auf eine gewisse Stufe anderen Apparaten zuzuführen, in welchen die tiefere Temperatur noch guten Nutzen zu schaffen vermag.

C. Transmissionskoeffizient k zwischen Dampf und nicht siedendem Wasser.

$$\frac{1}{k} = \frac{1}{k_0} + \frac{\delta}{\lambda}.$$

Hierin ist nach Hausbrand zu setzen:

a) wenn das Wasser sich in Ruhe befindet

$$k_0 = 3500 \cdot 0{,}66 = 2400,$$

b) wenn das Wasser mit der Geschwindigkeit v an der Heizfläche vorbeigeführt wird

$$k_0 = 3300 \sqrt[3]{v} \cdot 0{,}66 = 2200 \sqrt[3]{v}.$$

D. Transmissionskoeffizient k zwischen kondensierendem Wasserdampf und siedendem Wasser. Nach Hausbrand.

a) für kupferne Heizschlangen

$$k = \frac{1200}{\sqrt{d \cdot l}},$$

worin d = Durchmesser und l = Länge in m einzusetzen ist, oder

$$H = \left(\frac{C}{2200\,\vartheta_m}\right)^2, \text{ worin ist}$$

H = Heizfläche in qm, C = gesamte Wärmemenge, welche stündlich zu übertragen ist in WE und ϑ_m = mittlere Temperaturdifferenz in ^{0} C;

für Heizschlangen oder Rohre soll dabei sein:

$$\sqrt{\frac{l}{d}} = 0{,}725 \; \frac{o c \gamma \cdot d}{\vartheta_m}, \text{ worin noch bedeutet}$$

o = Eintrittsgeschwindigkeit des Dampfes in m pro Sek.,
c = Verdampfungswärme, γ = Gewicht von 1 cbm Dampf;

b) für Rohre aus anderem Material:

wenn dieselben aus Schmiedeeisen sind 0,75 obiger Werte,
„ „ „ Gußeisen „ 0,5 „ „
„ „ „ Blei „ 0,45 „ „
wobei deren größere Wandstärke bereits berücksichtigt ist;

c) für kupferne Doppelböden oder Heizmäntel

$$k = 1400 - 1800,$$

sowohl für siedendes wie nicht siedendes Wasser, wenn als mittlere Temperaturdifferenz angesehen wird bei nicht siedendem Wasser die Hälfte des Unterschiedes zwischen eintretendem Dampf und eintretendem Wasser, und bei siedendem Wasser: 0,85 — 0,75 desjenigen am Dampfeintritt, wobei die größeren Werte für kleine Böden bis 1 m Durchmesser, die geringeren (auch für k) für größere Böden über 2 m Durchmesser gelten.

E. Transmissionskoeffizienten k nach Recknagel.[1])

Wärmeabgabe von kupfernen und eisernen Dampfheizspiralen an bewegtes Wasser in WE pro qm, 1° Temperaturunterschied u. Std.

Wassergeschw. in m pro Sek.	0	0,10	0,20	0,30	0,40	0,50	0,75	1,00	1,25	1,50	1,75	2,00
k f. Kupfer	475	795	985	1125	1250	1340	1550	1710	1840	1970	2080	2180
k f. Eisen	463	770	940	1070	1180	1260	1440	1580	1690	1800	1900	1970

Eine Wassergeschwindigkeit von 0,20 m soll meist schon durch die normale Zirkulation erreicht werden.

Diese Werte sind auf keine Weise mit den oben angegebenen in Einklang zu bringen, weshalb die Verantwortung für die Richtigkeit beider Angaben den Urhebern selbst überlassen bleiben muß.

---

[1]) Hilfstabellen zur Berechnung von H. Recknagel, München. Verlag R. Oldenbourg, München, 1909.

Kanäle und Rohrleitungen.

Wer einmal Gelegenheit hatte, unter den Widerwärtigkeiten zu leiden, die eine schlecht funktionierende Zentralheizungsanlage hervorzurufen vermag, kann allenfalls die Wichtigkeit begreifen, welche der richtigen Bemessung und Verlegung von Rohrleitungen und Kanälen beizulegen ist, und er wird diese Aufgabe nicht jedem beliebigen Klempner oder Kupferschmied mehr anvertrauen. Ebenso wie bei verpfuschten Zentralheizungen gar häufig die Ursache der Übel nur in der mangelhaften Herstellung der Leitungen zu suchen ist, ebenso trifft dies für viele andere Anlagen zu, bei welchen Rohrleitungen zur Verwendung kommen, und findet daher die Erkenntnis allmählich immer weiteren Eingang, daß auf ihre richtige Anlage kaum genug Wert gelegt werden kann. Oft werden die Wirkungen gar nicht erkannt, wie sich z. B. die weitverbreitete Anschauung, daß der Abdampf sich für den einen oder andern Zweck nicht eigne, vielfach auf zu enge Zu- oder Ableitungen bei schlechter Entlüftungsmöglichkeit zurückführen läßt.

Es erwachsen eben jeder Bewegung von Gasen, Dämpfen und Flüssigkeiten Widerstände, welche baldigen Stillstand bewirken, wenn die Kraft, welche die Bewegung erteilt, aufhört oder geringer wird als die Hindernisse.

A. Gase, im besonderen atmosphärische Luft.

Bei ihnen kann diese Kraft ausgedrückt werden durch den Druck, welchen die Höhe einer Flüssigkeitssäule auf ihre Grundfläche ausübt, die Bewegung dagegen durch die Geschwindigkeit, welche sich der Flüssigkeit durch diese Druckhöhe erteilen läßt, mit welcher sie also durch eine Öffnung in der Grundfläche ausströmen würde.

Zwischen der Geschwindigkeit v in m pro Sekunde und der Druckhöhe h_d in m Flüssigkeitssäule besteht die bekannte Beziehung:

$$v = \sqrt{2 g h_d}$$

$$h_d = \frac{v^2}{2g} \quad \quad (39)$$

worin $g = 9{,}81$ = Beschleunigung durch die Anziehungskraft der Erde.

Bewegungswiderstände werden den durchströmenden Flüssigkeiten in Kanälen und Leitungen bereitet:

a) durch die Reibung an den Wänden,
b) durch Richtungs- oder Querschnittsänderungen, durch eingebaute Hindernisse, wie Rosten, Horden, Heizröhren, Trockengut etc.

Ihre Größe wird ebenfalls ausgedrückt durch eine Flüssigkeitssäule, und zwar von derjenigen Höhe, um welche sich der Druck auf die Grundfläche durch sie vermindert, in Buchstaben:

$$h_w = \frac{v^2}{2g}\left(\frac{\varrho l}{R} + \Sigma\zeta\right) \quad . \; . \; . \; . \; . \quad (40)$$

Hierin bezeichnet wieder:

h_w = Höhe des Widerstandes in m der durch das Rohr geleiteten Flüssigkeit,
v = Geschwindigkeit in m pro Sek.,
g = 9,81 = Beschleunigung durch die Anziehungskraft der Erde,

und ferner:

$\frac{\varrho l}{R}$ = Reibungswiderstand,
$\Sigma\zeta$ = Summe der Einzelwiderstände durch Knie etc.

Der erste Wert in der Klammer entspricht somit den unter a) genannten Reibungswiderständen, der zweite den unter b) aufgeführten Hindernissen.

Aus der Summierung von Gleichung (39) und (40) entsteht:

$$h = h_d + h_w = \frac{v^2}{2g}\left[1 + \frac{\varrho l}{R} + \Sigma\zeta\right]$$

= gesamte, der Bewegung der Flüssigkeit entgegenstehende Widerstandshöhe in Metern der Flüssigkeitssäule . . (41)

Das gefundene h bezieht sich auf die Höhe des Widerstandes einer bestimmten Rohrstrecke von der Länge l, in welcher die Geschwindigkeit v und die Verhältnisse $\frac{\varrho l}{R}$ und $\Sigma\zeta$ vorliegen.

Besteht die ganze Leitung aus mehreren Einzelstrecken, so ist für jede derselben das betreffende $h_1 - h_2 - \ldots$ zu ermitteln aus den zugehörigen Größen $v_1 - v_2 - v_3 \ldots$, $l_1 - l_2 - l_3 \ldots$ usw.

Die Höhe für die zusammengesetzte Strecke wird dann:

$$h = h_1 + h_{w2} + h_{w3} + \ldots$$

Wobei darauf zu sehen ist, daß die Querschnittsänderungen möglichst allmählich eintreten, um die durch sie hervorgerufenen Widerstände, welche sonst unverhältnismäßig groß werden können, vernachlässigen zu dürfen.

Auf Luft von 0^0 bei 760 mm Spannung und eine in mm Wassersäule gemessene Druckhöhe angewendet, gehen zunächst die Gleichungen (39) und (40) über in:

$$r = 1{,}293 \frac{v^2}{2g} \text{ mm Wassersäule.}$$

$$z = 1{,}293 \frac{v^2}{2g} \left(\frac{\varrho l}{R} + \Sigma \zeta\right) \text{ mm Wassersäule.}$$

Hieraus folgt für eine Temperatur der Luft im Rohr $= t^0$ und eine Spannung $= p$ mm Wassersäule:

$$r_{tp} = 1{,}293 \frac{v^2}{2g(1 + \alpha t)} \frac{10\,330 + p}{10\,330}$$

und

$$z_{tp} = 1{,}293 \frac{v^2}{2g(1 + \alpha t)} \left(\frac{\varrho l}{R} + \Sigma \zeta\right) \frac{10\,330 + p}{10\,330}.$$

In den meisten Fällen pflegt es sich jedoch um so geringe Pressungen zu handeln, daß das letzte Glied vernachlässigt werden kann.

Handelt es sich um ein Gas vom Raumgewicht pro cbm $= \delta$, so gelten die Formeln in der Fassung:

$$r\delta = \frac{v^2 \delta}{2g} \text{ mm WS.}$$

$$z\delta = \frac{v^2 \delta}{2g} \left(\frac{\varrho l}{R} + \Sigma \zeta\right) \text{ mm WS.}$$

Hierin sind für die Einzelwiderstände zu veranschlagen[1]):

für einen scharfkantigen Eintritt . . . . . $\zeta = 0{,}5$,
„ „ Einlauf mit gebrochener Kante . $\zeta = 0{,}25$,
„ ein rechtwinkliges, scharfes Knie . . . $\zeta = 1{,}5$,
„ „ abgerundetes Knie . . . . $\zeta = 1$,
„ „ Knie von 135° . . . . $\zeta = 0{,}6$,
„ sanfte Übergänge . . . . $\zeta = 0$,
„ Bogen von 90° . . . . $\zeta = 0{,}5$—$1{,}5$,
„ Doppelbogen . . . . $\zeta = 1$—2,
„ eine plötzliche Erweiterung . . . . . $\zeta = \left(\frac{F_2}{F_1} : 1\right)^2$,
„ „ Feuerbrücke, Durchgang durch einen Heizkörper . . . . $\zeta = 2{,}5$—3,
„ vollständig geöffnete Klappen . . . . $\zeta = 2$—$0{,}85$,
„ „ „ Schieber . . . . $\zeta = 0{,}5$—2,
„ „ „ Eckhähne . . . . $\zeta = 4$,
„ „ „ Durchgangshähne $\zeta = 2$,
„ Eckventile . . . . $\zeta = 2{,}1$—$2{,}6$,
„ schlanke Durchgangsventile . . . . . $\zeta = 4{,}5$—$5{,}3$,
„ kurze, gedrungene Ventile . . . . . . $\zeta = 12{,}5$—$16{,}6$,
„ ein Gitter aus Drahtgaze, vom freien Kanalquerschnitt und 0,6 des Totalen $\zeta = 0{,}6$,
„ Drosselklappen . . . . $\zeta = 1$—2.

Durch die Versuche der Prüfungsanstalt für Heizungs- etc.-Einrichtungen, Charlottenburg, wurde der große Einfluß bestätigt, welchen die Bauart der Ventile auf den Widerstand ζ hat, wie aus nebenstehenden Abbildungen Schäffer & Oehlmann'scher Ausführungen, Berlin, hervorgeht.

Ganz besondere Schwierigkeiten hat von jeher die Feststellung der Reibung $\varrho \frac{l}{R}$ bzw. die des Koeffizienten ϱ geboten, da l = Länge der Leitung in m,

$$R = \frac{\text{Querschnitt}}{\text{Umfang}} \text{ der Leitung}$$

[1]) Vgl. „Hütte" 1908, I., S. 274—280. Ferner sei auf die 14. und 15. Mitteilung der Prüfungsanstalt für Heizungs- und Lüftungseinrichtungen hingewiesen, veröffentlicht von K. Brabbée in Heft 1 der Beihefte zum „Gesundheits-Ingenieur", R. Oldenbourg, München 1913.

als bekannt vorauszusetzen sind. Für den kreisförmigen Querschnitt, also für Rohrleitungen von einer inneren lichten Weite $= d$, wird:

$$R = \frac{d}{4},$$

mithin

$$z = 1{,}293 \frac{v^2}{2g}\left(\frac{4\varrho l}{d} + \Sigma\zeta\right) \text{ mm Wassersäule}$$

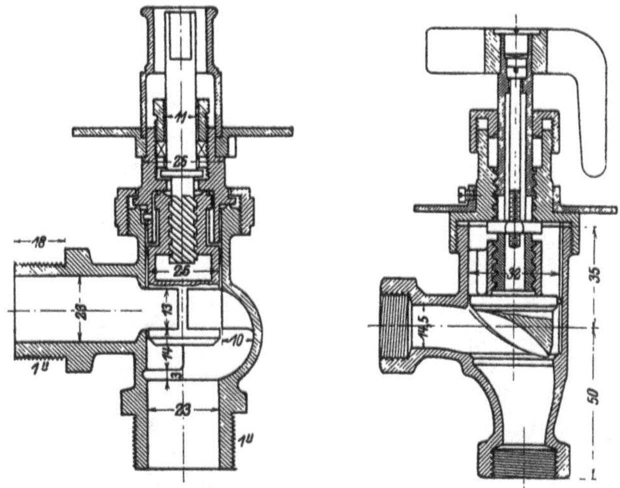

Fig. 43 u. 44.

(ältere Bauart) $\zeta = 9$ (neue Bauart) $\zeta = 1{,}5$

und für eine Temperatur der Luft oder Gase $= t^0$ bei einer Spannung $= p$ mm Wassersäule, wenn noch $4\varrho = \lambda$ gesetzt wird:

$$z_{tp} = 1{,}293 \frac{v^2}{2g(1+\alpha t)}\left(\frac{\lambda l}{d} + \Sigma\zeta\right)\frac{10\,330 + p}{10\,330} \quad . \quad (42)$$

Als Gesamtwiderstand in mm Wassersäule ergibt sich somit für dieselben Verhältnisse:

$$H = 1{,}293 \frac{v^2}{2g(1+\alpha t)}\left(1 + \frac{\lambda l}{d} + \Sigma\zeta\right)\frac{10\,330 + p}{10\,330} \quad (43\,\text{a})$$

bzw.

$$H = \frac{v^2\delta}{2g}\left(1 + \frac{\lambda l}{d} + \Sigma\zeta\right) \quad . \; . \; . \; . \; . \; . \; . \; . \; . \; . \quad (44\,\text{a})$$

Besteht die Rohrleitung aus mehreren Einzelstrecken, so ist der durch jede derselben hervorgerufene Widerstand für sich zu berechnen, nämlich:

$$z_0 = 1{,}293 \frac{v_0^2}{2g(1+\alpha t_0)} \left(\frac{\lambda_0 l_0}{d_0} + \Sigma \zeta_0\right),$$

oder

$$z_0 = \frac{v_0^2 \delta_0}{2g} \left(\frac{\lambda_0 l_0}{d_0} + \Sigma \zeta_0\right)$$

und ihre Summe zu setzen:

$$m_1 = z_0 + z_1 + z_2 + \ldots\ldots$$

Liegt außerdem noch ein besonderer Widerstand vor, dessen Größe m_2 in mm Wassersäule bekannt ist, etwa durch einen Winderhitzer, ein Filter od. dgl., so ist derselbe mit m_1 zu vereinigen zu:

$$m = m_1 + m_2$$

und der Betrag den Formeln (43 a) und (44 a) hinzuzufügen, so daß sie dann lauten:

$$H = 1{,}293 \frac{v^2}{2g(1+\alpha t)} \left(1 + \frac{\lambda l}{d} + \Sigma \zeta\right) \frac{10\,330 + p}{10\,330} + m \quad (43\text{b})$$

$$H = \frac{v^2 \delta}{2g} \left(1 + \frac{\lambda l}{d} + \Sigma \zeta\right) + m \quad \ldots\ldots\ldots \quad (44\text{b})$$

Von den vielen für ϱ und λ angegebenen Werten seien nur die folgenden genannt:

1. Für gemauerte Kanäle bis herab zu 48 cm Umfang, nach Rietschel[1]):

$$\varrho = 0{,}0065 + \frac{0{,}0604}{u - 48} \quad \ldots\ldots \quad (45)$$

worin u = dem Umfang des Kanals in cm.

2. Für Windleitungen von 500 (bzw. 300) bis 800 mm l. W. aus Eisenblech und Geschwindigkeiten von 4—17 m, nach Brabbée[2]):

$$\lambda = 0{,}0175 \quad \ldots\ldots\ldots \quad (46)$$

---

[1]) Leitfaden zum Berechnen von Lüftungs- und Heizungsanlagen, IV. Aufl. 1909. Julius Springer, Berlin.

[2]) Bericht über die V. Versammlung von Heizungs- und Lüftungsfachmännern in Hamburg 1905. R. Oldenbourg, München.

3. Für enge gezogene und geschweißte Rohre in Winderhitzern, Rauchrohrkesseln etc. nach Biel[1]):

$$\lambda = 0{,}0785\left(0{,}12 + \frac{0{,}036}{\sqrt{d}} + \frac{0{,}228}{p\,v\sqrt{d}}\right) \quad . \; . \quad (47)$$

worin p in kg pro qm abs., v und d in m einzusetzen sind. Der Rauhigkeitsgrad der Röhren ist dabei zu II angenommen, was für gezogene unberußte Kupferröhren genügt; bei rauherer Oberfläche muß er dagegen = III gesetzt werden, und dementsprechend:

$$\lambda = 0{,}0785\left(0{,}12 + \frac{0{,}072}{\sqrt{d}} + \frac{0{,}148}{p\,v\sqrt{d}}\right) \quad . \; . \quad (48)$$

Rechnen wir λ nach den beiden letzten Formeln unter Annahme einer Geschwindigkeit $v = 12$ m bei glatten Rohren von 25 und 30 mm l. W., von 6 m bei rauheren und weiteren Rohren aus, so ergibt sich für Luft oder Gase von eventueller atmosphärischer Spannung und mittlerer Temperatur:

Lichte Weite	25	30	40	50	60	70	80	90 mm
$\lambda =$	0,036	0,033	0,047	0,043	0,04	0,038	0,036	0,034

Wollen wir einen Einzelwiderstand $\zeta = 1$ in unsern Formeln (43) oder (44) durch eine Rohrlänge l_1 ausdrücken, so muß sein in der Klammer:

$$\frac{\lambda l}{d} + 1 = \frac{\lambda}{d} \cdot (l + l_1) = \frac{\lambda l}{d} + \frac{\lambda l_1}{d},$$

oder

$$\frac{\lambda}{d} \cdot l_1 = 1$$

bzw.

$$l_1 = \frac{d}{\lambda}.$$

Setzen wir in diese Gleichung die oben für die verschiedenen Rohrdurchmesser berechneten Werte von λ, so erhalten wir für einen Einzelwiderstand von der Größe 1:

bei einem Rohrdurchm.	25	30	40	50	60	70	80	90 mm
eine Rohrlänge $l_1 =$	0,7	0,9	0,85	1,16	1,5	1,84	2,2	2,65 m

Diese Zahlen, multipliziert mit den Werten von ζ, welche uns für Krümmer, Ventile etc. bekannt sind, ergeben die anstatt ihrer einzuführenden Rohrlängen.

---

[1]) Mitteilungen über Forschungsarbeiten auf dem Gebiete des Ingenieurwesens, Heft 44, 1907, S. 37. Julius Springer, Berlin.

Die Anwendung der Formeln (43) oder (44) in der Praxis möge folgendes Beispiel lehren.

Beispiel 12. Durch eine Blechrohrleitung von 40 m Länge und 0,4 m l. W. mit mehreren Krümmern sollen pro m 80 cbm Luft von 20° und atm. Spannung von einem Raum in einen andern übergeführt werden; wie groß ist der zu überwindende Gesamtwiderstand?

Zunächst berechnet sich die Geschwindigkeit v im Rohr zu 10,6 m pro Sek. Ferner ist für $t = 20^0$ $1 + \alpha t = 1{,}073$ und setzt sich $\Sigma\zeta$ zusammen aus **1** für Ein- und Austritt der Luft, $+$ **2** für zwei abgerundete Knie, $+$ **0,5** für einen nicht ganz geöffneten Schieber; es wird also $\Sigma\zeta = 3{,}5$.

Rechnen wir nunmehr λ aus nach Formel 47, so ergibt sich:

$$\lambda = 0{,}0785\left(0{,}12 + \frac{0{,}072}{0{,}63} + \frac{0{,}148}{1 \cdot 40 \cdot 0{,}63}\right) = 0{,}019,$$

wogegen nach der Brabbéeschen Formel 45 sein würde:

$$\lambda = 0{,}0175.$$

Wir wählen als Ausgleich $\lambda = 0{,}018$ und erhalten dann bei Vernachlässigung des letzten Gliedes der Gleichung 43:

$$v_{tv} + z_{tv} = 1{,}293 \frac{10{,}6^2}{19{,}62 \cdot 1{,}073}\left(1 + \frac{0{,}018 \cdot 40}{0{,}4} + 3{,}5\right)$$
$$= 6{,}9 \cdot 6{,}3 = 43{,}5 \text{ mm WS.}$$

Werden die Widerstände der einzelnen Partien einer Trockenanlage, z. B. der Heizkammer, der Verbindungsleitungen, des Trockenraumes etc. mit $z_1 - z_2 - z_3$ bezeichnet, dann ist der von dem anzuwendenden Gebläse zu überwindende totale Gegendruck in mm Wassersäule:

$$H = r + z_1 + z_2 + z_3$$

B. Dampf.

Für überhitzten Dampf in einer Leitung, welche vor Wärmeverlust gut geschützt ist, lassen sich vorstehende Formeln 44 ebenfalls anwenden, wenn darin das Gewicht des Dampfes pro cbm $= \delta$ eingeführt wird.

Bei Sattdampf beeinflussen indessen die durch die nassen Wandungen veränderten Reibungsverhältnisse und die durch Kondensation ausscheidende Dampfmenge das Ergebnis derartig, daß neue Formeln nötig sind.

Ihrer Ableitung und eingehenden Versuchen darüber haben sich bis in die neueste Zeit eine große Anzahl von Forschern gewidmet, doch wollen wir uns mit zwei der von ihnen aufgestellten Formeln begnügen[1]).

1. Nach Eberle beträgt der Druckverlust durch die Reibung an den Rohrwänden in kg pro qcm:

$$z = \beta \gamma \frac{l}{d} v^2 \quad . \quad . \quad . \quad . \quad . \quad . \quad . \quad (49)$$

worin $\beta = \frac{10,5}{10^8}$, γ = spez. Gewicht des Dampfes, l und d Länge und Durchmesser der Leitung in m, v Geschwindigkeit des Dampfes in m pro Sek. Die Formel gilt für Geschwindigkeiten von 7—74 m bei Dampfspannungen von 3—10 Atm. abs. und Überhitzungen bis 100°. Sie bezieht sich aber nicht mit auf Widerstände, wie Richtungsänderungen etc., welche am bequemsten in m der Rohrlänge ausgedrückt und eingesetzt werden; die durch ein Ventil von 70 mm l. W. hervorgebrachte Hemmung wurde von Eberle zu 16 m an Rohrlänge ermittelt.

Stellen wir eine ähnliche Untersuchung an, wie vorhin, über die rechnungsmäßig einzusetzende Rohrlänge l_1 für einen Widerstand = 1, so haben wir als ihm entsprechende Druckhöhe h_d in m Dampfsäule

$$h_d = \frac{v^2 \delta}{2g} 1,$$

oder bei einem Kubikmetergewicht des Dampfes $= \gamma$, in kg pro cbm $z_1 = \gamma \frac{v^2}{2g}$.

Dies in Formel 49 eingesetzt, nachdem dieselbe auf gleiche Maßeinheit gebracht wurde, gibt

$$z + z_1 = 10000 \frac{\beta}{d} \gamma \cdot v^2 l + \frac{\gamma \cdot v^2}{2g} = 10000 \frac{\beta}{d} \gamma v^2 (l + l_1),$$

[1]) M. F. Gutermuth, Zeitschr. d. Ver. D. Ing. 1887, S. 670 ff. — Berner, Zeitschr. d. Ver. d. Ing. 1905, S. 1453. — Chr. Eberle, Zeitschr. d. Ver. D. Ing. 1908, S. 481 ff. — R. Trautmann, Gesundheits-Ingenieur 1908, S. 389. — H. Rietschel, Lüftungs- und Heizungsanlagen 1909, S. 360.

woraus weiter folgt: $\frac{\gamma v^2}{2g} = 10000 \frac{\beta}{d} \gamma v^2 l_1$,

$$\frac{d}{2g \cdot 10000 \beta} = l_1 = \frac{d \cdot 10^8}{21 g \cdot 10000},$$

$$l_1 = \infty 48 d$$

d. h. eine Zusatzrohrlänge $l_1 = 48\ d$ entspricht dem einmaligen Widerstand $\zeta = 1$.

Unter Zugrundelegung eines Widerstandes $\zeta = 4{,}8$ für ein Ventil und $\zeta = 1$ für ein Knie von 90° wird die Rohrlänge l_1, welche dem dadurch hervorgerufenen Druckverlust gleichkommt, in m:

bei einer l. W. =	25	50	70	100	125	150	200	250	300 mm
l_1 für Ventile:	6	11,5	16	23	29	35	46	58	69 m
l_1 für Knie:	1,2	2,4	3,4	4,8	6	7,2	9,6	12	14,4 „

Damit kommen wir bei 70 mm Rohrweite auf den von Eberle angegebenen Wert.

Jedenfalls zeigt sich deutlich, wie zweckmäßig die Verwendung von Absperrschiebern an Stelle der Ventile und die schlanke Gestaltung aller Richtungs- sowie Querschnittsänderungen ist.

2. Als zweite, besonders bei Dampfleitungen verwendbare Formel ist die neuerdings von Fritzsche für den Druckabfall in Teilen des Anfangsdrucks aufgestellte zu nennen, welche nach der „Hütte" 1908, 1. Teil, S. 365 nicht nur für Dämpfe sondern auch für Luft benutzt werden kann und in vereinfachter Form lautet:

$$\varDelta P = \beta \gamma \frac{v^2}{d} l, \text{ worin } \beta = \frac{2{,}86}{G^{0{,}148}} \quad . \quad . \quad (50)$$

und γ = spez. Gewicht in kg pro cbm,

G = stündlich durch die Leitung gehende Gewichtsmenge,

d = Durchmesser, l = Länge } der Leitung in m.

Die Geschwindigkeit in den Leitungen soll bei Hochdruckdampf nicht über 50, für Abdampf nicht über 25 m pro Sek. betragen, doch wird sie meistens kleiner genommen[1]).

[1]) Laut „Hütte", II., 1908, S. 237, soll die Geschwindigkeit in den Leitungen zwischen Kessel und Maschine nicht über 25 m und in den Abdampfleitungen für Heizzwecke nicht über 15 m gewählt werden.

Die Abkühlungsverluste beziffern sich für nackte Rohrleitungen nach Versuchen des Bayerischen Revisions-Vereins auf 1300—3000 WE pro qm Innenfläche und Stunde, bei Temperaturunterschieden von 100—170° zwischen Dampf und Luft; die durch gute Umhüllung zu erzielende Ersparnis stellt sich auf 75—80% dieser Mengen.

Tabelle XXIII. Angenäherte Rohrweiten für Dampf, Kondenswasser und Wärmeeinheiten, welche stündlich hindurchgeleitet werden können.

L. W. des Rohres bis zu ca. 30 m Länge in mm	Dampf von 2 Atm. Überdruck 500 WE pro kg	Abdampf, 400 WE pro kg 0,2 Atm.	Niederdruck-dampf 500 WE 0,05 Atm.	Kondenswasser
14	7 000	900	700	—
20	18 000	3 000	2 500	18 000
25	32 000	7 000	5 000	32 000
34	70 000	16 000	12 500	75 000
39	100 000	24 000	18 000	120 000
43	130 000	30 000	24 000	175 000
49	165 000	40 000	30 000	250 000
57	265 000	67 000	50 000	360 000
64	350 000	90 000	70 000	480 000
70	450 000	115 000	90 000	600 000
76	550 000	140 000	110 000	und darüber
82	650 000	170 000	130 000	
88	800 000	200 000	160 000	
94	950 000	240 000	190 000	
100	1 100 000	280 000	220 000	

Die Tabelle kann angewendet werden für Rohrleitungen bis zu ca. 50 m Länge mit sanften Übergängen, welche gegen große Wärmeverluste in üblicher Weise geschützt sind.

Beim „Abdampf“ beziehen sich die WE auf das Gewicht des in die Dampfmaschine hinein geleiteten Dampfes. Bei Längen über 2 m sollten die Rohrweiten

bei Hochdruckdampf nicht unter 14 mm i. L.

bei Niederdruck- und Abdampf nicht unter 20 mm i. L.

genommen werden.

Für die genauere Berechnung eines Rohrstranges mag folgendes Beispiel dienen:

Beispiel 13. Durch eine gut isolierte Leitung von 50 m Länge sollen stündlich 300 kg Dampf von 2 Atm. bzw. 3 Atm. abs. geleitet werden. Welche Weite muß dieselbe erhalten und wie groß werden die Abkühlungs- und Druckverluste in ihr?

Antwort. Das spezifische Gewicht γ des Dampfes ist $= 1{,}62$, sein Volumen mithin $= \frac{300}{1{,}62} = 185$ cbm. Nehmen wir seine Geschwindigkeit vorläufig, um den Durchmesser der Leitung zu bestimmen, zu ca. 30 m an, so entspricht das einer l. Weite von

$$\frac{185}{30 \cdot 3600} = 0{,}0017 \text{ qm oder ca. } 47 \text{ mm.}$$

Setzen wir dafür 50 mm = 0,157 m Umfang, so bekommen wir eine Innenfläche für Kondensationsverluste = 0,157 · 50 = 7,8 qm oder bei Annahme von 1700 WE pro qm ca. 14 000 WE für das nackte Rohr, welche einem Dampfaufwand von $\frac{14000}{650 - 100}$ = ca. 25 kg entsprechen. Da hiervon durch die Isolierung 75% erspart werden, so verbleiben noch rund 7 kg, welche obigen 300 zuzuzählen sind, wodurch das hindurchstreichende Volumen auf $\frac{307}{1{,}62} = \sim 190$ cbm steigt.

Die wirkliche Geschwindigkeit in der Leitung wird nunmehr

$$v = \frac{190}{0.00196 \cdot 3600} = \sim 27 \text{ m pro Sek.}$$

und der Spannungsabfall gemäß Formel 49

$$z = \frac{10{,}5}{10^8}\, 1{,}62\, \frac{50}{0{,}05}\, 27^2 = 0{,}124 \text{ kg pro qcm.}$$

Nach Tab. XXIII würde sich für 300 · 500 = 150000 WE ebenfalls ca. 50 mm l. W. ergeben haben.

C. Kondenswasser-(Niederschlagwasser-) Leitungen.

Für die Ableitung von Kondenswasser versagt die Rechnung vollständig, indem nicht bloß die aus dem Dampf entstandene Flüssigkeit, sondern auch solcher Dampf, der noch nicht völlig kondensiert ist, sowie Luft, Schmutz etc. abgeführt werden müssen, ohne daß irgendwelche Kraft dafür zur Verfügung steht.

Die Rohre sind daher reichlich weit zu machen, und darf ihr Querschnitt selbst bei strenger Winterkälte und bei Anstellung des Betriebes nur zum geringeren Teil durch Wasser ausgefüllt werden; enge Leitungen unter 19 mm l. W. sind nur für Anschlüsse ganz kleiner Heizkörper zulässig; der Querschnitt der weiteren wird meistens nach einem bestimmten Verhältnis bemessen zu demjenigen der Röhren, welche den Dampf leiteten. Doch ist dies auch fragwürdig, indem oft nachträglich weit mehr hinein geliefert wird. Einen Anhalt für die zu wählende Weite gibt Tab. XXIII.

Wichtiger fast noch als ein genügender Durchmesser ist eine gute sachverständige Verlegung mit ständigem Gefälle bzw. ausreichender Entwässerung und Entlüftung, damit alle Wasser- oder Luftsäcke vermieden bleiben. Leider wird auf diesem Gebiet noch viel zu viel gesündigt.

Die Zugwirkung von Schornsteinen und Schloten[1]).

Um Luft, Gasen oder Dämpfen eine Geschwindigkeit in Rohrleitungen und Kanälen ohne Anwendung mechanischer Mittel zu erteilen, dienen Schlote und Schornsteine. Als Triebfeder wirkt in ihnen der durch die verschiedenen Temperaturen hervorgerufene Gewichtsunterschied der Luftsäulen innen und außen.

Das Gewicht der äußeren beträgt bei h m Höhe und 1 qm Bodenfläche bei 760 mm Spannung und bei der Temperatur t nach Formel 2:

$$G_t = 1{,}293 \frac{1}{1 + at} h,$$

und das einer gleichgroßen, aber leichteren inneren bei t_0:

$$G_{t0} = 1{,}293 \frac{h}{1 + at_0}.$$

Der Druckunterschied zwischen beiden auf die Bodenfläche ist somit:

$$1{,}293 \left(\frac{h}{1 + at} - \frac{h}{1 + at_0}\right)$$

in kg pro qm oder mm Wassersäule.

---

[1]) Nach Rietschel.

Da ein Würfel aus Luft von 0° von 1 qm Bodenfläche bei 1 m Höhe 1,293 kg wiegt, so läßt sich der Unterschied auch schreiben:

$$\frac{h}{1+at} - \frac{h}{1+at_0} \text{ in m Luftsäule von } 0^0.$$

Stellt man sich in dem Gliede $\frac{h}{1+at_0}$ die Höhe als Teilbetrag von $h = h_1$ vor, bezogen auf die Temperatur t, so wird

$$\frac{h}{1+at_0} = \frac{h_1}{1+at},$$

und es läßt sich der Druckunterschied h_2 zwischen beiden Säulen nach der Fig. 45 ausdrücken:

$$h_2 = h - h_1$$

oder

$$\frac{h_2}{1+at} = \frac{h}{1+at} - \frac{h_1}{1+at} = \frac{h}{1+at} - \frac{h}{1+at_0}.$$

Die der Druckhöhe h_2 (in m Luftsäule von 0°) entsprechende Geschwindigkeit v in m pro Sek. ist bekanntlich:

$$v = \sqrt{2gh_2};$$

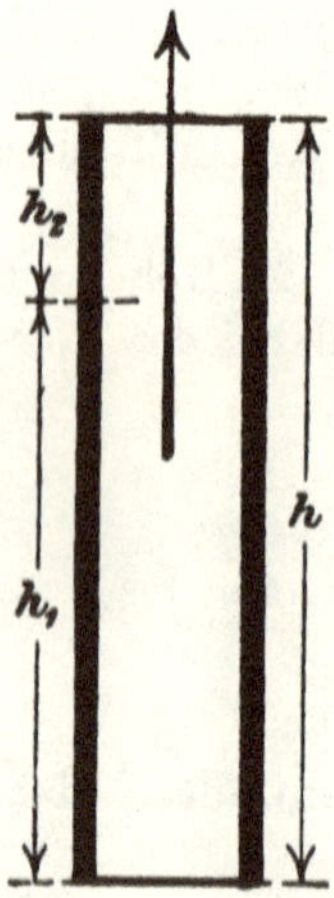

Fig. 45.

mithin:

$$h_2 = \frac{v^2}{2g}$$

und

$$\frac{h}{1+at} - \frac{h}{1+at_0} = \frac{v^2}{2g(1+at)} \quad . \quad (51)$$

Hierin bezeichnet t die Temperatur der äußeren, t_0 diejenige der inneren Luft, und wir haben die Grundformel für die Beziehungen zwischen der Höhe h und der durch sie bei der Temperaturdifferenz $t_0 - t$ zu erreichenden Geschwindigkeit v.

Letztere muß, multipliziert mit dem Querschnitt, diejenige Luftmenge ergeben, welche durch den Kanal bzw. das Rohr befördert werden soll; tut sie das nicht, so muß entweder die Höhe h oder der Querschnitt entsprechend größer genommen werden.

Ist eine der beiden Luftsäulen oder sind sie beide mit Feuchtigkeit geschwängert, wie es bei Trockenanlagen stets der Fall ist, so muß die dadurch hervorgerufene Gewichtsänderung berücksichtigt werden, was am besten durch Einsetzung ihrer Kubikmetergewichte geschieht, welche der Tabelle VIII b, Seite 27, ohne weiteres entnommen werden können.

Werden sie für die beiden Luftsäulen mit δ und δ_0 bezeichnet, so ergibt sich der Druckunterschied zu:

$$h\delta - h\delta_0 = 1{,}293\left(\frac{h}{1+at} - \frac{h}{1+at_0}\right)$$

in kg pro qm oder mm Wassersäule bzw. zu

$$\frac{h\delta - h\delta_0}{1{,}293} = \frac{h}{1+at} - \frac{h}{1+at_0} \text{ in m Luftsäule von } 0^0.$$

Dieselbe Schlußfolgerung wie vorhin führt sodann zu dem Ergebnis, welches insbesondere für die Abzugsschlote von Trockenanlagen benutzt werden kann:

$$h\delta - h\delta_0 = \frac{v^2\delta}{2g} \quad . \quad . \quad . \quad . \quad . \quad (52)$$

Die Geschwindigkeit v, welche sich nach beiden Gleichungen (51) und (52) ergäbe, würde jedoch nur dann wirklich zu erzielen sein, wenn die Wände des Rohres keine Reibungs- und sein Querschnitt keine sonstigen Widerstände böten, für dessen Größe wir im vorigen Abschnitt bereits Gleichung (40) ableiteten, nur daß wir in der Klammer anstatt der Länge l die Höhe h einzusetzen haben.

$$h_w = \frac{v^2}{2g}\left(\frac{\varrho h}{R} + \Sigma\zeta\right).$$

In ihr war $R = \frac{\text{Querschnitt}}{\text{Umfang}} = \frac{F}{u}$, und sind h sowohl wie v immer auf die Maßeinheiten zu beziehen, in denen gerechnet wird. Bezeichnen wir der größeren Einfachheit wegen den Ausdruck in der Klammer mit S, also:

$$S = \frac{\varrho h u}{F} + \Sigma\zeta \quad . \quad . \quad . \quad . \quad . \quad . \quad (53)$$

dann muß gesetzt werden:

$$h_{\frac{1}{1+\alpha t}} = \frac{v^2}{2g(1+\alpha t)} S, \text{ wenn in m Luftsäule,}$$

$$h\delta = \frac{v^2\delta}{2g} S, \text{ wenn in mm WS gerechnet wird.}$$

Die Werte von ζ sind dem vorigen Abschnitt zu entnehmen; ϱ kann bei gemauerten Kanälen genommen werden, wenn:

$u = 0{,}50$	0,52	0,54	0,56	0,59	0,65	0,72–0,95	0,96–1,99	2,00–12,50
$\varrho = 0{,}035$	0,020	0,017	0,014	0,012	0,010	0,009	0,008	0,007

Die durch den Einfluß von S bewirkten Hindernisse sind aber durch die verfügbare Höhe $h_2 = h - h_1$ mit zu überwinden bzw. es muß werden:

$$\frac{h}{1+\alpha t} - \frac{h}{1+\alpha t_0} = \frac{v^2}{2g(1+\alpha t)}(1+S) \quad . \quad (54)$$

und

$$h\delta - h\delta_0 = \frac{v^2\delta}{2g}(1+S) \quad . \quad . \quad . \quad . \quad (55)$$

oder

$$1{,}293\left(\frac{h}{1+\alpha t} - \frac{h}{1+\alpha t_0}\right) = 1{,}293\,\frac{v^2}{2g(1+\alpha t)}(1+S) \quad (56)$$

Die linke Seite der Formel (54) gibt die wirksame Druckhöhe in Metern Luftsäule von 0^0 an; die linke Seite der beiden andern Gleichungen bezeichnet sie in mm Wassersäule.

Durch das Gleichheitszeichen zwischen beiden Seiten ist angedeutet, daß ihr Wert vollkommen gleich ist, daß also die auf der linken Seite für das Abzugsrohr verbleibende Druckhöhe gerade genügt, um der Luftsäule in ihm die Geschwindigkeit v zu erteilen und die ihr dadurch in dem Rohr erwachsenden Widerstände zu überwinden.

Das reicht aber noch keineswegs aus, denn kein Schlot besteht für sich allein, sondern immer in Verbindung mit einer Kammer oder einer Kanalstrecke, durch welche Luft oder Gase getrieben werden sollen, und muß er daher imstande sein, auch diejenigen Widerstände zu bekämpfen, welche der Luft oder den Gasen vor ihrem Eintritt in den Schlot entgegenstanden.

Dieselben sind in bekannter Weise für jede Einzelstrecke nach der Formel:

$$z_0 = \left(\frac{\varrho_0 l_0}{R_0} + \Sigma \zeta_0\right) \frac{v_0^2}{2g(1 + a t_0)}$$

gesondert zu berechnen und ihre Summe zu setzen:

$$m_1 = z_0 + z_1 + z_2 + \ldots.$$

Ist außerdem ein anderer Widerstand vorhanden, dessen Höhe $= m_2$ in Metern Luftsäule von 0^0 geschätzt werden darf, so wird weiter:

$$m = m_1 + m_2.$$

m ist den Formeln (54) und (55) anzufügen, welche sodann lauten:

$$\frac{h}{1 + at} - \frac{h}{1 + at_0} - m = \frac{v^2}{2g(1 + at)}(1 + S) \quad (57a)$$

$$h\delta - h\delta_0 - m = \frac{v^2 \delta}{2g}(1 + S) \quad . \quad . \quad . \quad (57b)$$

bzw. bei Gebläseverwendung in mm Wassersäule:

$$H = \frac{v^2 \delta}{2g}(1 + S) + m \quad . \quad . \quad . \quad . \quad . \quad (58)$$

In den Formeln (57 a) und (57 b) findet sich h auf beiden Seiten, indem es rechts versteckt in S enthalten ist, und lassen sie sich daher nicht ohne weiteres zur Ermittlung von Höhe und Querschnitt des Schlotes benutzen, zumal diese Maße von der hindurchstreichenden Menge abhängig sind, wofür wir erst eine Beziehung aufstellen müssen.

Ist das Volumen der abzuführenden Luft- oder Gasmenge bei 0^0 in cbm stündlich gegeben $= V_0$, so ändert es sich bei der Temperatur t_1 in:

$V_1 = V_0 (1 + at_1)$ bzw.

$V_1 = V_0 \frac{\delta_0}{\delta_1}$, wenn δ_0 und δ_1 die spez. Gewichte bei 0^0 und bei $t_1{}^0$ bezeichnen.

In beiden Fällen muß die stündliche Menge, dividiert durch 3600, gleich oder kleiner sein als die sekundliche Geschwindigkeit v in der Röhre, multipliziert mit ihrem Querschnitt F, in Buchstaben:

$$\frac{V_1}{3600} \leqq vF \quad . \quad . \quad . \quad . \quad . \quad . \quad . \quad (59)$$

da sonst der Querschnitt die durchzuführende Menge nicht zu fassen vermag.

Ehe wir nun F oder v wählen und untersuchen, ob sich damit den Forderungen der Formel (57a oder 57b) Genüge leisten läßt, ist es nötig, die Größe m aus der Summe der Behinderungen in allen Teilstrecken zu berechnen, an die Hauptarbeit also heranzutreten.

Nach ihrer Ermittelung ist ein gewisser Anhalt für die Höhe h gegeben, indem die Temperaturen t und t_0 bzw. die spez. Gewichte δ und δ_0 als bekannt aus den Arbeitsbedingungen gelten dürfen und die linke Seite der Formeln (57a oder 57b) unbedingt einen positiven Wert darstellen muß.

Alsdann bleibt nur noch das Verhältnis zwischen v und F derart fest-

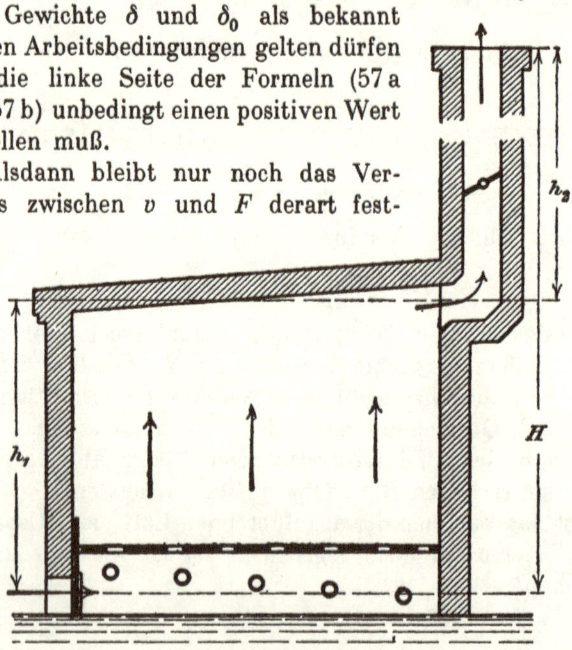

Fig. 46.

zusetzen, daß es den Gleichungen (57a, 57b) und der mit Gleichung (59) gestellten Forderung:

$$\frac{V_1}{3600} \eqsim v F$$

nachkommt, was nach einigem Probieren erreicht ist, womit die Rechnung ihr Ende erreicht hat.

Beispiel 13. Für eine Trockenkammer gewöhnlicher Bauart nach Fig. 46 von 30 qm Grundfläche bei einer Höhe von $h_1 = 3{,}5$ m habe eine Überschlagsrechnung die in folgender Tabelle zusammengestellten Bedingungen ergeben, wonach die Maße etc. der Ventilationsschlote bestimmt werden sollen.

Trockenluft	Außentemperaturen		
	÷ 20° C	± 0°	+ 20° C
Erforderliche Menge pro Stunde	5000 cbm	7000 cbm	8000 cbm
Dieselbe, umgerechnet auf 0° Temperatur, ca.	5400 »	7000 »	7500 »
Temperatur nach der Erwärmung und vor Eintritt in den eigentlichen Trockenraum	75°	75°	80°
Temperatur beim Austritt . . .	29°	30°	36°
Sättigung beim Eintritt in den Heizraum	voll	voll	voll
Sättigung beim Austritt aus dem Trockenraum	75 %	75 %	80 %
Volumen beim Austritt . . . ca.	6000 cbm	7800 cbm	8500 cbm
» bei d. mittleren Kammertemperatur . . . . ca.	6500 »	8500 »	9000 »
Mittlere Temperatur in der Kammer	52°	52,5°	58°
Mittlerer Feuchtigkeitsgrad . .	10 %	11 %	16 %
entsprechend einer Dichte δ_0 nach Tab. VIII	1,08	1,08	1,06
Dichte δ der Außenluft . . ca.	1,4	1,3	1,2
Temperatur d. abziehend. Trockenluft . . . . ca.	29°	30°	36°
Dichte derselben . . . . . ca.	1,155	1,15	1,12

Die Zusammenstellung zeigt derartige Verschiedenheiten in den einzelnen Jahreszeiten, daß es notwendig wird, zu untersuchen, wann die größten Schwierigkeiten eintreten.

Die Gesamteinrichtung besteht bei genauerer Betrachtung aus zwei Teilen, nämlich dem Heiz- mit dem Trockenraum und dem Abzugsschlot; doch läßt sich trotzdem für die Berechnung der Weite und Höhe des letzteren die Formel 57b verwenden,

$$h\,\delta - h\,\delta_0 = \frac{v^2\,\delta}{2\,g}(1 + S) + m,$$

wenn in derselben der Auftrieb $(h\delta - h\delta_0)$ aus den beiden Beträgen $(h_1\delta - h_1\delta_1)$ und $(h_2\delta - h_2\delta_2)$ (siehe Figur) zusammengesetzt und eingeführt wird. Folgen wir dem Luftstrom, so hat er schon vor Eintritt in die Heizkammer einen Widerstand z_1 zu überwinden beim Durchzug durch die Eintrittskanäle, von welchen vorläufig drei mit einem Gesamtquerschnitt von 1,12 m in Anbetracht der zu bewältigenden Luftmengen vorgesehen seien.

Dabei wird die Geschwindigkeit in ihnen gemäß Formel 59: $v_0 = \frac{V_1}{3600 \cdot F}$ nach Einsetzung der betreffenden Tabellenwerte bei den Außentemperaturen:

	÷ 20	0^0	+ 20^0
v_0 =	1,24	1,73	1,98.

Da sich bei der Kürze der Kanäle der Reibungswiderstand $\frac{\varrho_0 l_0 n_0}{F_0}$ vernachlässigen läßt, so bleibt nur noch $\Sigma\zeta$ zu berücksichtigen mit 1 für den Eintritt und 0,5 für die davor angebrachten Gitter, insgesamt also $\Sigma\zeta = 1,5$ und damit:

$$z_0 = \frac{v_0^2\delta}{2g} 1,5,$$

oder:

	bei ÷ 20^0	bei 0^0	bei + 20^0
z_0 =	0,165	0,3	0,36.

Die nunmehr weiter durch die beiden zu einem Ganzen verbundenen Heiz- und Trockenräume von 30 qm Querschnitt ziehende Luft hat daselbst die Geschwindigkeit:

	bei ÷ 20^0	bei 0^0	bei + 20^0
v_2 =	0,06	0,079	0,083,

indem sich die zu fördernden Volumina nach unserer Zusammenstellung änderten in: 6500, 8500 und 9000 cbm.

Der ihrer Vorwärtsbewegung erwachsende Widerstand z_1 setzt sich zusammen aus der Reibung an den Wänden, an den eingebauten Heizröhren und dem Lattenrost, vor allem aber besteht er in der durch das Trockengut selbst hervorgerufenen Behinderung, für welchen wir kein Maß besitzen.

Erwägen wir indessen, daß nur eine verhältnismäßig geringe Temperaturdifferenz zu seiner Überwindung zur Verfügung steht, so werden wir Sorge tragen, daß er nicht hoch ausfällt, indem wir die Zwischenräume für den Durchzug der Trockenluft beim Unterbringen des Trockenguts reichlich bemessen, so daß z_1 bei 0^0 Außentemperatur auf höchstens 0,5 steigt.

Unter der weiteren Voraussetzung, daß sich z_1 bei anderen Temperaturen ähnlich ändert wie z_0, wird alsdann:

	bei $\div 20^0$	bei 0^0	bei $+20^0$
$z_1 =$ ca.	0,25	0,5	0,6
und $m = z_0 + z_1 =$ ca.	0,415	0,8	0,96.

Da nun sein muß:

$$(h_1\delta - h_1\delta_1) + (h_2\delta - h_2\delta_2) > m,$$

so erhalten wir:

bei $\div 20^0$: $3{,}5\,(1{,}4 - 1{,}08) + h_2\,(1{,}4 - 1{,}155) > 0{,}415$

" 0^0: $3{,}5\,(1{,}3 - 1{,}08) + h_2\,(1{,}3 - 1{,}15\;) > 0{,}8$

" $+20^0$: $3{,}5\,(1{,}2 - 1{,}06) + h_2\,(1{,}2 - 1{,}12) > 0{,}96$

und sehen sofort, daß sich der letzten Gleichung am schwersten nachkommen läßt, denn erst bei $h_2 = 8$ m wird $1{,}13 > 0{,}96$, wobei ein Überschuß von 0,17 verbleibt.

Behalten wir $h_2 = 8$ m bei, so stellt er sich:

bei	$\div 20^0$	0^0	$+20^0$
auf	2,663	1,17	0,17.

Diese, den Wert der linken Seite von Gleichung 57b angebenden Beträge, die hier φ genannt seien, müssen ihrer rechten Seite entsprechen, welche lediglich den Aufwand für die Erzeugung der Geschwindigkeit und der dabei zu überwindenden Widerstände im Schlot selbst darstellen, also:

$$\frac{v^2\delta}{2g}(1+S) = \varphi \quad . \quad . \quad . \quad . \quad . \quad . \quad . \quad . \quad . \quad (60)$$

Anderseits muß die Geschwindigkeit mindestens der Gleichung 59 Genüge leisten, welche umgeformt lautet:

$$v \geqq \frac{V_1}{3600\,F}.$$

Im ersten Ausdruck ist S und damit auch v, im zweiten Ausdruck ist v unmittelbar vom Querschnitt F abhängig, so daß wir diesen erst einmal probeweise einsetzen und untersuchen, ob er beiden Ausdrücken nachkommt.

Gewählt seien nach einigem Probieren 4 Abzugsschlote à 90 · 90 cm, womit wird nach Gleichung 59 bei einer Außentemperatur von:

	$\div 20^0$	0^0	$+20^0$
$v \geqq$	0,51	0,67	0,73.

Für die Berechnung von v aus Gleichung 60 muß die Größe S nach Gleichung 53 festgestellt werden:

$$S = \frac{\varrho\,h\,n}{F} + \Sigma\zeta.$$

Nach der kleinen Zusammenstellung, Seite 136, ist $\varrho = 0{,}007$, da u pro Schlot $= 4 \cdot 0{,}9 = 3{,}6$ m wird; ferner ist $F = 0{,}81$, während $h = 8$ m angenommen war; an einmaligen Widerständen sind zu veranschlagen: für den Eintritt $= 1$, ein abgeschrägtes Knie $= 1$, insgesamt $\Sigma\zeta = 2$ und damit:

$$S = \frac{0{,}007 \cdot 3{,}6 \cdot 8}{0{,}81} + 2 = 2{,}25.$$

Unter Verwendung dieses Wertes ergibt sich:

bei $\div 20$:

$$\frac{v^2 \cdot 1{,}4}{19{,}62} 3{,}25 = 2{,}663$$

$$v = \sqrt{11{,}56} = 3{,}4$$

bei 0^0:

$$\frac{v^2 \cdot 1{,}3}{19{,}62} 3{,}25 = 1{,}17$$

$$v = \sqrt{5{,}09} = 2{,}26$$

bei $+20^0$:

$$\frac{v^2 \cdot 1{,}2}{19{,}62} 3{,}25 = 0{,}17$$

$$v = \sqrt{0{,}88} = 0{,}94.$$

Mit den angenommenen Maßen lassen sich also erreichen:

bei einer Außentemperatur	$= \div 20^0$	0^0	$+20^0$
die Geschwindigkeiten	$v = 3{,}4$ m	2,26 m	0,94 m,
wogegen nur nötig waren nach Gleichung 59:	0,51 m	0,67 m	0,73 m.

Die Anlage genügt somit den gestellten Anforderungen selbst dann noch, wenn die Außentemperatur auf $+20^0$ steigt, wogegen bei 0^0 schon zwei Drittel der Schlote abgesperrt werden können. Wir dürfen jedoch annehmen, daß es sich empfiehlt, für die zugeführte Frischluft ebenfalls noch eine vierte Öffnung anzulegen, um den Widerstand z_0 tunlichst zu verkleinern und um mit einer etwas geringeren Höhe der Schlote auszukommen.

Bei den Schornsteinen von Kesselanlagen tritt zu den durch die Rauchzüge mit ihren Querschnitts-, Richtungs- und Geschwindigkeitsänderungen hervorgerufenen Widerständen noch ein besonderer, durch den Rost mit dem darauf geschichteten Brennstoff und dessen Verbrennung hervorgerufener, gewöhnlich Rostwiderstand genannt, welcher hier durch m_1 bezeichnet werden möge.

Im allgemeinen genügt es, bei nicht forcierter Verbrennung selbst für Koks $m_1 = 5$—6 einzusetzen (in m Luftsäule von 0⁰), welcher Wert einer Höhe von 4—4½ mm Wassersäule entspricht; bei langsam brennenden Heizungskesseln erreicht der Rostwiderstand oft noch nicht die Hälfte. Für Schornsteine wird demnach:

$$m = \Sigma z_0 + m_1$$

$$= \Sigma \left[\frac{v_0^2}{2g\,(a + t_0)} \left(\frac{\varrho_0 h_0 u_0}{F_0} + \Sigma \zeta_0 \right) \right] + m_1$$

Ferner läßt sich für die aus B kg Brennstoff stündlich entstehende Gasmenge, reduziert auf 0^0, in cbm gemäß Gleichung (13) setzen:

$$Gl_0 = B \frac{L + 1}{1{,}293}$$

worin L die zur Verbrennung von 1 kg nötige Luftmenge in kg ist. Hiernach folgt für die Gastemperatur t_1 eine stündliche Menge Gl_1 in cbm:

$$Gl_1 = \frac{1 + a t_1}{1{,}293} B\,(L + 1) \quad . \; . \; . \; . \quad (61)$$

Endlich können zur ersten Schätzung des Querschnitts und der Höhe von Schornsteinen vorhandene Formeln benutzt werden, z. B. nach G. Lang:

$$F = \frac{B\,(L + 1)}{10\,000}$$

Im übrigen gleicht die weitere Ermittlung der Abmessungen von Schornsteinen derjenigen bei Abzugsschloten so sehr, daß sich die Vorführung eines besonderen Beispiels hier erübrigt, zumal sich eine solche Berechnung sehr umständlich gestaltet.

Aus der eingehenderen Betrachtung der abgeleiteten Formeln und Ergebnisse lassen sich jedoch einige Schlüsse ziehen, nämlich:

1. Bei allen Abzugsschloten, welche im Sommer und Winter gleiche Gasmengen von gleicher Temperatur abzuführen haben, sind heiße, feuchte Sommertage maßgebend für die Bemessung von Höhe und Weite. Für Abzugsschlote

dagegen, bei welchen das durchstreichende Volumen mit sinkender Außentemperatur zunimmt, werden durchweg die Verhältnisse bei strengster Winterkälte zugrunde zu legen sein.

2. Für die Höhe neu zu erbauender Schornsteine sind die linken, für ihren Querschnitt die rechten Seiten der Gleichungen maßgebend, deren Lösung keine große Arbeit mehr benötigt, sobald die Größe m, d. h. die zu überwindende Widerstandshöhe bekannt ist.

Und damit vereinfacht sich die Aufgabe ganz außerordentlich, denn wir brauchen für sie von vornherein nur ein bestimmtes, nicht zu überschreitendes Maß festzulegen und dafür Sorge zu tragen, daß es innegehalten wird.

Aus Beispiel 13 ist ersichtlich, daß „m" in Trockenkammern ohne mechanische Lüftung nur sehr gering sein darf, um keine zu hohen Schlote erforderlich zu machen; „m" stellte sich im schlimmsten Falle auf 0,96 m, wobei der für die Zugerzeugung bei den 8 m hohen Schloten verbleibende Überschuß $\varphi = 0{,}17$ m wurde.

Wir müssen also mit noch kleineren Widerständen rechnen können, damit geringere Höhenmaße ausreichen, und dürfte das auch wohl in den meisten Fällen zulässig sein, indem der Auftrieb in Heiz- und Trockenkammern durchweg so groß ist, daß sich die Luft auch ohne Schlot hindurch bewegt. Vielfach wird sie sogar noch mit einer gewissen Geschwindigkeit an seinem Fuß eintreffen, doch mag diese vernachlässigt bleiben und $m = 0$ gesetzt werden.

Nun haben wir aus Gleichung (57b) die beiden Beziehungen:

$$\frac{v^2 \delta}{2g}(1 + S) = \varphi,$$

$$h(\delta - \delta_0) - m = \varphi.$$

In ihnen stellt sich δ für Temperaturen zwischen -15 und $+30^0$ für voll gesättigte Luft auf ca. 1,24. S wird für Schlote von 4 m Höhe, 200 mm im Quadrat, mit einem Knie = ca. 1,5, bei weiterem Querschnitt weniger, bei größerer Höhe mehr, so daß es als Mittel gelten kann.

Dies in die erste Formel gesetzt, gibt:

$$v^2 = 6{,}3\ \varphi$$

und wenn $\varphi = 0{,}25$ angenommen wird

$$v = 1{,}57 \text{ m pro Sek.}$$

Ferner ist dann aber auch

$$h = \frac{0{,}25}{\delta - \delta_0},$$

woraus sich folgende Tabelle ergibt, welcher für die Außenluft volle und für die abziehende 80% Sättigung zugrunde liegt.

Temp. der Außenluft	Temperatur der abziehenden Luft						
	20°	25°	30°	35°	40°	50°	60°
	h in Metern						
30°	—	—	—	—	7	3	2
25°	—	—	—	6	4	3	2
20°	—	—	6	4	3	2	2
15°	—	6	4	3	3	2	2
10°	6	4	3	3	2	2	1
5°	4	3	3	2	2	2	1

Abzugsschlote vermögen hiernach bei feuchter Außenluft nicht viel zu leisten, und es empfiehlt sich, den für die Sommerbeanspruchung erforderlichen Gesamtquerschnitt auf mehrere Schlote zu verteilen, von denen alsdann im Winter nach Bedarf abgesperrt werden.

In ähnlicher Weise läßt sich bei Schornsteinen von Feuerstellen verfahren, deren Zugstärke durch die Feuerung bedingt ist und selten mehr als 10 mm Wassersäule beim Rauchschieber beträgt.

Für langsam brennende Kesselfeuerungen genügen 5 mm, für stärker beanspruchte 10 mm Wassersäule vollständig, und muß alles, was der Schornstein mehr erzeugt, durch den Rauchschieber abgebremst werden.

Über die wirklichen Erfordernisse gibt nachstehende Zusammenstellung Aufschluß, worin der Überschuß $\varphi = 1{,}05$ bis 1,5 m, entsprechend den dadurch erreichbaren Geschwindigkeiten von 3,5—5,5 m, angenommen wurde.

Schornsteinhöhe in m, welche nötig ist zur Erzielung einer Zugstärke von:

Temp. der Rauchgase	5 mm Wassersäule					Temp. der Rauchgase	10 mm Wassersäule				
	Außentemperatur						Außentemperatur				
	+ 30°	+ 20°	+ 5°	− 10°	− 20°		+ 30°	+ 20°	+ 5°	− 10°	− 20°
150°	20	15	15	12	12	150°	35	30	30	25	25
200°	20	15	15	12	10	200°	30	25	25	20	20
250°	15	12	12	10	10	250°	25	25	20	20	20
300°	12	12	10	10	10	300°	25	20	20	20	15
350°	12	10	10	10	10	350°	20	20	20	15	15

Temp. der Rauchgase	15 mm Wassersäule					Temp. der Rauchgase	20 mm Wassersäule				
	Außentemperatur						Außentemperatur				
	+ 30°	+ 20°	+ 5°	− 10°	− 20°		+ 30°	+ 20°	+ 5°	− 10°	− 20°
150°	—	—	35	35	30	150°	—	—	—	—	—
200°	—	35	35	30	25	200°	—	—	—	—	35
250°	35	30	30	25	25	250°	—	—	—	35	30
300°	30	30	25	25	25	300°	—	—	35	30	30
350°	30	30	25	25	20	350°	—	35	35	30	30

Hiernach muß beispielsweise ein Schornstein, welcher imstande sein soll, eine Luftverdünnung = 10 mm Wassersäule auch noch bei einer Außentemperatur von + 20° zu erzeugen, wenn die Abzugsgase noch 300° warm sind, mindestens 20 m Höhe erhalten; wird aber ein Vorwärmer in den Fuchs gebaut, wodurch nicht allein die Abzugstemperatur auf 250° fällt, sondern der Widerstand auf 15 mm Wassersäule steigt, so ist die Höhe auf 30 m zu vermehren.

Die Mengen an Rauchgas, welche sich je nach ihrer Temperatur etc. mit der unter obigen Verhältnissen zulässigen Geschwindigkeit von ca. 4—5 m hindurchbewegen, sind nebenstehend für eine Anzahl von Querschnitten angegeben; durch eine größere Höhe als die vorgeschriebene wird der Überschuß „φ" vermehrt, was eine vermehrte Geschwindigkeit und dadurch einen Zuwachs an geförderten Rauchgasen zur Folge hat, doch nimmt auch gleichzeitig die Reibung der letzteren an den Wänden zu, und zwar in solchem Maße, daß bei kleinen Querschnitten durch die Erhöhung eine negative Wirkung eintreten kann; überhaupt sollten wesentlich höhere Geschwindigkeiten, als sie hier zugrunde liegen, nicht angewandt werden.

Rauchgasmengen in kg, welche stündlich durch einen viereckigen Schornstein abziehen können, wenn dessen Querschnitt beträgt:

0,04	0,05	0,06	0,07	0,09	0,12	0,16	0,20	0,30	0,50	0,70	1,00 qm
220	300	400	500	650	900	1350	1650	2600	4700	7000	10 000 kg

Durch runde Schornsteine ziehen ab, wenn deren Durchmesser ist:

300	400	500	600	700	800	900	1000 mm
550	1000	1700	2500	3500	4800	6200	7500 kg

Bei normaler Beanspruchung kommen auf 1 qm Kesselheizfläche ungefähr 2 kg Steinkohlen oder Koks mit zusammen 40 kg Rauchgas pro Stunde, und lassen sich hiernach die Schornsteinabmessungen für Kessel zu Trockenanlagen bestimmen; bei Dampfkesseln für Kraftzwecke kommen jedoch weit stärkere Beanspruchungen vor.

Wenn bei den Rohrleitungen auf die Wichtigkeit hinzuweisen war, die ihrer richtigen sachgemäßen Verlegung beizumessen ist, so muß bei Schloten und Schornsteinen mindestens ebenso dringend darauf aufmerksam gemacht werden, daß sie nur dazu bestimmt sind, warme, mit Feuchtigkeit gesättigte Luft bzw. die Rauchgase einer Feuerstelle abzuführen, und daß diese Wirkung nur auf dem Temperatur- und entsprechenden Gewichtsunterschied der Luft- oder Gassäulen innerhalb und außerhalb der Schlote beruht.

Es ist also jede Undichtigkeit im Mauerwerk, jede Ritze und Spalte, z. B. bei den Rauchschiebern, durch welche kalte Luft in die Abzugskanäle dringen kann, auf das sorgfältigste abzudichten, und ist besonders das Einführen von Ventilationskanälen, der Abzüge von Badeöfen, von Waschkesseln oder von anderen, nur selten benutzten oder mangelhaft angelegten

Feuerstellen in alle Schlote und Essen von Feuerstellen, von denen eine zuverlässige Wirkung erwartet wird, zu vermeiden.

Leider sind derartige Sünden nichts Seltenes, und doch braucht man nur mit einem brennenden Span an den Ritzen des Kesselmauerwerks oder beim Rauchschieber vorüberzufahren, um zu erkennen, wieviel „falsche" Luft dort einzieht; es lohnt sich schon, den Unterschied im Kohlenverbrauch vor und nach Beseitigung solcher Mißstände festzustellen. Anstatt der Rauchschieber sollten überhaupt nur Drehklappen verwendet werden.

Der zur Verbrennung wie für Lüftungs- und andere Zwecke nötige „Zug" wird gelegentlich erzeugt durch Strahlgebläse, bei welchen ein unter hoher Pressung mit großer Geschwindigkeit aus einer Düse tretender Dampf-, Wasser- oder Luftstrahl die umgebende Luft wie bei einem Injektor mit sich reißt.

Bei diesem, ursprünglich von Gebr. Körting, Hannover, ausgebildeten Verfahren wurde für die Zwecke der Zugerzeugung m e i s t e n s ein Dampf- oder Wasserstrahl als treibende Kraft benutzt, doch kommt neuerdings mehrfach und mit besserem Erfolge Preßluft, durch einen Hochdruckventilator erzeugt, zur Anwendung, z. B. bei den Trockenanlagen von Möller & Pfeifer, Berlin, und beim sog. Schwabach-Verfahren, dessen Herstellung von der Gesellschaft für künstl. Zug, Charlottenburg, in die Hand genommen ist. Die Sache verdient vollste Beachtung, da sie in Verbindung mit einer ordnungsmäßigen Rauchgaskontrolle die dauernde Aufrechterhaltung einer vollkommenen Verbrennung mit dem geringsten Luftüberschuß erleichtert, die weitgehendste Ausnutzung der Rauchgaswärme ermöglicht und dadurch nicht allein zur Verminderung des Brennstoffverbrauchs, sondern auch zu derjenigen der Rauchplage wesentlich beiträgt.

Da Saugzuganlagen meistens mit einer Verwertungseinrichtung der abziehenden Rauchgaswärme verbunden werden, so haben wir später Gelegenheit, uns eingehender damit zu befassen.

Gebläse.

Für die Erzeugung der erforderlichen Druckhöhe zur Überwindung aller Widerstände, welche sich dem Hindurchleiten von Gasen auf einer Wegstrecke entgegensetzen, auf mechanischem Wege dienen die Gebläse in ihren mannigfachen Ausführungsformen. Maßgebend für die Wahl ist neben der zu fördernden Menge an Trockenluft der dabei zu überwindende Widerstand, welcher von 1 bis zu etwa 60 mm Wassersäule schwankt. Höhere Pressungen kommen für Trocknungszwecke selten zur Verwendung, so daß sich die zu berücksichtigenden Bauarten im allgemeinen beschränken: 1. auf die zur Klasse der Schraubengebläse gehörenden, für sehr große Luftmengen bei geringen bis 3 mm Wassersäule gehenden Widerständen, und 2. auf Zentrifugalgebläse in ihren verschiedenen Ausführungsformen für geringere Luftmengen bis zu Pressungen von höchstens 60 mm Wassersäule.

Zur Berechnung der in jedem Fall zu überwindenden Druckhöhe bedienen wir uns am einfachsten der Formel (44 b), welche in mm Wassersäule ergibt:

$$H = \frac{v^2 \delta}{2g}\left(1 + \frac{\lambda l}{d} + \Sigma\zeta\right) + m,$$

worin $m = m_2 + z_1 + z_2 + z_3 + \ldots.$

Der Kraftbedarf des Gebläses wird in effektiven Pferdestärken:

$$N = \frac{1{,}293\, h\, V}{75\,\eta} \quad \ldots\ldots \quad (61a)$$

bzw.

$$N = \frac{V H}{75\,\eta} \quad \ldots\ldots\ldots \quad (61b)$$

worin ist:

V = die in der Sekunde zu liefernde Windmenge in cbm,
η = Wirkungsgrad,
h = der zu erzeugende Pressungsunterschied in m Luftsäule von 0^0,
H = der zu erzeugende Pressungsunterschied in mm Wassersäule.

Da 1 kg Luft von 0^0 einen Raum einnimmt von $\frac{1}{1{,}293} = 0{,}7734$ cbm, so läßt sich auch schreiben, wenn wir, wie bisher meistens, das Gewicht G pro Stunde anstatt des Volumens pro Sek. für die zu fördernde Luft- oder Gasmenge zugrunde legen:

$$N = 0{,}7734\, G \frac{H}{75 \cdot \eta \cdot 3600}$$

für trockene Luft von 0° und 760 mm Spannung, oder

$$N = \frac{H \cdot G}{75 \cdot \eta \cdot 3600\,\delta}$$

für feuchte Luft beliebiger Temperatur.

Für trockene zu bewältigende Luft von t^0 wird, unter Umrechnung obigen Ausdrucks:

$$N = (1 + \alpha t)\, 0{,}00000286\, G \frac{H}{\eta}$$

und falls ihr Druck nicht 760, sondern p mm Wassersäule beträgt, nach entsprechender Umrechnung:

$$N = (1 + \alpha t) \frac{0{,}00217\, G \cdot H}{p \cdot \eta}$$

für feuchte Luft oder Gase vom spez. Gewicht δ ist:

$$N = 0{,}0028 \frac{G \cdot H}{\eta \cdot \delta}.$$

Der Wirkungsgrad η schwankt leider, je nach Bauart und Herkunft der Gebläse, derartig, daß vorstehende Formeln sich erst dann benutzen lassen, wenn ein sicherer Anhalt für den bei den jeweiligen Verhältnissen in Rechnung zu stellenden Wert von η vorliegt.

Das ist aber sehr selten der Fall, weshalb man sich vor Bestellung eines Gebläses immer möglichste Klarheit über die von ihm zu überwindende Pressung zu verschaffen suchen sollte, da das Lieferquantum allein gar keinen Anhalt für die zu wählende Bauart und Größe gibt.

Für Überschlagsrechnungen mag gesetzt werden:

bei Schraubengebläsen, Blackman-Ventilatoren u. dgl.:

$\eta = 0{,}2$,

bei Zentrifugalventilatoren:

$\eta = 0{,}3$, bei kleinen Abmessungen geringer, bei größeren etwas mehr.

Für die neueren Bauarten werden bessere Wirkungsgrade angegeben, und sei in dieser Beziehung auf die folgenden Tabellen verwiesen.

Schrauben-Gebläse von G. Schiele & Co. G. m. b. H. Frankfurt a. M.

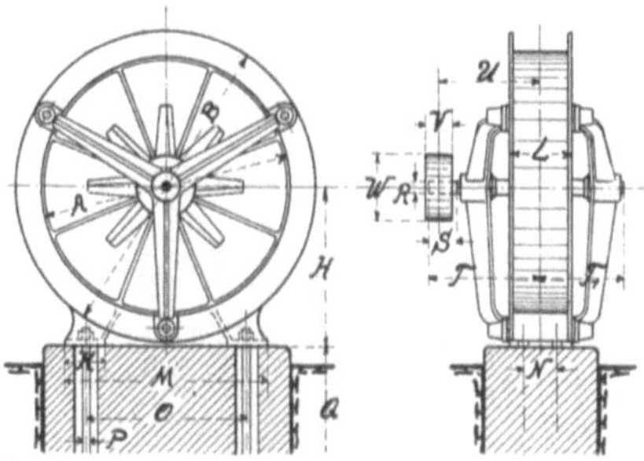

Fig. 47 u. 48.

Abmessungen.

Nr.	A	B	H	K	L	M	N	O	P	Q	R	S	T	T[1]	U	V	W
00	203	270	140	48	90	200	—	155	$^1/_2$″	220	14	60	160	90	130	50	60
0	254	325	175	65	100	250	—	195	$^1/_2$″	220	16	60	175	95	145	50	60
1	305	395	215	90	130	325	—	250	$^5/_8$″	250	18	60	200	135	170	60	80
2	405	510	270	95	140	385	—	300	$^5/_8$″	300	22	65	215	135	190	60	100
3	505	620	330	120	180	440	—	340	$^5/_8$″	400	28	65	290	235	260	60	125
4	655	810	425	130	190	565	—	450	$^3/_4$″	450	30	110	375	245	325	80	160
5	805	960	500	160	220	720	120	580	$^3/_4$″	500	32	110	400	290	345	100	200
6	1008	1160	600	170	250	800	140	635	$^3/_4$″	530	35	125	480	325	420	125	250
7	1215	1395	700	180	255	915	140	750	$^7/_8$″	635	40	140	540	375	470	125	300
8	1515	1710	880	280	305	1275	150	1000	$^7/_8$″	735	45	150	630	480	550	150	400
8a	1765	1960	1000	305	325	1610	200	1300	$^7/_8$″	835	50	170	640	490	555	150	500
9	2015	2210	1150	330	325	1760	200	1450	1″	910	50	170	690	510	600	150	550
9a	2265	2480	1260	335	350	1825	200	1500	1″	910	60	175	710	530	620	150	650
10	2515	2760	1400	350	400	1965	250	1600	1″	1010	65	185	745	555	635	160	700
11	3015	3260	1650	400	450	2400	300	2000	$1^1/_4$″	1200	70	200	825	700	750	200	850

Leistung und Kraftbedarf.

V	Nr. 00				Nr. 0				Nr. 1, 201, 401, 501				Nr. 2, 202, 402, 502				Nr. 3, 203, 403, 503				F
	Umdrehungen	Druck in mm Wassersäule	m³ pro Min.	Pferdestärken	Umdrehungen	Druck in mm Wassersäule	m³ pro Min.	Pferdestärken	Umdrehungen	Druck in mm Wassersäule	m³ pro Min.	Pferdestärken	Umdrehungen	Druck in mm Wassersäule	m³ pro Min.	Pferdestärken	Umdrehungen	Druck in mm Wassersäule	m³ pro Min.	Pferdestärken	
20	1910	1,22	3,6	—	1528	1,34	6	—	1273	1,57	9,3	—	955	1,74	17,3	—	764	2,11	30	—	1/2
20	1910	0,82	6	0,02	1528	0,94	10	0,03	1273	1,06	15,3	0,05	955	1,15	28,3	0,09	764	1,34	48	0,17	1
20	1910	0,36	8	—	1528	0,42	13,3	—	1273	0,45	20	—	955	0,52	38	—	764	0,60	64	—	2
25	2387	1,92	4,6	—	1910	2,10	7,5	—	1592	2,45	11,6	—	1194	2,70	21,6	—	955	3,30	37,5	—	1/2
25	2387	1,28	7,5	0,04	1910	1,46	12,5	0,06	1592	1,65	19	0,09	1194	1,80	35,4	0,17	955	2,10	60	0,34	1
25	2387	0,57	10	—	1910	0,65	16,6	—	1592	0,71	25	—	1194	0,81	47,5	—	955	0,94	80	—	2
	Nr. 4, 204, 404, 504				**Nr. 5, 205, 405, 505**				**Nr. 6, 206, 406, 506**				**Nr. 7, 207, 407**				**Nr. 8, 208, 408**				
20	588	2,55	56		477	3,16	94	0,65	382	3,58	156,5	1,06	318	4,53	253	1,77	255	5,00	417	2,88	1/2
20	588	1,66	90	0,40	477	2,00	148	0,60	382	2,11	240	0,96	318	2,48	380	1,52	255	2,72	613	2,62	1
20	588	0,74	120	—	477	0,85	192	0,55	382	0,90	313	0,90	318	1,10	500	1,42	255	1,15	800	2,37	2
25	735	4,00	70	—	597	5,00	117,5	1,28	477	5,70	196	2,01	398	7,05	317	3,46	318	8,10	521	5,60	1/2
25	735	2,60	112,5	0,77	597	3,06	185	1,20	477	3,30	300	1,90	398	3,90	475	2,80	318	4,25	767	5,10	1
25	735	1,15	150	—	597	1,28	240	1,07	477	1,40	392	1,70	398	1,73	625	2,76	318	1,80	1000	4,61	2
	Nr. 8a				**Nr. 9**				**Nr. 9a**				**Nr. 10**				**Nr. 11**				
20	218	5,33	578	3,76	191	5,35	767	4,78	170	5,48	980	5,90	153	5,62	1227	7,10	127	5,80	1800	10,10	1/2
20	218	2,80	850	3,42	191	2,93	1133	4,33	170	2,95	1440	5,30	153	3,03	1800	6,30	127	3,20	2667	9,19	1
20	218	1.18	1100	3,14	191	1,23	1477	3,92	170	1.24	1867	4,77	153	1,28	2333	5,70	127	1,33	3433	8,30	2
25	273	8,10	723	7,40	239	8,40	958	9,40	212	8,50	1225	11,52	191	8,80	1533	13,80	159	9,22	2250	19,60	1/2
25	273	4,40	1063	6,67	239	4,60	1417	8,43	212	4,62	1800	10,16	191	4,73	2250	12,35	159	5,00	3333	17,90	1
25	273	1,84	1375	6,10	239	1,92	1833	7,67	212	1,93	2333	9,40	191	2,00	2917	11,12	159	2,08	4292	16,25	2

V = Umfangsgeschw. d. Flügels in m p. Sek. F = Ausströmungsquerschnitt als Vielfaches d. Ventilatorquerschn.

Zentrifugal-Ventilatoren von Heinrich Hirzel, G. m. b. H., Leipzig-Plagwitz.

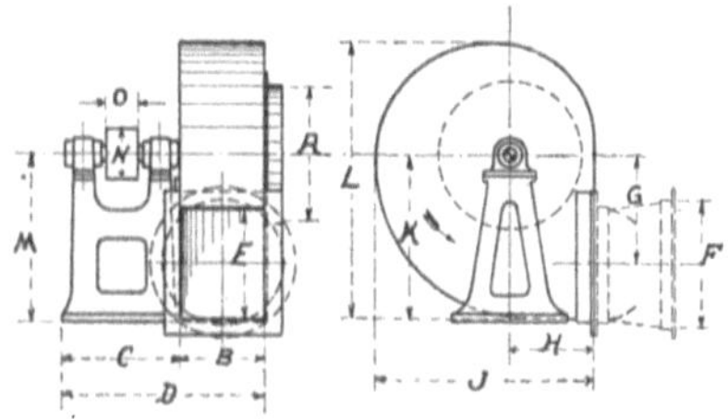

Fig. 49 u. 50.

Unverbindliche Maßangaben in mm. (Abmessungen.)

Nr.	A	B	C	D	E	F	G	H	J	K	L	M	N	O
0	250	160	300	460	230	250	230	160	440	350	580	300	50	40
1	300	180	300	480	260	300	260	185	500	390	640	300	80	60
2	350	240	400	640	300	350	280	210	580	440	720	450	120	70
3	450	300	400	700	420	450	390	280	770	610	990	450	140	80
4	550	380	490	870	500	550	500	330	940	760	1220	650	170	100
5	650	450	490	940	600	650	530	400	1090	840	1380	650	220	120
6	800	550	550	1100	700	800	680	450	1290	1030	1670	850	250	150
7	1000	700	550	1250	900	1000	850	570	1600	1300	2130	850	300	200
8	1200	800	—	—	1200	1200	1050	700	2020	1620	2620	—	400	200
9	1400	950	—	—	1400	1400	1230	820	2390	1900	3090	—	500	300
10	1700	1200	—	—	1650	1700	1400	1040	2960	2300	3750	—	600	400
11	2000	1400	—	—	2000	2000	1700	1200	3380	2680	4360	—	700	500
12	2500	1800	—	—	2400	2500	2100	1450	4150	3300	5400	—	900	600

Leistungen und Kraftverbrauch.

Nr.	Durchmesser der Saugöffnung in mm	20 mm Wassersäule			50 mm Wassersäule			100 mm Wassersäule			Netto-Gewicht für Riemenantrieb kg
		Touren pro Minute	Leistung in cbm pro Min.	Kraftbedarf in PS	Touren pro Minute	Leistung in cbm pro Min.	Kraftbedarf in PS	Touren pro Minute	Leistung in cbm pro Min.	Kraftbedarf in PS	
0	250	1450	12	0,09	2300	19	0,37	3250	27	0,88	65
		1670	18	0,14	2650	28	0,50	3750	32	1,05	
1	300	1230	19	0,15	1950	30	0,57	2750	42	1,37	85
		1420	28	0,22	2240	45	0,88	3150	50	1,63	
2	350	1040	27	0,20	1640	43	0,84	2310	60	1,95	120
		1200	40	0,30	1890	65	1,20	2660	72	2,30	
3	450	810	47	0,35	1280	75	1,45	1800	105	3,40	150
		930	70	0,53	1475	113	2,20	2080	126	4,10	
4	550	665	76	0,59	1050	120	2,20	1480	170	5,80	215
		765	114	0,87	1210	180	3,20	1700	200	6,80	
5	650	560	107	0,78	890	170	3,14	1250	240	8,20	265
		645	160	1,20	1020	255	4,50	1440	290	10,00	
6	800	480	145	1,07	760	230	4,20	1070	325	11,00	385
		550	218	1,60	870	345	6,20	1230	390	13,40	
7	1000	380	240	1,78	600	380	6,80	850	535	19,00	590
		435	360	2,60	690	570	10,00	980	645	23,00	
8	1200	315	355	2,60	500	560	10,00	705	790	28,00	850
		360	530	3,90	575	840	15,00	810	950	34,00	
9	1400	265	505	3,60	420	800	13,30	595	1130	40,00	
		305	750	5,50	485	1200	21,50	685	1360	49,00	
10	1700	220	760	5,40	350	1200	20,70	495	1690	60,00	
		255	1140	8,20	400	1800	32,00	570	2030	73,00	
11	2000	185	1080	7,70	290	1700	29,00	410	2400	85,00	
		215	1620	11,50	335	2550	45,00	470	2880	103,00	
12	2500	150	1700	12,00	240	2700	46,00	340	3800	135,00	
		175	2550	18,00	275	4050	72,00	390	4550	163,00	

Lufturbinen von G. Meidinger & Co. Basel (ohne und mit Gehäuse für Riemenantrieb u. direkte Kupplung),

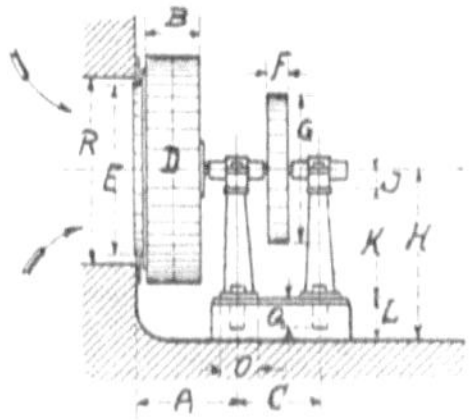

Fig. 51.

Form *L*, für einen Druck von 5—40 mm Wassersäule.

Typ VT	Dimensionen der Turbinen						Typ VT	Dimensionen der Turbinen					
	D	E	B	L	H	W		D	E	B	L	H	W
	Maße in Millimeter							Maße in Millimeter					
1	200	150	50	40	30	12	**15**	900	800	270	150	230	35
2	250	200	70	40	50	12	**16**	1000	900	330	200	180	35
3	300	250	90	60	56	12	**17**	1200	1000	330	200	180	40
4	350	275	90	60	56	16	**18**	1300	1100	400	200	315	40
5	400	300	120	60	70	16	**19**	1400	1200	400	250	315	45
6	450	350	120	60	70	16	**20**	1500	1300	450	250	310	45
7	500	400	120	90	90	20	**21**	1600	1400	500	250	370	50
8	550	450	160	90	120	20	**22**	1700	1500	550	300	320	50
9	600	500	160	90	120	20	**23**	1900	1600	550	300	320	55
10	650	550	200	120	135	25	**24**	2100	1800	600	300	470	55
11	700	600	200	120	135	25	**25**	2400	2000	700	350	430	60
12	750	650	240	120	175	25	**26**	2600	2200	750	350	580	60
13	800	700	240	150	165	30	**27**	2800	2400	800	350	630	65
14	850	750	270	150	165	30							

Fig. 52.

Leistungstabelle der Niederdruck-

Type	ϕ der Turbine	h - 5 mm W.S.			7 mm W. S.			10 mm W. S.			15 mm W. S.		
		Q	n	N	Q	n	N	Q	n	N	Q	n	N
		cbm p. Sek.	Touren pro Min.	Kraftverbrauch PS	cbm p. Sek.	Touren pro Min.	Kraftverbrauch PS	cbm p. Sek.	Touren pro Min.	Kraftverbrauch PS	cbm p. Sek.	Touren pro Min.	Kraftverbrauch PS
1	200	0,08 0,11	1390 1620	0,02 0,03	0,09 0,13	1600 1900	0,03 0,05	0,11 0,14	1900 2180	0,04 0,07	0,12 0,17	2270 2600	0,06 0,11
2	250	0,14 0,20	1115 1300	0,03 0,05	0,16 0,23	1300 1530	0,05 0,08	0,19 0,25	1530 1760	0,07 0,12	0,22 0,30	1840 2050	0,11 0,19
3	300	0,22 0,32	9[illegible]0 1080	0,05 0,09	0,25 0,35	1070 1270	0,07 0,12	0,30 0,39	1270 1465	0,11 0,18	0,34 0,465	1530 1750	0,17 0,29
4	350	0,27 0,36	785 925	0,06 0,10	0,30 0,43	915 1090	0,08 0,15	0,35 0,47	1090 1255	0,13 0,22	0,42 0,56	1310 1500	0,21 0,35
5	400	0,32 0,46	690 810	0,07 0,12	0,35 0,51	800 950	0,10 0,18	0,42 0,57	950 1100	0,15 0,26	0,50 0,67	1145 1310	0,25 0,42
6	450	0,43 0,62	615 720	0,09 0,16	0,48 0,69	715 850	0,13 0,24	0,58 0,77	850 975	0,21 0,35	0,68 0,91	1015 1165	0,34 0,57
7	500	0,57 0,83	550 645	0,12 0,22	0,63 0,90	640 760	0,17 0,31	0,75 1,—	760 875	0,27 0,46	0,88 1,20	910 1040	0,44 0,75
8	550	0,72 1,05	500 590	0,15 0,28	0,80 1,15	585 690	0,22 0,40	0,95 1,27	690 800	0,34 0,59	1,11 1,50	830 950	0,55 0,94
9	600	0,87 1,30	460 540	0,18 0,35	0,98 1,41	535 635	0,27 0,49	1,18 1,57	635 730	0,42 0,72	1,37 1,86	760 870	0,69 1,16
10	650	1,05 1,55	425 500	0,22 0,41	1,19 1,70	495 585	0,33 0,59	1,42 1,90	585 670	0,51 0,87	1,66 2,25	700 800	0,83 1,40
11	700	1,30 1,85	395 460	0,27 0,50	1,42 2,04	460 545	0,39 0,70	1,70 2,30	545 625	0,61 1,06	1,98 2,70	650 745	1,— 1,70
12	750	1,50 2,20	365 430	0,31 0,59	1,66 2,39	425 510	0,46 0,83	2,— 2,66	510 585	0,72 1,25	2,32 3,15	605 700	1,16 2,—
13	800	1,70 2,50	340 400	0,36 0,67	1,93 2,77	400 475	0,53 0,96	2,30 3 10	475 550	0,83 1,40	2,70 3,66	570 650	1,35 2,30
14	850	2,00 2,90	320 380	0,42 0,77	2,22 3,18	375 445	0,60 1,10	2,65 3,53	445 515	0,95 1,62	3,10 4,20	535 615	1,55 2,60
15	900	2,30 3,30	300 360	0,48 0,88	2,50 3,62	350 420	0.69 1,25	3,02 4,—	420 485	1,10 1,84	3,50 4,80	500 580	1,75 3,—
16	1000	2,90 4,20	275 320	0,61 1,12	3.20 4,57	320 380	0,88 1,58	3,82 5,10	380 440	1,37 2,34	4,45 6,05	455 525	2,23 3,80
17	1200	3,50 5,10	230 270	0,73 1,36	3,90 5,65	260 315	1,07 1,95	4,70 6,30	315 365	1,70 2,90	5,50 7,50	380 435	2,75 4,70
18	1300	4,30 6,20	210 250	0,90 1,66	4,75 6,84	245 290	1,30 2,36	5,70 7,60	290 335	2,05 3,50	6,65 9,—	350 405	3,33 5,60
19	1400	5,10 7,30	200 230	1,10 1,95	5,65 8,10	230 270	1,60 2,80	6,80 9,—	270 315	2,45 4,14	7,90 10,70	330 375	3,95 6,70
20	1500	6,— 8,60	185 215	1,26 2,30	6,65 9,60	215 255	1,80 3,30	8,— 10,60	255 295	2,90 4,90	9,30 12,60	300 350	4,15 7,90
21	1600	6,90 10,—	174 204	1.45 2,67	7,70 11,10	200 240	2,10 3,80	9,25 12,30	240 276	3,30 5,60	10,80 14,60	288 330	5.— 9,10
22	1700	8,— 11,50	163 192	1,70 3,10	8,80 12,80	190 225	2,40 4,40	10,60 14,30	225 260	3,80 6,60	12,40 16,80	270 310	6,20 10,50
23	1900	9,— 13,10	146 170	1,90 3,50	10,— 14,50	168 200	2,75 5,—	12,— 16,10	200 230	4,30 7,40	14,10 19,10	240 276	7,05 12,—
24	2100	11,40 16,50	133 155	2,40 4,40	12,70 18,30	153 183	3,50 6,30	15,20 20,30	183 210	5,50 9,30	17,80 24,10	220 250	8,90 15,—
25	2400	14,10 20,40	116 136	2,90 5,50	15,70 22,60	134 160	4,30 7,80	18,80 25,—	160 184	6,80 11,50	22,— 29,80	191 220	11,— 18,60
26	2600	17,10 24,70	107 125	3,60 6,60	19,— 27.40	123 147	5,20 9,50	22,80 30,40	147 169	8,20 14.—	26,70 36,10	176 202	13,70 22,60
27	2800	20,20 29,30	100 108	4,20 7,80	22,50 32.40	115 136	6,20 11,20	27,— 36,—	136 157	9,70 16,60	31,50 42,70	164 188	15,70 27,70

In dieser Tabelle beziehen sich die oberen Zahlen auf eine Geschwindigkeit 10 m pro Sek. im Rade. Die Höhe „*h*" gilt für den, in der Luftleitung außerhalb

Ventilatoren ohne Gehäuse.

20 mm W. S.			25 mm W. S.			30 mm W. S.			35 mm W. S.			40 mm W. S.		
Q	n	N	Q	n	N	Q	n	N	Q	n	N	Q	n	N
cbm p. Sek.	Touren pro Min.	Kraftverbrauch PS	cbm p. Sek.	Touren pro Min.	Kraftverbrauch PS	cbm p. Sek.	Touren pro Min.	Kraftverbrauch PS	cbm p. Sek.	Touren pro Min.	Kraftverbrauch PS	cbm p. Sek.	Touren pro Min.	Kraftverbrauch PS
0,14	2600	0,09	0,15	2900	0,12	0,16	3120	0,14	0,17	3400	0,17	0,18	3550	0,20
0,20	3000	0,16	0,21	3300	0,20	0,23	3600	0,24	0,24	3850	0,28	0,25	4100	0,33
0,25	2050	0,16	0,27	2300	0,21	0,29	2500	0,25	0,31	2700	0,31	0,32	2810	0,36
0,34	2400	0,27	0,38	2600	0,35	0,40	2880	0,41	0,42	3050	0,49	0,44	3250	0,57
0,39	1750	0,25	0,43	1945	0,32	0,45	2080	0,39	0,48	2240	0,48	0,49	2350	0,55
0,54	2000	0,42	0,59	2200	0,55	0,63	2420	0,65	0,66	2580	0,77	0,69	2720	0,90
0,475	1500	0,30	0,52	1665	0,39	0,55	1800	0,48	0,58	1940	0,58	0,59	2080	0,66
0,65	1725	0,51	0,71	1910	0,66	0,76	2070	0,78	0,80	2210	0,93	0,83	2350	1,08
0 565	1310	0,36	0,62	1455	0,47	0,65	1575	0,57	0,69	1700	0,69	0,71	1795	0,79
0,77	1515	0,60	0,85	1675	0,79	0,90	1820	0.92	0,95	1940	1,10	0,99	2060	1,30
0,77	1165	0,49	0,84	1290	0,64	0,88	1400	0,77	0,945	1505	0,94	0,96	1595	1,07
1,06	1340	0,83	1,16	1485	1,08	1,22	1615	1,25	1,30	1725	1.50	1,35	1825	1,75
1,—	1040	0,64	1,10	1155	0,83	1,15	1255	1,—	1,25	1350	1,24	1,26	1425	1,40
1,37	1200	1,08	1,52	1330	1,40	1.61	1445	1,65	1,70	1540	2,—	1,75	1635	2,28
1,27	950	0,81	1,40	1055	1,06	1,46	1140	1,27	1,56	1225	1,55	1,59	1300	1,77
1,75	1100	1,37	1,92	1210	1,78	2,04	1315	2,10	2,15	1400	2,50	2,22	1490	2,90
1,57	870	1,—	1,70	965	1,30	1,81	1045	1,58	1,92	1125	1,91	1,96	1190	2,18
2,15	1000	1,70	2,37	1110	2,20	2,52	1205	2,60	2,60	1285	3,—	2,74	1365	3,56
1,90	800	1,20	2,06	890	1,60	2,20	965	1,90	2 32	1040	2,30	2,38	1100	2,64
2,60	925	2,04	2,77	1020	2,60	3,04	1110	3,10	3,20	1185	3,73	3,32	1260	4,32
2,27	745	1,45	2,46	825	1,90	2,60	895	2,26	2,78	965	2,76	2,83	1015	3,15
3,10	860	2,43	3,42	950	3,20	3,62	1030	3,70	3,82	1100	4,45	3,96	1170	5,15
2,66	700	1,70	2,90	775	2,20	3,05	835	2,66	3,25	900	3,23	3,32	950	3,70
3,65	800	2,86	4,—	885	3,70	4,25	960	4,36	4,50	1025	5,25	4,65	1090	6,05
3,08	650	1,95	3,35	725	2,50	3,55	785	3,10	3,77	840	3,75	3,85	890	4,28
4,24	750	3,30	4,65	830	4,30	4,95	900	5,10	5,20	960	6,05	5,40	1020	7,—
3,54	615	2,25	3,85	680	2,80	5,07	740	3,50	4,33	795	4,30	4,42	840	4,90
4,86	710	3,80	5,35	785	4,95	5,65	850	5,80	6,—	910	7,—	6,20	965	8,10
4,02	580	2,45	4,40	640	3,30	4.60	700	4,—	4,90	750	4,90	5,03	790	5,60
5,54	670	4,35	6,10	740	5,65	6,40	800	6,60	6,80	860	8,—	7,—	910	9,10
5,10	525	3,24	5,55	580	4,20	5,85	630	5,10	6,23	675	6,20	6,40	715	7,10
7,—	605	5,50	7,70	665	7,10	8,15	725	8,40	8,60	770	10,—	8,90	820	11,60
6,30	435	4,—	6,83	480	5,20	7,22	520	6,30	7,70	560	7,70	7,90	595	8,80
8,60	500	6,70	9,50	555	8,80	10,—	600	10,30	10,60	640	12,40	11,—	680	14,30
7,60	405	4,80	9,25	450	7,—	8,75	485	7,60	9,30	525	9,20	9,50	550	10,50
10,50	465	8,20	11,50	515	10,70	12,20	560	12,50	12,80	600	15,—	13,30	630	17,30
9,—	375	5,70	10,—	415	7,60	10,40	450	9,—	11,10	485	11,—	11,30	510	12,60
12,50	430	9,80	13,70	480	12,70	14,50	520	14,90	15,30	555	17,80	15,80	590	20,60
10,70	350	6,80	11,50	390	8,70	12,20	425	10,60	13,—	455	13,—	13,30	480	14,80
14,60	405	11,40	16,—	450	14.80	17,—	485	17,50	18,—	520	21,—	18,60	550	24,20
12,40	330	7,90	13,40	365	10,—	14,20	395	12,40	15,10	425	15,—	15,40	450	17,10
17,—	380	13,40	18,60	420	17,20	19,70	455	20,—	20,80	485	24,20	21,60	516	28,—
14,20	310	9,—	15,40	343	11,70	16,30	370	14,20	17,40	400	17,30	17,70	422	19,70
19,50	366	15,30	21,21	395	19,60	22,70	430	23,90	23,90	455	28,—	24,80	485	32,20
16,10	276	10,20	17,50	306	13,30	18,50	332	16,10	19,60	357	19,50	20,10	377	22,30
22,10	318	17,30	24,10	351	22,30	25,70	382	27,—	27,10	407	31,60	28,20	432	36,70
20,30	250	12,90	22,10	280	16,70	23,40	300	20.—	25,—	325	24,80	25,40	343	28,20
28,—	290	22,—	30,50	320	28,30	32,50	348	34,20	34,30	370	40,—	35,60	393	46,30
25,10	220	16,—	27,40	244	20,80	29,—	263	25,20	30,80	283	30,60	31,40	300	34,80
34,50	253	27,—	37,70	280	35,—	40,20	303	42,30	42,50	323	49,60	44,—	343	57,10
30,40	202	19,30	33,—	224	25,50	35,—	242	30,50	37,20	260	37,—	38,—	275	42,10
41,80	233	32.80	45,60	257	42,30	48,60	280	51,—	51,—	298	59,50	53,—	315	69,—
36,—	188	22,90	39,20	208	29,70	41,40	225	36,—	44,—	242	43,70	45,—	256	50,—
49,50	216	39,—	54,—	240	50,—	57,50	260	60,50	61,—	276	71,—	63,—	294	82,—

von 7,5 m pro Sek. im Rade und die unteren Zahlen auf eine Geschwindigkeit von des Gebläses zu überwindenden Gegendruck.

Als besonders wirkungsvoll haben sich die Schrägschaufel-Gebläse von G. Schiele & Co., Frankfurt a. M. erwiesen; Fig. 53 zeigt die Außenansicht einer solchen, Fig. 54 diejenige des Schaufelrades allein.

Da die Leistungstabellen für diese Gebläse infolge ihrer Verwendbarkeit für Gegendrücke von 10 bis zu über 100 mm Wassersäule gar zu umfangreich ausfallen, mußten sie fortgelassen werden; Maßtabellen allein haben aber keinen Zweck. Ganz ähnliches gilt für Keith- und für Sirocco-Ventilatoren, beide englischen Ursprungs; der erste wird geliefert von der Blackman Export Co., der zweite von White, Child & Beney, beide in London, und ihren deutschen Zweighäusern.

Falls noch höhere Gegendrücke zu überwinden sind, so können hierfür in Frage kommen: Kreiskolbengebläse und Turbinengebläse. Letztere vermögen 8—10 Atm. Gegendruck bei geräuschlosem stoßfreiem Gang zu überwinden und die verdichtete Luft in ununterbrochen gleichmäßigem Strom zu liefern. Dabei gestatten sie die Regelung der Fördermengen innerhalb weiter Grenzen ohne wesentliche Beeinflussung des spez. Kraftverbrauchs und lassen sich auf einfachste Weise unmittelbar mit dem Antriebsmotor kuppeln.

Für die geringeren Pressungen kann bei Trockeneinrichtungen die Jona-Dampfturbine, gebaut in Größen von ¼—100 PS von Johannes Nadrowsky, Dresden, gelegentlich gute Dienste leisten.

Fig. 55 eines Turbinengebläses aus dem Pumpen- und Gebläsewerk C. H. Jäger & Co., Leipzig-Plagwitz, mit abgehobenem Deckel, läßt erkennen, daß dasselbe, ähnlich wie viele Dampfturbinen, aus einer Anzahl hintereinander geschalteter Flügelräder, mit dazwischen liegenden festen Leitkanälen besteht, welche die vom einen Rad ausgeworfene Luft dem andern wieder zuführen, so daß jedes von ihnen nur einen Teil des Gesamtdruckes zu überwinden hat, nach welchem sich somit ihre Zahl richtet. Die Regelung der Liefermenge erfolgt durch die Einstellung eines am Saugstutzen anzubringenden Schieberventils, ohne daß dadurch, wie schon erwähnt, der bis zu 0,78 betragende Wirkungsgrad nennenswert beeinflußt wird, so daß der Kraftverbrauch bei gleicher

Fig. 53.

Fig. 54.

Fig. 55.

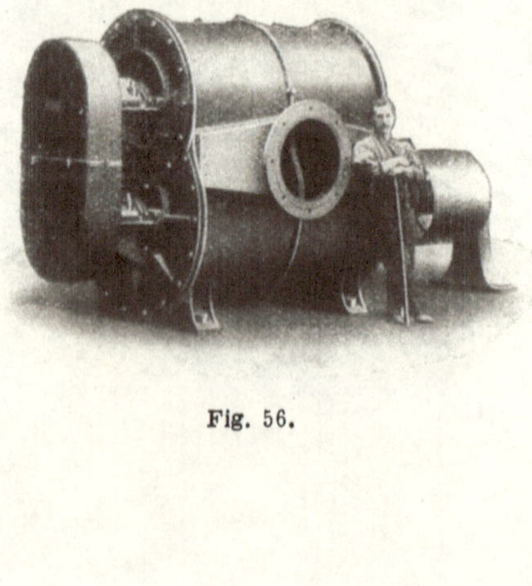

Fig. 56.

Druckhöhe in nahezu gleichem Verhältnis mit der geförderten Menge steigt und fällt.

Obgleich Turbinengebläse auch für geringe Widerstandshöhen anwendbar sind, kommen sie dafür ihres Preises wegen wenig in Betracht, ähnlich den verschiedenen Ausführungsformen von Kapselgebläsen, welche für Pressungen bis zu 1 und 1,5, in besonderen Fällen bei guter Ausführung bis zu 3 m Wassersäule bestimmt sind. Die hierzu u. a. gehörenden Jägerschen Kreiskolbengebläse (Fig. 56) sind ebenso wie Turbinengebläse dort zu verwenden, wo es sich um zuverlässige Lieferung von beliebig nach Vorschrift zu ändernden Luftmengen bei gleichbleibender Pressung handelt, ein Fall, der gerade bei Trockenanlagen recht oft vorkommt, ohne daß die meistens verwendeten Schleuder- und Schraubengebläse ihm recht Genüge zu leisten vermöchten, indem bei ihnen Liefermenge, Umgangszahl und Druckhöhe in der Weise voneinander abhängen, daß bei Änderung nur einer dieser Größen sich gleichzeitig die beiden übrigen ebenfalls so ändern, daß die tatsächlich zu erwartenden Leistungen infolge der oft schwer zu bestimmenden Widerstände vorher kaum angegeben werden können.

Luftpumpen und Kondensation.

Den Gebläsen zur Erzeugung eines gewissen Überdrucks an der Ausblaseseite stehen diejenigen nur scheinbar gegenüber, mit deren Hilfe ein Unterdruck an der Eintrittsöffnung hergestellt werden soll; sie werden mit Vorliebe „Exhaustoren" genannt, sind aber im Prinzip dasselbe wie die auf Überdruck wirkenden „Ventilatoren".

Die Bezeichnungen Überdruck und Unterdruck beziehen sich in der Praxis meistens darauf, daß man den Druck der äußeren Atmosphäre = 760 mm Quecksilbersäule als Nullpunkt annimmt und von ihm aus zählt, so daß der größte Unterdruck von ÷ 760 mm Quecksilbersäule der absoluten Spannung = 0 entspricht.

In einem solchen spannungslosen Raum herrscht, wie der technische Ausdruck dafür lautet: „Vakuum"; es kann mehr oder weniger vollständig sein und wird durchweg gemessen in mm Quecksilbersäule, dergestalt zwar, daß es in technischen Werken als absoluter Druck von 50—110—160 mm Quecksilbersäule, im täglichen Leben dagegen als Vakuum von (760 — 50) = 710, (760 — 110) = 650, (760 — 160) = 500 mm Quecksilbersäule bezeichnet wird.

Ein Vakuum oder ein geringerer als Atmosphärendruck läßt sich am zuverlässigsten dadurch herstellen, daß man aus einem dicht verschließbaren Raum alle Luft durch Wasserdampf vertreibt und diesen alsdann durch eingespritztes kaltes Wasser oder durch äußere Abkühlung niederschlägt.

Meistens handelt es sich jedoch um die ständige Aufrechterhaltung einer verminderten Spannung bei andauerndem Zutritt neuen Dampfes, und erfolgt dann seine Niederschlagung in einem besonders dafür hergerichteten Raum, dem Kondensator. Das entstehende Wasser muß natürlich ebenso wie aller etwa noch nicht völlig verdichtete Dampf und alle eventuell ihm beigemengten sonstigen gasförmigen Stoffe ununterbrochen entfernt werden durch eine dafür vorzusehende Pumpe, die Luftpumpe.

Kondensatoren, in denen die Niederschlagung des Dampfes durch mit ihm in unmittelbare Berührung gebrachtes Kühlwasser erfolgt, heißen Misch- oder Einspritzkondensatoren, diejenigen, bei denen die Verdichtung durch Abkühlung von außen bewirkt wird, Oberflächenkondensatoren; die letzteren wirken umgekehrt wie Röhrenvorwärmer.

Läßt sich ein Kondensator hoch, und zwar 10 m über dem Wasserspiegel im Abflußkanal aufstellen, so vermag alles in ihn gelangende W a s s e r ohne äußere Beihilfe, allein infolge seines Eigengewichts durch ein Fallrohr abzulaufen, und es bleibt nur noch die Menge an Luft oder Gasen, welche mit dem Wasser oder sonstwie in ihn gelangen, durch eine Pumpe hinauszuschaffen.

Das Fallrohr muß selbstverständlich mindesten 0,3 m unter den Wasserspiegel im Abflußkanal reichen.

Diese Anordnung wird bezeichnet als t r o c k e n e Kondensation und die Pumpe als t r o c k e n e Luftpumpe; sie ist stets mit Einspritzkondensator, bei welchem Wasser und Luft sich unmittelbar miteinander mischen, ausgerüstet.

Ihr gegenüber steht die nasse Kondensation mit tiefliegendem Einspritzkondensator, aus welchem die nunmehr zu einer nassen ausgebildete Luftpumpe nicht allein Luft und Gase sondern auch alles Wasser fortzuschaffen hat.

Neben diesen beiden steht die Oberflächenkondensation, bei welcher die Luftpumpe sowohl als trockene wie als nasse wirken kann, doch findet sich die erste Anordnung meistens nur dann, wenn das niedergeschlagene Kondensat wertvolle Bestandteile, wie Alkohol, Äther etc., enthält, deren getrennte Absaugung behufs Wiedergewinnung erwünscht ist, ein Fall, der in der Trockenindustrie allerdings häufig vorkommt.

Eine besondere Gattung der Oberflächenkondensatoren bilden die Riesel- oder Verdunstungskondensatoren, indem bei ihnen die Außenseite der Kühlflächen nicht vollständig im strömenden kalten Wasser liegt, sondern von ihm nur in dünner Schicht berieselt wird, damit es durch seine teilweise Verdunstung dem niederzuschlagenden Dampf möglichst viel Wärme entzieht; derartige Apparate werden übrigens mehr zum Kühlen, als zum Kondensieren benutzt.

Zur Heranschaffung des Kühlwassers dient bei trockener Einspritz- sowie bei Oberflächenkondensation eine eigene Wasserpumpe, welche sich bei nasser Einspritzkondensation oft erübrigt, indem der im Kondensator herrschende Unterdruck ausreicht, um ihm das Wasser bis zu 7 m hoch zuzuführen oder, wie die übliche Ausdrucksweise lautet, um es 7 m hoch anzusaugen.

Einspritzkondensatoren mit Abfallrohr finden für die Verdampf- und Eindickapparate der Zuckerfabriken ausgedehnte Verwendung, für Trockenzwecke in unserem Sinne dagegen kaum, indem hierfür Oberflächenkondensatoren verschiedene Vorteile bieten, wie die schon erwähnte Möglichkeit, das Kondensat durch Auffangung in einem unterhalb des Kondensators angebrachten und mit unter Luftleere stehendem Kessel zurückzugewinnen. Dabei ist natürlich Voraussetzung, daß es sich nicht um gar zu große Mengen an niederzuschlagender Flüssigkeit handelt.

Bringt man in der Verbindung zwischen beiden oder, falls der Sammelkessel nicht vorhanden ist, in der Verbindung zwischen Kondensator und Luftpumpe ein Glasrohr an, so kann man von außen am Aufhören des Durchfließens erkennen, daß keine Flüssigkeit mehr niedergeschlagen wird, der Trockenprozeß also beendet ist.

Wenden wir uns jetzt zu den Luftpumpen und betrachten zunächst eine „nasse“, so hat dieselbe fortzuschaffen:

a) das aus dem Trockengut verdampfte und wieder niedergeschlagene Wasser, bezeichnet mit D in kg pro Stunde,

b) die für die Niederschlagung verwendete Wassermenge, bezeichnet mit W in kg pro Stunde.

Das Gesamtgewicht von beiden ist $D + W$, und wenn seine gemeinsame Abflußtemperatur $= t_e$ ist, so enthält es an Wärme $(D + W)\, t_e$ WE.

Hatte das Einspritzwasser die Temperatur t_a und enthält der Dampf c Wärmeeinheiten bei der Temperatur t_e, so muß sein:

$$Dc + W t_a = (W + D)\, t_e,$$

woraus:

$$W = D \frac{c - t_e}{t_e - t_a} \text{ kg} \qquad (62)$$

Die Temperatur t_e darf bei Kondensatoren für Trockenanlagen keinenfalls höher sein, als die Ware ertragen kann, ohne zu leiden; sie richtet sich aber auch nach der Höhe der aufrecht zu erhaltenden Luftleere, wie wir noch sehen werden.

Die Temperatur t_a des Einspritz- oder Kühlwassers muß aus dem gleichen Grunde niedrig sein, so daß man in vielen Fällen auf die Verwendung von Brunnen- oder Leitungswasser mit 10—12^0 beschränkt bleibt und Flußwasser von 20—25^0 auszuschließen hat; aus Rückkühlanlagen stammendes Wasser ist seiner hohen Temperatur wegen für Trockenzwecke nur in besonderen Fällen zu gebrauchen und muß dann in gewaltigen Mengen angewandt werden.

Es wird nämlich für die im Kondensator herrschende Temperatur, t_e = derjenigen des abfließenden Wassers, die erforderliche Wassermenge für jedes zu verdichtende kg Dampf, also für $D = 1$, nach Formel (62):

bei t_a	$= 10^0$	15^0	20^0	25^0	30^0	35^0	40^0	45^0	
wenn $t_e = 20^0$, also $c = 604$ ist:									
W	$= 58$	117	—	—	—	—	—	—	kg
wenn $t_e = 35^0$, also $c = 611$ ist:									
W	$= 23$	29	38	57	115	—	—	—	kg
wenn $t_e = 50^0$, also $c = 618$ ist:									
W	$= 14$	16	19	23	28	38	57	114	kg.

Der Verbrauch an Kühlwasser erhöht sich mithin allgemein mit abnehmendem Unterschied zwischen seinen Temperaturen beim Ein- und Austritt, wie ja auch aus Formel (62) hervorgeht.

Nun enthält der Kondensator außer dem Wasser und etwaigen nicht niedergeschlagenem Dampf eine nicht ganz unbedeutende Menge an Luft, welche zum Teil durch Undichtigkeiten eintritt, aber auch vom Einspritzwasser sowie von den Trockensubstanzen herrührt.

Nach Hausbrand[1]) sind hierfür im ganzen zu rechnen 0,25 kg Luft pro 1000 l Kühlwasser, wogegen Weiß[2]) angibt:

ca. 1 kg Luft pro 100 kg Dampf aus dem Trockengut;
außer 0,025 kg Luft pro 1000 l Einspritzwasser.

Der Unterschied zwischen beiden Angaben ist sehr groß und wählen wir daher:

0,8 kg Luft pro 100 kg Feuchtigkeit des Trockenguts;
außer 0,025 kg Luft pro 1000 l Einspritzwasser.

Hiernach sind aus einem Kondensator, in welchem 100 kg Dampf mit 2000 l Wasser von 35^0 Ablauftemperatur niedergeschlagen werden sollen, an Luft abzuführen:

$0{,}8 + 0{,}05 = 0{,}85$ kg von noch unbekannter Spannung.

Diejenige des Dampfes dagegen muß seiner Temperatur entsprechen und gemäß Tab. II ca. 42 mm Quecksilbersäule sein.

---

[1]) E. Hausbrand, Verdampfen, Kondensieren und Kühlen.

[2]) F. J. Weiß, Kondensation. (Beide bei J. Springer, Berlin.)

Wie aber verhält es sich mit dem Druck, unter welchem die Luft allein steht?

Als Bedingungen hierfür bestehen:

a) er entspricht, zu demjenigen des Dampfes hinzuaddiert, der im Kondensator herrschenden Spannung;

b) die Spannung im Kondensator kann nie u n t e r die des reinen Dampfes von der in ihm herrschenden Temperatur sinken, da er nie dampffrei ist.

Wohl aber kann sie höher sein, und nehmen wir deshalb einmal an, daß in unserem Kondensator bei 35° Temperatur atmosphärischer Druck, also 760 mm Quecksilbersäule herrsche, so fallen auf die Luft allein davon 760 — 42 = 718 mm, und sie nimmt nach Formel (4) einen Raum ein von:

$$\left(1 + \frac{35}{273}\right) \frac{588}{718} \cdot 0{,}85 = \sim 0{,}7 \text{ cbm.}$$

Somit würde eine nasse Luftpumpe, welche fortschaffen kann:

an Wasser . .	2000 + 100 = 2200 kg	= 2200 l
„ Luft	0,7 cbm	= 700 l
	insgesamt	2700 l

allen Anforderungen genügen, um die zur Aufrechterhaltung der Temperatur von 35° bei Atmosphärendruck nötigen Wasser- und Luftmengen ohne Kraftaufwand zu bewältigen, da der Druck auf beiden Seiten des Kolbens gleich ist.

Eine solche Pumpe hätte jedoch keinen Zweck, da sie keinerlei Arbeit verrichtet, und werden wir deshalb weiter forschen, was sich ergibt, wenn wir die Kondensatorspannung herabsetzen.

Dazu bedienen wir uns der folgenden drei Zusammenstellungen, worin die Spannungen in mm Quecksilbersäule ausgedrückt sind.

20° Kondensator-Temperatur.

bei einem Vakuum von .	500	665	695	718	735	743 mm
ist die absolute						
Gesamtspannung . . .	260	95	65	42	25	17 „
Dampfspannung . . .	17	17	17	17	17	17 „
Luftspannung	243	78	48	25	8	0 „
Abzuführendes Luftvolumen in cbm pro kg . .	2,6	8,09	13,14	25,2	79	∞ cbm

35° Kondensator-Temperatur.

bei einem Vakuum von.	60	200	360	500	665	695	713	718 mm
ist die absolute Gesamtspannung.	700	560	400	260	95	65	47	42 „
Dampfspannung .	42	42	42	42	42	42	42	42 „
Luftspannung . .	658	518	358	218	53	23	5	0 „
Abzuführendes Luftvolumen in cbm pro kg . .	1,01	1,28	1,85	3,04	12,5	28,8	132,5	∞ cbm

50° Kondensator-Temperatur.

bei einem Vakuum von	0	60	200	360	500	668 mm
ist die absolute: Gesamtspannung . .	760	700	560	400	260	92 „
Dampfspannung . .	92	92	92	92	92	92 „
Luftspannung . . .	668	608	468	308	168	0 „
Abzuführendes Luftvolumen in cbm pro kg	1,04	1,14	1,49	2,26	4,14	∞ cbm

Die Menge der nach Formel (4) ermittelten, abzuführenden Luft wächst somit mit fallendem Gesamtdruck im Kondensator und wird unendlich groß, sobald derselbe dem Druck des Dampfes allein gleichkommt, welcher wiederum von der herrschenden Temperatur abhängt.

Alsdann tritt der Dampf nicht mehr als Bestandteil der feuchten Luft auf, in welcher er sich erst einen Platz durch seine Spannung erkämpfen muß, sondern er entwickelt sich selbständig n e b e n ihr, was auch äußerlich an den bekannten Merkmalen des Siedens erkenntlich wird. Dieses sog. Sieden tritt ein

mit 20° bei einem Vakuum von 743 mm Quecksilbersäule,
„ 35° „ „ „ „ 718 „ „
„ 50° „ „ „ „ 668 „ „
„ 100° „ „ „ „ 0 „ „

Wie die Zusammenstellungen aber weiter zeigen, vermindert sich schon vorher die Spannung der Luft gegenüber der des Dampfes im Kondensatorgemisch (vgl. Zeile 3 und 4 der Tabellen) und erfährt somit die auf die Dampfbildung zu verwendende Arbeit eine entsprechend wachsende Erleichterung, so daß sie schneller und schneller vonstatten geht, je mehr sie sich dem jeweiligen Siedepunkt nähert.

Damit erkennen wir als Nutzen und Zweck der Luftverdünnung durch die Luftpumpe: Erhöhte Verdampfungsgeschwindigkeit, also Verkürzung der Trockenzeit.

Bei Oberflächenkondensatoren verhält es sich nicht viel anders; zwar hat bei ihnen die Luftpumpe nichts mit dem Fortschaffen des Einspritzwassers und der ihm beigemengten Luft zu tun, doch bleibt immer die weitaus größere Menge an Gasen aus dem Trockengut und nötigenfalls die demselben entzogene Feuchtigkeit abzuführen. Außerdem macht sich eine zweite Pumpe nötig, um das Kühlwasser durch den Kondensator zu treiben.

Hiernach lassen sich die für die Niederschlagung von Dämpfen wichtigsten Sätze ungefähr folgendermaßen zusammenfassen:

1. die Temperatur im Kondensator hängt allein von der aufgewandten Menge an Kühlwasser ab und läßt sich dadurch auf jede Höhe innerhalb der zulässigen Grenzen einstellen;
2. für die Spannung im Kondensator ist die Leistung der Luftpumpe in bezug auf die geförderte Menge maßgebend;
3. Temperatur und Spannung brauchen innerhalb des Kondensators nicht in dem für Sattdampf gültigen normalen Verhältnis zueinander zu stehen, doch befindet sich andernfalls der Dampf im Zustand der Überhitzung.

Ferner soll auf zweckmäßigen Ausbau des Kondensators das größte Gewicht gelegt werden, damit jedes Dampfteilchen mit der nötigen Menge Wassers in Berührung treten und niedergeschlagen werden kann. Ebenso muß die Luftpumpe nicht allein imstande sein, das erforderliche Quantum zu bewältigen, sondern sie muß es auch gegen den nötigen Druckunterschied fördern können.

Das macht bei sehr hohen Luftverdünnungen über ca. 700 mm Quecksilbersäule leicht Schwierigkeiten, weshalb man dann den ganzen Unterschied gerne in Stufen teilt durch Anwendung zweier Pumpen, von denen die eine der andern zu schafft, und finden sich hierfür die verschiedenartigsten Anordnungen.

Eine davon ist durch Fig. 57 wiedergegeben, doch lassen sich die beiden Stufen auch in einem Zylinder vereinigen. Einem ununterbrochen gleichmäßigem Verdunstungsprozeß passen sich selbstverständlich rotierende Pumpen besser an als solche mit hin und her gehendem Kolben von periodischer Wirkungsweise, abgesehen davon, daß ihr sehr einfacher Auf-

Fig. 57.

bau sich dem immer weitere Verbreitung findenden elektrischen Antrieb besonders leicht anpassen läßt.

Durch die mit letzterem Hand in Hand gehende zunehmende Anwendung von Dampfturbinen stieg die Nachfrage nach Luftpumpen, welche sich mit schneller Umdrehung betreiben ließen, in solchem Maße, daß sich eine größere Zahl bedeutender Firmen an deren Konstruktion begab, nachdem bekannter wurde, daß mit dem alten Körtingschen Prinzip der Strahlkondensatoren höhere Luftverdünnungen mit größerer Zuverlässigkeit zu erreichen und aufrechtzuerhalten waren als mit allen sonstigen Kondensationseinrichtungen.

Als wichtigste dieser neueren Bauarten darf die von der Maschinenbau-A.-G. Balcke & Co. in Bochum nach dem System Westinghouse-Leblanc hergestellte gelten, von deren innerer Einrichtung Fig. 58 eine Anschauung gibt[1]). Das Ganze besteht, wie Fig. 59 zeigt, aus einer Zentrifugalwasserpumpe, durch welche Wasser aus einem Behälter angesaugt und mit großer Geschwindigkeit durch einen Strahlapparat wieder in den Behälter zurückgetrieben wird. Infolge der ihm beim Eintritt in den Strahlapparat erteilten großen Geschwindigkeit reißt der Wasserstrahl alle ihn umgebende oder mit ihm in Berührung kommende Luft mit solcher Gewalt

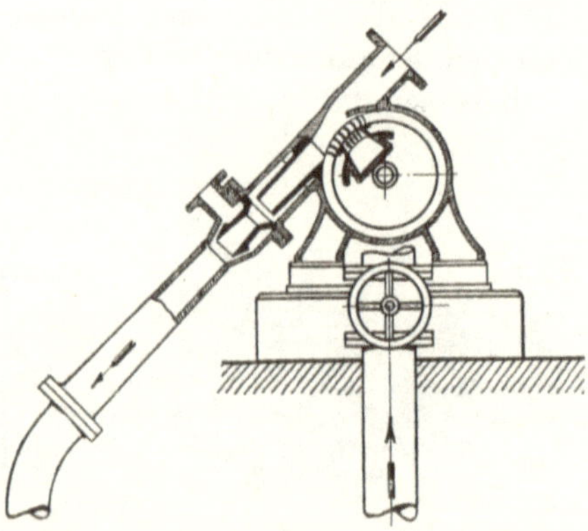

Fig. 58.

mit sich, daß er in dem Raum, dem er sie entnimmt, die höchsten Luftverdünnungen schafft.

In Fig. 58 ist die Luftleitung zum Kondensator deutlich erkennbar; durch den zweiten, am Gehäuse des Strahlapparats vorhandenen Stutzen kann im Bedarfsfalle noch etwas Luft von nicht so hoher Verdünnung von einer andern Stelle angesaugt werden, doch ist das für unsere Zwecke von geringerem Interesse.

Die Pumpe kann gebaut werden zum Absaugen von Luft oder Gasen aus Oberflächenkondensatoren allein, aber auch zum Absaugen der Luft und Gase unter gleichzeitigem Niederschlagen der Dämpfe, in welchem Falle sie als Mischkonden-

[1]) Vgl. Zeitschr. d. Ver. D. Ing. 1911, S. 210, 1912, S. 1975 u. f.

sator wirkt. Das umgearbeitete Wasser erwärmt sich in letzterem Fall ziemlich schnell und muß durch Zusatz von Frischwasser oder durch ausreichende Rückkühlung auf derselben Temperaturhöhe erhalten werden.

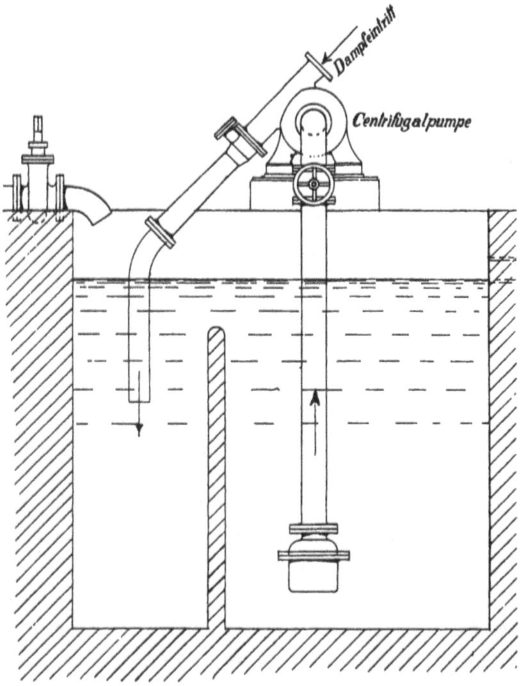

Fig. 59.

Zur Vermeidung unerwünschter Überraschungen ist darauf zu achten, daß das Ablaufrohr des Strahlapparats mindestens 30 cm unter Wasser ausmündet, ähnlich wie es für die Fallrohre der trocknen Kondensation gefordert wurde.

Der Wirkungsgrad derartiger rotierender Pumpen ist zwar ein geringer, doch wird dieser Mangel durch ihre Zuverlässigkeit und Einfachheit in den meisten Fällen wieder aufgewogen.

IV. Abschnitt.

Das Trockengut.

Zulässige Temperatur.

Von nahezu unbeschränkter Mannigfaltigkeit sind die Stoffe, welchen Wasser durch Verdampfung teilweise oder ganz entzogen werden muß, um sie zu irgendeinem Zweck geeignet zu machen, und ist daher der Widerstand, welchen sie dem entgegensetzen, in vielen Beziehungen verschieden.

Ein Stoff leidet an Aussehen und Färbung, wenn er hohen Temperaturen ausgesetzt wird, der andere bleibt bei Anwendung vieler Luft innen feucht und trocknet nur äußerlich, wogegen ein dritter sogar während des Trocknens selbst seine Eigenschaften wechselt.

So verträgt ein Ziegel ebenso wie jeder andere voluminöse Körper nur eine mäßige Wärmezufuhr, besonders im Anfang, damit die Trocknung an der Oberfläche derjenigen des Kerns nicht zu weit vorauseilt und dadurch Risse und Verwerfungen hervorruft, indem durchweg auch ein Schwinden, eine Verkleinerung des Volumens mit dem Trocknen verbunden ist.

Völlig hiervon abweichend verhält sich der Papierstoff, welcher so dünn ist, daß die der einen Seite erteilte Wärme von der anderen mitempfunden wird, Spannungsdifferenzen zwischen ihnen also nicht auftreten; da er hohe Temperaturen verträgt, so kann er sofort, unmittelbar auf die durch Dampf geheizte Oberfläche der Trockenzylinder gebracht werden, und die Trocknung vollzieht sich in denkbar kürzester Frist.

Andere Substanzen verlangen andere Behandlung, doch läßt sich durchweg feststellen, daß sie in erster Linie von derjenigen Temperatur abhängt, deren Anwendung zulässig ist.

Über die Höhenlage derselben bei den einzelnen Stoffen sollte die Erfahrung maßgebend sein, doch trifft das leider in vielen Fällen nicht zu, da der größte Teil der darauf hinzielenden Beobachtungen zweifellos gemacht ist bei Einrichtungen, welche durchaus nicht über jeden Zweifel erhaben sind. Weichen doch die aus der Praxis vorliegenden Zahlen und Angaben oft so voneinander ab, daß sie keinen halbwegs zuverlässigen Anhalt mehr bieten, und ist es meistens richtiger, eigene Versuche und Beobachtungen an ähnlichen Waren zu Rate zu ziehen.

Nachstehend seien die zulässigen Höchsttemperaturen für einige Stoffe nach verbreiteten Annahmen unter allem Vorbehalt gegeben, da sie immerhin einen gewissen Anhalt gewähren können.

Biertreber	55°
Ziegel	70°
Leim	30—35°
Garn	75°
Laubholz	40°
Nadelholz	80—95°
„ bei dickeren Stücken bis	50°
Teigwaren, kleine	40°
„ größere	25°
Getreide: Weizen und Roggen	40—60°
Hafer i. Max.	40—50°
Webwaren	75°
Lithopone, Zinkweiß	100°
Kasein anfangs 35, später	40°
Pappe	50°
Leder	30—35°
Roßhaare	30°
Stärke, anfangs	35°
„ später bis	70°
Wäsche	75°
Papier	75°

etc. etc.

Diese Angaben verlieren leider an Wert, wenn wir erfahren, daß z. B. neuerdings Pappen in derselben Weise wie Papier unmittelbar auf Trockenzylindern, deren Wandungen 100 und mehr Grad haben, fertiggestellt werden; wir dürfen deshalb annehmen, daß sich ihre Gültigkeit auf Trockenkammern und Gegenstromtrockner beschränkt, also auf solche

Einrichtungen, bei welchen die trockenste und heißeste Luft auf das bereits völlig getrocknete Material trifft.

Wird solche Luft dagegen auf das eben frisch in den Trockner gebrachte Gut geleitet, wie bei den durch Rauchgase geheizten Trommeln, so ändern sich die für die Festsetzung der Höchsttemperaturen maßgebenden Einflüsse und damit auch die Werte in vorstehender Tabelle; das gleiche gilt für alle solchen Apparate, bei denen das Trockengut unmittelbar mit den Heizflächen in Berührung kommt, wie bei Walzen- oder Röhrentrocknern, Vakuumschränken u. a. m.

In beiden Fällen lassen sich unter geeigneten Verhältnissen weit höhere Temperaturen zur Anwendung bringen, indem diese vom Trockengut selbst noch lange nicht angenommen zu werden brauchen, wie aus folgenden Erwägungen hervorgeht.

Bei den vielfach durch direkte Feuergase geheizten Trommeltrocknern durchstreichen die mit sehr hoher Temperatur eintretenden Gase die sich langsam drehende Trommel, um sie nach Abgabe ihrer Wärme an das Wasser des Trockengutes mit ganz bedeutend geringerer Temperatur wieder zu verlassen.

In derselben Weise durchläuft das gleichmäßig zerkleinerte und ebenfalls am heißen Ende eingefüllte nasse Trockengut die Trommel, um am kühleren Ausgang etwas erwärmt, aber fast ganz von Feuchtigkeit befreit zutage zu treten.

Zwischen beiden Körpern, den heißeren Rauchgasen und dem kälteren wasserhaltigen Trockengut, welche bei fortwährender inniger Mischung die Trommel in gleicher Richtung im Gleichstrom durchlaufen, findet also ein ununterbrochener Wärmeaustausch statt, welcher Vorgang des leichteren Verständnisses wegen in Fig. 60—64 für verschiedene Voraussetzungen dargestellt worden ist.

In ihnen bezeichnet die horizontale Linie *A—B* die ganze Trommellänge; auf den an einzelnen Punkten errichteten Perpendikeln sind die dort herrschenden und auf irgendeine Weise ermittelten Temperaturen der Heizgase sowie die für das Trockengut angenommenen abgetragen und zu den gekrümmten Linien *C—D* und *A—F* derart miteinander ver-

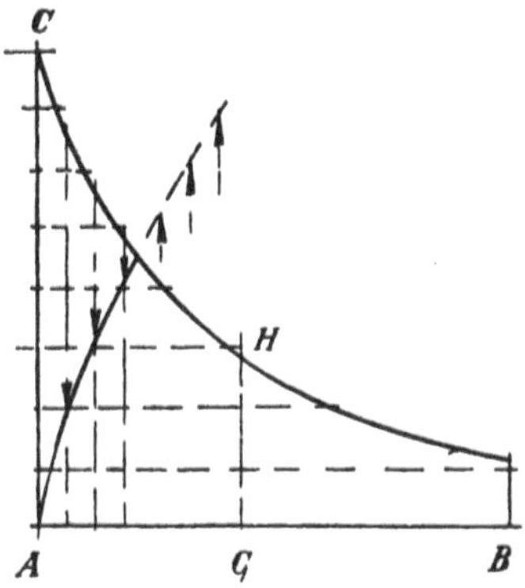

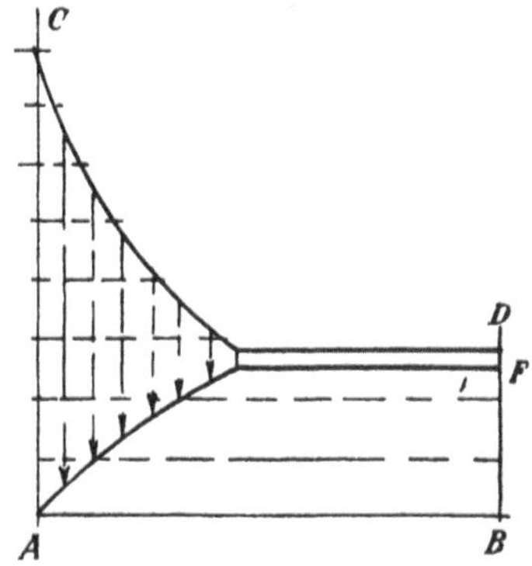

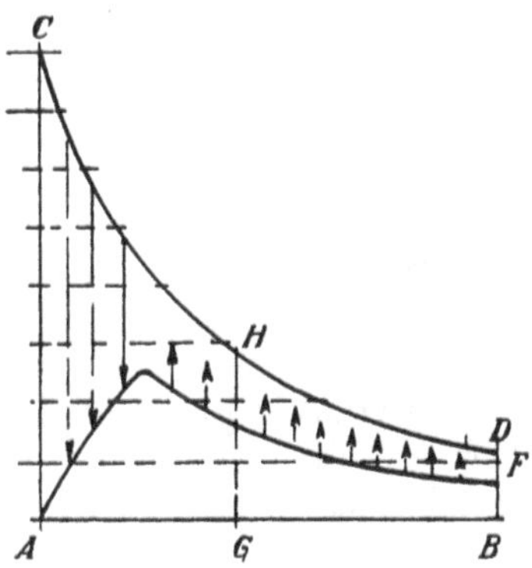

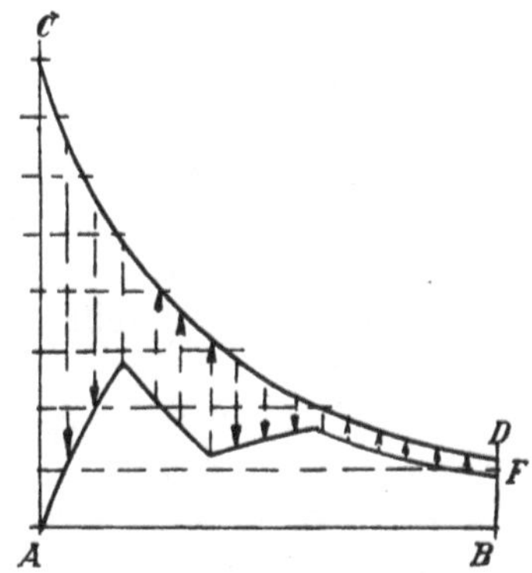

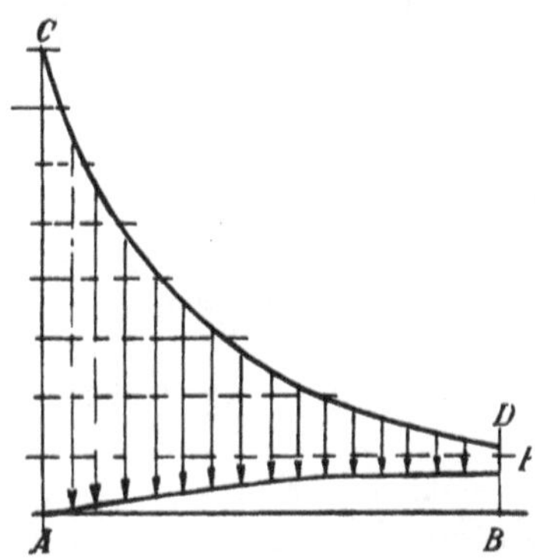

Fig. 60—64.

bunden, daß die obere den Temperaturverlauf der Heizgase, die untere den des Trockengutes angibt; die Ordinate *G—H* entspreche der Entzündungstemperatur des Trockenguts.

Aus der eingehenderen Prüfung der Linien wollen wir uns nunmehr Aufschluß über die höchste Temperatur zu verschaffen suchen, welche das Trockengut bei einer in dieser Weise vorgenommenen Behandlung annehmen kann.

Fig. 60. Wenn die Wärmezufuhr übermäßig groß ist, treffen sich beide Kurven sehr bald, unter Umständen sogar oberhalb der Entzündungstemperatur des Trockenguts, welches dann verbrennt. Dieser Vorgang ist hier veranschaulicht.

Eine Überschneidung der Kurven, wie punktiert angedeutet, ist unmöglich, da dazu die Wärme vom kälteren auf den heißeren Körper übergehen müßte, welcher Vorgang den Naturgesetzen zuwiderläuft.

Bei Fig. 61 liegt der Treffpunkt tiefer als die Entzündungstemperatur, der Wärmeübergang hört auf und tritt auch nicht wieder ein auf der ganzen Strecke, während welcher die Kurven nahezu parallellaufen; die Trommel könnte demnach entsprechend kürzer sein.

Fig. 62 entsteht unter der Voraussetzung, daß die Temperatur des Trockenguts anfänglich stark in die Höhe geschnellt ist und nun allmählich wieder sinkt. Es ist jedoch mit jedem Rückgang der Trockenguttemperatur ein entsprechender Wärmeübergang an die weit heißeren Trockengase verbunden, dessen Unmöglichkeit vorhin bereits erwähnt wurde.

Bei Fig. 63 ist angenommen, daß sich zwischen beiden Körpern noch ein dritter befinde, wie etwa eine Dampfschicht oder ein Metallblech. Die Temperatur desselben muß sich dann immer zwischen beiden Linien halten, da sie keine zu überschneiden vermag; im übrigen könnte sie steigen oder sinken, doch gestaltet sich ihr Verlauf immer ebenso stetig wie der der 2 Linien.

Fig. 64 endlich stellt den normalen Verlauf der Temperaturen dar und zeigt im Verein mit den Fig. 60—62, daß das Trockengut niemals wärmer als die austretenden Heizgase werden kann, ja, daß es sogar noch erheblich dahinter zurückbleiben muß, damit ein für einen nennenswerten Wärmeübergang genügendes Temperaturgefälle zwischen beiden verbleibt.

Da die Temperatur *A—F* des Trockenguts überhaupt in keinem Querschnitt höher werden kann als die der Heizgase (Fig. 60 u. 61) und da sie auch nicht unter die einmal erreichte Höhe zu sinken vermag, ohne daß Wärme aus dem kühleren Trockengut an die heißeren Gase überzutreten hätte (Fig. 62), so m u ß sie vom Anfang bis zum Ende fortwährend steigen (Fig. 64).

Um zu ermitteln, auf welche Höhe sie dabei allenfalls gelangen kann, sei angenommen, die Heizgase wären völlig trocken und hätten eine spez. Wärme von 0,25 sowie eine Temperatur von 1000°, wogegen das Trockengut mit dem darin enthaltenen Wasser 0° aufweise.

Dann beträgt der Wärmewert der Gase, welcher für die Umwandlung des Wassers in Dampf zur Verfügung ist und welcher sich in dem entstehenden Dampfgasgemisch in jedem Querschnitt, also auch am Ende der Trommel, wieder finden muß, 250 WE pro kg; ein geringfügiger Teil hiervon geht für die Erwärmung des Trockenguts und durch Abkühlung verloren, doch wollen wir ihn einstweilen unberücksichtigt lassen.

Bei Arbeitsbeginn stellt sich am Eingang der Trommel sofort mit der Einwirkung der in den Gasen enthaltenen Wärme auf das kalte Wasser eine Verdampfung ein, welche den hohen Bedarf von fast 600 WE pro kg Wasser erfordert, ehe überhaupt eine Temperaturzunahme desselben oder des Dampfes eintritt.

Beim weiteren ständigen Wärmeübertritt erhöht sich die Temperatur des Trockenguts allmählich mit der des daraus entwickelten Dampfes, während die der Heizgase sinkt, wobei in jedem Trommelquerschnitt, also auch am Ausgang, die Summe der Wärmewerte dieselbe bleiben muß, nämlich 250 WE pro kg trockenen Gases des aus demselben und dem von ihm fortgeführten Dampf entstandenen Dampfgasgemisches, immer abgesehen vom Aufwand für Erwärmung des Trockenguts und für Abkühlungsverluste.

Jede Austauschmöglichkeit hört endlich auf, sobald die Heizgase vollständig mit Dampf erfüllt, gesättigt sind und gleiche Temperatur mit dem entstehenden Dampf haben, indem sie alsdann alle ihre verfügbare Wärme zur Bildung desselben aufwandten; das entstandene vollkommen gesättigte Gemisch muß außerdem 250 WE pro kg des darin enthaltenen Gases aufweisen.

Sehen wir von dem geringen Unterschied zwischen seiner spezifischen Wärme *cp* und der von Luft ab und nehmen an, daß beide gleich seien, so finden wir aus Tab. IX, daß vollgesättigte Luft von 75° einen Wärmewert von ca. 260 WE hat, daß also die Temperatur des austretenden Dampf-Rauchgas-Gemisches ebenfalls annähernd 75° sein wird. Da aber das bis jetzt vernachlässigte Trockengut ebenso hoch erwärmt werden müßte, so wäre die theoretisch erreichbare Grenze entsprechend niedriger einzuschätzen.

Sofern tatsächlich diese Temperatur am Austrittsende einer richtig bedienten, vollkommen dichten und gegen alle Abkühlungsverluste geschützten und genügend großen Trommel erzielt wird, so würde alle vom Brennmaterial gelieferte Wärme bis an die äußerste Grenze verwertet sein, doch ist es in der Praxis weder möglich noch wirtschaftlich, so weit zu gehen. Man entläßt die Gase weniger ausgenutzt und erhält deshalb auch ein weniger erwärmtes Material.

Während sich dasselbe in der theoretisch vollkommenen Trommel bei 1000° warmen Heizgasen von 0° auf nahezu 75° erwärmt, wird es bei entsprechend verkürzter Trommel und 120° Abzugstemperatur der Gase nach Fig. 65 nur auf ca. 60° kommen, immer unter der Annahme, daß den Gasen und dem Trockengut während ihres Aufenthalts in der Trommel keine Wärme zugeführt oder entzogen wird; durch die unvermeidlichen Abkühlungs- und Undichtigkeitsverluste ändern sich die Zahlen natürlich, doch können wir das Ergebnis unserer Betrachtung trotzdem in den Satz zusammenfassen: Die Temperatur eines feuchten Körpers steigt an den von der heißen Luft oder den Heizgasen bespülten Flächen nie höher, als dem Wärmewert dieser Luft oder dieser Gase bei voller Sättigung entspricht.

Um diesen Satz in Zahlen zu verdeutlichen, kann Luft von 70°, welche zu 40% gesättigt ist, also nach Tab. IX einen Wärmewert von ca. 72 WE pro kg hat, einen feuchten Stoff nicht über ca. 52° erwärmen, indem die ihn unmittelbar berührende Luft erst bis zu voller Sättigung abkühlen muß, ehe sie weitere Wärme an den Körper abgibt und dessen Temperatur erhöht. Vollständig gesättigte Luft von ca. 72 WE hat aber nur die Temperatur von ca. 52°. Ist dagegen der Körper trocken und gibt er infolgedessen keine Feuchtigkeit mehr an die Luft ab, so daß ihre Temperatur in keiner Weise

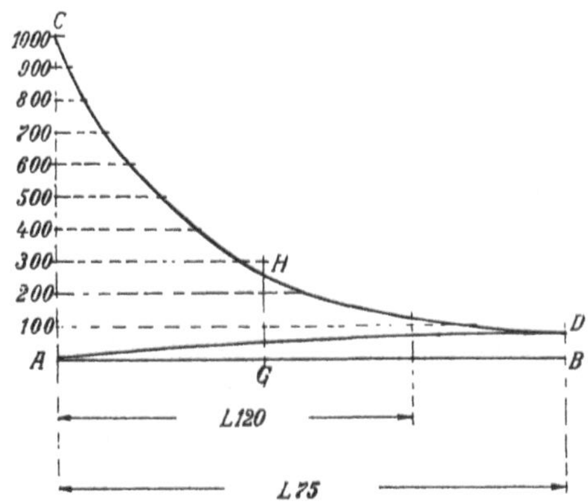

Fig. 65.

durch Wasserverdampfung beeinflußt wird, so nimmt er mit der Zeit auch nahezu die Temperatur der ihn umspülenden Luft von beliebiger Sättigung an, also hier von 70°, was für die Beurteilung des Arbeitens im Gleich- oder Gegenstrom stets beachtet werden sollte.

Wie wird es nun aber, wenn das Trockengut unmittelbar auf durch Dampf geheizte Flächen gebracht wird, wie z. B. Papierstoff auf die Trockenzylinder, Kartoffelbrei auf die Walzentrockner, Braunkohlenpulver auf Tellertrockner und dergleichen mehr?

Hier tritt die bespülende Luft nicht als Heizmittel, sondern als Wärmeempfänger auf, dem keine weitere Aufgabe zufällt, als die verdampfte Feuchtigkeit abzuführen.

Ihre Temperatur richtet sich nach der Menge, in welcher sie zur Anwendung gelangt, und sind hierfür zwei ganz entgegengesetzte Gesichtspunkte maßgebend.

Sieht man einstweilen davon ab, daß die vorbeigeleitete abziehende Luft keinenfalls bis zur vollen Sättigung mit Feuchtigkeit beladen sein darf, da sich hiervon sonst sofort wieder ausscheiden würde bei der unvermeidlichen Abkühlung, so genügen bei höherer Zuströmungstemperatur geringere Mengen an Luft und gleichzeitig an Wärme als bei niedriger; dagegen vollzieht sich die Lufterneuerung und die Abführung des entwickelten Dampfes bei hoher Temperatur der ihn fortschaffenden Luft infolge ihrer geringeren Menge langsamer als bei niedriger, so daß bei dieser die Trocknung schneller vor sich geht.

Diese Erscheinung, welche später eingehendere Erörterung findet, wird gelegentlich dem kleineren Teildruck des Dampfes in Gemischen von niedrigerer Temperatur zugeschoben; sie findet aber durch Vorstehendes eine so einfache Erklärung, daß sich jede andere erübrigt.

Die Temperatur der Ware selbst wird an der, auf der Heizfläche liegenden Seite sehr bald die Temperatur des Heizdampfes annehmen, sich aber im übrigen nach der Schnelligkeit der Verdampfung und der damit in Verbindung stehenden Wärmeentziehung richten; sobald der Ware alle Feuchtigkeit entzogen und nichts mehr daraus zu verdampfen ist, steigt ihre Temperatur auf die des Heizdampfes, soweit sie nicht durch den vorbeistreichenden Luftstrom gekühlt wird.

Ähnlich liegt die Sache, wenn die Trocknung in luftverdünntem Raum erfolgt, indem auch hier die Temperatur der unmittelbar auf die vom Dampf beheizten Flächen gebrachten Ware so lange die des aus ihr entwickelten Dampfes nicht übersteigt, wie sie selbst noch genügende Feuchtigkeit enthält. Sobald dieselbe beginnt zu verschwinden, wird auch die Ware heißer, bis sie schließlich die Temperatur des Heizdampfes erreicht.

Da aber die meisten der unter Luftverdünnung getrockneten Stoffe nur bis zu einer gewissen Grenze erwärmt werden dürfen, welche oft recht niedrig liegt, so läßt sich in den sog.

Vakuumschränken nur selten eine reine Kontaktwirkung durchführen, indem dieselbe oft schwer zu erfüllende Forderungen an die Wartung stellt. Empfindlichere Sachen werden daher meist in schmalen, flachen Schalen auf die Heizplatten der Schränke gesetzt, um so die Temperatur der Berührungsflächen herabzusetzen, doch vermindert sich natürlich gleichzeitig der Wärmeübergang und damit auch die Geschwindigkeit des Trocknens.

Beispiel 14. Zwischen Trockengut und Heizplatte werde eine Glastafel oder eine flache Schale aus Glas von 1 cm Stärke angewandt; die Heizplatten haben eine Temperatur von 120°, im Vakuumschrank herrsche eine ständige Temperatur von 40°. Dann dürfen wir für α_1 und α_2 setzen, solange das Trockengut feucht ist: $\alpha_1 = 500$, $\alpha_2 = 10\,000$, und finden damit unter Verwendung der Formeln 24a und 24b als Temperaturunterschiede

$$t_2 - \Delta_0 = \text{ca. } 5^0$$
$$\Delta_0 - t_1 = \text{ca. } 75^0.$$

Nach Einführung von $\lambda = 0{,}7$ und $\delta = 0{,}01$ für Glas ergibt sich daraus weiter unter Benutzung der Formeln 33a und 33b:

$$t_2 - \Delta s_2 = \text{ca. } 0{,}5^0$$
$$\Delta s_1 - t_1 = \text{ca. } 7^0.$$

Die vom Trockengut berührte Fläche hätte somit eine Temperatur $= 40 + 7 = 47^0$, welche sich noch weiter herabmindern läßt, wenn der Glasschale ein nur schmaler Rand als Auflagefläche gegeben wird.

Da aber die verarbeitete Substanz mit dem Trockenwerden allmählich doch die Temperatur der Heizflüssigkeit, also hier des Dampfes, annimmt, wenn sie nicht rechtzeitig dem Schrank entnommen wird, so ist trotz der Schalen immer noch eine aufmerksame Wartung nötig; durch ihre Verwendung wird jedoch die Beschickung sehr erleichtert.

Feuchtigkeitsgehalt.

Die Ermittlung der Wassermenge, welche ausgetrieben werden muß, bietet keine Schwierigkeiten, indem dazu nur nötig ist, eine Probe des zu verarbeitenden Materials einmal in nassem Zustand und noch einmal nach beendeter Trocknung zu wiegen.

Der Gewichtsunterschied gibt den verlorenen Wassergehalt an. Häufig wird verlangt, daß die Ware nicht völlig, sondern nur auf einen gewissen Prozentsatz, also beispielsweise von 70 auf 10% eingetrocknet werden soll, und machen sich dann einige Umrechnungen nötig.

Es bezeichne:

A = das ursprüngliche Gesamtgewicht;

R = das verbleibende Gesamtgewicht;

T = das Gewicht des völlig trockenen Materials;

alles bezogen auf 100 kg Wasserverdunstung; ferner

a = ursprünglicher Wassergehalt in Prozenten;

r = verbleibender Wassergehalt in Prozenten;

dann ist das in A enthaltene Wassergewicht:

$$W = A\,\frac{a}{100}, \text{ aber auch } W = 100 + R\,\frac{r}{100}.$$

Beides gleichgesetzt, gibt

$$A\,\frac{a}{100} = 100 + R\,\frac{r}{100}.$$

Da nun aber

$$R = A - 100,$$

so wird

$$A\,\frac{a}{100} = 100 + (A - 100)\,\frac{r}{100}$$

und nach entsprechender Umformung:

$$A = \frac{10\,000 - 100\,r}{a - r} \quad \ldots\ldots \quad (59a)$$

Für die Werte $a = 70$ und $r = 10$ wird demnach

$$A = \frac{10\,000 - 1000}{70 - 10} = 150,$$

d. h. aus 150 kg Ware mit 70% = 105 kg Wasser entstehen nach Verdampfung von 100 kg Wasser 50 kg Ware mit 10% Feuchtigkeit = 5 kg Wasser.

Meistens ist erwünschter, die aus 100 kg feuchter Ware zu verdunstende Wassermenge $\mathfrak{W}$ in kg oder % unmittelbar zu bestimmen. Setzen wir zu dem Zweck noch:

$\mathfrak{T}$ = Gewicht in kg oder % der in 100 kg feuchter Ware enthaltenen Trockensubstanz;

$\mathfrak{R}$ = Trockengewicht der aus 100 kg feuchter erhaltenen getrockneten Ware in kg,

so ist unter Beibehaltung der übrigen Bezeichnungen:

$$\mathfrak{T} = 100 - a;$$

$$\mathfrak{R} = \mathfrak{T}\,\frac{100}{100 - r} = \frac{10\,000 - 100\,a}{100 - r};$$

$$\mathfrak{W} = 100 - \mathfrak{R}$$

$$\mathfrak{W} = 100\left(1 - \frac{100 - a}{100 - r}\right) \quad \text{(59b)}$$

Hiernach wird, bei $a = 70$ und $r = 10$:

$$\mathfrak{W} = 100\left(1 - \frac{30}{90}\right) = 66{,}67 \text{ kg}.$$

Die folgende Zusammenstellung enthält den gewöhnlichen Feuchtigkeitsgrad einiger Stoffe in Prozenten:

	Vor	und nach dem Trocknen:
Pappe	55–67	3
Kartoffeln	75	12—14
Wäsche	50	
Stärke	30—40	verschieden,
Leim	80—90	
Ziegel	16	
Pülpe	91—92	12 u. m.,
„ vorgepreßt	75—80	
Teigwaren	35	
Roßhaare, lose	50	
„ gesponnene	35	
Garne . . . ca.	50	
Getreide	15—20	10—12
Rübenschnitzel, von der Schnitzelpresse	70—85	10—12
Bänder, Gurten	40	
Biertreber	76	10
Rübenblätter	75—85	10
Holz:		
Laubholz, waldtrocken	25—35	
„ lufttrocken	17—20	
Nadelholz, waldtrocken ca.	30—40	
„ lufttrocken	10—15	

	Vor und nach dem Trocknen:	
Floßholz	50—60	
Sand, lehmig	25	
Schlackensand, erwaschener	50—10	
Leder	50—65	
Torf, frisch gestochen . . .	90	
„ an der Luft getrocknet	25	
Kopra	30	
Kasein	55	10
Lithopone	30	
Salze	12—14	1
Fischabfälle	65—70	10—12

Die Dauer des Trockenvorgangs.

Von der Länge der Zeit, welche ein Körper sich im Trokkenraum aufhalten muß, um seine überflüssige Feuchtigkeit ohne schädliche Nebenwirkungen abzugeben, hängt die räumliche Ausdehnung der ganzen Einrichtung ab. Denken wir uns beispielsweise, daß täglich 10 000 Ziegel produziert werden, deren Unterbringung auf den üblichen Trockenstellagen eine Fläche von ca. 170 qm erfordert. Brauchen die Steine nun 3 · 24 Stunden, um auszutrocknen, so muß der Trockenraum die Produktion von 3 Tagen fassen, also 3 · 170 = 510 qm groß sein. Sind dagegen 7 Tage nötig, so ist die Fläche in einer Größe von 7 · 170 = 1190 ∾ 1200 qm vorzusehen.

Hieraus erhellt, daß für das Entwerfen jeder solchen Trockeneinrichtung, von der eine bestimmte Leistung in der Zeiteinheit verlangt wird, bekannt sein muß, wie lange das zu behandelnde Material dem Trockenvorgang unterliegen darf oder muß bzw. in welcher kürzesten Zeit es getrocknet werden kann, ohne in seiner Beschaffenheit an Wert einzubüßen. Zu schnelles Trocknen macht sich in seinen Folgen oft sehr störend bemerkbar, wofür es genügen dürfte, auf das Holz hinzuweisen, bei dem dieser Unfug am weitesten verbreitet ist.

So lesen wir in der „Hütte"[1]):

„Das künstliche Austrocknen geschieht in einem Ofen oder einer Kammer durch einen heißen Luftstrom, der bei

[1]) „Hütte", I, 1908, S. 613.

Eichenholz 40°, bei anderen Laubhölzern 30—40°, bei Nadelhölzern 80—95° für dünnere, 50° für dickere Stücke haben soll. Wirkt der Luftstrom täglich 12 Stunden, so rechnet man:

bei einer Dicke von:	2,5	5	7,5	10	15	20 cm
die Trockenzeit zu:	1	2	3	4	7	10 Wochen

Es dürften schwerlich viele Neuanlagen für derartige Trockenzeiten geschaffen werden, indem die Versprechungen der Erbauer viel weiter gehen, auf welche wahrscheinlich fußend Joly in seinem bekannten Auskunftsbuch[1]) für Austrocknung bei 50—80° höchstens 100° angibt:

Kleinere Sortimente, Bretter usw.: 3—4 Tage (à 24 od. 12 Std.?)
Stärkere „ , Stämme „ : 18—20 „ (?)

In manchen Fällen läßt sich bei der Berechnung der Anlagen ein gewisser Anhalt gewinnen für den ihnen zu gebenden Umfang, indem die für die Hindurchlassung des Trockenluftstroms verbleibenden freien Querschnitte doch unter allen Umständen so groß sein müssen, daß die Widerstände innerhalb zulässiger Grenzen bleiben.

Andere Berechnungen, etwa auf Grund der dem Trockenluftstrom dargebotenen Oberfläche des Trockenguts und ähnliche führen zu keinem einwandfreien Ergebnis, so daß wir immer auf Schätzung und Versuch angewiesen bleiben, sobald es sich um einen neuen Stoff handelt, was sehr oft eintritt bei der fast unerschöpflichen Reihe der Produkte, die in irgendeinem Stadium ihrer Verarbeitung einem Trockenvorgang unterzogen werden. Sog. Erfahrungswerten aber kann ebensowenig Zuverlässigkeit zugesprochen werden, denn oft genug kommt es vor, daß sich ein Material bei der Behandlung nach einem geeigneteren Verfahren in wenigen Stunden, ja manchmal in wenigen Minuten trocknen läßt, während die angesehensten Praktiker vorher eine langsame Trocknung als unbedingt nötig forderten.

Lassen sich deshalb auch nur für verhältnismäßig wenige Stoffe genauere Zahlen angeben, so lassen sich doch, zur

[1]) Joly, Technisches Auskunftsbuch.

tunlichsten Abkürzung der Trockendauer im allgemeinen, folgende für alle Verfahren gültigen Leitsätze aufstellen:

1. Das Trockengut ist auf solche Formen zu bringen, welche den auf die Trocknung wirkenden Einflüssen eine möglichst große Oberfläche darbieten; es empfiehlt sich daher Zerkleinerung auf mäßige Korngröße oder zu Schnitzeln, Auswalzen zu dünnen Platten oder Scheiben u. dgl. m.

2. Das Trockengut soll den trocknenden Einflüssen nach Möglichkeit immer neue Teile seiner Oberfläche darbieten; diese Forderung trifft in erster Linie alle schaufelbaren Substanzen, gilt aber auch für alle übrigen, da sie nicht allein auf die Verkürzung der Trockenzeit hinwirkt, sondern vielfach auch zur Verhinderung von Formänderungen, Krummwerden etc. des Trockenguts dienlich ist; wo die Bewegung des Trokkenguts zu große Schwierigkeiten macht, versuche man es mit Änderung der Windrichtung. Bei manchem Material bildet sich leicht eine Kruste, die immer wieder zu durchbrechen ist, wenn sich ihre Entstehung nicht durch ständiges oder zeitweises Umarbeiten verhüten läßt, damit der Trockenprozeß seinen normalen Fortgang nehmen kann.

3. Unter „trocknenden Einflüssen" sind nicht bloß die durch die Heranführung von Wärme an das Gut, sondern nicht minder die durch die Abführung des aus ihm entwickelten Wasserdampfes bewirkten zu verstehen.

Diesen letzteren wird allmählich größere Beachtung geschenkt, doch sind Trockenkammern, in denen das Wasser an den Wänden herunterrieselt, und Tunnel, in denen der Leim teilweise schimmelt, immer noch anzutreffen; augenscheinlich herrscht recht viel Unklarheit auf diesem Gebiet, so daß ihm an späterer Stelle noch ein besonderes Kapitel gewidmet werden soll.

4. In einzelnen Fällen kommt es vor, daß das zu trocknende Material plötzlich in großen Mengen herbeigeschafft wird, um sich sofort einem gemeinsamen Trockenprozeß unterziehen lassen zu können.

Steht dann kein geeignetes Schnelltrockenverfahren zur Verfügung, so sind Batterietrockner, d. h. eine Reihe von Kammern, welche sich gleichzeitig beschicken und behandeln lassen, allen kontinuierlich, aber nach und nach zu beschickenden Einrichtungen vorzuziehen.

Bei der Herstellung von Trockenanlagen ist daher auch auf die Art ihrer Beanspruchung Rücksicht zu nehmen.

V. Abschnitt.

Die verschiedenen Trockenverfahren.

Bei der Vielfältigkeit der Produkte und der an ihre Beschaffenheit geknüpften Wünsche ist die Verschiedenheit unter den zu ihrer Trocknung dienenden oder vorgeschlagenen Einrichtungen eine überaus große und natürliche.

Allen gemeinsam ist jedoch die Zuführung von Wärme zum Trockengut und die Fortleitung des dadurch aus ihm vertriebenen Wasserdampfes.

Die Unterschiede bestehen demnach nur in der Art, wie dies geschieht, und läßt sich etwa folgende Einteilung vornehmen:

A) das Trocknen mit erwärmter Luft;
B) das Trocknen mit Verbrennungsgasen;
C) Trockner mit Kontaktheizflächen und Wrasenabführung;
D) das Trocknen ohne Luft.

A. Trocknen mit erwärmter Luft.

Die in Trockeneinrichtungen wirkende Arbeitsluft unterscheidet sich von der Raumluft der Umgebung dadurch, daß ihre Beschaffenheit in bezug auf Wärme, Temperatur und Feuchtigkeitsgehalt einer fortwährenden Änderung unterliegt. Sie möge als „Trockenluft“ bezeichnet werden und ist nicht zu verwechseln mit „trockener Luft“ und auch nicht mit der äußeren Raumluft.

Wenn wir mit ihr wollen rechnen können, müssen wir ihre Menge auf einen Begriff beziehen, der in dieser Trockenluft bei allen ihren Wandlungen unveränderlich derselbe bleibt, und das ist das Kilogramm — die Gewichtseinheit — des in ihr enthaltenen Anteils an trockener Luft.

Möge die Trockenluft sich ausdehnen oder zusammenziehen, möge sie kalt oder warm, feucht oder trocken werden — das Kilogramm des Anteils an trockener Luft in ihr besteht nach wie vor, und auf seine Menge kann das Volumen, der Wärmewert, der Wassergehalt, ja das Gewicht der Trokkenluft selbst bezogen werden, da dieses von Temperatur, Spannung und Wassergehalt abhängt, also sehr verschieden ist.

Die im ersten Abschnitt berechneten und zusammengestellten Tabellen IX—XII geben Aufschluß über alle Veränderungen der Trockenluft, immer bezogen auf 1 kg des in ihr enthaltenen Anteils an trockener Luft, und ist es mit ihrer Hilfe spielend leicht, alle den Wärme- und Luftverbrauch betreffenden Fragen zu beantworten. Selbstverständlich gehört dazu erst ein gewisser Überblick über die Vorgänge, welche sich bei dem zu betrachtenden Verfahren abwickeln, und wird dieser vielleicht am besten gewonnen durch eine graphische Darstellung derselben nach der von Otto H. Müller jr. und für Trockenanlagen insbesondere von K. Reyscher beschriebenen Weise[1]).

Unbedingt nötig ist die Kenntnis dieser zeichnerischen Methode zum Verständnis des später Folgenden nicht, so daß derjenige, welcher sich nur für das Endergebnis interessiert, ihre Besprechung überschlagen kann, doch soll nicht verschwiegen bleiben, daß der Verfasser erst auf dem Umwege über eine solche bildliche Darstellung seine heutige Sicherheit in der rechnerischen Behandlung der einschlägigen Fragen erlangte.

Verwerten wir in zwei Koordinatensystemen (Fig. 66 u. 67) die in der Tab. IX zusammengestellten Zahlen in der Weise,

[1]) Otto H. Müller jr., „Rückkühlwerke". Zeitschr. d. Ver. D. Ing. 1905, S. 5 u. ff. K. Reyscher, Bielefeld. Ebenda, Jahrgang 1905, S. 2057.

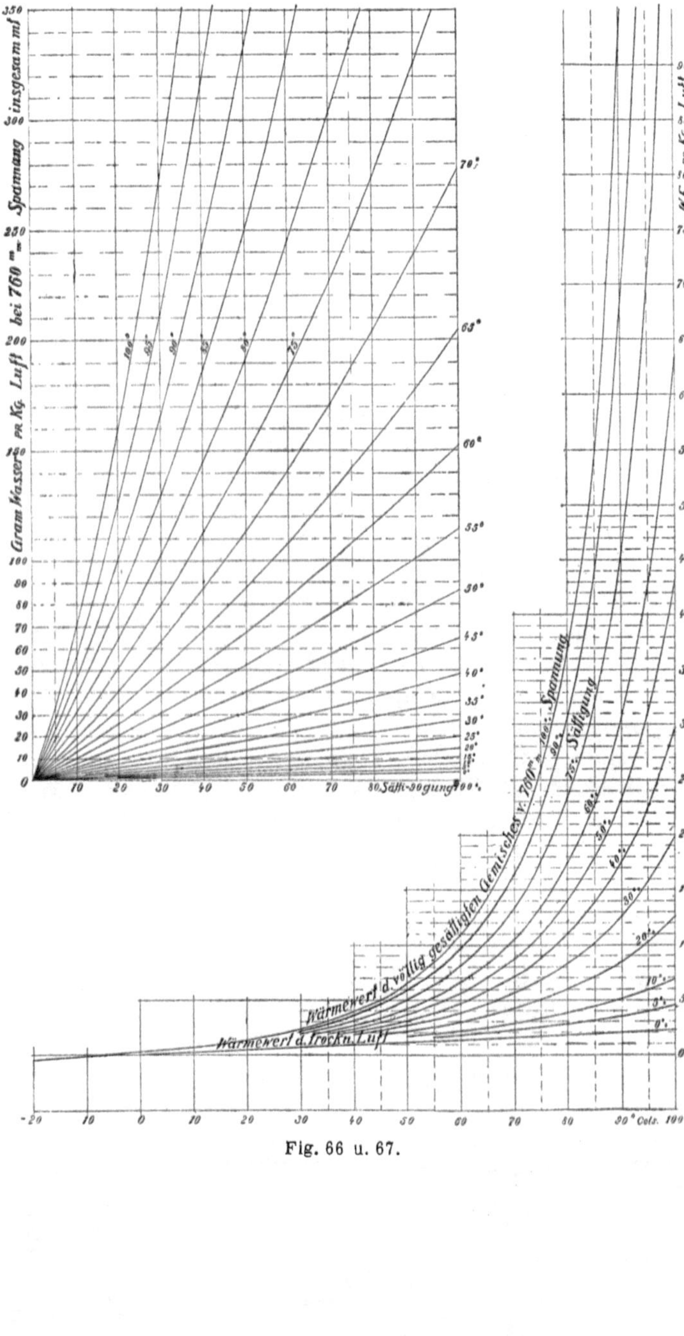
Gram Wasser pr. Kg. Luft bei 760 mm Spannung insgesamt
W.E. pr. Kg. Luft
Sättigung
Wärmewert d. völlig gesättigten Gemisches v. 760 mm Spannung
Wärmewert d. trockn. Luft
Cels.

Fig. 66 u. 67.

daß wir in Fig. 66 auf der Abszissenachse die relative Sättigung, auf der Ordinatenachse die Anzahl Gramme, welche 1 kg Luft an Wasser enthält, abtragen, ziehen die entsprechenden Vertikalen und Horizontalen, machen es dann ähnlich mit Fig. 67, nur daß wir in ihr die Abszissenachse in Temperaturgrade, die Ordinatenachse in Wärmeeinheiten pro kg Luft teilen, markieren wir nunmehr in beiden so entstandenen Netzen die Werte der Tab. IX durch Punkte auf den entsprechenden Ordinaten und verbinden zunächst in Fig. 67 alle Punkte für gleichen Sättigungsgrad miteinander, so erhalten wir eine Anzahl Kurven, von denen diejenige für völlige Sättigung sich am stärksten nach oben krümmt, wogegen diejenige für trockene Luft als schräg ansteigende gerade Linie verläuft. Zwischen beiden liegen die Kurven für die verschiedenen Sättigungsgrade; alle vertikal übereinander liegenden Punkte entsprechen der gleichen Temperatur, alle horizontal nebeneinander liegenden dem gleichen Wärmewert. In derselben Weise verfahren wir mit den Punkten von Fig. 66 und erhalten damit Kurven für die Temperaturen bei feststehendem Wassergehalt und Sättigungsgrad.

Da alle diese Linien bei dem gewählten Maßstab für niedrige Temperaturen sehr dicht zusammenfallen, so sind sie in den Fig. 68 u. 69 nochmals für einen geringeren Temperaturenbereich gezeichnet.

Denken wir uns jetzt 1 kg **trockener** Luft von 0°, so enthält dasselbe 0 WE, hat also einen Wärmewert = 0. Wird es nun auf 50° gebracht, so steigt sein Wärmewert auf 11,87 WE gemäß Tab. IX, da 50, multipliziert mit der spez. Wärme trockener Luft = 0,2375 vorstehenden Betrag ergibt.

Die Zufuhr von Wärme, welche 1 kg trockener Luft erfährt, läßt sich figürlich demnach in der Weise darstellen, daß wir in Fig. 69, vom Nullpunkt ausgehend, mit einem Stift auf der Abszissenachse horizontal bis zur 50°-Vertikalen fahren, um dort auf ihr bis zum 11,87 WE-Punkt nach oben zu steigen, welche Leistung der resultierenden schrägen Linie vom Nullpunkt bis zum Schnittpunkt der 50°-Vertikalen mit der 11,87 WE-Horizontalen entspricht, und ist leicht einzusehen, daß sich überhaupt jede Wärmezufuhr bei trockener Luft, möge diese eine Temperatur haben, welche sie wolle, oder bereits einen gewissen Wärmewert besitzen, immer auf derselben Schrägen oder einer ihr parallelen Linie vollziehen muß.

Angenommen, in die warme, trockene Luft wird nunmehr ein Tröpfchen Wasser von 0° geträufelt, so erwärmt sich dasselbe und verdunstet, indem es um sich nur eine Luft-, aber keine seiner Temperatur entsprechende Dampfspannung vorfindet und bestrebt ist, dieselbe herzustellen, denn es verdunstet Wasser bekanntlich so lange, bis der über ihm befindliche Raum völlig mit Dampf angefüllt ist von einer Spannung, welche der dort herrschenden Temperatur entspricht. Wenn hierbei von außen keine Wärme zugeführt wird, muß die Luft die für die Dampfbildung verbrauchte Wärme hergeben, wodurch sie entsprechend herunterkühlt und dadurch die Herbeiführung eines Gleichgewichtszustandes erleichtert, indem dieser bei fortgesetztem Einträufeln erreicht wird, sobald die immer kühler werdende Luft gesättigt ist.

Der Vorgang verhält sich demnach so, als wenn wir mit unserem Stift vom Kreuzungspunkt zurückgehen, doch nicht auf der Schrägen zum Nullpunkt, sondern auf der 11,87 WE-Horizontalen, und zwar vorläufig bis zum Schnittpunkt i mit der Kurve für gesättigte Luft, der ungefähr bei 18° liegt.

Die gesamte, bis jetzt verrichtete Handlung besteht somit darin, daß 1 kg trockene Luft von 0° mit einem Wärmeaufwand von 11,87 WE auf 50° gebracht und dann mit Wasserdunst voll gesättigt wurde, wobei seine Temperatur auf 18° sank.

Die dadurch erreichte Wirkung, d. h. die damit verdampfte Wassermenge ergibt sich aus Fig. 68, in welcher sie in Gramm durch die Horizontallinien bezeichnet wird. Die Vertikalen geben die Sättigungs-, die Schrägen die Temperaturgrade an.

Für trockne Luft von 0° beginnen wir hier ebenfalls im Nullpunkt, worin wir während der Erwärmung auf 50° stehenbleiben, da sie an dem Feuchtigkeitsgehalt der Luft nichts ändert. Die nun folgende Abkühlung auf 18° bei vollkommener Sättigung entspricht der Kurve 0—i, welche entsteht, wenn wir in Fig. 68 auf den Temperaturlinien die Schnittpunkte mit den Sättigungslinien markieren, welche sich nach Fig. 69 für die Strecke *h—i* ergaben, und diese Punkte miteinander verbinden.

Die Höhe 12,6 auf der 100%-Sättigungsvertikalen deutet an, daß 12,6 g Feuchtigkeit von dem arbeitenden 1 kg trokkener Luft aufgenommen wurden.

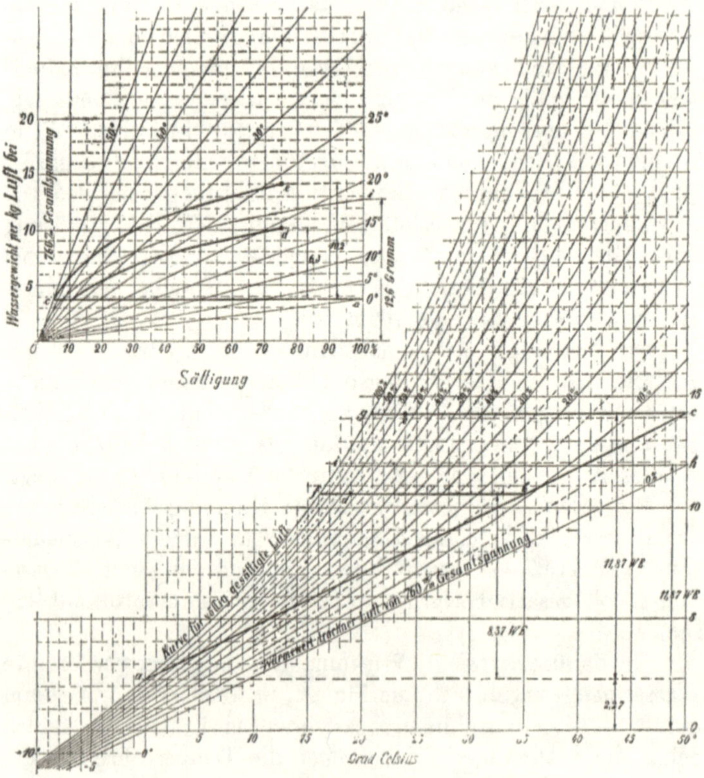

Fig. 68 u. 69.

Wenden wir dies jetzt auf andere Verhältnisse an, und denken uns einmal, die Maximaltemperatur betrage 35⁰ das andere Mal sie sei 50⁰, und gehen in beiden Fällen davon aus, daß Außenluft von 0⁰, die v ö l l i g m i t F e u c h t i g k e i t g e s ä t t i g t sei, zur Verfügung stehe.

Die Untersuchung führen wir wieder aus mit Hilfe von Fig. 68 u. 69, indem wir zunächst den Wärmewert suchen, welcher der zur Verfügung stehenden Luft von 0^0 bei voller Sättigung innewohnt; wir finden ihn gleich der Strecke 0—*a* oder = 2,27 ∾ 2,3 WE pro kg trockene Luft.

Erwärmen wir diese jetzt auf 35 bzw. 50^0 C, so ist das in unserer Figur gleichbedeutend mit dem Ziehen einer Geraden durch den Punkt *a* parallel zu der Schrägen, welche die Wärmewerte der trockenen Luft angibt, bis zu den Schnittpunkten mit den, den Temperaturen von 35 und 50^0 entsprechenden Vertikalen, also bis zu *b* und *c*. Alsdann haben wir in den Vertikalabständen der Punkte *b* und *c* von der durch *a* gelegten Horizontalen, 8,31 und 11,87 WE, den Wärmeaufwand pro kg Luft, wozu strenggenommen noch derjenige käme, welcher zur Erwärmung der sehr geringen, darin enthaltenen Wasserdampfmenge nötig ist, doch ist dieselbe so belanglos, daß wir sie vernachlässigen dürfen, ohne einen für die Praxis in Betracht zu ziehenden Fehler zu begehen. Da nämlich die Gesamtwärme oder, wie wir es bezeichneten, der Wärmewert des Dampfes von 0^0 = 594,7 bei 50^0 = 618 wird, also um 23,3 WE pro kg höher, so macht das auf die in unserem Gemisch enthaltenen 0,0038 kg etwa 0,1 WE aus und wird bei kleineren Temperaturdifferenzen oder in höheren Temperaturlagen noch geringer.

Es sei hier eingeschaltet, daß in unseren Kurventafeln derjenige Teil der Ordinaten, der unterhalb der schrägen Linie für den Wärmewert der trockenen Luft liegt, den Anteil an der Gesamtwärme bezeichnet, der von der Temperatur der Luft herrührt, derjenige dagegen, der über ihr bis zu irgendeiner Sättigungskurve geht, den Anteil, welchen die Dampfwärme hat. Ziehen wir nunmehr durch die Punkte *b* und *c* die Horizontalen *b*—*f* und *c*—*g*, so entspricht dies der Führung der auf 35 bzw. 50^0 erwärmten Trockenluft durch das Trockengut, wobei ihre Temperatur sinkt, ihr Feuchtigkeitsgehalt aber steigt, während ihr Wärmewert derselbe bleibt, abgesehen von Abkühlungen durch Außenwände etc., welche unberücksichtigt bleiben sollen. Es wird ohne Zu- oder Abführung von Wärme die Temperaturdifferenz zwischen Trockenluft und Trockengut verwendet zur Umwandlung eines Teils der Feuchtigkeit des letzteren in Dampf.

Dabei sehen wir, daß die Sättigung des Gemisches um so größer wird, je weiter wir mit der Abkühlung gehen, und werden später noch erkennen, daß der Wärmeverbrauch zum Verdampfen von 1 kg Wasser um so geringer ausfällt, je höher wir die Sättigung treiben können. In der Praxis darf indessen im allgemeinen auf nicht mehr als 75—80% gerechnet werden, und so würde die auf 50° erwärmte Trockenluft auf etwa 24° abkühlen müssen, wenn sie mit 75% Feuchtigkeit abziehen soll, wogegen die Temperatur der 35° warmen Trockenluft auf ca. 9° herabginge.

Der Aufwand zur Erwärmung von 0 auf 50 bzw. 35° beträgt, wie aus der Tafel direkt abzugreifen ist, 14,14 — 2,27 = 11,87 bzw. 10,58 — 2,27 = 8,31 WE pro kg trockene oder reine Luft. Hierbei sei ausdrücklich nochmals auf den bereits erläuterten Unterschied zwischen „trockener Luft" und „Trockenluft" hingewiesen.

Um jetzt auch die damit zu verdunstenden Wassermengen festzustellen, ziehen wir in Fig. 68 eine Horizontale durch den Schnittpunkt der 0°-Schrägen mit der 100% Sättigung anzeigenden Vertikalen nach links bis an die die Temperatur von 50° darstellende Kurve; diese neue Linie durchquert nacheinander die verschiedenen Temperaturkurven und gibt an, wie sich der Sättigungsgrad ändert für das immer gleich bleibende Wasserquantum, welches durch die Horizontallinie dargestellt wird. Das im Schnittpunkt mit der 50°-Kurve gefällte Lot gibt uns demnach den zugehörigen Sättigungsgrad zu ca. 5% an, und wenn wir die demselben entsprechende Kurve in Fig. 69 eintragen, so zeigt uns ihr Schnittpunkt mit der 50°-Linie genau, wie groß der tatsächliche Wärmeaufwand war, um die Luft von 0° und voller Sättigung auf 50° bei ca. 5% Sättigung zu bringen. Dieser Schnittpunkt „*c*" ist gleichzeitig identisch mit dem der durch 0°-Anfangstemperatur gezogenen Schrägen mit der 50°-Vertikalen.

Bei dieser graphischen Methode haben wir also festzuhalten, daß die Periode der Wärmezufuhr sich immer auf einer horizontalen Linie in der Fig. 68, die Feuchtigkeitsaufnahme dagegen immer auf einer Horizontalen der Fig. 69 vollziehen muß, was bei weiteren Verwendungen von Wichtigkeit ist.

Wir werden jedoch tunlichst mit schematischen Darstellungen nach Art von Fig. 69 auszukommen suchen, zumal die Konstruktion von Kurven, wie $0-i$ in Fig. 68, zeitraubend ist und wir von ihnen auch nur den Endwert i zu kennen brauchen. Immerhin zeigt ihr Verlauf, daß die Aufnahme von Wasser im Trockenraum anfänglich eine stärkere ist als später, besonders wenn der Unterschied zwischen Anfangs- und Endtemperatur der Trockenluft groß ist; je mehr derselbe abnimmt, desto gleichmäßiger vollzieht sich die Wasserentziehung.

Aber schon die Ermittlung der Endwerte i in dem Schema (Fig. 68) auf rein zeichnerischem Wege bietet Schwierigkeiten, weshalb wir uns nach besser gangbaren Wegen umsehen und solche auch in einer ausgiebigeren Verwertung der Zahlen von Tab. IX finden.

Gehen wir wieder von trockener Luft von 0° aus, so gibt die Tabelle für dieselbe einen Wärmewert $c = 0$ WE pro kg und einen Wassergehalt $w = 0$ g pro kg an; durch die Erwärmung um 50° erfährt sie einen Wärmezuwachs $= 11{,}87$ WE pro kg (letzte Spalte von Tab. IX), welcher ihr während des Aufenthalts im Trockenraum verbleibt. Wollen wir sie mit 100% Sättigung entlassen, so suchen wir in Tab. IX denjenigen Wassergehalt, welcher bei einem Wärmewert $= 11{,}87$ WE dieser Sättigung entspricht, und finden beim Herabfahren in der 100%-Spalte, daß er bei einer Temperatur zwischen 20 und 15° liegen muß. Denn bei 20° und voller Sättigung beträgt der

Wassergehalt: $w_0 = 14{,}4$ und der Wärmewert $c_o = 13{,}50$,
bei 15° ebenso: $w_u = 10{,}6$ „ „ „ $c_u = 9{,}94$.

Da der Endwärmewert c_e zwischen c_0 und c_v liegt, muß auch w_e zwischen w_0 und w_u liegen, und zwar wird sein:

$$\frac{w_o - w_u}{w_o - w_e} = \frac{c_o - c_v}{c_o - c_e}, \text{ oder}$$

$$w_e = w_o - \frac{(w_o - w_u)(c_o - c_e)}{c_v - c_u} \quad . . . \quad (63a)$$

Nach ganz demselben Gedankengang ergibt sich die zwischen dem oberen Wert $t_0 = 20^0$ und dem unteren $t_u = 15^0$ liegende Temperatur des abziehenden Dampfluftgemisches zu:

$$t_e = t_o - \frac{(t_o - t_u)(c_o - c_e)}{c_o - c_u} \quad . \quad . \quad . \quad (63b)$$

Nach Einsetzung der Werte erhalten wir, da:

$c_e = 11{,}87$:

$$w_e = 14{,}4 - \frac{(14{,}4 - 10{,}6)(13{,}58 - 11{,}87)}{13{,}58 \cdot 9{,}94} = 12{,}6 \text{ g } H_2O \text{ p. kg Luft}$$

$$t_e = 20 - \frac{(20 - 15)(13{,}58 - 11{,}87)}{13{,}58 \cdot 9{,}94} = \text{ca.} 17{,}7^0.$$

Tab. IX ist nur von 5 zu 5^0 und von 5 zu 5% Wassergehalt aufgestellt, womit sie unseren Zwecken vollständig genügt, indem selbst bei kleineren Abständen die dazwischen liegenden Werte geradeso berechnet werden müssen, wie oben geschehen; es ist aber um so wahrscheinlicher, daß diese Zwischenwerte wirklich gerechnet und nicht bloß geschätzt werden, wenn — bei größeren Abständen — das Schätzen schwieriger wird.

Enthält die Trockenluft von vornherein Feuchtigkeit, so ist dies zu berücksichtigen, indem dadurch auch ihr Wärmewert beeinflußt wird.

Für völlig gesättigte Luft von 0^0 ist gemäß Tab. IX:
der Wärmewert (im Anfang) $c_a = 2{,}27$ WE pro kg,
„ Wassergehalt („ „) $w_a = 3{,}8$ g pro kg.

Nach der Erwärmung steigt c_a auf den Endwärmewert:

	bei 35⁰	**bei 50⁰**
$c_e =$	$2{,}27 + 8{,}31 =$ 10,58	$2{,}27 + 11{,}87 =$ 14,14 WE.

Hierfür wird nach Formel (63):

B e i 100% S ä t t i g u n g d e r A b z u g s l u f t n a c h Tab. IX

$w_o =$	14,4	13,7
$w_a =$	10,6	19,0
$c_o =$	13,58	17,48
$c_u =$	9,94	13,13

und nach Einsetzung der Werte

$w_e =$	11,3	14,8 g p. kg.

	bei 35°	**bei 50°**

Bei 75% Sättigung der Abzugsluft nach Tab. IX:

	bei 35°	bei 50°
$w_o =$	8,0	15,0
$w_a =$	10,8	10,8
$c_o =$	11,33	15,0
$c_a =$	8,34	11,33

und nach Einsetzung der Werte:

$w_e = 10{,}1$ . . . . 14 g pro kg.

Damit sind auf die einfachste Weise diejenigen Wassermengen genau festgestellt, welche die Trockenluft nach der Durchwanderung des Trockenraums mit sich führt, doch dürfen wir nicht vergessen, daß sie beim Eintritt in ihn bereits Feuchtigkeit und Wärme enthielt.

Beschränken wir die weiteren Untersuchungen auf die mit 75% Sättigung abziehende Luft, so hat dieselbe nach Abzug dessen, was sie bereits enthielt, neu aufgenommen:

an Wärme pro kg:

8,31 . . . . 11,87 WE

und an Wasser pro kg:

10,1 — 3,8 = 14 — 3,8 =
6,3 . . . . 10,2 g.

Um also 100 kg = 100 000 g Wasser fortschaffen zu können, sind erforderlich:

100 000/6,3 = 100 000/10,2 =
15 873 . . . . **9804** kg Luft.

Da jedem kg zugeführt werden müssen:

8,31 . . . . 11,87 WE,

so brauchen wir:

131 900 . . . . **116 370** WE oder rund
1320 . . . . 1160 WE pro kg Wasser.

Damit haben wir sowohl die Mengen an Luft als an Wärme gefunden, welche wir zur Verdunstung von Wasser unter verschiedenen Voraussetzungen benötigen; es fehlen noch die Abzugstemperaturen, deren Ermittlung indessen nach Gleichung (63 b) keine Schwierigkeiten macht.

Der sowohl in ihr wie in (63 a) vorkommende Wärmewert c_e, welchen die Trockenluft erreicht, nachdem sie von der Anfangs- bzw. Außentemperatur t_a auf ihre Höchsttemperatur vor Eintritt in den Trockenraum gebracht wurde, $= t_h$, läßt sich in die Formel bringen:

$$c_e = c_a + (t_h - t_a)\, c_p \quad . \; . \; . \; . \; . \; . \quad (64)$$

worin c_a wieder den Wärmewert der Frischluft und c_p die spez. Wärme der Trockenluft bezeichnet = 0,2375.

Zur Übung seien einige Beispiele angefügt.

Beispiel 15. Wieviel Wasser vermag 1 kg zu 80% gesättigte Luft fortzuführen, welche von 0° und voll gesättigt auf 75° erwärmt wird?

Beantwortung. Luft von 0° und 100% Sättigung enthält 2,27 WE und 3,8 g Wasser pro kg. Durch die Erwärmung um 75° werden ihr zugeführt 17,81 WE (0,2375 · 75, vorletzte Spalte der Tab. IX); sie erlangt mithin einen Wärmewert von 17,81 + 2,27 = 20,08 WE, welcher bei Luft mit 80% Sättigung zwischen 25 und 30° liegt und einem Wassergehalt zwischen 16 und 21,5 g entspricht (vgl. Tab. IXa). Die Größe desselben ergibt sich nach Formel 63 zu:

$$w_e = 21{,}39 \text{ g pro kg Luft.}$$

Angenommen, es sollen 100 kg Wasser durch derartig erwärmte Luft verdunstet und abgeführt werden, so sind dazu nötig

$$\frac{100\,000}{21{,}39 - 3{,}8} = \infty\ 5700 \text{ kg Luft und } 5700\ (17{,}8 - 2{,}3) = \text{ca. } 88400 \text{ WE.}$$

Soll die Luft mit einem nicht in den Tabellen enthaltenen Sättigungsgrad abziehen, also etwa mit 82%, so wird die Arbeit etwas umständlicher, indem dann erst die Wärmewerte und Wassergehalte für diesen Sättigungsgrad bei den nächstliegenden Temperaturen festgestellt werden müssen. Sie liegen auf ca. $^2/_{10}$ der Differenz zwischen den Werten für 80 und 85%, also auf 15,74 bzw. 20,37 WE und 16,2 bzw. 21,78 g, woraus sich der Wassergehalt für 20,08 WE bei 82% Feuchtigkeit nach demselben Verfahren wie vorhin zu 21,43 g ergibt.

Beispiel 16. Wieviel Wärme wird benötigt, um 1 kg Wasser zu verdunsten, wenn die abziehende Luft entweder eine Temperatur von 25 oder von 50° hat, in beiden Fällen völlig gesättigt ist, ebenso wie die Außenluft und die Temperatur der letzteren − 10° oder 0° oder + 10° beträgt?

B e a n t w o r t u n g.

Temperatur der abziehenden Trockenluft	25°	50°
a) b e i ÷ 10° A u ß e n t e m p e r a t u r:		
Die eintretende Luft enthält H_2O pro kg	1,58	1,58 g
„ abziehende „ „ „ „ „	20	86,2 „
Vermehrung ihres Wassergehalts pro kg .	18,42	84,62 „
Zur Aufnahme von 1 kg Wasser sind nötig	55	11,9 kg Luft
1 kg Luft enthält beim Eintritt . . .	÷ 1,44	÷ 1,44 WE
1 „ „ „ „ Austritt	+ 18,10	+ 65,12 „
1 „ „ nimmt daher auf	19,54	66,56 „
Zur Verdunstung von 1 kg Wasser werden somit erforderlich	55 · 19,54 = 1075	11,9 · 66,56 = 792 WE
b) b e i 0° A u ß e n t e m p e r a t u r:		
Die eintretende Luft enthält H_2O pro kg	3,8	3,8 g
„ abziehende „ „ „ „ „	20	86,2 „
Zur Aufnahme von 1 kg H_2O sind nötig	61,73	12,14 kg Luft
1 kg Luft enthält beim Eintritt . . .	2,27	2,27 WE
1 „ „ „ „ Austritt	18,10	65,12 „
Die Verdunstung von 1 kg H_2O erfordert .	977	763 „
c) b e i + 10° A u ß e n t e m p e r a t u r:		
Die eintretende Luft enthält H_2O pro kg .	7,6	7,6 g
Zur Aufnahme von 1 kg H_2O sind nötig .	80,65	12,72 kg Luft
1 kg Luft enthält beim Eintritt . . .	6,95	6,95 WE
Die Verdunstung von 1 kg H_2O erfordert .	899	740 „

Bezeichnen wir mit:

B_l = zur Abführung von 1 kg H_2O erforderliche Luftmenge in kg.

B_c = zur Verdunstung von 1 kg H_2O erforderliche Wärmemenge in WE.

c_a = Wärmemenge in WE, welche auf 1 kg der in der Trokkenluft enthaltenen trockenen Luft b e i m E i n t r i t t entfallen, gemäß Tab. IX.

c_e = Wärmemenge, desgleichen b e i m A b z u g laut Tab. IX.

w_a = Wassergehalt in g pro kg der in der Trockenluft enthaltenen trockenen Luft, nach Tab. IX b e i m E i n t r i t t.

w_e = Wassergehalt wie vor, jedoch b e i m A b z u g.

Dann wird, wie vorstehende Beispiele zeigen:

$$B_l = \frac{1000}{w_e - w_a} \quad \ldots \ldots \quad (65)$$

$$B_c = B_l\,(c_e - c_a) \quad \ldots \ldots \quad (66)$$

Für ein und denselben Anfangszustand der Trockenluft vermindert sich demnach ihr Bedarf zum Auftrocknen von 1 kg Feuchtigkeit mit wachsendem w_e, also je höher ihr Wassergehalt am Ende des Vorgangs gestiegen ist; der Wärmebedarf B_c vermindert sich zwar auch mit fallendem B_l, nimmt dafür aber mit wachsendem c_e zu; da der Wassergehalt mit zunehmenden Temperaturen und Sättigungsgraden gemäß Tab. IX weit schneller steigt als der Wärmewert, so ergibt sich aus der Betrachtung der Gleichungen (65) und (66), daß der Wärmeverbrauch eines zum Trocknen mit Luft bestimmten Apparats unter sonst gleichen Umständen um so geringer ausfällt, je näher ihre Abzugstemperatur an ungefähr 80° bei 80—90% Sättigung gebracht werden kann; darüber hinaus ist der zu erzielende Vorteil nicht mehr groß, indem er durch andere Umstände wieder beeinträchtigt wird.

Die Gleichungen lassen aber noch mehr erkennen; so insbesondere die wichtige, wenn auch nicht gerade neue Tatsache, daß es für die Wirtschaftlichkeit eines unter Mitwirkung von Luft oder Heizgasen vollzogenen Trockenvorgangs ganz gleichgültig ist, auf welche Temperaturen dieselben vor oder während ihrer Verwendung gebracht wurden — es kommt einzig und allein darauf an, bei welcher Temperatur und mit welchem Feuchtigkeitsgrad sie ihre Arbeit beenden und ins Freie entlassen werden.

Abgesehen von allen Nebeneinflüssen ist der Wärmeverbrauch mithin ungefähr derselbe:

a) bei Verwendung von Feuergasen, welche mit ca. 800° C, also mit ca. 190 WE, den Trockenraum betreten und ihn mit ca. 75° und 80% Sättigung = 190 WE verlassen;

b) bei einem Trockenapparat, in welchem die Luft fortdauernd mit 75° umgearbeitet und nur ein gewisser Teil davon, zu 80% gesättigt, ins Freie entlassen wird, welcher durch einen gleichgroßen Betrag an Frischluft Ersatz findet;

c) wenn mehrere an passender Stelle eingeführte Trocken- und ebenso viele Heizräume zu einem einzigen Trockner in der Weise verbunden sind, daß die Trockenluft vom Eintritt bis zum Abzug mehrere dieser Trocken- und die jedesmal daneben gelagerten Heizräume durchstreichen muß, wobei sie höher und höher erwärmt und gesättigt wird, bis sie am Ende ihres Laufs den Trockner mit 75° und 80% Sättigung verläßt.

Für die Ausführung dieses letzten Gedankenganges stehen zwar manche Wege zur Verfügung, doch wollen sie alle mit voller Aufmerksamkeit betreten sein, damit sie nicht zu falschen Schlüssen führen.

Was hierin geleistet wird, zeigen die Prospekte vieler Erbauer von Trockeneinrichtungen, in denen sich oft die unmöglichsten Versprechungen finden, die trotzdem, und vielleicht gerade deshalb, Glauben finden.

Wir werden jetzt eine Reihe der wichtigeren Verfahren für das Trocknen mit erwärmter Luft bzw. mit Heizgasen durchgehen, müssen uns aber vorher noch über einige Punkte klar werden.

1. Bei allen Einrichtungen, in welchen atmosphärische Luft zur Anwendung gelangt, muß mit der wechselnden Beschaffenheit derselben gerechnet werden; alle Berechnungen über Trocken- sowie den ihnen nahe verwandten Lüftungs- und Entnebelungsanlagen sind daher für mindestens drei verschiedene Zustände der Atmosphäre durchzuführen, und zwar hat sich dafür als zweckmäßig erwiesen:

die Temperaturen:	—15°	+ 5°	+ 25°,
bei einer Sättigung von:	voll	voll	60—75%.

Für niedrigere Temperaturen im Winter und höhere Sättigung im Sommer gelangt man zu unverhältnismäßig großem Bedarf an Wärme oder Luft, der nur in Ausnahmefällen zur Verwendung kommt und zu dessen Deckung die Einrichtungen oft nicht unwesentlich vergrößert werden müßten; ein vorsichtiger

Konstrukteur bemißt sie überhaupt schon nicht zu knapp, und sollte es dabei auch bewendet bleiben, anstatt alles für vielleicht vorkommende Ausnahmefälle von meistens kurzer Dauer noch reichlicher vorzusehen.

2. Ganz ähnlich geht es mit den der Berechnung zu unterlegenden Sättigungsgraden der abziehenden Trockenluft. Ihre Höhe passen wir den Umständen an, und zwar derart, daß wir im allgemeinen für die äußersten Außentemperaturen am meisten gesättigte Abzugsluft ins Auge fassen, sonst aber die Verteilung derartig einrichten, daß sich die Regelung des wechselnden Luft- und Wärmebedarfs in einfacher, vom Bedienungspersonal möglichst unabhängiger Weise bewirken läßt. Das darin bereits Erreichbare vermag vollkommen zu befriedigen, doch muß wegen der dafür einzuhaltenden Gesichtspunkte auf die späteren Beispiele verwiesen werden.

3. Außer auf die für die Auftrocknung der Feuchtigkeit nötigen haben wir auch auf diejenigen Wärmemengen Rücksicht zu nehmen, welche zur Deckung der Abkühlungsverluste sowie für Erwärmung der Wagen etc. mit dem darauf ruhenden Trockengut erforderlich sind. Einzelne von diesen Beträgen sind zwar oft gering oder fallen aus anderen Gründen fort, doch sollen sie trotzdem nicht eher außer acht gelassen werden, als bis dies zulässig erscheint.

4. Bei allen für die Trocknung durch Luft bestimmten Einrichtungen, bei welchen die Trockenluft nicht umgearbeitet, sondern nur durchgeleitet wird, empfiehlt sich, die zur Aufbringung der Wärmeverluste unter 2) bestimmten Heizflächen im Trockenraum selbst unterzubringen, da eine etwaige Vermehrung der Vorwärmheizfläche nur sehr geringe Wirkung ausübt. Um nämlich keine Erhöhung der Temperatur der eingeführten Luft herbeizuführen, müßte deren Menge vermehrt werden, obgleich dies für die Abführung der Feuchtigkeit nicht nötig wäre. Die Folge ist, daß die Trockenluft nicht nur mit geringerer Sättigung sondern auch mit höherer Temperatur abzieht, und daß alle Wärme, welche die zur Deckung der Abkühlungs- etc.-Verluste extra eingeführte Luft beim Abzug mit fortträgt, vollständig verloren geht.

Dieser Punkt wird vielfach nicht genügend beachtet, weshalb auf ihn hier besonders aufmerksam gemacht sei.

5. Die Berechnungen werden am besten in derselben schematischen Weise vorgenommen, wie es bei den Beispielen geschehen ist, da sie einen schnellen Überblick ermöglicht und die Benutzung von Formeln, wie (65) und (66), keine nennenswerte Erleichterung bietet.

1. Trockenkammern.

In denselben werden Waren der verschiedensten Art bei allen möglichen Temperaturen bis 100° getrocknet und zeigt Fig. 70 eine vielfach übliche Ausführung.

Die frische Luft tritt unten durch einen oder mehrere einstellbare Schieber ein, erwärmt sich an den über dem Boden oder unter den Regalen verteilten Heizröhren, bestreicht die zu trocknende Ware von unten nach oben und zieht dort, mit Feuchtigkeit

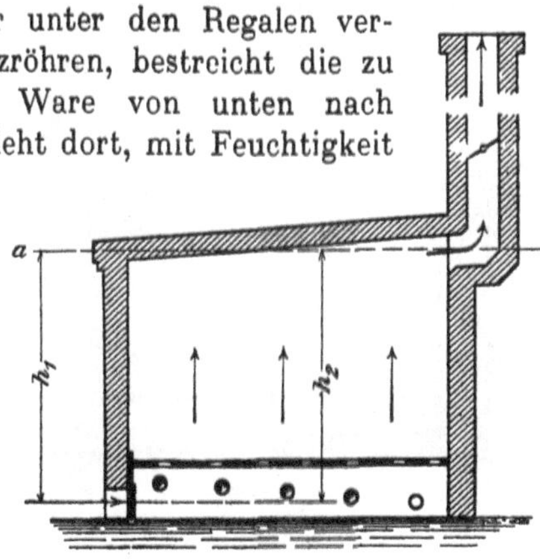

Fig. 70.

beladen, durch einen oder mehrere mit Regulierklappen oder Schiebern versehene Schlote ins Freie.

Dieser Zustand herrscht indessen nur während eines Teils der Trockenperiode, der übrige wird zum Füllen und Entleeren, zum Hochheizen und Abkühlen der Kammer verwendet; trotzdem ist andauernd dem Einstellen der Zu- und Abluftöffnungen volle Aufmerksamkeit zu widmen, um weitgehenden Wärmeverlusten vorzubeugen.

Die Erwärmung der Trockenluft läßt sich durch Dampf, Warm- oder Heißwasser sowie durch unmittelbar geheizte Feuerluftkaloriferen bewirken, doch sind letztere nicht ungefährlich, indem sie bei starker Beanspruchung leicht Erglühungen und Undichtigkeiten ausgesetzt sind, so daß wenigstens verlangt werden muß, daß sie einfach zu bedienende, gleichmäßig brennende Füllfeuerungen erhalten.

Vielfach bereitet es Schwierigkeit, eine gute Schichtung der Temperatur und des Feuchtigkeitsgehalts der Trockenluft in der Kammer zu erzielen, also zu vermeiden, daß sich Strömungen und daneben tote Winkel bilden, was im allgemeinen auf zu starken Luftwechsel zurückzuführen ist; um dem Übelstand abzuhelfen, leitet man die Luft nicht von unten nach oben, sondern umgekehrt, gemäß Fig. 71 durch den

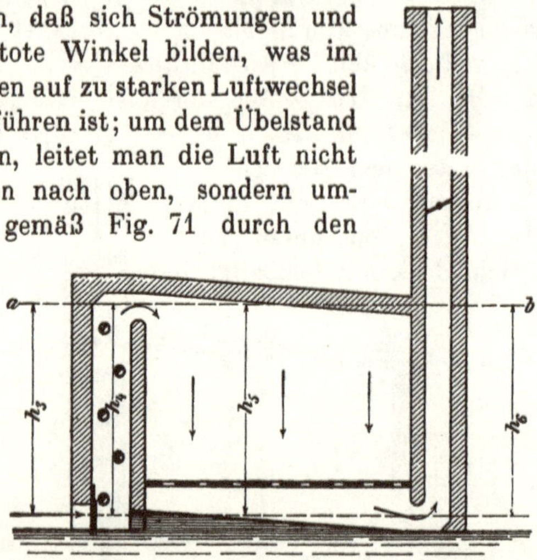

Fig. 71.

Trockenraum, was einen gewissen Erfolg schon deshalb hat, weil die Zugwirkung dadurch eine Verminderung erfährt.

Angenommen nämlich, daß Luft von 0^0 und voller Sättigung durch die Heizrohre auf 50^0 erwärmt werde, wobei ihre Sättigung auf ca. 5% zurückgeht, und daß sie nach dem Durchstreichen des Trockenguts, also beim Austritt, ca. 24^0 mit 75% Sättigung aufweist, dann beträgt ihr Gewicht pro cbm gemäß Tab. VIII b[1]):

[1]) In diesem besonderen Falle ist Tab. VIIIb zu benutzen, da es sich um das wirkliche Gewicht der feuchten Luft handelt.

bei 0°, vollgesättigt . . . . ca. 1,29 kg
„ 50° und 5% Sättigung . . . . „ 1,09 „
„ 24° „ 75% „ . . . . „ 1,18 „

Es wiegt mithin eine innere Luftsäule von 1 qm Querschnitt bei einer Anordnung nach Fig. 70, wenn der Heizraum 0,5, die Trockenkammer 1,5 und der Abzugsschlot 4 m Höhe hat:

$$0{,}5\left(\frac{1{,}29 + 1{,}09}{2}\right) = 0{,}595 \text{ kg}$$

$$1{,}5\left(\frac{1{,}09 + 1{,}18}{2}\right) = 1{,}702 \text{ „}$$

$$4 \cdot 1{,}18 = 4{,}72 \text{ „}$$

zusammen 7,017 kg.

Das Gewicht einer gleichhohen Säule Außenluft von 0° ist: $6 \cdot 1{,}29 = 8{,}74$ kg, so daß die Innenluft mit einer Pressung von $8{,}74 - 7{,}02 = 1{,}72$ kg pro qm = 1,72 mm Wassersäule zum Abzugsschlot hinausgedrückt wird.

Bei der Anordnung nach Fig. 71 beträgt unter sonst gleichen Verhältnissen der Unterschied zwischen den Gewichten der Luftsäulen:

der Heizkammer . . . $= 2\left(\frac{1{,}29 + 1{,}09}{2}\right) = 2{,}38$ kg

und der Trockenkammer $= 2\left(\frac{1{,}09 + 1{,}18}{2}\right) = 2{,}27$ „

0,09 kg.

Derselbe wirkt in negativem Sinne auf die durch die Pfeile gekennzeichnete Stromrichtung, welche erzeugt wird durch den Gewichtsunterschied zwischen den zwei rechtsseitigen Säulen: $6\,(1{,}29 - 1{,}18) = 0{,}66$ kg, so daß für den Auftrieb durch den Abzugsschlot nur eine Pressung von $0{,}66 - 0{,}09 = 0{,}57$ kg pro qm = 0,57 mm Wassersäule verbleibt.

Eine derartige Verminderung des „Zuges“ dürfte nicht oft zulässig sein, besonders wenn man erwägt, daß im vorstehenden Vergleich keinerlei Reibungsverluste und andere Widerstände berücksichtigt wurden.

Da die Verhältnisse für den Wärmeverbrauch bei Trockenkammern sich jeder genauen Berechnung entziehen, müssen wir alle weiteren Erörterungen auf die Ermittlung solcher Werte beschränken, welche bei vollkommen sachgemäßem Verlauf allenfalls zu erreichen wären.

Beispiel 17. Es sollen täglich, d. h. in 20 Stunden, ca. 3400 kg nasse Garne und Bänder getrocknet werden, wovon erstere einen Trockengehalt von ca. 54, letztere einen solchen von 56—66% aufweisen.

Zur Verfügung stehen drei Räume von 76, 63 und 76, zusammen also von 215 qm Bodenfläche, von denen sich 70, 60 und 70, insgesamt 200 qm voll hängen lassen, so daß auf jeden qm ca. 17 kg nasser Ware kommen. Es soll auf keine höhere Temperatur als 70° C gerechnet werden, um immer mit niedrig gespanntem oder Abdampf arbeiten zu können und Mißständen vorzubeugen, welche bei Anwendung von Hochdruckdampf leicht auftreten.

Auflösung. Das Trockengewicht der Ware beläuft sich nach vorstehenden Angaben auf ca. 2000 kg und die in 20 Stunden zu verdampfende Wassermenge auf 1400 kg oder 70 kg stündlich.

Nach den vorhin gegebenen Erläuterungen setzen wir:

Außentemperatur	÷ 15° C	+ 5° C	+ 25° C
Sättigungsgrad der Außenluft . .	100	100	75%
Wassergehalt dabei	0,88	5,4	15 g
Wärmewert	÷ 3,02	4,42	15,0 WE.

Diese Zahlen lassen sich der Tab. IX entnehmen, ebenso wie die folgenden:

die Luft werde erwärmt auf . .	60°	65°	70°
dann hat sie bei gleichbleibendem Wassergehalt einen Zuwachs an Wärme erfahren	(60+15) · 0,2375	(65—5) · 0,2375	(70—25) · 0,2375
oder	17,81	14,25	10,69 WE
ihr Wärmewert beträgt demnach	14,79	18,67	25,69
Setzen wir jetzt den Sättigungsgrad der Abzugsluft schätzungsweise	80	75	60%
so ergibt sich aus Sättigungsgrad und Wärmewert nach Formel 63 ein Wassergehalt von ca. . . .	17	19,2	27,3 g

die Aufnahme pro kg Luft beträgt mithin.	14	13,8	12,3 g
Die Temperatur der Abzugsluft beträgt ca..	24°	29°	38°
Es sind daher an trockener Luft nötig zur Aufnahme von 70 kg Wasser	5 000	5 100	5 700 kg
Jedes Kilogramm davon beansprucht zu seiner Erwärmung .	17,81	14,25	10,69 WE
Insgesamt werden also erforderlich	89 000	73 000	61 000 ,,
davon entfallen nach der Größe ihrer nutzbaren Grundfläche:			
auf Raum I und III an Luft, je	1 750	1 785	2 000 kg
,, ,, I ,, III an Wärme, je	31 100	25 500	21 300 WE
,, ,, II an Luft	1 500	1 530	1 700 kg
,, ,, II ,, Wärme	26 600	22 000	18 400 WE
Auf 1 kg trockene Luft kommen gemäß Tab. X (nicht VIII) bei der vorliegenden Abzugstemperatur und Sättigung ca.. . . .	0,86	0,88	0,92 cbm
ferner hat eine besondere Rechnung ergeben, daß an Abkühlungsverlusten zu veranschlagen sind:			
auf Raum I und III je	15 000	11 300	7 500 WE
,, ,, II	10 000	7 600	5 300 ,,
das bringt insgesamt für die Räume I und III je	46 000	36 800	28 800 ,,
und an abzuführender Luft . . .	1 500	1 600	1 800 cbm
für Raum II	36 600	29 600	23 700 WE
und an abzuleitender Luft . . .	1 300	1 400	1 600 cbm

Die Erwärmung des Trockenguts selbst kann hier bei der Geringfügigkeit des dafür aufzuwendenden Betrages vernachlässigt werden.

Damit wäre der Luft- und Wärmebedarf festgestellt, und wir wenden uns zur Bestimmung der Heizflächenart und -größe. Für Zwecke wie der vorliegenden empfehlen sich Rippenrohre und sind dieselben in schlangenartig über dem Fußboden angeordneten Strecken unter einem Lattenboden zu verlegen.

Ihr Transmissionskoeffizient läßt sich bei Abdampf = 6 pro 1° Temperaturdifferenz setzen und beträgt dieselbe:

	bei —15°	bei 5°	bei +25°
	120°	100°	80°
mithin die stündliche Wärmeübertragung pro qm	720	600	480 WE
danach wären aufzuwenden in Kammer I und III	64	61	60 qm
in Kammer II	50	50	50 qm.

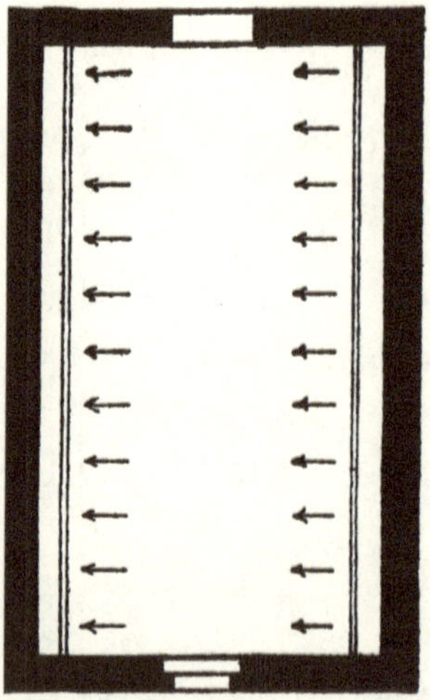

Fig. 72.

Wir kommen bei dieser Arbeitsweise also zu jeder Zeit mit ungefähr der gleichen Heizflächengröße aus und haben nur die Luftzufuhr entsprechend zu regeln, wogegen der Wärmeverbrauch sich selbst einstellt.

Er beträgt insgesamt

128 800 103 200 81 300 WE

oder stündlich an kg Abdampf ca.

285 230 185 kg

für 70 kg Wasserverdunstung, wenn die Trockenluft mit 80% gesättigt abzieht.

Auf 100 kg würden danach entfallen:

ca. 184 000 147 500 116 000 WE,
und ca. 7 200 7 400 8 200 kg Luft,

bei geringerer Sättigung der Abzugsluft aber wesentlich mehr.

Die Abmessungen der Schlote lassen sich leicht nach der kleinen Zusammenstellung auf S. 145 festsetzen.

Im allgemeinen empfiehlt es sich, bei Trockenkammern eine geringere Sättigung der Abzugsluft als 80% anzunehmen, was dann zu höheren Zahlen, besonders in bezug auf das anzuwendende Luftgewicht führt.

Bei einer anderen häufig vorkommenden Anordnung streicht die Trockenluft horizontal nach Fig. 72 durch die Kammer, was den Gang der Berechnung indessen nicht beeinflußt, da die Luft auch hierbei in angewärmtem trockenen Zustand ein-, dagegen feucht und abgekühlt davonzieht.

2. Trockentunnel mit vorgelegter Heizkammer.

Das System ist in Fig. 73 schematisch dargestellt und gleicht dem soeben besprochenen, insofern als auch hier vorgewärmte Luft durch Abgabe ihrer Wärme und Aufnahme von Feuchtigkeit die Trocknung besorgt.

Der Tunnel *A* von stets rechteckigem Querschnitt wird an beiden Enden durch leicht zu handhabende Türen od. dgl. möglichst dicht geschlossen gehalten. Am einen Ende unten mündet die Verbindung mit Heizkammer und Ventilator ein, am andern diejenige mit dem Abzugsschlot. Die zu trock-

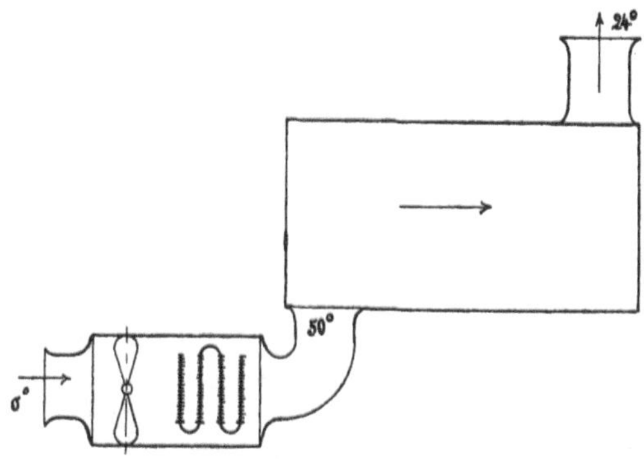

Fig. 73.

nende Ware wird auf Wagen oder mittels sonstiger Transportvorrichtungen allmählich vom einen zum andern Ende in ununterbrochener Folge durch den Tunnel befördert; je nach Maßgabe, wie am Ausgangsende ein Warenbehältnis fertiggestellt ist, wird am Eingang ein anderes mit frischem Material bereitgehalten und mit ihm nach Öffnung beider Türen die ganze Reihe ein Stück weiter geschoben, so daß am Ausgang ein fertiges Behältnis zutage tritt, worauf die Türen wieder geschlossen werden. Luftstrom und Ware bewegen sich in entgegengesetzter Richtung zueinander, so daß die heißesten Gase mit dem trockensten Material in Berührung kommen, was übrigens für viele Stoffe durchaus nicht vorteilhaft ist.

Der Wärmeverbrauch für die Wasserverdunstung ist theoretisch demjenigen der soeben besprochenen Kammern gleich, bietet aber in Wirklichkeit weit bessere Gewähr dafür, daß er nicht überschritten wird, und stellt sich deshalb tatsächlich günstiger, trotz des ihm noch hinzuzuzählenden Aufwandes für das Hindurchtreiben der Luft durch die manchmal 20 und 30 m langen Tunnel. Daß die Anwendung solcher Längen richtig ist, muß sehr bestritten werden, indem sie den Widerstand für das Durchtreiben der Trockenluft erhöhen und weit kürzere Strecken schon zu deren Sättigung genügen, wenn die übrigen Verhältnisse nur richtig gewählt werden.

Erfolgt der Antrieb des Ventilators durch eine besondere Dampfmaschine, so läßt sich deren Abdampf in der Heizkammer verwerten, doch steht vielfach Wasserkraft zur Verfügung, oder es wird elektrische Übertragung verwendet, in welchem Fall der Kraft- und der Wärmeverbrauch natürlich ganz voneinander getrennt zu berechnen ist.

Beispiel 18. Es sollen in 24 Stunden 1500 kg Tafelleim aus ca. 29% Brühe hergestellt werden mit einer Trockenluft, welche im allgemeinen 30° C hat und nur an heißen Sommertagen bis zu 35° C erwärmt sein darf; zu ihrer Heizung ist der Abdampf der Maschinen für den Antrieb der Ventilatoren zu benutzen, wenn nötig, unter Zumischung von Kesseldampf.

Die Leimtafeln haben eine Größe von 70 × 200 mm und werden auf Horden von 1700 × 875 mm ausgebreitet, jede Horde nimmt 80 Stück auf im Gesamtgewicht von 14,5 kg naß, 4,2 kg trocken und liegen je zwei derselben mit der Langseite nebeneinander in 11 Lagen übereinander auf einem Wagen, welcher somit ca. 92,5 kg Trockengewicht faßt. Von diesen Wagen müssen somit täglich (in 24 Stunden) $\frac{1500}{92,5} = 16$ Stück zur Ablieferung kommen.

Die Anlage soll in gebräuchlicher Weise, jedoch mit zwei parallelen Tunneln in dem Obergeschoß einer Fabrik hergestellt werden, etwa wie die nebenstehenden Figuren 74—76 in verschiedenen Schnitten zeigen.

Beantwortung. Aufzutrocknen sind $\frac{1500\,(100-29)}{29 \cdot 24}$ $= 153$ kg Wasser stündlich oder pro Tunnel ca. 76 kg.

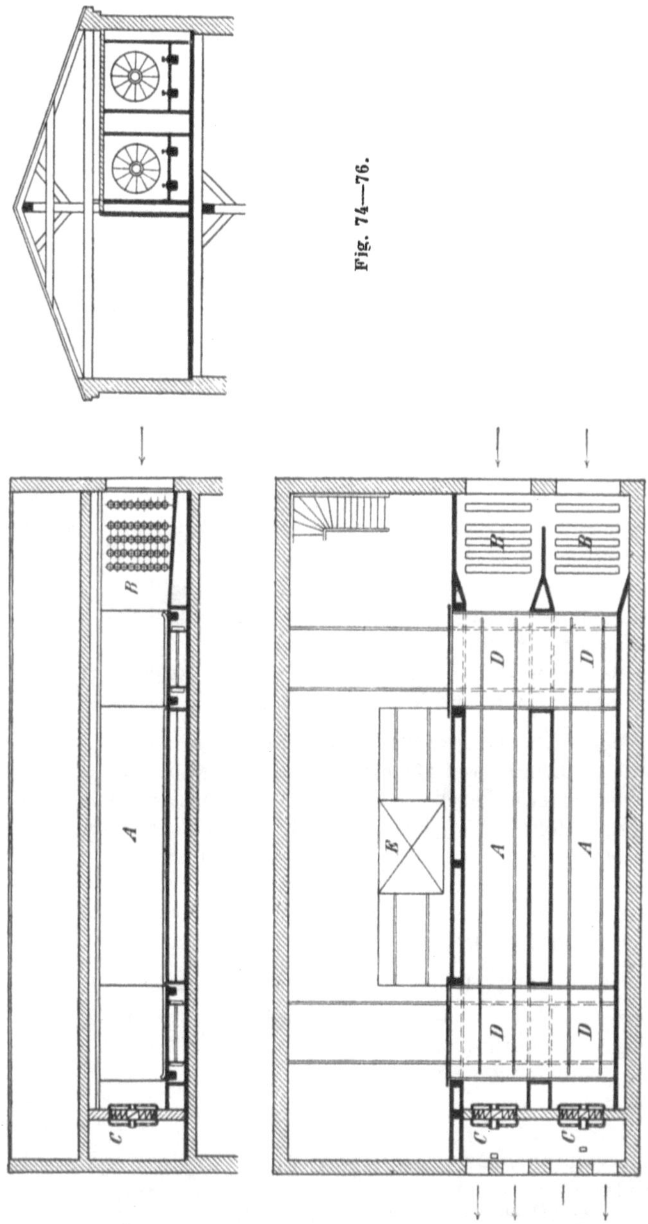

Fig. 74—76.

Wir machen nunmehr eine Aufstellung, wie vorhin, für die

Außentemperaturen	÷15	+5	+25° C
angenommener Sättigungsgrad	100	100	75%
Wassergehalt dabei	0,88	5,4	15 g
Wärmewert	÷3,02	4,42	15,01 WE
die Erwärmung erfolgt auf	35	35	35° C
also um	50	30	10° C
der Zuwachs beträgt	11,87	7,12	2,37 WE
Wärmewert beim Austritt daher	8,85	11,54	17,38 „
Sättigungsgrad beim Austritt (angenommen)	60	65	70%
demselben entspricht ein Wassergehalt	7,65	10,6	17,45 g
(bei einer Temperatur von ca.)	18	23	28° C
Wasserzuwachs beim Austritt	6,77	5,2	2,45 g
Zur Bewältigung von 76 kg nötige Luft	11 300	14 600	31 020 kg
Erforderliche Wärme	134 000	104 000	76 000 WE
Hierzu an Abkühlungsverlusten und für das Erwärmen der Ware	26 000	18 000	11 000 „
Insgesamt pro Tunnel und Stunde	160 000	122 000	87 000 „
desgleichen an Luft von Austrittstemperatur	9 500	124 000	265 000 cbm
oder pro Sekunde und Tunnel	2,6	3,5	7,4 „

Nach Erledigung dieser Vorfragen geben wir jedem Tunnel eine Breite im Lichten von 1800 mm, entsprechend der Breite von zwei nebeneinanderliegenden Horden mit dem nötigen Spielraum sowie eine Höhe von 1400 mm, welche für die Unterbringung von 11 Horden übereinander auf den Wagen ausreicht, so daß der Querschnitt = 1,8 · 1,4 = 2,5 qm wird, wovon zwischen den Horden und desgleichen zwischen den Rippenrohren ca. 2 qm zum Durchströmen der Luft frei bleiben.

Daraus folgt für die betrachteten Außentemperaturen:

	÷15	+5	+25° C
Luftgeschwindigkeit zwischen den Rippenrohren im Mittel	1,3	1,75	3,7 m
Transmissionskoeffizient für 1° Temperaturdifferenz[1]	10	13	19 WE
Temperaturdifferenz	95	85	75° C

[1] Vgl. die Angaben zu Tab. XX.

Wärmeübergang pro qm und Std.	950	1 100	1 400 WE
Erforderliche Heizfläche in Rippenrohren	170	110	65 qm

für die vorhandenen 2 Tunnel also das Doppelte.

Aus der mittleren Temperaturdifferenz zwischen Trockenluft und Trockengut und dem Wärmeübergangskoeffizienten $\alpha = 2 + 10\sqrt{w}$ erhalten wir schließlich einen Anhalt für die Trockendauer und damit für die Länge der Tunnel.

Die mittlere Temperaturdifferenz ist durchweg dieselbe und kann gesetzt werden = 14°; der Koeffizient α wird bei der geringsten Geschwindigkeit am kleinsten, und diese herrscht bei der niedrigsten Temperatur; er wird dann = ca. 13, der Wärmeübergang ans Trockengut also = 13 · 14 = ∞ 180 WE pro qm und Stunde. Zu übertragen sind ca. 76 · 640 = 48 640 bzw. rund 50 000 WE. Wenn alle Berührungsflächen immer voll zur Geltung kommen, müssen somit ca. 280 qm genügen.

Jeder Wagen bietet mit seinen 22 Horden à 80 Tafeln eine Oberfläche von insgesamt 49 qm, doch vermindert sich dieselbe während des Trocknens, so daß nur etwa 35 qm in Anrechnung gebracht werden können.

Demnach müßten acht Wagen hintereinander in jedem Tunnel ausreichen, womit dieselben eine nutzbare Länge von je ca. 14 m erhalten! Da jedem von ihnen täglich acht Wagen zu entnehmen sind, so bleibt das Trockengut gerade 24 Stunden dem warmen Luftstrom ausgesetzt und empfiehlt es sich, alle 3 Stunden je zwei Wagen gleichzeitig, d. h. einen pro Tunnel, auszuwechseln.

Vergleicht man diese Ergebnisse mit bestehenden Anlagen, so weichen sie in zwei Punkten ganz wesentlich von ihnen ab, indem hier

1. die Heizflächen bedeutend größer, dagegen
2. die Länge der Tunnel viel kürzer

ausfällt, was allenfalls darauf zurückzuführen ist, daß tatsächlich an trockenen warmen Sommertagen jede Heizung wegfallen kann, dann aber infolge der geringeren Temperaturdifferenz zwischen Trockenluft und Trockengut deren Berührungsflächen vergrößert werden müssen.

So genügen die hier in Aussicht genommenen ca. 31 000 kg Luft von 25° ohne jede weitere Erwärmung, wenn sie, anstatt 75 nur ca. 35% relative Feuchtigkeit enthalten, indem sie dann bei 80% Sättigung auf 17—18° C abgekühlt fortziehen.

Dabei sinkt unter gleichen Voraussetzungen, wie vorhin, die Temperaturdifferenz auf ca. 9° und müßten die Tunnel also um die Hälfte länger werden.

Da aber lange Regenwochen im Sommer nicht zu den Seltenheiten gehören und eine gute Anlage auch dann vollauf genügen muß, so empfiehlt sich die Beibehaltung der aus der Rechnung erhaltenen größeren Heizflächen und kürzeren Tunnel, falls nicht überhaupt zu einem anderen Trockenverfahren gegriffen wird.

Geschieht dies nicht, so werden die Heizrohre am besten derart untergebracht, daß ein großer Teil nur für Vorwärmung bei niedriger Außentemperatur zu dienen hat, für gewöhnlich jedoch nicht zur Anwendung kommt.

Demnach mögen vor jedem Tunnel 4 · 9 Rohre à 3 qm und in der gemeinschaftlichen Vorwärmkammer 2 · 18 Stück à je 4 qm Heizfläche zur Aufstellung gelangen.

Der Verbrauch an Abdampf wechselt stark und kann an kalten Tagen bis zu $\frac{2 \cdot 135\,000}{450} =$ ca. 600 kg steigen, gleichkommend demjenigen einer ungefähr 30 PS-Maschine.

Für die Luftbewegung sind Schraubenventilatoren großen Durchmessers am zweckmäßigsten, da es sich um einen nur geringen Widerstand bei Förderung umfangreicher Luftmengen handelt, wobei der gesamte Kraftbedarf überhaupt kein hoher wird, so daß der außerordentlich niedrige Wirkungsgrad dieser Gebläseart keinen erheblichen Nachteil bringt, während anderseits die Verteilung ihrer Wirkung über einen großen Querschnitt sehr erwünscht ist.

Veranschlagt man den Widerstand insgesamt zu 4—5 mm Wassersäule, den Wirkungsgrad der Gebläse dabei zu 0,2, so werden zur Bewältigung von 26 500 cbm pro Stunde und Tunnel nötig an Betriebskraft:

$$N = \frac{26\,500 \cdot 4}{75 \cdot 0{,}2 \cdot 3600} = \text{ca. } 2\,\text{PS},$$

für beide zusammen also 4 PSe.

Im Winter sinkt der Luftbedarf auf den 4. Teil, wogegen alle vorhandene Heizfläche voll beansprucht wird, woraus leicht einleuchtet, daß an die Intelligenz des Bedienungspersonals keine geringen Anforderungen gestellt werden müssen, wenn von ihm die Lieferung eines stets gleichmäßigen Produkts trotz aller Schwankungen der Witterung verlangt wird.

Eine besondere Bedeutung wird von fast allen Erbauern von Trockentunneln der Anwendung des sog. Gegenstromprinzips beigemessen.

Beim Arbeiten nach dem ihm gegenüberstehenden Gleichstrom durchlaufen Luft und Wagen die Tunnel in derselben Richtung, und es kommt die trockene Ware mit der abziehenden kühleren Luft in Berührung, während sie beim Arbeiten im Gegenstrom vom heißen trockenen Wind bespült wird.

Die dem letzten Verfahren zugeschriebene bessere Wärmeausnutzung beruht auf völliger Verkennung der Tatsachen, wogegen wir bereits feststellten, daß der geringere Verbrauch allein an die höhere Temperatur und Sättigung der abziehenden Trockenluft geknüpft ist, mag die Stromrichtung sein, welche sie wolle.

Jede Ware verträgt nun eine bestimmte Höchsttemperatur, doch bezieht sich dies in der Regel auf den trockenen Zustand, indem die vorher stattfindende Wasserverdunstung ihr so viel Wärme entzieht, daß sie viel kühler wie die Trockenluft bleibt, solange sie noch Feuchtigkeit enthält.

Beim Gegenstrom wird der verarbeitete Stoff vor seinem Austritt von der heißen Luft oft geradezu ausgedörrt, beim Gleichstrom dagegen bleibt ihm meistens eine geringe Feuchtigkeit, zu deren vollständiger Entfernung, falls sie gewünscht wird, es sich empfiehlt, den Stoff nach dem Austritt kurze Zeit an der Luft abkühlen zu lassen.

Da nun in Trockentunneln der besprochenen Bauart bei Gegenstromarbeit die Temperatur der eintretenden Luft das für die Ware zulässige Maß nicht überschreiten darf und sie am Ausgang viel tiefer liegt, so ergibt sich ein entsprechender Nachteil gegenüber der Gleichstromarbeit, bei welcher die für die Ware erlaubte Temperatur am Ausgang innegehalten werden kann.

Mit irgendwelchen Vorzügen in bezug auf Erzielung eines besseren Produkts oder gar einer besseren Ausnutzung der aufgewendeten Wärme hat das Gegenstromprinzip nichts zu tun; dagegen läßt es sich mit geringen Mühen und wenig Kenntnissen verhältnismäßig leicht einbauen.

Wie wir schon sahen, kann der Wärme- und Luftbedarf zum Auftrocknen von 1 kg Wasser in Trockenkammern und Trockentunneln, welche mit vorgewärmter Luft arbeiten, für einen bestimmten Zustand der Außenluft und für eine bestimmte Höchsttemperatur, auf welche die Trockenluft vor Eintritt in den Trockenraum gebracht wurde, mit Hilfe der Formeln (65) und (66) schnell und sicher berechnet werden.

Das dabei einzuschlagende Verfahren sei hier nochmals kurz zusammengefaßt.

a) Aus Tab. IX sind der Wärmewert c_a und der Wassergehalt w_a der zugrunde zu legenden Frischluft zu entnehmen.

b) Nach Beschlußfassung über die anzuwendende Höchsttemperatur t_h ist der Wärmewert c_e aus Gleichung (64) zu ermitteln.

c) Nunmehr ist mit Hilfe von Gleichung (63 a) der Wassergehalt der abziehenden Luft $= w_e$ zu bestimmen.

d) Den Schluß bildet die Ausrechnung der gesuchten Beträge B_l an Luft in kg und B_c an Wärme in WE zur Verdunstung von 1 kg Feuchtigkeit aus dem Trockengut.

3. Trockentunnel und Türme mit Umarbeitung der Luft.

Bei beiden vorbesprochenen Verfahren zieht die Trockenluft mit ihrem hohen Wärmewert unbenutzt ab, und hat es niemals an Vorschlägen von Fach- und Nichtfachleuten gefehlt, hierin Wandel zu schaffen.

Einer der Wege zur Verminderung dieses Nachteils besteht darin, daß die austretende und abgekühlte Luft wieder aufgefangen und von neuem durch den Apparat geschickt wird, wobei ihre Temperatur und damit ihre Aufnahmefähigkeit für Wasser allmählich steigt. Denken wir uns den Vorgang in einer Anlage nach Fig. 77 so geleitet, daß die Luft, nachdem sie eine Temperatur von 50° erlangt hat, auf dem Wege durch die Trockenkammer „a" auf 40° abkühlt, dagegen in der Heizkammer „b" wieder auf 50° gebracht wird, so muß sich an einer Stelle des Weges ein Abzug befinden, der so viel feuchte Luft von 40° entweichen läßt, wie das Fortschaffen des verdampften Wassers benötigt; als Ersatz dafür muß an einer anderen Stelle das gleiche Gewicht, immer bezogen auf den trockenen Zustand, wieder eingeführt werden.

Sehen wir zunächst von der Menge des ständig umlaufenden Gewichtes ab, so beschränkt sich der Vorgang auf das Eintreten frischer Außenluft an einer Stelle des Kreislaufes und das Austreten hocherwärmter, möglichst feuchter Trockenluft an einer anderen.

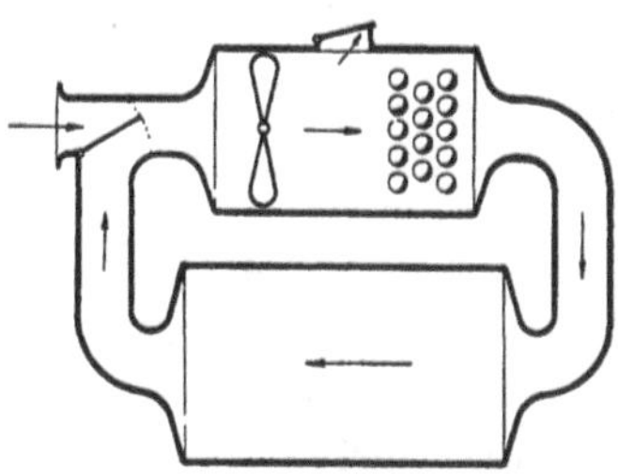

Fig. 77.

Der Wärmeverbrauch ergibt sich aus dem Gewicht der in dieser Weise durchgeleiteten trockenen Luft, multipliziert mit dem Zuwachs an Wärmewert, welchen sie dabei erfährt.

Er berechnet sich also genau, wie vorhin, gemäß Gleichung (66) zu:

$$B_c = B_l\,(c_e - c_a),$$

ebenso wie die Menge der erneuerten, also bei d ein- und bei e abgeführten Luft sich ergibt nach Gleichung (65) zu:

$$B_l = \frac{1000}{w_e - w_a}.$$

Der Abzug d wird zweckmäßig zwischen Gebläse und Winderwärmer angebracht, da hier ein gewisser Überdruck vorhanden ist, während auf der Strecke vor dem Gebläse vom Trockenraum ab Unterdruck herrscht, so daß dort die Frischluft einzuziehen ist.

Das Gebläse hat dann natürlich außer der umzuwälzenden Menge an Trockenluft auch noch den ständigen Ersatz zu bewältigen, von dem ein gewisser Teil zweifellos wieder mit abgeführt wird, ohne daß er zur Wirkung gelangt; dem Konstrukteur obliegt es, diesen Teil auf ein möglichst geringes Maß zu beschränken.

Wie steht es aber mit der umzuarbeitenden Menge?

Gehen wir wieder von völlig trockener Außenluft von 0° aus, bei welcher sowohl c_a wie $w_a = 0$ sind, und erinnern uns, daß das austretende feuchte Gemisch eine Temperatur von 40° haben soll, während wir ihre Sättigung zu 80% annehmen wollen, so wird hierfür nach Tab. IX:

$$c_e = 33{,}03 \text{ WE},$$
$$w_e = 38{,}4 \text{ g}.$$

Jedem kg Luft sind demnach zuzuführen:

$$c_e - c_a = 33{,}03 - 0 = 33{,}03 \text{ WE}.$$

Bei jedesmaligem Durchstreichen des Heizapparates erwärmen wir die Luft um 10° und führen ihr demnach nur 2,37 WE zu. Wollen wir also 33,03 WE auf sie übertragen, so muß sie 33,03/2,37 = rund 14 mal umgewälzt werden. Das Gebläse dagegen hat das 14 + 1 = 15 fache der ein- und abgeführten Gewichtsmenge, umgerechnet auf die Raumeinnahme der Luft im Gebläse, in Bewegung zu erhalten.

Würde nur ein jedesmaliger Temperaturabfall von 5° zwischen Anfang und Ende des Trockenraums zugelassen werden, so wäre die Luft natürlich 28 mal umzuwälzen, und das Gebläse müßte reichen für das 28 + 1 = 29 fache der wirklich durch geführten Luftmenge.

Zur weiteren Klarstellung möge folgendes Beispiel dienen.

Beispiel 19. Zum Trocknen von Eichenholz in Schwellen von 150 × 75 mm bei 2 m Länge soll eine Anlage geschaffen werden mit einer Leistungsfähigkeit von 20 cbm à 680 kg trockenes Holz pro Tag von 24 Stunden; das zu verarbeitende Material ist waldtrocken und enthält bis zu 28% Wasser. Die Trockenluft darf eine Erwärmung bis zu 55° erfahren. Zur Heizung soll der Abdampf der Maschine benutzt werden, welche den Ventilator antreibt.

Beantwortung. Das zu verdunstende Gewicht an Wasser findet sich aus der Erwägung, daß die verbleibenden 680 kg dem 0,72 fachen des ursprünglichen Gewichts entsprechen müssen, so daß dieses also 944 kg betragen hat, wovon 944 — 680 = 264 kg auf Wasser entfallen. Hiervon sind demnach stündlich auszutreiben $\frac{264 \cdot 20}{24} = 220$ kg.

Ferner sind zu erwärmen pro Stunde

$$\frac{680 \cdot 20}{24} = 567 \text{ kg Holz.}$$

Die Anlage soll mit Umarbeitung der Trockenluft betrieben werden und stehen wir somit vor der Aufgabe, die zu bewegende Luftmenge nach Möglichkeit so zu bemessen, daß die dafür erforderliche Kraft ungefähr so viel Abdampf liefert, wie die Heizung benötigt, damit die im Dampf enthaltene Wärme auf die denkbar vorteilhafteste Weise ausgenutzt wird.

Wir beginnen damit, daß wir die Abzugstemperatur der Trockenluft zu 45° und ihre Sättigung zu 80% festsetzen, außerdem aber einen Vorwärmer in Aussicht nehmen, um die Frischluft ständig, im Sommer wie im Winter, mit annähernd derselben Temperatur einführen zu können und dadurch die Regelung des Betriebes zu vereinfachen.

Nunmehr schreiten wir zur Ausfüllung unseres Schemas für verschiedene Zustände der Außenluft, nämlich:

Temperatur der Außenluft . . .	—15°	+5°	+25° C
Sättigungsgrad d. Außenluft . .	100	100	70%
Wärmewert c_a derselben	—3,02	4,42	14,38 WE
Wassergehalt w_a derselben . . .	0,88	5,4	14 g
Die Vorwärmung auf 25° erfordert	9,5	4,75	0 WE
Der Wärmewert der Luft beträgt alsdann	6,48	9,17	14,38 „
Beim Abzug mit 45° und 80% Sättigung sind dagegen vorhanden	41,91 WE und 50,7 g Wasser		
Mithin Zuwachs an Wärme im Trockner	35,43	32,74	27,53 WE
und Zuwachs von Wasser im Trockner	49,8	45,3	36,7 g
Zur Fortschaffung von 220 kg Wasser sind deshalb nötig pro Stunde an Luft	4 420	4 860	6 000 kg
und an Wärme.	156 600	159 100	165 200 WE
Für die Vorwärmung sind ferner aufzubringen	42 000	23 000	— WE

Da außerdem stündlich 567 kg Holz auf ca. 40° erwärmt werden müssen, so sind bei einer spezifischen Wärme desselben = 0,57

hierfür aufzuwenden	18 000	12 000	5 000 WE
Ferner seien für Abkühlungsverluste zu veranschlagen	24 000	16 000	8 000 WE
Damit stellt sich der gesamte Wärmeverbrauch stündlich auf ca.	240 600	210 100	178 200 WE

Er enthält sowohl den Aufwand für die Vorwärmung wie den im Trockner selbst und stellt sich:

pro kg Wasserverdunstung auf .	1 095	955	810 WE
„ „ durchgeleiteter Luft auf .	54,4	43,2	29,7 „

Wenn wir jetzt in Erwägung ziehen, daß im heißen Sommer auf keinerlei Vorwärmung zu rechnen ist, so müssen die 178 200 = 29,7 · 6000 WE allein im Trockner aufgebracht werden; da aber 1 kg Luft bei Abkühlung um 1° nur 0,238 WE liefert, so wären dazu $\frac{171\,200}{0{,}238} = \infty$ 750 000 kg Luft mit je 1° Abkühlung oder 75 000 kg mit je 10° Abkühlung stündlich umzuwälzen, wovon wir das letztere wählen, da uns die Verwendung von 55° warmer Luft gestattet ist; wir führen sie deshalb mit 55° ein und mit 45° ab und behalten eine Umwälzung von 75 000 kg pro Stunde bei.

Damit wären gedeckt bei .	— 15°	+ 5°	+ 25° Auß.-T.
a) durch stets gleichbleibende Umwälzung	178 200	178 200	178 200 WE
b) durch die in Aussicht genommene Vorwärmung auf stets 25°	42 000	21 000	— „
c) es fehlen demnach noch . . .	20 400	10 900	— „
Erf. Menge, wie vorhin	240 600	210 100	178 200 WE

Der Fehlbetrag an den kälteren Tagen läßt sich auf verschiedene Art decken; am einfachsten vielleicht durch Vermehrung der Tourenzahl des Umwälzgebläses; es würde dann ununterbrochen das gleiche Luftgewicht, automatisch auf 25° erwärmt, durch den Apparat zu leiten und die Umwälzungsmenge, allenfalls auch automatisch, im Winter so viel über 75 000 kg zu erhöhen sein, daß die Austrittstemperatur nicht unter 45° sinkt.

Dadurch wird der Wirkungsgrad nur unbedeutend vermindert, dafür aber der große Vorteil erreicht, daß man die Anlage sich gewissermaßen selbst überlassen kann, und sie nicht fortwährend je nach dem Zustand der Außenluft einregeln muß.

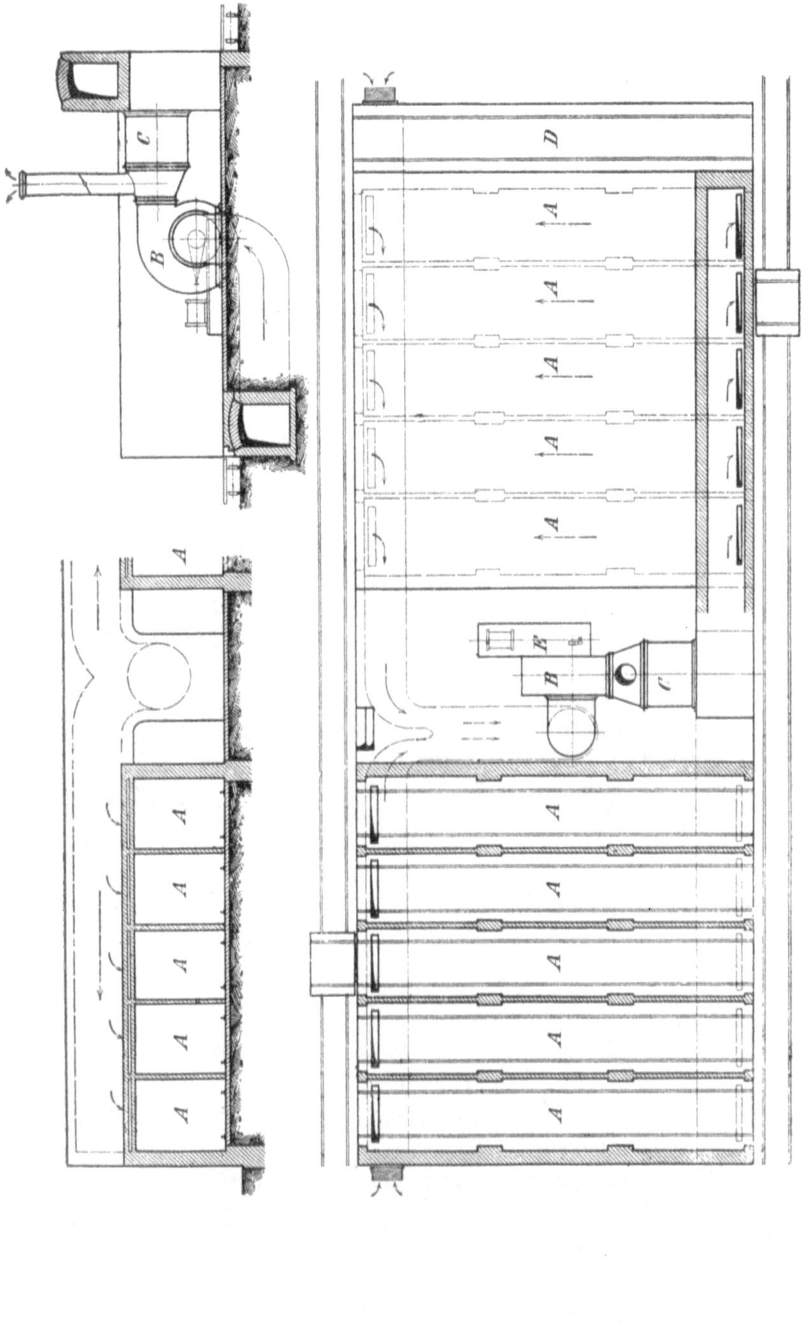

Fig. 78—80.

Als Ergebnis unserer Ermittlungen dürfen wir somit betrachten: Wärmeverbrauch rund 1100 — 960 — 810 WE pro kg Wasserverdunstung; Lufterneuerung ca. 6000 kg; Luftumwälzung ca. 75 000 kg stündlich.

Diese 75 000 kg nehmen nach Tab. X einen Raum ein von 0,97 · 75 000 = 72 750 cbm, so daß pro Sek. zu bewegen sind ca. 20,2 cbm — durch jeden der in der Zeichnung vorgesehenen 10 Tunnel also rund 2 cbm.

Die Größe der Trockenräume richtet sich, wie wir bereits sahen, nach der Trockenzeit, welche wir zu 8 × 24 Stunden bemessen wollen, um eine möglichst gleichmäßig durchtrocknete Ware zu erzielen.

1 Schwelle von 2 × 0,15 × 0,075 enthält 0,0225 cbm, so daß auf die täglich zu liefernden 20 cbm 888 Stück entfallen und der Trockner-Raum für 8 · 888 = rund 7000 Stück bieten muß. — Mithin würde jeder der 10 Tunnel 700 Schwellen aufzunehmen haben, welche behufs leichteren Transports auf Wagengestelle zu packen sind, und zwar quer zur Längsrichtung der Tunnel, damit die Zwischenlagen kein Hindernis für den durchströmenden Wind abgeben. Bei 7 Wagen à 100 Schwellen würde jeder Tunnel eine Länge von ca. 12 m einschließlich der freien Räume an beiden Enden und eine Breite von ca. 2,1 m sowie eine Höhe von 1,8—2 m erhalten.

Für die Winderhitzung sei ein Luftröhrenkessel gewählt mit Röhren von 0,046 m l. W., durch welche die Luft mit einer Geschwindigkeit von 15 m strömt. — Ihr Gesamtquerschnitt muß dann betragen $\frac{20,2}{15} = 1,35$ qm, wonach bei einer l. W. von 0,046 m nötig werden 812 Stück, die sich in einem Kessel von ca. 2 5 m Durchmesser unterbringen lassen. — Der Umfang dieser Röhren ergibt sich zu 117 m; ihre Wärmeabgabe nach Tab. XIX zu 0,88 · 53,4 · 52 = rund 2400 WE pro qm und Stunde, so daß wir benötigen:

$$\frac{178\,200}{2400} = 75 \text{ qm}.$$

Dem Kessel wäre somit eine Länge zu geben von

$$75/117 = 0,7 \text{ m}.$$

Der durch ihn hervorgerufene Widerstand beziffert sich nach Tab. XXI auf:

$$0,85 \cdot [0,7 \cdot 8,7 + 11,1] = 14,6 \backsim 15 \text{ mm WS}.$$

Um nun auch einen Anhalt für den vom Gebläse zu überwindenden Gesamtwiderstand zu gewinnen und danach seinen Kraftbedarf festzustellen, greifen wir zurück auf Formel 58, welche in diesem Fall ausgeschrieben lautet:

$$H = \frac{v^2 \delta}{2g} + z_1 + z_2 + z_3 + \ldots + 15.$$

Die Teilwiderstände $z_1 - z_2 - z_3$ sind für jede Strecke gesondert zu berechnen, wogegen das erste und das letzte Glied sich auf den Winderwärmer beziehen, wobei wohl zu beachten ist, daß die Geschwindigkeit v nicht in vollem Umfang erteilt zu werden braucht, da die Luft bereits mit großer Geschwindigkeit zuströmt. Es verbleiben vielmehr nach unten stehender Aufstellung nur noch $v = 10{,}5$, wogegen δ überall $= 0{,}97$ gesetzt werden kann, ohne daß dadurch ein wesentlicher Fehler entstände. — Bezeichnen wir die Teilwiderstände mit:

z_1 in den Hauptverteilungskanälen;
z_2 „ „ Einströmungsschlitzen;
z_3 „ „ Trockenkanälen;
z_4 „ „ Ausströmungsschlitzen;
z_5 „ „ Sammelkanälen;

so sind wir in der Lage, die für jede Strecke in Betracht kommenden Faktoren in den folgenden Tabellen zusammenzustellen, um die Berechnung tunlichst zu vereinfachen; wir bestimmen dazu nach unserer Skizze Fig. 78—80 für

	den Querschnitt	v	$\varrho \frac{u}{f}$	l	$\Sigma\zeta$
z_1	2 × 1,7	6	0,02	9	2
z_2	10 × 0,27	7,5	0,1	0,3	3
z_3	10 × 1,8	1,5	0,25	12	2
z_4	10 × 0,4	5	0,06	0,3	2
z_5	2 × 2,25	4,5	0,02	9	2

Nach Einsetzung dieser Werte in unsere Formel bekommen wir, da $\frac{19{,}62}{0{,}97} = 20$ ist:

$$H = \frac{10{,}5^2 + 36 \cdot 2{,}18 + 56 \cdot 3{,}03 + 2{,}3 \cdot 5 + 25 \cdot 2{,}02 + 21 \cdot 2{,}18}{20} + 15$$

$$H = 22 + 15 = 37 \sim 40 \text{ mm WS}.$$

Die vom Gebläse zu bewältigende Luftmenge betrug pro Stunde:

$$75\,000 + 6000 = 81\,000 \text{ kg oder } 78\,600 \text{ cbm}.$$

Damit wird der Kraftverbrauch des Gebläses, wenn dessen Wirkungsgrad eingesetzt werden kann, zu 0,4:

$$N = \frac{78\,600 \cdot 40}{75 \cdot 0{,}4 \cdot 3600} = \sim 30 \text{ PS}.$$

Nach den Tabellen des Abschnitts III würden wir schon mit geringerer Kraft auskommen, so daß auf höchstens 500 kg Abdampf stündlich zu rechnen ist, was dem Wärmeverbrauch der Anlage ungefähr gleichkommt.

Dem Kessel geben wir eine Heizfläche von ca. 35 qm und beschließen damit unsere Ermittlungen.

Nachdem wir so den Gang der Berechnung kennen lernten, mögen noch einige Formeln folgen, zumal sich erwünscht macht, die Deckung der Abkühlungs- etc.-Verluste in anderer Weise vorzunehmen als bei Kammern und Gegenstromtunneln. Auch die Teilung der Lufterwärmung in eine solche vor Eintritt in den Trockner und eine zweite im Trockner selbst behufs Vermeidung gar zu großer Unterschiede in den umzuwälzenden Luftmengen macht die Aufstellung neuer Formeln nötig, denn es zerlegt sich der gesamte Wärmebedarf B_c in zwei Teile.

Wir bezeichnen deshalb, wie bisher, mit:

B_c = Bedarf an Wärme in WE zur Auftrocknung von 1 kg Wasser;

B_l = Bedarf an Luft in kg zur Fortführung von 1 kg Wasser

und benutzen ferner die nachstehenden, zum Teil schon früher verwendeten Bezeichnungen:

c_a = Wärmewert in WE pro 1 kg Luft im Anfangszustand (beim Eintritt);

c_e = Wärmewert in WE pro 1 kg Luft im Endzustand (beim Austritt);

w_a = Wassergehalt in g pro 1 kg Luft im Anfangszustand;

w_e = „ „ „ „ 1 „ „ „ Endzustand

t_a = Temperatur der Luft im Anfangszustand;

t_e = „ „ „ „ Endzustand;

Ferner sei:

B_v = Wärmebedarf für die Vorwärmung pro kg Wasserverdunstung;

B_t = Wärmebedarf im Trockner selbst pro kg Wasserverdunstung, also:

$B_c = B_v + B_t$;

c_z = Wärmewert in WE pro 1 kg Luft nach der Vorwärmung;

t_z = Temperatur der Luft nach der Vorwärmung;

t_h = „ des umgewälzten Luftstroms beim Eintritt in die Trockenräume;

t_{e1} = Temperatur des umgewälzten Luftstroms beim Austritt aus den Trockenräumen;
(t_{e1} liegt ein wenig höher als t_e infolge der kurz vor dem Abzug erfolgenden Zumischung von Frischluft.)

$t_h - t_{e1}$ = Temperaturzunahme der Luft in jeder Heizkammer;

c_p = spez. Wärme der Trockenluft (= rund 0,24 WE pro kg);

s = stündlich zu verdampfendes Wassergewicht in kg;

$L = s\,B_e$ = Bedarf an Luft in kg zur Fortführung von stündlich s kg Wasser;

$C_c = s\,B_c$ = Wärmeverbrauch zum Auftrocknen von s kg Wasser pro Stunde;

C_b = stündl. Wärmeverbrauch zur Erwärmung des Trockenguts und der Wagen, auf denen es ruht, von der Eintritts- auf die Austrittstemperatur;

C_a = stündl. Wärmeverbrauch zur Deckung der Abkühlungsverluste;

$C_v = s\,B_v$ stündl. Wärmeverbrauch für die Vorwärmung der für die Auftrocknung von s kg Wasser nötigen Luft;

$C_t = s\,B_t$ stündl. Wärmeverbrauch dafür im Trockner selbst;

$C = C_a + C_b + C_c$ = gesamter stündl. Wärmeverbrauch in WE;

G = stündlich umzuwälzendes Luftgewicht in kg.

Unter Benutzung dieser Zeichen bleibt zunächst wie bisher:

$$B_l = \frac{1000}{w_e - w_a} \quad \text{. . . . . (65)}$$

Dagegen wird:

$$B_v = (t_z - t_a)\, c_p \quad \ldots \ldots \ldots \quad (67)$$

$$B_t = 1000\, \frac{c_e - c_z}{w_e - w_a} \quad \ldots \ldots \quad (68)$$

worin ist:

$$c_z = c_a + c_v$$

$$B_c = (t_z - t_a)\, c_p + 1000\, \frac{c_e - c_a}{w_e - w_a} \quad \ldots \quad (69)$$

Hieraus ergeben sich ohne Schwierigkeit:

L und C_c; ebenso wie C_v und C_t.

C_a und C_b sind besonders zu berechnen bzw. einzuschätzen; ihr Betrag läßt sich häufig mit C_t vereinigen, so daß wird:

$C = C_v + (C_t + C_a + C_b)$, worin das Glied in der Klammer dann den ganzen, im Trockenraum selbst zu liefernden Wärmebedarf darstellt.

Es bleibt jetzt nur noch das Gewicht G der umzuwälzenden Luftmenge zu ermitteln, welches offenbar von der bei jeder Umwälzung dem kg Luft zugeführten Wärmemenge abhängt; diese ist jedoch $= (t_h - t_{e1})\, c_p$ und mithin:

$$G = \frac{C_t}{(t_h - t_{e1})\, c_p} \quad \ldots \ldots \quad (70a)$$

bzw.

$$G = \frac{C_t + C_a + C_b}{(t_h - t_{e1})\, c_p} \quad \ldots \ldots \quad (70b)$$

Welche der beiden Gleichungen zu benutzen ist, ergibt sich aus den Verhältnissen des gerade vorliegenden Falles.

4. Apparate mit Rückkühlung der Trockenluft.

Einem anderen Weg, die Trocknungskosten herabzudrücken, liegt der Gedanke zugrunde, daß Luft, welche mit Feuchtigkeit gesättigt ist, nur abgekühlt zu werden braucht, um sie zur Abscheidung derselben zu veranlassen. Schon 1878 wurde dem Amerikaner Fuller ein Kreisprozeß dieser Art patentiert, von welchem Fig. 81 eine Anschauung gibt, doch dürfte er kaum große Aufnahme in der Praxis gefunden haben.

Die Anordnung unterscheidet sich von der zuletzt besprochenen dadurch, daß alle Verbindungen mit der Außenluft fehlen, dafür aber eine Kühlvorrichtung in den Kreislauf eingeschaltet wird, welcher sich, vom Ventilator angefangen, in nachstehender Reihenfolge vollzieht: Ventilator, Heizkammer, Trockenraum, in dem die Aufnahme der Feuchtigkeit vor sich geht, dann Kühlraum, in welchem sie als Wasser wieder ausscheidet, und endlich zurück zum Ventilator.

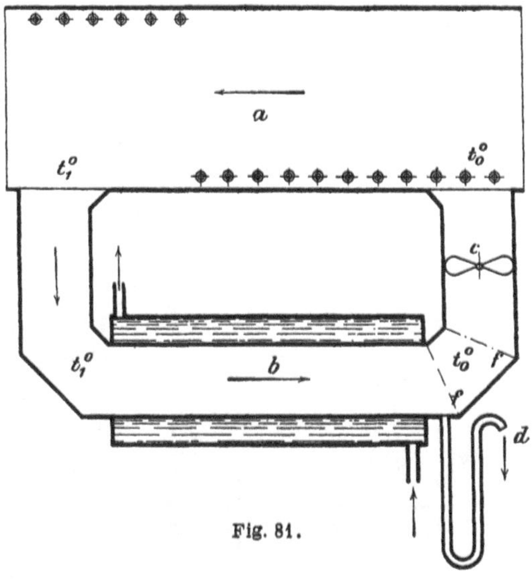

Fig. 81.

Da das in der Trockenkammer von der kreisenden Luft aufgenommene Wassergewicht in der Kühlkammer wieder niedergeschlagen wird, muß die dabei ins Kühlwasser übergehende Wärme der in der Trockenkammer zur Dampfbildung aufgewandten gleichkommen, und zeigen die unteren Linienzüge der Fig. 82 u. 83 den Vorgang außerordentlich deutlich.

Beide gelten für Luft, welche mit 50° und 40% Sättigung in die Trockenkammer tritt, um sich in ihr völlig zu sättigen, während ihre Temperatur auf ca. 36° fällt.

Wird die Abkühlung alsdann im Kühlapparat fortgesetzt, so scheidet sich Wasser aus, und die Temperatur geht auf

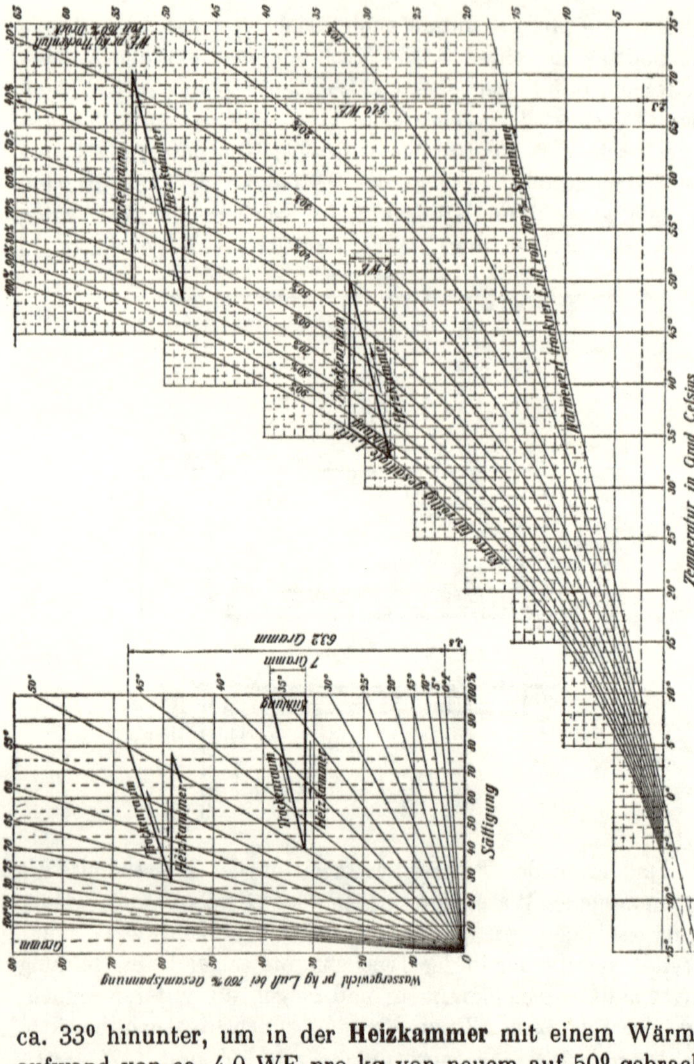

Fig. 82. u. 83.

ca. 33⁰ hinunter, um in der **Heizkammer** mit einem Wärmeaufwand von ca. 4,0 WE pro kg von neuem auf 50⁰ gebracht zu werden.

In der **Trockenkammer** nimmt die erwärmte Luft sodann ca. 7,0 g Wasser auf, wie Fig. 82 zeigt, so daß für Auftrocknung von 100 kg Wasser umzuwälzen sind $\frac{100 \cdot 1000}{7}$ = ca. 14 300 kg Luft stündlich, zu deren Erwärmung 14 300 · 4 = ca. 57 200 WE nötig werden.

Hierzu noch 11 000 WE gerechnet für Erwärmung des Trockenguts und für Abkühlungsverluste, ergeben sich insgesamt nur ca. 68 300 WE, wobei vom Verbrauch der Maschine für den Antrieb von Ventilator und Kühlwasserpumpe vorläufig abgesehen wurde.

Da eine Kühleinrichtung in den Kreislauf geschaltet ist, vermehrt sich der Kraftbedarf für die Luftumwälzung allerdings noch um den dadurch hervorgerufenen Widerstand und kann dieser bei Anwendung von Oberflächenkondensatoren ziemlich belangreich ausfallen, wogegen er bei Einspritzung nicht ins Gewicht fällt; leider läßt die letztere jedoch ein starkes Mitreißen von unverdampftem Wasser in die Heizkammer befürchten, wodurch die Wirkung sehr eingeschränkt, wenn nicht ganz aufgehoben würde, und bleibt deshalb die praktische Ausführung auf Oberflächenkühlung mit nachträglicher ausgiebiger Wasserabscheidung allein angewiesen.

Hierfür kommen neben den nach Art der Vorwärmer gebauten, auch Berieselungskühler in Frage, doch werden beide umfangreich und teuer, da die dazu nötigen Röhren notgedrungen aus Kupfer, Messing oder einem andern derartigen, der Anfressung durch Oxydation widerstehenden Metall hergestellt sein müssen.

Für die Berechnung der Größe eines Oberflächenkühlers haben wir bei den angenommenen Verhältnissen, also für eine stündlich zu übertragende Wärmemenge = ∾ 57 200 WE aus Luft von anfänglich 36, am Ende 33°, an Wasser von anfänglich ca. 10, am Schluß ca. 25°, eine mittlere Temperaturdifferenz von

$$\frac{36+33}{2} \div \frac{25+10}{2} = \text{ca. } 17^{\circ}.$$

Wählen wir den Querschnitt der Röhren so, daß die Luft mit ca. 5 m Geschwindigkeit hindurchströmt, dann wird nach den Brabbéeschen Versuchen

$$k = \text{ca. } 19.$$

Die Einsetzung desselben ergibt eine Kühlfläche von mindestens

$$\frac{57\,200}{17 \cdot 19} = 176 \text{ qm.}$$

Der Winderwärmer des letzten Beispiels erhielt für 220 kg Wasserverdunstung eine Oberfläche von ca. 75 qm; für die gleiche Leistung würden hier $2{,}2 \cdot 176 = 387$ qm an kupferner Kühlfläche nötig, also ca. 5 mal soviel.

Für die Umwälzung von stündlich 14 300 kg = ca. 12 400 bzw. 3,45 cbm Luft pro Sek. gegen einen, auf ca. 40 mm Wassersäule geschätzten Widerstand sind bei einem Wirkungsgrad = 0,35 aufzuwenden:

$$\frac{3{,}45 \cdot 40}{0{,}35 \cdot 75} = 5{,}3 \text{ PS.}$$

An Wasser werden benötigt bei Zugrundelegung von Brunnenwasser von 10^0, welches mit 25^0 vom Kühler abläuft:

$$\frac{57\,200}{25 - 10} = \backsim 3800 \text{ l;}$$

seine Beschaffung erfordert einschließlich Antrieb der Zwischenwellen ca. 1 PS, so daß im ganzen auf 6,3 PS mit 150 bis 160 kg stündlichem Dampfverbrauch gerechnet werden muß, welcher ungefähr ausreichen wird, um die benötigten 68 300 WE (einschließlich Abkühlungsverluste) abzugeben.

Unumgänglich nötig für Erzielung dieser günstigen, ja überhaupt einer Wirkung, ist natürlich die zuverlässige Niederschlagung aller Luftfeuchtigkeit im Rückkühler.

Mit seiner Ausbildung als Oberflächen- bzw. Rieselkühler ist aber eine, gerade für Trockenzwecke wichtige Eigenschaft verbunden, die Möglichkeit nämlich, die aus dem Trockengut vertriebenen Dämpfe als reines unvermischtes Kondensat aufzufangen, die dem Trockengut entzogene Flüssigkeit also wieder zu gewinnen.

Besteht dieselbe nicht aus Wasser, sondern aus Spiritus, Benzol, Äther, Benzin u. dgl., so sind mit dieser Wiedergewinnung oft so große Vorteile verbunden, daß sie allein ausschlaggebend für die Wahl des Verfahrens werden können.

In dem durch Fig. 81 wiedergegebenen Schema fließt das Kondensat aus dem Rohr „*d*“ aus, und die Menge, in der dies vor sich geht, gibt einen Anhalt für den Verlauf der Trocknung, welche als beendet anzusehen ist, sobald der Ausfluß aufhört. Bei nicht offenem Ausfluß in ein geschlossenes Gefäß müßte zu diesem Zweck ein Glasrohr in die Verbindung mit dem Kühler eingeschaltet werden.

Da alle oben angeführten Flüssigkeiten unter atmosphärischem Druck bei weit niedrigerer Temperatur sieden als Wasser, nämlich Benzol bei 80, absoluter Alkohol bei 78,5, Äther sogar schon bei 35°, da ferner ihre spezifische und ihre Verdampfungswärme ebenfalls tiefer liegen, so erfordert sowohl ihre Austreibung wie ihre Wiedergewinnung lange nicht den Aufwand, den das Wasser benötigt, und es könnten also alle Verhältnisse kleiner gewählt werden, doch geschieht das in der Regel nicht, da oft neben obigen oder ähnlichen Flüssigkeiten auch Wasser vorhanden ist, welches in dem Fall erst dann verdampft, nachdem die Beimengungen bei der ihnen zukömmlichen geringeren Temperatur überdestilliert sind. (Fraktionierte Verdampfung.)

5. Zonentrockner.

In einem früheren Abschnitt wurde bereits dargelegt, daß der geringste Wärmeverbrauch bei allen mit Verwendung von Luft arbeitenden Verfahren an die höchste Abzugstemperatur geknüpft ist.

Einen Weg zur Erreichung dieses Zieles haben wir bereits in dem, unter Ziffer 3 beschriebenen Verfahren kennen gelernt, doch eignet sich dasselbe nicht für jede Ware, weil sie dann von vornherein und während der ganzen Behandlung der höchsten Temperatur ausgesetzt sein und bleiben würde.

Diesem Übelstande läßt sich durch stufenweise Erwärmung begegnen, indem man den ganzen Prozeß dadurch in eine aufeinander folgende Reihe einzelner Vorgänge zerlegt, daß man den Luftstrom abwechselnd durch eine Heiz- und eine Trockenkammer leitet.

Auf diese Weise wird es möglich, eine hohe Abzugstemperatur zu erreichen und die Ware erst allmählich zu erwärmen; ja, sie nötigenfalls wieder so weit herunterzukühlen, daß sie den Trockner mit nahezu derselben Temperatur verläßt, mit welcher sie ihn betrat.

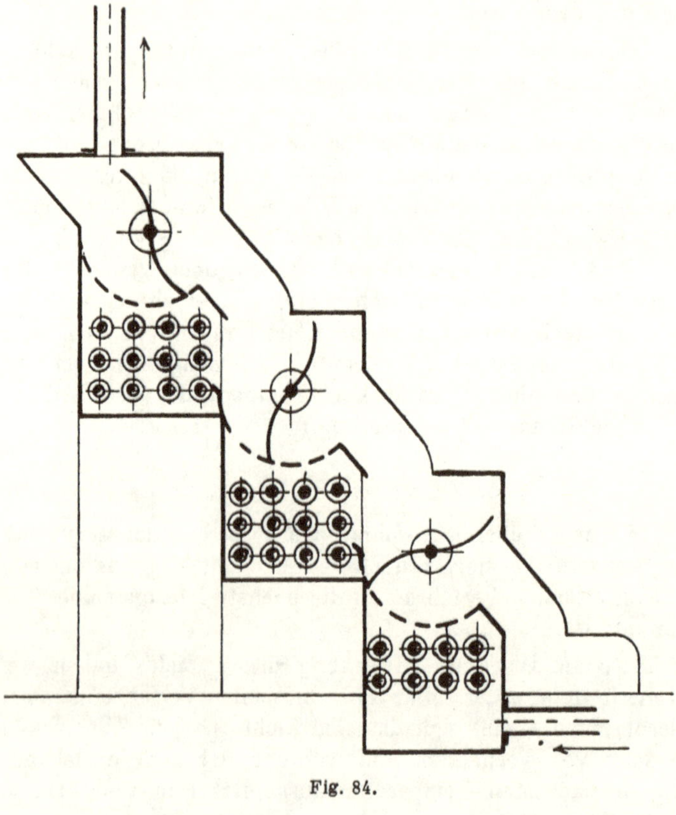

Fig. 84.

Dabei kann die Ware gleichzeitig durch die vorbeistreichende Luft bis zu jedem beliebigen Grad getrocknet werden, während die Luft ihrerseits abzieht mit der höchsten zulässigen Temperatur sodaß sie zur Aufnahme reichlicher Mengen von Feuchtigkeit befähigt ist. —

Die ersten Schritte auf diesem Wege finden sich in Einrichtungen, ähnlich der durch Patent Nr. 57 514 gekennzeichneten. Bei ihnen werden die treppenartig oder direkt übereinander angeordneten Behältnisse für das Trockengut von einem Trockenluftstrom der beschriebenen Art durchlaufen, während die Ware von Behältnis zu Behältnis herabrieselt.

Dabei zieht zwar die Luft mit hohem Wassergehalt ab, doch trifft sie vorher in der obersten Stufe unmittelbar mit der kalten nassen Ware zusammen, was sich keineswegs gutheißen läßt, indem bei nicht ganz vorzüglicher Leitung des

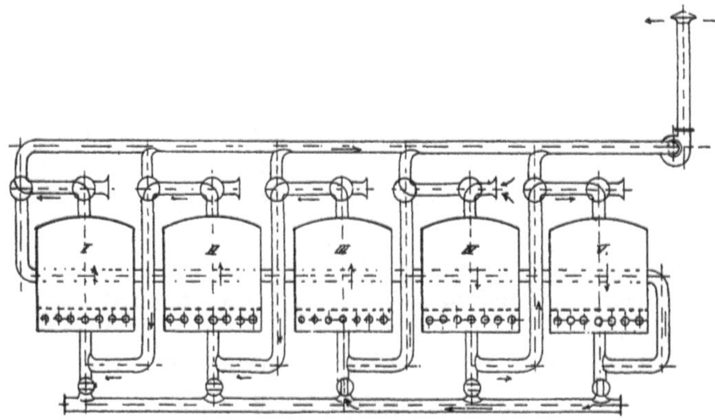

Fig. 85.

Prozesses zu befürchten steht, daß sich ein Teil der in der heißen Luft enthaltenen Feuchtigkeit wieder auf der Ware niederschlägt und so abermals verdampft werden muß.

Wesentlich besser ist schon der Gedankengang in der Batterie Fig. 85.

Dieselbe besteht aus einer Reihe von Kammern, deren obere und untere Partien sich durch Umstellung von Klappen oder sonstigen geeigneten Mechanismen in verschiedener Weise miteinander verbinden lassen. Zwischen je zwei dieser Kammern bzw. im oberen oder unteren Ende einer jeden befindet sich ein Heizapparat, und die Klappen werden etwa so eingestellt, daß ein Luftstrom in der Richtung der Pfeile durch die Kammern streicht. Im Augenblick steht *IV* offen, die Heizung darin ist abgestellt, und frische Luft zieht von oben bzw. durch die geöffnete Tür zum unteren Abzugsrohr; sie tritt kalt in den oberen Teil von *V* über, durchströmt das darin liegende Material, dasselbe abkühlend und sich selbst dabei erwärmend, um dann an den Heizkörpern in *V* und *III* vorbei von unten nach *III* und weiter nach *II* und *I* überzutreten, von wo sie durch den Ventilator ins Freie geschafft wird. Die Heizkörper in *V* und *III* werden in dem Maße eingeschaltet, als *V* sich abkühlt und der Inhalt von *III* sich erwärmt. Inzwischen ist *IV* entleert und frisch gefüllt; die Kammer wird geschlossen und der Luftstrom nun so eingestellt, daß er in *V* von oben und vorn eintreten und aus *II* oben abgesaugt werden kann, wobei *V* zur Entleerung und Neufüllung bereit steht.

Es verläßt hierbei also die feuchte und heiße Luft den Trockenapparat immer durch diejenige Kammer, in welcher sich die wärmste und trockenste Ware befindet, so daß sich der Vorgang im Gegensatz zu dem unter Ziffer 2 besprochenen Trockner im Gleichstrom abwickelt; hierbei macht die dem Apparat entnommene fertige Ware manchmal den Eindruck, als ob sie nicht völlig trocken sei, welches Empfinden um so eher auftritt, je höher die Temperatur und Sättigung ist, mit welcher die Luft abzieht.

Wirklich nachweisen lassen hat sich eine spätere Gewichtsabnahme noch nirgends recht, und verliert sich der feuchte Eindruck des Trockenguts mit seiner fortschreitenden Abkühlung auch schnell.

Immerhin ist die Notwendigkeit, das fertige Produkt, oft auch die Wagen oder Gestelle, auf denen es ruhte, abkühlen zu müssen, gerade kein Vorzug, abgesehen davon, daß auch Wärmeverluste damit verbunden sind, die unter Umständen ziemlich erheblich werden können.

Der Betrieb der bisher besprochenen Einrichtungen bringt es ferner mit sich, daß in kurzen Zwischenräumen, meist in Abständen von wenigen Minuten, die Ein- und Austrittstüren geöffnet werden müssen, um Ware hinein- oder herauszuschaffen, wobei es unvermeidlich ist, daß kalte Luft eindringt und warme austritt, so daß die Planmäßigkeit des

Betriebes darunter leidet und eine mehr oder weniger starke Überschreitung der berechneten Verbrauchsziffern stattfindet

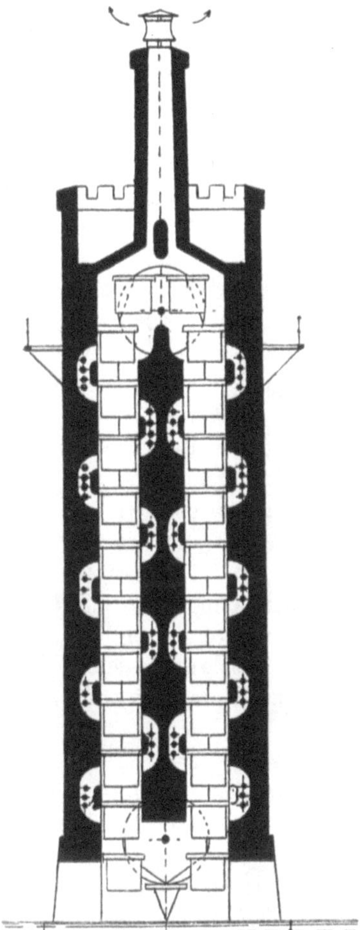

Fig. 86.

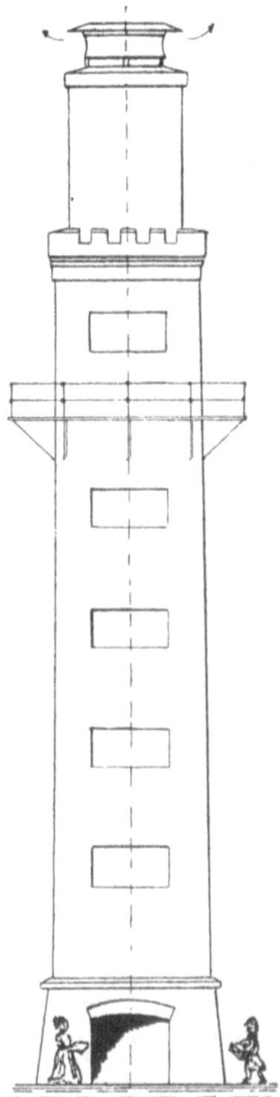

Fig. 87.

Diese Mängel fallen fort, wenn die horizontale Anordnung des vorigen Verfahrens aufgegeben und dafür eine vertikale gewählt wird, wie bei dem Trockenkamin, Patent Nr. 172752.

Derselbe besteht, wie aus Figuren 86 und 87 ersichtlich, aus zwei heizbaren, oben und unten offenen Schächten, durch welche zwei, in der Zeichnung hintereinander liegende endlose Ketten gezogen sind, zwischen welchen an Querverbindungen die zur Aufnahme des Trockenguts dienenden Behälter oder Gestelle hängen. Zwischen je zweien dieser Behälter liegt immer eine Heizkammer, der größeren Deutlichkeit wegen in der Zeichnung im Zickzack angeordnet, doch ist dies völlig der Natur der zu trocknenden Stoffe anzupassen. Die Trockenluft zieht ohne alle Apparate in beide Schächte unten ein, steigt langsam hinauf, immer wärmer, feuchter und spezifisch leichter werdend, und tritt oben ins Freie.

Die Ketten mit ihren Behältern wandern in einen Schacht hoch und kommen im andern wieder herab nach Maßgabe der durch Handkurbelantrieb erfolgenden Weiterbewegung, die, wie bei allen kontinuierlichen Trockenanlagen, nur in Absätzen vorgenommen wird, sobald an der Eintrittsseite ein Behälter mit nasser Ware gefüllt und dafür an der Ausgangsseite ein anderer von getrockneter entleert ist. Zur Regelung des Luftdurchzugs genügen einfache Schieber oder Klappen an den unteren Heizkammern. Im übrigen steht das Innere der Schächte mit der freien Atmosphäre in offener Verbindung, ohne durch Türen oder andere Verschlüsse darin behindert zu sein. Die Ware wird unten an der einen Seite kühl hineingebracht und tritt unten an der andern, nur wenig wärmer, wieder zutage.

Haben die Kurventafeln schon mehrfach für die Darstellung von Vorgängen in den Kanälen etc. gute Dienste getan, so erweisen sie sich besonders brauchbar bei Trockenkaminen, indem sie ermöglichen, den Arbeitsprozeß in ihnen zu verfolgen bzw. ihn nach Gutdünken zu leiten.

Die Fig. 88 u. 89 zeigen den Verlauf der Temperaturänderung, wie er sich für Trockenluft abspielt, welche von 0^0 bei voller, auf 50^0 bei 80% Sättigung durch 10 Kammern eines Schachtes erwärmt wird; die stark ausgezogenen Linienzüge geben die Verhältnisse für unten ganz freie Schächte wieder, wogegen die gestrichelten für solche Schächte gelten, denen eine besondere Heizkammer vorgebaut ist.

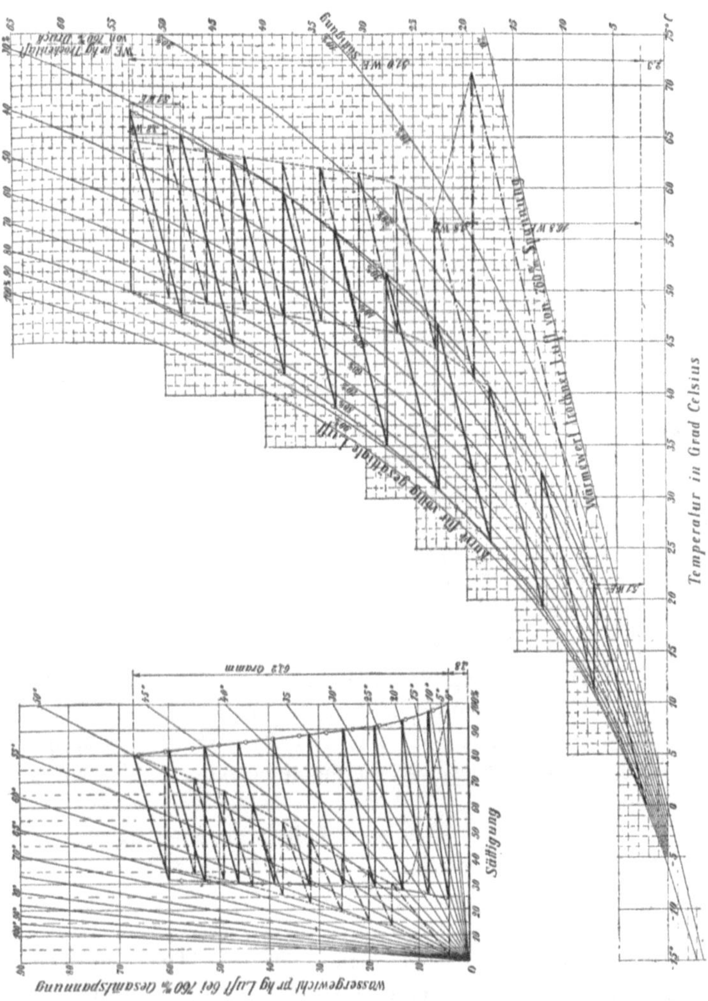

Fig. 88 u. 89.

Die Herstellung eines derartigen Linienzuges geschieht für Annahme gleicher Wärmezufuhr zu jeder Heizkammer in der Weise, daß man die Höhe zwischen den beiden Horizontalen, welche durch 0° bei voller Sättigung und durch 50° bei 80% Sättigung gehen, in 10 gleiche Teile teilt, um dann

Parallelen zu ziehen zu der schrägen Erwärmungslinie für trockene Luft. Die unterste davon geht durch den Kreuzungspunkt der 0°-Vertikalen mit der 100%-Sättigungskurve und gibt durch die Stelle, an welcher sie die unterste der Horizontalen schneidet, Temperatur und Sättigungsverhältnis der Luft an, nachdem sie die erste Heizkammer durchströmt hat.

Hierauf fällt die Temperatur im ersten Trockenraum längs der untersten Horizontalen, um von neuem parallel zur Lufterwärmungslinie anzusteigen usf.

Da nun die Linienzüge in der Nebenfigur 88, für den Verlauf des Vorgangs in den Heizkammern ebenso wie in der Hauptfigur 89 für den Verlauf des Vorgangs in den Trokkenräumen horizontal liegen müssen, indem während dieser Zeiträume keine Feuchtigkeits- bzw. Wärmeaufnahme stattfindet, so sind die Wendepunkte in den Zickzacklinien beider Tafeln nötigenfalls so lange zu verschieben, bis dieser Bedingung genügt ist, wenn wegen der oft sehr spitzen Winkel, unter dem sich die Linien schneiden, Ungenauigkeiten auftreten.

Fig. 88 läßt erkennen, daß die Wasseraufnahme keinen gleichen Schritt hält mit der Wärmeabgabe, denn sie ist bei den tieferen Temperaturlagen geringer als in den höheren, bei welchen der Verlauf in den Trockenräumen überhaupt gleichmäßiger wird und sich schließlich auf einer geraden Linie bewegt.

Die sich auf diese Weise ergebenden Temperaturverhältnisse sind in den folgenden Zahlentafeln zusammengestellt, wobei angenommen wurde, daß Niederdruck- oder Abdampf zum Heizen dient.

Beim doppelschachtigen Kamin unserer Untersuchung erlangen die mit 0° eintretenden Waren zeitweilig, d. h. am höchsten Punkt ihrer Wanderung, eine Temperatur von ca. 46°, kommen aber schließlich doch nur mit 15—20° zutage, indem sie sich im niedergehenden Schacht wieder abkühlen; sie führen dementsprechend weniger Wärme fort, als es beim Trocknen in Kammern und Kanälen der bis jetzt kennen gelernten Bauarten geschieht.

Tabelle A für die Heizkammern.

Heiz-kammer	Eintritts-	Austritts-	Temperatur des Heizdampfes	Mittlere Temperaturdifferenz
	Temperatur der Trockenluft in °C			
1	0	21,2	105	94,4
2	11,2	32,2	105	83,3
3	19,2	40,8	105	75
4	25,8	46,8	105	68,7
5	30,8	51,8	105	63,7
6	35	55,8	105	59,6
7	38,8	59,5	105	55,85
8	42	62,5	105	52,75
9	45	65,3	105	49,85
10	47,8	67,6	105	47,3
ins Freie	50	—	—	—

Als mittlere Temperaturdifferenz würden somit ca. 65,05° anzusehen sein.

Tabelle B für die Trockenkammern.

Trockenraum Nr.	Eintritts-	Austritts-	Eintritts-	Austritts-	Mittlere Temperaturdifferenz
	Temperatur der Trockenluft in °C		Temperatur des Trockengutes in °C		
1	21,2	11,2	0	10,8	10,8
2	32,2	19,2	10,8	18,6	11
3	40,8	25,8	18,6	24,4	11,8
4	46,8	30,8	24,4	29,3	11,95
5	51,8	35	29,3	33,3	12,1
6	55,8	38,8	33,3	36,6	12,35
7	59,5	42	36,6	39,3	12,8
8	62,5	45	39,3	41,8	13,2
9	65,3	47,8	41,8	44,1	13,6
10	67,6	50	44,1	46,0	13,75

Die mittlere Temperaturdifferenz zwischen Trockenluft und Trockengut beträgt demnach ca. 12,33° C.

Dieser Minderbedarf des Kamins findet mit zur Wasserverdunstung im fallenden Schacht Verwendung, weshalb dessen Wärmebedarf geringer ist als der des ansteigenden.

Falls in beiden Schächten die gleiche Wassermenge verdunstet werden soll, was übrigens keineswegs erforderlich ist, muß dies berücksichtigt werden, etwa durch Anordnung einer Vorwärmkammer am hochsteigenden Schacht, wobei der Wärmeverlauf sich nach der in Fig. 83 punktierten Linie vollzieht.

Die bei einem Kamintrockner auftretenden Verhältnisse sollen wiederum durch eine Aufgabe erläutert werden, und zwar mit Hilfe von Tab. IX, womit die graphische Methode verlassen werden möge.

Beispiel 20. Fertigzustellen sind in 24 Stunden 3000 kg trockene Pappen von einem größten Format = 850 × 1100 mm aus einem Material, welches 55% Wasser enthält; die Temperatur, auf welche dasselbe gebracht werden darf, soll 50° C nicht übersteigen. Das Gewicht der einzelnen Tafeln schwankt in weiten Grenzen; beim Verlassen des Kamins sollen sie noch einen Feuchtigkeitsgehalt von 3% aufweisen. Welche Größenverhältnisse sind anzuwenden?

Beantwortung. Aus Gleichung 59a:

$$A = \frac{10\,000 - 100\,r}{a - r} = \frac{10\,000 - 300}{55 - 3}$$

erhalten wir

A = ca. 186,5, d. h. auf 186,5 nasser Ware entfallen nach Verdunstung von 100 kg Wasser 86,5 getrocknetes Produkt mit 3% Feuchtigkeit. Da aber stündlich 125 kg der letzteren fertiggestellt werden sollen, müssen $\frac{125}{86,5} \cdot 100$ = ca. 147 kg Wasser in derselben Zeit daraus verdunstet werden[1]).

Damit die Ware nicht über 50° erwärmt wird, sei die Temperatur der abziehenden Luft = 50° und ihr Feuchtigkeitsgehalt zu 80% angenommen, wobei sich laut Tab. IX ihr Wärmewert

[1]) Die in Fachblättern der Pappenherstellung häufig zu findende alleinige Angabe des erzielten Trockengewichts gibt gar keinen Anhalt, da die Leistung einer Anlage, in welcher aus 6000 kg Wasser 3000 kg trockene Ware hergestellt werden, genau so groß ist wie die einer andern, welche in derselben Zeit 8000 kg auf 5000 kg trocknet. Nur das vertriebene Wassergewicht ist maßgebend!

auf 53,34 WE und ihr Wassergehalt auf 67,0 g pro kg trockene Luft stellt. Bringen wir dies mit den einschlägigen Zahlen bei verschiedenen Außentemperaturen zusammen, so entsteht folgendes Bild:

Außentemperatur	÷ 15°	+ 5°	+ 25° C
Sättigungsgrad außen	100	100	60 %
Wärmegehalt	— 3,02	4,42	13,15 WE
Feuchtigkeit	0,88	5,4	12 g
Wasseraufnahme demnach	66,12	61,6	55 g
Zur Aufnahme von 147 ∾ 150 kg Wasser sind also nötig an Luft	2 270	2 430	2 730 kg
Wärmeaufnahme pro kg Luft	56,36	48,92	40,19 WE
Wärmebedarf für 150 kg H_2O	128 000	119 000	110 000 „
dazu Abkühlungsverluste	13 000	9 000	4 000 „
Gesamtverbrauch pro Stunde	141 000	128 000	114 000 „

Im Winter wird demnach etwas mehr als im Sommer benötigt, doch ändert sich auch die Wärmeabgabe der Heizrohre in einem ähnlichen Verhältnis. Zur Bestimmung der stündlich von 1 qm übertragenen Wärmemenge haben wir den Koeffizienten 5 für Rippenrohre und die mittlere Temperaturdifferenz von ca. 65°, wonach $K = 325$ WE wird, so daß einzubauen sind mindestens $\frac{130\,000}{325}$ = ca. 400 qm Rippenfläche, falls dieselben gleichmäßig über die ganze Höhe verteilt werden. Die genauere Betrachtung der kleinen Tabelle *A* zeigt aber, daß die Temperaturdifferenz, also auch die Wärmeübertragung, unten weit größer ist als oben, daß also, wenn jedem Trockenraum die gleiche Wärme zugeführt werden soll, wie es der Annahme entspricht, die Verteilung derartig vorgenommen werden muß, daß die oberste Heizkammer ungefähr doppelt so viel Heizfläche erhält als die unterste. Ferner wurde schon darauf hingewiesen, daß das Wärmebedürfnis beider Schächte ungleich ist, indem im vorliegenden Fall, z. B. während des Hochsteigens, 269 kg nasser Ware um ca. 40° zu erwärmen sind, entsprechend einem Aufwand von ca. 10 760 WE, wovon dem andern Schacht 125 · 35 = 4375 WE zugute kommen; der Unterschied beträgt somit rund 15 000 WE.

Wollen wir noch die Höhe bzw. den Fassungsraum des Kamins bestimmen, so müssen wir dazu erst wissen, wie lange die Pappen in ihm zu verbleiben haben, um trocken zu werden, was sich bei ihrer großen und sehr feuchten Oberfläche allenfalls nach folgenden Erwägungen schätzen läßt.

Werden die einzelnen Tafeln, wie üblich, nebeneinander an Rahmen geklammert, die entweder unmittelbar an den endlosen Ketten des Kamins befestigt sind oder Rollen besitzen zum Heranfahren auf einer Hängebahn und eine Einrichtung für das Verkuppeln mit den Ketten haben, und gibt man diesen Rahmen oder Wagen ca. 2 m Breite, da dies Maß der normalen Länge von Rippenheizrohren entspricht, so bietet jedes solche Gestell Gelegenheit zum Behängen mit ca. 40 Papptafeln in ca. 50 mm Abstand, was bei dem zugrunde gelegten Format von 0,8 · 1,1 m einer Oberfläche von ca. 70 qm pro Gestell entspricht.

Die mittlere Temperaturdifferenz zwischen Luft und Trockengut war nach unserer Aufstellung 12,3° im steigenden Schacht, im fallenden wird sie ungefähr 8°, im Gesamtdurchschnitt mithin ca. 10° betragen. An Wärme können somit pro Stunde und qm übergehen 10 · 6 = 60 WE, wenn der Koeffizient $k = 6$, wie für mäßig bewegte Luft gesetzt wird, also pro Gestell oder Wagen mit 70 qm Pappenoberfläche 70 · 60 = 4200 WE stündlich.

Die Verdunstung des Wassers aus der Pappe erfordert bei 50° ca. 550 WE pro kg und sind somit aufzuwenden 150 · 550 = 82 500 WE, wozu noch für Erwärmung von 125 kg Pappe um ca. 12° kommen: 12 · 125 = 1500 WE, so daß an sie im ganzen übertragen werden müssen 84 000 WE stündlich.

Da auf einen Wagen nur 4200 WE entfallen, ist der Kamin so hoch zu machen, daß von ihnen 20 Stück darin gleichzeitig Platz finden können, was einer vertikalen Entfernung der Kettenscheibenachsen von ungefähr 15 m gleichkommt. Die volle Kaminhöhe hängt von der Lage der unteren Achse sowie von anderen Einzelheiten der Bauausführung ab.

Wiegt jede Tafel trocken 1 kg, so trägt ein Rahmen 40 kg und muß daher zur Fertigstellung von 125 kg alle $60 \frac{40}{125} = 19{,}2$ Minuten ein trockener gegen einen mit frischer Ware behangenen ausgetauscht werden. Bei leichteren Pappen hat die Auswechslung häufiger, bei schwereren entsprechend seltener zu erfolgen; bei solchen von der angenommenen Stärke faßt der Kamin $20 \times 40 = 800$ kg, so daß sie $\frac{800}{125} = 6{,}4$ Stunden darin zu verbleiben hätten.

Mit Kaminen dieser Art ließe sich schon sehr viel erreichen, wie geringer Wärme- und Luftverbrauch, zweckdienlichste Behandlung des Trockenguts, Fortfall des Ventilators und der sonst nötigen Dichtigkeit der Türverschlüsse.

Trotzdem können wir bei ihnen noch einen Schritt weiter gehen, indem wir die abziehende Trockenluft zurückkühlen und von neuem verwenden, wie in Fig. 90 angedeutet ist.

Bei Zugrundelegung ungefähr gleicher Verhältnisse wie soeben entweicht die auf 50° erwärmte, nahezu gesättigte Trockenluft jetzt nicht mehr oben ins Freie, sondern sie wird mittels eines Gebläses durch einen seitlich angebrachten vertikalen Kühler wieder nach unten befördert, wo sie von neuem abgekühlt und entwässert in den Kamin gelangt, um den Kreislauf abermals zu beginnen.

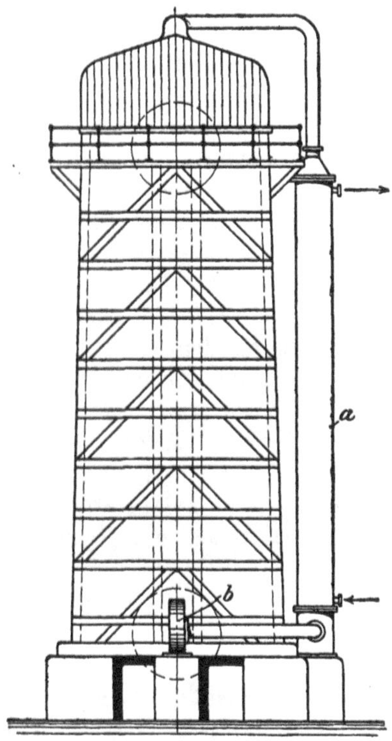

Fig. 90.

Die vertikale Bauart ermöglicht eine gute Abscheidung alles Wassers, so daß die mit einer Rückkühlung verbundenen Vorteile voll zur Geltung kommen können.

Untersuchen wir daher an Hand des letzten Beispiels, was sich erreichen läßt, wozu wir wieder 80% Sättigung und 50° Temperatur am oberen Abzug zugrunde legen, für die untere Zuströmung jedoch volle Sättigung bei 30° annehmen; dann bewegt sich der Wärmewert zwischen 23,60 und 53,34 WE, der Wassergehalt dagegen zwischen 27,1 und 67 g pro kg trockene Luft. Für 100 kg Wasserverdampfung sind somit nötig $\frac{100\,000}{67 - 27{,}1} = 2506$ kg Luft und 2506 (53,34

— 23,6) = 74 500 WE. Bei stärkerer Sättigung der abziehenden Luft verbessern sich die Zahlen, doch wollen wir stehenbleiben bei 2000 kg Luftumwälzung und ca. 72 000 WE pro 100 und kommen damit für 150 kg Wasserverdampfung auf 3000 kg = ca. 2600 cbm Luft und 108 000 WE ohne Rücksicht auf Abkühlungsverluste.

Beim Vergleich mit den für freien Abzug erhaltenen Zahlen ergibt sich ein Gewinn von ungefähr 10%, welcher erkauft werden muß durch Anwendung einer nicht unbedeutenden Wassermenge (ca. 3½ cbm pro 150 kg Feuchtigkeit), einer Pumpe für ihre Förderung und eines Gebläses für die Luftumwälzung.

Einrichtungen dieser Art gleichen in vieler Beziehung denen des Verfahrens 4. Im übrigen gelten auch bei stufenweiser Erwärmung die Formeln (65—69), indem sich sowohl Wärme- als Luftverbrauch immer wieder aus dem Unterschied des Zustandes der Luft bei der Einführung und bei der Ableitung ergeben; welche der Formeln anzuwenden sind, hängt davon ab, ob dem Trockner eine Vorwärmekammer vorgeschaltet ist oder nicht.

Setzen wir jetzt noch:

c_p = spez. Wärme der Trockenluft, rund = 0,24 WE pro kg,

$t_h - t_e$ = Temperaturzunahme in jeder Heizkammer,

n = Anzahl der Heizkammern,

so ist:

$$c_e = c_a + n\,(t_h - t_e)\,c_p, \text{ und daraus:}$$

$$t_h - t_e = \frac{c_e - c_a}{n c_p} \quad \ldots\ldots \quad (71a)$$

bzw. bei Vorhandensein einer Vorwärmkammer:

$$t_h - t_e = \frac{c_e - c_z}{n c_p} \quad \ldots\ldots \quad (71b)$$

Aus diesen Formeln erhellt, daß die Anzahl n der Stufen im umgekehrten Verhältnis zu ihrer Höhe steht, d. h. je geringer der Unterschied zwischen Eintritts- und Austrittstemperatur der die Heizkammern durchstreichenden Luft sein darf, desto größer muß die Anzahl der anzuwendenden Kammern werden.

In Wirklichkeit ist es natürlich nicht die Erhöhung der Temperaturen in den Heiz-, sondern vielmehr ihr Abfall in den Trockenräumen, worauf es ankommt, doch hängt eins mit dem andern zusammen. Maßgebend ist überhaupt nur das Temperaturgefälle im heißesten Trockenraum, da nach Fig. 89 in ihm die größten Unterschiede bestehen und wir demnach die Abzugstemperatur so viel tiefer als die höchste zulässige legen müssen.

Einen deutlichen Einblick in die Verhältnisse geben die kleinen Zusammenstellungen *A* und *B* (Seite 239), nach welchen sich in den obersten Trockenräumen des Kamins mit 10 Heizkammern pro Schacht der Unterschied auf 17,6° stellte.

Das ist aber für ein und denselben Trockenraum schon recht viel, doch läßt sich eine Herabminderung nur erreichen durch Vermehrung der durch den Kamin geleiteten Menge, also durch Erhöhung der Geschwindigkeit der hindurchströmenden Luft.

Das liegt jedoch keineswegs in unserer Absicht, da es den Wärmeverbrauch erhöht, und sind wir außerdem durch den zur Verfügung stehenden Auftrieb und die vorhandenen Widerstände an gewisse Grenzen gebunden.

Damit erweist sich die immerhin langsame Strömungsgeschwindigkeit als schwacher Punkt der reinen stufenweisen Lufterwärmung, indem dadurch auch die Schnelligkeit der trocknenden Wirkung nachteilig beeinflußt wird.

Diesem Übelstand läßt sich nur dadurch begegnen, daß wir den Luftinhalt jeder Stufe für sich in bereits bekannter Weise einige Male umwälzen, ehe wir ihn weiter schicken, bzw. daß wir beides gleichzeitig besorgen und damit die Luft in einer annähernd spiralförmigen Linie mit sehr schwacher Steigung durch den Trockner strömen lassen.

Solche Umarbeitung ermöglicht ferner, die Anzahl der Stufen einzuschränken und trotzdem den Unterschied zwischen den Temperaturen der Luft beim Betreten und Verlassen jedes Heizraums auf das weitgehendste zu vermindern.

Dieser Gedanke liegt dem Patent Nr. 87 095 zugrunde und ist in den bekannten Trocknern für Ziegel und Zementsteine von Möller & Pfeifer, Berlin, verwertet worden.

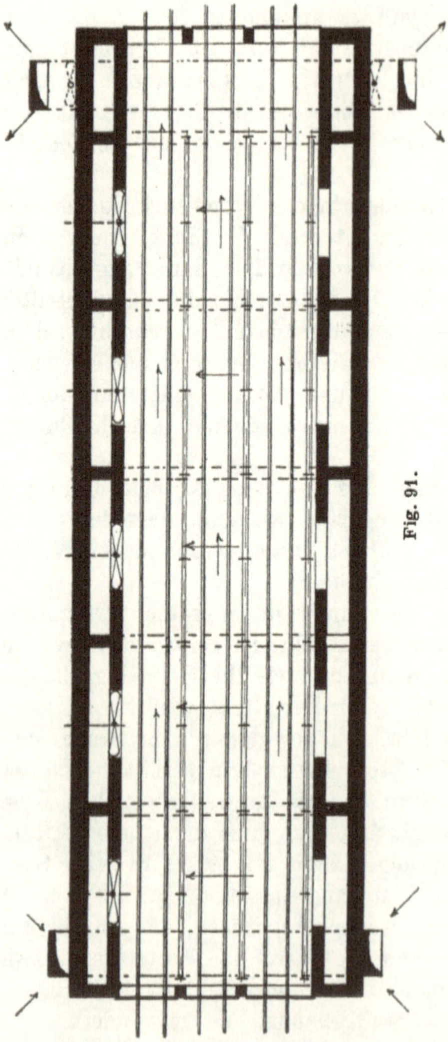

Fig. 91.

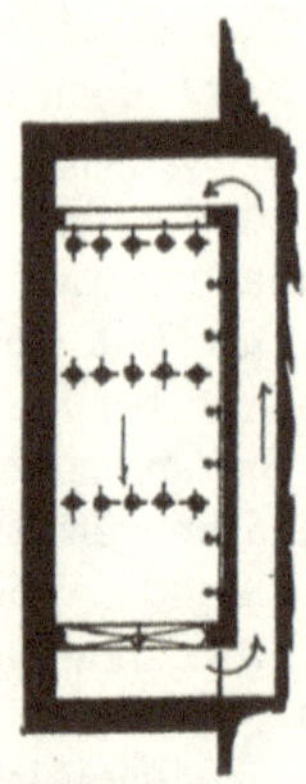

Fig. 92.

Die Grundzüge des Verfahrens lassen sich den Fig. 91 u. 92 entnehmen, welche einen dreifachen Tunnel im Horizontal- und Querschnitt zeigen. Die Trockenluft wird durch eine Anzahl in einer Seitenwand sitzender Schraubengebläse ständig in der durch die Pfeile im Querschnitt angedeuteten Richtung umgewälzt, wobei sie sich an den zwischen den Geleisen angeordneten Heizrohren immer neu erwärmt; gleichzeitig erhält sie aber auch durch andere in den Abzugsschloten sitzende Gebläse eine langsame Vorwärtsbewegung in der Längsrichtung der Tunnele, wodurch ihr im Verein mit der Querwälzung eine spiralförmige Strömungsrichtung erteilt wird.

Die Türen an beiden Enden sind während des Trocknens nach Möglichkeit geschlossen zu halten.

Seiner Länge nach besteht der dargestellte Apparat aus 5 Zonen, jede mit einem Gebläse für die Umwälzung der Luft und mit Heizröhren zu ihrer Erwärmung ausgestattet. In jeder Zone wird eine gewisse Luftmenge $= g$ kg stündlich umgewälzt, so daß ihre Gesamtmenge beträgt, wenn n die Anzahl der Zonen ist: $n\,g$ kg pro Stunde. Dieser Betrag muß dem Gewicht G für die umzuwälzende Luftmenge in Formel (70) entsprechen, wodurch dieselbe übergeht, da auch $t_{e1} = t_e$ wird und keine Vorwärmung vorhanden ist, in:

$$n g = \frac{C}{(t_h - t_e)}\, c_p \quad . \quad . \quad . \quad . \quad . \quad . \quad (72)$$

Ist eine Vorwärmung in Aussicht genommen, so muß für C in der Gleichung gesetzt werden:

$$C_t \text{ bzw. } C_t + C_a + C_b.$$

Der Ausnutzungsgrad der Wärme unterscheidet sich mithin nur wenig von demjenigen der nach Verfahren 3. mit Umwälzung der Luft arbeitenden Trockner.

Als eine für viele Zwecke zweifellos wichtige Verbesserung der einfachen Zonentrocknung muß die Verlegung des Abzugs von einem der Enden an eine geeignete Stelle zwischen ihnen angesehen werden, wie sie unter Patent Nr. 273 174 beschrieben und in den Fig. 93 u. 94 für einen Reihentrockner dargestellt ist.

Die Einrichtung besteht nach diesen Skizzen aus 12 durch fortlaufende Nummern bezeichneten Kammern, wovon jede mit dem darunter liegenden, zu ihr gehörigen Heiz-

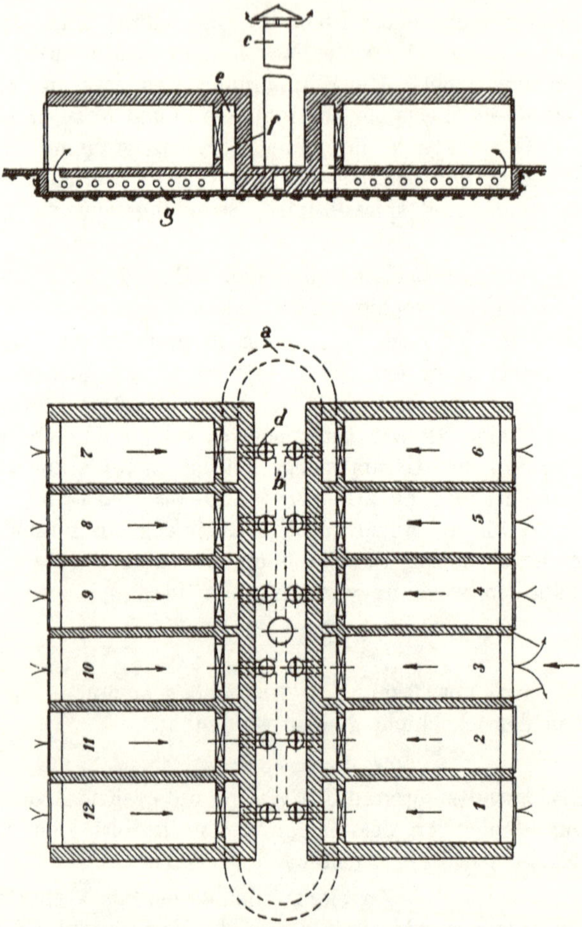

Fig. 93 u. 94.

raum *g* und dem beide verbindenden Umführungskanal eine Zone bildet, in welcher die Trockenluft ununterbrochen durch ein Gebläse *e* in Umlauf erhalten wird. Sämtliche

Zonen werden durchquert von dem Ringkanal *a* und ist dieser seinerseits wieder hinter jeder Kammer absperrbar mit dem Sammelkanal *b* verbunden, welcher zum Abzug *c* führt.

Von den Absperrungen *d* zwischen Sammel- und Ringkanal sind gegenwärtig die hinter den Kammern 1—9 sowie 11 und 12 geschlossen, und nur diejenige hinter 10 ist geöffnet. Kammer 3 steht vorn offen; sie wird entleert und frisch beschickt, wobei gleichzeitig die erforderliche Frischluft hindurchströmt und sich hinten nach rechts und links in den Ringkanal verteilt, um sich hinter Kammer 10 wieder zu vereinigen und zum Abzug *c* zu ziehen.

Für die richtige Verteilung der Luftmengen nach beiden Seiten, wobei sie mit dem Vorrücken von Zone zu Zone immer heißer und trockener werden, sind geeignete, in der Abbildung nicht mit dargestellte Klappen oder Schieber im Ringkanal vorgesehen, welche Organe jedoch nur zum Regeln dienen und für gewöhnlich voll geöffnet bleiben.

Sobald Kammer 3 neu gefüllt ist, wird sie und die Absperrung hinter 10 geschlossen; nachdem dann die Regelungsklappen für die Luft mit den Ventilen für die Heizung umgestellt sind und die Absperrung hinter 11 sowie endlich auch Kammer 4 geöffnet wurde, steht diese zur Entleerung und Neubeschickung bereit.

So geht es in gleichmäßigem Turnus fort, und zwar ohne daß sich an dem Grundgedanken etwas ändert, wenn der Heizraum etwa an eine andere Stelle der Zone, also z. B. über oder hinter die Kammer verlegt wird, anstatt darunter; ebenso ist es für die Wirkungsweise gleichgültig, ob das Trokkengut unmittelbar oder auf Gestellen in den Kammern aufgestapelt wird, ob die Gestelle ortsfest oder fahrbar sind oder ob gar, z. B. für körniges Material, wie Getreide etc., jede Kammer durch eine drehbare, beiderseits offene Trommel ausgefüllt wird, in welcher das Trockengut herumkollert und dabei von dem die Trommel durchstreichenden Wind getrocknet wird.

Soweit wurde angenommen, der Abzug erfolge in der Mitte, doch wird es sich meistens erwünscht machen, ihn daraus verschieben zu können. Ist doch die Wärmemenge, welche bis zur Erreichung der heißesten Zone nötig ist, weit beträchtlicher als diejenige, welche auf der abkühlenden Strecke verbraucht wird.

Aber auch wenn von einer großen oder schweren Sorte der Ware auf eine kleine oder leichte übergegangen werden muß und umgekehrt, wenn die eine beispielsweise 8, die andere 2 Tage Trockenzeit beansprucht, vollzieht sich dieser Übergang weit leichter und schneller, wenn sich der Ort des Abzugs beliebig aus der Mitte rücken läßt.

Die erforderliche Verschiebung kann ohne weiteres durch Öffnung der jeweils günstigsten Absperrung *d* zwischen Abzug und Ringkanal *a* bewirkt werden.

Die Anwendung des Verfahrens auf Zonentrockner in Tunnelform sowie der Gang der Berechnung geht aus folgendem Beispiel hervor.

Beispiel 21. Es sollen pro Tag von 11 Stunden 300 auf Holzrahmen gespannte Häute getrocknet werden bei höchstens 35° C Temperatur für die Trockenluft. Die Häute dürfen 6—8 Stunden im Trockner zubringen, wiegen 2000—1600 g naß, 950 bis 590 g trocken, so daß aus jedem ca. 1030 g Wasser zu verdunsten sind. Stündlich müssen mithin ca. 28 Häute fertiggestellt und 30 kg Wasser daraus vertrieben werden.

Wir wählen einen Trockner nach der in den Fig. 95—97 dargestellten Bauart und setzen die Abzugstemperatur der Trockenluft zu 30—32° C fest.

Unsere Rechnung führen wir gemäß Tab. IX für die nachstehenden drei Zustände der Außenluft durch:

Temperatur der Außenluft (t_a) . .	—15°	+5°	+25°
Sättigung derselben	voll	voll	75%
dann ist ihr Wärmewert (c_a). . .	—3,02	4,42	15 WE
dann ist ihr Wassergehalt (w_a) .	0,9	5,4	15 g
die Vorwärmung der Trockenluft erfolge auf (t_z)	20	20	25°
Sie erfordert demnach c_v	8,31	3,56	0 WE
Der Wärmewert steigt damit auf (c_z)	5,29	7,98	15 „
Der Abzug geschehe mit	30	30	ca. 32°
und einer Sättigung von . . .	65%	70%	80%

Dann hat die Luft einen Wärmewert (c_e)	17,67	18,51	22,8 WE
und einen Wassergehalt w_e . . .	17,3	18,7	24,9 g
Die im Trockner zuzuführende Wärme ist somit ($c_e - c_z$) . . .	12,38	10,53	7,8 WE
Die aufgenommene Wassermenge ($w_e - w_a$) beträgt	16,4	13,3	9,9 g
Zum Fortschaffen von 1 kg Wasser sind mithin nötig $\frac{1000}{w_e - w_a}$ . .	61	75,2	101 kg Luft
Die Erwärmung dieser Luftmenge im Trockner erfordert: $1000 \frac{c_e - c_z}{w_e - w_a} =$	755	791	788 WE

Für 30 kg Wasserverdunstung stündlich ergibt sich demnach:

An Wärme im Trockner aufzubringen	22 650	23 730	23 640 WE
Dazu für Abkühlungsverluste, nach besonderer Rechnung	2 350	2 240	2 360 WE
(Für Erwärmung des Trockenguts und die Gestelle ist nichts zu veranschlagen)			
und für Vorwärmung $\left(30 \cdot \frac{1000\, c_v}{w_e - w_a}\right)$	15 200	8 030	— ,,
Insgesamt	40 200	34 000	26 000 WE
An Frischluft sind nötig	1 830	2 260	3 030 kg
oder laut Tab. X	1 340	1 800	2 620 cbm

Zur Bestimmung der umzuwälzenden Menge gehen wir davon aus, daß der Verbrauch an Wärme im Trockner selbst sich im Mittel auf ca. 26 000 WE stellt und wir keine höhere Erwärmung ($t_h - t_c$) haben wollen als $3^0 = 0{,}72$ WE.

Demnach wären umzuwälzen $\frac{26\,000}{0{,}72}$ = ca. 36 100 kg, was, auf 8 Kammern verteilt, eine Menge von 4500 kg = ca. 4000 cbm pro Kammer und Stunde ergibt.

Damit sei die Berechnung abgeschlossen, doch mögen ihre Ergebnisse noch einigen kurzen Erörterungen unterzogen werden.

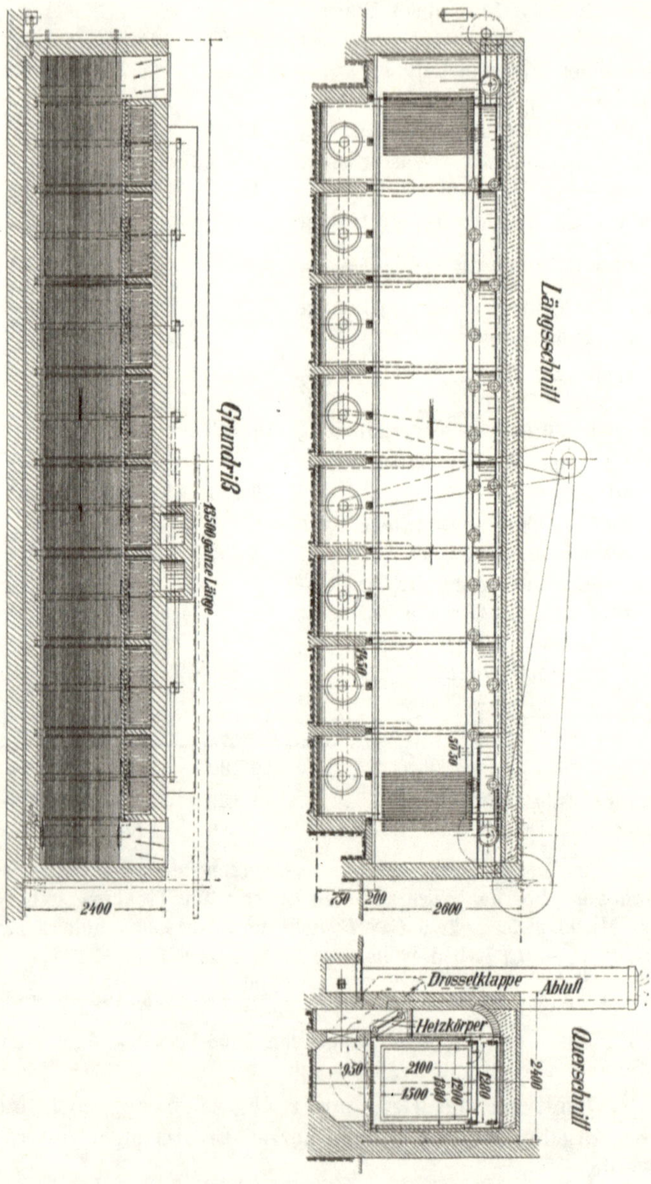
Grundriß
12500 ganze Länge
2400
Längsschnitt
750
200
2600
Drosselklappe
Abluft
Heizkörper
Querschnitt
950
2100
1500
1200
1300
2400

Fig. 95—97.

Wenn wir den Trockner in einem Raum aufstellen, dessen Temperatur ständig auf $+20^0$ gehalten wird, sofern die Außenluft nicht noch wärmer ist, können die Türen des Trockners bis zu einer gewissen Grenze offen bleiben, indem ihn nur diejenige Menge von Luft durchströmen kann, welche die Klappen- oder Schieberstellung im Abluftschlot zuläßt; ihre Einstellung ist gelegentlich nach dem Feuchtigkeitsgehalt der Abluft zu regeln, das Verhältnis der eintretenden Luftströme zueinander dagegen durch das mehr oder minder weite Öffnen der Türen an beiden Enden.

Die Aufrechterhaltung einer gleichmäßigen Raumtemperatur läßt sich ohne Schwierigkeit selbsttätig machen, so daß der ganze Betrieb dann nahezu unabhängig vom Zustand und der Temperatur der Außenluft wird.

Das gleiche hochbegehrte Ziel läßt sich aber auch erreichen, wenn die Frischluft vor dem Eintritt in den Trockner durch besondere kleine Heizkammern geleitet und in ihnen selbsttätig auf eine stets gleich hohe Temperatur gebracht wird.

Unter allen Umständen erfährt das Trockengut während des ganzen Vorgangs die denkbar zarteste Behandlung und kann völlig trocken, aber auch mit jedem beliebigen Feuchtigkeitsgehalt entlassen werden; eine Dörrung oder Untertrocknung ist so gut wie ausgeschlossen.

Alle diese Vorzüge machen den Apparat auch für die Trocknung von Pappen und anderem empfindlichen Material besonders geeignet.

6. Trocknen vorgewärmter Gegenstände.

Die Überwindung besonderer Schwierigkeiten verlangt die Anwendung besonderer Mittel, welchem Umstand die Entstehung des folgenden Verfahrens zuzuschreiben ist, zu dessen Durchführung sich vor allem die Zonentrocknung eignet.

Bekanntlich setzen umfangreiche Stücke, deren Natur eine Zerkleinerung nicht zuläßt, der völligen Trocknung einen großen Widerstand entgegen und unterliegen außerdem leicht der Beschädigung, weil dem durch und durch feuchten Material die zur Verdunstung seines Wassergehalts nötige Wärme nur von außen zugeführt werden kann, die

Außenfläche also leichter und schneller als der Kern trocknet und schwindet, so daß in ihr Risse entstehen und andere Unzuträglichkeiten mehr.

Allen diesen Übelständen wirkt das Verfahren nach Patent Nr. 224 708 entgegen, welches eine völlige Trocknung zuverlässig und schnell, gewissermaßen von innen heraus, mit dem geringsten Wärmebedarf ermöglicht.

Zu dem Zwecke gelangt das Trockengut nicht kalt, wie bisher, sondern auf möglichst hohe Temperatur gebracht in die heißeste Zone solcher Tunnel- oder Reihentrockner, in welchen die Trockenluft entweder schon angewärmt oder mit Außentemperatur eintrat, aber in beiden Fällen während des Hindurchströmens einen stufenweisen Zuwachs an Wärme bei gleichzeitiger ununterbrochener Umwälzung erfuhr.

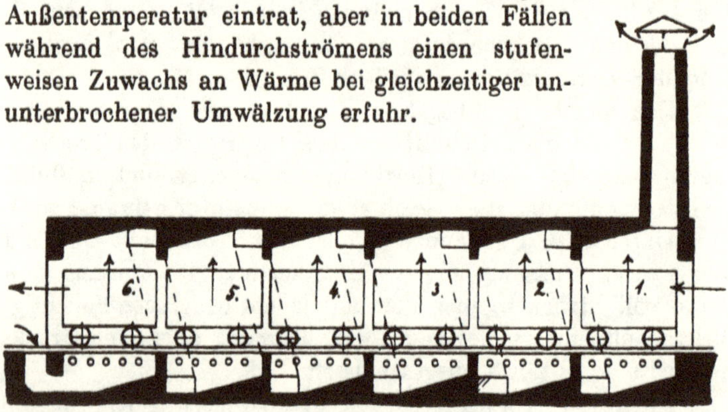

Fig. 98.

Zum Trocknen nach diesem Verfahren lassen sich somit die Tunnel- und Reihentrockner nach den Fig. 91—97 verwenden, nur muß der Abzug aus der Mitte wieder ans Ende verlegt werden, wie aus der schematischen Skizze (Fig. 98) ersichtlich.

Nehmen wir an, die Ware werde mit einer Temperatur von ca. 60° in die Zone 1 des Tunnels geschoben, so trifft sie dort mit heißer, doch noch nicht völlig mit Feuchtigkeit gesättigter Luft von einer Temperatur zusammen, welche zweckmäßig ungefähr gleich der der Ware zu halten sein wird.

Angenommen, sie habe 60° C und enthalte 70% relativer Feuchtigkeit, so wird sie sich aus dem Trockengut noch weiter anreichern, indem das darin enthaltene Wasser von 60°, welches mit unvollkommen gesättigter Luft von gleicher oder höherer Temperatur in Berührung tritt, so lange das Bestreben hat zu verdunsten, bis Gleichgewicht zwischen Spannung und Temperatur des in der Luft enthaltenen Dampfes hergestellt, d. h. bis sie völlig gesättigt ist.

Dies wird noch erleichtert durch die Abkühlung, welche sowohl Luft als Trockengut, infolge der ihnen für die Dampfbildung entzogenen Wärme erfahren, so daß die Temperatur von beiden, der Luft und der Ware, am Ende des Vorgangs sinkt, beispielsweise auf 55°, wobei der Wassergehalt der letzteren heruntergeht, während sich die Luft nahezu oder ganz sättigt; sie kann also ins Freie oder zu sonstiger Verwendung entlassen werden.

Die zu trocknenden Gegenstände aber gelangen mit ihrer Temperatur von 55° weiter in eine zweite Zone, in welcher sie durch etwa zu 65% gesättigte Luft von ca. 55° umspült werden, und worin sich der eben beschriebene Vorgang wiederholt, doch nunmehr innerhalb niedrigerer Temperaturgrenzen.

So geht es stufenweise immer mehr herunter bis zur letzten Zone, in welcher Luft von vielleicht 25 oder 30° und etwa 50% Sättigung auf Trockengut von ähnlicher Temperatur wirkt und ihm den letzten Rest von Feuchtigkeit entzieht. Hierbei verläßt das Trockengut den Tunnel mit wesentlich geringerer Temperatur, als es beim Eintritt hatte, doch läßt sich dies im Bedarfsfalle durch Verwendung von vorgewärmter, anstatt kühler Frischluft vermeiden.

Da hierbei das Trockengut mit hoher Temperatur dem feuchtwarm abziehenden Wind entgegengeführt wird, bleibt sein Kern während des ganzen Vorgangs wärmer als seine Oberfläche, so daß die Dämpfe dort auch unter höherer Spannung stehen und nach außen drängen.

Das Neue an dem Verfahren kennzeichnet sich somit dadurch, daß vorgewärmtes Gut in einen Luftstrom gebracht wird von nahezu gleicher Temperatur und von anfänglich hohem Feuchtigkeitsgehalt, welch letzterer jedoch im weiteren Verlauf des Prozesses mehr und mehr sinkt, so daß sich sowohl Temperatur als Dampfspannung an der Oberfläche der Ware infolge der dort fortwährend vor sich gehenden Verdunstung niedriger stellen als im Innern und die Dämpfe somit stets bestrebt bleiben, von dort nach außen zu gelangen.

Auf diese Weise wird die völlige Austreibung des Wassers bei Vermeidung allen Ausschusses am ehesten gesichert, wie die Erfahrungen bei der Abkühlung feuchtwarmer Gegenstände lehren.

Für den Verbrauch an Wärme macht es keinen Unterschied, ob sie im Anfang auf einmal oder in einzelnen Teilbeträgen zugeführt wird bzw. ob sie sich aus Vorwärmung und Nachheizung zusammensetzt; er richtet sich stets nach der Abzugstemperatur und berechnet sich genau so, wie wir es bei Besprechung der unter 5. zusammengefaßten Verfahren kennen lernten.

Da das eigentliche Trocknen innerhalb hochliegender Temperaturgrenzen vor sich geht, in welchen ein Unterschied von wenigen Temperaturgraden zwischen Trockengut und Trockenluft einen weitaus größeren Abstand der in beiden herrschenden Dampfspannungen zur Folge hat, als wenn das Gebiet, in dem sich die Temperaturen bewegen, tief liegt, und da außerdem eine Vorwärmung dem eigentlichen Trocknen vorangeht, wodurch die für dasselbe allein aufzuwendende Wärmemenge nicht unwesentlich verringert wird, so steht für die geringere, bei größeren Spannungsunterschieden zu übertragende Wärmemenge ein entsprechend geringerer Zeitaufwand, also eine Abkürzung der Trockendauer zu erwarten, und dürfte dieselbe nach sonstigen Beobachtungen recht belangreich sein.

Das Verfahren eignet sich seiner Natur nach in erster Linie für solche Gegenstände, welche aus einem ursprünglich breiigen Stoff geformt sind, der, während er noch breiig, knetbar oder zu schlemmen war, einer Anrührung mit heißem, anstatt mit kaltem Wasser unterzogen werden darf. Die Erwärmung des letzteren läßt sich meistens auf billige Weise durch die ungenutzt abziehende Wärme von Rauchgasen bewirken.

Ehe wir uns jetzt zu andern Trocknern wenden, möge noch der neuesten Verbesserung der Zonentrockner gedacht sein, durch welche die Anzahl der Gebläse auf die für die Umwälzung in den Zonen benötigten beschränkt bleibt. Durch Verlegung der Orte für Einführung der frischen und Abführung der verbrauchten Luft an die geeigneten Plätze erübrigt sich ein weiteres Gebläse für Hindurchtreibung der Verbrauchsluft quer zur Umwälzrichtung vollständig, wodurch gleichzeitig die denkbar einfachste Regulierbarkeit ermöglicht wird.

Der Vollständigkeit wegen sei noch darauf hingewiesen, daß sich durch die Verwendung der größeren Anzahl von Gebläsen die Anlagekosten nur wenig oder gar nicht gegenüber denen von Gegenstromtrocknern erhöhen, die Betriebskosten aber ganz erheblich vermindern.

B. Das Trocknen durch Verbrennungsgase.

7. Trommeltrockner.

In neuerer Zeit hat sich die Verwendung der hochtemperierten gasförmigen Verbrennungsprodukte zur Trocknung sehr nasser Massengüter immer mehr eingebürgert, indem sie ein schnelles und gleichzeitig billiges Arbeiten ermöglicht.

Kartoffeln, Rübenschnitzel, Rübenkraut, Biertreber, die bei der Stärkefabrikation abfallende Pülpe, Bagasse vom Zuckerrohr, kurz allerlei landwirtschaftliche Produkte und Rückstände enthalten nur sehr geringe Prozente an Trockensubstanz ohne hohen Tauschwert, so daß die Einrichtungen zum Verdunsten des überschüssigen Wassers wenigstens drei Anforderungen Rechnung zu tragen haben:

1. sie müssen gewaltige Mengen bewältigen können;
2. das Trocknen muß mit dem geringstmöglichen Aufwand von Brennstoff zu bewirken sein;
3. die Anschaffungskosten dürfen relativ nicht zu hoch werden.

Diesen Bedingungen läßt sich am leichtesten nachkommen:

a) wenn die Heizkraft des Brennstoffs unmittelbar, also ohne Zwischenstufen, und möglichst vollkommen zur Verdunstung der Feuchtigkeit des Trockenguts ausgenutzt werden kann;

b) wenn die Temperaturdifferenzen zwischen Heizgasen und zu verdunstendem Wasser groß sind;

c) wenn die Temperatur des abziehenden Gemisches aus Rauchgasen, Luft und verdampftem Wasser so tief, als ohne Wiederausscheidung von Wasser tunlich, keinenfalls aber über 100° gehalten wird.

Ein weitverbreiteter, diesem Zweck dienender Apparat ist die liegende, auf Rollen rotierende, an beiden Enden offene Trommel, durch welche sich die Heizgase wie die zu trocknenden Substanzen in gleicher Richtung miteinander bewegen, wobei die ersten an Temperatur verlieren, aber an Feuchtigkeit zunehmen, wogegen die letzten sich umgekehrt verhalten.

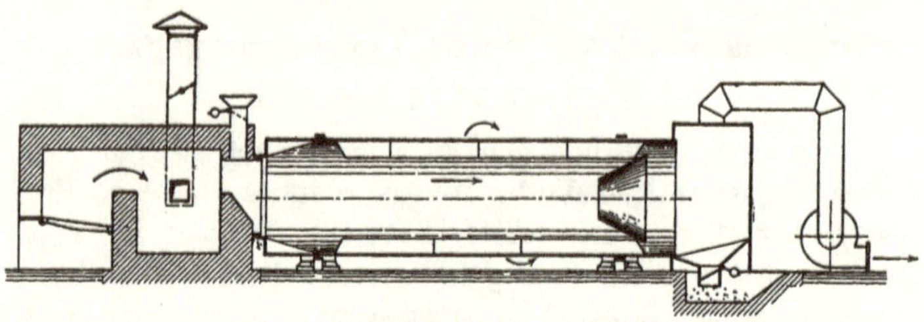

Fig. 99.

Die allgemeine Anordnung geht aus Fig. 99 hervor. Links befindet sich die Feuerung, welche für vollkommenste Ausnutzung des Brennstoffs einzurichten ist; der sich daranschließende größere Raum mit abstellbarem Schornstein dient im wesentlichen für die freie Entfaltung der Flamme und die innige Vermischung etwaiger noch unverbrannter Gas- und Luftmengen, der Schornstein dagegen nur zum Anheizen. In oder an der gegen die Trommel stoßenden Wand befindet sich der Zuführungstrichter für das, oft zu dünnen Scheiben oder Schnitzeln zerkleinerte Trockenmaterial, welches also geradezu durch die heißesten Gase hindurch in die sich langsam um ihre Achse drehende Trommel fällt. Diese liegt mit etwas Neigung nach dem Ausgang und ist entweder der Länge nach von lauter honigwabenähnlichen Kanälen durchzogen oder nur an ihrer Innenfläche mit Schaufeln ausgestattet, so daß Gas und Trockengut mit verschiedener Geschwindigkeit durch sie hindurch in eine zweite Kammer treten, aus welcher Dampf und Gase nach oben abgezogen werden, wogegen die getrocknete Ware sich unten in ihr ansammelt.

Hiermit endet der eigentliche Trockenprozeß, welcher darauf fußt, daß bei Zusammenführung sehr heißer Gase und nasser Stoffe die letzteren erst dann eine gefährliche Temperatur annehmen können, wenn ihr Feuchtigkeitsgehalt so gering geworden ist, daß die Verdampfung des Restes nicht mehr genügt, um die Trockensubstanz kühl zu erhalten. Bis dahin wird die zur Wasserverdunstung nötige, verhältnismäßig bedeutende Wärmemenge zum Teil dem Trockengut, zum größeren Teil den heißen Gasen entzogen, so daß deren Temperatur in der Trommel selbst schnell heruntergeht.

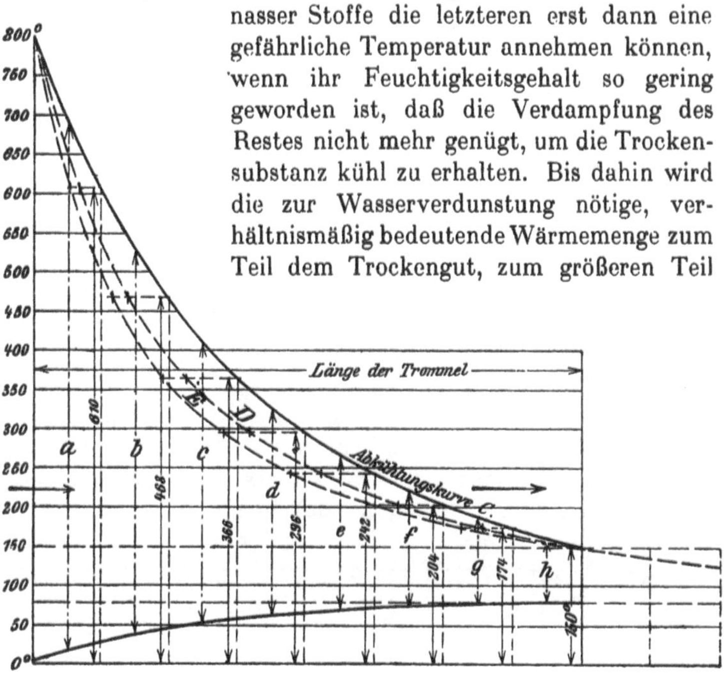

Fig. 100.

Die Vorgänge in der letzteren gleichen im Prinzip völlig denen in einem Trockentunnel bei Gleichstrombeschickung, doch machen die außerordentlichen Temperaturen und Wassermengen eine eingehendere Prüfung nötig, weshalb in Fig. 100 die Temperaturabnahme dargestellt ist, wie sie bei Vernachlässigung aller Nebeneinflüsse etwa verläuft, wenn die Gase mit 800° eintreten und mit der hohen, aber keineswegs außergewöhnlichen Temperatur von 150° abziehen. Dabei ist angenommen, daß das Trockengut dem Gasstrom in der Zeiteinheit immer eine gleichgroße Oberfläche darbietet.

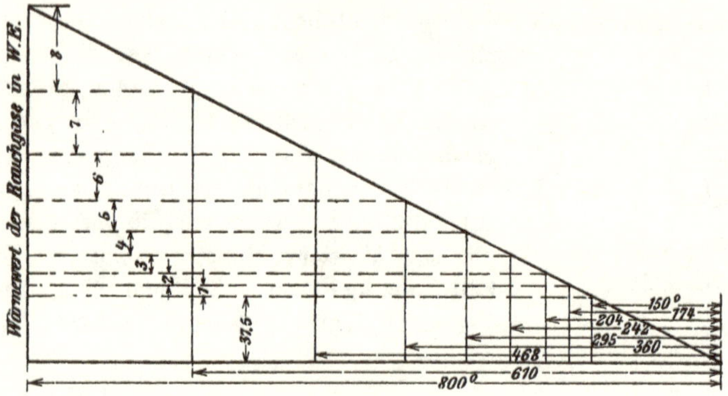

Fig. 101.

Die Form der Kurve ist mit Hilfe der Fig. 101 u. 102 entwickelt und zeigt sowohl Temperatur als Wärmewert der Rauchgase in den einzelnen Phasen ihres Weges. Maßgebend für ihre Form ist die Bedingung, daß in Fig. 102 die Schnitt-

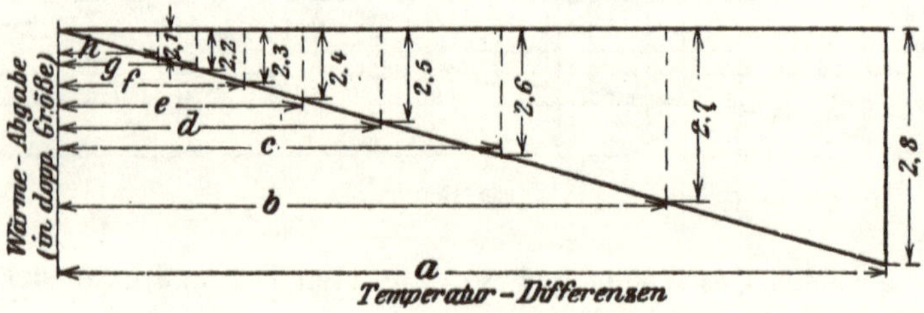

Fig. 102.

punkte der Temperaturdifferenzen als Abszissen und des zweifachen Wärmewerts der Rauchgase als Ordinaten auf der Diagonalen liegen müssen.

Die Differenz zwischen den Wärmewerten zweier Punkte der Hauptkurve *C* ist dann gleich der Wärmeabgabe der

Gase beim Sinken ihrer Temperatur von einer auf die folgende Stufe, welche Wärmeabgabe sich ihrerseits nach dem Temperaturunterschied zwischen Heizgasen und verdampfender Oberfläche des Trockenguts richtet, solange die Größe der

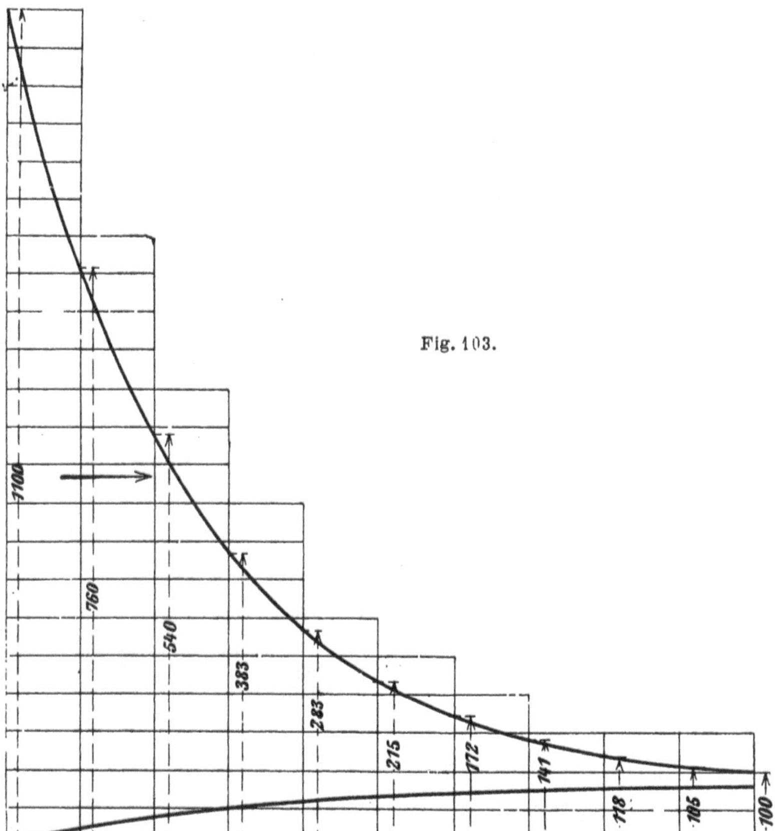

Fig. 103.

letzteren oder die Geschwindigkeit der Gase sich nicht ändern.

Das aber ist in Wirklichkeit der Fall, denn sowohl Trokkenmaterial wie Trockenluft schrumpfen infolge Eintrocknens und Abkühlens zusammen, so daß der wahre Verlauf der

Kurve sich ungefähr nach *D* oder *E* (s. Fig. 100) gestalten wird, je nachdem die Ware auf die Hälfte oder ein Drittel ihres ursprünglichen Volumens zusammengeht; außerdem wird

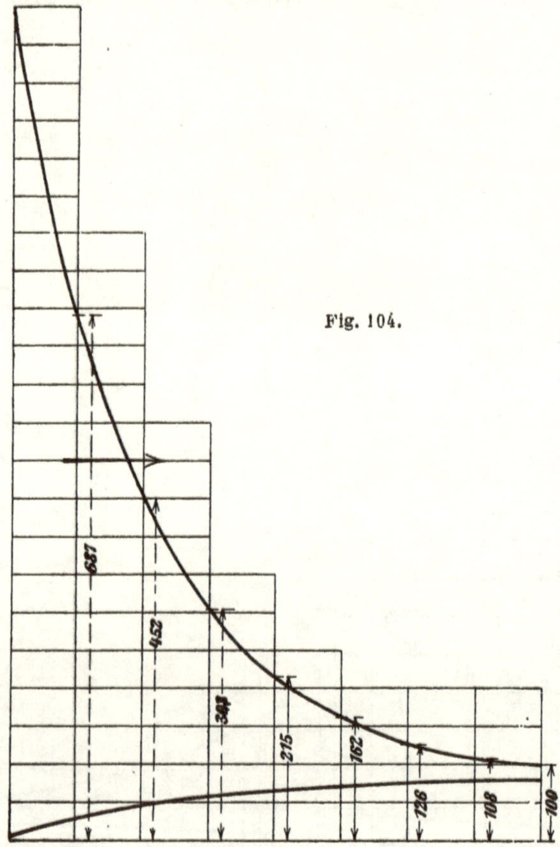

Fig. 104.

sie auch um so mehr durchhängen, je feuchter der verfeuerte Brennstoff ist.

Die Fig. 103 u. 104 geben zwei andere, in gleicher Weise entwickelte Abkühlungskurven für 1100° Anfangs- bei 100° Endtemperatur wieder, die erste für ca. 8, die zweite für ca. 10 m Trommellänge.

Weitere Einblicke in die Wirkungsweise lassen sich mit Hilfe von Tab. IX erlangen, weshalb wir uns ihrer zunächst zur Ermittlung des Luft- und Wärmeverbrauchs bedienen.

Für die Beheizung kommen hauptsächlich in Frage:

als Brennstoff:	mittel-deutsche Braun-kohlen:	böhm. Braun-kohlen u. Briketts:	Stein-kohlen:	Koks:
Heizwert pro kg im Mittel:	2250	4500	7500	6600

Unter der Voraussetzung eines Wirkungsgrades = 0,84 ergeben sich bei Anwendung doppelter theoretischer Luftmenge:

an gasförmigen Verbrennungsprodukten in kg ca. . . .	9,4	14	22	19,4 kg
ein Wärmewert derselben von ca.	1890	3780	6300	5544 WE
als Verbrennungstemperatur ca.	800°	1050°	1200°	1200°

Der Brennstoff an sich enthält Feuchtigkeit, ebenso die für die Verbrennung erforderliche Luft; außerdem entsteht bei der Verbrennung selbst noch davon. Die Menge des aus diesen drei Ursachen herrührenden und von den Gasen mit fortzuschaffenden Wassers ist verschieden, beträgt jedoch höchstens:

pro kg Brennstoff	0,9	0,6	0,7	0,2 kg
oder pro kg gasförmige Verbrennungsprodukte . . .	95	42	32	10 g
Demnach wiegen die trockenen Gase abzüglich der Feuchtigkeit in den gasförmig. Verbrennungsprodukten	8,5	13,4	21,3	19,2 kg
Der auf sie bezogene Heizwert beträgt somit pro kg . .	223	282	296	289 WE

Mit diesen Wärmewerten durchlaufen sie die Trommel vom Anfang bis ans Ende, falls ihnen unterwegs keine Wärme zugeführt oder entzogen wird, wie wir es der Einfachheit wegen annehmen wollen, zumal die Abkühlungs- und sonstigen Verluste in guten Anlagen auf das weitgehendste eingeschränkt werden.

Neben den Gasen wandert das Trockengut durch die Trommel, welches den anfänglich sehr hohen Wassergehalt allmählich verliert, an Temperatur aber etwas zunimmt, jedoch in den weitaus meisten Fällen so wenig, daß sein Einfluß auf den Wärmewert der Gase vernachlässigt werden darf, was hier auch als zulässig erachtet werden möchte, womit wir den Wärmewert der Gase während ihres Aufenthalts in der Trommel als unveränderlich ansehen können. Derselbe weicht aber so wenig von demjenigen atmosphärischer Luft ab, daß sich die Werte von Tab. IX ohne Bedenken auch für Rauchgase verwenden lassen, was unsere weiteren Betrachtungen äußerst vereinfacht.

Nachdem wir nämlich feststellten, daß beim Betreten der Trommel die Rauchgase enthielten:

bei Verfeuerung von:	mitteldeutsche Braunkohlen:	böhm. Braunkohlen u. Briketts:	westfälische Steinkohlen:	Hüttenkoks:
an Wärme pro kg	223	282	296	289 WE
„ Wasser „ „	95	42	32	10 g,

so müssen sie beim Abzug, da sie die Trommel mit demselben Wärmewert verlassen, bei vollständiger Ausnutzung, also bei 100% Sättigung, nach Tab. IX ungefähr enthalten:

an Wasser pro kg	328	419	441	430 g
die Aufnahme pro kg Gas hat also betragen . . .	233	377	409	420 g
die Verdampfung u. Fortführung von 100 kg Wasser erforderte demnach an trockenem Gas ca. .	429	265	269	238 kg
Die Temperatur desselben fällt dabei auf ca. . . .	72	76	77	77°
Vorstehende Gasmengen entsprechen einem Brennstoffverbrauch von . .	50,5	19,8	11,5	12,4 kg
bzw. Wärmemengen von ca.	114000	89000	87000	82000 WE.

Je weniger Feuchtigkeit ein Brennstoff demnach enthält, desto sparsamer läßt sich der Wärmebedarf bei unmittelbarer Verwendung seiner Rauchgase zu Trocknungszwecken gestalten.

So weit wird die Ausnutzung natürlich nie getrieben, schon um mit Sicherheit zu verhüten, daß sich auf der Ware wieder Feuchtigkeit aus den abziehenden Gasen niederschlägt; läßt man dieselben mit 100° entweichen, so ergeben sich nach einer ähnlichen Rechnung wie die vorstehende:

Abzugstemperatur	100°	100°	100°	100°
Wärmewert wie vorhin . .	223	282	296	289 WE
Wassergehalt gemäß Tabelle IX	311	403	425	414 g
Wasseraufnahme pro kg demnach	216	361	393	404 g
Sättigung ca.	33%	39%	40%	39%
Die Verdunstung und Fortführung von 100 kg Wasser erfordert somit an trockenem Gas	463	277	254	247 kg
An Brennstoff ca.	55,6	20,7	11,9	12,9 kg
An Wärme ca.	125000	93000	90000	85000 WE.

Das vom Gebläse abzusaugende Volumen berechnet sich mit Hilfe der einschlägigen Zwischenwerte, die sich nach Tab. X unschwer ermitteln lassen, wie folgt:

Abzusaugendes Volumen in cbm pro Stunde und 100 kg Wasserverdunstung ca. 730 480 450 430.

In gleicher Weise läßt sich der Verbrauch bei höheren Abzugstemperaturen feststellen, wobei sich dann ergibt für:

120° Abzugstemperatur:

erforderliche Menge an Gas für 100 kg Wasserverdunstung . . .	490	288	265	256 kg
an Brennstoff	58	21,5	12,4	13,3 kg
an Wärme	130000	97800	93000	88000 WE
an abzuführendem Volumen	800	520	490	470 cbm.

150° Abzugstemperatur:

erforderliche Menge an Gas für 100 kg Wasserverdunstung . . .	535	300	279	270 kg
an Brennstoff	63	22,4	13,1	14,1 kg
an Wärme	158000	101000	99000	93000 WE
an abzuführendem Volumen	930	570	540	520 cbm.

Den hier über die Feuergase angestellten Berechnungen liegt, wie üblich, eine mittlere Außentemperatur von $\pm 0^0$ zugrunde, da eine Berücksichtigung der schwankenden Witterungsverhältnisse zu weit führen würde und ihr Einfluß bei den hohen Abzugstemperaturen ein verschwindender ist.

Häufig tritt jedoch der Wunsch oder die Notwendigkeit auf, den Rauchgasen Frischluft beizumengen, um ihre Anfangstemperatur herabzusetzen, wobei die Abzugstemperatur in der Regel mitsinkt, obgleich das nicht immer nötig ist.

Dann sind besonders zwei Punkte im Auge zu behalten, nämlich:

1. daß die kalte Frischluft unbedingt erst den vollkommen verbrannten Gasen zugemischt und ihnen nicht etwa als Ober-, Unter- oder Sekundärluft beigemengt wird, da sie dann die Verbrennungstemperatur und damit den Wirkungsgrad der Verbrennung herabdrücken würde;
2. daß für die Wirtschaftlichkeit des Trockenprozesses nur die Temperatur und der Sättigungsgrad der abziehenden Luft oder Gase maßgebend ist, ihre Eintrittstemperatur aber keinen wesentlichen Einfluß ausübt.

Die Berechnung gleicht nunmehr derjenigen für die Trocknung durch Luft im allgemeinen, nachdem die zulässigen Temperaturen erst festgelegt sind, und läßt sie sich am besten an einem Beispiel zeigen, wozu wir die Trocknung von Getreide wählen wollen.

Beispiel 22. Es sollen naturfeuchtem Getreide, Weizen, Roggen oder Gerste, stündlich 100 kg Wasser durch die mit Luft gemischten gasförmigen Verbrennungsprodukte von Koks entzogen werden, und zwar ohne daß befürchtet werden muß, das Getreide könne sich jemals auf mehr als 40° C erwärmen.

Beantwortung. Dieser Bedingung wird Genüge geleistet, solange der Wärmewert der Trockenluft oder Gase unter dem Wärmewert völlig gesättigter Luft von 40°, also nach Tab. IX unter 39,37 bzw. unter rund 40 WE pro kg bleibt.

Wir rechnen demnach auf eine Temperatur von 45° und eine Sättigung = 75 % der abziehenden Gase, da diese Verhältnisse den verlangten entsprechen, und bemerken nur, daß die Temperatur der einziehenden Gase ca. 170° sein dürfte, wenn sie völlig trocken wären.

Da das aber nicht der Fall ist, so müssen wir mit der Eintrittstemperatur heruntergehen, wobei gleichzeitig auf die durch die Beschaffenheit der Außenluft bedingte Änderung des Mischungsverhältnisses zwischen ihr und den Verbrennungsprodukten Rücksicht zu nehmen ist.

Wir setzen jetzt in schon bekannter Weise:

c_l = Wärmewert in WE pro kg der Außenluft;
c_g = „ der Koksgase;
c_z = „ des Gemisches aus beiden beim Eintritt in die Trommel;
c_e = Wärmewert des Gemisches beim Abzug;
w_l = Wassergehalt in g pro kg der Außenluft;
w_g = „ „ „ der Koksgase;
w_z = „ „ „ des Gemisches beim Eintritt in die Trommel;
w_e = Wassergehalt in g des Gemisches beim Verlassen der Trommel.

Alle Werte bezogen auf 1 kg des trocknen Teiles der Luft, der Gase oder des Gemisches.

Ferner sei:

t_l = Temperatur der Frischluft;
t_g = „ „ Koksgase;
t_z = „ des Gemisches beim Eintritt;
t_e = „ „ „ „ Abzug;
a = kg trockene Luft, welche 1 kg trockener Gase zugemischt werden müssen zur Erzielung des Wärmewerts c_z;

Hiervon stehen für den vorliegenden Fall bereits fest:

c_g = 289 WE;
$c_r = c_e$ = rund 40 WE;
w_g = 10 g;

$w_e = 47{,}3$ g gemäß Tab. IX;
$t_g = 1200^0$;
$t_e = 45^0$.

Ferner gilt:

$$a\,c_l + c_g = c_z\,(a+1).$$

Es ergibt sich somit:

$$a = \frac{289-40}{40-c_l} = \frac{249}{40-c_l};$$

ebenso:

$$a\,w_l + w_g = w_z\,(a+1)$$

oder

$$w_z = \frac{a\,w_l + 10}{a+1}.$$

Setzen wir wieder die spezifische Wärme der Rauchgase gleich der der Luft, so wird:

$$a\,t_l + t_g = t_z\,(a+1)$$

oder

$$t_z = \frac{a\,t_l + 1200}{a+1}.$$

Nach diesen Vorbereitungen begeben wir uns an die Ausfüllung unseres bekannten Schemas für drei verschiedene Zustände der Außenluft, nämlich:

Temperatur der Außenluft . . .	-15^0	$+5^0$	$+25^0$
Sättigung der Außenluft	voll	voll	75%
Wärmewert c_l der Außenluft. . .	$-3{,}02$	4,42	15 WE
Wassergehalt w_l der Außenluft .	0,9	5,4	15 g
Zuzuführendes Luftgewicht a . .	5,8	7	10 kg
Wassergehalt w_z des Gemisches beim Eintritt	2,2	6	14,5 g
Wassergehalt w_e beim Abzug . .	47,3	47,3	47,3 g
Mithin Zuwachs	45,1	41,3	32,8 ,,
Zur Abführung von 100 kg H_2O sind also nötig an trockenem Gemisch	2 220	2 450	3 050 kg
Dasselbe enthält:			
a) an nachträglich zugeführter Luft	1 894	2 144	2 770 ,,
b) an Verbrennungsgasen . . .	326	306	280 ,,
Seine Eintrittstemp. t_z beträgt . .	164^0	154^0	132^0
Zur Entwicklung des Gases sind an Koks nötig	17	16	14,6 kg
oder an Wärme	112 200	105 500	97 000 WE.

Unberücksichtigt geblieben sind die für Erwärmung des Trockenguts aufzuwendenden Wärmemengen, da weder dessen spez. Wärme noch seine Temperaturzunahme bekannt ist. Selbstverständlich ist Voraussetzung, daß die Berührungsdauer zwischen Trockengut und Heizgasen genügt, um diese zu 75% zu sättigen, daß also die Abmessungen, der Füllungsgrad, die Umgangszahl der Trommel dieser Forderung angepaßt sind. Andernfalls wäre der Rechnung eine geringere Sättigung zugrunde zu legen, womit dann freilich eine Vermehrung des Luft- und Brennstoffbedarfs, aber auch eine Verminderung der Eintrittstemperatur t_z verbunden sein würde.

Damit wäre die Aufgabe in bezug auf den Luft- und Wärmebedarf gelöst und gleichzeitig der Nachweis geführt, daß die Zumischung von Frischluft zu den Abgasen gut verbrannter Brennstoffe den Wirkungsgrad nur verhältnismäßig wenig herabdrückt, denn es ist nicht zu vergessen, daß die im vorliegenden Kapitel errechneten Wärmemengen sich auf Wärmeeinheiten des Brennstoffs beziehen, wogegen sonst schlechtweg die im Heizdampf enthaltenen Wärmeeinheiten zugrunde gelegt werden. Zur Erzeugung von 1 WE des letzteren sind aber bei nicht ganz besonders gut angelegten und geführten Kesselanlagen nahezu 1,75 WE des Brennstoffs zu veranschlagen[1]).

Für innige Vermischung der Frischluft mit den Rauchgasen eignen sich Anordnungen, wie die in Fig. 170 dargestellte, von Möller & Pfeifer, Berlin, herrührende, besonders gut; auch steht von ihnen eine gute Verteilung über den ganzen Querschnitt der Trommel in Aussicht und erlauben sie ferner, einen Teil der austretenden Heizgase durch das Gebläse wieder anzusaugen, um sie von neuem durch die Trommel zu drücken, welches Verfahren von Möller & Pfeifer überall dort, wo es angebracht erscheint, angewandt wird.

Um zu sehen, welcher Nutzen sich dadurch erzielen lassen kann, greifen wir auf unsere durch Koks beheizte Trommel zurück, deren Abgase mit 100° und ungefähr 39% Sättigung

[1]) Vgl. S. 68, Kosten des Dampfes.

fortziehen, wobei sich zur Verdunstung von 100 kg Wasser 247 kg trockener Gase nötig machten.

Soll die Sättigung nun durch mehrfache Umwälzung beispielsweise auf 85% getrieben werden, so muß nach Tab. IX bei dem aus den Gasen zur Verfügung stehenden Wärmewert von 289 WE pro kg die Abzugstemperatur auf ca. 80° sinken, entsprechend einem Wassergehalt von ca. 428 g. Da die Gase beim Eintritt aber schon 10 g enthielten, so vermindert sich ihre Aufnahmefähigkeit auf 418 g Feuchtigkeit pro kg Gas, so daß zur Abführung von 100 kg erforderlich sind ca. 240 kg Gase, anstatt 247 wie vorhin.

Die erreichbare Ersparnis ist mithin nicht von Bedeutung, sondern tritt ein Nutzen der Umwälzung überhaupt nur zutage, wenn die gewählte oder ausführbare Länge der Trommel nicht ausreicht, um eine genügende Sättigung der abziehenden Heizgase herbeizuführen. Man kann dann zwar die Menge derselben vermindern, doch sinkt damit auch die Geschwindigkeit, mit welcher sie am Trockengut vorbeistreicht, und damit ihre Wirkungskraft. Bei dichten und schweren Stoffen, welche ihre Feuchtigkeit nur langsam abgeben, wie sie im Mineralreich vielfach vorkommen, kann es sich daher empfehlen, eine ungenügend gesättigte Gasmenge n i c h t zu vermindern, sondern sie nach Verfahren 3 umzuarbeiten.

Bei Stoffen von geringem Gewicht und großer Oberfläche, wie z. B. bei Getreidekörnern, darf die Luftgeschwindigkeit ein gewisses Maß nicht überschreiten, so daß sich die Abmessungen der Trommel zum Teil nach ihr, zum Teil nach der Dauer des Aufenthalts der Ware im Trockner, der sog. „Durchsetzzeit“, neben der verlangten Leistungsfähigkeit zu richten haben. Die Durchsetzzeit liegt meistens zwischen ¼ und ½ Stunde.

Für den Querschnitt kommen hauptsächlich zwei Grundformen in Betracht, eine mit Hubschaufeln am Innern des Mantels, wie aus Fig. 106 ersichtlich, die andere mit zellenartigem Querschnitt nach Fig. 105, 107 u. 108. Welche davon den Vorzug verdient, läßt sich aus Mangel an Vergleichsergebnissen nicht sagen, doch wird hierfür oft das zu verarbeitende Material den Ausschlag zu geben haben.

Außer den beschriebenen Trommeln, welche von den Heizgasen in gleicher Richtung mit dem Trockengut durchlaufen werden, sind noch andere in Gebrauch, bei denen die Gase den entgegengesetzten Weg zum Trockengut nehmen, doch läßt sich dies Verfahren noch weniger verteidigen wie

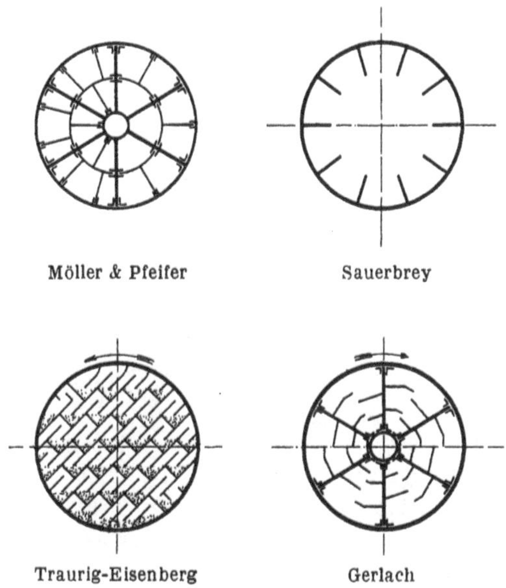

Fig. 105–108.

die Gegenstromtrocknung in Tunneln etc. nach Verfahren 2. Es ist dies schon aus den Fig. 109 u. 110 erkennbar, von welchen Fig. 110 b den bekannten Trockner von A. Tischbein, Hamburg, schematisch darstellt; noch verkehrter und auf völlige Verkennung des Trockenvorgangs zurückzuführen ist es aber, wenn die Heizgase sogar erst nach und nach auf der ganzen Länge der Trommel eingeführt und mit dem Trockengut in Berührung gebracht werden, indem dies nicht etwa gleichbedeutend ist mit der von uns im Verfahren 5 als äußerst nützlich erkannten Zuführung neuer Wärme zu derselben Luftmenge, sondern nur einer Verteilung der gesamten, nach Verfahren 2 vor der Zuführung erhitzten Wärme- und Luftmenge auf eine große Anzahl Einführungsstellen entspricht.

Nehmen wir bei der Gleichstromtrommel, Fig. 109, an, die Gase treten mit 1000° ein und werden mit 100°, zu ca. 35% gesättigt, entlassen, wogegen sie bei der Gegenstromtrommel mit ca. 300° ein- und, trotz der weitergehenden

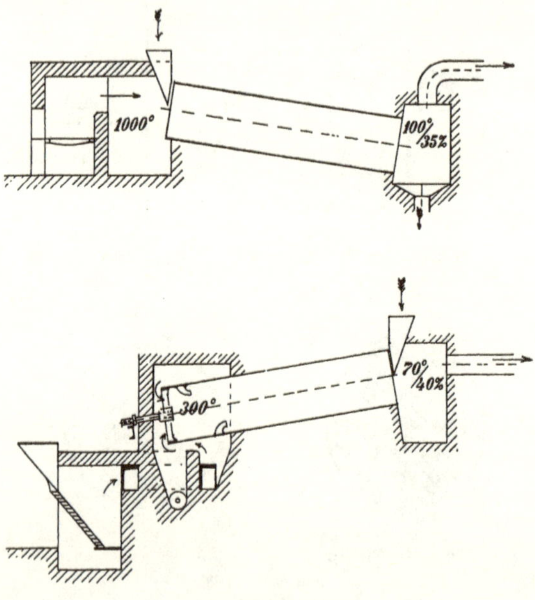

Fig. 109 u. 110.

Ausnutzung, mit 70°, entsprechend ca. 40% Sättigung, abziehen, so stellt sich der Wärmeverbrauch pro kg Wasserverdunstung im ersten Fall auf ca. 1000 WE, im zweiten auf ca. 1200 WE des Brennstoffs, vorausgesetzt, daß beide Apparate gleich gut durchgebildet sind. Konstruktiv ist der Gegenstromtrockner auch dadurch noch im Nachteil, daß der mit großer Geschwindigkeit austretende Wind dem frisch zugeführten Trockengut den Eintritt in die Trommel sehr erschwert, so daß es sich leicht in großen Mengen vor ihr ansammelt, von wo es entfernt und abermals neu eingeschüttet werden muß.

Die Behandlung von Trockengut mit Feuergasen beschränkt sich übrigens keineswegs auf Trommeltrockner, sondern findet sich auch bei anderen Bauarten vor, besonders in der Zement- und Tonindustrie, was z. B. die Fig. 172, 173, 176 u. 177 veranschaulichen.

Ähnlich, d. h. mit stark verdünnten und heruntergekühlten Rauchgasen, werden Gipsdielen in Tunneln getrocknet, und mag es noch manche andere Materialien geben, die sich ebenfalls dafür eignen.

Dort, wo heiße Abgase von Brennöfen zur Verfügung stehen, lassen sich dieselben natürlich ebenfalls verwerten. Für die Berechnung der Leistungsfähigkeit und des Wärmeverbrauchs behält immer das darüber bei den Trommeln Gesagte seine Gültigkeit.

C. Trockner mit Kontaktheizflächen und Wrasenabführung.

Alle Einrichtungen, bei welchen das Trockengut unter atmosphärischem Druck in unmittelbare Berührung mit Flächen gebracht wird, an deren anderer Seite sich Heizdampf befindet, dessen Wärme also auf dem kürzesten Wege, ohne jede Vermittlung von Luft, an das Trockengut übergehen kann, vermögen trotzdem der Mitwirkung der Luft nicht zu entraten, indem diese die entwickelten Dämpfe aufnehmen und fortschaffen muß.

Bei etwa fehlender Erneuerung der Luft würde diese bald eine ebenso hohe Temperatur annehmen wie der Heizdampf; dann aber hörte jeder weitere Wärmeübergang von ihm auf das Trockengut auf, und der Trockenprozeß käme zum Stillstand.

Der Einfluß der Luft läßt sich in folgende beiden Sätze zusammenfassen:

a) Dampf, welcher sich in Gegenwart von Luft bildet, kann allein für sich mit einer höheren Temperatur als diese nicht bestehen; er mischt sich soweit als möglich mit ihr, und zwar bis in der entstehenden Mischung die Luft vollständig mit Feuchtigkeit gesättigt ist, worauf sich der dann etwa noch vorhandene Rest wieder zu Wasser verdichtet und als solches unter Umständen auf das Trockengut zurückfällt. Zur Vermeidung dieses Übelstandes ist es geboten, die Luft beim Trockengut häufig zu erneuern bzw. sie mit der nötigen Geschwindigkeit an ihm vorbeizuführen.

b) Bei jeder sich in Gegenwart von Luft unter atmosphärischem Druck vollziehenden Verdampfung aus feuchtem Trockengut gibt der aufsteigende Dampf sofort soviel von seiner Wärme an die nächsten Luftschichten ab, wie dieselben bedürfen, um den Dampf völlig aufnehmen und forttragen zu können. Das dazu nötige Volumen Luft wird aber um so größer, je niedriger die Temperatur liegt, auf welche der Dampf abkühlen muß, wie aus den Dampftabellen und dem bekannten Daltonschen Gesetz hervorgeht, weshalb es zweckmäßig ist, die für die Fortschaffung der Dämpfe gebrauchte Luft bis auf ungefähr deren Temperatur vorzuwärmen.

Beide Sätze sagen ungefähr dasselbe, doch kann auch nicht oft und nicht eindringlich genug darauf hingewiesen werden, daß jedes Trockenverfahren zwei Aufgaben zu lösen hat: die Feuchtigkeit des Trockenguts in gasförmigen Zustand überzuführen, sie zu verdampfen und den entstandenen Dampf fortzuleiten, um Platz für neuen zu schaffen.

Zur Erfüllung der ersten Aufgabe dienen bei allen zur Gruppe der mit Kontaktheizflächen arbeitenden Trockner eben diese Kontaktheizflächen und läßt sich recht häufig beobachten, daß man die Wirkung eines Trockenapparats zu verbessern sucht durch bloße Vermehrung der Heizflächen oder durch Erhöhung des Temperaturunterschiedes zwischen Heizmittel und Trockengut, daß dabei aber der mindestens ebenso wichtigen Verbesserung der Lufterneuerung nicht die ihr zukommende Beachtung geschenkt wird.

Wenden wir uns jetzt zu den Hauptvertretern der Klasse und betrachten von ihnen zunächst die

8. Muldentrockner.

Unter dieser Bezeichnung seien verstanden alle aus einer oder mehreren geheizten oder ungeheizten, muldenförmigen Trögen hergestellten Apparate, in welchen das stets schaufelbare Trockengut durch Schaufeln oder Becher fortwährend in Bewegung erhalten und dabei allmählich vom einen zum andern Ende geschafft wird. Die Schaufeln oder Becher sitzen am Umfang einer doppelwandigen Trommel oder eines Heizröhrenbündels, welche Vorkehrungen auf einer sich ständig drehenden, in der Muldenachse gelagerten Welle befestigt sind, und das Trockengut wandert entweder durch eine Mulde hin, durch eine zweite zurück oder in jeder Mulde durch eine Trommel hin, durch die Mulde zurück oder überhaupt nur in einer Richtung und durch eine Mulde; die verschiedenartigsten Ausführungsarten sind anzutreffen, ebenso wie den Wasserdämpfen die verschiedenartigsten Wege zum Entweichen gewiesen sind; bei fast allen Trocknern dieser Art finden sich ausgiebige Heizvorrichtungen für die Erwärmung der zum Fortschaffen des Wrasens dienenden Luft.

Oft sind diese Heizvorrichtungen so reichlich bemessen, daß durch sie die Luft nicht bloß zum Abführen der Dämpfe sondern auch zum Trocknen herangezogen wird, was natürlich verkehrt ist, indem nun die Oberfläche des Trockenguts verkrustet. Als Gegenmittel ergibt sich von selbst: Herabminderung der Temperatur oder Menge der vorbeigeleiteten Luft, woraus weiter folgt, daß das einzig Richtige darin besteht, an allen trocknenden Teilen jederzeit und ununterbrochen nur so viel erwärmte Luft vorbeizuführen, als zur Fortschaffung der entwickelten Wasserdämpfe nötig ist, aber nicht mehr und auch nicht von zu hoher Temperatur.

Einen Vertreter dieser Gruppe bildet der sog. Sperber-Trockner von Fr. Raßmus, Magdeburg (Fig. 111 u. 112), bei welchem die fast allen Muldentrocknern eigene große Anhäufung schwer zu entwässernder und zu entlüftender Heizflächen deutlich erkennbar ist.

Da dieselben außerdem das Festkleben von Trockengut, wie Rübenschnitzeln, Trebern, Schlempe etc. sehr begünstigen, darf angenommen werden, daß ihr Wirkungsgrad nur

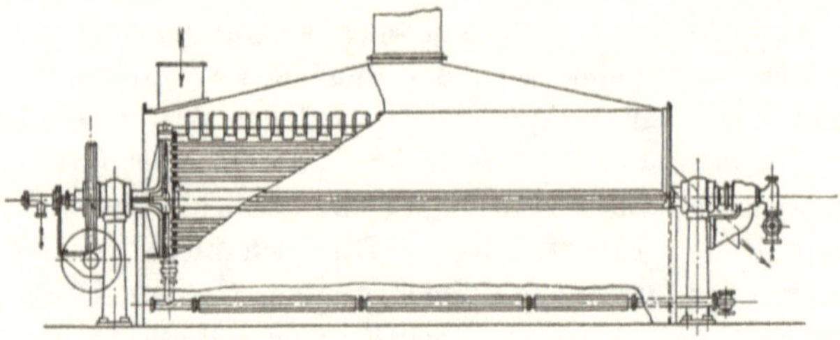

Fig. 111.

ein geringer ist, sofern es sich nicht um ein bloßes Eindicken flüssiger Substanzen handelt oder um ein leicht rieselndes, nicht kleberiges Material von körniger Beschaffenheit.

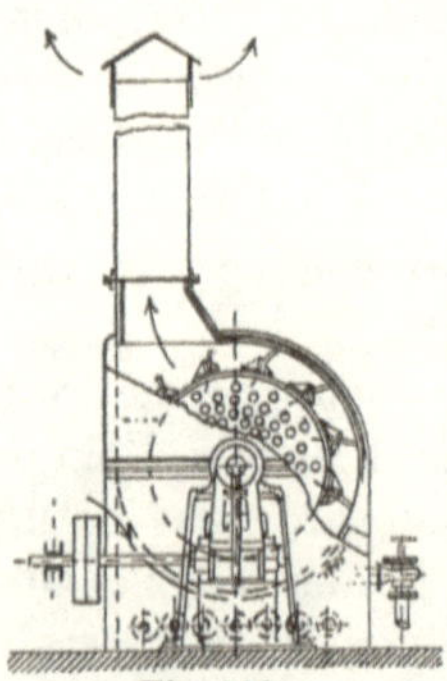

Fig. 112.

Die Angaben über die Leistung schwanken sehr und bewegen sich zwischen 4—6 kg stündlicher Wasserverdampfung pro qm Röhrenoberfläche für Heizung durch Abdampf und 8—10 kg für Heizung durch Dampf von 2—3 Atm.

Unter allen Umständen aber ist auf gute Durchbildung der Einrichtungen zur Abführung des Wrasens ein Hauptaugenmerk zu richten, was auch allgemein von den Herstellern gerade dieser Gruppe von Trocknern anerkannt zu sein scheint.

9. Röhrentrockner.

Die verbreitetsten Apparate dieser Art sind unstreitig die bei der Brikettfabrikation benutzten sog. Schultzschen Röhrentrockner (Fig. 190 Seite 444).

Als Leistung ihrer großen Röhrentrockner von 7 m Länge und nahezu 3 m Durchmesser mit 483 Röhren und insgesamt

845 qm Heizfläche in 24 Stunden täglich wird von der Maschinenfabrik Buckau angegeben: 80 000 kg Trockenkohle von 12%, aus Rohkohle von 60% Wassergehalt mit 6000 kg Dampf, wenn dessen Spannung 3,8 Atm. absolut beträgt.

Hiernach beziffert sich die ausgetriebene Wassermenge auf ca. 4000 kg stündlich, und es ergibt sich ein Wärmeaufwand von ca. **877 WE** pro kg, unter der Voraussetzung, daß das Kondensat dem Kessel mit ca. 70° wieder zugeführt wird und die Erzeugung von 1 kg Dampf somit 655 — 70 =. 585 WE kostet. Für die stündlich zu übertragenden 4000 · 635 = 2 540 000 WE stehen 845 qm zur Verfügung, so daß auf 1 qm nicht mehr als ca. 3000 WE stündlich entfallen, was auf die bereits erwähnten Ursachen: bloß teilweise Ausnutzung der Heizflächen, zweifelhafte Entlüftung und geringer Temperaturunterschied zwischen Heizflüssigkeit und Trockengut zurückgeführt werden muß.

Die Zeitzer Eisengießerei und Maschinenbau-Anstalt baut Röhrentrockner bis zu 1100 qm, deren Leistung von ihr bemessen wird zu 4 kg Wasserverdunstung pro qm Heizfläche und zu 1,3 kg Dampfverbrauch pro kg Wasserverdunstung.

Auch bei ihnen läßt sich der Wirkungsgrad der Heizflächen nur als ein mäßiger bezeichnen, obgleich er durch Anwendung von Wendeleisten zum Umarbeiten des Trockenguts und durch Erhöhung der Luftgeschwindigkeit in den Röhren mit augenscheinlichem Erfolg verbessert wurde, wie den sehr sorgfältigen Untersuchungen Eckardts[1]) zu entnehmen ist.

Die hauptsächlichsten Daten derselben sind im Mittel:

Ort der Versuche:	Millygrube bei Mückenberg, N.-L.:	Brikettfabrik Lauchhammer:
Zeit der Versuche	15. u. 17. X. 10	25. X. 10
Länge der Röhren	7 m	7 m
Durchm. der Röhren . . .	95 mm	95 mm
Ausrüstung der Röhren . .	mit Wendeleisten	m. Wendeleisten u. Rolffscher Einblase-Vorrichtung.

[1]) „Das Trocknen der Braunkohle“ von Dr.-Ing. A. Eckardt, Halle a. S., Wilh. Knapp 1913.

Ort der Versuche:	Millygrube bei Mückenberg, N.-L.:	Brikettfabrik Lauchhammer:
Neigung gegen d. Horizontale	5°	6°
Umdrehungszahl pro Min.	7,5	6,75
Spannung d. Heizdampfes	i. M. 3,7 Atm. abs.	3,8 Atm. abs.
Durchsetzzeit	25 Minuten	25 Minuten
Wassergehalt der Rohkohle	57%	57%
Wassergehalt der Briketts .	13%	13,5%
Nicht für Brikettherstellung verwendbarer Staub . . .	6%	ca. 5%
Zur Verdampfung von 1 kg Wasser pro Stunde verbr.	713,4 WE	716,7 WE
Wärmeübergang pro qm Heizfläche u. Stunde ca.	2703 WE	3220 WE
Stündlich wurden pro qm Heizfläche verdampft an H_2O	**3,86** kg	**4,62** kg
Eintrittstemp. d. Kohle . .	10°	8°
Eintrittstemp. d. Luft . . .	30°	31°
Austrittstemp. d. Kohle . .	82°	81°
Austrittstemp. d. Luft . . .	100°	97°
Mittlere Geschwindigkeit der Luft:		
a) beim Eintritt . . .	0,97 m	1,25 m
b) beim Austritt . . .	1,7 m	2,2 m

Beide Werke liegen nur wenige Kilometer voneinander, so daß das verarbeitete Material als gleich angesehen werden kann; die Außentemperatur an den Versuchstagen war gleich der der Rohkohle, und besteht der einzige Unterschied in der Behandlung lediglich in der vermehrten Anwendung von Luft auf dem Werk Lauchhammer.

Eckardt schlägt aus diesem und anderen Gründen vor:

a) Zwei Apparate hintereinander aufzustellen;

b) die im ersten Apparat bereits vorgetrockneten grobkörnigen Bestandteile der Rohkohle durch ein Walzenpaar zerkleinern zu lassen, ehe sie in den zweiten gelangen;

c) Absonderung des hauptsächlich schon in den Röhren entstehenden Staubes zwischen beiden Apparaten, um eine Übertrocknung desselben möglichst zu verhindern;

d) beide Apparate mit weiteren Röhren als bisher auszustatten, um größere Luftmengen und Geschwindigkeiten anwenden zu können.

Von diesen Vorschlägen lassen sich die beiden unter a und d unbedingt unterschreiben, wenn außerdem die ganze

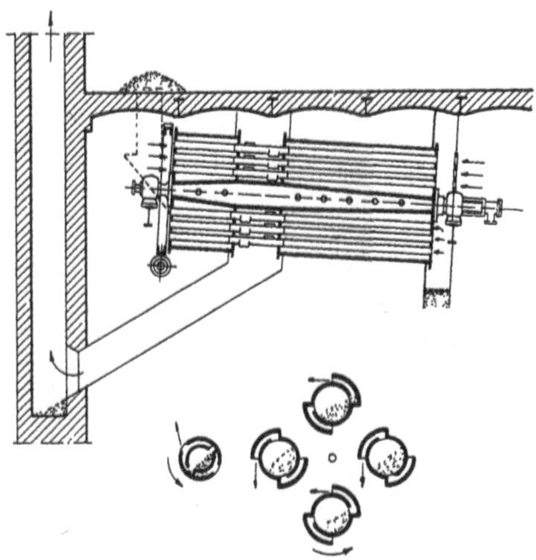

Fig. 113 a u. b.

Einrichtung so getroffen wird, daß die Frischluft an beiden Enden ein- und die Abluft — der Wrasen — in der Mitte, also zwischen beiden Apparaten, abziehen kann.

Dann wirkt der zweite von ihnen gewissermaßen schon als Kühler; es kann die Temperatur der Abzugsluft ganz wesentlich erniedrigt werden bei nur geringem Mehrverbrauch an Wärme, der durch erheblich schnelleres Trocknen, also durch Verbesserung der Heizflächenwirkung, voraussichtlich mehr wie ausgeglichen wird.

Ein Vorschlag nach dieser Richtung liegt bereits in dem Patent von Deißler gemäß Fig. 113 vor[1]), bei welchem gewissermaßen zwei einzelne Röhrenkessel auf eine gemeinsame Hohlwelle gesetzt sind, welche beide mit Heizdampf versorgt; alle Röhren des einen Kessels sind mit den korrespondierenden des zweiten durch derartig ausgebildete Rohreinsätze verbunden, daß sie zwar dem Wrasen, nicht aber dem körnigen Trockengut einen Abzug gestatten.

Von einer weiteren Ausbildung dieses Grundgedankens bei sachgemäßer Ausführung dürfte wohl eine Verbesserung des jetzt nur mäßigen Wirkungsgrades der Heizflächen zu erwarten sein.

Den Angaben Eckardts stehen gegenüber die allgemeiner gehaltenen, von Gmeyner[2]) erwähnten und von der Zeitzer Eisengießerei und Maschinenfabrik A.-G., Zeitz, herrührenden, wonach 1 qm Heizfläche stündlich verdampft bei Heizung durch Dampf von

2 Atm. Überdruck: 3,37 kg, 2,5 Atm. Überdruck: 3,5 kg,
3 Atm. Überdruck: 3,6 kg.

Bei günstigen Verhältnissen soll es gelungen sein, bis zu 4 kg pro qm zu verdunsten mit einem Aufwand an Heizdampf von 1,3 kg pro kg Wasserverdunstung.

10. Tellertrockner.

Eine andere, ebenfalls in der Brikettfabrikation viel verwendete Art von Kontakttrockner sind die Tellertrockner.

Über den Verbrauch dieser Trockner, welche ebenso wie die Röhrentrockner mit dem Abdampf der Brikettpressen geheizt werden, dessen Spannung man zu dem Zweck auf 3—4 Atm. abs. hält, macht Gmeyner folgende Angaben, gleichfalls nach der Zeitzer Eisengießerei und Maschinenfabrik A.-G., Zeitz:

---

[1]) Die Abbildung Fig. 113 ist dem Artikel von Jordan, „Neuere Verfahren und Einrichtungen auf dem Gebiete der Kohletrocknung“ in der Zeitschrift „Glück auf“ 1910 entnommen.

[2]) Ernst Gmeyner, Montanistische Rundschau, Nr. 9 bis 14, Wien.

bei einer Spannung des Heizdampfes = 2,5 Atm. abs. verdunstet 1 qm Heizfläche stündlich 4,5 kg Wasser;

bei einer Spannung des Heizdampfes = 3,5 Atm. abs. verdunstet 1 qm Heizfläche stündlich 5,04 kg Wasser.

Nach Anbringung verschiedener, den Durchgang des Heizdampfes und des Trockenguts regelnder Verrichtungen soll es gelungen sein, stündlich auf 1 qm der wirksamen Heizfläche bis zu 7,5 kg Wasser zu verdunsten, und zwar bei einem Verbrauch von 1,3 kg pro kg Wasserverdunstung.

Hiernach wäre der Verbrauch an Wärme für Röhren- und Tellertrockner der gleiche und läge auch kaum ein Unterschied in der Heizflächenwirkung vor, indem bei den Tellertrocknern nur die sog. wirksame, d. h. die obere Fläche der Teller, bei den Röhrentrocknern dagegen der ganze Röhrenumfang in Rechnung gestellt wurde; reduziert man beide Flächen auf die tatsächlich von Kohle bedeckten, denn auch die obere Fläche der Teller liegt zum Teil bloß, so wird der Unterschied in den Leistungen kaum sehr groß sein.

11. Walzentrockner.

Obgleich die Bezeichnung nicht recht zutrifft und richtiger durch Zylindertrockner ersetzt würde, soll sie beibehalten werden, um dem Sprachgebrauch Rechnung zu tragen. Hauptvertreter dieser Gruppe sind die Trockenpartien der Papiermaschinen und die Walzentrockner zur Herstellung von Kartoffelflocken.

Beide bestehen aus dampfgeheizten, sich langsam drehenden Zylindern oder Walzen mit spiegelblanker Oberfläche, auf welche das mehr oder weniger breiige Trockengut in dünner Schicht aufgetragen wird, um vor Vollendung eines Umganges wieder abgenommen zu werden. Papierbahnen laufen in dieser Weise meistens über eine ganze Anzahl solcher Zylinder hintereinander; Kartoffelflocken werden auf einem einzigen bzw. auf einem Walzenpaar fertiggestellt.

Für uns ist es von Interesse, die in beiden Fällen aufzuwendende Wärmemenge pro kg Wasserverdunstung und die dafür nötige Heiz- bzw. Berührungsfläche kennen zu lernen, welche ihrerseits vom Wärmeübergangskoeffizienten k und dem Unterschied der Temperaturen zwischen Heizflüssigkeit oder Dampf und Trockengut abhängt.

Leider versagt dazu die Rechnung, indem sich der Wärmeverbrauch nach ihr kaum über 650 WE pro kg H_2O belaufen dürfte, wenn man eine hohe End- und eine mäßige Anfangstemperatur der Ware zugrunde legt; in Wirklichkeit steigt er auf 850 bis zu 900 WE ohne den Aufwand für den Antrieb. Diese scheinbar große Überschreitung der theoretisch erforderlichen Menge erklärt sich jedoch ohne Mühe aus den Verlusten durch Ausstrahlung, Undichtigkeiten etc.

Schwieriger noch läßt sich der Wärmeübergang der Heizflächen durch die Rechnung bestimmen, wie die folgenden der Praxis entnommenen Verhältnisse zeigen.

An einer Papiermaschine, welche mit 19 m Geschwindigkeit in 12 Stunden ca. 3000 kg trockenes Papier von 1,5 mm Breite aus nassem Stoff von ca. 58% Wassergehalt herstellt, befinden sich an Trockenzylindern:

a) für Hochdruckdampf von 3 Atm. bzw. 143°:

1 Stück à 2,5 m Durchmesser	=	7,85	m Umfang,
1 „ „ 1 „ „	=	3,14	„ „
zusammen		10,99	m Umfang.

b) für Abdampf von ca. 105°:

1 Stück à 0,5 m Durchmesser	=	1,57	m Umfang,
3 „ „ 1,2 „ „	=	11,31	„ „
1 „ „ 1 „ „	=	3,14	„ „
zusammen		16,02	m Umfang.

Nach Abzug der nicht von Papier belegten Fläche verbleiben ungefähr:

für Hochdruckdampf 10 m Umfang × 1,5 m Breite = 15 qm
„ Abdampf 14,67 „ „ × 1,5 „ „ = 22 „

Nehmen wir an, das Papier komme auf den ersten mit Abdampf geheizten Zylinder mit 20° und verlasse den letzten derselben mit 90°, wogegen die Abdampftemperatur = ca. 100°

ist, so beträgt der mittlere Unterschied zwischen Heizfläche und Papierbahn:

$$\frac{100+70}{2} \div \frac{90+20}{2} = 30^0;$$

für die Hochdrucktrommeln ergebe sich in derselben Weise:

$$\frac{143+97}{2} - \frac{120+80}{2} = 20^0.$$

Unter diesen Voraussetzungen lassen sich stündlich übertragen:

$$(22 \cdot 30 + 15 \cdot 20)\,k = 960\,k \text{ WE.}$$

Das fertige Papier wiegt trocken 136, naß 324 g pro qm und sind mithin 188 g pro qm daraus zu verdampfen, oder pro Stunde:

$$\frac{3000}{12} \cdot \frac{188}{136} = \text{ca. } 345 \text{ kg,}$$

wofür aufzuwenden wären:

$$345\,(640 - 20) = \text{ca. } 214\,000 \text{ WE.}$$

Da nun $960\,k = 214\,000$ sein muß, ergibt sich:

$$k = 223 \text{ WE pro qm und Stunde.}$$

Demgegenüber erhalten wir nach Formel (20) unter Vernachlässigung der Strahlung:

$$\frac{1}{k_1} = \frac{1}{\alpha_1} + \frac{\delta}{\lambda} + \frac{1}{\alpha_2},$$

worin zu setzen ist:

α_1 für kondensierenden Wasserdampf = 8000,
α_2 für nicht siedendes Wasser = 500;

da in der dünnen, nassen Papierbahn das Wasser die Wärme aufnimmt.

$\delta = 0{,}013$ m für die Wandstärke der Zylinder;
$\lambda = 60$ für Gußeisen;

$$\frac{1}{k_1} = \frac{1}{500} + \frac{0{,}013}{60} + \frac{1}{8000},$$

oder

$k_1 = \backsim$ **430 WE** pro qm, Stunde und 1^0 Temperaturdifferenz, also nahezu das Doppelte des wirklich Erreichten, welche

Zahl bei Hinzurechnung des Einflusses der Strahlung noch höher wird.

Dies ungünstige Ergebnis läßt sich erklären, wenn man als wahrscheinlich ansieht, daß

1. die wirklichen Temperaturdifferenzen zwischen Heizdampf und Trockengut im Mittel geringer sein werden, als angenommen;
2. die Heizflüssigkeit in den Trockenzylindern nicht aus Dampf, sondern aus Dampf, Wasser und Luft besteht mit einem weit niedrigeren Koeffizienten α als 8000;
3. die Zu- und Abführungen für Heizdampf und Kondenswasser unzureichende Weiten haben, da sie durch die Tragzapfen gehen.

Eine Untersuchung des letzten Punktes zeigte, daß an der betreffenden Maschine für alle fünf mit Abdampf geheizten Zylinder von zusammen 22 qm Heizfläche und einer Wärmeabgabe $= 22 \cdot 30 \cdot k = 660 \cdot k$ ein gemeinsames Dampfrohr von 28,2 qcm Querschnitt vorhanden ist, für den Hochdruckdampf dagegen, welcher nur 15 qm mit $15 \cdot 20 = 300 \cdot k$ Wärmeabgabe zu versorgen hat, ein Rohr von 19,8 qcm.

Das Rohr für den Abdampf ist sonach etwas sehr eng. Nach Angaben aus der Praxis soll für 1 qm der vom Papier belegten Heizfläche der Trockenzylinder eine Leistung von 100—120 kg besseres bzw. bis 200 kg ordinäres Papier von 88—100% Trockengehalt an fertiger Ware in 12 Stunden angenommen werden können, bei Heizung durch Dampf von 0,1—2½ Atm. Spannung, wobei das Papier mit ca. 45% Trockengehalt auf den ersten Zylinder gelangt.

Das würde einer stündlichen Wasserverdunstung von 11—12½ kg entsprechen, wogegen sich in Wirklichkeit bei obiger Maschine nur ca. 9⅓ kg auf 1 qm und Stunde fanden.

Legt man zum Vergleich bei Kartoffeltrocknern die mit Trockengut belegte Fläche der Walzen zugrunde und schätzt dieselbe zu ungefähr ¾ ihres Umfangs, so ergibt sich nach einem älteren Versuch von Parow folgendes[1]):

[1]) Parow, Handbuch der Kartoffeltrocknerei 1907, S. 86.

Auf einer Kartoffelflockenmaschine mit 2 Walzen à 0,6 m Durchmesser, 1,2 m Breite, welche 5 Umgänge pro Min. machten und mit Dampf von 5,7 Atm. bzw. 160° geheizt wurden, konnten stündlich 236 kg gedämpfter Rohkartoffeln getrocknet werden, wobei sich die Entziehung an Wasser auf rund 166 kg mit einem Aufwand von ca. 194 kg Dampf belief, obgleich die Ware bereits mit 100° zwischen die Walzen gelangte. Die als wirksam in Rechnung zu stellende Oberfläche derselben dürfte ca. 3,4 qm betragen, der Temperaturunterschied 60°, so daß unter der Annahme, daß das Kondensat aus den Walzen mit ca. 80° ablief, an Wärme verbraucht sind:

$$166 \cdot 580 = \backsim 94\,000 \text{ WE}$$

oder

$$\frac{94\,000}{60 \cdot 3{,}4} = 460 \text{ WE pro qm u. Std.}$$

Das entspricht also ungefähr unserer theoretischen Ermittlung, übertrifft die Wärmeübertragung bei den Zylindern der Papiermaschinen aber um mehr als das Doppelte.

Der gesamte Dampfverbrauch bei demselben Versuch bezifferte sich pro 100 kg Roh- gleich 29,6 kg Trockenkartoffeln oder 70,4 kg Wasserverdunstung auf:

a) für das Trocknen	=	82,2	kg pro Stunde,
b) „ „ Dämpfen	=	16,6	„ „ „
c) „ den Antrieb	=	9,4	„ „ „
zusammen		108,2	kg pro Stunde,

oder auf ca. 154 kg Dampf = 90 000 — 95 000 WE pro 100 kg Wasserverdunstung.

Auf 1 qm der gesamten Walzenoberfläche entfielen dabei

$\frac{236}{4{,}5} = 52{,}5$ kg Rohkartoffeln und

$\frac{166}{4{,}5} =$ **37** kg Wasserverdunstung stündlich.

Obgleich diese Leistung schon 4 mal größer ist als die für die Trockenzylinder der Papiermaschinen mit $9^1/_3$ kg Wasserverdunstung pro Stunde und qm gefundene, so wird sie durch die inzwischen getroffenen Verbesserungen heute völlig in den Schatten gestellt.

Ist es doch bereits auf dampfgeheizten Walzen gelungen, 100 kg Rohkartoffeln und mehr pro Stunde und qm zu verarbeiten, welche Menge bei Walzen, die durch auf 250° erhitztes Öl erwärmt wurden, auf über 120 kg stieg, womit jedoch die Grenze der Leistung ungefähr erreicht zu sein scheint.

Unter der Annahme, daß den Rohkartoffeln ungefähr die gleichen Prozente Wasser entzogen wurden wie beim Parowschen Versuch, stellt sich die stündliche Wasserentziehung auf ca. **70** bzw. **84** kg pro qm.

Der Wärmeverbrauch pro kg Wasserverdunstung wird sich dagegen nicht viel ermäßigt haben, da derjenige für das Trocknen und Dämpfen nur wenig Ersparnisse zuläßt und Ersparnisse im Kraftverbrauch bei Verwertung des Abdampfes kaum großen Einfluß haben.

Eine ausreichende Erklärung der gewaltigen Unterschiede in der Leistung der an sich vollkommen gleichartigen Heizflächen von Papiermaschinen und von Kartoffeltrocknern läßt sich einstweilen noch nicht geben, wenn man nicht annehmen will, der Papierstoff ließe die Feuchtigkeit schwerer los als der Kartoffelbrei, was keinenfalls ganz ausgeschlossen ist.

Außerdem sind die Verhältnisse in bezug auf

hohe Temperaturdifferenz,

Trockenheit und Reinheit des Heizdampfes,

Entwässerung und Entlüftung der Heizkörper

bei den Walzen von mäßigem Durchmesser und dem starken Zapfen der Kartoffeltrockner sehr viel besser als bei den Zylindern der Papiermaschinen mit ihrem größeren Durchmesser und unverhältnismäßig dünnen Zapfen.

Daß aber auch noch andere Ursachen mitbestimmend für die Heizflächenleistung sind, hat die Erhöhung derselben gezeigt, welche hauptsächlich auf die bessere und gleichmäßigere Auftragung des Breies auf den Trockenzylinder, herbeigeführt durch die sog. Glätt- oder Auftragwalzen, zurückzuführen ist.

Durch sie wird die Kartoffelmasse in dünner Schicht auf die eigentlichen Trockenwalzen gebracht, von welchen breite

Messer sie nach der Trocknung in flockenartiger Beschaffenheit wieder abstreichen.

Das Aufbringen durch die dicht gegeneinander laufenden Trockenwalzen selbst fällt also fort und zugleich alle damit verbundenen Unzuträglichkeiten, wie die durch den Preßdruck hervorgerufene schnelle Abnutzung der Walzenoberfläche, das Auseinanderreißen des zusammengepreßten Kuchens, damit jede Walze wenigstens mit Material, wenn auch locker und von ungleichförmiger Art, belegt werde.

Bei Anwendung von Glätt- oder Auftragwalzen steht dem Auseinanderrücken der Trockenzylinder nichts entgegen, so daß jeder nunmehr für sich einen Trockenapparat bildet und nötigenfalls auch einer allein zur Anwendung kommen kann.

Es werden deshalb auch keine Trockner für Kartoffelbrei mit dicht zusammenliegenden Walzen mehr gebaut, seitdem allgemein erkannt ist, daß zur Erzeugung eines guten Produktes wohl seine gleichmäßige Aufbringung, niemals aber eine besondere Pressung nötig ist.

Blicken wir jetzt zurück auf die ganze Klasse der Kontakttrockner, so sehen wir die größten Verschiedenheiten in der Leistung der Heizflächen, nämlich:

Muldentrockner 4—10 kg und mehr;
Röhrentrockner 3,8—4,7 kg;
Tellertrockner 7,8 kg für die obere Tellerfläche;
Walzentrockner 9,3—50 kg

bei einer Dampfpressung von 2—4 Atm. Überdruck.

An den großen Unterschieden wird die Beschaffenheit des Trockenguts wohl mitbeteiligt sein, doch wäre zu wünschen, daß hierüber noch genauere Untersuchungen gemacht würden.

Der Wärmeverbrauch pro kg Wasserverdampfung stellt sich einschließlich Abkühlungsverluste bei guten Ausführungen auf 800—900 WE, wovon bei einer mittleren Außentemperatur von 0^0 immer nur 640 WE auf die bloße Verdunstung von 1 kg Wasser entfallen.

Die Abführung der entstandenen 1000 g Dampf erfordert aber Luft, und zwar um so mehr davon, je niedriger der fortziehende Wrasen temperiert ist, und es gibt folgende Zusammenstellung über die aufzuwendende Menge Aufschluß.

Luftbedarf zur Fortschaffung von Wasserdampf.

Angenommen, die Frisch- oder Außenluft habe eine Temperatur von 15° und sei zu 80% gesättigt, es herrschen also Verhältnisse, wie sie in den Aufstellungsräumen der Trockner ungefähr sein werden; dann ist:

der Wärmewert der Frischluft nach Tab. IX: 8,66 WE pro kg
der Wassergehalt „ „ „ „ : 8,5 g pro kg.

1. Fall. Der Wrasen ziehe ab mit 90° zu 80% gesättigt:

Er enthält dann pro kg Luft an Wärme nach Tab. IX	518,4 WE
„ „ „ „ „ „ „ Wasser „ „ „	781,5 g
Die Zunahme beträgt somit an Wärme	509,7 WE
„ „ „ „ „ Wasser	773 g
Zur Aufnahme von 1000 g Wasser sind somit nötig an (trockener) Luft ca.	1,3 kg
Diese Menge muß aufnehmen an Wärme ca. . .	662,6 WE
Davon bringt der Wasserdampf	640 „
Die Luft muß demnach noch liefern	22,6 „
oder pro kg 22,6/1,3 = ...	17,4 „
Sie müßte deshalb vor der Einführung erwärmt werden um ca.	73°
also auf	88°.

Der nach 1 kg Wasseraufnahme abziehende Wrasen würde somit von 90° auf ca. 84° abkühlen, oder

$$(90 - 84) \cdot 1{,}3 \cdot 0{,}2375 = 1{,}75 \text{ WE}$$

verlieren können, ehe er voll gesättigt wäre und wieder Wasser ausschiede.

Um 100 kg Wasserdampf fortzuführen, sind mithin abzuziehen 130 kg (trockener) Luft, welche nach Tab. X einen Raum einnehmen von ca. 300 cbm und zu ihrer Erwärmung bedürfen 17,4 · 130 = ∾ 2300 WE. Sobald der Wrasen aber nur 175 WE verliert, scheidet sich bereits wieder Wasser aus.

2. Fall. Der Wrasen ziehe ab mit 80° zu 80% gesättigt:

Eine gleiche Rechnung wie die soeben durchgeführte bringt folgendes Ergebnis:

Um 100 kg Wasser fortführen zu können, müssen vorhanden sein 273 kg auf 66° erwärmte Luft = ca. 430 cbm, deren Erwärmung ca. 3400 WE erfordert. Der Wrasen kann bis auf ca. 75° abkühlen und dabei ca. 300 WE verlieren, ehe Wasserausscheidung eintritt.

3. Fall. 70° u. 80% Sättigung des Wrasens.

510 kg auf 60° erwärmte Luft = 660 cbm beim Austritt. Zur Erwärmung erforderlich: 5400 WE. Der Wrasen kann abkühlen bis auf ca. 66° und dabei ca. 500 WE verlieren, ehe Wasserausscheidung erfolgt.

4. Fall. 60° u. 80% Sättigung des Wrasens.

930 kg auf ca. 52° erwärmte Luft = 1040 cbm beim Abzug. Die Erwärmung erfordert ca. 8300 WE. Der Wrasen kann abkühlen bis auf ca. 56° und dabei ca. 900 WE verlieren, ehe Wasserausscheidung erfolgt.

Hieraus geht hervor, daß die Erwärmung der Frischluft bei hoher Abzugstemperatur zwar weniger kostet, aber auch ungleich schwieriger wird als bei niedriger.

Veranschlagen wir den Verbrauch zum Verdunsten von 100 kg Wasser aus dem Trockengut zu rund 90 000 WE, so würden hinzukommen für die Luftvorwärmung auf 90° ca. 2300 WE und ca. 8300 WE bei 60° Abzugstemperatur. Der Unterschied beträgt 6000 WE oder ca. 6½% des Hauptverbrauchs. Dafür stehen aber auch 1040 cbm anstatt 300 cbm Luft zur Vorbeiführung an den verdampfenden Flächen zur Verfügung.

Der Einfluß, den eine flotte Lufterneuerung auf die Schnelligkeit des Trocknens hat, wurde schon genugsam betont und dürfte er, zusammen mit der geringeren Temperaturerhöhung der Frischluft, darauf schließen lassen, daß es für die Praxis empfehlenswerter ist, die Verhältnisse der 4. Annahme zugrunde zu legen als die der 2. Annahme.

D. Das Trocknen ohne Anwendung von Luft.

Ganz ohne Mitverwendung von Luft oder Gasen zur Übertragung der Wärme oder Fortschaffung der ausgetriebenen Feuchtigkeit können nur solche Apparate auskommen, deren Arbeitstemperatur mindestens dem jeweiligen Siedepunkt des Wassers entspricht, denn nur dann haben die entwickelten Dämpfe eine solche Spannung, daß sie sich allein, also ungemischt mit anderen Gasen, in dem betreffenden Raum aufhalten oder fortbewegen können, um anderen Platz zu machen. Soll die Mitwirkung der Luft unter atmosphärischem Druck mithin ausgeschaltet bleiben, so muß die Verdampfung bei mindestens 100^0 geschehen; sofern das aber nicht statthaft ist, muß der Luftdruck über der verdunstenden Flüssigkeit entsprechend ermäßigt werden.

Dazu stehen uns Kondensatoren und Luftpumpen zur Verfügung, und es fehlt nur noch der zur Vornahme einer solchen Verdunstung unter vermindertem Druck geeignete heizbare Raum; dieser aber wird geschaffen durch die Vakuumschränke oder Trockner, denen wir uns jetzt zuwenden.

12. Vakuumtrockner.

Es gibt eine ganze Reihe von Stoffen, aus denen sich die ihnen innewohnende Feuchtigkeit nur schwer entfernen läßt, welche Schwierigkeit noch vermehrt wird, wenn die Natur dieser Stoffe gleichzeitig die Anwendung hoher Hitzegrade verbietet.

Zu ihnen gehören hauptsächlich Substanzen von breiigem oder pastenartigem Charakter, welche am einfachsten in kleineren, auf Schalen oder Untersätzen verteilten Portionen zu behandeln sind und in dieser Weise auch leicht in schrankartigen Trockenräumen aufgestellt und ihnen entnommen werden können.

Bei den ersten Vakuumtrocknern ist deshalb auch überall eine derartige Grundform gewahrt mit luftdicht verschließbaren Türen und ziemlich nahe übereinanderliegenden Börtern, welche gleichzeitig als Heizplatten dienen und von Dampf oder Heißwasser durchflossen werden.

Neben dieser noch immer am weitesten verbreiteten Anordnung sind inzwischen manche andere entstanden, auf die später zurückzukommen ist.

Jeder Vakuumtrockner steht einerseits mit den Heizleitungen, anderseits durch ein weites Rohr mit einem Kondensator und durch diesen mit einer Luftpumpe in Verbindung, vermöge welcher Einrichtungen sich Temperatur und Spannung in ihm beliebig regeln lassen, wie ausführlich in dem früheren Abschnitt über Kondensation etc. erläutert.

Die dort angeführten Daten beziehen sich nur auf Dämpfe aus Wasser, gelten also nicht für solche aus Alkohol, Äther, Benzol und anderen Lösungsmitteln, welche immer die Anwendung von Oberflächenkondensatoren zu ihrer Rückgewinnung nötig machen, wie es ausführlich beim mit Rückkühlung der Trockenluft arbeitenden Verfahren 4 besprochen worden ist, nur wird bei der Vakuumtrocknung ein luftdicht verschlossener Sammelbehälter unbedingt nötig, welcher an seinem oberen Ende sowohl mit dem Verdichtungsraum des Kondensators als auch mit der Luftpumpe in Verbindung stehen muß, so daß in ihm der gleiche Druck wie im Kondensator herrscht. Die sich allmählich ansammelnde Flüssigkeit ist von Zeit zu Zeit, nach Unterbrechung oder Beendigung des Trockenvorgangs abzulassen. Das Fortschreiten desselben läßt sich auch hier durch Einschaltung eines Glasbehälters in die Verbindungsleitung zwischen Kondensator und Sammelgefäß beobachten.

Ausführliche zuverlässige Zusammenstellungen über Spannung und Verdampfungswärme der verschiedenen Dampfarten fehlen bisher, so daß man sich meistens wohl an die für Wasserdämpfe gültigen Abmessungen halten wird; im übrigen ist die allgemeine Anordnung immer die gleiche.

Wie wir gesehen haben, bringt das Arbeiten unter vermindertem Luftdruck eine Vermehrung an Kraftverbrauch zum Betrieb der Pumpen und an Kühlwasser zur Herabsetzung der Temperatur mit sich, wogegen die Trockenzeit verkürzt und der Wirkungsgrad der Heizflächen verbessert wird; auch der Wärmeverbrauch nimmt ein wenig ab.

Genauer ergeben sich die Verhältnisse aus folgenden Zusammenstellungen für verschiedene Kondensatortemperaturen und Spannungen, und zwar beziehen sich die Zahlen derselben auf 100 kg Wasserverdunstung und eine Temperatur des zufließenden Kühlwassers von 10°.[1])

Temperatur im Kondensator .	20°	35°	50°
Vakuum im Kondensator. .	700	665	600 mm Q.-S.
Menge an Kühlwasser. . .	5800	2300	1400 l[2])
Volumen der Luft pro kg .	14,7	12,5	10,2 cbm
Abzuführende Menge bei Oberfl.-Kondensation in kg pro Std.	0,8	0,8	0,8
Demnach in Liter:			
an Luft	11 760	10 000	8160 l
an Kondensat	100	100	100 l
insges. durch d. Luftpumpe	11 860	10 100	8260 l pr. Std.
Leistungsfaktor	7 · 11860	6,65 · 10 100	6 · 8260
Reduziert auf	1,24 :	1 :	0,74
Dampfwärme pro kg . . .	604	611	618 WE
Ablauftemp. des Kondensats	20°	35°	50°
Wärmeaufwand pro 100 kg .	58 400	57 600	56 800 WE
Reduziert auf	1,02 :	1 :	0,99

Dagegen wird für verschiedene Spannungen bei der gleichbleibenden Temperatur von 35°:

Bei einem Vakuum im Kondensator:

700	680	665	600	500 mm Q.-S.

Volumen der Luft pro kg:

37	17,5	12,5	5,63	3,04 cbm

Abzuführende Menge bei Oberflächenkondensatoren:

29 600	14 000	10 000	4500	2430 l

Abzuführende Menge an Kondensat:

100	100	100	100	100 l

---

[1]) Vgl. die im Kapitel über Luftpumpen und Kondensation enthaltenen Werte.

[2]) Der angegebene Kühlwasserverbrauch versteht sich für nasse Einspritzkondensation; bei Oberflächenkondensatoren wird er etwas größer und richtet sich nach der Abflußtemperatur.

Insgesamt durch die Luftpumpe:				
29 700	14 100	10 100	4600	2530 l
Leistungsfaktor:				
7 · 29 700	6,8 · 14 100	6,65 · 10 100	6 · 4600	5 · 2530
Reduziert auf:				
3,1	1,43	1	0,41	0,19

Die Reduzierungen geben an, wie sich die Verhältnisse gegenüber denen bei 35° und 665 mm Vakuum gestalten.

Der Kraftbedarf und die Größe der Luftpumpe wird natürlich bei Mischkondensation am bedeutendsten, da dabei auch die mit dem Einspritzwasser in den Kondensator gelangte Luft abgeführt werden muß.

Ihre Menge beträgt für 100 kg Wasserverdunstung bei 35° und 665 mm Vakuum, wobei 2300 l Wasser einzuspritzen sind, nach Seite 165: $0,8 + 0,025 \cdot 2,3 = 0,86$ kg, welche einen Raum von $0,86 \cdot 12,5 = 10,75$ cbm einnimmt, und vermehrt sich deshalb das zu bewältigende Volumen um $2300 + 10750 = 13\,050$, von 10 100 auf 23 150 l pro Stunde.

Die hierzu benötigte Kraft richtet sich sehr nach dem Gütegrad der Luftpumpe, möge aber oberflächlich nach Gleichung (61 b) für je 10 cbm stündlicher Leistung unter Einsetzung von $\eta = 0,5$ und $H = 13,6 \cdot 665 = 9044$ eingeschätzt sein zu $N = \frac{10 \cdot 9044}{3600 \cdot 75 \cdot 0,5} = 0,7$ PS. Sie ist also jedenfalls sehr gering und beträgt einschließlich derjenigen für die Wasserbeschaffung sowohl für Einspritz- als für Oberflächenkondensation nur wenig mehr als 1 PS, für 23,15 cbm mithin etwa $2\frac{1}{2}$ PS.

Da sich die in den Oberflächenkondensatoren anzuwendende Kühlfläche nach Temperaturgefälle und Menge des zu Gebote stehenden Kühlwassers richtet, so soll hier nur für den bestimmten Fall, daß es mit 10° zu- und mit 30° abläuft, gezeigt werden, wie ihre Größe zu ermitteln ist. Da der Dampf 35°, das Kühlwasser im Mittel $\frac{10 + 30}{2} = 20°$ warm ist, so stellt sich der Temperaturunterschied auf 15°; für den Transmissionskoeffizient k läßt sich bei Messing- und Kupferröhren nach Tab. C der Koeffizienten für besondere Fälle setzen

$k = \sqrt[3]{w} \cdot 2200$ und kann er mithin bei den auftretenden geringen Geschwindigkeiten zu 2400 angenommen werden. Damit ergibt sich die pro qm stündlich übertragene Wärme zu $2400 \cdot 15 = 36\,000$ WE und die Kühlfläche des Oberflächenkondensators zu:

$$\frac{58\,000}{36\,000} = 1{,}61 \text{ qm}.$$

Am schwierigsten gestaltet sich die Bestimmung der Heizfläche, da in vielen Fällen nicht sie, sondern die der Wärmeeinstrahlung ausgesetzte Oberfläche des Trockenguts maßgebend ist; wird dasselbe nämlich in Schalen von geringem Wärmeleitungsvermögen eingebracht oder frei im Raum aufgestellt, so kann es nur sehr wenig Wärme durch Leitung und Berührung aufnehmen.

Als Anhalt für diese Art der Heizflächenwirkung mag dienen, daß dort, wo das Trockengut unmittelbar auf die vom Dampf geheizten Platten gelegt werden kann, die Leistung von 1 qm der Berührungsfläche (aber auch nur dieser) bis zu 15 kg Wasserverdunstung stündlich unter sonst günstigen Umständen gebracht sein soll.

Dagegen ist der Verbrauch an Wärme, welcher von uns soeben zu ca. 58 000 WE pro 100 kg Wasserverdunstung bei 35° ermittelt wurde, in der Praxis nicht zu erreichen, schon weil bei Vakuumschränken ähnlich ungünstige Betriebsverhältnisse bestehen wie bei Trockenkammern. Nach den bis jetzt vorliegenden Angaben soll er sich vielmehr auf 130—150 kg Dampf belaufen, und zwar einschließlich des Aufwands zum Betrieb der Pumpen. Danach dürfte auf 78 000—90 000 WE des Dampfes zu rechnen sein.

Zur Erzielung von Ersparnissen liegt es nahe, die in dem kammerartigen Apparat entwickelten Dämpfe in die Heizröhren eines zweiten ziehen zu lassen, anstatt zum Kondensator, um sie dort ähnlich wie bei den Verdampfkörpern der Zuckerfabriken auszunutzen und den Kondensator erst hinter der zweiten oder gar hinter einer dritten Kammer wirken zu lassen, wie Fig. 114 schematisch zeigt.

Durch die hinter der zweiten bzw. letzten von ihnen wirkende Niederschlagung wird darin sowohl Spannung als

Temperatur niedriger gehalten, wie in der vorhergehenden, so daß die Wärme gewissermaßen von der ersten heißesten bis zur letzten und kühlsten Kammer so lange abfließt, wie Kühlwasser und Luftpumpe ein Gefälle aufrechterhalten.

Für die praktische Verwertung läßt sich diese Anordnung nach der in Fig. 85 gekennzeichneten Weise unter Verwendung von drei Kammern umschaltbar machen, so daß zuerst der Frischdampf auf Kammer 1 und der Kondensator auf

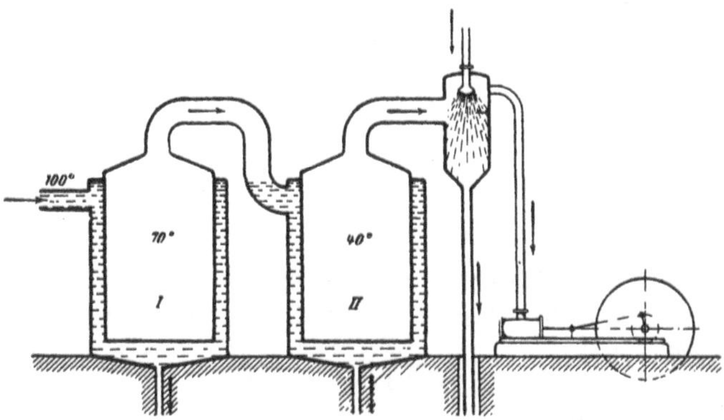

Fig. 114.

Kammer 2 wirkt, während Kammer 3 entleert und frisch gefüllt wird; alsdann tritt der Frischdampf in Kammer 2, der Kondensator wird an Kammer 3 geschlossen, 1 entleert und frisch gefüllt und so in gleicher Weise weiter.

Um einen Anhalt für den durch ein derartiges Verfahren zu ersparenden Wärmeverbrauch zu gewinnen, sei angenommen, daß der Heizdampf in der ersten Kammer 100° habe; in ihr selbst herrsche eine Temperatur von 70° = 53 cm Vakuum, und der dabei entwickelte Dampf heize die zweite Kammer, in welcher Temperatur und Luftverdünnung auf 40° bzw. 70,5 cm Vakuum gehalten werden. In sie wird die feuchte Ware eingebracht, und zwar mit 10°, so daß zur Verdampfung des in derselben enthaltenen Wassers 613 — 10 = 603 WE aufzuwenden sind.

In der ersten Kammer werden dagegen nötig, um die Feuchtigkeit aus der Ware von 40° bei 70° zu verdampfen: 627 — 40 = 587 WE.

Dagegen gibt jedes kg Heizdampf von 100° in der ersten Kammer, welches als Wasser von 95° fortläuft, 640 — 95 = 545 WE ab und ebenso jedes mit 65° aus der zweiten Kammer abfließende kg 627 — 65 = 562 WE.

Bezeichnen wir jetzt mit x und y diejenigen Mengen Dampf in kg, welche zur Verdampfung von $y + z = 1$ kg Wasser in der ersten und zweiten Kammer benötigt werden, so muß sein:

$$545\, x = 587\, y,$$
$$562\, y = 603\, z,$$
$$y + z = 1;$$

woraus

$$x = 0{,}56, \quad y = 0{,}52, \quad z = 0{,}48 \text{ kg},$$

und da x den Aufwand an Frischdampf von 640 WE bezeichnet, so erfordert die Verdampfung von 1 kg Wasser aus der Ware:

$$0{,}56 \cdot 640 = 358 \text{ WE},$$

anstatt ca. 580 WE wie vorhin.

13. Trockeneinrichtungen für Arbeiten mit überhitztem Wasserdampf.

Diesen Verfahren liegt folgende Idee zugrunde:

Wird zwischen einer Trocken- und einer Heizkammer eine doppelte derartige Verbindung hergestellt, daß ein eingeschalteter Ventilator den gesamten Luftinhalt fortwährend im Kreislauf umwälzen kann, wobei gleichzeitig die Temperatur mehr und mehr zunimmt, so steigt mit ihr auch das Volumen und damit die innere Spannung, bis diese genügt, um die leichte Klappe *e* (siehe Fig. 115) zu öffnen.

Damit beginnt der Austritt von Luft, welche anfänglich noch wenig mit Feuchtigkeit geschwängert ist, doch steigt der Sättigungsgrad schnell, bis bei 100° Innentemperatur nur noch Dampf allen Raum ausfüllt; das umgearbeitete Volumen wurde eben immer ärmer an Luft, da ihm kein

Ersatz hiervon zugeht, wogegen der Dampf sich ununterbrochen aus der Ware neu entwickelt.

Bei fortgesetzter Umwälzung erhält der Arbeitsdampf in der Heizkammer eine höhere Temperatur, als seiner Spannung entspricht, und dient diese Überhitzung zur Verdampfung der Warenfeuchtigkeit in der Trockenkammer.

Angenommen, das Ventil oder die Klappe für den Abzug *e* sei derart belastet, daß die Spannung im Trockenraum einer Temperatur von 105° gleichkommt, mit welcher der Dampf also entweicht, so bleibt noch diejenige Temperatur zu bestimmen, auf welche die verbleibende Menge zu erwärmen ist, um im neuen Kreislauf weiteres Wasser verdampfen zu können. Ihre Höhe ist in gewisser Beziehung gleichgültig, da es nur auf die in der Zeiteinheit abzugebende Menge Wärmeeinheiten ankommt und diese das Produkt ist von Temperaturänderung × spezif. Wärme c_p × stündlich umgearbeitetem Dampfgewicht. Wird die Änderung der Temperatur also klein gewählt, so muß das bewegte Dampfgewicht und damit die Kraft zu seiner Bewegung groß werden und umgekehrt.

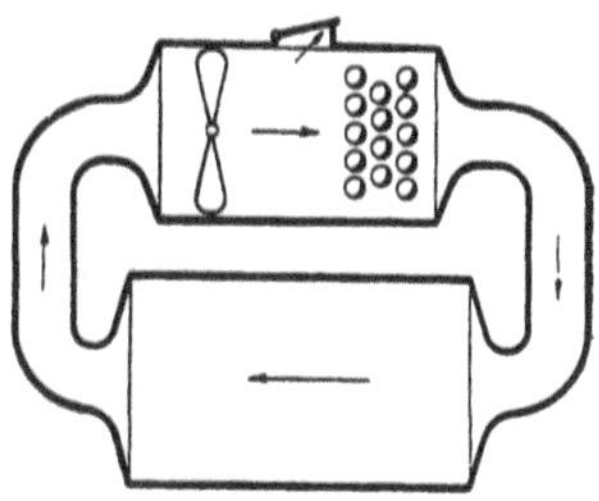

Fig. 115.

Der Gesamtaufwand zum Auftrocknen von 100 kg Wasser setzt sich zusammen:

a) aus der Wärmemenge zum Verdampfen von 100 kg Wasser = 100 (637 — t_a), wenn t_a die Eintrittstemperatur der Ware bezeichnet;

b) aus der Wärmemenge zum Erwärmen der Ware auf die Austrittstemperatur = ca. 105° in diesem Fall;

c) aus der Wärmemenge, welche der zum Ventilatorenbetrieb nötigen Kraft entspricht;

d) aus den übergewöhnlich hohen Verlusten durch Abkühlung, Dampfdurchlässigkeit und Hochheizen der Kammern und Kanäle.

So sparsam wie das Verfahren scheint, so schwierig wird es in der Praxis sein, die unter d) angegebenen Verluste auf ein geringes Maß zu beschränken; ebenso muß mit verhältnismäßig geringen Wärmeänderungen gerechnet werden, um nicht gar zu hohe Dampfspannungen mit ihren Unzuträglichkeiten anwenden zu müssen. Das erfordert wieder große Ventilatoren zur Umwälzung des Arbeitsdampfes und somit vermehrten Kraftaufwand; zu alledem kommt noch, daß die Anzahl Stoffe, welche eine Behandlung mit Dampf von 100° vertragen, nur beschränkt ist.

Die Berechnung wird einfach und gestaltet sich etwa wie folgt: Zum Auftrocknen von 100 kg Wasser aus 10° warmer Ware von 176 kg Anfangsgewicht sind nötig:

100 (640 — 10) =	63 000 WE
zum Erwärmen von 76 kg Ware um ca. 95°	7 220 „
zusammen	70 220 WE.

Wird die Temperatur, auf welche der Dampf von 105° überhitzt wird, zu 130° angenommen (bei Anwendung von Heizdampf mit 4 Atm. oder 150°), und die spez. Wärme zu ca. 0,48, so kommen auf die Temperaturänderung von 105 auf 130, also um 25° pro kg $\cdot$ 25 $\cdot$ 0,48 = 12 WE.

Erhöhen wir den oben gefundenen Wärmebedarf noch um weitere 9780 WE für Abkühlungsverluste, also auf 80 000 WE, so sind $\frac{80000}{12} = 6700$ kg Dampf stündlich umzuarbeiten.

Diese nehmen im Ventilator einen Raum ein von 11 000 bis 12 000 cbm, je nach der Temperatur, welche der Dampf beim Durchstreichen desselben hat.

Veranschlagt man den Wärmeaufwand für die Umwälzung auf ca. 45 000 WE, welche jedenfalls dafür verbraucht werden, so erhöht sich der Gesamtbedarf auf 80 000 + 45 000 = rund 125 000 WE pro 100 kg Wasserverdunstung.

Praktisch in einem einfachen Apparat ist das Verfahren schwer durchführbar, denn bei jeder Öffnung des Trockenraums behufs Auswechslung des Trockenguts gelangen derartige Luftmengen in den Umlauf, daß der regelrechte Gang gestört wird. Ferner schlägt sich auf der frisch eingeführten

Ware, wenn sie nicht vorgewärmt ist, sofort Wasser nieder, was meistens unzulässig ist, ebenso wie eine plötzliche starke Abkühlung, welcher die der Trockenkammer mit über 100° Wärme entnommene Ware ausgesetzt wird, so daß sich die Einrichtung von Übergangsräumen od. dgl. für den Ein- und Ausgang empfiehlt. Dazu kommt noch die weitere Schwierigkeit, große Räume dauernd dampfdicht zu erhalten neben der auch nicht zu unterschätzenden Gefahr für das Bedienungspersonal, sich zu verbrühen.

Es müssen also schon sehr besondere Umstände zusammentreffen, wenn es sich empfehlen soll, zu dieser Art von Trocknung zu greifen.

E. Mitbenutzung des aus der Ware entwickelten Dampfes.

14. Mehrfach wirkende Trockner.

Der Gedanke, die Wärme des aus dem Trockengut entwickelten Dampfes zu verwerten, ist nicht neu, doch haben die meisten dahin gehenden Vorschläge keine praktische Bedeutung erlangt.

Eine Ausnahme macht jedoch die der Firma Möller & Pfeifer, Berlin, unter Nr. 198 461 patentierte, vorwiegend zum Trocknen von Ziegeln benutzte Einrichtung (Fig. 116 u. 117). Sie besteht aus einem Tunnel, dessen Ausgangsende 0—*g* durch ein (oder mehrere), von einer Feuerung *e* beheiztes Kalorifer erwärmt wird auf Temperaturen bis über 100°; die aus dem Trockengut entwickelten Dämpfe werden mittels des Exhaustors „*h*" durch die Heizröhren „*f*" bei „*g*" abgesaugt, zusammen mit einem Teil der von rechts kommenden feuchten Trockenluft, welche also wieder mit zum Verdampfen neuer Feuchtigkeit aus dem Trockengut zu dienen hat.

Der weitere Hergang ist etwa folgender unter der einstweiligen Voraussetzung, daß die übrigen Abzüge $m_2 — m_1 — m$ geschlossen sind. Zu der Stelle „*g*" strömt von links reiner Dampf von etwa 100°. Er hatte zwar unmittelbar an den Heizröhren 120° oder mehr, doch bleiben ihm nicht mehr als 100°, nachdem er seine Überhitzungswärme an das Trokkengut abgab und also überhaupt eine Wirkung verrichtete.

Das von der rechten Seite nach „g" gelangende Dampfluftgemisch hat voraussichtlich nicht über 75⁰ und sei zu 75% gesättigt. Die Abzüge $l_2 - l_1 - l$ sind geschlossen; die Außenluft habe 5⁰ und sei voll gesättigt.

Der bei *h* abgezogene Wrasen habe bei voller Sättigung eine Temperatur von 60⁰; wie sich der Temperatursprung im Tunnel bei *g* ausgleicht, möge dahingestellt bleiben.

Endlich sei vorläufig noch angenommen, daß auf der Strecke 0—*g* 1 kg Dampf von 640 WE entwickelt werde, um damit denjenigen Bedarf zu decken, welcher durch das Überwiegen der Abzugswärme über die Eintrittswärme ent-

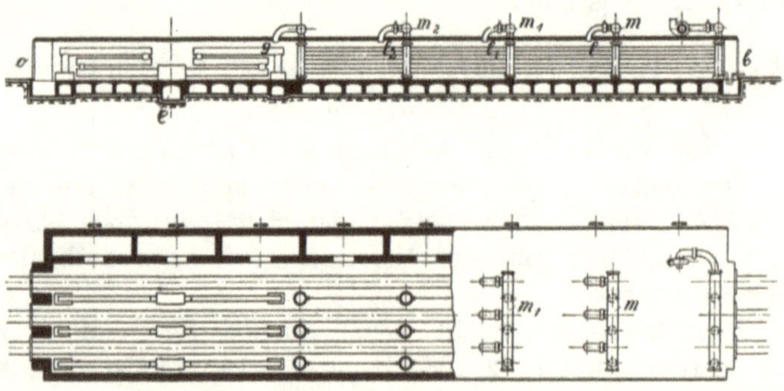

Fig. 116 u. 117.

steht. Nach Tab. IX enthält die einziehende Luft pro kg 4,42 WE, die abziehende 109,39 WE, so daß mit ihr pro kg verloren gehen 104,97 WE, und müssen daher zur Aufbringung von 640 WE hindurchströmen:

$$\frac{640}{104,97} = \backsim 6,1 \text{ kg Luft.}$$

Den Angaben von Tab. IX entnehmen wir ferner, daß jedes dieser 6,1 kg beim Übertritt in die Heizröhren 250,3 g Wasser mit sich führt, während es beim Eintritt nur 5,4 g enthielt; die Feuchtigkeit der Luft hat demnach auf der Strecke *g*—*b* um 244,9 g pro kg zugenommen oder im ganzen um 6,1 · 244,9 = 1490 g = 1,49 kg, was mit dem von der Strecke 0—*g* kommenden zusammen 2,49 kg an verdampftem Wasser ausmacht.

Hiervon finden sich in dem mit 60° bei voller Sättigung abziehenden Wrasen 152,6 g pro kg Luft oder total 6,1 · 152,6 = ∾ 930 g = 0,93 kg, und müssen daher als Kondensat abgelaufen sein: 2,49 — 0,93 = 1,56 kg. Angenommen, das Material habe beim Eintritt 5°, das Kondensat beim Ablauf im Mittel 75°, so sind mit ihm fortgegangen: ∾ 1,6 · (75 — 5) = 112 WE.

Nun wiegt ein Ziegel, welcher ca. 0,8 kg Wasser enthält, ca. 5 kg und kommen daher auf 1 kg Wasser ca. 5,3 kg Ton von ca. 0,22 spez. Wärme. Auf 2,49 kg Wasser macht dies 2,49 · 5,3 = 13,2 kg Ton, welche von 5 auf 100° zu erwärmen sind, was 13,2 · 95 · 0,22 = 276 WE erfordert.

Veranschlagen wir für Erwärmung der Wagen und für Abkühlungsverluste noch annähernd ebensoviel, dann sind insgesamt für alle Verluste durch Kondensat, Abkühlung und Erwärmung ca. 640 WE zu rechnen, welche sich decken lassen, wenn auf der Strecke 0—*g* nicht 1 kg, sondern 2 kg Dampf entwickelt werden, und wollen wir dies im weiteren annehmen. Damit vermehrt sich die insgesamt verdampfte Menge auf 3,49 kg, aber gleichzeitig auch wieder der Wärmebedarf für das Anwärmen der Mehrproduktion an Ziegeln, doch sei hiervon abgesehen, indem genügend Wärme zur Verfügung steht.

Die von außen zugeführte Menge davon berechnet sich zu 2 · 565 = 1130 WE für die Verdunstung der 2 kg Wasser von 75° auf der Strecke 0—*g*. Mit ihr würden in Dampf übergeführt 3,49 kg Wasser, so daß zur Verdunstung von 1 kg desselben schon genügen:

$$\textbf{324 WE} \text{ und } \frac{6,1}{3,49} = 1,75 \text{ kg Luft.}$$

Die Entlassung des Wrasens mit geringerer Temperatur als 60° hat unter sonst gleichen Umständen wenig Einfluß, wie eine kurze Nachrechnung lehrt; wohl aber ließe sich der Aufwand an Wärme pro kg Wasserverdunstung durch Vermehrung der angewandten Luftmengen noch weiter vermindern, doch wollen wir dies unberücksichtigt lassen und erst die übrigen Verhältnisse feststellen.

Die mit 75° und 80% Sättigung in die Heizröhren tretende Luft enthält pro kg 250,3 kg Wasser, in 6,1 kg sonach 1527 g, zuzüglich 2000 g aus dem Dampf von links, im ganzen also 3527 g oder 578 g pro kg.

Ihr Wärmewert beträgt 175,35 WE pro kg, derjenige von 6,1 kg mithin 1069 WE, wozu aus dem Dampf noch treten 1280 WE, so daß auf die 6,1 kg Luft entfallen 2349 WE oder pro kg 384 WE.

Heizluft von 578 g Feuchtigkeit und 384 WE hat aber eine Temperatur von 82—85° und ist daher im besten Falle nur 7—8° wärmer als die von ihr beheizte.

Da der Unterschied am Einführungsende der Ware 55° beträgt, so ändert er sich sehr und ist am Austrittsende mit nur 7—8° überhaupt kaum noch von Bedeutung, besonders da die Hauptverminderung schon am Anfang stattfindet, wie wir bei den Trommeltrocknern sahen. Trotzdem berechnet sich der mittlere Unterschied nach Formel (35) immer noch zu ca. 25°.

Um nun eine ähnliche Höhe schon bei *g* zu erzielen und möglichst gleichmäßig auf der ganzen Tunnelstrecke zu erhalten, werden von Möller & Pfeifer nach Patent Nr. 198 461 die Abzüge l_2—l_1—l vorgesehen, über deren Verwendung und Wirkungsweise wir uns an Hand des nachstehenden Schemas ein Bild machen wollen.

Angenommen sei, ähnlich wie vorhin, daß zur Deckung der Verluste durch Abkühlung etc. 635 WE nötig sind, und daß zum Ausgleich der mit dem Wrasen fortgehenden Wärme 835 WE genügen werden, so daß auf der Strecke 0—*g* zu verdampfen sind 2,3 kg Wasser = 2,3 · 640 = 1470 WE.

Ebenso trete die Luft durch *g* mit 75°, jedoch mit 75% Sättigung in die Heizröhren über und werde mit 5° und 100% in den Tunnel eingeführt.

Für unsere weiteren Feststellungen bestimmen wir, daß

die Luft an den Stellen	*d*	*e*	*f*	des Schemas
entsprechend den Absaugstellen	l_2	l_1	l	im Tunnel
eine Temperatur habe =	60°	45°	25°	
und gesättigt sei zu =	80%	85%	90%	

sowie daß bei *g* nur 1 kg davon in die Heizröhren übergeht.

Schema für den Temperatur- und Wärmeverlauf im Trockner, Pat. Nr. 198461.

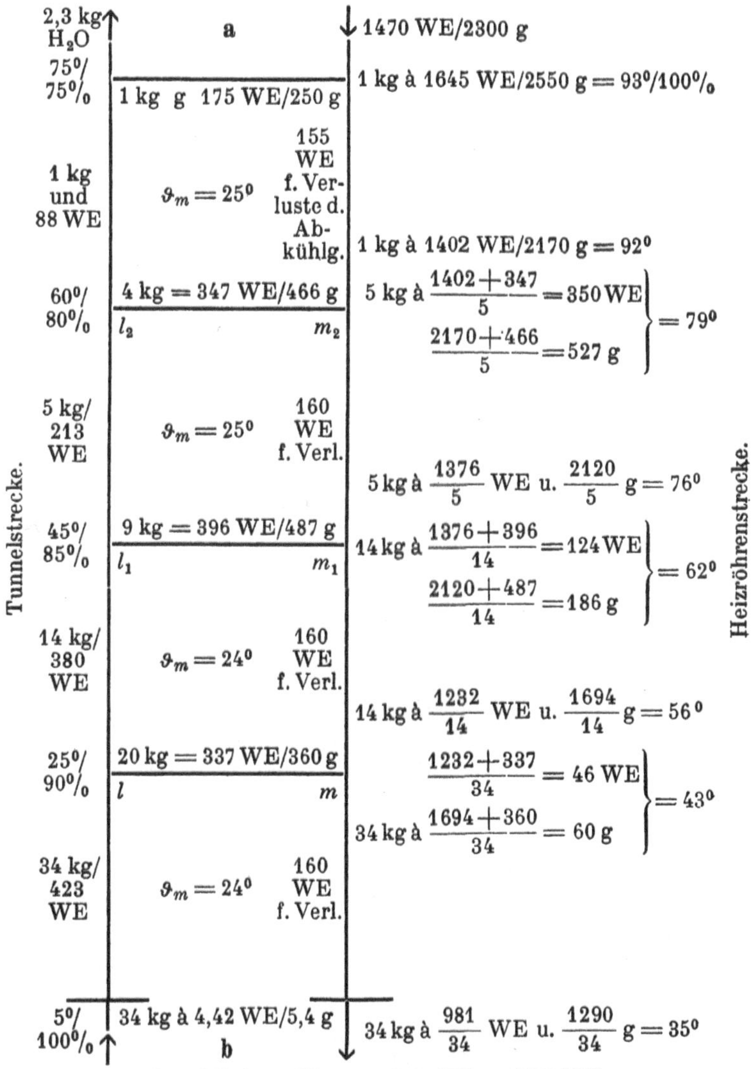

Zugeführt an Wärme: $2{,}3 \cdot 565 = 1300$ WE.
Verdunstet an Wasser: $2300 + 250 + 466 + 487 + 360 - (34 \cdot 5{,}4)$ $= 3680$ g. 1 kg Wasser erfordert somit ~ 353 WE.

Nach Tab. IX enthält dies 1 kg 175 WE und 250 g Feuchtigkeit, welche sich beim Übertritt in die Heizröhren vereinigen mit den aus der Strecke 0—g kommenden 1470 WE und 2300 g zu 1645 WE und 2550 g.

In diesem Zustand hat völlig gesättigte Luft noch eine Temperatur von 93⁰, mit welcher sie also die Heizröhren betritt.

Am Punkte l_2 soll sie 60⁰ bei 80% Sättigung haben, was einem Wärmewert von ca. 87 WE und einem Wassergehalt von ca. 116 g entspricht.

Wir lassen hiervon 4 kg = 347 WE/466 g übertreten, welche sich bei m_2 mit den von g kommenden Mengen vereinigen; diese letzteren verloren jedoch auf dem Wege bis m_2 bereits

a) 88 WE, welche der Luft im Tunnel zugeführt sind, um ihren Wärmewert von 87 auf 175 WE zu bringen;

b) 155 WE zur Deckung der Abkühlungsverluste etc. auf der Strecke 0—g = ungefähr ¼ der dafür in Aussicht genommenen 635 WE.

Damit sinkt der Wärmewert des Kilogramms auf 1645 —(88 + 155) = 1402 WE, welche sich nach der Vereinigung mit den von l_2 kommenden 347 WE auf 5 kg Luft verteilen, so daß auf 1 kg entfallen: $\frac{1402 + 347}{5} = 350$ WE.

Die Luft, welche auf der Strecke g—l_2 wirkte und deren Wärmewert dabei auf 1402 WE sank, kann nach Tab. IX nur noch 2170 g Wasser tragen und mußten daher 2550 — 2170 = 380 g ausscheiden, wobei die Temperatur auf ca. 92⁰ herunterging.

Die verbleibenden 2170 g summieren sich mit den von l_2 kommenden 466 g zu 2636 g, verteilt auf 5 kg Luft; 1 kg davon enthält demnach jetzt 2636/5 = ca. 527 g Wasser bei 350 WE und hat eine Temperatur von ca. 79⁰, womit sie nunmehr die zwischen m_2 und m_1 liegende Heizröhrenstrecke betritt.

Im Tunnel selbst müssen ihr zwischen l_1 und l_2 pro kg ca. 43 WE, im ganzen ca. 213 WE, zugeführt werden, um sie von 45⁰/85% auf 60⁰/80% zu bringen, welchen Betrag die Heizluft zwischen m_2 und m_1 zu liefern hat, außer 160 WE für Verluste.

Sie enthält demnach bei m_1 nur noch $1402 + 347 - (213 + 160) = 1376$ WE, auf welche gemäß Tab. IX zu rechnen sind 2120 g und eine Temperatur von 76° bei voller Sättigung.

Da bei m_2 eingeführt wurden $2170 + 466 = 2636$ g, so müssen als Kondensat bei m_1 ausgeschieden werden: $2636 - 2120 = 516$ g.

In gleicher Weise geht es mit Hilfe von Tab. IX weiter, wobei wir nach einigem Probieren als bei l_1 und l überzuleitende Luftmengen 9 und 20 kg erhalten.

Das Ergebnis ist in dem Schema zusammengefaßt; der durch den Tunnel streichenden Luft werden bis zu ihrem Wiederaustritt aus den Heizröhren an Wärme von außen nur zugeführt:

$$2{,}3 \cdot 565 = \sim 1300 \text{ WE},$$

da das auf der Strecke 0—g zu verdunstende Wasser bereits 75° warm war; dagegen hat sie auf demselben Wege an Wasser aufgenommen:

$$2300 + 250 + 466 + 487 + 360 - (345{,}4) = 3680 \text{ g},$$

da sie anfangs bereits 5,4 g pro kg enthielt.

1 kg Wasserverdunstung erfordert demnach:

ca. **353 WE** und 9,24 kg Luft.

Der Bedarf an Wärme übersteigt den vorhin für ganz ähnliche Verhältnisse, jedoch bei verschlossenen Abzügen $l_2 - l_1 - l$ gefundenen zwar um ca. 10%, ist aber immer noch so gering, daß er von keinem andern Verfahren, außer den mit Abdampf arbeitenden, erreicht wird. Allerdings ist auch nicht bekannt geworden, wie weit das mit dem soeben besprochenen Verfahren in der Praxis wirklich geschah, da es dazu an einwandfreien Versuchen fehlt, wie es an solchen in der ganzen Trockenindustrie überhaupt mangelt.

Immerhin verdient die Gleichmäßigkeit des Temperaturunterschiedes zwischen heizender und beheizter Luft auf der ganzen Länge des Tunnels Beachtung, wenn sie zunächst auch nur für einen bestimmten Zustand der äußeren Atmosphäre festgestellt wurde.

Hierbei ergab sich, daß auf den Strecken

$g-l_2$	an Wärme zu übertragen sind:	88+155=243	WE von	1 kg Luft
l_2-l_1	„ „ „ „ „	213+160=373	„ „	5 „ „
l_1-l	„ „ „ „ „	380+160=540	„ „	14 „ „
l — Tunnelanfang:	a. W. z. ü. sind:	423+160=583	„ „	34 „ „

und bezogen sich diese Mengen auf 3,68 kg Wasserverdunstung.

Ziehen wir weiter in Erwägung, daß der Wärmeübergang von einem Luftgemisch auf das andere angenommen werden darf unter der Voraussetzung, daß die Geschwindigkeiten, mit welchen sie sich bewegen, 1 und 3 m sind:

$$k = \frac{12 \cdot 19}{12 + 19} = 7,3$$

und entnehmen die Luftvolumina unserer Tab. X, so finden wir, daß für 100 kg gesamter stündlicher Wasserverdunstung bei Außenluft von 0°, bei 760 mm Barometerstand und völliger Sättigung nötig werden:

auf der Strecke:	an Wärme:	an Heizfläche:	an Heizluft in cbm:
$g-l_2$	6 600 WE	38 qm	ca. 36
l_2-l_1	10 140 „	58 „	„ 150
l_1-l	14 680 „	84 „	„ 290
l—Anfang .	15 840 „	90 „	„ 800

Alle diese Werte ändern sich mit dem wechselnden Zustand der Außenluft, weshalb es nicht leicht sein wird, die Arbeitsweise immer den äußeren Verhältnissen anzupassen.

Verwunderlich mag es auf den ersten Anblick erscheinen, daß die Abgase der Feuerung nicht auch mit herangezogen werden, doch haben sie selbst bei 200° erst einen Wärmewert von ca. 50 WE pro kg; sie würden daher die Heizluft mit ihren 1455 WE erheblich verdünnen und deren Temperatur nach momentaner Erhöhung sofort wesentlich vermindern.

In ähnlicher Weise ist schon früher von Reyscher, Bielefeld, eine Ausnutzung der mit der feuchten Luft fortziehenden Wärme von Trockentunnelen angestrebt durch die im D. R. P. Nr. 148 850 vorgeschlagene und in den nebenstehenden Fig. 118 u. 119 wiedergegebene Anordnung.

Die frische Trockenluft tritt an beiden offenen Enden in den Tunnel, erwärmt sich bis zur Mitte mehr und mehr und gelangt dort in einen geschlossenen Raum, aus welchem zwei Dampfstrahlventilatoren sie durch die Heizrohre des Tunnels ins Freie drücken. Die Zumischung des Betriebsdampfes der Gebläse soll etwaige Abkühlungsverluste ausgleichen.

Auf den ersten Anblick erscheint die Sache großartig, denn auch die Ware gelangt kühl wieder zutage, Verluste durch Öffnen der Türen fallen fort, da sie stets offen stehen, die Trockenluft wird so weit als tunlich verwertet, und so ist die Wärmeausnutzung die denkbar günstigste.

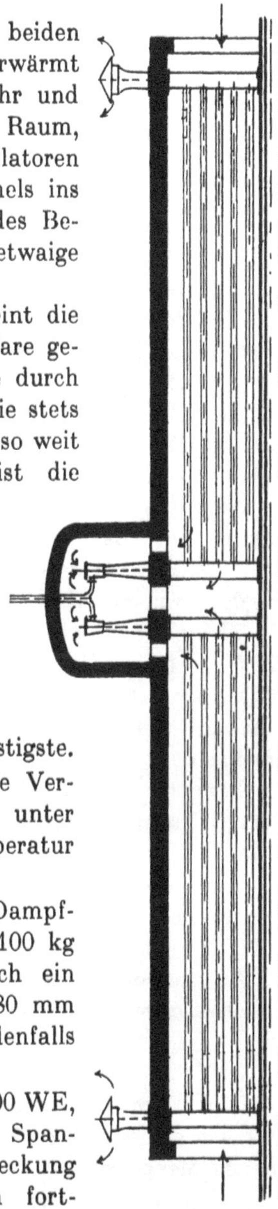

Fig. 118.

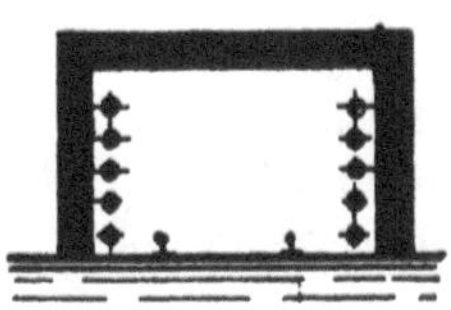

Fig. 119.

Prüfen wir daher, wie sich die Verhältnisse in Wirklichkeit stellen, unter Zugrundelegung einer Höchsttemperatur von 50⁰.

Angenommen sei, daß durch die Dampfstrahlgebläse ca. 8 kg Dampf pro 100 kg Luft gebraucht werden, womit sich ein Pressungsunterschied bis zu ca. 80 mm Wassersäule erreichen läßt, der jedenfalls genügen dürfte.

Diese 8 kg enthalten rund 5200 WE, da es sich um Dampf von höherer Spannung handelt, welche wieder zur Deckung der im Kondensat und mit dem fortziehenden Wrasen verloren gehenden Wärmemengen zu dienen haben.

Die in den Trockenraum einziehende Luft habe bei voller Sättigung 5°, entsprechend 4,42 WE und 5,4 g, die aus den Heizröhren entweichende Luft habe bei voller Sättigung 45°, entsprechend 50,51 WE und 64,7 g. Mit 100 kg Luft gehen demnach verloren: 100 (50,51 — 4,42) = 4609 WE. Nehmen wir jetzt weiter an, die einziehende Luft werde im Trockenraum gebracht auf 50° bei 75% Sättigung, so enthält sie dann 50,45 WE bei 62,4 g Wasser und hat also aufgenommen: 62,4 — 5,4 = 57 g oder 5700 g = 5,7 kg Wasser auf 100 kg Luft.

Beim Durchgang durch die Strahlgebläse werden ihr hinzugefügt 5200 WE und 8000 g Wasser, so daß 1 kg beim Eintritt in die Heizröhren enthält: 50,45 + 52 = ∾ 102 WE und 62,4 + 80 = 142,4 g Wasser, entsprechend einer Temperatur von etwa 59°. Da die 100 kg Heizluft beim Eintritt in die Heizröhren enthalten 14 240 g Wasser, beim Austritt jedoch nur noch 6470 g, so laufen an Kondensat fort 7770 g = 7,77 kg von im Mittel 50°, und es gehen mit ihm verloren 7,7 · (50 — 5) = 346 WE.

Veranschlagen wir die Abkühlungsverluste zu 125 WE, so haben wir im ganzen: 4609 + 346 + 125 = 5080 WE aufzubringen, wogegen uns 5200 WE zur Verfügung stehen, und können wir es daher bei den gemachten Annahmen belassen. Verdampft werden dann 5,7 kg Wasser mit 5200 WE, so daß auf 1 kg entfallen 912 WE.

Wird das Kondensat zum Kesselspeisen benutzt, so vermindert sich der Wärmeaufwand um ca. 400 WE, also auf 4800 WE oder pro kg Wasserverdunstung auf **842 WE.**

Als mittleren Temperaturunterschied zwischen heizender und erwärmter Luft haben wir:

$$\frac{60+45}{2} \div \frac{50+5}{2} = 25^{0}.$$

Der Wärmeübergang k zwischen beiden Luftgemischen stellt sich wie vorhin und damit die pro qm und Stunde übergehende Menge auf

$$7{,}3 \cdot 25 = 182 \text{ WE.}$$

Für die zur Verdampfung von 100 kg Wasser erforderlichen 91 200 WE machen sich daher nötig:

$$\frac{91\,200}{182} = \text{ca. } \mathbf{500\ qm\ Heizfläche.}$$

Abgesehen hiervon, muß auch darauf hingewiesen werden, daß die einfache Verlegung der Heizröhren an den Tunnelwänden zu nichts führt, sondern die Anordnung wenigstens gemäß Fig. 91 u. 92 getroffen werden muß, damit sich durch eine kräftige Querzirkulation volle Wärmeausnutzung und tunlichst auch ein besserer Wärmeübergang erreichen läßt.

Der Hauptgrund zu dem so sehr viel schlechteren Ergebnis gegenüber dem bei dem Möller & Pfeiferschen Verfahren ermittelten ist übrigens in den niedrigeren Temperaturen zu erblicken, bei denen sich die Vorgänge hier abwickeln.

Zusammenfassung.

Nachdem die vielartigen Trockenverfahren in einzelne Klassen und Gruppen geteilt sind, wurde deren Wirkungsweise und Verwendbarkeit erörtert sowie ihr spezifischer Verbrauch, d. h. derjenige pro kg Wasserverdunstung, an Wärme in WE und Luft in kg festgestellt.

Gleichzeitig wurden Regeln angegeben zur Ermittlung dieser Werte und ist ihr Gebrauch an Beispielen erläutert, wobei sich die außerordentliche Verwendbarkeit der Tab. IX zeigte; ebenso wurden überall, wo es tunlich war, Angaben für die zu wählenden Größenabmessungen gemacht.

Dabei ergab sich, daß bei den weitaus meisten der gebräuchlichen Verfahren, welche auf Mitverwendung von Außenluft angewiesen sind und unter atmosphärischem Druck arbeiten, der jeweilige Zustand dieser Außenluft von größter Bedeutung für den Wärme- und Luftbedarf ist, woraus weiter folgt, daß sich der gleichmäßigste Betrieb stets unter solchen Umständen erreichen lassen wird, welche mit den geringsten Mengen von Außen- oder Frischluft auskommen.

Weiter zeigte sich, und die Tab. XXIV und XXV lassen es deutlich erkennen, daß im allgemeinen unter sonst gleichen Verhältnissen der spez. Wärme- und Luftverbrauch um so

Tabelle XXIV. Wärme- und Luftmenge zum Auftrocknen von 100 kg Wasser, wenn die Erwärmung vor dem Eintritt in den Trockenraum erfolgt.

(Verfahren 2, Abschnitt V.)

Sättigung d. Außenluft in %	Außenluft −15°			Außenluft −5°			Außenluft +5°			Außenluft +15°			Außenluft +25°		
	Wärmebedarf WE	Luftbedarf kg	Abluft ° ca.	Wärmebedarf WE	Luftbedarf kg	Abluft ° ca.	Wärmebedarf WE	Luftbedarf kg	Abluft ° ca.	Wärmebedarf WE	Luftbedarf kg	Abluft ° ca.	Wärmebedarf WE	Luftbedarf kg	Abluft ° ca.
Temperatur nach der Erwärmung: 30°, Sättigung beim Abzug: 75%															
25	152 700	14 290	13	126 000	15 150	13	95 800	16 130	14	62 500	17 500	16	24 790	20 800	18
50	157 200	14 710	13	131 900	15 870	14	106 100	17 860	16	80 900	22 730	18	39 670	33 300	22
75	162 000	15 150	14	138 500	16 670	15	119 100	20 050	17	104 700	29 410	21	85 010	71 400	26
100	164 500	15 380	14	145 800	15 740	15	132 000	22 220	19	131 800	37 040	23	—	—	—
Temperatur nach der Erwärmung: 40°, Sättigung beim Abzug: 75%															
25	143 500	11 010	18	124 300	11 630	18	97 800	11 760	18	74 300	12 500	20	46 840	13 160	23
50	146 700	11 240	18	127 300	11 900	19	106 500	12 800	19	84 900	14 290	22	62 460	17 540	26
75	148 400	11 360	18	130 400	12 200	20	115 400	13 900	20	97 400	16 390	24	84 770	23 810	29
100	150 100	11 490	18	133 600	12 500	20	124 000	14 930	21	110 000	18 520	26	118 700	33 330	32
Temperatur nach der Erwärmung: 50°, Sättigung beim Abzug: 75%															
25	135 500	8 770	20	115 600	8 850	21	98 100	9 170	21	78 400	9 430	23	60 100	10 100	24
50	136 600	8 850	21	118 700	9 090	21	101 800	9 520	23	85 700	10 310	25	69 900	11 760	28
75	137 900	8 930	21	120 900	9 260	22	105 800	9 900	24	93 400	11 240	27	83 700	14 080	31
100	138 500	8 970	22	123 200	9 630	23	109 100	10 200	25	101 300	12 190	29	99 000	16 670	34
Temperatur nach der Erwärmung: 60°, Sättigung beim Abzug: 75%															
25	126 300	7 090	24	110 300	7 140	25	95 900	7 350	25	79 800	7 460	26	65 400	7 870	27
50	127 200	7 140	24	112 700	7 300	25	98 200	7 520	26	85 500	8 000	28	72 900	8 770	31
75	128 100	7 190	25	114 400	7 410	25	101 200	7 750	27	91 400	8 550	30	82 300	9 900	34
100	130 000	7 300	25	115 200	7 460	26	104 500	8 000	28	96 300	9 010	31	91 300	11 000	36
Temperatur nach der Erwärmung: 70°, Sättigung beim Abzug: 75%															
25	118 400	5 920	27	106 500	5 950	27	92 600	6 060	28	80 600	6 170	29	71 700	6 710	30
50	120 200	5 950	27	107 800	6 020	28	95 900	6 210	29	84 800	6 490	31	75 800	7 090	33
75	120 900	5 990	27	109 100	6 100	28	98 300	6 400	30	88 840	6 650	32	81 000	7 580	36
100	121 300	6 010	27	110 300	6 140	29	10 100	6 540	30	92 600	7 090	33	87 000	8 130	38
Temperatur nach der Erwärmung: 80°, Sättigung beim Abzug: 75%															
25	115 100	5 100	30	103 500	5 130	30	92 700	5 180	30	81 300	5 260	31	70 600	5 400	32
50	115 700	5 130	30	104 600	5 180	30	94 200	5 260	31	84 400	5 460	33	74 600	5 710	35
75	116 300	5 160	30	105 700	5 240	31	95 700	5 550	32	87 200	5 650	34	79 200	6 060	37
100	116 600	5 170	30	106 300	5 260	31	97 200	5 440	33	90 300	5 850	35	84 800	6 490	40
Temperatur nach der Erwärmung: 90°, Sättigung beim Abzug: 75%															
25	110 300	4 420	32	99 800	4 420	32	91 000	4 500	33	81 000	4 540	33	71 800	4 650	35
50	110 500	4 430	32	101 200	4 480	33	92 200	4 580	33	83 200	4 670	35	75 300	4 880	37
75	110 600	4 440	32	102 000	4 520	33	93 500	4 630	34	85 600	4 810	36	79 600	5 160	39
100	110 800	4 450	32	102 600	4 550	33	94 800	4 700	35	87 700	4 930	37	83 900	5 440	41
Temperatur nach der Erwärmung: 100°, Sättigung beim Abzug: 75%															
25	106 700	3 910	34	97 800	3 920	34	89 500	3 970	35	81 100	4 020	36	72 400	4 070	36
50	107 100	3 920	34	98 500	3 950	35	90 600	4 020	36	83 100	4 120	37	75 300	4 230	39
75	107 300	3 930	34	98 900	3 970	35	91 300	4 050	36	84 800	4 200	38	78 500	4 410	41
100	107 500	3 940	35	99 300	3 990	35	92 100	4 080	37	86 300	4 270	39	81 300	4 570	43

Tabelle XXV. Wärme- und Luftmenge zum Auftrocknen von 100 kg Wasser, wenn die Erwärmung der Trockenluft im Trockenraum immer weiter schreitet.
(Verfahren 5, Abschnitt V.)

Sättigung d. Außenluft in %	Außenluft −15°		Außenluft −5°		Außenluft +5°		Außenluft +15°		Außenluft +25°	
	Wärmebedarf WE	Luftbedarf kg	Wärmebedarf WE	Luftbedarf kg	Wärmebedarf WE	Luftbedarf kg	Wärmebedarf WE	Luftbedarf kg	Wärmebedarf WE	Luftbedarf kg
Temperatur der abziehenden Luft bei 75% Sättigung: 30°										
25	114 400	5020	103 600	5130	92 800	5350	81 200	5 710	68 600	6 580
50	115 000	5080	105 000	5300	95 100	5750	85 340	6 760	72 700	9 810
75	116 000	5160	106 600	5490	98 400	6250	91 000	8 270	85 300	19 610
100	116 400	5210	108 200	5680	101 600	6800	99 050	10 540	—	—
Temperatur der abziehenden Luft bei 75% Sättigung: 40°										
25	98 060	2810	91 760	2840	85 730	2910	79 340	3 010	73 000	3 240
50	98 220	2820	92 550	2900	86 040	3020	81 180	3 280	75 480	3 860
75	98 690	2850	93 070	2950	87 960	3160	83 240	3 600	79 230	4 800
100	98 860	2870	94 240	3000	89 020	3290	85 480	3 970	84 880	6 330
Temperatur der abziehenden Luft bei 75% Sättigung: 50°										
25	86 620	1600	82 960	1620	79 440	1640	75 770	1 670	72 210	1 740
50	86 680	1610	83 260	1640	79 820	1680	76 580	1 750	73 370	1 900
75	86 890	1620	83 500	1650	80 340	1720	77 410	1 840	74 790	2 110
100	86 950	1630	83 720	1670	80 760	1760	78 200	1 930	76 300	2 360
Temperatur der abziehenden Luft bei 75% Sättigung: 60°										
25	78 810	928	76 670	932	74 610	940	72 470	950	70 420	970
50	78 840	930	76 830	938	74 760	950	72 840	975	70 940	1 020
75	78 920	933	76 910	943	74 990	960	73 190	1 000	71 530	1 075
100	78 940	935	77 000	949	75 150	975	73 500	1 030	72 070	1 140
Temperatur der abziehenden Luft bei 75% Sättigung: 70°										
25	73 470	533	72 230	534	71 030	537	69 790	540	68 600	550
50	73 480	534	72 300	536	71 090	540	69 960	548	68 840	560
75	73 500	535	72 330	538	71 160	545	70 110	556	69 080	580
100	73 520	535	72 370	540	71 260	548	70 230	565	69 300	600
Temperatur der abziehenden Luft bei 75% Sättigung: 80°										
25	69 780	295	69 090	296	68 380	296	67 710	298	67 180	300
50	69 780	296	69 120	296	68 440	297	67 800	300	67 170	305
75	69 800	296	69 140	297	68 480	299	67 870	302	67 280	310
100	69 800	296	69 150	297	68 500	300	67 920	305	67 300	315
Temperatur der abziehenden Luft bei 75% Sättigung: 90°										
25	67 270	147	66 930	147	66 600	147	66 250	148	65 910	148
50	67 270	147	66 940	147	66 610	148	66 280	148	65 960	149
75	67 290	147	66 950	147	66 620	148	66 310	149	66 000	150
100	67 290	147	66 950	148	66 630	148	66 320	149	66 030	151
Temperatur der abziehenden Luft bei 75% Sättigung: 100°										
25	65 330	53	65 320	53	65 220	53	65 120	53	64 960	53
50	65 330	53	65 320	53	65 220	53	65 120	53	64 970	53
75	65 330	53	65 320	53	65 220	53	65 120	53	64 990	53
100	65 330	53	65 320	53	65 220	53	65 120	53	65 000	53

mehr sinkt, je höher die Temperatur und der Feuchtigkeitsgehalt bzw. der Wärmewert der abziehenden Luft- oder Gasgemische steigt. Ausnahmen von dieser Regel treten nur ein:

a) wenn mit sehr trockener Außenluft von hoher Temperatur gearbeitet wird und der Abzug mit geringerer Temperatur erfolgt (vgl. Tab. XXIV, die obersten Reihen für Außenluft von 25°), indem dann der bereits hoch erhitzten Außenluft nur noch wenig Wärme zugeführt zu werden braucht;

b) bei den Anlagen mit doppelter Wirkung nach Klasse E

Ein zutreffender Vergleich a l l e r Verfahren ist nicht gut durchführbar, da hierfür außer dem spez. Verbrauch noch eine ganze Reihe anderer Umstände maßgebend sind, insbesondere:

die Beschaffenheit des Trockenguts;

der verfügbare Raum und die örtlichen Verhältnisse;

die Bedienung oder Wartung, welche die Anlage erfordert, und ihre Herstellungskosten.

Da aber recht häufig nicht alle, sondern nur einige der Verfahren miteinander zu vergleichen sind, so können dazu oft schon die vorstehenden Angaben gute Dienste leisten.

A. Trocknen mit erwärmter Luft.

1. T r o c k e n k a m m e r n sind für kleinere Verhältnisse oder für geringe zu trocknende Mengen am Platze; sie können auch dort verwendbar sein, wo sich die Trocknung zum größten Teil auf die Nachtzeit beschränkt, die Ware also nachmittags oder abends eingebracht und am andern Morgen oder Vormittag wieder herausgenommen werden kann. Ihr Verbrauch ist unberechenbar, aber jedenfalls weitaus größer, als in Tabelle XXIV für Verfahren 2 angegeben. Für ihre Ausstattung sollte man bei Heizung durch Dampf von 2 Atm. auf 2—3 qm Rippenrohrheizfläche pro kg stündlich zu verdunstende Feuchtigkeit rechnen.

2. T r o c k e n t u n n e l e m i t v o r g e l e g t e r H e i z k a m m e r. Sehr viel in Verwendung, trotz mancher Mängel; Verbrauch gemäß Tab. XXIV.

3. Trockentunnel usw. mit Umarbeitung der Luft. Verwendbar für umfangreiches oder in größeren Mengen zugleich eingebrachtes Material, welches schnell höheren Temperaturen ausgesetzt werden darf. Verbrauch an Wärme und Frischluft entsprechend Tab. XXV. Umzuwälzende Luftmenge nach der dafür gegebenen Anleitung zu berechnen, wobei darauf Rücksicht genommen werden soll, daß der Temperaturunterschied zwischen eintretender und abziehender Luft tunlichst gering wird. Kraftbedarf für die Umwälzung oft recht groß, doch läßt sich der Abdampf zur Heizung verwerten.

4. *Apparate mit Rückkühlung der Trokkenluft.* Etwas sparsamer im Wärmeverbrauch wie diejenigen bei Verfahren 3, doch sind große Wassermengen und kostspielige Einrichtungen erforderlich.

5. *Zonentrockner* sind in ihren verschiedenen Ausführungsformen für alle empfindlicheren Stoffe empfehlenswert. Verbrauch an Wärme und Frischluft nach Tab. XXV; die Menge der umzuwälzenden Luft und die Anzahl der dazu nötigen Gebläse ist so zu berechnen, daß die Temperatur der in jeder Zone umgewälzten Luft sich nicht über 5—6° ändert.

6. *Trocknen vorgewärmter Gegenstände* für empfindliches Material in größeren Stücken. Wärme- und Luftbedarf wie bei 5.

B. *Trocknen durch Verbrennungsgase.*

7. *Trommel- und andere Trockner.* Verwendbar für die verschiedenartigsten wasserreichen Massenprodukte und unmittelbare Heizung durch Verbrennungsgase ohne und mit Beimischung von Frischluft; der Verbrauch an Wärme und Gas richtet sich teils nach dem benutzten Brennstoff, teils nach der Abzugstemperatur und darf ungefähr betragen pro 100 kg Wasserverdunstung im Dauerbetrieb, wenn die feuchten, unvermischten Gase mit ca. 100° abziehen, bei Verfeuerung von:

	geringwertiger mitteldeutscher Braunkohle:	Böhmischer Braunkohle u. Briketts:	Westfälischer Steinkohle:	Hüttenkoks:
an Brennstoff:	56—60 kg	21—25 kg	12—15 kg	13—17 kg
an Gas daraus:	470—500 „	280—340 „	260—320 „	260—340 „

Hierin ist der Aufwand für die Krafterzeugung nicht mit inbegriffen.

Bei verdünnten, mit Luft gemischten Gasen wird der Verbrauch noch durch weitere Umstände beeinflußt, nämlich:

durch Temperatur und Feuchtigkeit der Außenluft;
" " " " des abziehenden Gemisches.

Für mit 45° bei 75% Sättigung abziehende Gase fanden wir bei Verfeuerung von Koks pro 100 kg Wasserverdunstung und den folgenden Zuständen der Frischluft:

Temperatur	—15°	+5°	+25°
Sättigung	voll	voll	75%
Verbrauch an Brennstoff ca.	17—19	16—18	15—17 kg
Abzuführendes Gasgemisch ca.	2400	2700	3300 "

Diese nur für einen bestimmten Fall geltenden Werte lassen den verhältnismäßig geringen Einfluß der Zumischung von Luft zu den Brenngasen n a c h deren vollkommener Verbrennung erkennen, woraus weiter hervorgeht, daß bei dem Verfahren das Arbeiten mit niedrigen Temperaturen nicht bloß möglich, sondern bei zweckmäßiger Benutzung auch ein sparsames ist.

C. Trockner mit Kontakt-Heizflächen.

8. Muldentrockner. Muldentrockner mit Kontaktheizflächen sind geeignet, wo Abdampf zur Verfügung steht und

a) Walzentrockner nicht zulässig sind;
b) Vakuumtrockner zu teuer werden;
c) Tunnel- und Reihentrockner zu viel Raum beanspruchen.

Erfolgt die Heizung durch überflüssigen Abdampf, so kann der Betrieb billig werden, da bei sachgemäßer Herstellung und Leitung 1000—1200 WE bzw. 2—3 kg Abdampf zur Verdunstung von 1 kg Wasser genügen sollten; Heizung durch Dampf von höherer Spannung ist nicht zu empfehlen, indem dadurch einesteils die Heizflächentemperatur eine gefährliche Höhe für viele Stoffe erreicht und andernteils die dauernde Dichthaltung der vielen Verbindungen sowie das Entlüften und Entwässern erschwert wird.

Auf die großen Unterschiede in den Angaben über die zu erzielende Heizflächenleistung wurde schon hingewiesen; erklären läßt sich dieselbe allenfalls dadurch, daß sich die zu trocknenden Substanzen sehr verschieden gegen die Wasserentziehung auf Kontaktheizflächen verhalten und dies bei Erteilung der erbetenen Auskünfte nicht genügend beachtet ist. Einwandfreie Versuchsergebnisse liegen nicht vor oder sind wenigstens weiteren Kreisen nicht bekannt geworden.

9. und 10. Röhren- und Tellertrockner. Ein Vergleich dieser beiden im wesentlichen auf die Verwendung in Brikettfabriken beschränkten Trockner ist nur nach andauernder Beobachtung im Betriebe möglich, indem jeder von ihnen seine Vorzüge und seine Nachteile hat.

Bewähren sich die von Eckardt durch Versuch und Rechnung ermittelten Verbrauchsziffern von 713,4 bzw. 716,7 WE pro kg Wasserentziehung[1]) bei Röhrentrocknern auch sonst noch, so wäre das wahrscheinlich als eine nicht unwesentliche Verbesserung gegenüber dem von E. Gmeyner für beide Arten von Trocknern angegebenen Verbrauch von 1,3 kg[2]) Dampf zu betrachten, doch ist leider nicht gesagt, auf welche Weise diese Zahl gefunden wurde bzw. welcher Wärmewert für den betreffenden Dampf in Frage kommt.

11. Walzentrockner. Sehen wir ab von der Trockenpartie der Papiermaschinen und wenden unser Augenmerk insbesondere auf die neueren Walzen für Kartoffelflocken, so müssen wir sie entschieden mit zu den leistungsfähigsten Trockenmaschinen rechnen. Der Verbrauch pro kg Wasserverdunstung dürfte einschließlich der für die Dämpfung der Rohkartoffeln benötigten Wärme ungefähr 900 WE betragen und sich damit ziemlich in gleicher Höhe wie bei den übrigen Kontaktflächentrocknern halten, doch wird von diesen eine Leistung der Heizfläche, wie sie die Walzentrockner aufweisen, bei weitem nicht erreicht. Zu vollkommener Geltung

---

[1]) Dr.-Ing. A. Eckardt, Das Trocknen der Braunkohle. Wilh. Knapp, Halle a. S. 1913.

[2]) Ernst Gmeyner, Ing., Montanistische Rundschau, Heft 9—14, Verlag f. Fachliteratur, G. m. b. H., Wien.

ist der Wert der Walzen immerhin erst nach der Verzichtleistung auf jede durch sie auszuübende Preßwirkung gekommen bei gleichzeitiger besserer Erkenntnis der Tatsache, daß es keinesfalls genügt, aus der Ware die Feuchtigkeit bloß auszutreiben, sondern daß auch für deren gute Fortführung Sorge getragen werden muß.

Für alle Massen, welche bis zu 100° oder darüber erwärmt werden dürfen und sich in dünner Schicht auf die Oberfläche einer Walze streichen lassen, werden diese Trockner voraussichtlich noch eine große Bedeutung erlangen; für Substanzen, die empfindlich gegen hohe Temperaturen sind, können sie Dienste als Vortrockner leisten, wie es z. B. beim Trockner, Fig. 159, der Aktien-Maschinenbau-Anstalt, Darmstadt, bereits geschehen ist. Da die Walzen gar keinen Druck auszuhalten haben, wenn ihre Heizung durch Öl erfolgt, können sie im Bedarfsfalle auch aus anderem Material als Gußeisen, z. B. Ton, Porzellan u. dgl., hergestellt werden, was für manche Stoffe der chemischen Industrie von Wichtigkeit sein kann.

D. Trockner ohne Mitverwendung von Luft.

12. Vakuumtrockner. Für das Trocknen unter vermindertem Luftdruck können mancherlei Gründe bestimmend sein, und so ist es keineswegs nötig, daß eine Ersparnis im Wärmeverbrauch mit ihm verbunden sein muß.

Bei der Trocknung in periodisch zu benutzenden Schränken oder Kammern treten jedenfalls ganz ähnliche Verhältnisse auf wie bei der Kammertrocknung; bei beiden lassen sich keine genauen Angaben über den Bedarf machen.

Anders ist es bei ununterbrochen arbeitenden Trommel-, Band-, Muldentrocknern u. dgl., deren Verbrauch auf ca. 900 WE pro kg Wasserverdunstung geschätzt werden kann, wenn die Einrichtungen sachgemäß hergestellt und benutzt werden.

Da diese Zahl sich auf Dampf- als Heizmittel bezieht und den Aufwand für Betriebskraft nur dann einschließt, wenn deren Abdampf zur Heizung Verwendung findet, so stellt sie keineswegs eine Ausnahmeleistung dar, doch lassen sich mit Hilfe derartiger Vakuumtrockner eine Reihe schwieriger

Aufgaben fast spielend erledigen, deren Lösung mit anderen Einrichtungen schier unmöglich wird; auch bieten andere gute Eigenschaften, wie die Verhinderung übler Gerüche und der Fortfall jeder Staubentwicklung, beachtenswerte Vorteile.

13. Trocknen mit überhitztem Dampf. Die Umstände, unter denen dieses Verfahren mit herangezogen werden könnte, sind jedenfalls so besonderer Natur, daß sich keine allgemeinen Anleitungen dafür geben lassen.

Der Gerkesche Torfdampfkessel der Überlandzentrale Voßbarg, welcher zum Trocknen von Torf durch überhitzten Dampf von 16 Atm. Überdruck dienen sollte, hat sich jedenfalls dafür nicht bewährt.

E. 14. Trockner mit mehrfacher oder Verbundwirkung. Die Benutzung der in den abziehenden Wrasen steckenden Wärme hat dort zu Erfolgen geführt, wo es möglich war, diese Wrasen mit einer Temperatur zu erhalten, welche tunlichst nahe an 100° liegt.

Der rechnungsmäßige Verbrauch von 324 bzw. 353 WE, bezogen auf Heizdampf und 1 kg Wasserverdunstung, welcher alle Verluste einschließt, ist noch nicht halb so groß wie der günstigste bei anderen Verfahren unter gleichen Voraussetzungen ebenfalls rechnungsmäßig festgestellte. Zweifelhaft erscheint jedoch, daß Erfolge von solcher Höhe auch wirklich in der Praxis erhalten werden, denn die durchgerechneten Werte beziehen sich doch nur auf einen bestimmten Zustand der Außenluft und ändern sich mit diesem. Anzunehmen ist, daß der Einfluß desselben keineswegs unbedeutend ist, doch mag dies späteren Forschungen überlassen bleiben.

Schließlich sei noch ausdrücklich darauf hingewiesen, daß die soeben besprochene Verwertung der Heizwirkung des aus der Ware selbst entwickelten Dampfes nicht zu verwechseln ist mit der häufiger zu findenden Zerlegung des ganzen Trokkenprozesses in eine Vor- und eine Nachtrocknung, indem für letztere meistens ganz andere Gesichtspunkte in Frage kommen.

Von außerordentlichem Einfluß auf die Erzielung guter Ergebnisse ist bei allen Verfahren die Art und Weise, in welcher die zu trocknenden Gegenstände der Wärmewirkung ausgesetzt werden. Die schnelle Abführung der entwickelten Dämpfe ist schließlich auch weiter nichts als ein Mittel, neue Wärmeabgabe an der dafür frei gemachten Stelle zu veranlassen.

Weitmöglichste Zerteilung des Trockenguts und eine gleichmäßige Zuführung der Wärme von allen Seiten sind um so nötiger, je mehr Wert auf die Beschaffenheit des fertigen Produkts gelegt wird. Einseitig angeblasene Gegenstände krümmen oder werfen sich; tafelförmige Ware sollte hängend getrocknet und vom Luftstrom von unten nach oben bestrichen werden; Stäbe sind ebenfalls hängend oder, wenn sie rund sind, während ununterbrochenen Rollens auf ihrer Unterlage zu trocknen. Vielfach hat sich gezeigt, daß in solchen Vakuumschränken, in denen die Ware ruht, die Schnelligkeit der Trocknung hinter den Erwartungen zurückbleibt, so daß Einrichtungen getroffen wurden, um absatzweise oder ununterbrochen kleine Luftmengen einzuführen und dadurch Bewegung in die entstehenden Dämpfe zu bringen; vielleicht würden rotierende Wedel den Zweck noch besser erfüllen, obgleich die von ihnen zu bewegenden Massen nur äußerst geringe Dichtigkeit besitzen.

Endlich sei noch darauf aufmerksam gemacht, daß bei etwaigen Vergleichen immer zu beachten ist, ob sich die angegebenen Wärmeeinheiten auf den Heizdampf, die Heizluft bzw. das Heizgas oder auf den Brennstoff beziehen, welcher zu seiner Entwicklung verbraucht wurde. Wo in vorstehenden Erörterungen nichts anderes bemerkt ist, sind bei Angaben über den Verbrauch immer Wärmeeinheiten des Heizdampfes gemeint[1]).

[1]) Über das Verhältnis zwischen beiden vgl. Abschn. II: Kosten des Dampfes.

VI. Abschnitt.

Ausnutzung von Abwärme.

Unter „Abwärme" wird meistens sowohl diejenige Wärme verstanden, welche mit den gasförmigen Verbrennungsprodukten von Gas- und Ölmotoren, von Kessel- und anderen Feuerungen sowie mit dem Wrasen aus Trockenanlagen oder mit dem heißen Kondenswasser abzieht, als auch diejenige, welche durch das Mauerwerk von Kesselanlagen, von Brenn- und Trockenöfen etc. ausgestrahlt wird, obgleich beide von ganz verschiedener Art sind.

Das Vorbild für alle bildet die im Abdampf enthaltene Wärmemenge und hat der große Nutzen, den ihre Verwertung mit sich bringt, zusammen mit den Kosten, welche die ununterbrochene Erzeugung frischer Wärme verursacht, zu immer neuen Versuchen geführt, auch die Abgase von Gasmotoren, Kessel- und anderen Feuerungen, ja selbst von Trockenanlagen etc., so weit als tunlich auszunutzen, wobei freilich viele Mißerfolge unterlaufen infolge der unzureichenden Unterscheidung zwischen Temperatur und Wärme, welche in weiten Kreisen vorzufinden ist. Immer wieder wird übersehen, daß 1 kg Dampf von 100° ungefähr ebensoviel Wärme enthält als 1 kg Luft von 2700° oder wie 27 kg Luft von 100°, und daß deshalb die Übertragungsverhältnisse bei Dampf wesentlich anders liegen als bei Luft oder Gasen.

Auf die Verwenduug der Abdämpfe eines Trockenraums zur Beheizung eines zweiten, unter geringerem Drucke stehenden wurde schon hingewiesen, weshalb wir uns mit diesem Hilfsmittel hier nicht zu befassen brauchen. Wir beschränken uns deshalb auf die Untersuchung, ob und wie sich die Ausnutzung anderer Abwärmen zur Heizung von Trockenräumen, welche unter atmosphärischem Drucke stehen, empfiehlt.

a) Auspuffgase der Gas- und Ölmotoren.

Die Menge derselben schwankt nach Größe der Motoren und nach dem verwendeten Brennstoff, doch können kleine Kräfte kaum in Betracht kommen, weshalb davon abgesehen sein mag.

Bei Leucht- und Kraftgasmotoren von ca. 50 PS und mehr entfallen dagegen auf die Stundenpferdekraft ungefähr $5\frac{1}{2}$ kg Abgase[1]) von ungefähr 400° nach Musil[2]), und werden sich ähnliche Werte bei Ölmotoren ergeben.

Wir wollen indessen reichlich rechnen, weshalb angenommen sei, daß mit $50 \cdot 6 = 300$ kg Abgasen von 450° in einem Röhrenvorwärmer Luft von 10° auf 60° erwärmt werden soll, während die Gase auf 100° abkühlen. Setzen wir ihre spez. Wärme wie bei den Rauchgasen = ca. 0,25, so geben sie dabei $390\ (450 - 100)\ 0{,}25 = \sim 26\,000$ WE ab, womit sich an Luft von 10 auf 60° erwärmen lassen:

$$\frac{26\,000}{0{,}24 \cdot (60 - 10)} = \sim 2200 \text{ kg}$$

stündlich.

Die Größe der Heizfläche des Vorwärmers müßte sein, da bei $\alpha_1 = 19$ wird für die Abgase, wenn deren Geschwindigkeit 3 m pro Sek. beträgt und α_2 für die Luft mit 2 m Geschwindigkeit = 16 zu setzen ist, so daß sich $k = \frac{19 \cdot 16}{16 + 19}$ = 8,7 ergibt:

$$F = \frac{26\,000}{8{,}7 \cdot (t_{m1} - t_{m2})},$$

worin $(t_{m1} - t_{m2})$ den mittleren Temperaturunterschied zwischen Gasen und Luft, also nach Gleichung (35):

$$\frac{350}{\ln 7} = 160^0$$

bezeichnet.

---

[1]) Berechnet nach den Güldnerschen Angaben in der „Hütte". 20. Aufl. 1909.

[2]) A. Musil, Die Wärmekraftmaschinen, 1902. Leipzig, B. G. Teubner.

Dies eingesetzt, gibt die ziemlich erhebliche Größe von ca. 21 qm für die Vorwärmerheizfläche, welche nötig ist, um die Abgase eines 50 pferdigen Betriebes in der vorgesehenen Weise auszunutzen.

So weit pflegt man jedoch in der Praxis nicht zu gehen, insbesondere da es sich nicht empfiehlt, die hochtemperierten, viel Feuchtigkeit und allerlei Säuren enthaltenden Gase mit so kalten Flächen in Berührung zu bringen, daß die Feuchtigkeit sich daran leicht niederschlagen und sie angreifen kann. Um diesem letzteren Übelstande tunlichst vorzubeugen, hat sich die Verwendung von entsprechend zusammengesetztem Gußeisen sehr bewährt, doch sieht man trotzdem bei guten Ausführungen darauf, daß die Temperaturgrenzen für die zu erwärmenden Gase oder Flüssigkeiten hoch liegen, und daß ebenso die zum Heizen dienenden Auspuffgase nicht unter 150° abkühlen.

Da der Wärmeübergang von Gasen auf Wasser ein wesentlich besserer ist als derjenige von Gasen auf Luft, so hat sich die Verwertung der Abwärme von Gas- und Dieselmotoren für die Herstellung von heißem Wasser und selbst von Dampf in den letzten Jahren mehrfach eingeführt. Sie bringt allerdings aus den Gasen allein nur etwa 500 WE pro Stunde und PSe bei Gasmotoren und ca. 300 WE pro Stunde und PSe bei Dieselmotoren, normale Belastung und nicht zu kleine Verhältnisse vorausgesetzt. Ebensoviel und mehr bringt aber das Kühlwasser, so daß seine Verwendung in solchen Großbetrieben, wo andauernd reichlicher Bedarf an heißem Wasser ist oder wo es durch die Abgase noch weiter erhitzt bzw. verdampft werden kann, ganz beachtenswerte Erfolge herbeizuführen vermag[1]).

Als bemerkenswertes Ergebnis bei einem von Hottinger veröffentlichten Versuch mit zwei gleichen, hintereinander geschalteten Abwärmeverwertern möge erwähnt sein, daß der

[1]) Vgl. hierüber die Mitteilungen Hottingers über Ausführungen und Versuche von Gebr. Sulzer-Winterthur, Zeitschr. d. Ver. D. Ing. 1911, S. 673, und 1912, S. 458.

Ferner: Vortrag v. Katzbach, ebendaselbst, Jahrg. 1912, S. 1206.

Wärmeübergang nicht bloß mit der Beanspruchung des Motors wechselte, sondern auch in beiden Verwertern verschieden war. Er betrug bei Gas auf Wasser im ersten von den heißeren Gasen durchströmten Apparat zwischen 8,8—12, im zweiten zwischen 6,3—7,3 WE pro Stunde, Quadratmeter und 1° Temperaturdifferenz.

Einrichtungen dieser Art werden kostspielig und verlangen, um sich bezahlt zu machen, eine andauernde, möglichst Tag und Nacht durchgehende Benutzung. Ihr Wert kommt deshalb eigentlich allein im Großbetriebe zur Geltung.

Kleine und mittlere Anlagen dagegen dürften nur unter besonders geeigneten Umständen einen nennenswerten Nutzen abwerfen.

b) Die Rauchgase der Feuerungen, insonderheit der Dampfkesselfeuerungen.

Da die Abgase von Hochöfen, Koksbatterien etc. bekanntlich für den Motorenbetrieb die beste Verwertung finden, so verbleiben für die Ausnutzung zu Wärmezwecken nur die für die Erzeugung von Kraftgas nicht geeigneten, aus anderen technischen Öfen und aus Dampfkesselfeuerungen herrührenden Rauchgase. Mit 250° ist ungefähr die Grenze erreicht, bis zu welcher sie unter dem Kessel verbraucht werden können, denn alsdann liegt die Temperatur des Wassers und Dampfes in ihm nicht mehr viel tiefer — bei 8 Atm. z. B. beträgt sie ca. 175° —, und die Übertragung der Wärme erfordert bei dem niedrigen Koeffizienten der Gase solche Flächen und Kesselvergrößerungen, daß ihr Nutzen in keinem richtigen Verhältnis zu ihren Kosten bleibt. Aus anderen technischen Feuerungen ziehen die Abgase dagegen oft mit über 250° fort und enthalten noch solche Mengen an Wärme, daß deren Gewinnung wünschenswert erscheint.

Bei Kesselanlagen sucht man diesen Zweck zu erreichen durch Einbau von Vorwärmern und Ekonomisern, welche von Wasser mit geringerer Temperatur als der des Kesselwassers durchströmt werden.

Damit läßt sich jedoch nur ein Teil der Wärme zurückgewinnen, da den Gasen noch so viel Temperatur verbleiben muß, wie zur Erzeugung des ohnehin durch den Einbau der Abwärmeverwerter erschwerten Schornsteinzuges nötig ist.

Hier haben nun seit einigen Jahren die Gesellschaft für Abwärmeverwertung, Charlottenburg, und die Gesellschaft für

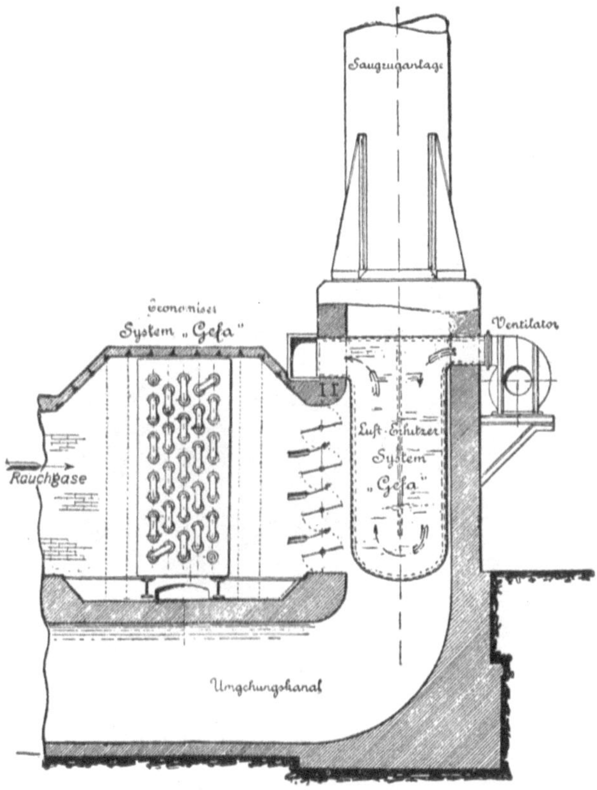

Fig. 120.

künstlichen Zug, Berlin, eingesetzt, um aus den Gasen auch noch den Rest an Wärme, soweit er verwertbar ist, herauszuholen; Fig. 120 zeigt die Anordnung eines Lufterhitzers, System „Gefa", der Gesellschaft für Abwärmeverwertung, zwischen dem Ekonomiser und der Saugzuganlage eines Kessels.

Ein solcher Apparat wird zusammengesetzt aus flachen, kastenartigen Elementen mit vollkommen glatten Wänden aus dünnwandigem Kupfer; Fig. 121 gibt eine Ausführungsform wieder und läßt erkennen, daß alle Durchgänge, sowohl für die heizenden Gase wie für die beheizte Luft, so gehalten sind, daß sie tunlichst wenig Widerstand bieten und daß sie sich, wo es erforderlich, leicht reinigen lassen; Kupfer

Fig. 121.

setzt den Angriffen der Gase größtmöglichen Widerstand entgegen.

Um Einrichtungen der vorstehenden Art voll zur Geltung bringen zu können, wird sich in vielen Fällen die Anwendung künstlichen Zuges empfehlen. Denn derselbe ermöglicht nicht nur eine sehr hohe Beanspruchung von Rost- und Kesselheizflächen, sondern er gestattet nötigenfalls, den Rauchgasen ihre Wärme bis zu den niedrigsten, noch mit Vorteil auszunutzenden Abzugstemperaturen zu entziehen; von dem meisten Wert aber ist wohl, daß er jederzeit erlaubt, die Verbrennung dem Bedarf aufs genaueste anzupassen, sie damit nach Ausschaltung etwa sonst vorhandener störenden Einflüsse auf die höchste Stufe der Vollkommenheit zu bringen und damit gleichzeitig den Kohlenverbrauch auf das äußerste zu beschränken.

Die Einrichtung, wie sie von der Gesellschaft für künstlichen Zug und

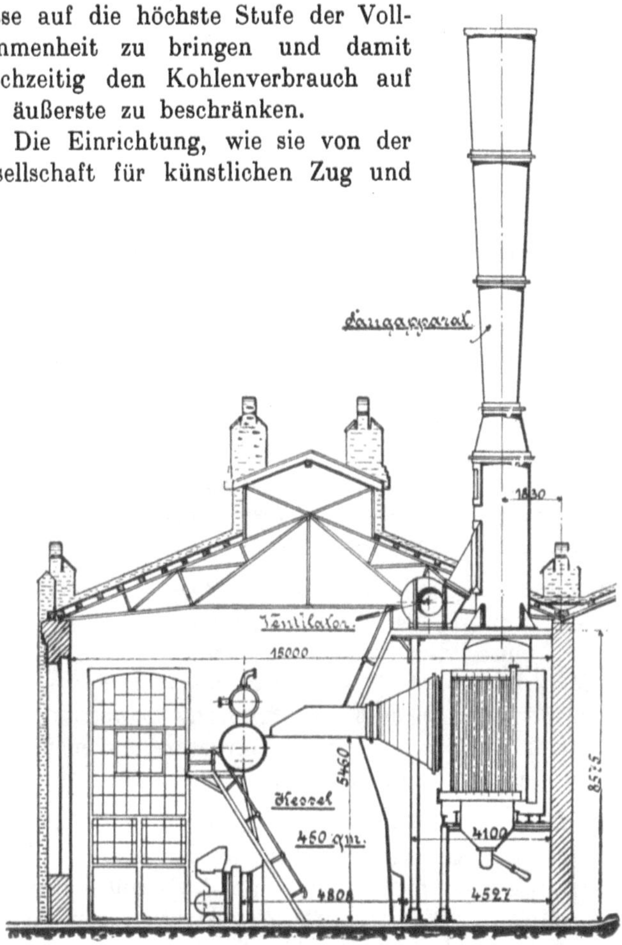

Fig. 122.

ähnlich von Dr. Hans Cruse, Berlin, getroffen wird, ist aus Fig. 122 ersichtlich.

In dem dort als Saugapparat bezeichneten injektorartigen Schornstein sitzt unterhalb der engsten Stelle eine Düse, durch welche von dem in der Abbildung ebenfalls erkennbaren Ventilator angesaugte und auf eine gewisse Pressung gebrachte atm. Luft in einem kräftigen, nach oben gerichteten Strahl eingeblasen wird.

Dieser mit großer Geschwindigkeit austretende Strahl reißt in derselben Weise, wie wir es schon beim Trommeltrockner von Möller & Pfeifer[1]) kennen lernten, die von unten kommenden Rauchgase mit sich und erzeugt dadurch den verlangten Zug, dessen Stärke sich in einfachster Weise durch die einstellbare Gebläseleistung regeln läßt.

Eine stark schwankende Beanspruchung der Kesselanlagen, wie sie besonders im Winter vielfach anzutreffen ist, erschwert selbstverständlich die Verwertung der Abwärme für Trockenzwecke sehr, indem es kaum möglich ist, den zur Verfügung stehenden Wärmevorrat immer dem jeweilig vorliegenden Bedarf anzupassen; man wird sich also begnügen müssen, nur den immer vorhandenen Vorrat auszunutzen, um schädlichen, leicht mit Feuersgefahr verbundenen Überhitzungen vorzubeugen.

In dieser Beziehung sind die durchweg immer ziemlich gleichbleibenden Mengen von Abhitze aus Gasen von Brennöfen u. dgl. besser verwertbar und gar erst, wenn das zu trocknende Material so hohe Wärmegrade verträgt, daß es ohne weiteres mit den Abgasen in Berührung gebracht werden kann, wie es z. B. in der ganzen Tonwaren- und mehr noch in der Schamotteindustrie der Fall ist.

Hierfür sind denn auch schon mehrfach von der Firma Möller & Pfeifer, Berlin, Trockentunnel gebaut, bei welchen die Abgase der Öfen anstatt erwärmter Luft, unter Beibehaltung der Möller & Pfeiferschen Querzirkulation, zur Verwendung gelangten, und bilden derartige Verbindungen von Brenn- und Trockenöfen unstreitig die beste Gelegenheit zur vollständigen Ausnutzung der aus irgendeinem Brennstoff entwickelten Wärme.

---

[1]) Vgl. S. 269 und Fig. 170.

d) Die Ausstrahlungswärme von Kesselanlagen, Ziegelbrennöfen u. dgl.

Als durchaus verfehlt muß der Gedanke bezeichnet werden, Abkühlungsverluste verwerten zu wollen, anstatt sie auf alle erdenkliche Weise zu vermindern.

Die trotzdem abgegebene und Kessel- wie Maschinenhaus erfüllende Wärme schützt vor weiterer Abkühlung, so daß die Aufrechterhaltung einer gewissen Mindesttemperatur durchaus zweckmäßig ist.

Unvermeidliche Überschreitungen der Höchsttemperatur im Sommer lassen sich naturgemäß nicht verwerten, und im Winter sollen sie in gutgeführten Anlagen nicht vorkommen oder doch nur so gering sein, daß sich die Ausnutzung nicht lohnt.

Wird die in einzelnen Kesselhäusern, hauptsächlich in denen mit Lokomobilen, herrschende große Hitze durch Ventilatoren herabgemindert, so tritt sofort eine im selben Verhältnis vermehrte Ausstrahlung des Kessels ein, welche sich durch erhöhten Kohlenverbrauch kennzeichnet und die erhofften Ersparnisse durch Verwertung der Abwärme nicht eintreten läßt.

Ebenso verhält es sich mit der Ausstrahlungswärme von Ziegelbrennöfen.

Alles in allem erweist sich für die Trockenindustrie nur die Verwertung der überschüssigen Wärme von Rauchgasen als beachtenswert; von sonstigen Abgasen etc. enthält zwar ein geringer Teil noch genügende Mengen, doch wird ihre Wiedergewinnung umständlich und ist nicht lohnend.

VII. Abschnitt.

Meß- und Regelungs-Instrumente.

Zur Beobachtung der Vorgänge in den Trockeneinrichtungen, zum Messen der verschiedenen Zustände von Innen- und Außenluft, zum Regeln der auf das Trockengut wirkenden Einflüsse sind eine ganze Anzahl Instrumente nötig, von denen hier leider nur auf einige der wichtigsten eingegangen werden kann.

Wieviel sich durch genaue kritische Beobachtung erreichen läßt, hat Taylor durch seine „wissenschaftliche Betriebsleitung" so frappierend gezeigt, daß es „Eulen nach Athen tragen" hieße, wollte man noch weitere Worte darüber verlieren.

Doch nicht der Mensch allein faßt die von ihm zu verrichtende Arbeit oft unzweckmäßig an, auch eine Maschine oder ein Apparat ist dazu bei unrichtiger Einstellung oder Wechsel in der Beschaffenheit des verarbeiteten Materials imstande und kann dann leicht großen Schaden anrichten.

Deshalb sind die besten Meß-, Kontroll- und Regelinstrumente für den Betrieb die billigsten, und sollte bei größeren Trockeneinrichtungen nie hieran gespart, ihre kritische Beobachtung selbstverständlich aber auch nicht unterlassen werden.

Thermo- und Hygrometer müssen so beschaffen sein und sind derartig anzubringen, daß sie jederzeit leicht genaue Ablesungen gestatten, was sich von gewöhnlichen bis zu ca. 50° zeigenden Zimmerthermometern, ebenso wie von kleinen Haarhygrometern durchaus nicht immer sagen läßt. Für Trockeneinrichtungen sind oft Zeigerthermometer zu empfehlen, besonders wenn sich eine fortdauernde Aufzeichnung der Temperatur oder deren Ablesung in einem entfernten Raum erwünscht macht.

Bei solchen, bis zu 500° verwendbaren Apparaten wird die im Thermometer durch die Wärme erzeugte Pressung mittels eines Kapillarrohres (bis zu 50 m Länge) auf einen Zeiger übertragen, der sich über einer nach entsprechenden Temperaturgraden eingeteilten Skala bewegt (siehe Fig. 123 u. 124).

Eine andere Art von Fernmessern, bei welcher die Übertragung auf elektrischem Wege erfolgt, wird von der Firma W. C. Heraeus, Hanau, in den Handel gebracht, das Quarzglas-Widerstandsthermometer, welches für einen Meßbereich von ÷ 200 bis + 700⁰ genügt und sich sehr bewährt hat.

Es bietet die Möglichkeit, die an verschiedenen Stellen herrschenden Temperaturen auf derselben Skala nacheinander

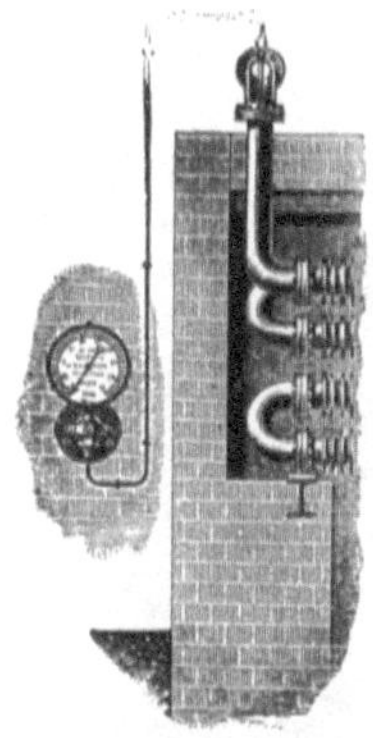

Fig. 123.

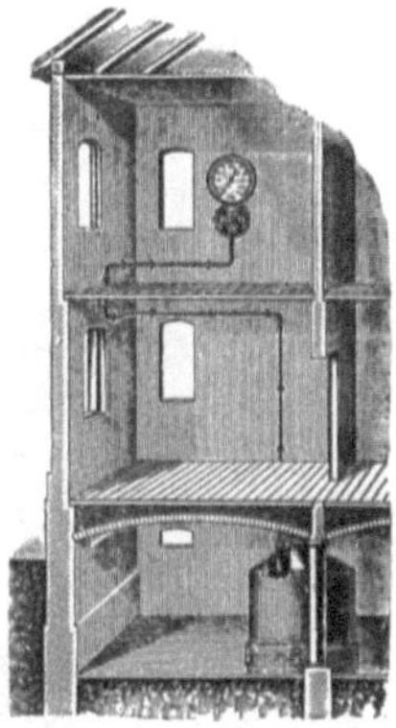

Fig. 124.

ablesen zu können, kann den schroffsten Temperaturwechseln ausgesetzt werden und ist für die größten Entfernungen verwendbar. In Fig. 125 befindet sich links das eigentliche Thermometer, dessen Anzeigen vermittelst der Drähte auf die Schalttafel übertragen werden.

Sobald sehr hohe Hitzegrade zur Anwendung kommen, wie bei Verbrennungsgasen, ist deren genaue Feststellung im allgemeinen nicht nötig; soll sie jedoch gelegentlich bestimmt werden, so läßt sich dies mit Hilfe von Seger-Kegeln mit ausreichender Genauigkeit machen.

Diese nach ihrem Erfinder, Prof. Seger, benannten, in der Kgl. Porzellanmanufaktur Berlin hergestellten, abgestumpften, dreiseitigen Pyramiden von 6 cm Höhe aus Silikatgemengen besitzen verschiedene Schmelzpunkte. Sie werden geliefert nach 62 Nummern, von welchen jede einem be-

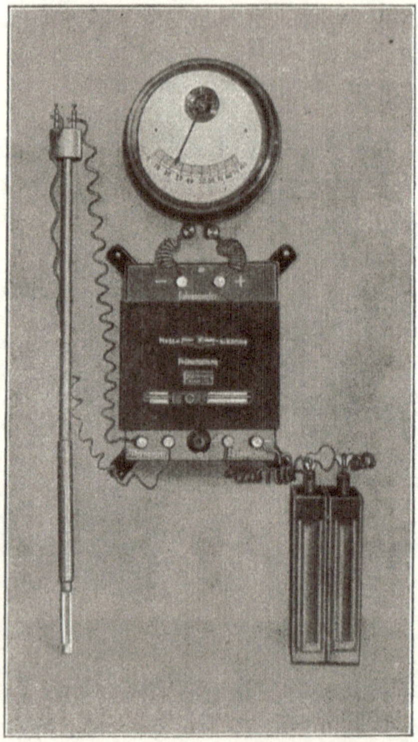

Fig. 125.

stimmten Schmelzgrad entspricht; die niedrigste Temperatur liegt bei 290, die höchste bei 2030^{0}; die dazwischen liegenden 61 Stufen haben eine Höhe von 20—30^{0}.

Bringt man eine aufeinanderfolgende Nummernreihe von ihnen, deren Schmelztemperatur in der geschätzten Höhe der zu messenden Temperatur liegt, in den heißen Raum, so läßt sich aus der Nummer des letzten niedergeschmolzenen und der des ersten stehengebliebenen Kegels auf den Hitzegrad schließen, welchem sie ausgesetzt waren; der Spielraum von 20—30°, in welchem er sich bewegt, ist für die meisten Verhältnisse belanglos.

Müssen die Messungen aber genau sein und häufiger oder fortlaufend wiederholt werden, so besitzen wir dazu in dem Wannerschen Pyrometer, zu beziehen durch Dr. R. Hase, Hannover, ein sehr geeignetes Hilfsmittel. Bei demselben geschieht die Messung aller über 500° liegenden Hitzegrade auf photometrischem Wege durch Polarisation des bei der Verbrennung entstehenden Lichts, indem der Beobachter, wie Fig. 126 erkennen läßt, eine auf dem fernrohrartigen Instrument sitzende Scheibe so lange verstellt, bis ein gewisses Farbenbild in der Linse des Rohrs erscheint. Aus dem Maß der Verstellung ergibt sich der beobachtete Hitzegrad sehr genau.

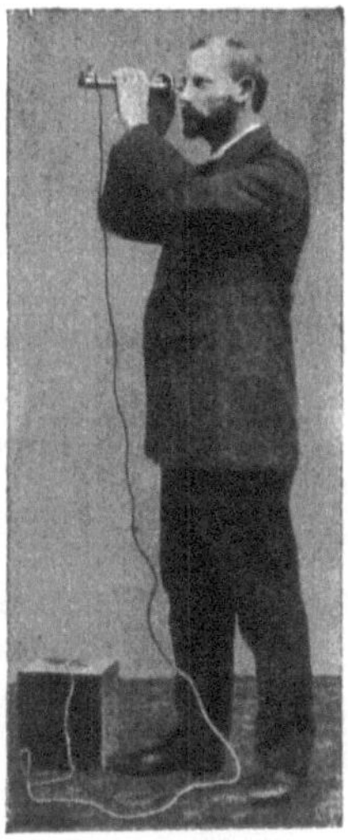
Fig. 126.

Wenn hiernach eine genügende Anzahl von Hilfsmitteln zur Ermittlung der Temperatur zur Verfügung stehen, so ist dies leider für die Bestimmung des Feuchtigkeitsgehalts der Luft um so weniger der Fall.

Außer den Haarhygrometern, von welchen nach Großmann[1]) diejenigen von Lambrechts, Göttingen, und von Koppe als die besten gelten, die aber für die dauernde Kontrolle von Trockeneinrichtungen kaum genügen, kommen hierfür bis auf weiteres eigentlich nur Psychrometer in Frage, welche aus zwei Thermometern nebeneinander bestehen, von denen eins eine trockene, das andere eine dauernd feucht erhaltene Kugel besitzt. Streicht nun ein Luftzug an beiden vorüber, so wird an der feuchten Kugel eine gewisse Verdampfung

[1]) Vgl. Lueger, Lexikon der gesamten Technik. Deutsche Verlagsanstalt, Stuttgart.

auftreten und ihre Temperaturanzeige unter diejenige der trockenen hinabdrücken. Der Unterschied muß um so größer ausfallen, je größer die Geschwindigkeit wie die Temperatur des Luftstroms, aber auch je trockener dieser ist; er verschwindet dagegen bei voller Sättigung. Läßt sich bei mäßiger Geschwindigkeit des Luftstroms von ihrem Einfluß absehen, so entsprechen die abgelesenen Temperaturunterschiede genau dem Feuchtigkeitsgehalt der Luft, dessen schnelle Ermittlung durch Tabellen erleichtert wird, welche den Instrumenten beigegeben sind.

Es läßt sich auch unsere Tab. IX oder eine der Kurventafeln (Fig. 67, 69 etc.) benutzen, wenn wir erwägen, daß die Anzeige des feuchten Thermometers derjenigen Temperatur der untersuchten Luft entspricht, welche diese haben würde, wenn sie vollkommen gesättigt wäre; das trockene Thermometer dagegen gibt seine wirkliche Temperatur an bei gleichem Wärmewert, da hieran durch die Zunahme des Feuchtigkeitsgehalts, wie wir wissen, nichts geändert wird.

Zeigt beispielsweise das feuchte Thermometer 15°, das trockene 20°, so suchen wir in den Kurventafeln den Schnittpunkt der 15°-Vertikalen mit der Kurve für absolute Sättigung und ziehen durch ihn eine Horizontale bis zur 20°-Vertikalen, welche sie fast genau auf der 60%-Sättigungskurve schneidet. Die untersuchte Luft enthält also 60% relative Feuchtigkeit.

Oder wir entnehmen der Tab. IX, daß der Wärmewert vollkommen gesättigter Luft = 9,94 ist, und suchen nun, bei welcher Sättigung Luft von 20° denselben Wärmewert hat; es zeigt sich, daß er nahe bei 60% liegt.

In gleicher Weise finden wir, daß Luft von 30° nur ungefähr 16% relative Feuchtigkeit enthält und Luft von 42° völlig trocken wäre, wenn das feuchte Thermometer 15° zeigte.

Die Zwischenwerte machen eine gewisse Schätzung nötig, und erfordert mithin die Ablesung bei den Augustschen Psychrometern eine gewisse Übung, doch werden sich die Temperaturangaben beider Thermometer zweifellos auf einige Entfernung übertragen und aufzeichnen lassen, so daß die Beobachtung und Kontrolle leicht durch einen zuverlässigen Beamten von dessen Aufenthaltsraum zu ermöglichen ist.

Die zur Messung der Geschwindigkeit von Gas- und Luftströmen gewöhnlich benutzten Anemometer von R. Fueß, Berlin-Steglitz, geben nur Auskunft über diejenige Geschwindigkeit, welche im Zeitpunkt der Messung an der Meßstelle, aber auch nur an dieser herrscht, wogegen es für Trockenanlagen weit mehr Zweck hat, sie dauernd beobachten zu können, wozu ein einfacher Luftdruckmesser, nötigenfalls ein Präzisionszugmesser genügt, da es sich meistens nur um die Innehaltung der geeignetsten und nicht um die Messung der wirklichen Geschwindigkeiten handelt. Die Kenntnis der letzteren kann dem Leiter des Trockenprozesses ziemlich gleichgültig sein, wenn er nur weiß, ob diejenige, die er innehält, nach seinen bisherigen Beobachtungen vergrößert oder verringert werden muß.

Die richtige Feststellung der wirklichen Geschwindigkeit ist schwierig, erfordert sehr genaue Instrumente, von denen nur das durch Brabbée verbesserte und für die Messung von Luftgeschwindigkeiten in Röhren besonders verwendbar gemachte Schalenkreuz-Anemometer genannt sei, welches ursprünglich von Lenoir & Forster, Wien, hergestellt wurde; zu solchen Messungen sollte daher unter allen Umständen ein damit vollkommen vertrauter Ingenieur herangezogen werden[1]).

Schon seit mehreren Jahren ist es gelungen, Dampfmesser so weit zu vervollkommnen, daß sich zuverlässige Aufzeichnungen über den Verbrauch durch sie erhalten lassen.

Über zwei der verbreitetsten Systeme liegen Prüfungsergebnisse vor, und zwar über dasjenige der Farbenfabriken vorm. Friedr. Bayer & Co., Leverkusen, und das der Gehre-Dampfmesser-Gesellschaft, Berlin.

---

[1]) Vgl. Heft 1 der Mitteilungen d. Prüfungsanstalt f. Heiz- und Lüftungseinrichtungen 1910, R. Oldenbourg, München.

Ferner: Regeln f. Leistungsversuche an Ventilatoren, Zeitschr. d. Ver. D. Ing. und Erläuterungen dazu 1912, S. 1795 und 1834.

Ebenso: Meßgeräte f. Druck u. Geschwindigkeit v. Gasen u. Dämpfen. Ernst Stach in „Stahl und Eisen" 1911, Nr. 43 u. 46, S. 1752 u. 1880.

Die betreffenden Versuche sind angestellt worden von K. Rammel und von ihm in der Zeitschr. d. Vereins Deutsch. Ing. 1910, S. 255 u. f., veröffentlicht, in welcher sich im Jahrgang 1909, S. 13 u. 143, auch ausführliche Beschreibungen dieser Systeme sowie derjenigen der Firmen Hallwachs & Co., Malstatt-Burbach, J. C. Eckardt, Stuttgart, und anderer durch Fr. Bendemann finden, auf welche hier verwiesen werden muß.

Damit verlassen wir das große Gebiet der Meßapparate, um uns auch von den Einrichtungen zum selbsttätigen Regeln

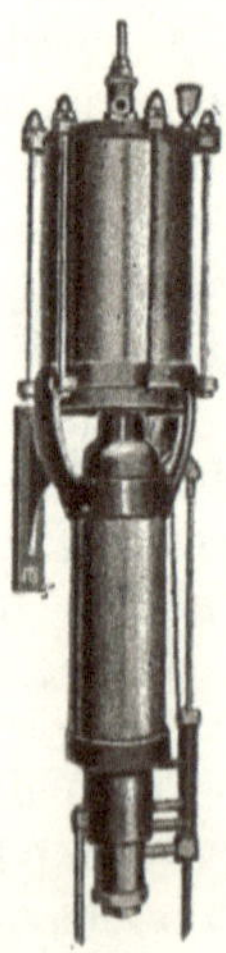

Fig. 127.

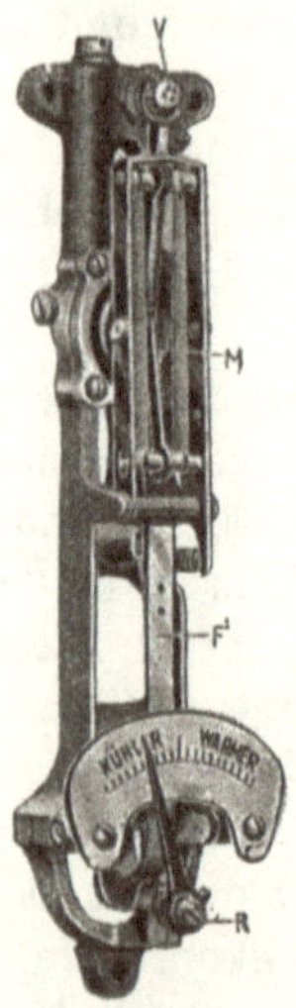

Fig. 128.

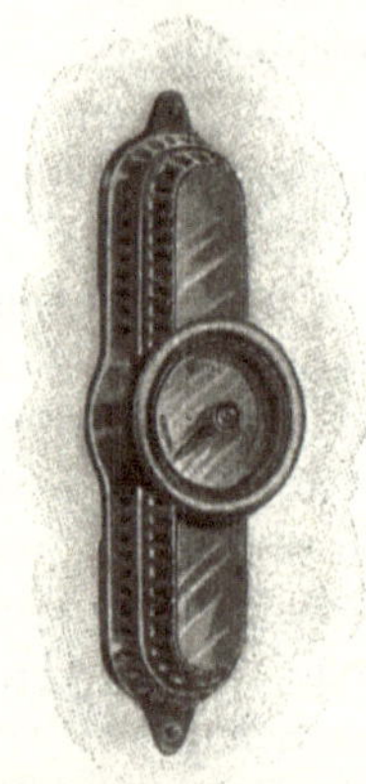

Fig. 129.

und Innehalten bestimmter Zustände einen Einblick zu verschaffen, und beginnen mit den Wärmereglern, System Johnson, der Gesellschaft für selbsttätige Temperaturregelung, Berlin, welche den Zweck haben, die Temperatur eines durch Dampf geheizten Raumes stets auf gleicher Höhe zu erhalten oder die Stärke eines Luftstroms dem Bedarf anzupassen.

Die Einrichtung besteht aus einem kleinen, durch die Wasserleitung zu betreibenden Luftkompressor Fig. 127, dem ihn steuernden Thermostaten Fig. 128 und den Verbindungsrohrleitungen zur Einstellung der Dampfventile durch den Kompressor.

Die Firma liefert auch Humidostaten (Fig. 129) zur Aufrechterhaltung einer gewissen Luftfeuchtigkeit durch Regelung der Windmengen bzw. durch Klappenstellung, doch weichen die Formen der Apparate für Trockenkammern mehrfach von den dargestellten ab. Mit ihrer Hilfe wird es oft allein möglich, empfindliche Stoffe einwandfrei zu trocknen, und sollen sie sich besonders gut bei, allerdings etwas primitiven, Einrichtungen zum Trocknen von Lackleder bewährt haben.

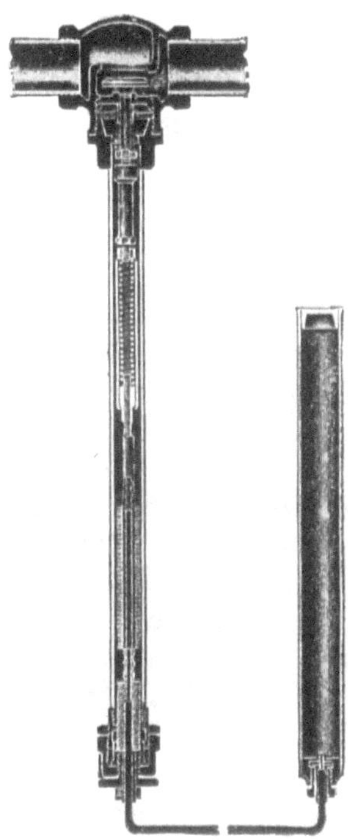

Fig. 130.

Zur Innehaltung einer bestimmten Temperatur durch Regelung der Wärmezufuhr dienen ferner die Apparate von C. A. Schultze, Berlin-Charlottenburg, R. Fueß, Berlin-Steglitz, Fritz Kaeferle, Hannover, u. a. m.

Den äußerst einfachen „Temperator", System Chlorius, von C. A. Schultze gibt Fig. 130 wieder.

Derselbe besteht aus einem Hohlgefäß, das mit einer Flüssigkeit gefüllt ist, welche ihr Volumen unter dem Einfluß der Wärme leicht ändert. Dieses Gefäß in Rohrform wird in dem Raum angebracht, dessen Temperatur konstant aufrechtzuerhalten ist, und durch eine enge Kupferrohrleitung mit dem eigentlichen Regler verbunden, welcher ebenfalls eine rohrförmige Gestalt hat und unmittelbar an dem Doppelsitzeinlaßventil des zu regulierenden Heizkörpers befestigt ist. Die Volumenschwankungen der Flüssigkeit im Hohlgefäß und in der sehr engen kupfernen Leitung bewirken mit Hilfe einiger Zwischenglieder im Regler zuverlässig ein entsprechendes Schließen und Öffnen des Einlaßventils.

Äußerlich fast genau diesem Regler gleichend, unterscheidet sich derjenige von R. Fueß, System Brabbée-Fueß, auch in seinem inneren Aufbau nur wenig von dem eben beschriebenen, wogegen Käferle bei der von ihm vorgeschlagenen Regelung den elektrischen Strom zu Hilfe nimmt, indem er ein Elektrothermometer mit dem Elektroregulierventil und der Stromquelle durch Kupferleitungen verbindet.

Das Thermometer hat eine wärmeempfindliche Feder, welche aus zwei zusammengelöteten Metallen von großem Unterschied des Ausdehnungskoeffizienten besteht. Das eine Ende der Feder ist festgehalten, während das andere sich unter dem Wechsel der Temperatur hin und her bewegt. Durch diese Bewegung wird schon bei 0,1° C Temperaturunterschied ein elektrischer Strom geschlossen bzw. unterbrochen. Ist das Thermometer z. B. auf 20° C eingestellt, so berührt das bewegliche Ende der Feder den Kontakt, so daß der elektrische Strom geschlossen wird. Während nun vor Schluß des Stromes Dampf oder Wasser in den Heizkörper einströmt, wird durch Berührung des Kontaktes und Schluß des Stromes diese Einströmung abgestellt. Sobald durch die Unterbrechung der Wärmezufuhr die Raumtemperatur um 0,1—0,5° C gesunken ist, wird der Kontakt wieder aufgehoben und der Strom unterbrochen. Dabei öffnet sich das Ventil wieder von selbst.

Das Regulierventil ist ein Doppelsitzabsperrventil, welches durch sein Eigengewicht bei Unterbrechung des Stromes sich von den Ventilsitzen nach unten abhebt und das Ventil öffnet.

Über den Abschlußtellern dieses Ventiles sitzt ein Anker auf der Ventilachse, welcher von den Polen eines auf dem Ventilgehäuse befestigten Elektromagneten angezogen wird, wenn dieser erregt wird. Dieses geschieht aber, wenn die Feder des Elektrothermometers Stromschluß bildet, und das Doppelsitzventil ist dann solange geschlossen und unterbricht die Einströmung des Dampfes oder Wassers in den Ofen.

Elektrischen Strom zur Betätigung ihrer Reguliereinrichtungen für die verschiedenartigsten Zwecke benutzt auch die auf diesem Gebiete sehr leistungsfähige Firma Deutsche Elektro-Regulierung, München.

Derartige Regulierungen kommen überall dort in Frage, wo die Einstellung der Vorrichtungen verhältnismäßig viel Kraft erfordert, wo sie auf weitere Entfernungen nötig ist oder wo eine allmählich ansteigende oder abnehmende Temperatur oder Windgeschwindigkeit mit Sicherheit erzielt werden soll.

Eine für unmittelbare Betätigung von Ventilationsklappen bestimmte sog. Anpassung zeigt Fig. 131; mit ihrer Hilfe soll sich die Klappe zu gewissen Zeiten oder nach beliebiger Vorschrift öffnen und schließen, nötigenfalls aber auch durch Elektrothermometer in der Weise bewegen lassen, daß die Frisch- oder Kaltluftzufuhr zu einem feuchten oder heißen Luftstrom so geregelt wird, daß die Mischung eine immer gleichmäßige Beschaffenheit hat.

Fig. 131.

Zu den Temperaturreglern sind ferner zu rechnen die so überaus wichtigen und weitgehendste Anwendung findenden Zugregulatoren der Niederdruckdampf- und der Warmwasserheizkessel in ihren mannigfachen Ausführungen.

Für die Feuerungen von Trockenanlagen werden ähnliche Regler von der Rheinischen Dampfkessel- und Maschinenfabrik Büttner-Uerdingen gebaut, mit deren Hilfe sich Temperaturen bis zu 500° gleichmäßig aufrechterhalten lassen sollen.

Leider ist es nicht tunlich, auf dem zur Verfügung stehenden beschränkten Raum noch weitere Hilfs-, Meß- und Regulierungsapparate für Trockenanlagen zu besprechen; es hat deshalb nur auf die dem Verfasser infolge irgendeines Umstandes besonders hervorhebenswert erschienenen Ausführungen hingewiesen werden können.

II. Teil.

Die Ausführung der Trockner.

VIII. Abschnitt.

Trockner für landwirtschaftliche Produkte.

Da die meisten landwirtschaftlichen Produkte und Abfälle in gewaltigen Mengen zu verarbeiten sind, so ist es nicht mehr als natürlich, daß mit der Zeit ein Apparat, der sich besonders gut für Massenbewältigung eignet, überall, wo es irgend geht, zur Anwendung gelangt, und finden wir daher den durch Feuergase beheizten Trommeltrockner bereits in Benutzung für Rübenschnitzel und Rübenblätter, für Kartoffeln, Biertreber, erdige Stoffe etc.

Über die Zahlen, mit denen dabei zu rechnen ist, mögen die nachstehenden eine Anschauung geben.

Die Rübenproduktion des Deutschen Reiches beträgt in guten Jahren jährlich bis zu 16 000 000 t à 1000 kg und sollen von den vorhandenen ca. 400 Zuckerfabriken während der Kampagne täglich (in 24 Stunden) nahezu 200 000 t verarbeitet werden können, was einer Dauer derselben von 80 Tagen entsprechen würde und einer durchschnittlichen Leistung pro Fabrik und Stunde von ca. 20 oder täglich ca. 500 t Rübenverarbeitung.

Von diesem Quantum würden ungefähr 7 t ausgepreßter Schnitzel mit rund 6000 kg stündlicher Wasserverdunstung und 30 t täglich fertig getrockneter Schnitzel auf jede der 400 Fabriken entfallen, doch besitzen bis jetzt erst ca. 250 davon Schnitzeltrocknungseinrichtungen von sehr verschiedener Leistungsfähigkeit.

An nassen Rübenblättern und -Köpfen kommen auf das Jahr ca. 10 000 000 t, wovon eingetrocknet verfüttert werden und beim Einmieten verloren gehen höchstens 2 500 000 t, entsprechend einem Wert von ca. 10 Mill. Mark. Würden alle Blätter getrocknet zu ca. 2 500 000 t Trockenfutter, dessen Wert sich auf ca. M. 72,70 pro Tonne, insgesamt also auf ca. 171 Mill. Mark stellt, so würden ca. 161 Mill. Mark dem Volksvermögen jährlich erhalten bleiben[1]).

An Kartoffeln werden jährlich in Deutschland allein ca. 45 000 000 t geerntet, von welchen während der Kampagne 1910/11 etwa 400 000 t in 327 Trockenanstalten verarbeitet wurden[2]); inzwischen dürfte die Zahl derselben auf mindestens 500 gestiegen sein, nachdem der große Nutzen der Trocknung mehr und mehr erkannt worden ist.

An frischen Biertrebern liefert Deutschland jährlich ungefähr 280 000 t, von denen bisher nur etwa der achte Teil getrocknet wird.

Auch die bei der Spiritusfabrikation abfallende Schlempe sowie die Rückstände bei der Herstellung von Stärke, Pülpe genannt, werden in großen Mengen erzeugt, doch durchaus noch nicht in einem ihrem Trockenwert entsprechenden Maße getrocknet.

Sehen wir auch ganz ab vom Dörren der Gemüse, der Zichorien und Wurzelgewächse, vom Trocknen des Getreides etc., so bietet die Erhaltung der landwirtschaftlichen Viehfuttermittel schon allein ein großes Gebiet der Betätigung, durch welches sich das deutsche Nationalvermögen um bedeutende Summen verbessern läßt.

Da es hier aber nicht unsere Aufgabe ist, uns über den volkswirtschaftlichen Nutzen des Trocknens auszulassen, müssen wir uns auch versagen, darauf näher einzugehen, können jedoch das Studium hierüber nur angelegentlichst empfehlen und verweisen besonders auf das kleine Buch: „Die künstliche Trocknung der wasserreichen Futtermittel“ von

[1]) Heft 21 der Arbeiten der Landwirtschaftskammer der Prov. Posen.

[2]) „Die Trocknungs-Industrie“, Jahrg. 1913, Nr. 1.

Dr. Dietrich Meyer[1]), welches viel des Wissenswerten neben der Angabe weiterer Quellen enthält.

Für die Trocknung von Massengütern, wie die genannten, eignen sich unfraglich die Rauchgase gut eingerichteter Feuerungen am besten, da nur sie eine schnelle Trocknung auf kleinem Raum infolge der ausnutzbaren hohen Temperaturunterschiede möglich machen.

Den ersten Anstoß zu ihrer umfangreicheren Verwendung dürfte ein auf Betreiben Maerckers vom Verein für die Rübenindustrie des Deutschen Reiches im Jahre 1884 erlassenes

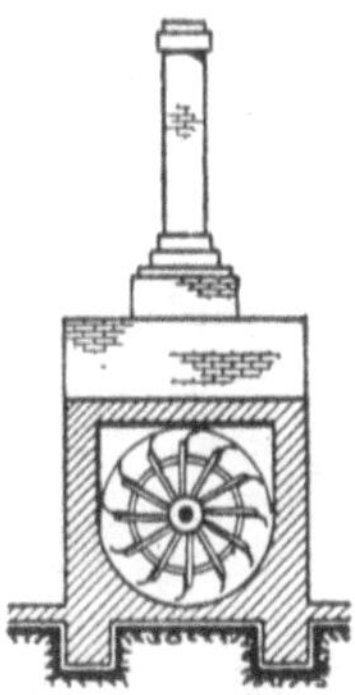

Fig. 132.

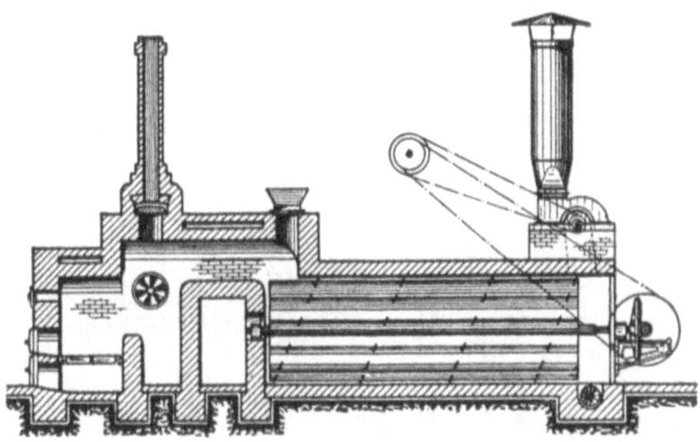

Fig. 133.

Preisausschreiben für das beste Verfahren zur Schnitzeltrocknung gegeben haben, bei welchem die damalige Firma Büttner & Meyer (jetzt Rheinische Dampfkessel- und Maschinenfabrik Büttner G. m. b. H.), Uerdingen, den ausgesetzten im Jahre 1888 zur Auszahlung gelangten Betrag von M. 15 000 erhielt für ihren in Fig. 132 u. 133 wiedergegebenen Wendeapparat.

Derselbe ist vorbildlich für den späteren, mit Rauchgasen arbeitenden Trockner derselben Firma, welcher noch heute vielfache Verwendung in Zuckerfabriken findet.

Von dem sich neben ihm immer weiter verbreitenden Trommeltrockner, der wohl zuerst nach den Angaben von

[1]) Biblioth. d. ges. Landwirtsch., Bd. 40. Hannover 1908. Jänecke.

Wilh. Knauer, Calbe a. S., von der Bernburger Maschinenfabrik erbaut wurde, unterscheidet er sich dadurch, daß das bei ihm feststehende Gehäuse, in dem die Welle mit den Wendearmen rotiert, beim Trommeltrockner drehbar, als Trommel mit inneren Schaufeln ausgebildet wurde, entsprechend Fig. 134, aus welcher das Verschiedene beider Bauarten leicht wahrzunehmen ist.

An das Gemäuer der Feuerstelle schließt sich die lange, auf Rollen laufende Trommel mit dem größtenteils im Mauer-

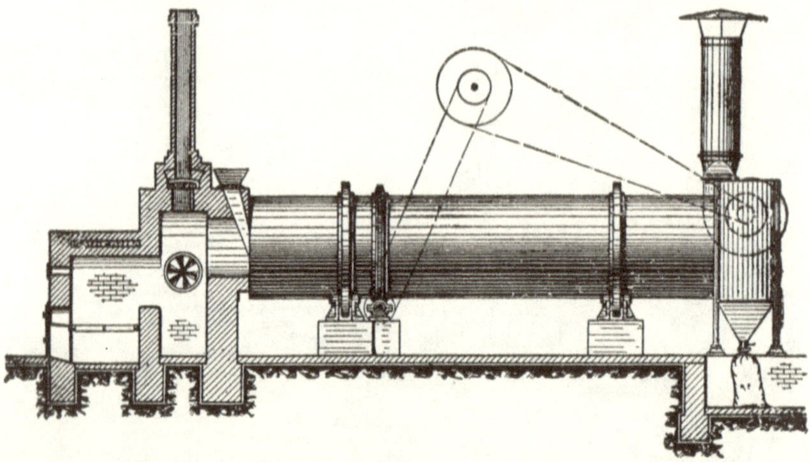

Fig. 134.

werk steckenden Zuführungstrichter; die Trommel endet in einer feststehenden Erweiterung, aus welcher die abgekühlten feuchten Gase seitlich oder nach oben durch ein Gebläse in einen Abzugsschlot getrieben werden, während sie nach unten einen Sammeltrichter bildet, aus dem das getrocknete Gut in Säcke oder andere Einrichtungen zur Weiterbeförderung geleitet werden kann.

Zwischen Trommel und dem Rost der Feuerstelle befindet sich die „Gaskammer" mit einer einstellbaren Rosette od. dgl. für eventuelle Luftzumischung und einem nur beim Anheizen zu benutzenden, sonst aber abgesperrten Schornstein.

Ähnliche Trockner werden von den Firmen Petry & Hekking, Dortmund, Bernburger Maschinenfabrik in Bernburg, G. Sauerbrey Akt.-Ges., Staßfurt, u. a. gebaut; sie unterscheiden sich voneinander hauptsächlich durch den inneren Ausbau der Trommel mit Schaufeln, Armen oder Kanälen, deren Zweck immer derselbe ist, dem Trockengut eine langsame Bewegung in der Richtung vom Eintritt zum Ausgang zu erteilen, es aber gleichzeitig fortwährend zu wenden und derart umzuarbeiten, daß es in feinster Verteilung möglichst innig von dem Trockenluftstrom umspült werden kann.

Außer den vorgenannten gibt es noch eine ganze Reihe anderer Einrichtungen für das unmittelbare Trocknen mit Rauchgasen, auch solche, welche die Verarbeitung geringer Mengen ermöglichen, doch reicht dann meistens Dampfheizung aus, indem diese bei richtiger Anwendung ebenso billig wird und oft zweckmäßiger sein kann.

Besonderes Gewicht ist bei der Trocknung landwirtschaftlicher Produkte auf die Beschaffung der erforderlichen Kraft überall da zu legen, wo solche für andere Zwecke nicht ohnehin erzeugt wird.

Wird der Trockner durch Dampf beheizt, so ist die Frage einfach zu lösen durch Aufstellung eines ortsfesten Kessels oder einer Lokomobile; gelangen jedoch für die Heizung Feuergase zur Anwendung, dann kommt für die Kraftlieferung heute hauptsächlich elektrischer Strom aus der nächstgelegenen Zentrale in Frage, und nur, wenn dessen Beschaffung nicht möglich oder zu teuer wird, ist die Aufstellung eines Dampf-, Benzin-, Spiritus- oder Ölmotors zu erwägen.

Rübenschnitzel.

Die aus den Zuckerrüben erhaltenen getrockneten Schnitzel sind keineswegs gleichartig, sondern unterscheiden sich je nach Art ihrer Herstellung in drei Hauptgruppen: Trocken-, Zucker- und Melasseschnitzel.

Die erste Sorte wird erhalten aus den auf 12—15% Trockengehalt abgepreßten Diffusionsrückständen. Die zweite Sorte entsteht bei Entzuckerung der Rüben nach dem Steffensschen

Brühverfahren, welches die Schnitzel gar mit 28—30% Trokkengehalt an den Trockenapparat liefert. Die Melasseschnitzel endlich sind ein Gemisch aus den Schnitzeln und der Melasse, welche die Fabrikation liefert und welche, miteinander gemischt, gemeinschaftlich getrocknet werden.

Der dabei auszutreibende Wassergehalt richtet sich also nach dem Verfahren, welches für die Entzuckerung der Rüben angewandt worden ist, wobei hinzugefügt sein möge, daß hierfür neuerdings noch ein drittes von v. Hyrosz-Rak kommt, welches Schnitzel mit 20—22% Trockengehalt geben soll, doch ist dasselbe erst wenig eingeführt.

Setzen wir das Gewicht gewöhnlicher Trockenschnitzel = 60 kg pro 1000 kg Rüben, ihren mittleren Wassergehalt nach Kellner[1]) zu 11%, so ergibt sich als reine Trockensubstanz 53,4 kg.

An Zuckerschnitzeln werden dagegen erhalten ca. 105 kg mit ca. 9% Wasser, so daß als reine Trockensubstanz ca. 95,5 kg pro 1000 kg Rüben verbleiben.

Demnach ergibt sich für die feuchten

	Trocken-schnitzel:		Zucker-schnitzel:	
bei einem Trockengehalt in Prozenten .	15	12	30	28
das Trockengewicht in kg . . . . . ca.	53	53	95	95
Gesamtgewicht vor dem Trocknen in kg ca.	356	445	317	340
„ nach dem Trocknen in kg	60	60	105	105
verdampftes Wasser in kg	296	385	212	235.

Die gewöhnlichen Diffusionstrockenschnitzel sollten also möglichst auf 15 und mehr Prozent abgepreßt werden, was auch meist geschieht, und kann man dann auf ca. 300 kg Wasserverdampfung aus den Schnitzeln pro 1000 kg Rübengewicht rechnen.

Lassen sich die Steffensschen Zuckerschnitzel auf noch etwas mehr als 30% Trockengehalt bringen, so kommt man bei ihnen nur auf rund 200 kg Wasserverdampfung pro 1000 kg Rübengewicht.

---

[1]) Vgl. Meyer, Künstliche Trocknung, S. 41.

Aus vorstehendem ist jedenfalls ersichtlich, wie notwendig bei etwaigen Gewährleistungen und Rentabilitätsberechnungen die vorherige Feststellung der Trockengehalte ist.

Melasseschnitzel wurden bisher wohl nur durch Zusatz der bei der Fabrikation entstehenden Melasse zu den Diffusionsschnitzeln erzeugt. Ihre Menge beträgt 25—30 kg, woraus rund 10% an Wasser bei der Trocknung vertrieben werden. Mischen wir sie mit auf 15% abgepreßten Trockenschnitzeln, so stellt sich das Gesamtgewicht:

vor dem Trocknen auf

$$356 + 25 = 381 \text{ bis } 356 + 30 = 386 \text{ kg},$$

nach dem Trocknen auf

$$60 + 22{,}5 = 82{,}5 \text{ bis } 60 + 27 = 87 \text{ kg}.$$

Zu verdampfen bleiben 298,5—299 kg, in beiden Fällen rund 300 kg pro 1000 kg Rübengewicht.

Fig. 135.

Der Zusatz der Melasse übt also, auf das Rübengewicht bezogen, keinen nennenswerten Einfluß auf die Trockenkosten aus, wogegen der Ertrag an Schnitzeln sich um das zugesetzte Melassegewicht erhöht.

Der von der Rheinischen Dampfkessel- und Maschinenfabrik Uerdingen im Prinzip genau so gebaute Schnitzeltrockner wie der ursprünglich von ihrer Vorgängerin, der Firma Büttner & Meyer entworfene Wendeapparat, hat die weiteste Verbreitung gefunden und arbeitet in ca. 160 deutschen Zuckerfabriken; doch wird er heute, ebenso wie der frühere der Firma Petry & Hecking in Dortmund, wohl nur noch wenig angeschafft, nachdem die großen Vorzüge des Trommeltrockners mehr und mehr erkannt worden sind.

Von einem solchen gibt Fig. 135 ein sehr anschauliches Bild, welches in der Hauptsache für Trommeltrockner jedweder Herkunft gelten kann, da ihre Unterscheidungen äußerlich kaum zutage treten.

Die innere Einrichtung weicht dagegen mehr untereinander ab, indem z. B. Petry & Hecking, Dortmund, die Firma G. Sauerbrey A.-G., Staßfurt, sowie voraussichtlich auch andere noch den Kern frei lassen für den Durchzug der Gase und radiale oder geschweifte Bleche od. dgl. zum Mitnehmen und Weiterfördern des Trockenguts anwenden.

Beachtenswert ist die Sauerbreysche Bauart, weshalb sie durch Fig. 136 u. 137 im Längs- und Querschnitt wieder-

Fig. 136 u. 137.

gegeben ist, während Fig. 138 nur die Mittelachse für sich allein zeigt.

Durch dieselbe soll ermöglicht werden, das Material beliebig längere oder kürzere Zeit in der Trommel aufzuhalten, so daß sich eine lange Trockendauer bei großer Trommelfüllung erreichen läßt. Die Aufhaltevorrichtung besteht aus einem Mittelrohr, welches mittels Kugellagern in der Trommelmitte gestützt wird. Die Lager drehen sich mit der Trommel, während die Achse im allgemeinen feststeht. Das der größten Hitze am meisten ausgesetzte Kugellager wird mit Wasser gekühlt. Der vordere Teil der Trommel an der Feuerungsseite besitzt auf eine Länge von $1\frac{1}{2}$—2 m nichts als Schaufeln. Das genannte Mittelrohr ist, wie in der Zeichnung veranschaulicht ist, mit einer Anzahl schräg gestellter Blechtafeln besetzt, die immer abwechselnd geneigt gegen die Senkrechte stehen, so daß eine Anzahl von Kammern gebildet wird. Bei der Rotation der Trommel nehmen die Schaufeln das Material mit in die Höhe und werfen es durch die ganze Trommelhöhe wieder nach unten, wobei es mit dem heißen Luftstrom innig in Berührung kommt, während die Blechwände einen Vortransport in der Richtung des Luftstromes so lange verhindern, bis der Vortransport erfolgen soll. Die ganz feinen trockenen Materialteilchen gehen mit dem Luftstrom durch die Blenden und werden im Staubabscheider abgeschieden.

Fig. 138.

Durch eine einfache Vorrichtung am Ausfallende der Trommel läßt sich die Achse mit den Blechwänden in gewissen Zeitabschnitten, die von 1—20 Minuten eingestellt werden können, automatisch um 180° drehen. Durch die Schräglage der auf der Trommelachse sitzenden Blechplatten wird so ein allmählicher Vortransport des Trockenguts nach dem Ausfallende hin bewirkt. Die Schräglage dieser Blechplatten, die abwechselnd oben und unten einen größeren Kreisabschnitt für den Durchgang der Heizgase frei lassen, soll gleichzeitig bewirken, daß die heißen Feuergase abwechselnd von oben nach unten in der Trommel geführt werden und so mit dem stets in großer Menge fallenden Material immer wieder von neuem in Berührung kommen. Daß die Feuergase seitlich neben den Blechplatten ungenützt entweichen, wird durch entsprechend eingesetzte Blechringe verhindert. Durch diese Einrichtung soll sich erreichen lassen, daß die Kohlen mit etwa 80% ausgenutzt werden bei einer Ausgangstemperatur der Gase von 90—100°.

Die Aufenthaltsdauer des Materials in der Trommel läßt sich ohne weiteres durch einige Handgriffe während des Betriebes ändern und einstellen, so daß ein Produzieren von zu nassem oder zu trockenem Material ausgeschlossen erscheint; man läßt es eben langsamer oder schneller die Trommel durchlaufen.

Andere Firmen, wie die Rheinische Maschinenfabrik Büttner, Uerdingen, Eisenwerk Albert Gerlach, Nordhausen, Franz Méguin, Dillingen a. d. Saar, Möller & Pfeiffer, Berlin, teilen den ganzen Querschnitt ihrer Trommeln nach der uns durch die Fig. 105, 107 u. 108 schon bekannten Weise in zellenartige Kanäle, augenscheinlich, um dadurch sowohl Trokkengut als Heizgase tunlichst gleichmäßig über den ganzen Querschnitt verteilt miteinander in innige Berührung zu bringen und anderseits, um große Fallhöhen zu vermeiden, was für schweres Trockengut, wie Mergel, Tonklumpen, Kohle u. dgl. von Wichtigkeit ist. Da die Zellenwände aber dann auch besonders starker Abnutzung unterliegen, ist immer darauf Rücksicht zu nehmen, daß sie sich möglichst leicht und schnell auswechseln lassen.

Außer diesen Anordnungen findet sich auch verschiedentlich eine Verteilung der Arbeit auf Vor- und Nachtrommeln, wovon jede ihre besondere Feuerung besitzt oder welche von den Gasen einer gemeinsamen Feuerung durchlaufen werden, doch läßt sich hierin kaum ein nennenswerter Vorzug erblicken.

Zum Trocknen von Rübenschnitzeln werden außer den durch Feuergase beheizten Trommeln noch vielfach Muldentrockner für Dampfbetrieb nach Art des durch die Fig. 111 u. 112 dargestellten benutzt. Derartige Apparate finden sich in den mannigfachsten Ausführungen, da sie für das verschiedenartigste Material angepriesen und auch mit mehr oder weniger Erfolg benutzt werden. Ob sie für Rübenschnitzel und ähnliches leicht klebendes Trockengut immer das Geeignetste sind, muß dahingestellt bleiben, doch können sie trotzdem für kleinere Betriebe oder dort, wo viel Abdampf zur Verfügung steht, gern zum Wettbewerb herangezogen werden, zumal da die Güte des erhaltenen Trockengutes nicht allein von der Brauchbarkeit des Trockners abhängt, sondern oft noch ebensosehr von den Fähigkeiten des Wärters und der Übung, die er in der Benutzung des einen oder des andern Systems besitzt.

Albert Gerlach, Nordhausen, bildet seine Muldentrockner mit zwei übereinander liegenden Mulden mit darin rotierenden Heizröhrenbündeln aus. Andere Ausführungen werden wir noch kennen lernen bei der Trocknung von Trebern, Hefe, Getreide etc., doch unterscheiden sie sich im Prinzip durchweg nur wenig voneinander.

Rüben- und Kartoffelkraut, Lupinen, Gras, Klee, Grünmais u. dgl.

Alle diese und ähnliche Arten von Viehfutter lassen sich trocknen und werden von einsichtigen Landwirten getrocknet, ganz besonders, wenn sich dies auf einem Apparat bewirken läßt, der auch für andere Zwecke verwendbar ist, wie der Trommeltrockner, mit welchem sich sämtliche wasserreichen Futtermittel verarbeiten lassen, wenn sie ihm in Schnitzel- oder Scheibenform von annähernd gleichem Kaliber zugeführt werden.

Das Rübenkraut mit den daran sitzenden Köpfen ist deshalb vorher auf einer Art Reißwolf zu zerreißen, langes Gras und ähnliches hat eine besondere Häckselmaschine zu durchlaufen, und wurzel- oder knollenartige Gewächse müssen zu Scheiben oder Schnitzeln zerkleinert werden.

Der Gesamtertrag an nassem Gut pro ha wechselt außerordentlich, ebenso wie sein Feuchtigkeitsgehalt, so daß die Abweichungen von mittleren Werten recht bedeutend ausfallen können; als solche gibt Meyer an[1]):

---

[1]) Dr. Dietrich Meyer, Künstl. Trocknung der Futtermittel.

an nassem Rübenkraut pro ha . . . . 33,1 t,
„ „ „ „ 1000 kg Rüben ca. 720 kg,
„ Trockengehalt . . . . ca. 15,7 %,
demnach an trockenem Kraut pro 1000 kg
Rüben . . . . ca. 113 kg.

In der Praxis wird dasselbe jedoch nicht völlig eingetrocknet, sondern beläßt man ihm bis zu ca. 12% Feuchtigkeit, so daß auf 1000 kg nasse Ware ungefähr 820 kg zu verdunstendes Wasser kommen.

Ähnlich werden die Verhältnisse bei den übrigen genannten Futterarten liegen, für welche somit auf 80—85 Gewichtsprozente an auszutreibender Feuchtigkeit zu rechnen wären.

Bei solch hohem Wassergehalt steht natürlich nichts der Anwendung höchster Temperaturen entgegen, wobei aber auch stets auf die meist unsaubere und mit anhaftender Erde gemischte Beschaffenheit des Materials Rücksicht zu nehmen ist.

Aus diesem Grunde läßt L. Wüstenhagen, Hecklingen bei Staßfurt, dem das Verdienst kaum bestritten werden dürfte, zuerst Rübenkraut getrocknet und es darin auf eine noch heute nicht übertroffene, wenn überhaupt erreichte Stufe der Vollendung gebracht zu haben, die halbwelken Blätter mit den daran sitzenden Köpfen zunächst in eine schräge Trommel mit Wandungen aus Geflecht und gelochtem Eisenblech, also in eine Art Trieur werfen, worin das Gröbste abgesiebt wird.

Das so vorbereitete Material wandert dann zur Vorzerkleinerung in eine, den bekannten Häckselmaschinen ähnelnde Schneidemaschine, in welcher sich etwaige, den Blättern noch beigemischte Steine, Nägel u. dgl. durch ein eigentümliches Klingen bemerkbar machen, sobald sie an die sichelförmigen Messer treten, so daß es meist noch gelingt, die Störung zu beseitigen, ehe sie größeren Schaden anrichtete. Nunmehr gelangen Kraut- und Kopfstücke durch eine Transporteinrichtung, auf welcher sie sich nötigenfalls noch weiter reinigen lassen, zum Fertigschneider.

Diese letzte Zerkleinerungsmaschine besteht aus zwei sich gegeneinander drehenden Walzen, welche aus einzelnen, mit Lücken aneinander gereihten Sägeblättern derartig gebildet werden, daß die Sägen der einen in die Lücken der andern Walze greifen und das ihnen überlieferte Material in sehr gleichmäßige Stücke zerschneiden, nicht zerreißen.

Damit haben die Vorbereitungen ihr Ende erreicht, und kann das auf ziemlich gleiches Maß gebrachte Trockengut der durch Feuergase geheizten Trommel überantwortet werden. Diese besteht aus perforiertem Eisenblech, ist aber von einem feststehenden, dichten, eisernen Mantel umgeben; in dem Zwischenraum sammelt sich der letzte, vom zerkleinerten Material abgesiebte Schmutz, welcher durch eine am Boden hinlaufende Schnecke einem selbsttätig verschließbaren Ausfalltrichter zugeführt wird. Der Mantel bietet den weiteren Vorteil, daß er die schädliche Wirkung der unvermeidlichen Undichtigkeiten am vorderen und hinteren Ende der Trommel am vollkommensten verhütet.

Das Trockengut verläßt den Apparat in tadelloser Beschaffenheit ohne jede erdige Beimengung und wird durch den Transport zum nicht zu nahe liegenden Lagerraum gekühlt und gelüftet, um es vor schädlichen Einflüssen aller ihm etwa noch anhaftenden feuchten Wärme zu schützen.

Die Firma Petry & Hecking, Dortmund, versieht ihre Trockner für Rübenkraut ebenfalls mit einem Mantel, doch ist die darin umlaufende Trommel nicht gelocht, sondern a u ß e n mit schaufelartigen Blechen besetzt, welche das noch unzerkleinerte Rübenkraut in dem als Vortrockner dienenden Zwischenraum vom einen zum andern Ende treiben und es dabei gleichzeitig vom gröbsten ihm anhaftenden Schmutz befreien sollen.

Die meisten Hersteller von Trommeltrocknern liefern ihr Fabrikat jedoch für jedes zu trocknende Produkt in derselben, von ihnen als gut erkannten Bauart und setzen voraus, daß eine eventuell erforderliche Reinigung des zu trocknenden Materials vorher in geeigneter Weise geschieht; es muß jedoch dem entgegengehalten werden, daß für die Erzeugung eines einwandfreien Futters aus Rübenkraut die Reinigung jedenfalls ebenso große Bedeutung hat als die Trocknung, so daß beides gewissermaßen untrennbar ist. Wir werden bei anderen Stoffen noch mehreren, an sich unbedeutenden Trockenverfahren begegnen, welche nur infolge besonders guter Ausbildung der Einrichtungen für die erforderlichen Nebenarbeiten eine hohe Bedeutung erlangt haben. Diesen „Nebenarbeiten" bei der Krauttrocknung hat Wüstenhagen bisher unstreitig die meiste Beachtung gewidmet.

Obgleich man annehmen sollte, daß fahrbare Apparate, die doch auch zur Getreidetrocknung, zur Milzbrandbekämpfung etc. verwendet werden können, für landwirtschaftliche Genossenschaften und andere Verbände von großem Wert wären, haben sie bisher erst geringe Verbreitung gefunden. Sie erfuhren trotzdem eine sehr gute Ausbildung durch die G. Sauerbrey Maschinenfabrik A.-G., Staßfurt, deren Trommel bei 1 m Durchmesser eine Länge von 4 m und ein betriebsfertiges Gewicht von 6500 kg hat. Als stündliche Leistung wird angegeben: Verdampfung von 360 kg Wasser aus ca. 560 kg feuchtem Rübenkraut durch 46,5 kg Steinkohle à 7000 WE, was ungefähr 900 WE pro kg Wasserentziehung entsprechen würde. Als Kraftverbrauch laut Amperemeter sind 3½—5 PS genannt.

Ganz ähnliche Verhältnisse wie beim Rübenkraut liegen beim Kartoffelkraut, bei Lupinen, Gras etc. vor, nur daß sich die Reinigung meistens einfacher gestaltet.

Neuerdings wird durch K. Ribbentrop, Schwanebek, ein ihm durch Patent Nr. 261 216 geschütztes Verfahren empfohlen zur Herstellung von sog. „Rübenheu" aus einer Mischung von Schnitzeln und Blättern bestehend. Beide Produkte werden naß miteinander vermischt und gemeinsam getrocknet; das Verhältnis kann gewechselt werden, je nachdem die Zufuhren sich ändern, doch soll die Mischung nicht unter 20% Schnitzel (an Gewicht?) enthalten.

Nach Ansicht Ribbentrops soll nämlich bei Rübenkraut und -Köpfen das pflanzliche Zellengewebe noch größtenteils mit der Epidermis umgeben sein, welche die schnelle Verdunstung des Wassers so weit beeinträchtigt, daß eine vor Ansaugung oder Überhitzung des Materials schützende Dampfhülle nicht entstehen kann; bei den überall geöffneten Zellen der Schnitzel dagegen bilde sich der Dampf sofort in so reichlichen Mengen, daß er bei gemeinsamer Verarbeitung beider Produkte das Kraut mit zu schützen vermöge. Als Beweis wird angeführt: Das allein getrocknete Kraut färbte bei der Aufweichung in Wasser dasselbe dunkelbraun infolge Karamelisierung des in den Blättern und Köpfen enthaltenen Zuckers, wogegen diese ihre natürliche grüne und gelbe Farbe wieder erlangten, wenn sie mit Schnitzeln zusammen getrocknet wurden.

Infolgedessen sei das Rübenheu besonders bekömmlich und lasse sich außerdem bei seiner Herstellung die sonst so schwierige Reinigung des Krautes nach der Trocknung in einfachster Weise durch Absieben des locker beigemengten Staubes bewirken.

Lizenzträgerin für die Einführung des Verfahrens ist die Rheinische Dampfkessel- und Maschinenfabrik Büttner in Uerdingen.

Kartoffeln.

Von den ungefähr 45 000 000 t Kartoffeln, welche jährlich in Deutschland geerntet werden, sind 17—18 Millionen zu Futterzwecken bestimmt, von denen der weitaus größte Teil längere Zeit aufbewahrt werden muß, wobei er, wie alle übrigen feuchten Futtermittel, ziemlich bedeutend an Nährwert verliert.

Diesem Verlust läßt sich nachgewiesenermaßen am besten vorbeugen durch Trocknen, was mehr und mehr anerkannt wird, so daß die genossenschaftlichen Kartoffeltrocknereien jetzt wie die Pilze emporschießen. Dabei kommt immer noch verhältnismäßig wenig in Betracht, daß sich gut getrocknete Kartoffeln auch für andere Zwecke als zur Verfütterung verwerten lassen.

Das fertige Produkt wird erhalten in Form von Schnitzeln, Scheiben oder Flocken, da die Kartoffeln sich in unzerkleinertem Zustand nicht trocknen lassen; es wird zum Teil auch weiter zermahlen zu Kartoffelmehl, doch geht uns das erst in zweiter Linie an, wenn es auch hier und da Einfluß auf die Wahl des Trockners übt.

Für diesen kommen eigentlich nur zwei Systeme in Frage, nämlich Trockentrommeln mit Beheizung durch Rauchgase zur Lieferung von Schnitzeln und Trockenwalzen mit Beheizung durch Dampf zur Lieferung von Flocken.

Die ersteren werden hergestellt für ca. 120—2400 kg, die zweiten für ca. 200—1200 kg stündlicher Verarbeitung.

Zu Scheiben geschnittene Kartoffeln backen leicht zu Klumpen zusammen, weshalb die Zerkleinerung zu Schnitzeln vorzuziehen ist. Der Nährwert der letzteren ist dem der Flocken gleich zu achten; bei guten Apparaten und richtiger Leitung des Trockenvorgangs sind beide rein weiß und eignen sich gleich gut zum Zusatz oder zur Bereitung menschlicher Nahrungsmittel.

Nasse Schnitzel enthalten ungefähr 75% Wasser, die fertige Ware noch 12—14%, so daß die Wasserentziehung durch die Trocknung sich auf rund 71% stellt.

Die für Trocknung durch Rauchgase bestimmten Kartoffeln gelangen zunächst in eine Waschmaschine mit Steinfang, von wo ein Elevator sie in den Füllrumpf der über dem Trommeltrockner aufgestellten Schnitzelmaschine schafft, von der die von ihr zerkleinerten Kartoffeln ohne weitere Transporteinrichtungen der Trommel zufallen, an deren Eintrittsende sie in bekannter Weise mit den Rauchgasen zusammentreffen, um an der Austrittsseite getrocknet herauszukommen.

Sobald die Menge der Rauchgase zu der der Schnitzel in richtigem Verhältnis steht und innige Berührung zwischen ihnen gewährleistet ist, sind Verbrennungen oder Ansengungen nicht zu befürchten; das erzeugte Produkt bleibt um so reinlicher erhalten, je vollkommener die Verbrennung der verfeuerten Kohlen auf dem Rost war und je weniger Ungleichförmigkeit durch die Beschickung eintreten konnte.

Für Braunkohlen und Koks stehen einfache gute Füllfeuerungen zur Verfügung, weniger jedoch für Briketts und Steinkohlen, welche meistens auf Planrosten verbrannt werden. Da indessen eine Wartung, bei welcher unnütze Brennstoffverwüstungen vermieden bleiben und stets ein gleichartiges

Rauchgasgemenge in die Trommel gelangt, ebenso große Geschicklichkeit und Übung erfordert wie die, oft geprüften Heizern anvertraute, Bedienung von Dampfkesseln, sollte die Verwendung mechanisch angetriebener Kettenroste oder anderer Beschickungsvorrichtungen immer ernstlich in Erwägung gezogen werden, um den Heizern ihre Aufgabe zu erleichtern.

Solche Einrichtungen verlangen allerdings einen Brennstoff von stets annähernd gleicher Korngröße, dem die Verbrennungsluft in der erforderlichen Menge gleichmäßig zuströmt, was bei Trockentrommeln u. dgl. durch das meistens am Ausgang angeordnete Gebläse erreicht werden soll, und muß daher der Außenluft jede Gelegenheit benommen sein, anders als durch den Rost zum Brennstoff und den daraus entstehenden Rauchgasen treten zu können.

Dazu ist aber nötig, daß die Trommelenden gut gegen die feststehenden Flächen abdichten und daß die zu- wie die abgeführten Schnitzel die dafür vorhandenen Trichter oder Rinnen tunlichst ausfüllen; bei Erfüllung beider Bedingungen und richtiger Bemessung der Zufuhren ist jedoch mit ziemlicher Sicherheit auf Erzielung schöner einwandfreier Ware bei geringstem Brennstoffaufwand zu rechnen.

Doch nicht damit allein ist's getan, sondern es müssen auch die Maschinen für das Zerschneiden der Rohkartoffeln wirklich immer Schnitzel von tadelloser Form und nicht etwa Mus liefern, wie das leicht beim Verstopfen der Messer durch Stroh und Wurzelwerk geschieht. Diesem Übelstand vorbeugen sollen zwei neuere Schneidemaschinen, davon eine von der Rheinischen Dampfkessel- und Maschinenfabrik Büttner, Uerdingen, mit hin und her gehendem Schlitten, bei welcher das in einem Scharnier gelagerte Messer nach jedesmaligem Schnitt nach unten klappt, um durch eine rotierende Bürste von etwa aufgenommenen Strohhalmen oder holzigen Wurzeln gereinigt zu werden, und eine von der G. Sauerbrey Maschinenfabrik A.-G., Staßfurt, bei welcher die Zerteilung der Kartoffeln in zwei getrennte Perioden geteilt ist. In dem unter dem Fülltrichter rotierenden Ring der überall zugänglichen Maschine wechseln Messerkasten für Flachmesser mit solchen für Rundmesser ab; erstere, die nach jedem Schnitt durch eine rotierende Bürste von Stroh und Wurzelwerk befreit werden, zerschneiden die Kartoffeln zu Scheiben, welche die folgenden Rundmesser in scharfkantige Streifen von Schnitzelform zerteilen.

Beide Maschinen sollen sich gut bewährt haben.

Trotz der durch die Schnitzeltrocknung erzielten und sich voraussichtlich noch weiter verbessernden Ergebnisse hat sich die Neigung der Besteller fast ausschließlich den Walzen zugewandt, auf welchen nach voraufgegangener Reinigung in

Fig. 139.

der Waschmaschine die im Dampffaß gekochten Kartoffeln zu sog. Flocken getrocknet werden.

Allein die Firma H. Paucksch Akt.-Ges., Landsberg a. d. Warthe, hat bisher über 375 ihrer Zweiwalzentrockner geliefert, und sind neben ihr eine ganze Reihe anderer Firmen an der Herstellung solcher Maschinen beteiligt, welche teilweise in ganz hervorragender Weise zu ihrer Verbesserung beigetragen haben; aus Fig. 139 ist die äußere Gestaltung eines solchen Trockners, hergestellt von Edmund Kletzsch, Coswig in Sachsen, ersichtlich, dessen Arbeitsgang sich von dem nachstehend beschriebenen nur in Einzelheiten unterscheidet, deren wichtigere später noch besondere Erwähnung finden.

Im allgemeinen gelangen stets die aus dem Kocher kommenden weichen Kartoffeln zunächst in den Füllrumpf, an dessen unterem Ende sie durch ein gut durchgebildetes Rührwerk zu einer möglichst homogenen Masse zerkleinert werden. Diese Masse streichen ungeheizte Walzen von geringem Durchmesser auf die heiße Trockenwalze als dünnen Brei, der beim Weiterwandern andere ungeheizte Walzen passiert, welche den Zweck haben, seine bis dahin noch rauhe Oberfläche zu glätten und den Zusammenhalt seiner einzelnen Teile zu festigen. Nachdem die Masse dann ungefähr $3/4$ Umdrehung der Walze mitgemacht hat, wird sie durch Schabemesser abgestrichen und fällt in Flocken oder als dünner Schleier in Sammelbehälter, aus denen das fertige Produkt durch Schnecken oder andere Fördereinrichtungen zu den Absackstellen geschafft wird.

Bei den ersten Trocknern dieser Gattung fehlten Auftrag- oder Glättwalzen ganz; jeder Apparat hatte zwei dicht aneinander tretende und sich gegeneinander drehende Trockenwalzen, von welchen die mitgenommene Schicht natürlich auf etwa halber Stärke wieder auseinander gerissen werden mußte, damit jede Walze ihr Teil mitnehmen konnte. Hierbei erwies sich der unter den Walzen stehenbleibende Wrasen bald als sehr hinderlich, und die erste Verbesserung bestand in einer Vorrichtung, um seine Entfernung zu beschleunigen. Weiter bereitete das lockere Anhaften des flockenartig zerrissenen Breies auf den Trockenwalzen manche Schwierigkeiten, welche zur Anwendung von Glättungswalzen führten.

Endlich brachte die enge Zusammenstellung der Trockenwalzen auch mit sich, daß ihre sehr sauber bearbeiteten Oberflächen außerordentlich litten, sobald die kleinsten Schmutzbeimengungen außer dem weichen Kartoffelbrei zwischen sie gerieten. Die Folge war, daß sich schnell Riefen bildeten, wodurch wieder die Leistung außerordentlich herabging, so daß sich ein mehr oder weniger häufiges Abdrehen oder Abschleifen der aus besonders hartem Material hergestellten Trockenwalzen und der Schabemesser nötig machte.

Dieser Umstand zwang zur Auseinanderrückung der ersteren, und erhalten wir damit die heutige Anordnung der durch Schema Fig. 140 verdeutlichten Trockner der H. Panksch Akt.-Ges., Landsberg a. d. Warthe.

Bei dem gewaltigen Aufschwung, welchen die Verarbeitung zu Flocken nahm und welcher noch heute anhält, erstand, worauf schon hingewiesen, schnell eine lebhafte Konkurrenz, welche alles aufbot, um die Leistungen der Trockner obiger Firma zu überflügeln.

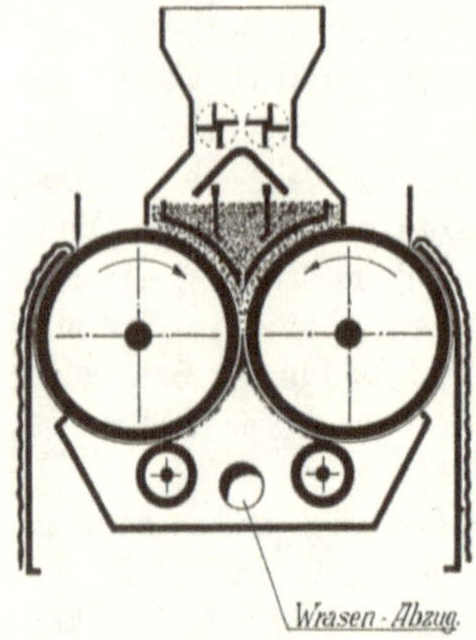

Fig. 140.

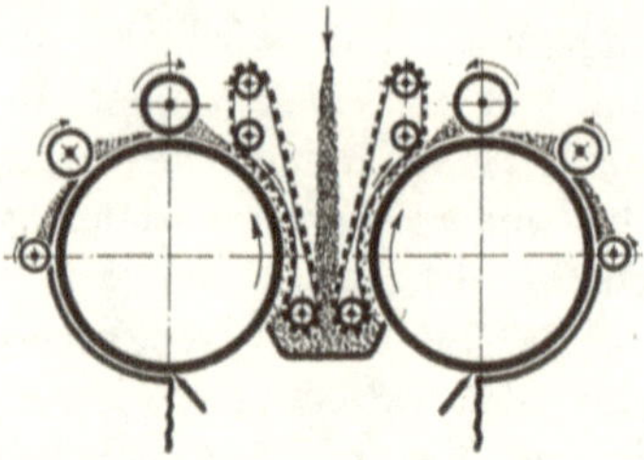

Fig. 141.

Einige der mannigfachen Ausführungsarten wurden in der Zeitschrift „Die Trockenindustrie", Jahrg. 1913, Nr. 11, veröffentlicht, deren Angaben den folgenden Beschreibungen in der Hauptsache zugrunde gelegt sind.

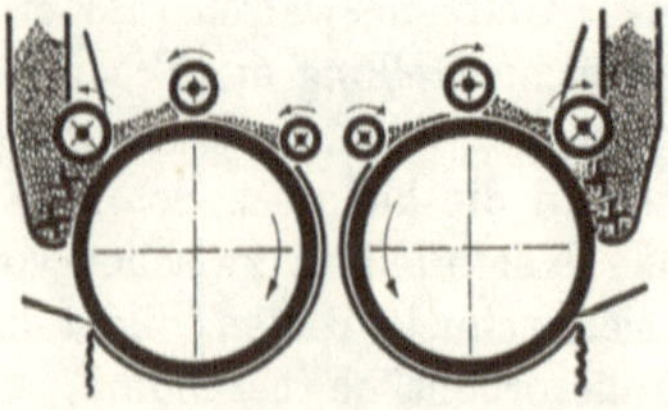

Fig. 142.

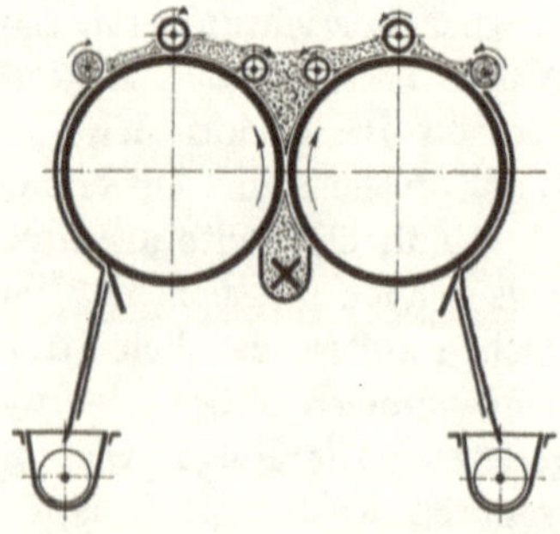

Fig. 143.

Als Gegenstück sowohl der Bauart als der Bedeutung nach zum soeben Kennengelernten ist der Trockner von Ernst Förster & Co., Magdeburg, (Fig. 141) zu bezeichnen.

Bei ihm liegen die Walzen weit auseinander und drehen sich von unten nach oben. Die ihnen unterhalb der Mitte zugeführte Kartoffelmasse gerät dort zwischen zwei mit Querleisten besetzte endlose Bänder, welche sie an die Walzen drücken und mit hochnehmen zu den ersten Auftragwalzen, damit diese sich mit der Masse bewickeln können; ein Teil davon wird abgestrichen und gelangt auf die zweiten und ebenso auf die dritten Auftragwalzen, so daß die auf den Trockenwalzen haftenbleibende Schicht eine immer größere Stärke erlangt. Die weiter wandernden Flockenbänder werden nach vollendeter Trocknung unten von den Walzen abgestrichen, wogegen der Wrasen durch einen Schlot nach oben abzieht.

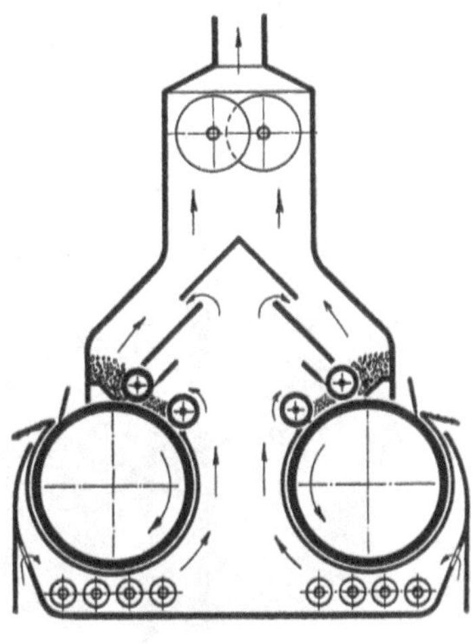

Fig. 144.

Hierbei wird von den Trockenwalzen also keine Pressung auf die Masse ausgeübt, was zur Verlängerung ihrer Haltbarkeit nur dienlich sein kann.

Nachdem dieser Gedanke, welcher allerdings die Anwendung besonderer Auftragwalzen nötig machte, einmal Fuß gefaßt hatte, wurde er auch von anderen Firmen aufgenommen, wie unter anderem die Anordnung der Aktien-Maschinenbau-Anstalt vorm. Veneluth & Ellenberger, Darmstadt (Fig. 142), dartut, welche wohl ohne weitere Beschreibung verständlich ist, ebenso wie die der Metallwerke vorm. J. Aders, Magdeburg (Fig. 143); bei den letzteren nähern sich die Walzen wieder auf die von Panksch beibehaltene Entfernung, doch laufen sie von unten nach oben um, so daß die Zuführung unten, die Glättung oben erfolgt, voraussichtlich, um einen leichteren Abzug des Wrasens durch den Schlot zu ermöglichen.

Einer zuverlässigeren Fortführung dieses Wrasens ist größte Beachtung geschenkt beim Zweiwalzentrockner der Maschinenfabrik Humboldt, Kalk bei Köln (Fig. 144). Hier wird die zur Aufnahme des Wasserdampfes bestimmte Luft durch besondere Heizrohre erwärmt und oben durch einen Ventilator abgezogen, wobei sie den ganzen Apparat in entgegengesetzter Richtung zum Trockengut durchläuft, welches

Fig. 145.

deshalb erst nach voraufgegangener guter Vorwärmung oben eintreten darf; die Heizröhren werden durch das aus den Trockenwalzen stammende Kondensat erwärmt.

Zu weit würde es führen, hier sämtliche Anordnungen aufzuführen, abgesehen davon, daß es auch nur geringen Wert hätte, indem es sich häufig nur um andere Ausführungsformen desselben Grundgedankens handelt, doch läuft auch manches andere mit unter. Erwähnt sei nur der Trockner von J. C. Christoph, Niesky, mit seinen 4 Walzen, deren Achsen vertikal stehen; daß dadurch ein hervorragend besseres Gesamtergebnis als bei horizontal liegenden Walzen zu erzielen ist, erscheint zweifelhaft.

Größere Bedeutung dürfte den Einwalzentrocknern beizulegen sein, welche von verschiedenen Firmen neuerdings hergestellt werden, nachdem die Tatsache einmal erwiesen war, daß es zum Trocknen gar keiner Pressung bedarf.

Einen Trockner dieser Art, und zwar von der Trocknungsanlagen-Gesellschaft Tätosin, Berlin, zeigt Fig. 145 in Außenansicht, doch wird voraussichtlich für größere Leistungen einer Ausführung mit zwei getrennt voneinander liegenden Walzen, welche gewissermaßen zwei Einwalzentrocknern entspricht, der Vorzug zu geben sein.

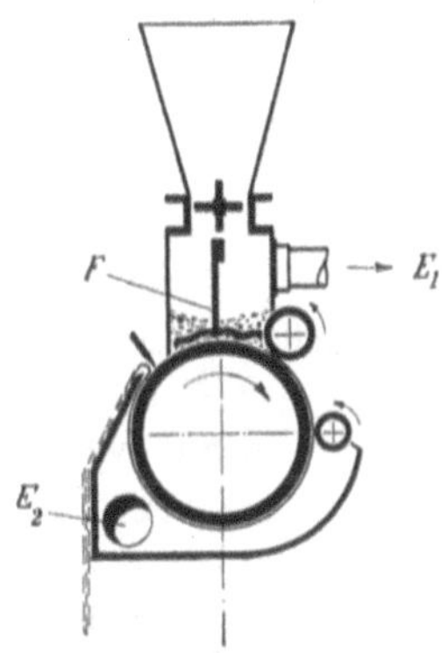

Fig. 146.

Die schematische Anordnung eines Einwalzentrockners, und zwar desjenigen der Firma Edm. Kletzsch, Coswig in Sachsen, ergibt sich aus Fig. 146. Die oben eingeschütteten gargedämpften Kartoffeln werden zunächst in ähnlicher Weise, wie auch sonst üblich, durch ein am Fuße des Fülltrichters sitzendes Rührwerk zerdrückt und gelangt die Masse dann an und unter einen eigentümlich geformten hin und her bewegten Stahlgußflügel *F*, der sie auf die Trockenwalze bringen soll unter Mithilfe einer dicht daneben liegenden Auftragwalze und einer weiter folgenden Glättwalze.

Der entstehende Wrasen soll bei E_1 und E_2 abgezogen werden, und streift ein Schaber die trockenen Flockenschleier von der Trockenwalze ab, kurz vor Vollendung eines vollen Umganges derselben.

Die Bauart unterscheidet sich demnach im Prinzip durchaus nicht von den bereits besprochenen des Zweiwalzentrockners.

Doch in einem Punkte weichen die Trockner von Kletzsch, welche selbstverständlich auch und voraussichtlich mehr noch als Zweiwalzentrockner hergestellt werden, ganz wesentlich von allen übrigen ab, nämlich in bezug auf die Heizung. Während hierfür sonst überall Hochdruckdampf von 3—5 Atm. zu dienen hat, verwendet Kletzsch ausschließlich Öl, welches auf einer Temperatur von ca. 230^0 erhalten wird, und erreicht damit dreierlei: 1. ein sehr hohes Temperaturgefälle zwischen Heizflüssigkeit und verdunstendem Wasser; 2. die Möglichkeit, den Hohlraum der Walzen vollständig mit der Heizflüssigkeit anfüllen zu können, ohne durch Luft und Kondenswasser darin beeinträchtigt zu werden; 3. den Fortfall jeden Druckes innerhalb der Walzen und Heizleitungen, da das verwendete Öl erst bei höherer Temperatur zu sieden beginnt.

Als natürliche Folge der unter 1. und 2. aufgeführten Verbesserungen ist der weitaus höhere Wert der Heizflächen der durch Öl erwärmten Walzentrockner gegenüber den durch Dampf erwärmten anzusehen.

Nach Versuchen, welche von der Maschinenabteilung des Bundes der Landwirte, Berlin, unter Hinzuziehung der unparteiischen Sachverständigen, der Herren Prof. Dr. Nachtweh und Zivilingenieur Paul Rüters, in den Jahren 1910 bis 1912 an Trocknern verschiedener Systeme vorgenommen sind, betrug die mittlere Leistung, bezogen auf 1 qm totaler Heizfläche, an stündlich verarbeiteten Rohkartoffeln mit dem mittleren Stärkegehalt[1]):

Jahrgang:	Vorgenommene Versuche:	Mittlere Leistung:	Mittlerer Stärkegehalt:
1910	8	64 kg	19,1%
1911	8	57 „	17,2%
1912	10	69 „	16,5%

Demgegenüber gibt die Firma Panksch die gegenwärtige Stundenleistung ihrer Bauart zu 80—100 kg Rohkartoffeln pro qm Walzenfläche an, was die Mittelleistung von (1912) wesentlich übertrifft, obgleich sich unter den damals geprüften 10 Anlagen 4 der Firma Panksch mit den neuesten Verbesserungen befinden.

---

[1]) Vgl. „Die Trockenindustrie", Jahrg. 1913, S. 37.

Für den Öltrockner „Germania", wie er von seinem Erbauer genannt wird, gibt derselbe dagegen an:

Stundenleistung nach einer von Prof. Dr. Parow und Prof. Ing. Goslich vom Institut für Gärungsgewerbe, Berlin, vorgenommenen Prüfung:

100 kg Rohkartoffeln pro qm Walzenoberfläche bei 19% Stärkegehalt und 12,1% Feuchtigkeit der Flocken.

Kletzsch fügt hinzu, der geprüfte Trockner habe weder auseinander liegende Trocken- noch Auftrag- und Glättwalzen besessen, nach deren Anbringung die Leistung auf 125 kg pro Stunde und qm Walzenoberfläche gestiegen sei, abgesehen davon, daß sich der Feuchtigkeitsgehalt der Flocken nunmehr auch regeln lasse.

Leider beziehen sich alle diese Angaben auf Rohkartoffeln und ihren Stärkegehalt, obgleich mittelbar zugegeben wird, daß sich sein Einfluß nicht zuverlässig in Rechnung stellen läßt[1]).

Wir sind daher in bezug auf die schließlich allein maßgebliche Wasseraustreibung auf Schätzungen angewiesen und wollen dafür annehmen, daß der Wassergehalt der verarbeiteten Kartoffeln nach dem Dämpfen 75%, der der Flocken ca. 12% betragen habe, dann sind aus 100 kg Rohkartoffeln ca. 71 kg Wasser verdunstet worden.

Das würde, wenn für normale Betriebsverhältnisse

auf 70 kg Rohkartoffeln bei Dampfheizung,
„ 105 „ „ „ Ölheizung

gerechnet werden kann, einer Verdampfung entsprechen von ca. 50 kg 100 grädigen Wassers bei Dampf- und 75 kg 100 grädigen Wassers bei Ölheizung oder von ca. 42 bzw. 63 kg Wasser von 5° pro qm Walzenoberfläche und Stunde.[2])

Wohlverstanden! Bei diesen sehr günstigen Leistungen der Heizfläche ist auf den Kohlen- bzw. Wärmeverbrauch noch keine Rücksicht genommen. Ein Trockner könnte also

---

[1]) Vgl. „Die Trockenindustrie", Jahrg. 1913, S. 37.

[2]) Die Heizflächen-Leistung soll inzwischen wesentlich erhöht worden sein, worauf schon S. 286 hingewiesen ist.

eine sehr hohe Leistung pro qm Walzenfläche aufweisen, dieselbe aber nur ermöglichen durch einen unverhältnismäßig hohen Wärmeverbrauch pro kg Wasserverdunstung. Über diesen wichtigsten Punkt schweigen sich die ohnehin spärlichen Angaben fast vollständig aus und ergehen sich lieber in einen mit unzulänglichen Mitteln geführten Kampf über das Kilogramm Rohkartoffeln pro qm Walzenfläche.

Im allgemeinen darf angenommen werden, daß bei Trocknern guter Ausführung und zweckmäßiger Bauart im normalen Betriebe pro kg Wasserverdunstung **mindestens** 800 WE des Dampfes bzw. 1400 WE des Brennstoffs verbraucht werden, wobei der Aufwand für das Dämpfen eingeschlossen ist, nicht

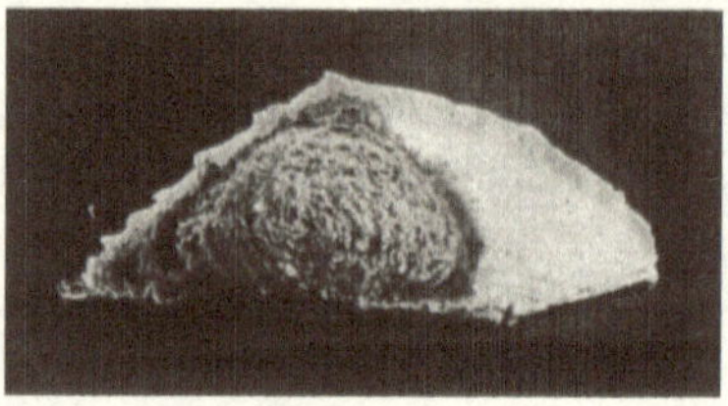

Fig. 147.

aber derjenige für den Kraftverbrauch, und gilt dies sowohl für Heizung durch Dampf wie durch Öl.

Der Trockner selbst kann für beide Beheizungsarten dieselbe Ausbildung erhalten, nur ist anstatt des konzessionsbedürftigen Dampfkessels ein konzessionsfreier Ölerhitzer nötig, der aus einer Art Röhrenkessel mit Feuerung besteht, welcher ähnlich einzumauern ist wie ein Dampfkessel.

Für den Germania-Trockner wird ein völlig reines, harz- und säurefreies Mineralöl von ca. 340° Entflammungstemperatur benutzt und gewöhnlich auf 230° erwärmt. Der Kessel ist mit einem kurzen, offenen, in einem Expansionsgefäß ausmündenden Standrohr versehen, so daß Druckbildung vermieden bleibt. Das heiße Öl wird mittels einer immerwährend laufenden Pumpe durch die Trockenwalzen wieder in den Kessel gepumpt und in so schnellem Umlauf erhalten, daß die Abkühlung in den Walzen eine äußerst geringe ist (bei dem schon erwähnten Versuch betrug sie nur 2,5°, sie wird aber, unbeschadet der Leistung, auf das Doppelte erhöht werden können).

Die im Ölerhitzer innezuhaltende Temperatur und damit die Geschwindigkeit des Trocknens läßt sich auf jede Höhe einstellen und selbsttätig aufrechterhalten; von den auf Germania-Trocknern zu erzielenden dichten Flockenschleiern gibt Fig. 147 ein anschauliches Bild.

Da die Ursachen der großen Erhöhung der Leistungsfähigkeit der Heizflächen von Walzentrocknern auch für andere Verfahren von Interesse sind, seien sie hier nochmals zusammengefaßt:

a) möglichst gleichmäßige Vorbereitung des Trockenguts infolge entsprechender Durchbildung der Rührflügel im Füllrumpf;
b) Auseinanderrückung der Trockenwalzen bei Zuhilfenahme besonderer Auftragwalzen, um eine Aufbringung der Masse in fest zusammenhängender Schicht bis zu 0,5 mm Stärke zu ermöglichen;
c) Ausbildung der Abstreicher in der Weise, daß sie die Walzen nur leicht berühren, dabei aber doch den Flockenschleier zuverlässig abheben;
d) gute Abführung des Wrasens unter Anwendung vorgewärmter Luft;
e) gute Entlüftung und Entwässerung der Trockenwalzen;
f) hohe Temperatur der Heizflüssigkeit.

Die Fig. 135 und 155 zeigen Anlagen zum Trocknen von Kartoffeln durch Rauchgase, in welcher das fertige Produkt Schnitzelform hat.

Wenn nun auch die Flockenerzeugung gegenwärtig fast allein Interesse zu erwecken scheint (seit einem Jahre dürften etwa 50 neue Fabriken dafür entstanden sein), so behält darum doch die Schnitzeltrocknung ihre volle Bedeutung; beide Produkte sind im ganzen gleichwertig, auch die Herstellungskosten werden so lange nicht viel voneinander abweichen, bis es gelingt, den Wrasen des einen Verfahrens besser auszunutzen als den des andern.

Da aber das Publikum vorderhand noch Flocken bevorzugt und deshalb höher bezahlt, so konnte es im futterarmen Jahrgang 1911/12 vorkommen, daß einzelne Händler getrocknete Schnitzel aufkauften, um sie auf Walzentrocknern zu Flocken umzuarbeiten und als solche mit Nutzen wieder zu verkaufen[1]).

Ob sich für die Flocken dauernd ein höherer Preis aufrechterhalten wird, kann erst die Zukunft lehren; wenn sich jedoch einmal Vereinigungen zur Trocknung der verschiedensten landwirtschaftlichen Produkte bilden sollten oder wenn die Großgrundbesitzer durch die Verhältnisse gezwungen werden, auf die höchste Ausnutzung ihrer Ernteergebnisse Wert zu legen, dürften für Kartoffeln die Trommeltrockner wieder mehr in Aufnahme kommen, da sie sich für die Massenverarbeitung fast aller in Frage kommenden Stoffe eignen.

Getreide.

Als eine der schwierigsten Aufgaben muß es angesehen werden, Getreide so zu trocknen, daß es allen Anforderungen genügt, ohne daß dabei die darauf verwendeten Mühen und Kosten die zulässigen Grenzen überschreiten; denn die Höhe der Temperatur, welche das Material selbst erreichen darf, ist verhältnismäßig gering, und die Entziehung des Wassers bei ihr erfordert viele Zeit.

Wenn auch der davon auszutreibende Prozentsatz bei naturfeuchtem Getreide durchweg ein niedriger ist, so wird trotzdem seine Gesamtmenge bedeutend, indem die Trocknung sich nur selten auf wenige Scheffel beschränkt und schnell gehen muß. Dies ist besonders dann nötig, wenn es sich um havariertes Getreide oder Verladung großer Mengen in Silospeicher handelt. Ehe wir hierauf weiter eingehen, soll erst der einfachere Fall beleuchtet werden, nämlich die Trocknung von eingeweichtem (und dadurch gekeimtem) Getreide in den allgemein gebräuchlichen Malzdarren.

---

[1]) Vgl. Paul Rüters, „Die Trockenindustrie“ 1912, S. 34.

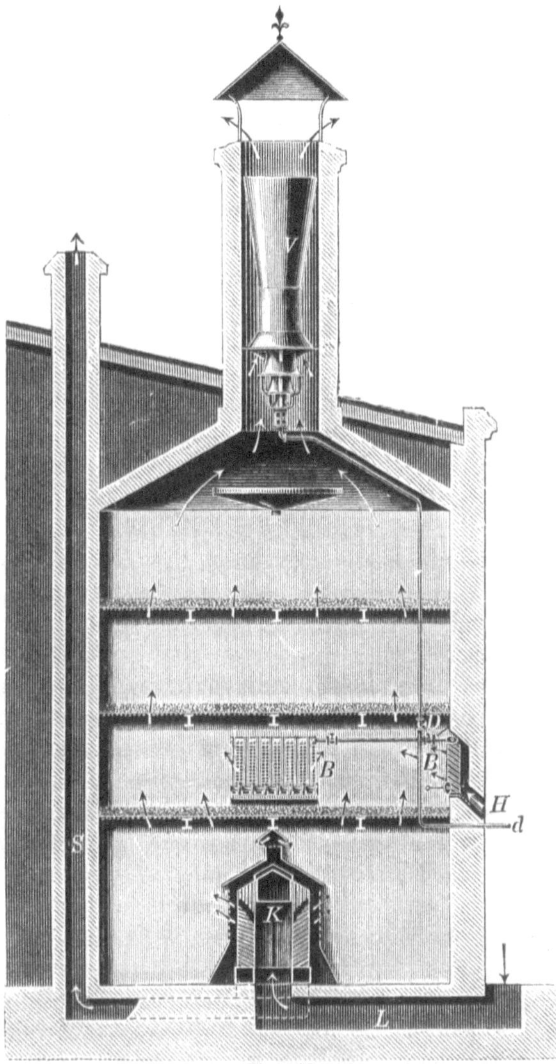

Fig. 148.

Eine solche, ausgerüstet mit Körtingschem Kalorifer und Körtingschem Dampfstrahlventilator, ist in Fig. 148 zur Anschauung gebracht.

Das nasse Malz wird auf die oberste Horde geschafft, wo die Temperatur ca. 40° zu sein pflegt, dort häufig gewendet und umgearbeitet, damit die von unten nach oben hindurchziehende warme Luft überall herantreten kann, worauf es weiter gelangt auf eine tieferliegende zweite und allenfalls auch noch auf eine dritte von gleicher Beschaffenheit, auf welchen ihm dieselbe Behandlung wie auf der obersten zuteil wird. Alle drei sollten stets mit mechanischer Vorrichtung für die Wendung des Trockenguts ausgerüstet sein.

Unter der tiefsten steht der Luftheizofen von sehr verschiedenartiger Bauart und ist der der Luft vorgeschriebene Weg, für welchen oft recht sonderbare Ansichten geltend gemacht werden, noch mannigfaltiger; das gleiche gilt von den vielen Rezepten, welche über die zur Erzielung eines guten Braumalzes auf den einzelnen Darren innezuhaltenden Temperaturen gelten. Sie ähneln sich meistens in der Weise, daß das Malz einer 24 stündigen Behandlung mit ständig wachsender Temperatur unterworfen werden soll, welche während der letzten 3—4 Stunden auf 85—100° zu steigern ist bei entsprechender Verminderung der Lüftung.

Es ist anzunehmen, daß derartige Vorschriften in der Hauptsache auf persönliche Anschauungen zurückzuführen sind, doch erfordern sie eine ständige aufmerksame Wartung und voraussichtlich auch einen hohen Brennstoffaufwand.

Für große Leistungen sind auch schon Trommel- und Muldentrockner mit Dampfheizung verwendet, doch scheint es unter den gegebenen Verhältnissen das richtigste, die Darrenanordnung beizubehalten, jedoch nicht ihre Flächenausmessungen, sondern ihre Zahl zu vermehren, so daß das Malz sie sämtlich bei ununterbrochenem Betrieb in 24 Stunden oder in einer kürzeren Zeit durchläuft. Dann läßt sich auf jeder einzelnen von ihnen die ihr zukommende Temperatur bei zweckmäßigstem Feuchtigkeitsgehalt und Luftwechsel einstellen und aufrechterhalten, ohne unnützen Brennstoffaufwand und ohne daß es besonderen Anforderungen an die Wartung bedürfte.

Ganz andere Bedingungen als eingeweichtes Malz stellt Brot- und Saatgetreide an die Trocknung, schon allein dadurch, daß sein Wassergehalt ein viel geringerer ist.

Während dem Malz und sonstigen gequollenen Getreide bis zu 30% des Naßgewichts zu entziehen sind, sinkt dieser Betrag bei naturfeuchtem Korn auf 5—10%, bei umzuarbeitendem auf ca. 3%, doch soll trockenes Getreide wenigstens noch 10 und höchstens 12% Feuchtigkeit enthalten[1]).

Die aus havarierter Ware zu verdunstende Menge wird zwischen 10 und 30% des Naßgewichts liegen.

Erwägt man, daß der Kern von quellreifer Gerste mit ihrem hohen Wassergehalt noch trocken ist bzw. sein soll, so befindet sich die Feuchtigkeit hauptsächlich an der Oberfläche, von wo sie erst allmählich ins Innere dringt, ja es ist sogar die Annahme nicht unberechtigt, daß die aus naturfeuchtem Getreide zu vertreibende Menge überhaupt nur in oder an der das Korn umhüllenden Schale sitzt, wo sie verhältnismäßig schnell zu vertreiben sein müßte, sobald der Trockenluft ausreichende Gelegenheit gegeben wird, jedes einzelne Korn vollkommen zu umspülen.

Dieser Forderung genügen Trommeltrockner in weitgehendstem Maße, doch standen ihrer allgemeinen Einführung bisher noch vielfach zwei ihrer Eigenschaften hindernd entgegen: die hohe Anfangstemperatur und die Kürze der Berührungszeit zwischen Heizgasen und Getreide.

Über den letzten Punkt insbesondere haben bis in die neueste Zeit selbst bei Fachautoritäten Ansichten geherrscht, nach welchen, wenn sie begründet wären, kaum je eine rationelle Trocknung großer Mengen von Saatgetreide zu erwarten stände.

Inzwischen sind mehrfach sowohl Trommeltrockner als Vakuumtrockner mit verhältnismäßig kurzen Durchsetzzeiten zur Anwendung gekommen und berechtigen beide Bauarten zu den besten Hoffnungen.

Doch werfen wir erst einen Blick auf das, was unter Getreidetrocknung eigentlich zu verstehen ist; sahen wir doch schon, daß die zu entziehenden Wassermengen weit voneinander abweichen.

Jedes Getreidekorn enthält Feuchtigkeit, welche bei längerer Lagerung des Getreides die in ihm schlummernden

[1]) Wochenschrift für Brauerei 1905, Nr. 35.

Triebe zum Erwachen bringt und dadurch seine Eignung für die Mehlbereitung unter allen Umständen nachteilig beeinflußt.

Entweder es geht in eine Art Gärung über und wird dumpfig bzw. muffig, oder es fängt an zu keimen, worauf es vollends zugrunde geht, da ihm der Nährboden fehlt.

Beide Übelstände sind mit Erwärmung verbunden, welche um so leichter eintritt, je feuchter das Getreide ist, so daß als Gegenmittel angewandt werden: gründliche Lüftung durch Umstechen, durch ständiges Rieseln der Frucht vom einen auf den andern Boden, durch Hindurchblasen von Luft u. dgl. oder Lagerung des vorher gut getrockneten Getreides unter bestmöglichem Luftabschluß. Nicht genügend trockener Ware muß der Überschuß an Feuchtigkeit unter allen Umständen entzogen werden, wobei zu beachten ist, daß das Korn selbst keine höhere Temperatur als 40 bis höchstens 50^0 annehmen darf, um nicht an Keimfähigkeit zu verlieren, ferner daß das stündlich zu verarbeitende Gewicht pro Anlage bis zu 10 t à 1000 kg und mehr betragen kann, und endlich daß aus solchen Mengen, wenn sie naturfeucht, mit 22—23% Wasser eingebracht werden, bis zu 1300 kg stündlich zu verdampfen sind, welcher Betrag allerdings bis auf 300 kg herabgeht, wenn das Getreide nur umzuarbeiten ist.

Es werden aber auch, insbesondere in Amerika, noch weit höhere Leistungen von den Getreidetrocken- bzw. -kühleinrichtungen verlangt; so enthält die Zeitschrift des Vereins Deutscher Ingenieure, Jahrgang 1912, S. 794, die Beschreibung einer im Hafen von Rosario erbauten Anlage zum Trocknen von 80 t Getreide stündlich, doch ist daraus weder viel über die Einrichtung noch darüber, wie sie sich im Betrieb bewährt hat, zu erkennen.

Auf S. 809—817, Jahrg. 1913, bringt dieselbe Zeitschrift Abbildung und Beschreibung von sechs anderen amerikanischen Trocknern aus der Feder von J. F. Hoffmann, Berlin, welchen sämtlich der gleiche Gedanke zugrunde liegt, nämlich den eigentlichen Trockner aus einer Anzahl schmaler Schächte zu bilden, von denen abwechselnd der eine von Getreide, der andere von Luft durchflossen wird; die Luftschächte ihrerseits haben wieder abwechselnde Bedeutung, indem in einen um den andern frische Luft eintritt und die dazwischen liegenden zum Abführen der mit Feuchtigkeit angereicherten Luft bestimmt sind. Damit dieselbe von den Eintrittsschächten oder, falls diese unterteilt sind, von den Eintrittskanälen nach den für den Austritt bestimmten hinüber kommen kann, muß sie die Schächte für das Getreide, welche beide trennen, durchqueren, was natürlich nur dann möglich ist, wenn deren Umfassungswände durchlässig, also jalousieartig oder aus durchlochtem Material, ähnlich wie bei den Trocknern von Seck und von Dankworth (Fig. 150 u. 151), hergestellt sind.

Während das Getreide also in seinen Schächten allmählich von oben nach unten rieselt, wird es dabei ununterbrochen von der hindurchgetriebenen Luft durchströmt und gleichzeitig je nach deren Temperatur getrocknet bzw. gekühlt. Angewandt wird vielfach nur ungeheizte Luft in entsprechend großen Mengen für den ganzen Apparat; es wird aber auch geheizte, bis zu 70° erwärmte durch den für die Trocknung dienenden und ungeheizte, durch den zum Kühlen bestimmten Teil getrieben; beide Teile finden sich sowohl untereinander, wie beim Trockner Fig. 150, als auch nebeneinander in zwei gesonderten Apparaten.

Erstaunlich sind die gewaltigen Abmessungen, in welchen derartige Trockner erbaut, und die noch gewaltigeren Luftmengen, welche in ihnen verbraucht werden. Der normale Trockner der Ellis Drier Compagnie faßt ca. 12 500 kg Getreide und werden 25—30 cbm Luft pro Minute und 100 kg Ware, also bei 12 500 kg Ware bis zu 3750 cbm pro Minute, hindurchgetrieben; seine stündliche Leistung wird zu 25 t angegeben, so daß das Getreide sich nach den Berechnungen Hoffmanns ca. $\frac{1}{2}$ Stunde in ihm aufhalten würde.

Die Temperatur der Heizluft ist zu 60—65° geschätzt, leider aber nirgends angegeben, ob sich vorstehende Daten nur auf den Trockner allein oder auf Trockner und Kühler zusammen beziehen.

Einer der beschriebenen Apparate ist in einen seetüchtigen Dampfer gebaut bzw. schwimmend gemacht und für eine Verarbeitung von 83 t pro Stunde bemessen; er hat also eine Leistung ungefähr gleich derjenigen der Anlage in Rosario, bei welcher das Getreide im oberen Teil von 20 etwa 10 m hohen Rieselsäulen von 38 mm Stärke durch den heißen Wind von 10 Gebläsen à 1350 mm Flügelraddurchmesser getrocknet und im unteren Teil durch 5 Gebläse à 1 m Durchmesser gekühlt wird.

Erwähnt sei noch, daß sich in einer andern der besprochenen Bauarten, dem Getreidetrockner von Heß, die russische Erfindung von Hermann v. Sivert auf Heimtal in Livland, wie sie durch Fig. 149 veranschaulicht wird, wiederfindet, nur daß sie den größeren Verhältnissen angepaßt ist. Die Abbildung läßt deutlich die Getreideschächte erkennen, welche von der zwischen ihnen eingeblasenen Trockenluft durchquert werden.

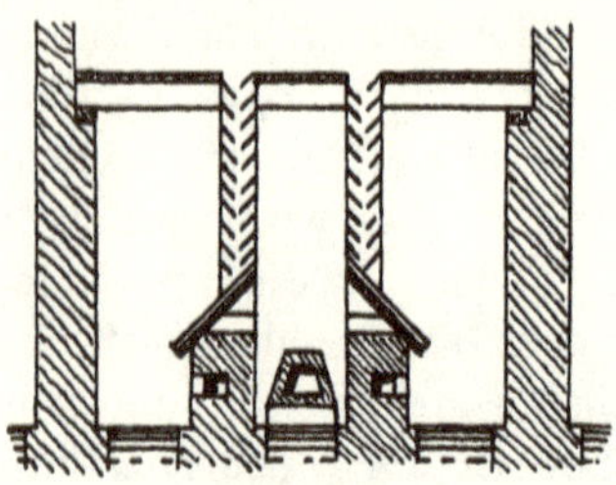

Fig. 149.

Alle diese Einrichtungen sollen, wie schon erwähnt, für je 100 kg Getreidefassung 25—30 cbm Luft pro Minute erfordern, so daß Hoffmann selbst zu dem Schluß kommt: „Es findet also grundsätzlich eine große Kraft- und Wärmeverschwendung statt. Obgleich die amerikanischen Ausführungsformen sehr beachtenswert sind, können sie nicht als endgültige Lösung der Getreidetrocknungsfrage angesehen werden."

Dem läßt sich nur beipflichten, und deshalb sollten sie auch nicht als Vorbilder für deutsche Firmen dienen, wie unter anderem für die Trockner von Gebr. Seck, Dresden (Fig. 150), und von Dankworth, Magdeburg (Fig. 151), oder von Wilhelm Jäger, Halle a. S., ganz abgesehen von der Anlage in Rosario.

Beim ersten, der im Grundriß die Form eines schmalen Rechtecks hat, wird heiße Luft nur in den oberen Teil des Mittelraums getrieben, in den unteren dagegen kalte, so daß das Getreide beim langsamen Heruntersinken erst getrocknet und dann gekühlt werden soll.

Mit einem Dankworthschen Trockner von 1,25 m Durchmesser bei 9 m Höhe wurden von Hoffmann im Berliner Versuchskornhaus 6000 kg Getreide in 10 Stunden 300 kg Wasser durch Luft entzogen, welche auf 40—45° erwärmt

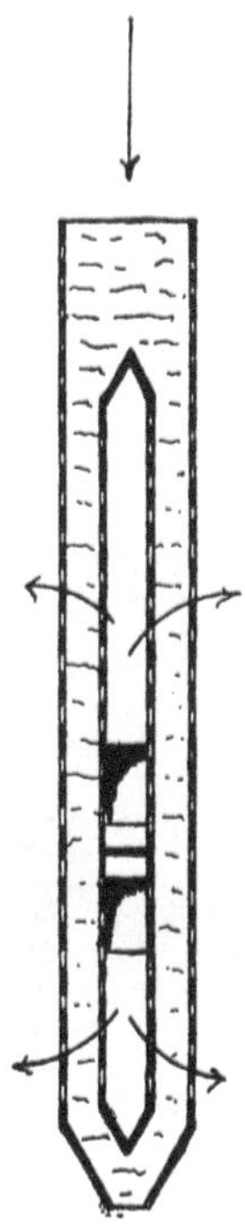

Fig. 150.

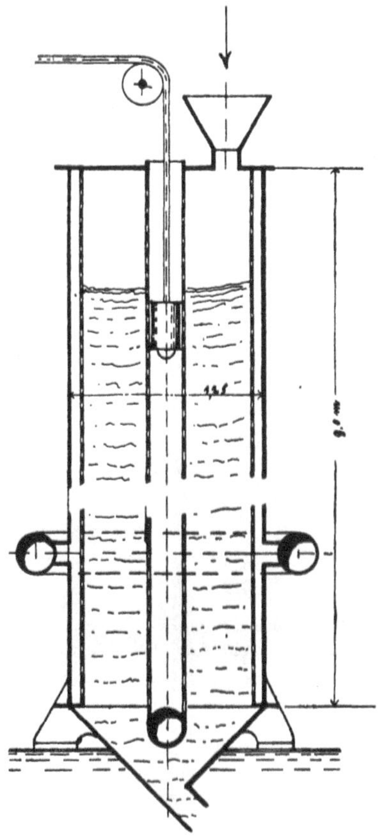

Fig. 151.

war; die Temperatur des Getreides bewegte sich im allgemeinen zwischen 15 und 20°, stieg gelegentlich aber auch bis zu 30°; getrocknet wurden Weizen, Roggen, Gerste und Lupinen, die in dem Maße oben nachgegeben, wie sie unten abgezogen wurden.

Da das Fassungsvermögen des Apparats gerade 6000 kg betrug, so hielt sich das Trockengut 10 Stunden in ihm auf, und seine Leistung war nur 30 kg Wasserverdunstung stündlich.

Daran ist übrigens nichts Auffallendes, wenn man bedenkt, daß die Luft im Mittelschacht unter einer gewissen, aber

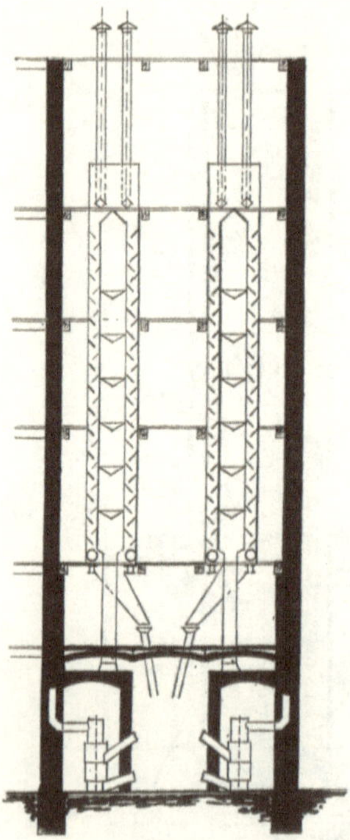

Fig. 152 a.

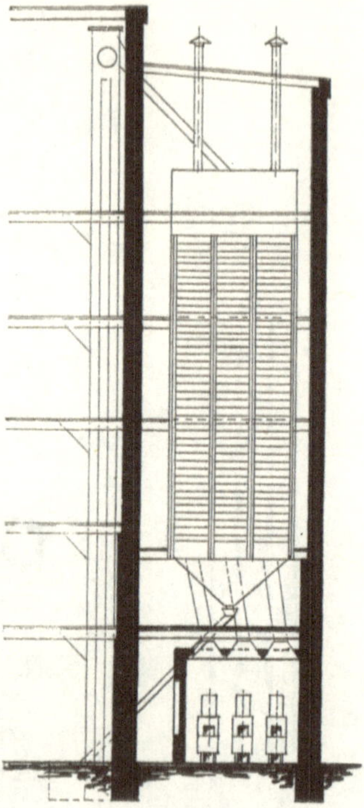

Fig. 152 b.

gleich starken Pressung steht, das Korn im Ringraum dagegen unten unter 9, oben unter ca. ½ m Getreidedruck, so daß es der Luft weit leichter wird, oben hindurchzutreten als unten. Weshalb soll sie sich also überhaupt unten noch quälen? Sie geht sicher nicht weiter, als sie muß, und dazu werden die obersten Meter genügen, wogegen der ganze Rest als Kühlraum wirkt. Als besonders unangenehme Zugabe aller derartigen Ausführungen müssen die Schlitze in den Blechen angesehen werden, indem sie der Luft den Durchtritt ohnehin erschweren und außerdem Verstopfungen durch zu weiches oder kleinkörniges Material ausgesetzt sind.

Um der Luft besseren Zutritt zu ermöglichen, wird sie bei anderen Verfahren innerhalb hohler Schächte dem darin heruntergeworfenen Getreide entgegengeführt, welcher Vorgang sich am einfachsten dadurch abwickelt, daß man dieses im Hofraum eines mehrstöckigen Lagers aus den Fenstern der oberen Böden hinausschaufelt, doch mag dahingestellt bleiben, wie weit dabei eine wirkliche Trocknung eintritt.

Günstiger sieht es darin bei dem Jalousietrockner von Wilhelm Jäger, Halle a. S. (Fig. 152a und b), bei welchem die heiße Trockenluft zwischen zwei Rieselwänden hochzieht und auf diesem Wege mehrfach in dieselben hineingeleitet wird, um die Getreidekörner von allen Seiten zu bestreichen; zu einer ausgiebigen Trockenwirkung und Ausnutzung der Wärme sind immerhin große Abmessungen erforderlich.

Jedenfalls lassen sich derartige Einrichtungen nur als verwendbar für die Verarbeitung geringer Mengen ansehen, und wenn wir in Deutschland auch keine so großen Einrichtungen wie in Rußland und Amerika brauchen, so werden diese Länder, wie überhaupt das Ausland, sie doch gern von uns beziehen, wenn wir sie in hervorragender Güte zu liefern vermögen.

Aus den gewaltigen Bauten mit ihren oft sehr wenig rationell arbeitenden Einrichtungen, die gar nicht einmal immer in Betrieb sind und dann in verhältnismäßig wenigen Tagen alle für sie gemachten Aufwendungen einbringen müssen, geht der Nutzen der Trocknung schließlich deutlicher hervor als aus noch so vielen Rentabilitätsberechnungen, wozu nur erwähnt sein möge, daß der durch Unterlassung der Trocknung auftretende Verlust an allen Getreidearten von Dr. J. F. Hoffmann für das Deutsche Reich allein auf

---

[1]) Vgl. Zeitschr. d. Ver. D. Ing. 1900, S. 166.

etwa 150 Mill. Mark jährlich geschätzt wird[1]). Hier harrt also noch ein ergiebiges Feld der Erschließung.

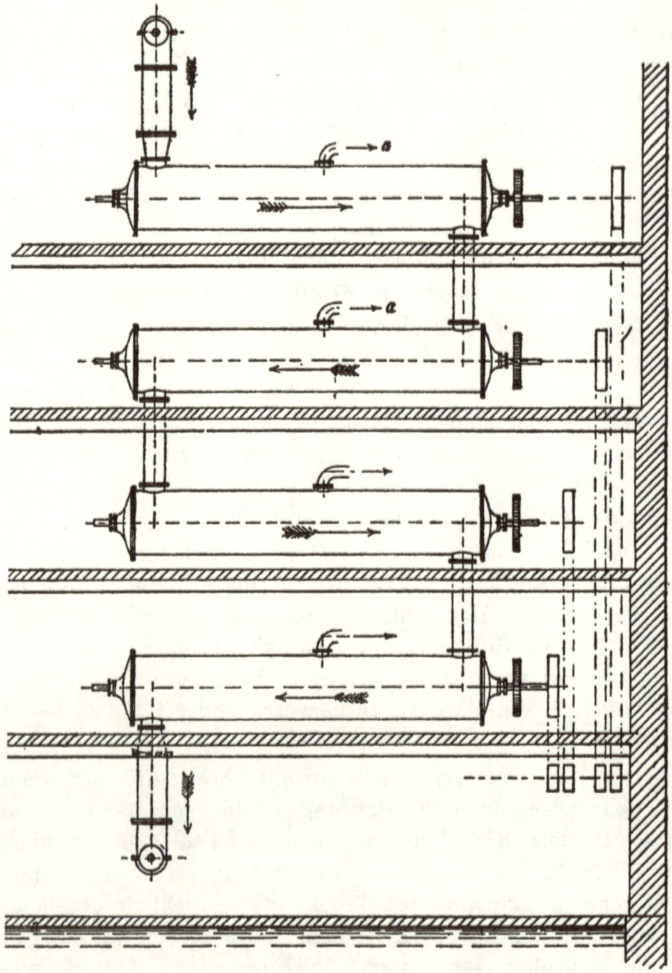

Fig. 153.

[1]) Vgl. Emil Paßburg, Vakuum-Getreidetrocknung, April 1912, S. 2 u. 22. — 60 Millionen in trockenen Jahren; 250 Millionen in feuchten Jahren.

Glücklicherweise sind die Vorarbeiten dazu bereits so weit gediehen, daß eine Grundlage als geschaffen betrachtet werden kann, und zwar einerseits durch die Vakuumtrocknung von Emil Paßburg, Berlin NW., anderseits durch die Trommeltrocknung mittels heißer Luft.

Das Paßburgsche Verfahren hat zur Massentrocknung Anwendung gefunden in Rußland auf den Lagern der Moskau-Windauer Eisenbahn zu Winden für Getreide, in Beslau im Kaukasus für Mais, in Nordamerika auf den Werken der Burns-Yantis-Grain Co. zu Hammond für Getreide und darf danach angenommen werden, daß reichliche Erfahrungen darüber vorliegen. Die allgemeine Anordnung zeigt Fig. 153, wonach eine solche Anlage im wesentlichen aus vier übereinander liegenden Kesseln von je ca. 1,5 m Durchmesser bei ca. 10 m Länge besteht, welche vom Trockengut nacheinander langsam in der Richtung der gefiederten Pfeile durchwandert werden.

Im Innern der Kessel wird dabei durch einen in der Zeichnung nicht angegebenen Kondensator mit zugehöriger Luftpumpe eine Luftverdünnung von ca. 70 cm bzw. eine Temperatur von ca. 40° C aufrechterhalten, während gleichzeitig Dampf von niedriger Spannung die Mäntel und die in ihnen rotierenden, mit Hubschaufeln versehenen Heizkörper durchströmt, indem er in üblicher Weise durch je einen Tragzapfen hinein- und durch den andern als Kondenswasser wieder herausgelangt.

Zur Erzielung eines ununterbrochenen Betriebes sind in die Zu- und Abführungsschlote schleusenartige Vorrichtungen nach Fig. 154 eingeschaltet, welche nur dem Getreide, nicht aber der Außenluft den Durchgang gestatten.

Zu dem Zweck sind in dem Schlot auf einer vertikalen Mittelwelle zwei Drehkolben befestigt, und zwar im Innern zweier kleiner Kammern, welche sich über und unter einer großen mittleren befinden.

Jeder der Drehkolben hat eine Durchbrechung, welche sich während eines vollen Umgangs einmal mit einer ebensolchen in der Wand über und einmal mit einer anderen in der Wand unter ihm deckt, doch so, daß die große Mittelkammer niemals gleichzeitig, sondern nur abwechselnd mit beiden Kolbendurchbrechungen in Verbindung treten kann. Dagegen ist sie ununterbrochen mit einer Luftpumpe vermittelst einer an die Stutzen „*b*" geschlossenen Rohrleitung verbunden, so daß die Spannung in ihr auf der gleichen Höhe wie im ganzen Apparat erhalten bleibt.

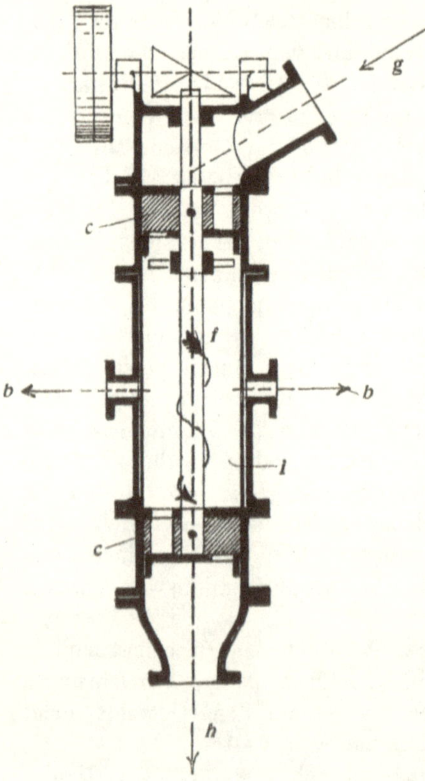

Fig. 154.

Die durch „*g*" einfallenden Körner gelangen zunächst in den oberen Drehkolben „*c*", aus welchem sie nach einer halben Umdrehung, zusammen mit der zwischen ihnen befindlichen Luft, in die Mittelkammer treten, um aus derselben in ähnlicher Weise durch den unteren Drehkolben in den Trockenapparat hinabzusinken. Der Wiederaustritt aus demselben vollzieht sich durch eine gleichartige Vorrichtung. Als Leistung wird für einen Apparat aus 4 Kesseln à 1,5 m Durchmesser bei 9 m Länge angegeben eine Wasserentziehung von 7% aus 10 000 kg feuchtem Getreide stündlich. Nach den Paßburgschen Angaben werden verbraucht an Heizdampf etwa 1700 kg pro 700 kg was ca. 1500 WE pro kg Wasserverdunstung entsprechen würde.

Von Interesse sind folgende Versuchsdaten:

1. Bei sehr verschmutztem Hafer:

Die Anwärmung der Einrichtung dauerte 80 Min., der Durchgang des Hafers durch sie 40 Min.

Getrocknet wurden 9000 kg in 1 Std. von 23,4% auf 9,4% Feuchtigkeit; 5 Tage später war sie auf 10,1% gestiegen.

Temperatur des Hafers vor der Trocknung 5⁰, nachher 45⁰.

Vom ungetrockneten Korn keimten 100%, vom getrockneten 88%.

2. Bei Weizen:

Anwärmung wie oben; Durchsetzzeit 45 Min.

Getrocknet wurden 12 000 kg in 1 Std. von 21,8 auf 10,8% Feuchtigkeit.

Temperatur des Weizens vor der Trocknung 5,6⁰, nachher 48⁰ C.

Die Betriebsmaschine verbrauchte laut Indikatorversuch:

bei Leergang	13,6 PSi,
mit Luftpumpe	51 „
„ Trockenzylindern	56 „
„ Luftpumpe und Trockenzylindern	93 „

Diese Versuche sind vom dermaligen Betriebsleiter in Windau, Herrn Ing. J. A. Isakowitsch, angestellt und im „Russischen Müller" veröffentlicht.

Von mindestens ebenso großer Bedeutung wie die Trocknung von Roggen, Weizen und Hafer ist diejenige von Mais, welcher nach der Ernte einen Wassergehalt von 22—28% aufweist, zu dessen Verminderung auf ca. 16% von Paßburg ganz gleichartige Apparate wie die eben besprochenen verwendet werden. Die Einrichtungen unterscheiden sich von denen für anderes Getreide nur durch die Anwendung besonderer Kühlapparate, in welchen das mit 40—50⁰ aus den Trocknern tretende Produkt unter vermindertem Luftdruck auf 20—30⁰ heruntergekühlt wird. Das Maiskorn ist anscheinend besonders empfindlich gegen eine plötzliche Überführung in kalte Außenluft, doch werden sich voraussichtlich Einrichtungen zur allmählichen Abkühlung auch für andere Getreidearten bewähren, wenn deren Trocknung sich bis in die kalte Jahreszeit hinein erstreckt. Das ist unter Umständen leicht möglich, indem die Trocknung aller landwirtschaftlichen Produkte hauptsächlich dadurch Nutzen abwirft, daß sie ermöglicht, die frische, dem schnellen Verderben leicht ausgesetzte Ware billig einzukaufen, sie haltbar und widerstandsfähig zu machen und zu erhalten, um sie dann zu Zeiten, in denen es an ihr mangelt, zu guten Preisen verkaufen zu können.

Alle für derartige Verhältnisse verwendbaren Apparate müssen daher imstande sein, große Mengen schnell mit tunlichst geringen Kosten bewältigen zu können.

Dazu eignen sich unstreitig in besonderem Maße die durch Feuergase mit oder ohne Zumischung von Luft geheizten Trommeltrockner, mit welchen denn auch in neuerer Zeit die ersten Schritte nach dieser Richtung durch mehrere Firmen getan wurden, von denen insbesondere genannt seien: Ernst Förster & Co., Magdeburg; ferner die G. Sauerbrey Maschinenfabrik A.-G., Staßfurt, die Rheinische Dampfkessel- und Maschinenfabrik Büttner, Uerdingen, und W. L. Beth, Lübeck. Hiervon haben bisher jedoch wohl nur von Förster hergestellte Anlagen öffentlich Erwähnung gefunden, nachdem diese Firma gerade für Getreide eine größere Zahl geliefert hat. Sämtliche angeführten Trommeltrockner unterscheiden sich äußerlich kaum von den schon bei der Schnitzeltrocknung besprochenen, doch arbeiten keine von ihnen mit unvermischten Heizgasen von hoher Temperatur; diese wird vielmehr zwischen 175 und 400^0 gehalten, und zwar ist hierfür in erster Linie die Art des zu trocknenden Getreides maßgebend. Die Berechnung der Trommeln ist im ersten Teil an einem Beispiel erläutert.

Unsere bisherigen Betrachtungen bezogen sich lediglich auf naturfeuchtes und auf solches Getreide, welches allmählich wieder Wasser angezogen, aber doch nur einen geringen Feuchtigkeitsgehalt hat. Demgegenüber steht havariertes Getreide, welchem unter Umständen bis zu 30% seines Gewichts zu entziehen sind. Die Verschiedenartigkeit dieser Forderungen bedingt natürlich eine verschiedene Behandlung in bezug auf Temperatur der Trockengase und Durchsetzzeit des Trockenguts, was sich beides bei Trommeltrocknern in weiten Grenzen ändern läßt, ohne daß deren Wirkungsgrad sehr darunter leidet. Da nun auch aus allen neueren Beobachtungen hervorgeht, daß die hauptsächlich in Frage kommenden

Getreidearten bis auf ca. 45° erwärmt werden dürfen und daß eine weit kürzere Durchsetzzeit, als früher angenommen wurde, für die Trocknung genügt, so handelt es sich im wesentlichen nur noch um genauere Bestimmung dieser letzteren, um an Hand der im ersten Teil gegebenen Anleitungen die zweckmäßigsten Abmessungen für Trommel, Feuerstelle, Gebläse etc. berechnen zu können.

Fig. 155.

In Fig. 155 ist eine landwirtschaftliche Trockenanlage, geeignet für Kartoffeln, Getreide, Rübenblätter, abgebildet, welche von der G. Sauerbrey Maschinenfabrik A.-G., Staßfurt, nebst allen dazugehörigen Hilfsmaschinen in Straßburg i. Els. ausgestellt war. Aus der umstehenden Tabelle sind die Abmessungen der Trommeln ersichtlich.

Die Ausgangstemperaturen der Gase betragen für Getreide 60—70° C; wenn die Keimfähigkeit unbedingt erhalten werden soll, so darf diese Temperatur nur 40—50° betragen. Leider ist nicht hinzugefügt, wieviel Grad die Gase beim Eintritt haben, wodurch ein Schluß auf die Wirtschaftlichkeit möglich geworden wäre.

Nr.	Trommelmaße Durchm. u. Länge	Naturfeuchtes Getreide bei 5—6 % Wasserentziehung u. Rübensamen Trockenmaterial dz pro Stunde	Naturfeuchtes Getreide unter Garantie für volle Erhaltung der Keimkraft Trockenmaterial dz pro Stunde
0	1,0 × 5,0 m	10,0	6,0
1	1,1 × 5,5 »	12,5	7,2
2	1,2 × 6,0 »	16,0	9,6
3	1,3 × 6,5 »	21,0	12,0
4	1,4 × 7,0 »	26,0	15,0
5	1,5 × 7,5 »	32,0	19,0
6	1,6 × 8,0 »	40,0	24,0
7	1,7 × 8,5 »	47,0	28,0
8	1,8 × 9,0 »	57,0	37,0
9	1,9 × 9,5 »	67,0	40,0
10	2,0 × 10,0 »	77,0	46,0

Ernst Förster & Co., Magdeburg, geben für ihre Trommeln folgende Daten[1]):

Nr.	Rübenblätter	Kartoffeln	Rübensamen	naturfeuchtes Getreide	havariertes Getreide	Kraftbedarf
0	0,5	0,5	1,3	1,12	1,4	0,8
1	1,4	1,3	3,5	3,00	3,9	1,5
2	3,8	3,7	10,0	9,7	10,8	5
3	7,4	7,2	20,0	17,0	21,2	8
4	14,8	14,6	40,4	34,4	43,0	12
5	24,5	24,0	66,5	56,62	70,8	18
6	38,8	38,0	107,4	91,5	115,0	22

Doch mit der Trocknung des Getreides wird oft noch ein anderer Zweck verfolgt — die Abtötung von Krankheitskeimen nämlich. Insbesondere beim Weizen und bei der Gerste ist es der sog. Flugbrand, eine Pilzart, welche

[1]) Weitere Angaben dieser Art finden sich „Trocknungs-Industrie“, Nr. 8, Jahrg. 1913.

in den Ähren der befallenen Pflanzen ein braunes Pulver bildet und sich dadurch weiter überträgt, was energisch bekämpft werden sollte und sich auch verhältnismäßig leicht bekämpfen läßt.

Zu dem Zweck ist die kranke Frucht 4 Stunden in Wasser einzuweichen, welches bei Gerste 25—30°, bei Weizen 30—40° hat, um darauf nochmals 10 Minuten in bedeutend heißerem Wasser von 50—52° bei Gerste, von 52—53° bei Weizen nachgewärmt zu werden, und nunmehr in der Trommel bei ca. 200° Einzugs- und ca. 66° Abzugstemperatur von 30—35% nach der Quellung auf ca. 13% Feuchtigkeitsgehalt herunterzutrocknen, wobei das Material selbst mit ungefähr 40° austritt.

Das Wesentlichste scheint zu sein, daß das vorher mehrere Stunden eingeweichte Getreide für 8—10 Minuten, jedoch nicht länger, auf 50—52° bis ins Innere hinein erwärmt wird; für die darauffolgende Trocknung eignen sich bei Verarbeitung geringerer Mengen allenfalls auch Bandtrockner bzw. Jalousietrockner wie die von Wilhelm Jäger, Halle a. S., hergestellten; größere Beachtung verdienen jedoch die fahrbaren Trockner von Uerdingen oder von der Firma G. Sauerbrey in Staßfurt.

Nicht unerwähnt darf dabei bleiben, daß Uerdingen selbst von der trockenen Flugbrandbekämpfung nichts wissen will, sondern eine Behandlung des vorgequellten Getreides mit heißem Wasser empfiehlt in der Weise, daß dasselbe im Kreislauf durch das ruhende Getreide hindurch gepumpt wird, um es schnell und gründlich auf die für die Vernichtung des Flugbrandes nötige Temperatur zu bringen.

Das ist jedoch im Grunde kaum etwas anderes als die oben bereits vorgeschriebene Nachwärmung, und muß in beiden Fällen dem Durchwärmen auf nassem Wege eine Trocknung folgen.

Einer ähnlichen Behandlung, jedoch mit einer Lösung von Kupfervitriol und Kalk, wird solches Getreide unterworfen, welches mit sog. Steinbrand behaftet ist.

Damit möchten wir das so außerordentlich wichtige Gebiet der Getreidetrocknung verlassen, jedoch nicht, ohne nochmals darauf hingewiesen zu haben, daß sich durch richtigen

Ausbau des Trommeltrockners voraussichtlich vollkommen befriedigende Ergebnisse werden erzielen lassen.

Der dadurch zu erreichende Fortschritt ist schon des „Schweißes der Edlen“ bzw. der Herstellung einer Versuchsstation wert, indem sich dabei jedenfalls zeigen wird, daß sich nicht bloß die Anlagekosten sondern auch die Ausgaben für den Betrieb niedriger stellen, und zwar zum Teil recht bedeutend, als bei der sonst durchaus anzuerkennenden Vakuumtrocknung, ganz abgesehen von den ungeheuerlichen amerikanischen Einrichtungen.

Sämereien, Hülsenfrüchte etc.

Für Samen und Hülsenfrüchte aller Art gelten ungefähr die gleichen Trocknungsbedingungen wie für Getreide, so daß sich alle dort genannten Apparate auch hier verwenden lassen.

Da es sich aber hier oft nur um verhältnismäßig geringe zu bewältigende Mengen handelt, so darf die Dr. Ridersche Darre, gebaut von Ph. Mayfarth & Co., Frankfurt a. M., nicht unerwähnt bleiben, welche bei geringem Anschaffungspreis allen billigen Anforderungen genügt, besonders wenn weder Dampf zur Heizung noch Kraft zum Betrieb zu haben ist. Sie wird bis zu ziemlich großen Leistungen gebaut und ist eingehend beschrieben im Kapitel über Obst und Gemüse (S. 517), woselbst ihre Einrichtung auch durch Fig. 252 veranschaulicht wird.

Erwähnt sei noch, daß neuerdings auch die Wäschereiabfälle von Weizen, bestehend aus Keimen, Spitzen, Holzfasern u. dgl., abgefangen und getrocknet werden. Das Verfahren wird von der Firma Piepenbring & Co., G. m. b. H. in Dortmund, empfohlen, welche auch die Einrichtung dazu liefert.

Milch, Blut u. dgl.

Zum Trocknen aller schon etwas eingedickten Flüssigkeiten eignet sich das Arbeiten unter Vakuum ganz besonders, und werden wir die sich dafür am besten bewährenden Vakuumapparate später bei der Besprechung chemischer Produkte noch kennen lernen.

Für die Vorbereitung, das Eindicken, haben sich die bekannten Verdampfapparate (Fig. 114) stets gut bewährt, doch läßt sich die Masse in ihnen nicht fertig trocknen, da sie genügend flüssig bleiben muß, um einen ständigen Durchlauf zu ermöglichen. Das Fertigtrocknen kann sodann in geeigneten, kontinuierlich arbeitenden Einrichtungen sowohl unter atmosphärischem, als auch unter vermindertem Druck vorgenommen werden, doch ist das letztere überall dort vorzuziehen, wo eine schnelle Trocknung ohne Anwendung hoher Temperaturen erwünscht ist, also z. B. bei Milch.

Daß sich für dies Material Walzentrockner mit gutem Erfolg verwenden lassen, dürfte nach vorstehenden Überlegungen anzuzweifeln sein, ganz abgesehen davon, daß sich manche ihrer Bauarten wenig zum Auftragen dünnflüssiger Substanzen auf ihre Oberfläche eignen. Inwieweit dies bei dem Walzenpaar Fig. 159 der Fall ist, welches in Verbindung mit der darunter erkennbaren Nachtrocknungsmulde nach Angabe der Hersteller ausdrücklich für die Trocknung von Blut dienen soll, geht aus der Abbildung nicht hervor; eine zuverlässige Abdichtung zwischen Fülltrichter und Walzen ist jedenfalls schwer zu erreichen.

Es verhält sich mit der Trocknung von Blut aber auch, solange es sich nur um Gewinnung eines Trockenprodukts für Düngezwecke handelt, wesentlich anders als mit der von Milch, indem dasselbe eine gewissermaßen robustere Behandlung verträgt, so daß seine Eindickung ohne Anwendung von Mehrkörperverdampfapparaten möglich ist.

Blut kann sogar unmittelbar mit heißen Gasen in Berührung gebracht werden, welcher Gedanke dem früheren Direktor des Schlachthofes in Posen, Stauff, unter Nr. 118 321 im Deutschen Reiche patentiert worden ist.

Die Einrichtung gleicht im Prinzip derjenigen bei den Trommeltrocknern mit Rauchgasheizung, indem auch bei ihr das Blut in feinster Verteilung durch heiße Verbrennungsgase gespritzt wird, und geben Fig. 156a u. 156b die allgemeine Anordnung des für Gasheizung bestimmten Versuchstrockners wieder.

Er besteht aus einem konischen Schacht über einem tellerförmigen Brenner, gleich denen der Gasbadeöfen; unten an den vier Ecken des Schachtes stehen Becher, das flüssige Blut enthaltend, welches durch komprimierte Luft in derselben Weise, wie wir es bei Eau de Cologne-Fläschchen kennen, hochgesaugt und fein zerstäubt in die im Schacht hochschlagenden Flammen geblasen wird. Dabei verdampft das in ihm enthaltene Wasser und zieht mit den fest werdenden Blutkügelchen nach oben. Der über dem Schacht aufgebaute Fänger besorgt eine Absonderung der schwereren festen von den leichteren flüssigen Teilen, womit die Trocknung beendet ist.

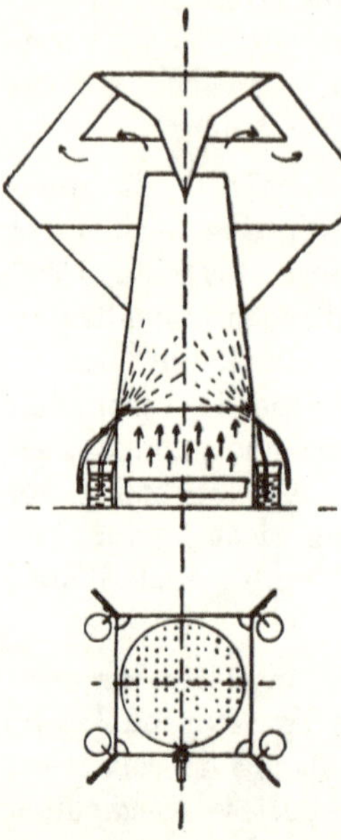

Fig 156 a u. b.

Das fertige Produkt soll von vorzüglicher Beschaffenheit sein, doch sind trotzdem Ausführungen dieser Art im großen nicht bekannt geworden.

Dagegen gibt die Firma Möller & Pfeifer, Berlin, an, daß sich ihre Trommeltrockner dazu bereits mehrfach bewährt haben; so seien unter anderen geliefert an die

British Organic Convertion Co., Ltd., London, Filiale Vlissingen:

1 Trommel für 2500 kg frisches Blut pro Tag,
und später: 1 „ „ 5500 „ „ „ „ „
ferner an

The Nellfield Estate Co., Ltd., London-Braidwood:
1 Trommel für stündlich 260 kg Blut und Fleisch.

Es wird sich demnach empfehlen, die Bluttrocknung nach dieser Richtung überall da weiter auszubauen, wo durch etwa noch auftretende Gerüche keine Schwierigkeiten zu erwarten stehen; andernfalls dürfte zur Vakuumtrocknung und -Verbrennung der von der Luftpumpe ausgeworfenen Gase zu greifen sein.

Das Trocknen von Blut unter atm. Druck bei hoher bis höchster Temperatur verfolgt den Zweck, den massenhaft vorhandenen Stoff nicht umkommen zu lassen; das Produkt ist meistens Blutkohle, welche zu technischen Zwecken an Stelle von Knochenkohle Verwendung findet, im übrigen aber ein Düngemittel darstellt, das nach seinem Stickstoffgehalt bewertet wird.

Eine andere Behandlung des Blutes dagegen ist auf größte Schonung seiner wertvollsten Bestandteile gerichtet, der Eiweißstoffe, die mit der wässerigen Lösung der Blutsalze zusammen das Serum darstellen und denen ihre organische Konstitution erhalten bleiben muß. Hierzu soll sich der in Abschnitt XIII beschriebene Vakuumtrockenschrank nach Fig. 208—210 gut bewähren, über dessen eigenartige Arbeitsweise Näheres auf Seite 465—467 gesagt ist.

IX. Abschnitt.

Trockner für Futtermittel aus Fabrikationsrückständen.

Biertreber.

Frische Treber enthalten im Mittel 76, getrocknete 9% an Wasser[1]), so daß sich die auszutreibende Menge davon ungefähr auf 275 kg pro 100 kg Trockentreber stellt; von diesen darf etwa 1 kg auf 3 kg Einmaischquantum gerechnet werden, womit wir auf ca. 91 kg Wasserverdampfung pro 100 kg Malzeinmaischung kommen.

Diese Menge wurde früher vielfach und wird auch jetzt noch hier und da durch Abpressen vermindert bis auf ca. 170 kg Wasser pro 100 kg Trockentreber, doch verlieren die

[1]) Vgl. Meyer, Künstliche Trocknung der Futtermittel. Jänecke, Hannover.

letzteren dadurch nicht unerheblich an Wert, indem mit dem abgepreßten Wasser auch Nährstoffe fortgehen. Anderseits leidet die Verdaulichkeit und damit der Wert der Treber durch hohe Trockentemperaturen, indem er von 80—84% bei normalen, auf 58—59% bei angebrannten sinkt, weshalb die Trocknung durch Feuergase wenig Aufnahme gefunden hat gegenüber derjenigen durch Dampf von niedriger Spannung, welcher auf Kontaktheizflächen in Mulden- oder Walzenform wirkt; dazu kommt ferner, daß das Material sehr zur Klumpenbildung neigt, was eine feine, gleichmäßige Verteilung, wie sie die Feuergastrocknung verlangt, nicht gerade begünstigt.

Einer der verbreitetsten Dampftrockner wird von der Firma Petry & Hecking, Dortmund, hergestellt und ist seine Einrichtung aus den Fig. 157 u. 158 ersichtlich. Er besteht aus einer doppelwandigen Innentrommel, welche in einer ebenfalls doppelwandigen Mulde rotiert; die Mulde wird durch einen gut gegen Wärmeausstrahlungen geschützten Deckel geschlossen; in einem gewissen Abstand von der Trommel sind becherartige Schaufeln an ihr befestigt, um sich gemeinsam mit ihr zu bewegen.

Die nassen Treber werden durch den Fülltrichter „*c*“ in die mit Abdampf geheizte Innentrommel eingeführt, welche von ihnen langsam in der Richtung der Pfeile vom einen zum andern Ende durchlaufen wird; nach dieser Vortrocknung sinken sie in die ebenfalls geheizte Mulde „*b*“, aus welcher die Becher sie schöpfen und auf den äußeren Umfang der Innentrommel werfen, von wo sie wieder in die Mulde fallen und so, sich fortwährend wendend und verteilend, allmählich zurück zum Eintrittsende in die dort befindliche Sammelgrube *d* gelangen, der sie fertig getrocknet entnommen werden.

Die Temperatur des durch den Apparat ziehenden Dampfluftgemisches beträgt ca. 55^0, diejenige der dampfbeheizten Wände von Innentrommel und Mulde, auf denen sich die Treber fortbewegen, ist ungefähr doppelt so hoch und etwa gleich der des Heizdampfes.

In einer neueren Form wird der Apparat mit einer Staubhaube ausgestattet und in Abmessungen hergestellt, von welchen die am meisten verwendete Größe ausreicht für eine stündliche Einmaischmenge von ca. 200 kg, entsprechend ca. 70 kg Trockentrebern, doch werden auch weit kleinere

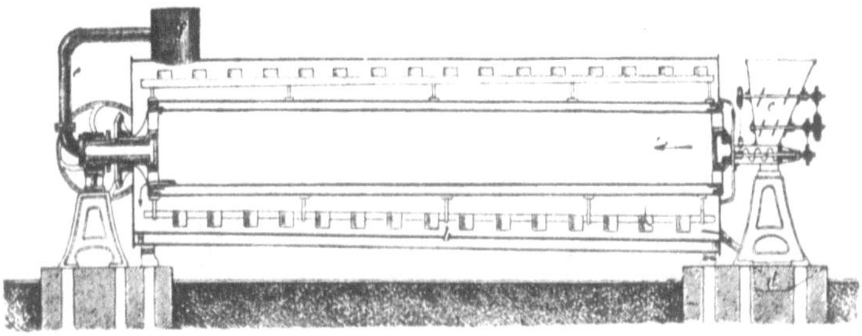

Fig. 157.

Apparate, und zwar bis zu ca. 60 kg stündlicher Einmaischung, geliefert.

In welchem Umfang derartige Einrichtungen benötigt werden, ist daraus zu entnehmen, daß die Firma Petry & Hecking

Fig. 158.

bereits Anlagen mit 34 und mit 18 Trocknern für tägliche Leistungen (in 24 Stunden) von 170 000 und 90 000 kg Einmaischung auch nach dem Auslande lieferte.

Sehr verbreitet sind die bekannten Ottoschen Trebertrockner, welche den bereits erwähnten Muldentrocknern mit Röhrenbündeln (Fig. 111 u. 112) im ganzen Aufbau ähneln und sich nur wenig von ihnen wie von den übrigen zur gleichen Klasse gehörenden unterscheiden.

Original-Otto-Trockner werden hergestellt von der Firma Louis Soest & Co. m. b. H., Reisholz bei Düsseldorf, welche insbesondere für Trebertrocknung noch ihren „Sesto"-Trockner mit nur einer Mulde liefert; bei ihm wird mit Recht hoher Wert gelegt auf Erreichung einer guten Durchspülung des Trockenguts mit erwärmter Luft zwecks sofortiger Abführung der sich beim Trocknen entwickelnden Dämpfe. Dieser Gedanke findet sich übrigens bei den meisten, wenn nicht bei sämtlichen Muldentrocknern in mehr oder weniger vollendeter Form.

Der Bau und die Anwendung von solchen ist trotz aller ihnen anhaftenden Mängel sehr beliebt und weit verbreitet; sie werden z. B. außer von den bereits angeführten Firmen noch gebaut von: Julius Pintsch A.-G., Berlin, Veneluth & Ellenberger, Darmstadt, W. L. Beth, Lübeck, Maschinenfabrik Imperial, Meißen, Albert Gerlach, Nordhausen, und vielen anderen. Jede von ihnen führt selbstverständlich eine, etwas von denen der übrigen abweichende Bauart aus, deren Wert hier nicht gegeneinander abgewogen werden soll, zumal ihnen (ähnlich wie den Röhrentrocknern der Brikettfabrikation) nur eine mäßige Wirkung im Verhältnis zum aufgewandten Material zugesprochen werden kann, da die Einführung von Dampf und die Abführung des entstehenden Kondenswassers durch denselben Zapfen einer guten Entlüftung und Entwässerung der Röhrenbündel oder Trommeln ähnliche Schwierigkeiten entgegensetzen, wie sie dem Durchzug der Trockenluft durch die Heizkörper und Mulden erwachsen. Außer diesen Unzulänglichkeiten, welche das Heizen mit Abdampf sehr erschweren, besteht noch die weitere Gefahr, daß das Trockengut auf den Heizkörpern oder in den Mulden bei vorgeschrittener Trocknung festbrennt und dadurch zu Störungen im Betrieb Veranlassung gibt.

Leider wird gerade im Maschinenbau sehr nach diesen Richtungen gefehlt, indem viele seiner Konstruktionen das

Endziel der Vollkommenheit in der Unterbringung möglichst großer Heizflächen auf geringem Raume erblicken, und zwar ohne Rücksicht darauf, daß auch Dampf, Luft und Wasser jedes für sich seinen Weg ziehen kann, ohne sich gegenseitig bekämpfen zu müssen, da nur dann allein die damit verbundenen und jedem Heiztechniker bekannten Übelstände verhütet werden.

Fig. 159.

Überdies verengen rotierende Heizröhren, Becher, Schaufeln u. dgl. nicht nur die Wege für Luft und Dämpfe, sondern sie erschweren auch dem Trockengut das Fortkommen, besonders solange dieses noch feucht, oft sogar klebrig ist; doppelwandige Mulden, deren Inneres freier gehalten ist, dürften daher im allgemeinen den Röhrenbündeln vorzuziehen sein.

Einen Biertrebertrockner ganz anderer Art liefert die Aktien-Maschinenbauanstalt, vorm. Veneluth & Ellenberger,

Darmstadt; Fig. 159 stellt ihn im Querschnitt dar und bezeichnet:

a = Fülltrichter;
bb = Trockenwalzen mit Dampf geheizt;
c = Nachtrockenmulde von ungefähr der doppelten Länge der Trockenwalzen;
d = Abstreicher.

Der Mantel der unteren Mulde ist doppelwandig und wird ebenfalls mit Dampf geheizt.

Die Einrichtung besteht also aus einer Vortrocknung durch Walzen und einer Nachtrocknung in einer Mulde und ist anzunehmen, daß sie ihren Zweck erfüllen wird. Besser dürfte das vielleicht noch bei Anwendung des Kartoffelflockentrockners derselben Firma der Fall sein, doch hängt dies in der Hauptsache vom Verhalten des Materials auf den Walzen ab, worüber Versuche nicht bekannt geworden sind.

Über die von Paßburg empfohlene Trebertrocknung unter vermindertem Luftdruck in derselben Weise, wie sie beim Getreide vorgenommen wird, liegen ebenfalls noch keine Versuche vor, insbesondere nicht darüber, wie die Schwierigkeiten überwunden sind, welche die Treber dem Ein- und Ausschleusen und den Angriffen des Heizkörpers mit seinen Schaufeln entgegensetzen.

Obst- und Weintrester.

Nach einem Bericht in der Zeitschrift „Die Trocknungs-Industrie“[1]) wird der künstlichen Trocknung von bei der Weinbereitung verbleibenden Trestern bisher bei uns noch wenig oder gar keine Bedeutung beigelegt, wogegen in Italien innerhalb weniger Jahre mehrere, nur diesem Zweck dienende Anlagen hergestellt wurden; genannt sind davon die Trocknereien der „Société Générale de Sucreries“ in Spinetta-Marengo, der „Distilleria Italiana“ in Barletta und in Reggio Emilia, der „Società Ligure Lombarda“ in Cologna-Veneta.

[1]) Nr. 12 vom 20. Juni 1913.

Über die Behandlung der Trester äußert sich der Direktor Emile Fraipont der Fabriken Spinetta-Marengo ungefähr folgendermaßen:

„Die destillierten und ausgepreßten Weintreber, aus welchen die Destillation den Alkohol und die Weinsäure schon ausgezogen hat, enthalten gewöhnlich 60% Feuchtigkeit.

Vor dem Trocknen ist es notwendig, die Weintraubenkämme abzutrennen, was sich mit geringem Kraftaufwand durch die von mir erfundene und von der Firma Breitfeld, Danek & Co., Prag, gebaute Trenn- und Auslesemaschine bewirken läßt.

Dieser rotierende Apparat kann leicht 1500 kg Weintreber pro Stunde verarbeiten, indem er die Weintraubenkämme abtrennt, welche als Brennmaterial oder noch besser als Ersatz des Strohes bei der Streu dienen, und die Kerne und Häutchen aussondert.

Zum Trocknen dieser Häutchen und Kerne benutzen wir zwei dünne, rotierende (Mulden-) Trockenapparate der Maschinenfabrik Imperial, Meißen, wovon der eine durch heiße Abgase, der andere durch Dampf beheizt wird, und entsprechen beide Ausführungen ihrem Zweck vollständig.

Die destillierten Weintreber kosten hier Frs. 1 (80 Pf.) pro 100 kg bis Fabrik geliefert, und das aus den getrockneten und gemahlenen Kernen und Häutchen gewonnene Mehl kostet Frs. 10 (M. 8) pro 100 kg.

Dieses Mehl kann ohne weiteres für die Fütterung des Viehes verwendet werden, findet aber eine noch vorteilhaftere Verwendung bei der Fabrikation eines melassierten Futters.

Die Fabrik von Spinetta, mit nur einem Ausleser und 2 Trockenapparaten ‚Imperial' ausgerüstet, verarbeitet gegenwärtig pro Kampagne 3 000 000 kg Weintreber, was 1 000 000 kg Mehl ergibt."

Nach diesen im Auszuge wiedergegebenen Mitteilungen des Herrn Fraipont dürfte die Trestertrocknung auch für die Wein- und Obstweindistrikte Deutschlands zu erwägen sein, eventuell in Verbindung mit einer Trocknung der Hefe auf den dazu besser geeigneten Walzentrocknern (vgl. Abschnitt XXI).

Einen Heißlufttrockner, wie er außer für Treber auch für Schlempe, Rübenschnitzel, Kartoffeln, Getreide etc. von der Maschinenfabrik Imperial, Meißen, angeboten wird, zeigt Fig. 160 im Längsschnitt.

Die heiße Luft bzw. die Abgase der Feuerung treten, entsprechend mit Luft gemischt, von links durch den weiten Hohlzapfen in das Innere der Trommel und durch deren siebartig durchlochten Mantel zwischen das auf ihm und um ihn herum rieselnde Trockengut.

Dieses wird durch die einstellbare Aufgabevorrichtung in stets gleichen Mengen unmittelbar in die Mulde geschafft, in welcher sich die Trommel dreht und das Gut mittels der

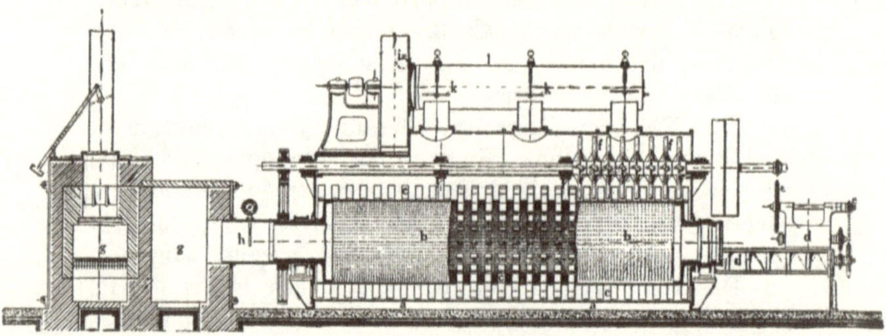

Fig. 160.

auf ihr sitzenden Arme oder Schaufeln „*c*" nach oben mitnimmt. Dort angelangt, wird es durch andere Armkreuze „*f*" gelockert und wieder nach unten geworfen, bis es am linken Ende der Mulde durch einen dort befindlichen Auslaß getrocknet zutage tritt.

Oben auf dem Trockner befindet sich der Ventilator „*i*", welcher die mit Feuchtigkeit angereicherten, entsprechend abgekühlten Heizgase abziehen und dadurch auch das Feuer im Ofen in Gang halten soll, welche Anordnung zweckmäßig durch einen zweiten, zwischen Ofen und Trommel zu setzenden Ventilator ergänzt werden dürfte, um allen Mißständen beim Öffnen der Klappen, beim Ein- und Austritt des Trockenguts etc. wirksam zu begegnen.

Bei den mit Dampf geheizten Imperial-Trocknern gelangt statt der hohlen, gelochten Lufttrommel das bekannte Röhrenbündel mit all seinen Vor- und Nachteilen zur Anwendung; sie unterscheiden sich damit wenig von den bereits besprochenen Muldentrocknern, so daß sich von weiterer Beschreibung absehen läßt.

Brennereischlempen.

Wie in der Brauerei die Treber, so verbleiben bei der Brennerei die Schlempen als wasserreiche Rückstände, deren Beschaffenheit je nach Art der verwendeten Rohprodukte verschieden ist.

In Frage kommen hauptsächlich die Schlempen von Kartoffeln, Roggen und Mais, deren Wassergehalt von ca. 95, 93 und 92% auf ca. 10,10 und 9% herabzudrücken ist.

An Trockenschlempe entfallen dabei auf 100 kg Maischmaterial, einschließlich des verwendeten Malzes, bei

	Kartoffeln:	Roggen:	Mais:
	10	40	45 kg[1])
und an zu verdampfender Wassermenge	166	533	450 „

Aus Gleichung (59) ergibt sich nämlich das Gesamtgewicht A pro 100 kg Wasser für nasse Kartoffelschlempe nach obigen Werten zu:

$$A = \frac{10\,000 - 10 \cdot 100}{95 - 10} = 106 \text{ kg}$$

und die Menge an Trockenschlempe von nur 10% Feuchtigkeitsgehalt mithin zu 106 — 100 = 6 kg. Da nun auf 100 kg Maischmaterial 10 kg Trockenschlempe kommen, so bringt dies an Wasser $\frac{100 \cdot 10}{6} = 166$ kg wie oben angegeben.

[1]) Vorstehende Angaben sind dem Buche von Meyer entnommen: „Künstl. Trocknung der wasserreichen Futtermittel". Dr. Jänecke, Hannover.

In gleicher Weise sind die Werte für Roggen und Mais berechnet.

Da die auszutreibende Menge an Wasser unter allen Umständen eine sehr bedeutende ist, dickt man die zu trocknenden Schlempen gern zunächst in einem geeigneten Verdampfapparat bis zu einem gewissen Grade ein, um

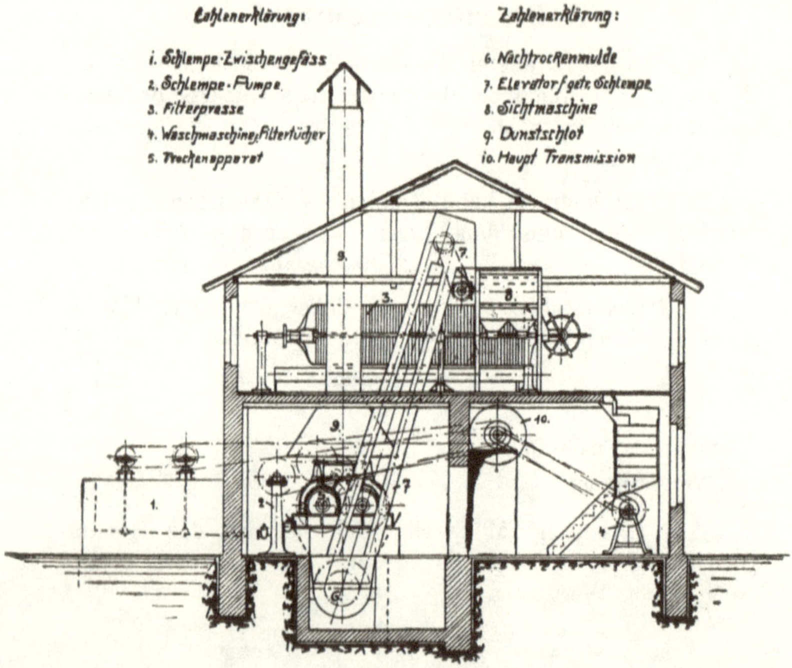

Fig. 161.

sie dann zwischen ähnlichen Walzen, wie sie für Treber benutzt werden, fertigzumachen.

Anstatt des Verdampfapparates werden in neuerer Zeit mit Vorteil Filterpressen verwendet und wird es sich ebenfalls empfehlen, anstatt der dicht aneinander liegenden Walzen mit langer Nachtrockenmulde gemäß Fig. 159 getrennt liegende Walzen zu nehmen, da nicht nur die Auftragung und Abstreichung der Masse eine sinngemäßere ist, sondern da sich auch die Abführung der aus dem Trockengut entwickelten Dämpfe durch hochtemperierte Luft besser bewirken läßt.

Die Abbildung Fig. 161 veranschaulicht die Einrichtung einer vollständigen Schlempetrocknung, wie sie von der Aktien-Maschinenbau-Anstalt, vorm. Veneluth & Ellenberger, Darmstadt, als Anbau an vorhandene Brennereien ausgeführt wird. Wie daraus ersichtlich, gelangt die aus der Brennerei herrührende Schlempe zunächst in einen oder mehrere Sammelbehälter, um sich dort etwas abzusetzen, worauf sie durch eine Pumpe oder durch eigenes Gefälle nach einem anderen, mit Rührwerken ausgerüsteten Gefäße gefördert wird; in demselben erhalten die Rührer sie in steter Bewegung, damit sie in gleichmäßiger Konsistenz von der Pumpe 2 der Filterpresse 3 zugeführt werden kann.

Das in dieser Presse abgesonderte Wasser läßt sich gut zum Tränken des Viehes benutzen; die Schlempekuchen dagegen gelangen in den Fülltrichter des Walzentrockners 5, um darin den Hauptteil des ihnen noch beigemengten Wassers zu verlieren, worauf sie zur Fertigtrocknung der Mulde 6 zufällt. Aus ihr hebt der Elevator 7 die nunmehr trockene und zerkleinerte Schlempe auf eine Sichtmaschine 8 zur Absonderung größerer Stücke vom absackfähigen Produkt, welches alsdann gelagert oder abgefahren werden kann.

Kartoffelpülpe,

Rückstände aus Reis-, Mais- und Weizen-Stärkefabriken.

Die Rückstände bei der Herstellung von Kartoffelstärke, Pülpe genannt, bilden einen gesuchten Futterartikel, wenn auf einen Wassergehalt von ca. 10% ausgetrocknet.

In der Beschaffenheit, wie sie bei der Fabrikation abfallen, enthalten sie 97—98% Wasser, werden aber durch Sieben und Pressen bis auf ungefähr 76% gebracht, womit sie in den Trockenapparat gelangen.

Da nach Formel (59 a) das ursprüngliche Gewicht A in diesem Falle pro 100 kg Wasserverdunstung wird:

$$A = \frac{10\,000 \div 100 \cdot 10}{76 - 10} = 136{,}4 \text{ kg},$$

so wiegt die darauf entfallende Trockenpülpe (mit 10% H_2O): 136,4 — 100 = 36,4 kg, und es kommen auf je 100 kg davon $\frac{100 \cdot 100}{36{,}4}$ = rund 275 kg zu verdampfendes Wasser.

Da 1000 kg Rohkartoffeln nur ca. 40 kg Trockenpülpe geben, so bringt dies an Wasser: 110 kg.

Die zu verarbeitenden Mengen sind meistens groß und werden dafür dienende Anlagen von der Rheinischen Dampfkessel- und Maschinenfabrik Büttner, Uerdingen, nach demselben Prinzip erbaut wie deren bewährte Rübenschnitzeltrockner, doch werden sich gute Trommeltrockner ebenfalls eignen.

Als Brennstoff zur Heizung gelangt meist Koks zur Verwendung, wovon nach Angaben der Empfänger auf 100 kg Trockenpülpe ca. 40 kg, entsprechend rund 270 000 WE, zu rechnen sind, so daß 1 kg Wasser nahezu 1000 WE des Brennstoffs benötigt, ohne den Aufwand für Kraft.

Zum Trocknen der Rückstände aus Reis-, Mais- und Weizenstärke, besonders im Anschluß an eine vorhandene Dampfanlage, sollen sich die einfachen Walzentrockner von Veneluth & Ellenberger, Darmstadt (Fig. 159), bewährt haben, so daß angenommen werden darf, daß sich die nach Art der Kartoffelflockentrockner erbauten noch besser bewähren werden.

Auch Muldentrockner mit Heizröhrenbündeln oder Heiztrommeln in ihren zahlreichen Abarten lassen sich verwerten, wie der hierunter zu rechnende Apparat der Spezialunternehmung für Einrichtung und Umbau von Stärkefabriken, W. H. Uhland, G. m. b. H., Leipzig-Gohlis, dartut.

X. Abschnitt.

Herstellung von Dungstoffen.

Fäkalien, Kadaver und tierische Abfälle.

Mit dem Wachsen der Großstädte und mit der Zunahme ihrer Bevölkerung wird es immer schwieriger, die gesundheitlichen Zustände in ihnen annähernd auf derjenigen Höhe zu halten, wie dies auf dem Lande, in den Bergen, an der See, bei der dort überall zerstreut wohnenden Bevölkerung möglich ist.

Besonders ist es die Anhäufung der Rückstände aller menschlichen Niederlassungen an Müll, Fäkalien und Ab wässern, sowie an kranken und verendeten Tieren, welche den Leitern der Gemeinwesen eine ständig wachsende Sorge bereitet und sie veranlaßt, selbst Maßregeln zur Beseitigung zu treffen oder denselben wenigstens ihr Interesse zuzuwenden.

Notwendig ist bei alledem, daß sich solche Maßregeln ohne große Kosten durchführen lassen, was am besten dadurch zu erreichen ist, daß man die schädlichen Abfälle durch geeignete Behandlung derart umformt, daß sie sofort nutzbringend wieder in den Kreislauf der Natur gebracht werden können.

Das sind die Triebfedern für Errichtung von Müllverbrennungen, Poudrettefabriken, Kadaververnichtungs- und -verwertungsanlagen u. dgl.

Besonders ins Trockenfach schlagen die Versuche, welche gemacht wurden, um Fäkalien in die für Dungzwecke geeignetste Form von Pulver überzuführen. Ein befriedigendes Ergebnis haben sie indessen bisher nicht gehabt, wenigstens hat sich die Anwendung von Rauchgasen nicht bewährt, indem dieselben bei ihrer hohen Temperatur und in Verbindung mit den sich aus dem verarbeiteten Material entwickelnden Säuren alle Eisenteile angreifen und unbrauchbar

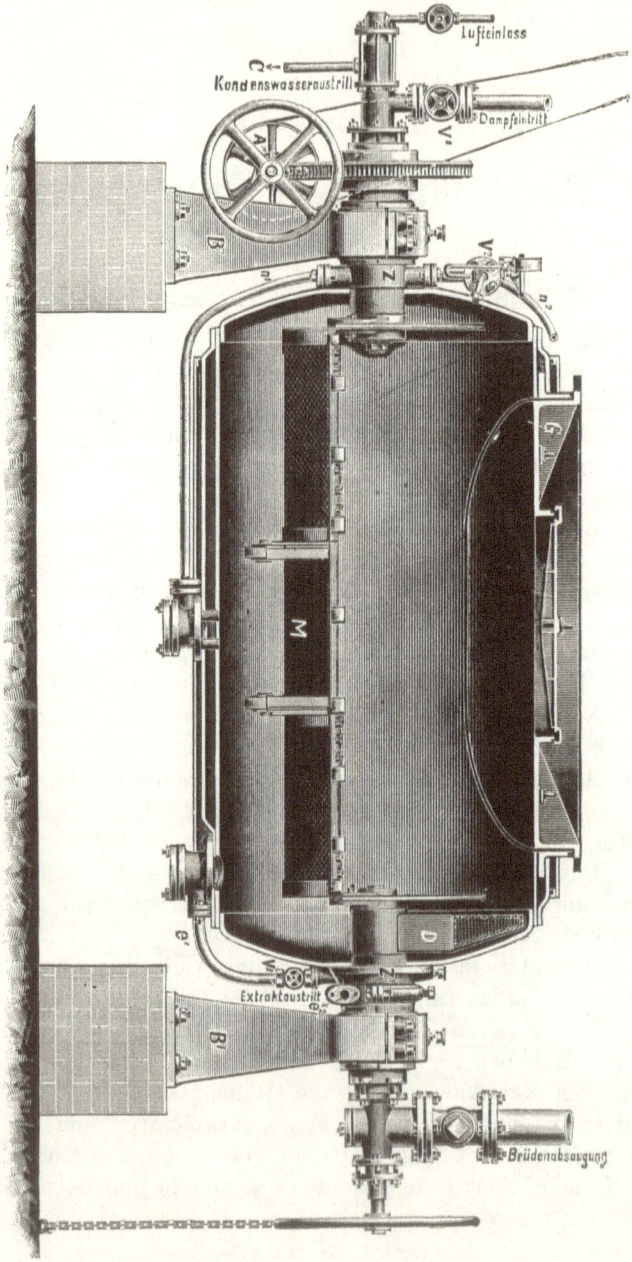

Lufteinlass
C
Kondenswasseraustritt
Dampfeintritt
V'
A'
B
Z
V²
n'
n²
G
M
D
e'
Extraktaustritt
B'
Brüdenabsaugung

Fig. 162.

machen, was vielleicht zu vermeiden wäre durch eine gründliche, der Trocknung vorangehende, chemische Behandlung der Fäkalien zur Neutralisierung oder anderweitigen Bindung ihrer Säuren. Größerer Erfolg noch läßt sich von der Bearbeitung durch Walzentrockner, allenfalls unter vermindertem Luftdruck, erwarten[1]).

Weniger Schwierigkeiten bereitet die Vernichtung der Kadaver von Tieren, die jährlich in großen Mengen wegen Krankheit zu töten sind oder verenden, indem man sie zunächst durch Dampf von ca. 6 Atm. Spannung sterilisiert, ihnen dabei Leim und Fett entzieht und den Rest langsam zu Fleischmehl trocknet und zerkleinert.

Das Sterilisieren und Trocknen geschieht in demselben Apparat, wogegen die Abscheidung des Fettes und das Eindicken des Leims aus der abfließenden wässerigen Lösung in besonderen Verdampfern vorgenommen wird.

Die ersten von Rietschel & Henneberg, Berlin, gebauten Sterilisatoren hatten die Form vertikaler Zylinder mit festen inneren Siebböden[2]); die durch die Behandlung mit heißem Dampf geruchlos gemachten und zum Zerfallen gebrachten Kadaver wurden ihnen noch etwas feucht entnommen, um anderweitig fertig getrocknet und pulverisiert zu werden.

Später führten Podewils, München, und Otte, Hamburg[3]), anstatt der aufrechten eine liegende Anordnung des um seine Achse rotierenden Sterilisierkessels ein, mit darin liegender loser Walze, welche nach beendeter Desinfektion und Extraktion in der alsdann in Umdrehung versetzten Trommel herumkollerte und durch ihr Gewicht die trocknende Masse zu Pulver zerrieb.

Wieder etwas abweichend hiervon ist der Sterilisier- und Trockenkessel von David Grove, Berlin-Charlottenburg (Fig. 162—164), gebaut. Er besteht aus einer auf Böcken BB^1 drehbar gelagerten Trommel mit Heizmantel, welche durch

---

[1]) Auch sei auf die gleich zu besprechende, von Paßburg eingeführte Trocknung von Fischköpfen etc. hingewiesen.

[2]) Vgl. Zeitschr. d. Ver. D. Ing. 1892, S. 605.

[3]) Vgl. Zeitschr. d. Ver. D. Ing. 1898, S. 448, und 1899, S. 74.

die Schnecke *A* während des Betriebes in Rotation versetzt werden kann. Im Innern ist die Trommel, wie aus der Figur zu ersehen, mit einer eingebauten Aufnehmermulde *M* und einer Abstreichvorrichtung *W* versehen. Die Einwurföffnung *G* der Trommel wird, je nach Bestellung, so bemessen, daß entweder unzerteilte Großviehkadaver eingebracht werden können, wobei für kleinere Stücke noch ein besonderer Einwurf *K* vorhanden ist, oder es wird für den gewöhnlichen Bedarf von der Anbringung des Großdeckels abgesehen und nur dieser kleinere Einwurf *K* angeordnet.

Die perforierte Aufnahmemulde *M* ist einerseits auf dem nach innen verlängerten Trommellagerzapfen *Z* aufgehängt und anderseits mit einer Welle fest verbunden, welche an ihrem äußersten Ende ein großes Handrad *H* trägt, vermittelst dessen die Mulde unabhängig von der Trommel in beliebige Stellungen gebracht werden kann. Während der Beschickungs- und Sterilisationsperiode hängt sie nach unten, wie in Fig. 162 u. 164 gezeichnet, und dient als Tragboden, wobei die Arretierungsvorrichtung *S* dafür sorgt, daß sie ihre Lage zu der Trommel nicht ändert.

Zu Beginn der Trockenperiode wird sie in die Stellung (Fig. 163) gedreht und darin durch eine am Handrad befindliche Arretierung gehalten; dagegen wird ihre bisherige Verbindung mit dem Trommelumfang gelöst, so daß dieser sich nunmehr unabhängig von der Mulde drehen läßt.

Die Arbeit vollzieht sich in folgender Weise:

Nachdem der Apparat gefüllt und dicht abgeschlossen ist, wird durch Öffnen der Ventile V^1 und V^2 Dampf in den Mantel und in die Trommel gelassen, um die Masse zu erwärmen und die Luft aus dem Apparat herauszutreiben. Das Kondenswasser aus dem Heizmantel entweicht automatisch durch das Rohr n^1 und den Kondenswasseraustritt *C* und wird dem Dampfkessel wieder zugeführt, während sich das im Innern der Trommel bildende Kondenswasser unter der Mulde ansammelt, von wo es später durch die Mantelheizung wieder verdampft wird. Ventil V^2 bleibt indessen nur so lange voll geöffnet, bis sich Druck in der Trommel entwickelt resp. bis sich genügend Wasser in der Trommel zur Unterhaltung des Dämpfprozesses angesammelt hat. Wenn derselbe einmal eingeleitet ist, brauchen nur minimale Mengen Dampf in die Trommel zur Aufrechterhaltung der gewünschten

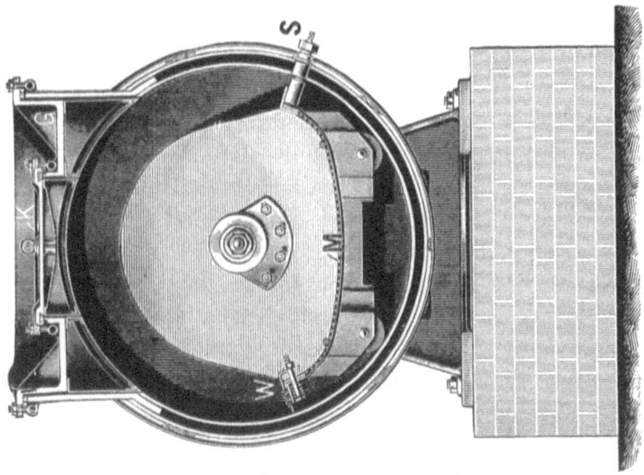

Fig. 164.

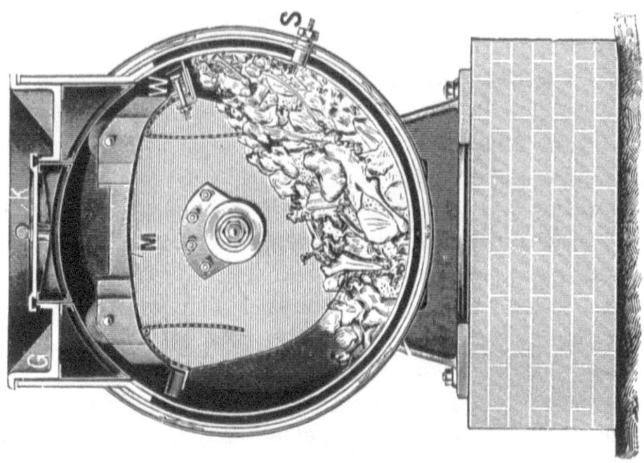

Fig. 163.

Spannung gelassen zu werden, weil sich fortwährend aus den eingebrachten Kadavermassen so viel Flüssigkeit abscheidet, daß die Mantelheizung schon beinahe genügt, um daraus den für die Sterilisation und Auslaugung notwendigen Dampf zu entwickeln. Auf diese Weise vermeidet man eine unzulässige Verdünnung der Extrakte, die in dem Maße, wie sie sich ansammeln, durch Öffnen des Ventils V^3 abgelassen werden, und hat bei der nachherigen Leimeindämpfung nur das Fleischwasser und das wenige Kondenswasser, welches aus der direkten Dampfeinführung beim Beginn des Prozesses herrührt, zu verdampfen.

Die Abführung des Extraktes erfolgt durch Rohr e^1 und Leitung e^2. Ersteres wird so gestellt, daß die obere fettreiche Schicht abgenommen und die für die Unterhaltung des Dämpfprozesses nötige Wassermenge bis zum Schluß der Extraktion zurückbehalten wird. Es sind in der Zeichnung nicht veranschaulichte Einrichtungen vorhanden, die eine kontinuierliche Abführung des Extraktes ermöglichen. Der Extrakt wird nach einem feststehenden Rezipienten gedrückt, in welchem er sich nach den spezifischen Gewichten absondert. Zur besseren und schnelleren Durchdämpfung des Einsatzmaterials ist dasselbe vorteilhaft von Zeit zu Zeit umzustürzen, indem es beim Dämpfen zu einer mehr oder weniger kompakten Masse zusammensackt, die das Eindringen des Dampfes in den Kern erschwert. Man läßt zu diesem Zweck die Trommel einfach mit der Mulde ein paarmal umlaufen, wodurch sich das Gut infolge der durch die letzteren gegebenen unrunden Form überwirft und locker wird. Die Dauer des Extraktionsprozesses hängt in weitem Maße von der Füllung des Apparates und von der Beschaffenheit des Materials ab und läßt sich deshalb nicht bestimmt angeben. Sie beträgt auf keinen Fall mehr als 4 Stunden. Nach beendeter Sterilisation und Überdrückung des letzten Flüssigkeitsrestes nach dem Rezipienten wird der Apparat so gedreht, daß die Mulde die in der Querschnittszeichnung Fig. 163 dargestellte Lage hat, dann wird die Muldenarretierung *S* aufgehoben und die Arretierung am Handrad *H* vorgenommen, wodurch der Apparat für die Trockenperiode hergerichtet ist.

Nachdem noch der Brüdenleitungsschieber geöffnet, das Lufteinlaßventil geregelt ist, wird jetzt die Trommel allein gedreht, zugleich auch ein Ventilator für die Brüdenabsaugung in Betrieb gesetzt, und es beginnt die Trocknung.

Marr, Das Trocknen und die Trockner.

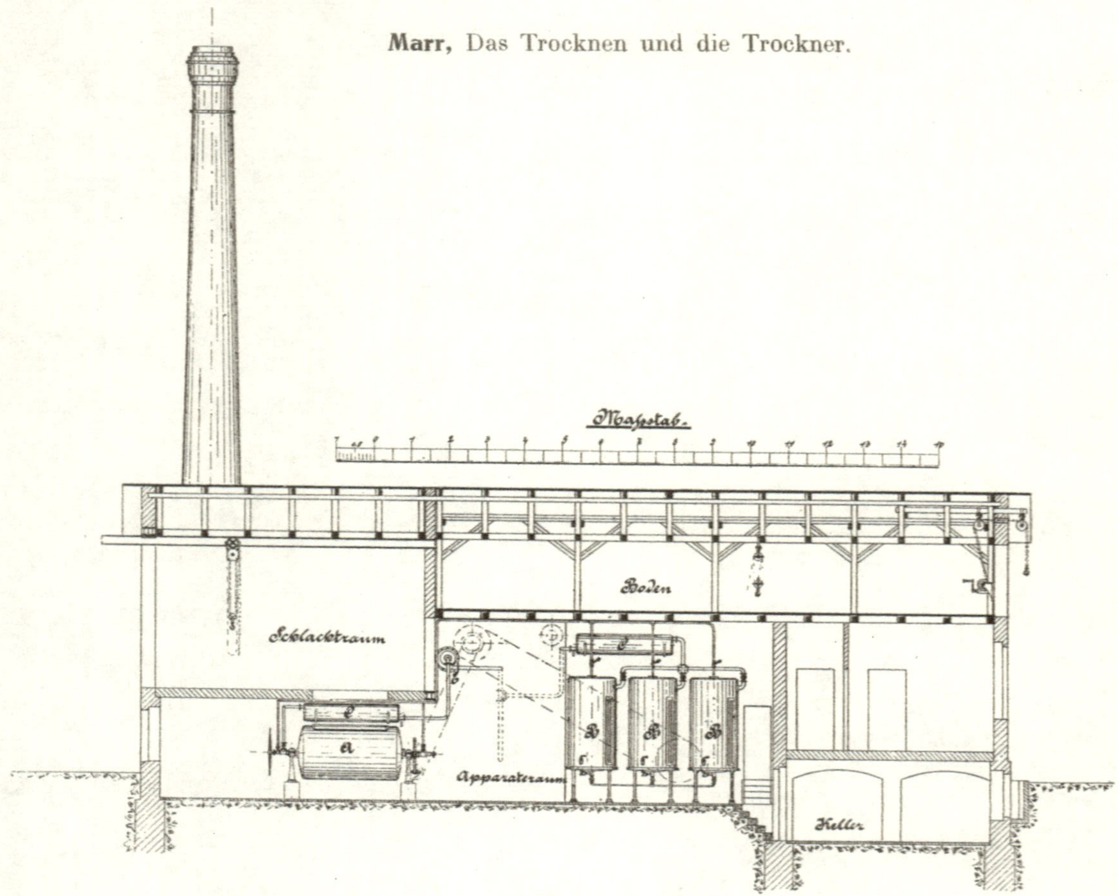

Fig. 165.

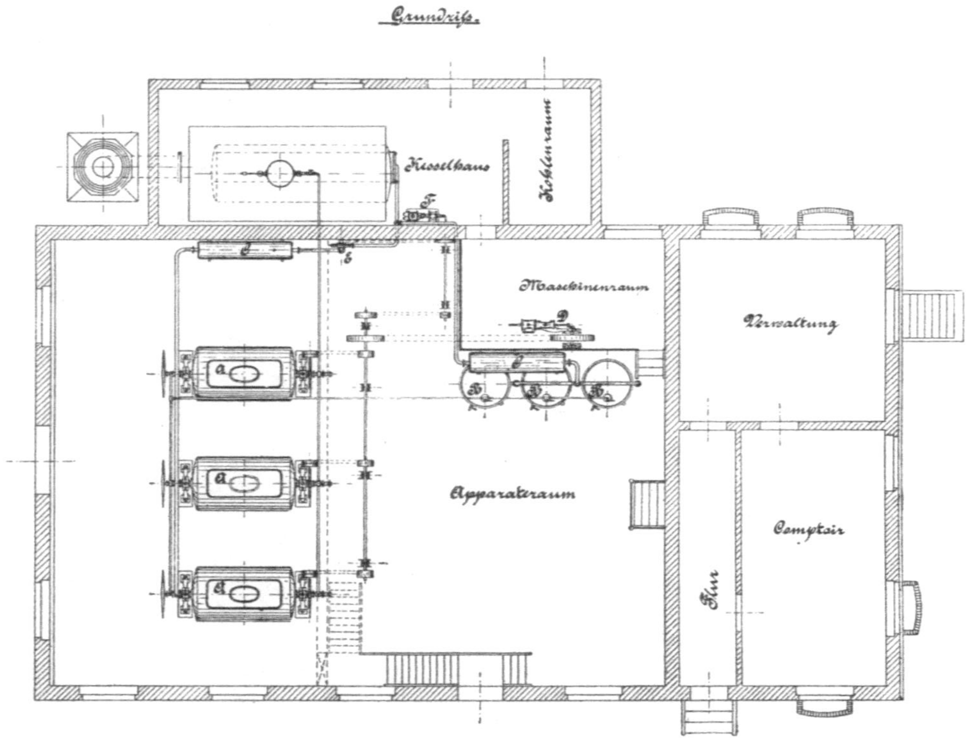
Grundriss.
Kesselhaus
Kohlenraum
Maschinenraum
Verwaltung
Apparateraum
Comptoir
Flur

Fig. 166.

Während derselben wird durch den linken Trommelzapfen ständig Luft eingeführt, welche eventuell vorher erhitzt werden kann; diese streicht der Länge nach durch den Apparat, sättigt sich mit den Wasserdämpfen und zieht durch den feststehenden Saugekopf *D* rechts ab. Bei fortwährender Stürzung des Gutes und gleichzeitiger Zerkleinerung, sowie bei dem beständigen Abstreichen und damit verbundenem metallisch Blankhalten der Mantelflächen der Trommel geht das Trocknen schnell vor sich. In meist pulverförmigem Zustand verläßt das Gut den Apparat, der durch mehrmaliges Rotierenlassen nach Entfernung des Deckels in 1—2 Minuten entleert wird.

Der eigentliche Trockenprozeß ist also recht einfach, indem die durch *H* und die Brüdenabsaugung fortgehende feuchte und mit Gasen vermischte Luft zwar einen Oberflächenkondensator durchstreicht, der aber nur den Zweck hat, alles Kondensierbare niederzuschlagen, während alles gasförmig Bleibende unter die Kesselfeuerungen geleitet wird, um dort mitzuverbrennen und die Verbreitung übler Gerüche zu verhindern.

Aus den Fig. 165 u. 166 (s. Tafel), welche eine vollständige derartige Anlage für einen Schlachthof wiedergeben, bezeichnen *A* drei Sterilisatoren, *B* drei kombinierte Fettabscheider und Leimeindämpfer und *C* die zwei Kondensatoren für beide Sorten von Apparaten.

In neuerer Zeit werden von der Maschinenfabrik Gans & Co. G. m. b. H., Berlin-Reinickendorf, ebenfalls Einrichtungen zur Verwertung und Vernichtung von Kadavern gebaut, welche in mancher Beziehung von der beschriebenen abweichen.

Erwägt man, daß in Deutschland nach der Viehzählung von 1892 von rund 50 000 000 Pferden, Rindern, Schweinen, Schafen und Ziegen, 5% infolge von Seuchen und Unfällen durch den Abdecker beseitigt werden und außerordentlich viele Tiere auf den Schlachthöfen der Untauglichkeitserklärung anheimfallen, so dürften diese Zahlen genügend für die Bedeutung der Sache sprechen.

Fischköpfe und Eingeweide.

Für das Trocknen der sehr übelriechenden Köpfe und Eingeweide, welche schon auf hoher See oder bei der Ankunft im Hafen von den gefangenen Fischen getrennt werden, liefert Emil Paßburg, Berlin, Vakuumapparate von ähnlicher Ausführung wie für Getreide und Biertreber.

Das in sehr reichen Mengen mit ca. 75% Wassergehalt abfallende Material mußte früher dem Meer wieder überantwortet oder sonst vernichtet werden, und ist das auch heute noch überall da nötig, wo es an geeigneten Einrichtungen fehlt, um die Abfälle geruchlos zu einem stickstoffreichen wertvollen Düngepulver einzutrocknen.

Dazu eigneten sich aber die meisten der oft recht mangelhaften Anlagen nicht, so daß das Trocknen in ihnen durch die Behörden untersagt wurde. Tatsächlich bot auch die Beseitigung der feuchten Dämpfe und des ihnen anhaftenden unerträglichen Gestanks keine geringen Schwierigkeiten, da es an Einrichtungen zu ihrer Niederschlagung durch eingespritztes Wasser fehlte.

Durch Anwendung dieses Mittels ist jedoch gleichzeitig eine Verminderung des Luftdrucks in den Apparaten erreichbar, und so liegt es auf der Hand, daß die Vakuumtrocknung gute Ergebnisse aufweisen muß, was durch die Paßburgschen Referenzlisten insofern eine Bestätigung erfährt, als sie bereits mehrere in verschiedenen Ländern ausgeführte Anlagen enthalten.

Die größeren derselben für ununterbrochenen Betrieb werden mit im Prinzip ähnlichen Einführungsvorrichtungen ausgerüstet, wie bei der Getreidetrocknung beschrieben; die Verteilung des ganzen Prozesses auf einen Vor- und einen Nachtrockner ist bei dem außerordentlich wasserreichen Material in den meisten Fällen nötig, jedenfalls aber immer bei ununterbrochener Beschickung, um dann das fertige staubförmige Produkt mit Sicherheit den naß eingeführten Abfällen fernhalten zu können.

Es darf wohl angenommen werden, daß ein Verfahren, welches zur Verwertung faulender Fischreste brauchbar ist, sich auch für diejenigen von Fäkalien ausbilden läßt.

In den letzten Jahren sind von Möller & Pfeifer, Berlin, mehrfach Trommeltrockner für Beheizung durch Feuergase zum Trocknen von Walfischfleisch und -abfällen geliefert worden, wovon einer sogar auf dem Walfischfänger selbst zur Aufstellung gelangte. Es wäre zu erwägen, ob sich derartige Trocknereien nicht auch auf anderen Fischdampfern einrichten ließen.

Auch die Aktien-Maschinenbau-Anstalt, vorm. Veneluth & Ellenberger, Darmstadt, befaßt sich mit der Herstellung von Trocknern für Fischabfälle und verwendet dazu wahrscheinlich ihre Walzentrockner.

Dungsalze, Chlorkalium.

Hierfür sind mancherlei Bauarten in Vorschlag gebracht worden, so von R. Sauerbrey, Staßfurt, eine Rieselwand, Patent Nr. 155 202, ähnlich derjenigen von Gebr. Seck, Darmstadt, für Getreidetrocknung verwendeten, von Otto Heine, Einbeck, ein Walzentrockner, Patent Nr. 195 635, bestehend aus einer von innen geheizten, in einem festen Gestell gelagerten Walze mit Fülltrichter und Abstreichern, welche auf ihrer ganzen Länge mit quer zur Achse laufenden Rillen versehen ist, in welche das feuchte Gut durch eine im Fülltrichter liegende kleine Zuführungswalze gedrückt werden soll, so daß es haften bleibt, bis die Schaber es nach ca. einer halben Umdrehung abstreichen.

Verwendung haben beide Apparate wenig oder gar nicht gefunden, sondern bedient sich die schnell einen gewaltigen Umfang erreicht habende Kaliindustrie fast ausschließlich der Trommeltrockner zur Austreibung der den Salzen anhaftenden 10—12 Gewichtsprozente Wasser, wobei es sich oft bei 20—21 stündiger täglicher Arbeitszeit um 5000—8000 kg stündlich fertigzustellender Ware bzw. 550—900 kg Wasserverdunstung, also um recht ansehnliche Mengen handelt.

Hauptsächlich wird Chlorkalium getrocknet, daneben Kaliumsulfat, Kalimagnesia etc.; Schwärzen der Salze kommt trotz der unmittelbaren Behandlung mit Feuergasen nicht vor.

Fig. 167.

Eine Anlage der Kaliwerke Salzdetfurth A.-G., bei welcher die Heizgase in derselben Richtung durch die Trommel streichen wie das Trockengut, für eine Leistung von 100 t in täglicher Doppelschicht gibt Fig. 167 wieder. Sie wird mit Braunkohlenfeuerung betrieben und soll 5—6 kg Brennstoff für 100 kg fertiges Produkt bei 10% Wasserverdunstung verbrauchen, welche Zahlen auf einen nur niedrigen Heizwert der Kohle schließen lassen.

Die Einrichtung ist erbaut von der Zweigniederlassung Carlshütte in Alfeld a. d. Leine der Bernburger Maschinenfabrik, A.-G., doch soll nicht unterlassen bleiben, an dieser Stelle auch auf die bereits mehrfach erwähnten konstruktiv gut durchgebildeten Trommeln der G. Sauerbrey Maschinenfabrik A.-G., Staßfurt, hinzuweisen, nachdem diese sich auch in der Kaliindustrie einen guten Namen erworben haben.

Als Maßstab für die Leistung sei angeführt, daß sich mit einer Trommel von 1 m Durchmesser und 10 m Länge bei mechanischer Rostbeschickung mit einem Aufwand von ca. 4 kg Braunkohlenbriketts à 5000 WE pro 100 kg Trockenmaterial stündlich 30 000 kg Chlorkalium von 0—1%, aus nasser Ware von 10—12% Feuchtigkeit erstellen lassen.

Der unmittelbaren Beheizung von Trockentrommeln durch Feuergase im Gleichstrom, wie sie außer den beiden soeben genannten auch sämtliche bisher betrachteten Systeme aufweisen, steht diejenige entgegen, bei welcher die Gase im Gegenstrom zum Trockengut geführt werden, eine Bauart, die vielfach auf Veranlassung des Zivilingenieurs A. Tischbein, Hamburg, Uhlenhorst, zur Ausführung gelangt ist.

Da dem Gegenstromprinzip selbstredend bei Trommeltrocknern dieselben Nachteile anhaften, wie sie bei den Tunneltrocknern eingehend nachgewiesen wurden, also Beschränkung auf niedrigere Temperaturen und dadurch Aufwendung größerer Wind- und Wärmemengen, so bleiben bei gleich guter Durchbildung beider Systeme diejenigen Apparate, bei welchen Heizgase und Trockengut am gleichen Ende eingeführt werden, immer im Vorteil, und es ist nicht ersichtlich, durch welche etwaigen Vorzüge der Gleichstromtrocknung derselbe einigermaßen ausgeglichen werden könnte.

Ähnlich steht es mit dem anscheinend mehrfach verwendeten, ursprünglich Tischbeinschen, jetzt „Patent Cummer", ganz oder teilweise von der Eisenwerk Nagel & Kämp, A.-G., Hamburg, u. a. gebautem Röhrentrockner, dessen Hauptteil durch die Fig. 168 u. 169 veranschaulicht wird.

Er besteht aus einem zylindrischen Mantel, in den an beide Enden und noch an einer dritten Stelle je ein hohles Armkreuz gesetzt ist. Dasjenige an der Eintrittsseite ist mit dem mittleren durch eine große Anzahl Röhren verbunden und dieses wieder durch andere Röhren von geringerer Zahl mit dem Armkreuz an der Austrittsseite; die beiden äußersten

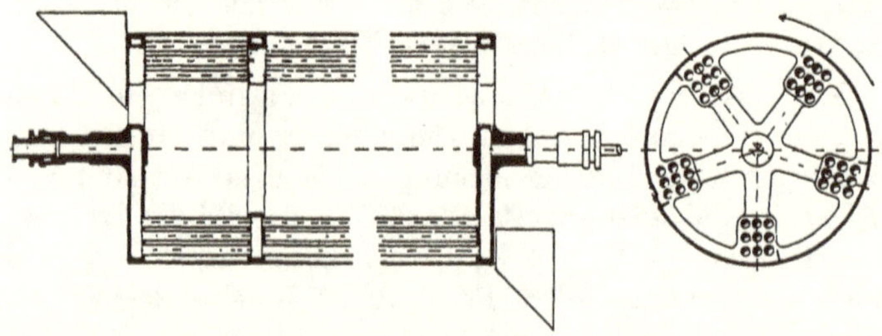

Fig. 168 u. 169.

gehen in hohle Tragzapfen aus, durch welche der Heizdampf ein- und das daraus entstehende Niederschlagwasser abgeführt werden kann in der üblichen oder einer beliebigen anderen Weise.

Das Ganze dreht sich langsam um die etwas geneigte ideelle Achse, wobei das durch den Einfalltrichter zugeführte Salz allmählich an das Ausfallende gelangt, nachdem es auf seinem Wege durch den Zylinder immer von neuem gehoben und zwischen den Heizröhren hindurch wieder heruntergefallen ist.

Von den übrigen Eigentümlichkeiten, wie z. B. daß die Röhren durch überhitzten Dampf[1]) sowie daß der

[1]) Die Überhitzung hat bekanntlich für Heizzwecke einen sehr fragwürdigen Wert.

Mantel durch die ihn von außen umspülenden Abgase der Feuerung des Dampfkessels und Überhitzers geheizt werden sollen, und von anderen mehr nebensächlichen Dingen, sei hier abgesehen, besonders da die Gesamtwirkung der Einrichtung sich in nichts von derjenigen gewöhnlicher Muldentrockner unterscheidet, bei welchen ja auch häufig ein Heizröhrenbündel in der geheizten, feststehenden, durch Deckel verschlossenen Mulde rotiert.

Der Apparat zählt also zu jenen durch Dampf geheizten Trocknern, als deren Hauptzweck unsere bisherigen Untersuchungen nur die Anhäufung großer Heizflächen auf geringem Raum erkennen ließen.

Weitere Salztrockner sind beschrieben im Kapitel „Salz".

XI. Abschnitt.

Trockner für Baumaterialien u. dgl.

Ton, Mergel, Kalkstein, Kreide, Schlamm u. dgl.

Auch für fast alle Materialien von kleinkörniger Beschaffenheit sind Trommeltrockner gut zu verwenden, besonders wenn die zu trocknenden Substanzen den Hitzegraden der unvermischten Verbrennungsgase ausgesetzt werden dürfen, was für die meisten der dem Mineralreich angehörenden Baustoffe zutrifft, doch verlangt deren hohes spez. Gewicht Trommeln von zellenartigem Querschnitt, um rasche Abnutzung durch allzu große Fallhöhen zu vermeiden, was wieder dazu nötigt, die Anfangstemperatur der Heizgase mäßig zu halten, um die Zellenwände vor zu starker Hitze zu schützen.

Derartige Trommeltrockner liefert die in der Zementindustrie wohl angesehene Firma Möller & Pfeifer, Berlin, für Mergel, Ton etc., und geht aus Fig. 170 deren in mehrfacher Beziehung von der schon bekannten abweichende Bauart hervor.

Vor allem fällt an ihr auf die Einblasung der Frischluft unter Druck mit ihrer injektorartigen Saugwirkung auf die Feuergase, bei welcher Anordnung sich die schädlichen Einflüsse durch die unvermeidlichen Undichtigkeiten an Ein- und Ausfalltrichtern, sowie an den Enden der Trommel am wenigsten wirksam machen.

Daß die Wiederansaugung eines Teiles der austretenden Trockengase und ihre abermalige Wiedereinführung zu neuem Kreislauf für langsam trocknende Stoffe des Mineralreichs

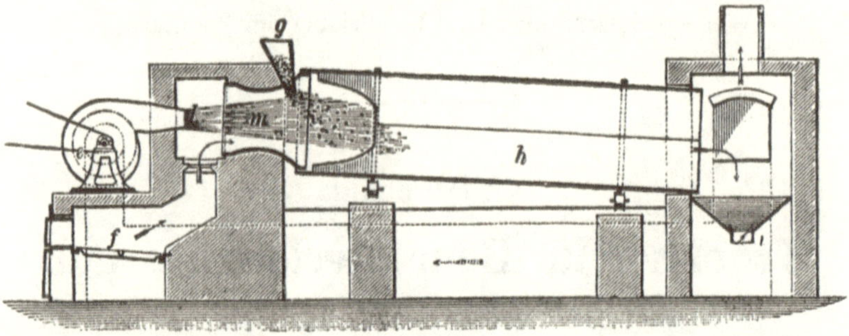

Fig. 170.

gelegentlich von Wert ist, und sich hierzu vornehmlich die Möller & Pfeifersche Anordnung eignet, wurde schon im ersten Teil erwähnt; ein solches Umarbeiten wird denn auch von der Firma vielfach angewandt.

Fetter Ton enthält in vorgewalztem Zustand 20—30, Mergel 15—20, Kalkstein sogar nur 9—15% Wasser, und belaufen sich die pro Trommel zu trocknenden Mengen dieser Stoffe bis 10 000 kg stündlich.

Sie sind also so bedeutend, daß auf ihre bequeme An- und Abfuhr großes Gewicht zu legen ist, wie Fig. 171 erkennen läßt.

Im Übrigen werden die Trockner bis zu 2000 kg stündlicher Wasserverdunstung und darüber ausgeführt.

Die vier kleineren Nummern sind für folgende Leistungen bestimmt:

Nr.	Stündliche Leistung			Kraftbedarf PS
	in Kalk von 9—14 % H_2O kg	in Ton mit 20—30 % H_2O kg	an Wasserverdunstung kg	
I	3 000	1 200	250—400	5
II	5 000	2 500	500—700	6
III	7 500	3 500	700—1000	7
IV	10 000	4 500	900—1300	9

Der Wärmeverbrauch berechnet sich nach den im ersten Teil dafür angegebenen Regeln und läßt sich auch bei ent-

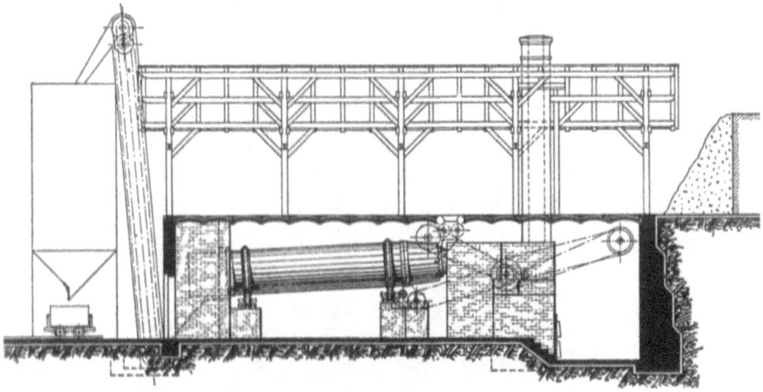

Fig. 171.

sprechender Änderung der Anordnung durch Abgase von 250—300° aus Kessel- und anderen Feuerungen decken, so die bestmögliche Verwertung derselben erlaubend.

Vollständig hiervon verschieden ist der in Fig. 172 im Vertikalschnitt wiedergegebene Trockenapparat des französischen Ingenieurs Alph. Huillard, Suresnes (Seine). Derselbe besteht aus drei übereinander gebauten Horden, unter deren tiefstgelegene die aus irgendeiner Feuerstelle herrührenden Heizgase treten, um durch einen Ventilator über der obersten Horde abgesaugt und in einen Schornstein gedrückt zu werden. Das Trockengut durchläuft den Apparat von oben, wohin es durch einen Elevator geschafft ist, nach unten, also im Gegenstrom zu den Heizgasen, so daß die heißesten

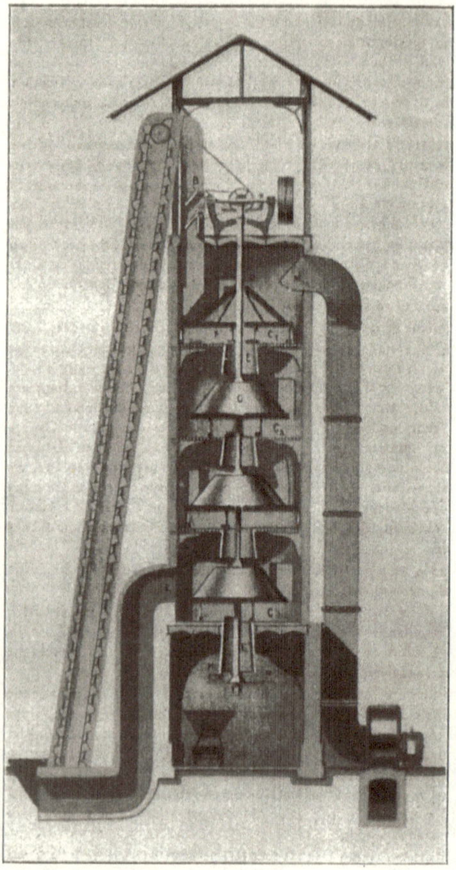

Fig. 172.

derselben mit dem trockensten Material in Berührung treten. Infolgedessen werden in erster Linie Abgase von Kesselfeuerungen od. dgl. herangezogen und erst, wenn diese nicht zur Verfügung stehen, gelangen die auf 400—500° heruntergekühlten Verbrennungsgase einer eigenen Feuerung zur Anwendung.

Der Betrieb gleicht dem der Malzdarren völlig, indem der Elevator das Trockengut an eine Stelle des Randes der obersten Horde befördert, welch letztere, ebenso wie alle darunter befindlichen, kreisrund ist. Über jeden von ihnen bewegen sich Abstreicharme, die sämtlich auf der gemein-

Fig. 173.

samen vertikalen und mit drei konischen Hauben ausgestatteten Mittelwelle sitzen.

Nachdem die entsprechend zu krümmenden Streicharme das Trockengut allmählich nach der Mitte der Horde geschoben haben, fällt es dort durch einen kurzen rohrartigen Hals auf die darunter sitzende konische Haube, über welche es nach außen auf den Umfang der nächsttieferen Horde rutscht usf., bis es unten noch ziemlich heiß zutage tritt.

Huillard führt gelegentlich einen kleinen Teil der Gase unter die zweite oder dritte Horde, zieht sie aber stets oben ab, so daß es immerhin wundernimmt, daß er nicht auch den allein richtigen Weg versuchte, die Gase oben ein- und unten abzuleiten, also im Gleichstrom mit dem Trockengut, dessen Vorzüge bereits mehrfach hervorgehoben wurden.

Der Apparat wird für alle bisher für die Verarbeitung in Trommeltrocknern genannten Stoffe als verwendbar bezeichnet, und nennt Huillard außerdem:

Bruchkreide. Ein Apparat von 2,50 m innerem Durchmesser produziert pro Stunde 2 t trockener Kreide mit 1—2% Wasser; das feuchte Material hatte ca. 25% Feuchtigkeit. Die abziehenden Kesselgase der Fabrik liefern die nötige Wärme.

Die fertige Kreide ist von absoluter Weiße trotz ihrer direkten Berührung im Apparat mit den Heizgasen. Die benutzte Kohle ist Magerkohle.

Körnerschlacke aus Hochöfen. Apparat von 2,50 m innerem Durchmesser liefert pro Stunde 3 t völlig getrockneter Körnerschlacke; das feuchte Material enthält 25—30% Wasser. Man benutzt für die Wärme ausschließlich die abziehenden Kesselgase.

Ausgelaugte Späne von Farbholz und Gerbholz. Diese Rückstände, welche gewöhnlich 50 bis 60% Wasser enthalten, geben durch ihre Verbrennung unter den Kesseln nur eine geringe Verdampfung; dagegen werden sie, durch die Abgase getrocknet, zu einem vortrefflichen Brennmaterial.

Gips, Torf u. a. m.

Die vorstehende Fig. 173 zeigt eine solche Anlage, deren einziger Vorteil gegenüber guten Trommeltrocknern in ihrem geringeren Platzbedarf zu suchen sein dürfte.

Tonziegel, Klinker, Dachpfannen usw.

Formlinge aller Art, wie Falzziegel, Dachpfannen, Biberschwänze etc. aus Ton, Formsteine, Klinker, Blöcke aus Schamottemehl bedürfen vor dem Brennen einer ausgiebigen

Trocknung in Kammern oder Tunneln nach einem der nachstehend beschriebenen Verfahren, von welchen diejenigen der Firma Möller & Pfeifer, Berlin, wieder die meiste Beachtung verdienen.

Die einfachste Ausführungsform dieser Firma geht aus den Fig. 176 u. 177 hervor und wird gebildet durch mehrere parallellaufende Tunnel, durch welche die Formlinge auf Wagen nach Fig. 174 u. 175 oder diesen ähnlichen langsam von einem zum andern Ende hindurchgeführt werden, dem

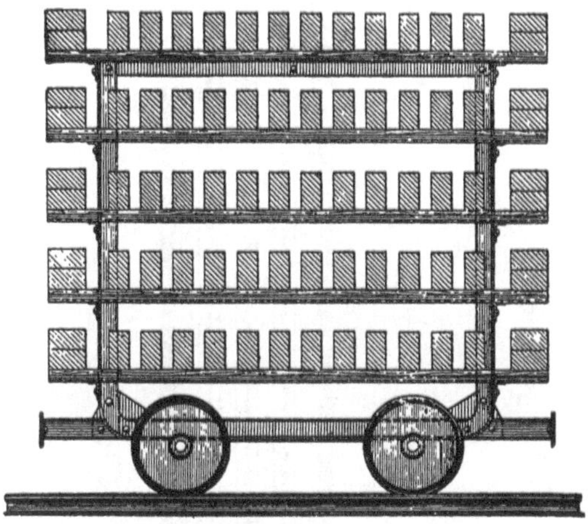

Fig. 174.

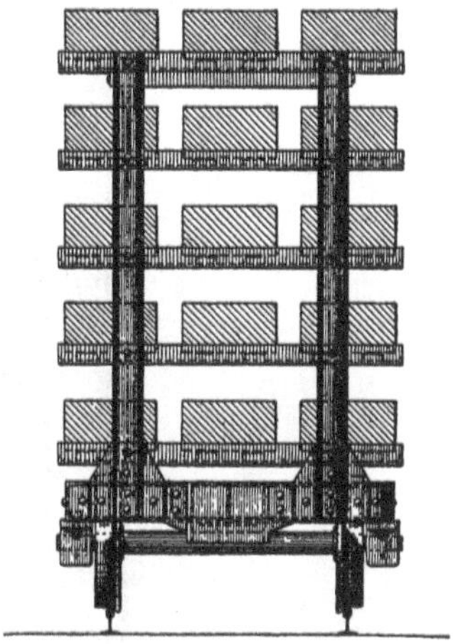

Fig. 175.

Trockenluftstrom entgegen. Sie entspricht also noch dem Verfahren 2, woran nichts geändert wird durch die über die ganze Tunnellänge verteilte Zu- und Abführung der Trokkenluft.

Die Berechnung solcher Anlagen weicht deshalb auch nur darin von denen gewöhnlicher Trockentunnel (Verfahren 2, Abschnitt V) ab, daß hier für die Vorwärmung der verwendeten Trockenluft anstatt einer Dampf- oder sonstigen Heizung einfach eine Mischung mit den Verbrennungsgasen zugrunde zu legen ist, indem die durch eine große Düse unter Druck eintretende Frischluft kraft ihrer

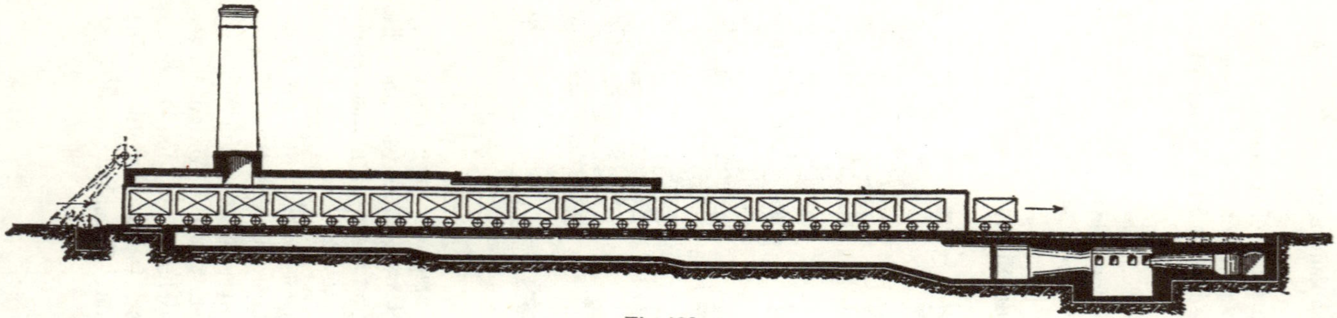

Fig. 176.

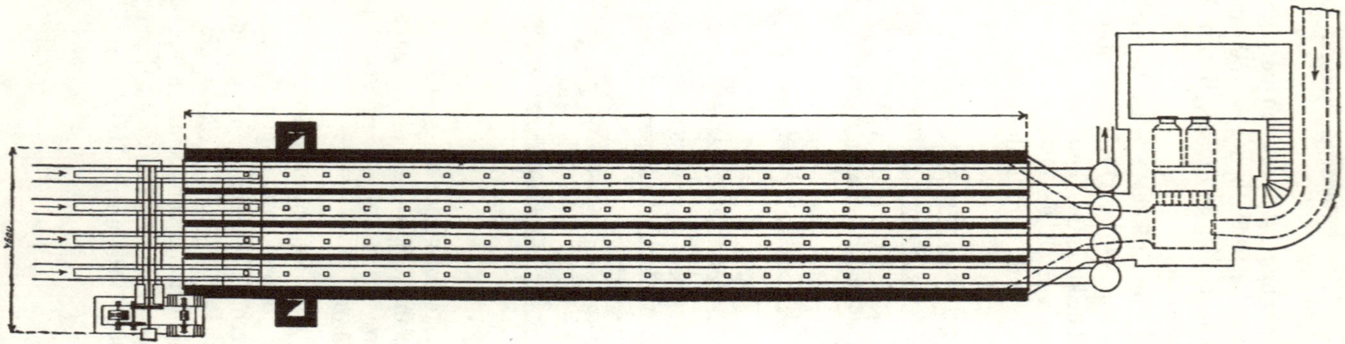

Fig. 177.

Geschwindigkeit eine saugende Wirkung auf den seitlich angeschlossenen Brennraum ausübt und die darin entwickelten Rauchgase mitreißt.

Selbstverständlich lassen sich in derselben Weise auch die Abgase der Feuerungen von Kesseln und Brennöfen aller Art absaugen und zum Trocknen verwerten.

Bei allen von ihr gebauten Tunneln und Kanälen, sogar bei den soeben beschriebenen, im Gegenstrom arbeitenden, wendet die Firma Möller & Pfeifer ihre Luftumwälzung an, so daß es fast scheint, als ob sie den Wert derselben nur oder hauptsächlich in der vielseitigeren Berührung der Luft mit dem Trockengut erblickt.

Bemerkenswert ist auch, daß zur Heizung selten oder nie frischer Kesseldampf, sondern höchstens Abdampf als Unterstützung der sonstigen Heizmittel zur Anwendung kommt. Gewöhnlich wird der heißere Teil der Tunnels durch Kaloriferen für Verbrennungsgase beheizt, der kühlere Teil dagegen durch die auf der heißeren Strecke aus dem Trockengut selbst entwickelten Dämpfe.

Die ältere Ausführungsart ergibt sich aus den Fig. 178 u. 179. Bei ihr wird die Temperatur der Trockenluft vom Eintrittsende, an welchem gleichzeitig die nassen Steine eingefahren werden, von 20—30° bis zum Ausgangsende auf 120—150° gesteigert, und zwar dadurch, daß die Tunnel, wie bei Besprechung des Verfahrens 15 bereits erwähnt, in ihrer ganzen Länge mit Heizkörpern ausgestattet sind, welche sich seitlich von den Gleisen und zwischen ihnen befinden (vgl. Fig. 178 u. 179). In dem größeren, und zwar in dem kälteren Teile des Tunnels bestehen diese Heizkörper aus Rippenröhren, in welchen derjenige Wasserdampf als Heizmittel zur Wirkung gebracht wird, welcher aus den zu trocknenden Waren selbst ausgetrieben ist. An diese Heizung schließt sich eine Kaloriferheizung aus entsprechend geformten gußeisernen Rippenrohren von größerem Querschnitt. Die in einer besonderen Feuerung unter oder neben dem Trockner erzeugten Heizgase durchziehen das Innere dieser weiten Röhren, ohne mit den Wagen und den zu trocknenden Materialien in Berührung zu kommen; sie gehen vielmehr,

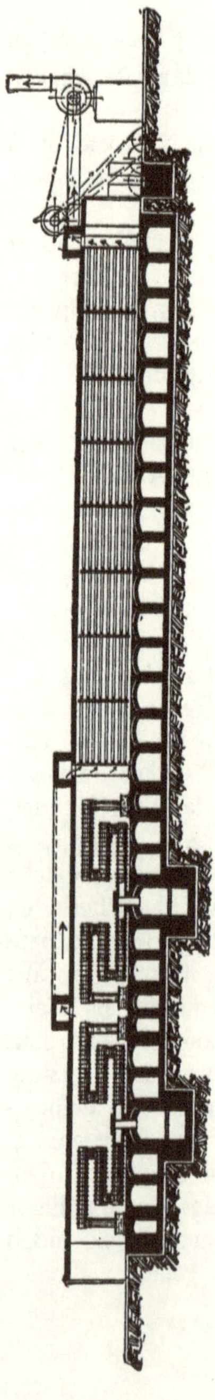

Fig. 178.

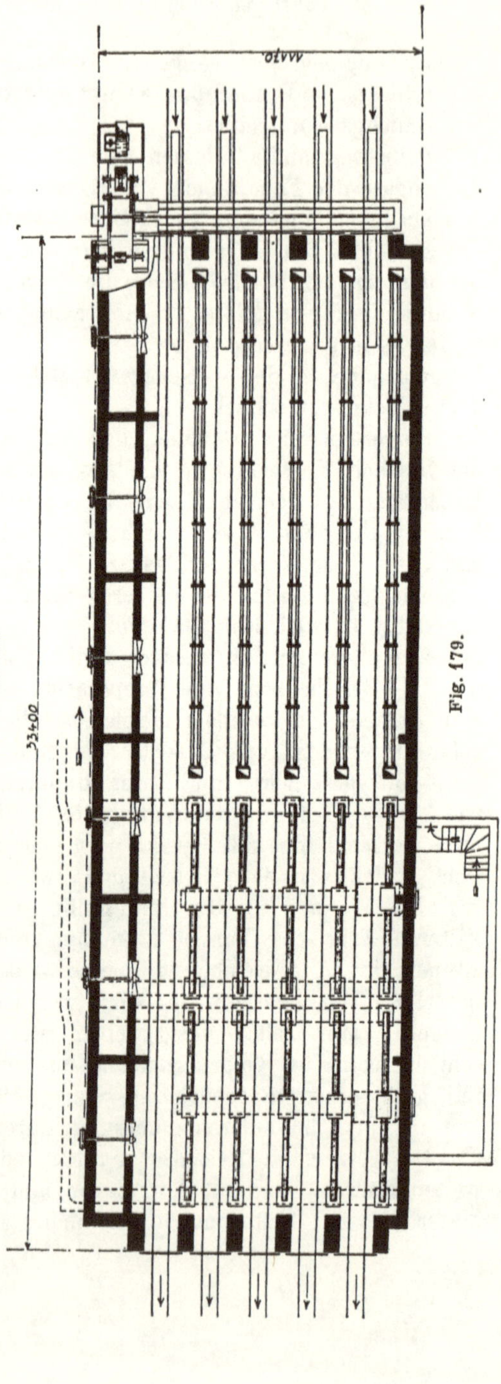

Fig. 179.

nachdem sie die Heizkörper passiert haben und ihre Wärme in diesen ausgenutzt ist, direkt zum Schornstein.

Zur Erzeugung der oben erwähnten Luftbewegung im Tunnel dienen Ventilatoren, welche in seiner ganzen Längsausdehnung angeordnet sind, etwa immer 5 m voneinander. Diese Ventilatoren (siehe das Querschnittsbild Fig. 180) wälzen die im Trockentunnel befindliche Luft in einer zu seiner Längsachse senkrechten Richtung ununterbrochen um.

Außer dieser Querbewegung wird der Luft eine langsame Fortbewegung vom kalten Ende nach dem heißen Ende zu erteilt, welche zweite Bewegung dadurch erreicht wird, daß man am heißen Ende des Tunnels — welches während des Betriebes geschlossen ist — die dort befindlichen, aus den Materialien ausgetriebenen Wasserdämpfe nebst der vorhandenen Luft abzieht, und zwar durch einen kleinen, über der Decke des Trockentunnels angeordneten Kanal (siehe Längsschnitt, Fig. 178).

Durch denselben gelangt das entstandene Dampfluftgemisch zu den im Innern der kälteren Strecke des Trocken-

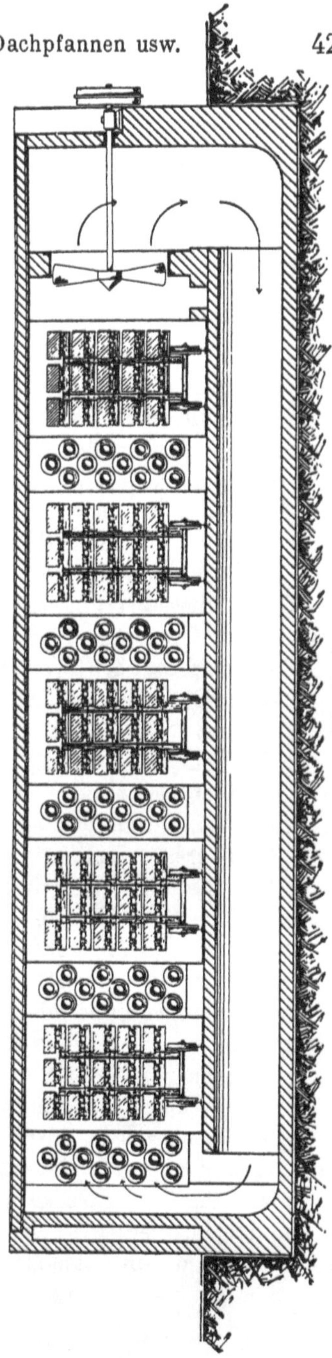

Fig. 180.

tunnels angeordneten Registern aus Rippenrohren, welche von ihm in der Richtung nach dem kälteren Ende hin durchzogen werden. Da die im Tunnel zirkulierende Luft diese Register ständig von außen kühlt, so schlägt sich die Feuchtigkeit aus dem Dampfluftgemisch in ihnen unter Abgabe ihrer Verdampfungswärme zum großen Teil nieder und heizt auf diese Weise die längste Strecke durch die aus dem Material selbst ausgetriebenen Wasserdämpfe. Die dazu erforderlichen Heizflächen sind zwar nicht unerheblich größer als bei reiner Dampfheizung, indem sowohl der zur Verfügung stehende Temperaturunterschied als der Wärmeübergangskoeffizient bei dieser höher ist als beim Heizen mit Gemisch, doch läßt sich nach den zahlreichen Ausführungen des Systems annehmen, daß sich die etwas vermehrten Anlagekosten reichlich durch die großen zu erzielenden Betriebsersparnisse bezahlt machen.

Im Abschnitt V wurde bereits genau berechnet, was sich durch die Mitverwertung des Warendampfes erreichen läßt, und ist der Unterschied gegenüber der einfachen Wirkung des Heizdampfes nach Verfahren 5 recht bedeutend. Die angestellten Ermittlungen beziehen sich auch auf eine weitere durch Patent Nr. 198 461 geschützte Neuerung der Firma Möller & Pfeifer, Berlin, darin bestehend, daß der aus dem Trockengut aufgenommene Dampf nicht von der Trockenluft bis an das heiße Ende des Tunnels fortgeführt, sondern beides schon an mehreren Stellen vorher in die Heizröhren entlassen wird. Der hiermit verfolgte Zweck ist im Abschnitt V eingehend erörtert und ebenso das Verfahren selbst beschrieben, so daß hier davon abgesehen werden kann.

Inwieweit diese letzte Neuerung sich in der Praxis als eine Verbesserung bewährt hat, muß dahingestellt bleiben, indem bisher nicht nach den der Berechnung zugrunde liegenden Leitsätzen gearbeitet und die Luft mit 60° oder 35° wie bei den Beispielen, sondern bei beiden Arbeitsmethoden mit ca. 45° entlassen wurde, allerdings vielfach unter Beimischung von Abdampf zum Warendampf, bevor derselbe in die Heizröhren der längeren Strecke geleitet wurde.

Im allgemeinen wird bei allen Tunneln dieser Art die Temperatur am Eintrittsende auf 20—30°, am Ausgang auf

120—140° gehalten, wenn die Natur des verarbeiteten Materials nicht etwas anderes vorschreibt. Das kommt aber bei der sehr großen Verschiedenartigkeit der Tone häufig vor, weshalb eine umfangreiche Regelbarkeit der Windgeschwindigkeiten und Temperaturen, wie sie hier möglich ist, hoch veranschlagt werden darf, wenn sie sich in den Händen geübter Leiter befindet.

Als Trockenzeit werden 24 Stunden für durchschnittlich ausreichend erklärt, und erhalten die einzelnen Tunnel Längen bis zu 60 m; als Gesamtleistung für eine Anlage mit mehreren von ihnen kommt die Fertigstellung von 5000—25 000 Normalsteinen und darüber oder deren Äquivalent innerhalb 24 Stunden in Frage.

Ein gewöhnlicher Ziegelstein wiegt trocken ca. 4 kg und enthält vor dem Einbringen in den Trockentunnel 0,6—0,7, 0,8—1, ja 1,2 kg, im Mittel also etwa 0,8 kg Wasser. Er schwindet von 28 · 13,5 · 7 cm auf 25 · 12 · 6,5 cm durch Trocknen und Brennen zusammen.

Je empfindlicher das Material ist, desto vorsichtiger muß der Formling, sei er Ziegel, Platte, Rohr oder sonst etwas, der Wirkung des warmen Windes anfänglich ausgesetzt werden; mäßige Temperatur und mäßige Geschwindigkeit sind anzuwenden, bis die Durchwärmung und hauptsächlichste Schwindung beendet ist; dagegen hat es gar keine Bedenken, nach der Ansteifungsperiode höher zu gehen, nach Möller & Pfeifer sogar bis auf 120—140°, wogegen sonst ca. 55° als Grenze gelten.

Das Trocknen von Tonwaren, insbesondere der Ziegel, bietet ferner durch die Menge des zu verdampfenden Wassers große Schwierigkeiten (aus 10 000 Ziegeln täglich 8000 kg, also ca. 333 kg stündlich bei 24 stündiger Arbeitszeit), ebenso wie die darauf zu verwendende Zeitdauer einen großen Umfang der Einrichtungen nötig macht. Dabei ist der Preis für das fertige Produkt im allgemeinen kein so hoher, daß er die durch das Trocknen verursachten Kosten leicht trägt, weshalb gegen eine *richtig* angewandte Sparsamkeit nichts einzuwenden ist.

So bedeutet es der gewöhnlichen Lufttrocknung mit 2—8 Wochen Trockenzeit und ihrer völligen Unzuverlässigkeit gegenüber schon eine wesentliche Verbesserung, wenn z. B. Keller es mit seinem Verfahren auf 3—7 mal 24 Stunden brachte, also auf den siebenten Teil ungefähr.

Da zur Aufstellung von 10 000 Ziegeln in den Trockengestellen ca. 175 qm Fläche nötig sind, so werden bei Lufttrocknung $5 \cdot 6 \cdot 175 = 5250$ qm, beim Trocknen nach Keller $5 \cdot 175 = 875$ qm Fläche für eine tägliche Produktion von 10 000 Ziegeln gebraucht, wenn man als mittlere Trockenzeit 5 Wochen bzw. 5 Tage zugrunde legt.

Das nach ihm benannte und von der Firma C. Keller & Co., G. m. b. H., Laggenbeck i. W., vielfach ausgeführte Verfahren besteht im wesentlichen in einer zweckmäßigen Anordnung der Trockengerüste innerhalb geschlossener und durch Heizrohre temperierter Schuppen. Die Gerüste werden auch in ganz ähnlicher Weise, wie Fig. 183 zeigt, über dem Ringofen errichtet, und gleichen die derartigen Kellerschen Anlagen den in Fig. 183 veranschaulichten in vieler Beziehung.

Die Trockenräume, sowohl die in Schuppen zu ebener Erde als die über die Ringöfen angelegten, haben die Form schmaler Kanäle, deren beide Seitenwände mit horizontalen Tragleisten ausgestattet sind für die Ziegel, welche nach und nach durch automatische Wagen angefahren und auf den Tragleisten abgesetzt werden. Jeder Wagen faßt eine ganze Anzahl (etwa 140) in mehreren Reihen übereinander auf Querriegeln ruhende Steine, deren Überladung auf die Tragleisten und zurück zugleich und gemeinsam mit den Riegeln durch einen einzigen Hebelgriff geschieht, wie aus Fig. 182 deutlich zu entnehmen ist.

Die Firma Keller & Co. führte dann ihrerseits eine weitere Verbesserung ihrer, der Herstellung von Ziegeln etc. dienenden Einrichtungen zum ersten Male auf der Tonindustrie-Ausstellung Berlin 1910 vor, nämlich eine selbsttätige Abschneide- und Absetzvorrichtung (Fig. 181), welche sowohl durch ihre sehr zweckmäßige Bauart, als durch ihre zuverlässige Arbeitsweise schnell den ungeteilten Beifall der Fachwelt erwarb.

Die Wirkungsweise der als Vollautomat bezeichneten Maschine ist folgende.

Fig. 181.

Der aus dem Mundstück der Strangpresse heraustretende Tonstrang gelangt über ein endloses Band an die Abschneidevorrichtung, welche mittels eines einzigen Drahtes einen Stein nach dem andern abtrennt, indem der Abschneidebügel mit seiner Unterlage regelmäßig um Steindicke hin und her geht und die Abtrennung jeweils während des Vorwärtsganges bewirkt, in welchem seine Geschwindigkeit genau mit der des Tonstranges übereinstimmt. Die zur Aufnahme der Ziegel dienenden Holzrahmen werden in eine seitlich an der Maschine befestigte Lade gelegt und gelangen von hier in regelmäßigen Zwischenräumen unter den Strang, um mit ihm parallel die Abschneidestelle zu durchlaufen. Dabei nehmen sie die einzeln abgetrennten Steine auf und wandern mit ihnen einer Querförderungseinrichtung zu, welche sie absatzweise während eines momentanen Stillstandes der Rahmen rechtwinklig zum Tonstrang nach einem Elevator in der Weise befördert, daß ähnlich wie bei den amerikanischen Treppen die ganze bis zum Elevator reichende Partie jedesmal um einen Absatz weiter bewegt wird. Schritt haltend mit der Querförderung rückt der Elevator nach jedesmaligem Zugang eines Rahmens um ein Glied weiter, bis sich eine für die Ausfahrung genügende Anzahl Rahmen in ihm vertikal übereinander befinden, worauf dieselben in einem Satz von 8—10 Stück durch den Absetzwagen (Fig. 182) herausgenommen und in den Trockner geschafft werden.

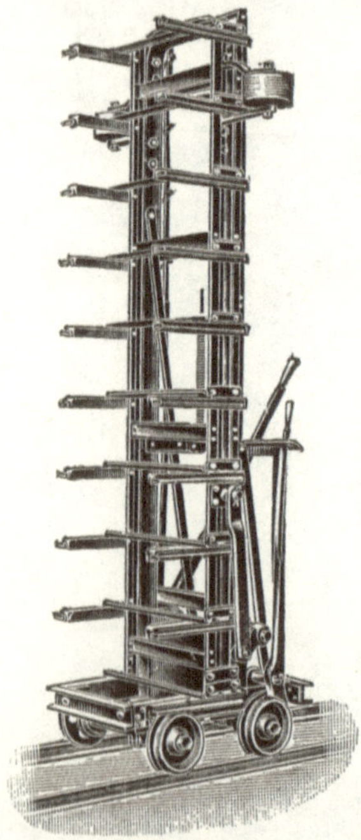

Fig. 182.

Alle Bewegungen erfolgen selbsttätig durch äußerst sinnreiche Hebelverbindungen, so daß der vom Strang abgeschnittene nasse Stein durch keine menschliche Hand berührt zu werden braucht, bevor er, vollständig getrocknet, im Brennofen zum Aufbau gelangt.

Beiläufig sei darauf hingewiesen, daß es mit Hilfe dieser Vorrichtung keinerlei Schwierigkeiten bereitet, Steine aus mit heißem Wasser angemengten Ton, welche die Presse mit hoher Temperatur verlassen, mit derselben hohen Temperatur zum Trocknen nach Verfahren 6 in den Trockner zu schaffen, um so selbst aus dem empfindlichsten Material tadellose Produkte herzustellen.

Der Vollautomat war 1913 auch auf der Internationalen Baufach-Ausstellung Leipzig in Betrieb zu sehen, wo sich außerdem ein „Halbautomat" befand, welcher nur das Abschneiden besorgt, während das Absetzen von Hand geschehen muß. Diese Einrichtung ist insbesondere für kleinere Betriebe bestimmt.

Bei den meisten der an sich sehr einfachen Kellerschen schmalen Trockenräume liegen unterhalb der Gestelle Rippen-

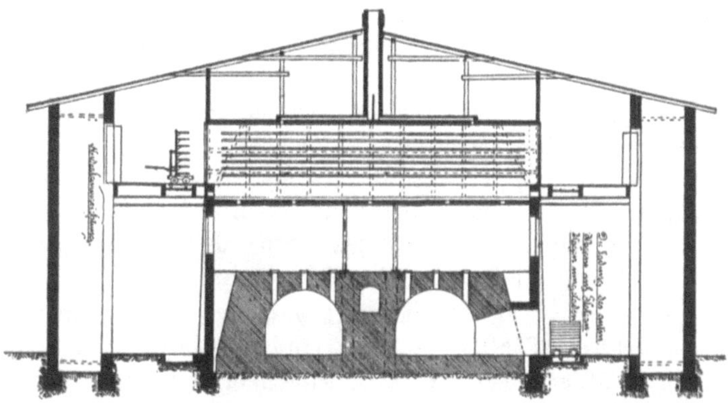

Fig. 183.

rohrstränge von eigenartiger Anordnung, mit deren Hilfe sich eine Erwärmung sowohl durch heißes Wasser als bei größerem Bedarf durch Dampf ermöglichen lassen soll, was jedoch leicht zu Mißlichkeiten führen dürfte, so daß es mehr zu empfehlen ist, sich auf Dampf allein zu beschränken.

Die Temperatur in den Räumen, welche vielfach auch ebenerdig angelegt werden, ist nach Bedarf zu regeln und nicht über 50—55° zu treiben.

Übrigens richten Keller & Co. auch Trockenanlagen ohne jede künstliche Wärmezufuhr ein.

Daß unter solchen Umständen eine Benutzung der vom Ringofen ausgestrahlten Wärme wünschenswert erscheint, ist nicht zu verwundern, doch sollte ihr nie ein nennenswertes Gewicht beigelegt werden.

Fig. 183 zeigt beispielsweise den Querschnitt einer nach dem Entwurf der Baugesellschaft für künstliche Trocknereien, Duderstadt, errichteten Anlage über dem Ringofen, wobei dessen Abwärme in derselben Weise wie bei den ähnlichen Kellerschen Einrichtungen zum Trocknen mit verwertet werden soll.

Sie ist so über dem Ringofen aufgebaut, daß sie dessen Bedienung in keiner Weise hindert, dabei aber die durch die Ausstrahlung erwärmte Luft zusammenhält und sie nur nach oben, an den dort unter den Trockengerüsten liegenden Heizröhren vorüber, in die Trockenräume entweichen läßt. Die eigentliche Erwärmung der Trockenluft erfolgt also erst durch den Dampf in den Heizrohren, was am deutlichsten einleuchtet, wenn man sich vergegenwärtigt, daß Feuer immer nur an einer einzigen Stelle des großen Ofens brennt und alles, was dem letzteren durch äußerliche Belüftung über das unbedingt Nötige hinaus entzogen wird, durch vermehrten Kohlenaufwand wieder ersetzt werden muß.

Die warme, mit Feuchtigkeit gesättigte Luft zieht ab durch stellbare Schlitze, so daß ein wirklicher, nach dem jeweiligen Bedarf zu regelnder Luftdurchzug stattfinden kann. Für die Heizung ist Abdampf oder solcher von Abdampfspannung vorgeschrieben, und ist die Decke der Trockenräume nicht gleichzeitig Dach, also vor Abkühlung tunlichst geschützt, um eine Tropfenbildung an derselben zu verhüten.

Die ganze Fläche über dem Ringofen ist durch die unmittelbar nebeneinander liegenden tunnelartigen Trockenräume bedeckt, und wird jeder Platz für Gänge zur Bedienung in und zwischen ihnen infolge der sinnreichen Bauart des automatischen Wagens überflüssig.

Eine vollkommen andersartige Möglichkeit, Ziegel oder andere größere Formstücke selbst aus dem empfindlichsten Material tadellos zu trocknen, ist gegeben durch Beschreitung des in Patent Nr. 224 708 und im Abschnitt V unter Verfahren 6 erläuterten Weges.

Bereitet man nämlich den Ton mit heißem anstatt mit kaltem Wasser, heizt Walzen, Tonschneider, Presse und Preßmundstücke derartig, daß der Formling mit einer Temperatur von 60—70° C für die Trocknung zur Verfügung steht, so vollzieht sich dieselbe, wenn der Formling in dasjenige Ende eines Zonentrockners eingeführt wird, an dem ihn die mit Feuchtigkeit beladene heißeste Luft verläßt, entschieden sachgemäßer als auf irgendeine andere Weise.

Der zu trocknende warme und feuchte Gegenstand gelangt dann zunächst in eine Zone, in welcher die dort umgewälzte Luft ungefähr dieselbe Temperatur hat wie er selbst, aber noch nicht völlig mit Feuchtigkeit gesättigt ist. Er gibt also von der seinigen ein wenig an die Luft ab, wobei beides entsprechend abkühlt, doch bleibt der Kern des trocknenden Stückes immer am wärmsten.

In der nächsten Zone ist die Luft etwas trockener, vielleicht auch etwas kühler, und es wiederholt sich der gleiche Vorgang — dem trocknenden Stück wird weitere Feuchtigkeit auf denkbar sanfte und doch dabei energische Art entzogen, bis es endlich nach Durchlaufen der letzten Zone den Trockner mit beliebiger, jedoch nicht über der anfänglichen liegenden Temperatur und mit beliebigem Feuchtigkeitsgehalt bzw. völlig trocken verläßt.

Der Aufbau einer solchen Anlage würde sich, unter Berücksichtigung der dem ersten Teil zu entnehmenden Anleitungen, ähnlich den Fig. 91 u. 92 gestalten, nur daß das vorgewärmte Trockengut am heißesten Tunnelende eingeführt wird; die Trockendauer kann geschätzt werden bei Normalziegeln zu 24 Stunden, und der Gesamtverbrauch an Dampf zum Auftrocknen von 7500 kg Wasser aus 10000 Ziegeln in dieser Zeit einschließlich des zur Krafterzeugung nötigen, wenn die den Rauchgasen der Kessel- und der Ofenfeuerung verfügbare Wärme mit benutzt wird, zu rund 11000 kg.

So befriedigend die Ergebnisse verschiedener der besprochenen Verfahren sind, so wird ihre allgemeine Einführung oder Verbreitung mehr und mehr behindert durch die Fortschritte in der Maschinenindustrie.

Schon seit vielen Jahren ist es nämlich bekannt, daß sich Ziegel aus homogenem Rohmaterial mit nur 10% Wasser durch Druck in geschlossenen Formen herstellen lassen und dann keiner weiteren Trocknung bedürfen, sondern sofort in den Ofen gebracht werden können.

Das Verfahren hat in Deutschland zuerst in Westfalen Eingang gefunden, da dortiger Ton sich wenig für die übliche nasse, dagegen vorzüglich für trockene Verarbeitung eignet. Mehrere Maschinenfabriken, wie die Dorstener Eisengießerei und Maschinenfabrik A.-G., Dorsten, die Maschinenbau-Aktiengesellschaft Tigler, Meiderich i. Rhld., u. a., haben infolgedessen die Herstellung von Trockenpressen mit Erfolg aufgenommen. In gleicher Weise hat C. Czerny, Brünn, sich um Einführung der Trockenpressung in Österreich bemüht und auch dort gute Ergebnisse erzielt.

Nun läßt sich zwar nicht jeder Ton ohne weiteres in dieser Weise verarbeiten, doch kann dem meistens dadurch abgeholfen werden, daß man ihn zunächst vollkommen trocknet und ihn dann unter Zusatz von Wasser zu einer Masse von der erforderlichen Gleichartigkeit und Feuchtigkeit macht.

Findet die Trockenpressung einmal allgemeine Aufnahme, dann wird die Trocknung von Ziegeln überflüssig.

Holz.

Für Herstellung und Betrieb einer Einrichtung zum Trocknen von Holz sind in der Hauptsache drei Punkte von Wichtigkeit, nämlich:

Welcher Art ist das Holz?
In welchen Maßen gelangt es in den Trockenraum?
Zu welchem Zweck soll es verwandt werden?

Man unterscheidet: Hartes und weiches, Laub- und Nadelholz, grünes, waldtrockenes, lufttrockenes und geflößtes Holz. Es wird zerschnitten in Bretter, Pfosten oder Furniere und verwendet für die rohesten Zimmerarbeiten wie für die feinsten Schnitzwerke; besonders in der Möbelindustrie weichen die Anforderungen weit voneinander ab.

Der Wassergehalt ist ebenfalls sehr verschieden und beträgt:

	für Nadelholz:	für Laubholz:
grün (frisch gefällt) oder geflößt	50% u. m.	30—50%
waldtrocken (n. längerem Liegen im Walde	30—40%	25—35%
lufttrocken (n. mindestens ½ jähr. Liegen in offenem Schuppen	17—20%	10—15%

Das natürliche Trocknen an der Luft nimmt Jahre in Anspruch, überhaupt trocknet Holz langsam, wobei es sich zusammenzieht (schwindet); es nimmt aber gern von neuem Wasser auf und dehnt sich dabei wieder bis zur ursprünglichen Größe aus (es quillt), wobei es leicht reißt oder sich wirft.

Durch das künstliche Trocknen mit erwärmter Luft wird die Trockenzeit abgekürzt, doch behält das behandelte Holz die erwähnte mißliche Eigenschaft bei, wenn sie ihm nicht durch langes vorheriges Liegen an der Luft oder durch besondere Mittel teilweise oder ganz genommen wurde.

Sie ist zurückzuführen auf stark hygroskopische Salze und Eiweißstoffe, welche im Saft enthalten sind, und deren nachteiligen Wirkungen sich nur vorbeugen läßt durch völlige Zerstörung oder Entfernung dieser Substanzen, wozu sich als bestes die Auslaugung erwiesen hat, welcher beispielsweise geflößtes Holz während des Schwimmens in fließendem Wasser unterliegt.

Da aber nur noch das wenigste Holz geflößt wird und werden kann, so schlägt Professor Dr. Meydenbauer, Berlin, vor[1]), das Holz gleich im Walde, in Bacherweiterungen oder Teichen mit fließendem Wasser, 6—8 Wochen liegen zu lassen, nachdem es möglichst sofort nach dem Fällen auf ungefähres Gebrauchsmaß zu Bohlen etc. geschnitten ist, und es alsdann zu trocknen.

Buchenholz, welches nach seinen Angaben auf diese Weise behandelt war, erwies sich, wie er hinzufügt, als so hart, daß es sich vom Hobel kaum bezwingen ließ und der damit

[1]) Techn. Rundschau des Berl. Tagebl. 1903, Nr. 21 u. 23.

belegte Fußboden in der Gesindestube nach 10 jährigem Gebrauch nur geringe Abnutzung zeigte.

Als ganz besonderer Vorzug der Auslaugung wird noch hervorgehoben, daß sich dadurch auch der Nährwert des Holzes für Mikroorganismen erheblich vermindert, es also Schimmel, Schwamm, sowie dem Angriff von Holzwürmern guten Widerstand leistet.

Diese von Meydenbauer empfohlene Vorbereitung wird leider nicht zu oft durchführbar sein, selbst wenn man das Auslaugeverfahren aus dem Wald in die Nähe der Sägemühle verpflanzt, da die 6—8 wöchentliche Produktion einer solchen leicht einen derartigen Umfang annehmen kann, daß seine Unterbringung schon einen ganz ansehnlichen Teich mit fließendem Wasser erfordert.

Man greift daher vielfach zur Dämpfung, obgleich sie die Auslaugung oder Flößung nicht zu ersetzen, sondern nur einzuschränken bzw. zu erleichtern vermag. Sie besteht darin, daß das auf Zwischenlagen aus Saumleisten gestapelte, zu Brettern, Stäben u. dgl. geschnittene Holz in eisernen oder gemauerten Behältern der Einwirkung von Niederdruck- oder Abdampf, je nach Stärke und Härte bis zu 80 Stunden, ausgesetzt wird, doch will man beobachtet haben, daß die Wirkung oft nur auf die Oberfläche beschränkt bleibt, was natürlich auch bei ungenügendem Auslaugen eintreten kann, und besonders dann, wenn seit der Fällung des Holzes schon geraume Zeit verstrichen ist.

Um das tiefere Eindringen zu ermöglichen und eine rasche, aber nur oberflächliche Austrocknung zu verhindern, wird auch in der Weise verfahren, daß man einem ein- oder mehrstündigen Dämpfen eine längere Zeit folgen läßt, während welcher erwärmte Luft an dem Holz vorbeigeführt wird, um es dann von neuem zu dämpfen, wieder zu trocknen und so abwechselnd fort während der ganzen Behandlungsdauer.

Da die Zwecke, zu denen Holz zur Verwendung gelangt, ganz außerordentlich verschieden sind, so fallen auch die Anforderungen an seine Trocknung nicht gleich aus, und gibt es demnach Einrichtungen, welche aus nicht viel mehr als einem warm erhaltenen Raum bestehen, und wieder andere, in welchen es vor und nach dem Trocknen den verschiedenartigsten Behandlungen mit Konservierungsmitteln aller Art unterzogen wird.

Am verbreitetsten ist die Trocknung durch erwärmte Luft mit oder ohne Zuhilfenahme von Dämpfung, und lassen sich die verschiedenen Verfahren einteilen in:

a) alleiniges Trocknen durch vorgewärmte Luft in Kammern oder Tunneln;

b) Dämpfen oder Auslaugen und Trocknen bei verschiedener Anwendung des Dämpfens, wozu noch als drittes tritt:

c) Dämpfen und Auslaugen, sodann Trocknen.

Beim Arbeiten nach a) und b) gelangt das wald- oder lufttrockene Holz unmittelbar in Trockenkammern oder -tunnel von mehr oder weniger großer Vollkommenheit. Bei den besseren von ihnen wird sich die Einrichtung immer darin gleichen, daß die warme Luft nicht von unten nach oben oder umgekehrt, sondern in horizontaler Richtung den Raum durchstreicht, wobei die Hölzer so zu stapeln sind, daß der Luftstrom gezwungen wird, sie überall zu umspülen und sich überallhin zu verteilen.

Handelt es sich um geringe zu trocknende Mengen, so kann man sich mit einmaliger langsamer Hindurchleitung der Trockenluft durch einfache Kammern begnügen, bei größeren Anlagen dagegen ist zur Umarbeitung zu greifen, d. h. die abziehende feuchte Luft wird zum größten Teil unter Zumischung von etwas Frischluft durch den Trockenraum geleitet, entsprechend dem im ersten Teil unter 3 beschriebenen Verfahren.

Eine Ausführung dieser Art mit fortgelassenem Dach und teilweise abgenommenen Außenwänden zeigt die Fig. 184, nach einem Prospekt der Sturtevant-Ventilatoren-Compagnie, Chicago-Berlin.

Ähnliche Einrichtungen liefern die Firmen Georg Kiefer, Feuerbach bei Stuttgart, Danneberg & Quandt, Berlin O., u. a. m. Die Trockenräume der letztgenannten werden auf Wunsch mit Vorkehrungen zum Dämpfen ausgestattet, welches, wie von der Firma angenommen wird, bei zweckmäßiger Benutzung eine weitgehende Zerstörung der schädlichen Beimengungen des Holzsaftes bewirkt.

Das frisch eingebrachte Holz soll immer erst allmählich der vollen Wirkung eines stark austrocknenden, hoch er-

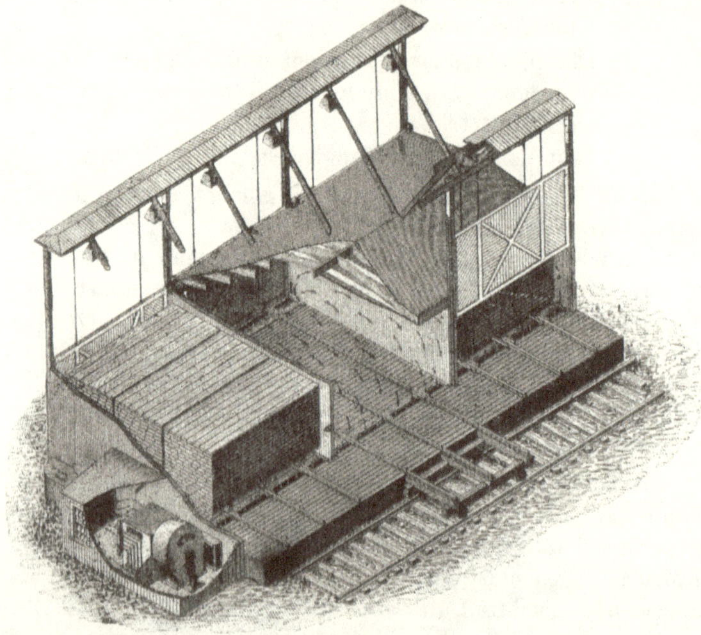

Fig. 184.

hitzten Windes ausgesetzt werden, dessen Temperatur sich zum Teil nach seinem Feuchtigkeitsgehalt, zum Teil nach der verarbeiteten Holzart zu richten hat. Für trockene Luft gilt als höchstes:

bei Eichenholz 40°,
„ anderen Laubhölzern 30—40°,
„ Nadelhölzern in dünnen Brettern 80—95°,
„ „ „ dickeren Stücken 50°,

doch läßt sich bei Anwendung hochgesättigter Zirkulationsluft voraussichtlich erheblich darüber hinausgehen, solange das Holz selbst noch Feuchtigkeit enthält.

Die Länge der Zeit, während welcher das Holz dem Luftstrom ausgesetzt werden soll, richtet sich in der Hauptsache nach dem dargebotenen Querschnitt und soll sie nach der „Hütte" betragen, wie im ersten Teil bereits erwähnt, bei 12stündiger Dauer täglich:

Wochen	1	2	3	4	7	10,
bei einer Dicke in cm	2,5	5	7,5	10	15	20.

Man begnügt sich jedoch meistens mit viel kürzerer Zeit, ja schon mit der Hälfte und noch weniger, wenn es sich um weiche, vorgetrocknete oder gedämpfte Hölzer handelt; jedenfalls ist nicht ihre Dicke allein, sondern auch ihre Struktur neben der Art der Leitung des Trockenprozesses von großem Einfluß, und lassen sich daher allgemein gültige Zahlen schwer aufstellen.

Hoher Wert wird vielfach dem Dämpfen beigelegt und ist dieses bei wertvollen ausländischen Hölzern auch nötig, um es zu den kaum millimeterstarken Furnieren, in welchen es verwendet zu werden pflegt, zerteilen zu können. Diese Zerteilung geschah früher durch feine Sägen, jetzt dagegen verwendet man immer mehr breite Messer, welche das dünne Blatt von dem vollen Block aus Mahagoni- oder anderem Holz in einem einzigen breiten Span abheben. Eine derartige Behandlung verträgt trockenes Holz natürlich nicht, doch dringt auch die Dämpfung nicht allzu tief in hartes Holz von dichter Struktur ein, weshalb sie häufig in ausgemauerten und oben abgedeckten Gruben od. dgl. zu wiederholen ist; die bis herab zu 0,3 mm Stärke als breite Hobel- oder Drehspäne erhaltenen feuchten Furnierblätter unterliegen alsdann der Trocknung.

Mit dem Trocknen und Dämpfen geht gar häufig Hand in Hand ein Durchtränken der Holzzellen mit Fäulnis verhindernden Lösungen unter Druck oder nach einer Evakuierung bzw. auch ohne beides, wenn die Lösungen Eisen angreifen, aus welchem Material allein sich größere Gefäße

Fig. 187.

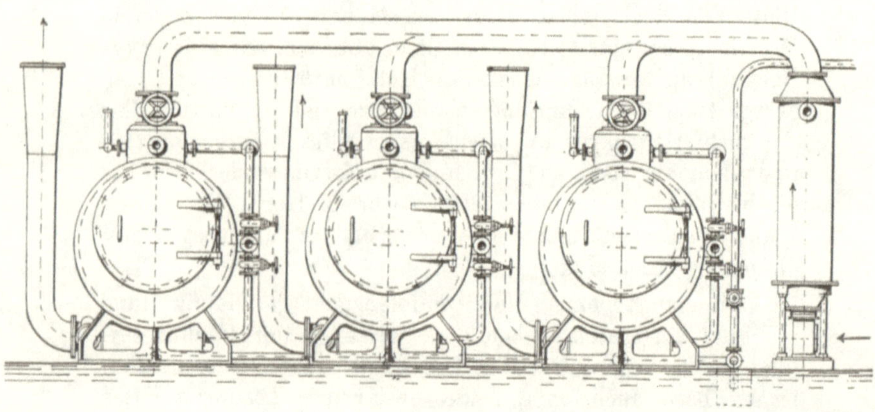

Fig. 188.

Dabei läßt sich die Höhe der Luftverdünnung und die Temperatur im Kessel durch die Mengen an Kühlwasser für den Kondensator und an eingeführtem Heizdampf beliebig regeln; zweckdienlich wird es überhaupt sein, die Dampfzufuhr zeitweilig zu unterbrechen und ein hohes Vakuum herzustellen, welches der nachfolgende Dampf energisch auszufüllen trachtet, bis er endlich alle Poren durchdringt, worauf mit Spannung und Temperatur hoch und höher gegangen werden kann.

Nach einigen Tagen schließt sich unmittelbar hieran die Anfüllung des Kessels mit Wasser in ähnlicher Weise, indem das zuerst in den Kessel tretende den ihn noch vollständig anfüllenden Dampf niederschlägt und dadurch abermals ein Vakuum erzeugt, vermöge dessen das Wasser verhältnismäßig leicht überall hindringt, so daß Lösung und Fortschwemmung der Salze des Saftes schnell eintritt.

Neben dem Kessel ist das Gebläse mit darüber befindlichem Winderwärmer sichtbar, durch welches wieder nach Verlauf einiger Tage und beendeter Auslaugung schließlich die ganze Behandlung mit der Trocknung ihren Abschluß erreicht.

Fig. 188 gibt die Verbindung mehrerer derartiger Apparate zu einem Ganzen wieder, bei welcher Anordnung sich ein gleichmäßigeres Arbeiten durch wechselnde Beschickung und Aufrechterhaltung verschiedener Stadien des Arbeitsganges in den einzelnen Kesseln erzielen läßt.

XII. Abschnitt.

Trockner für Brennstoffe.

Braunkohlenbriketts.

Der für die Verarbeitung zu Briketts pulverisierten Braunkohle muß vor dem Eintritt in die Pressen ihr meistens sehr hoher Wassergehalt entzogen werden; derselbe beträgt bei den geringwertigen mitteldeutschen und ähnlichen Marken

40—60% und wird durch das Trocknen bis auf 8—12% verringert.

Bei den großen Mengen, um die es sich stets handelt — es gibt Werke mit einer 24 stündigen täglichen Leistung von 25, 50, ja 70 Doppelwaggons, à 10 000 kg Briketts — ist eine jedesmalige genaue Bestimmung durchaus nötig, denn es kommen beispielsweise 100 kg Wasserverdunstung nach Formel (59a oder b):

bei anfänglich 60, nachher 12% Feuchtigkeit
auf $83^1/_3$ kg Briketts,
bei anfänglich 50, nachher 10% Feuchtigkeit
auf 125 kg Briketts.

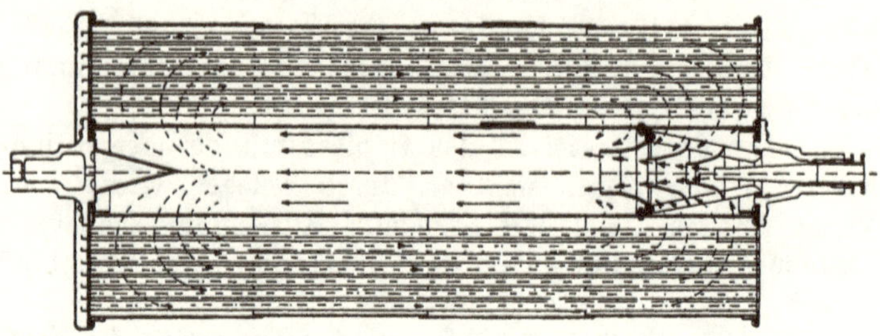

Fig. 189.

In einem Werk, welches stündlich 10 000 kg, pro Tag also 24 Doppelwaggons liefert, wären danach stündlich auszutreiben:

$$\text{im ersten Fall } 10000 \frac{100}{83{,}3} = 12000 \text{ kg Wasser,}$$

$$\text{im zweiten Fall } 10000 \frac{100}{125} = 8000 \text{ kg Wasser.}$$

Der Unterschied ist, auf die fertige Ware bezogen, sehr bedeutend.

Für die Heizung der Trockeneinrichtung kommt jetzt wohl nur noch Dampf zur Anwendung, und zwar nach den Verfahren 10 und 11, Abschnitt V, also durch unmittelbare Berührung des Trockenguts mit der Heizfläche, da hierbei noch die geringste Entwicklung von Staub und die wenigste, mit seiner Abführung verbundene Belästigung der Umgegend erreichbar ist.

Infolge des allen Kontaktheizflächen anhaftenden Übelstandes, daß sie nur zu einem Teil ihrer Gesamtausdehnung zur Geltung kommen, fällt ihre Größe bei den gewaltigen zu verarbeitenden Mengen recht erheblich aus, und gibt es Ausführungen, welche bis 1100 qm in einem einzigen Apparat vereinigen.

Fig. 191 zeigt einen Röhrentrockner der Maschinenfabrik Buckau, Aktien-Gesellschaft, Magdeburg, im Längenschnitt und Fig. 192 die allgemeine Anordnung eines über den Pressen aufgestellten Röhrentrockners in dem sog. Trockendiensthaus einer von der Zeitzer Eisengießerei und Maschinenbau-Aktien-Gesellschaft zu Zeitz erbauten Brikettfabrik.

Das feuchte Kohlenklein fällt durch einen Trichter von oben in die zahlreichen Röhren des sich langsam um seine Achse drehenden Trockners und kollert allmählich am anderen Ende wieder heraus, um dort durch geeignete Födereinrichtungen den Füllrümpfen der horizontalen Dampfbrikettpressen zugeführt zu werden.

Ganz so harmlos, wie es hiernach erscheinen könnte, vollzieht sich jedoch weder das Füllen noch das Entleeren der Röhren, und sind deshalb verschiedene Bauarten erdacht und in Gebrauch, um beide Arbeiten den Betriebsbedingungen bestmöglich anzupassen. Dazu müssen vor allem sämtliche Röhren gleichmäßig beschickt werden, indem sonst eine ungleichmäßige Trocknung, unter Umständen verbunden mit Überhitzung, Verstopfung u. dgl. vorkommen kann. Aus den Fig. 191 u. 192 ist eine diesem Zweck dienende und vielfach angewandte Einrichtung nach einem älteren Rolffschen Patent ersichtlich. Sie besteht in einer Anzahl kleiner Klappen oder Schaufeln *d*, welche an einer schrägen Achse derartig federnd befestigt sind, daß sie jedesmal, sobald eine Reihe Röhren unter ihnen hinzieht, in diese hinein- und bei weiterer Drehung der Trommel wieder aus ihnen herausschnellen, da ihre Drehachse im Füllrumpf fest gelagert ist. Auf diese Weise wird in jedes Rohr die gleiche, sich vor seinem Eingang häufende

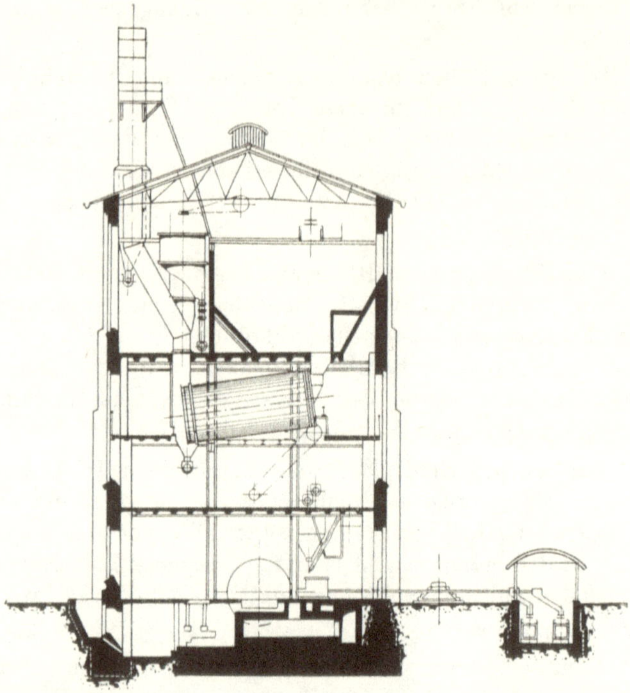

Fig. 190.

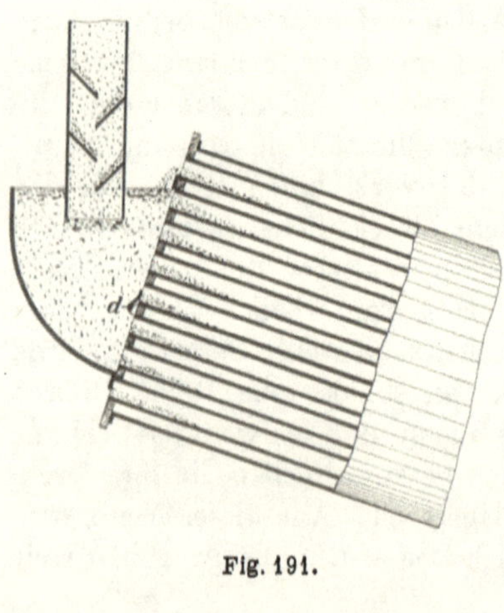

Fig. 191.

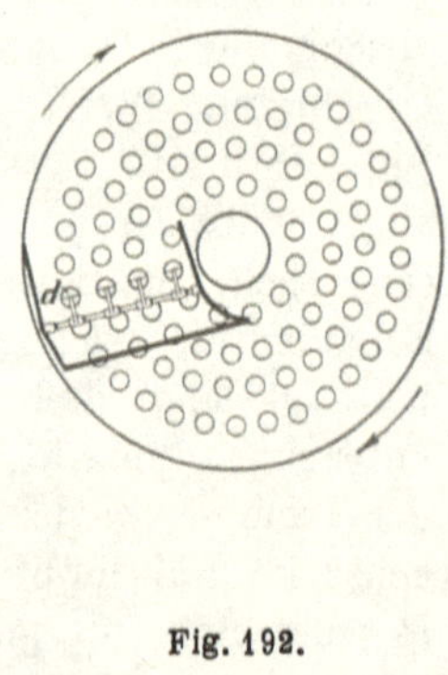

Fig. 192.

Menge Trockengut geschleudert und Platz für neues geschaffen, welches dann beim nächsten Umgang daran kommt.

Bei neueren Ausführungen hat Rolff seine Vorrichtung dahin abgeändert, daß an Stelle der Achse mit ihren federnden Klappen ein Rohr mit Löchern oder Düsen tritt, durch welches jedesmal, wenn die Röhren der Trommel vor den Öffnungen des Rohres vorbeistreichen, ein kräftiger Luftstrom das zu trocknende Material in derselben Weise in diese Röhren wirft, wie es bisher durch die Klappen geschah.

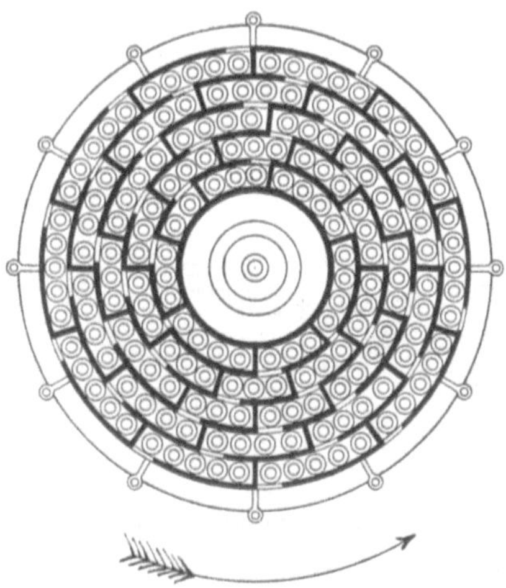

Fig. 193.

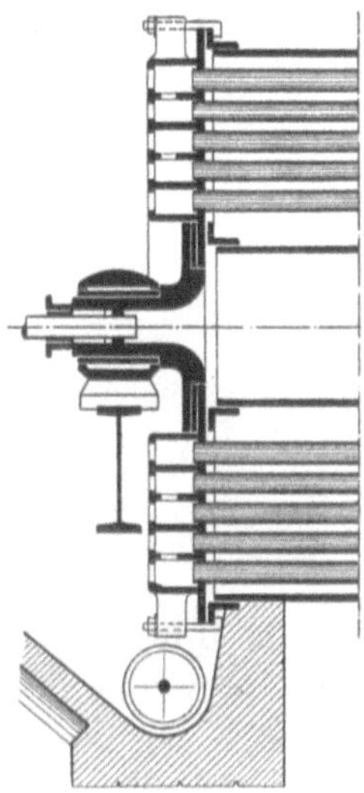

Fig. 194.

Hierdurch wird erreicht, daß nicht bloß Kohlenklein in die Röhren gelangt, sondern daß auch die so überaus nötige Lufterneuerung in ihnen eintritt. Die eingeblasenen Kohlenhäufchen ebnen sich bei weiterer Drehung der Trommel unter fortwährendem Wenden, oft unterstützt durch eingebaute Wendeleisten, um dann am tieferen Ende auszutreten.

Hierbei soll nach Möglichkeit alle Staubentwicklung vermieden, dagegen eine reinliche Trennung der feuchten Luft und Dämpfe von dem getrockneten Material herbeigeführt werden, wozu vor allen Dingen die Fallhöhe des letzteren auf das geringste Maß zu beschränken ist.

Auch für diesen Zweck sind zahlreiche Anordnungen ersonnen, von denen die Fig. 193 u. 194 eine vielfach ausgeführte, wenn auch schon ältere der Zeitzer Eisengießerei und Maschinenbau-Anstalt zeigen.

Vor das untere Ende der Trommel ist ein Gehäuse gesetzt mit vielen Kammern, welche derartig untereinander in Verbindung stehen, daß das Trockengut von einer zur andern langsam nach unten rieselt, um dort von einer Förderschnecke aufgefangen und abgeführt zu werden, während Luft und Dämpfe leicht nach oben und durch in der Stirnwand frei

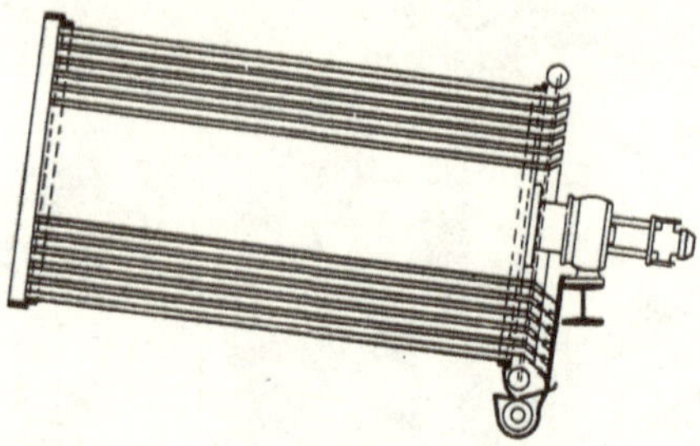

Fig. 195.

gelassene Öffnungen entweichen können; die letzteren ermöglichen gleichzeitig das Durchstoßen und Reinigen der Trommelröhren.

Es gibt auch noch sonstige Bauarten. So verwendet die Zeitzer Fabrik die Hickethiersche Füllvorrichtung, mit deren Hilfe die Zufuhr gleichmäßiger gestaltet und insbesondere die äußeren Röhren besser als bisher gefüllt werden sollen.

Bei einer anderen von Liebscher vorgeschlagenen Einrichtung nach Fig. 195 werden Kapseln von besonderer Bauart in die Ausfallenden der Röhren gesteckt, um nur der in den unteren Röhren befindlichen Kohle den Austritt zu gestatten. Eine vor der unteren Hälfte der Trommel befindliche Auffangkappe mit konzentrischen, schrägen Rippen nimmt das Trockengut auf und leitet es in die tiefer liegende Förderschnecke, welche es nach den Pressen schafft.

Diese Beispiele mögen genügen, um zu zeigen, daß der Erfindungsgeist sehr rege an der Arbeit ist, um Verbesserungen aller Art zu schaffen, doch müssen wir davon absehen, weiter darauf einzugehen, und uns beschränken, dieserhalb auf unten genannte Veröffentlichungen zu verweisen[1]).

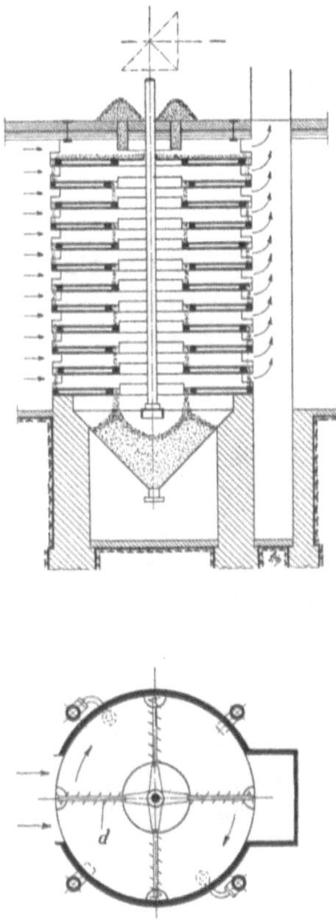

Fig. 196 u. 197.

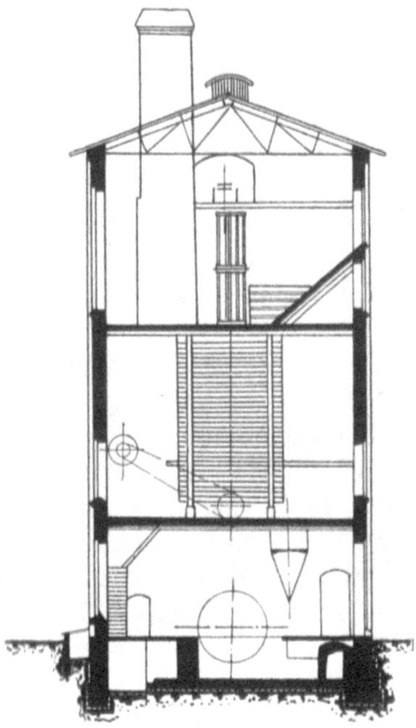

Fig. 198.

Zur Trocknung des zur Brikettierung bestimmten Materials werden neben den Röhrenapparaten hauptsächlich, ja fast allein, die früher nur von der Zeitzer Fabrik gebauten

[1]) „Glückauf", Berg- und Hüttenmännische Zeitschrift, Essen. Jahrg. 1910, Nr. 2 u. f. Montanistische Rundschau, Nr. 9—14, Wien, Verlag f. Fachliteratur, G. m. b. H.

Tellertrockner benutzt, nach Art der aus Fig. 196 u. 197[1]) ersichtlichen und in der ungefähren Anordnung, die Fig. 198 zeigt.

Sie werden in Größen bis zu 34 Tellern von je 5000 mm äußerem und 2000 mm Lochdurchmesser gebaut, so daß in ihnen eine kohlenberührte Heizfläche von ca. 560 qm pro Ofen zur Verfügung steht.

Über jedem der zwischen vier hohlen Säulen übereinander aufgebauten Teller bewegen sich Arme mit Abstreichern, welche auf einer gemeinsamen vertikalen Mittelwelle sitzen und derart ausgebildet sind, daß sie bei der Umdrehung der Welle das auf den heißen Tellern liegende Trockengut entweder vom Rande nach der Mitte oder von der Mitte zum Rande schieben.

Auf den obersten Teller fällt die nasse Ware durch einen Fülltrichter in die Mitte; die sich über ihm bewegenden Abstreicher sind so gestellt, daß die Ware von ihnen langsam nach dem Rand geschoben wird, wo sich Durchbrechungen finden, durch welche sie auf den zweiten Teller fällt. Dieser hat eine Durchbrechung in der Mitte, wohin die über ihm kreisenden Abstreicher infolge ihrer Einstellung das Trockengut allmählich schaffen, damit es dort auf den dritten Teller fällt, der wieder dem ersten gleicht, und so durchläuft es nach und nach den ganzen Apparat, sich immer abwechselnd auf den Tellern von innen nach außen oder vom Rande nach der Mitte zu bewegend, bis es endlich nach vielem Drehen und Wenden unten getrocknet anlangt. Die vier Säulen dienen für die leichte Zu- und Ableitung von Dampf und Kondenswasser; die Luft setzt sich dagegen gern unter der unteren flachen Platte der hohlen Teller fest und vermindert dadurch deren Heizwirkung oft recht bedeutend.

Damit sich in dem von Dampf erfüllten Hohlraum der Teller nicht in ähnlicher Weise tote Ecken bilden können,

---

[1]) Die Abbildungen 197 u. 198 sind dem Artikel von Jordan, „Neuere Verfahren und Einrichtungen auf dem Gebiete der Kohletrocknung" in der Zeitschrift „Glückauf" 1910 entnommen.

in denen Luft oder Wasser stehenbleiben könnte, hat die Zeitzer Fabrik ihr Augenmerk darauf gerichtet, daß jeder Quadrant eines Tellers an allen Stellen nach Fig. 199 von dem in ihm hin und her geführten Dampf bespült werden muß.

Der Nutzen davon kommt aber nur dann voll zur Geltung, wenn die obere Außenfläche jedes Tellers ebenfalls ganz mit Kohle bedeckt ist, weshalb die Zeitzer Fabrik ihre

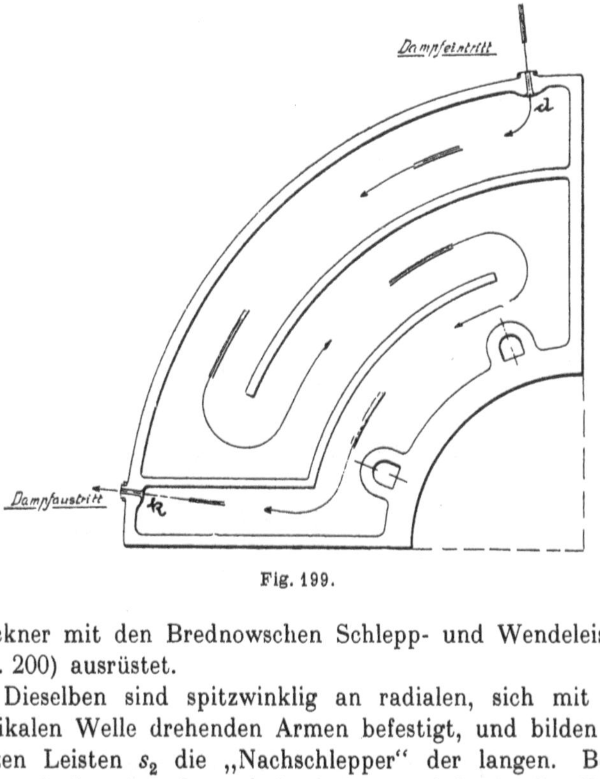

Fig. 199.

Trockner mit den Brednowschen Schlepp- und Wendeleisten (Fig. 200) ausrüstet.

Dieselben sind spitzwinklig an radialen, sich mit der vertikalen Welle drehenden Armen befestigt, und bilden die kurzen Leisten s_2 die „Nachschlepper" der langen. Beide haben dreikantige Querschnittsform, so daß sie die Kohle zunächst vor sich herschieben und sie dann gleichmäßig auf der ganzen Länge über sich hinweggehen lassen, wobei sie gleichzeitig eine kräftige Durcheinandermischung erfährt.

Ein solcher Ofen verdampft nach Angabe der Fabrik bis zu 7,8 kg Wasser pro qm, also total bis zu ca. 4300 kg stündlich mit einem Aufwand von ca. 6000 kg Dampf, entsprechend ca. 1,4 kg Dampf pro kg Wasserverdunstung. Er würde also unter normalen Verhältnissen einen Kessel von ca. 400 qm Heizfläche benötigen, doch erfolgt die Heizung bekanntlich durch den Abdampf der Pressen unter Zumischung von auf 2—3 Atm. Überdruck reduziertem Kesseldampf, ebenso wie bei den Röhrentrocknern.

Jede Presse formt mit jeder Umdrehung einen Stein ohne irgendein weiteres Bindemittel und schiebt ihn in ununterbrochener Reihe über lange Rutschen, auf denen er

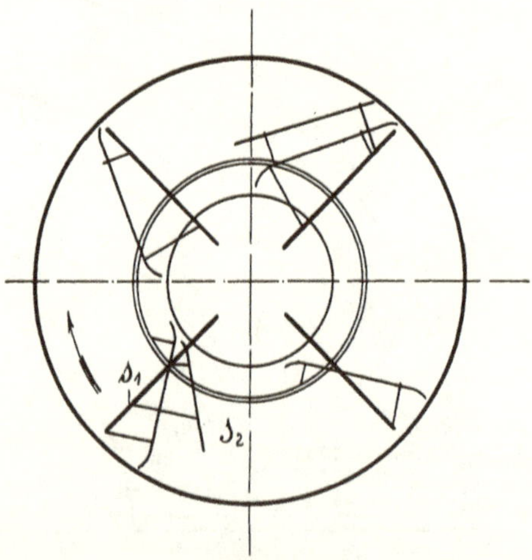

Fig. 200.

gleichzeitig abkühlt, in den Verladeraum bzw. unmittelbar in den Waggon. Beim Rücklauf der Kolben müssen die Pressen dann gegen obigen hohen Druck arbeiten. So vorteilhaft dies für die gleichmäßige Belastung der beweglichen Teile sein mag, um so nachteiliger wirkt es auf den Dampfverbrauch, indem manche Werke trotz ihres hohen Wärmebedarfs für Trockenzwecke doch noch große Mengen Abdampf unbenutzt fortziehen lassen müssen, da dieser eine geringere Spannung hat. Als Grund wird von den Betriebsleitern stets angegeben, daß die Trockner bei zu niedrigem Dampfdruck das Kohlenklein nicht trocken genug bzw. nicht in genügender Menge lieferten.

Bei den mehr als 16 000 000 t Braunkohlenbriketts, welche bereits 1911 jährlich im Deutschen Reich[1]) fertiggestellt wurden, läßt sich nur wünschen, daß diese Verhältnisse bald eine Verbesserung erfahren, zumal da dazu verschiedene Wege offen stehen.

Das einfachste wäre vielleicht, der nassen Kohle in direkt befeuerten Trommeltrocknern mindestens die Hälfte ihrer Feuchtigkeit zu entziehen und den Rest in Teller- oder Röhrentrocknern mit Abdampf von 0,2 Atm. Überdruck auszutreiben. Die Anfangstemperatur in den Trommeltrocknern kann durch Zumischung von Frischluft so niedrig gehalten werden, daß Gefahr ausgeschlossen bleibt, besonders da die Trocknung gar nicht in den Trommeln zu Ende geführt werden soll, indem sich sonst der Maschinenabdampf nicht verwerten läßt.

Einer Behandlung unter vermindertem Luftdruck stehen zwar die gewaltigen Wasser- und Luftmengen, welche für die Kondensation zu bewältigen sind, erschwerend entgegen, und müßte außerdem große Sorgfalt auf die Absonderung des reichlich zu erwartenden Staubes vor dessen Eintritt in Kondensator und Luftpumpe gelegt werden, doch ermöglicht sie sonst die Verwertung des s ä m t l i c h e n Abdampfes, da dessen Spannung nicht mehr als 0,2—0,3 Atm. Überdruck zu betragen braucht.

Auch die großen Erfolge, welche mit Walzentrocknern erzielt wurden, sind in Erwägung zu ziehen; Walzen lassen sich bei Heizung durch Abdampf oder Dampf von Abdampfspannung ebensogut zur Wasserverdunstung verwenden wie Muldentrockner, welche vielfach gar nicht anders geheizt werden dürfen. Bei genügend weiten Zu- und Ableitungen für Dampf und Kondenswasser und bei schneller Fortschaffung des aus der Kohle getriebenen Dampfes darf deshalb erwartet werden, daß Walzentrockner sich auch zur Trocknung dieses Materials bewähren werden.

---

[1]) 1907 . . ca. 12 900 000 t — 1908 . . ca. 14 200 000 t — 1909 . . 14 800 000 t — 1910 . . 15 100 000 t — 1911 . . 16 800 000 t

Steinkohle.

Steinkohle von mehr oder weniger schlammiger Beschaffenheit, ebenso wie das bei der Aufbereitung abfallende Kohlenklein der Waschberge werden dem Trocknen in unmittelbar beheizten Trommeln unterzogen; die Firma Möller & Pfeifer, Berlin, hat insbesondere dem Kruppschen Grusonwerk, Magdeburg, schon 5—6 derartige Anlagen geliefert, außer den für andere Empfänger erbauten.

Auch die Firma Franz Méguin in Dillingen a. d. Saar stellt Trommeltrockner für solche Zwecke her.

Torf.

Frisch gestochener Torf enthält 85—90% Wasser, welche Menge auf 30—35% herabgemindert werden muß, ehe er als „lufttrocken" unmittelbar als Brennstoff von 2500—3500 WE oder für die Weiterverarbeitung zu wertvoller Torfkohle (Torfkoks) von 7000—7500 WE Heizwert benutzt werden kann.

Nach den von Dr. phil. L. C. Wolff im Auftrage der preußischen Regierung November 1901 unternommenen Versuchen lassen sich aus 100 kg Torf von 31% Wassergehalt ca. 28 kg trockene Torfkohle, nach anderen Angaben[1]) $33^1/_3$ kg gewinnen, doch mag das Produkt im letzten Falle nicht völlig wasserfrei gewesen sein.

Zwischen dem lufttrocknen Torf und der Torfkohle stehen die vereinzelt hergestellten Torfbriketts mit ca. 20% Wasser und 3000—4000 WE Heizwert.

Nun sind 100 kg Torf mit 31% H_2O entstanden aus 690 kg Rohtorf mit 90% oder aus 460 kg mit 85% Wasser, so daß die davon fortzuschaffende Menge zwischen 590 und 360 kg, also innerhalb sehr weiter Grenzen schwankt.

Als ungefähres Mittel kann danach angenommen werden, daß zur Herstellung von 1 kg lufttrockenem Torf mit 3000 WE Heizwert rund 5 kg Wasser ausgetrieben werden müssen, woraus klar hervorgeht, daß dies durch Verdampfung schwerlich auf wirtschaftlichem Wege zu erreichen ist, denn selbst

---

[1]) Nach Gercke, Zeitschr. d. Ver. D. Ing. 1905, S. 887.

bei Anwendung des Verbundverfahrens, wie es im Abschnitt V unter 15 beschrieben wurde, müssen die Heizgase immer noch etwa 350 WE pro kg Wasserverdunstung liefern können. Dazu sind aber vom Heizwert des Brennstoffs mindestens 500 WE in Rechnung zu stellen, für 5 kg Wasserverdunstung also 2500 WE. Mithin würden sich durch Verfeuerung von 5 kg lufttrockenem Torf mit 15 000 WE 30 kg Wasser aus 36 kg feuchter Masse verdampfen lassen, also 6 kg trockenen Torfes herzustellen oder 1 kg desselben zu gewinnen sein, wenn keinerlei Löhne, Verzinsungs- und Abschreibungskosten zu berücksichtigen wären.

Diesem Ergebnis liegt zugrunde, daß zur Erzeugung von 1 kg lufttrockenem Torf $^{30}/_{6} = 5$ kg Wasser verdunstet werden müssen, daß der Rohtorf also nahezu 90% Wasser enthielt.

Beträgt sein Wassergehalt dagegen höchstens 85%, so daß die auszutreibende Menge auf 360 pro 100 kg oder auf 3,6 kg pro 1 kg Trockenprodukt fällt, wie wir vorhin sahen, und hat der erzeugte Torf einen Heizwert von ca. 3500 WE pro kg, dann brauchen wir nur $3{,}6 \cdot 500$ WE $= 1800$ WE aufzuwenden, um 1 kg Torf von 3500 WE zu erhalten, d. h. mit 18 kg lufttrockenem Torf würden wir 35 kg erzeugen, also 17 kg gewinnen können, doch ist dies wohl als Grenze des auf diesem Wege Erreichbaren zu betrachten.

Wird jedoch der durch die Kondensation des Abdampfes vom Kraftwerk erzielte Nutzen einmal demjenigen gegenübergestellt, welcher von seiner teilweisen oder ganzen Verwertung für die Trocknung zu erwarten steht, so zeigt sich die Sache in einem erheblich besseren Licht.

Zwei Veröffentlichungen neuerer Zeit, nämlich in der „Fördertechnik", Jahrg. 1911, Heft 9 u. ff., von J. Thamm, und in dem Werk „Torfkraft" von F. Bartel, 1913[1]), enthalten sehr verschiedene Beurteilungen des Wertes der künstlichen Trocknung; während Thamm sie augenscheinlich für durchführbar hält, erklärt Bartel sich unumwunden für alleinige Anwendung der natürlichen Trocknung; daß er diese

[1]) Erschienen bei Julius Springer, Berlin.

Meinung auch in nassen Jahren aufrechterhalten wird, muß immerhin bezweifelt werden.

Die Trocknung von Torf läßt sich übrigens allein in Verbindung mit ihrem Zweck prüfen, und kommt als solcher neuerdings vorwiegend in Frage: „Die Urbarmachung der Moore durch Abbau des Torfes und Verwertung desselben in Kraftzentralen." Dieses Ziel kann erreicht werden, wenn die erzeugte Kraft so billig wird, daß sie sich auf weite Entfernungen fortleiten und zum Betrieb von Eisenbahnen und Großbetrieben verwerten läßt.

Dann wird auch die Belastung der Zentrale einigermaßen gleichmäßig und damit die Lieferung von Abwärme für die Trocknung des in annähernd gleichmäßigen Mengen benötigten Torfes.

Hiermit ist die Lebensbedingung für ein ersprießliches Gedeihen von Kraftwerk u n d Torfwerk gekennzeichnet, denn wenn letzterem die Abwärme des ersteren nur in sehr schwankenden Mengen zugeführt werden kann, wird der Betrieb von beiden unwirtschaftlich.

Die Frage, ob der Torf zu vergasen oder unter Dampfkesseln zu verfeuern ist, entscheidet Bartel in seinen Untersuchungen zugunsten der Dampfkraft, wofür ihm indessen die Verantwortung überlassen bleiben muß, da an verschiedenen Stellen die Zahlen für den Gasbetrieb reichlich ungünstig gegenüber denen für Dampfbetrieb gegriffen zu sein scheinen.

Für uns ist jedoch zunächst nur die Angabe von Wichtigkeit, daß 1 KW/Std. bei großen, durch Dampfturbinen betriebenen Kraftwerken einen Aufwand von 2,7 kg Torf à M. 4 pro Tonne erfordert. Hierbei ist vorausgesetzt, daß der Auspuffdampf kondensiert wird, doch müssen wir erst sehen, ob dies für unsere Zwecke erwünscht ist. Wir veranschlagen deshalb die durch die Kondensation zu erzielenden Ersparnisse reichlich hoch, indem wir auf einen Torfverbrauch von ca. 3,5 kg pro KW/Std. bei Auspuffbetrieb gegenüber 2,7 bei Kondensation rechnen. —

Dies gibt bei einem Heizwert von 3500 WE einen Wärmeverbrauch von $3{,}5 \cdot 3500 = 12\,250$ WE, von welchem etwa

25% in der Kesselanlage verloren gehen und ca. 12% für Kraft eingesetzt werden können, so daß im Auspuff verbleiben ca. 63% mit rund 7700 WE.

Dagegen haben wir zur Erstellung von 3,5 kg Heiztorf zu verdampfen, wenn er aus Rohtorf mit 85% Wasser zu erzeugen ist: 3,6 · 3,5 = 12,6 kg Wasser, wofür bei Heizung mit Abdampf und Anwendung eines guten Verfahrens rund 10 000 WE ausreichen.

Es müssen demnach noch 10 000—7700 = 2300 WE dem Dampfkessel entnommen werden, zu deren Erzeugung 1 kg Torf genügt.

Anzunehmen ist jedoch, daß sich Mittel und Wege finden, um von den zum großen Teil in den abziehenden Wrasen übergegangenen 7700 WE eine gewisse Menge in Verbundwirkung weiter zu verwerten, z. B. durch Vorwärmung der feuchten Masse od. dgl., so daß von obigem 1 kg noch ein Teil erspart werden kann, doch soll hiervon ganz abgesehen werden.

Es wären somit im ganzen pro KW/Std. zu verfeuern: 3,5 + 1 = 4,5 kg für Kraft und Torftrocknung gegen 2,7 kg Torf bei Kondensationsbetrieb allein für Kraft, und kostet somit die Trocknung der pro KW/Std. erforderlichen Brennstoffmenge: 4,5 — 2,7 = 1,8 kg Torf.

Falls kein Abdampf zur Verfügung steht, kommt dagegen bei dem günstigsten Trockenverfahren auf die Gewinnung von 17 kg ein Verbrauch von 18 kg Torf, also 1,06 kg auf 1 kg fertiges Produkt. An fertigem Produkt werden aber bei Kondensationsbetrieb benötigt pro KW/Std. 2,7 kg, zu dessen Trocknung erforderlich sind 2,7 · 1,06 = 2,86 kg, also 1,06 kg mehr als vorhin.

Der Gesamtaufwand pro KW/Std. wird:

a) bei Kondensationsbetrieb:

1. für Kraft	2,7	kg
2. „ Trocknung	2,86	„
zusammen	5,56	kg Torf,

b) bei Auspuffbetrieb:

für Kraft und Trocknung 4,5 kg Torf.

Besser läßt sich die Kathederlehre, die beste Dampfmaschine sei diejenige, welche am wenigsten „Dampf pro PSi und Stunde" verbrauche, nicht illustrieren.

Für 1 KW/Std. sind an Rohtorf mit 85% Wassergehalt aufzuwenden:

im Falle a): 5,56 · 4,6 = ∾ 25,6 kg,
„ „ b): 4,5 · 4,6 = ∾ 20,7 „

worin die Beträge für die Trocknung mit eingeschlossen sind.

Bei genauerer Betrachtung kann sich das Verhältnis für die Auspuffmaschine noch weit günstiger gestalten, denn es ist ganz und gar nicht nötig, daß die Zusatzwärme = 2300 WE dem Dampfkessel entnommen wird, sondern wurde dies nur angenommen, um den Verlauf der Rechnung klarer zu gestalten und für die Sicherheit des Ergebnisses ausreichende Reserven zur Verfügung zu behalten.

Erzeugen wir sie aber in einer Kalorifere des Trockners selbst, um damit den aus dem Trockengut entwickelten Dampf für die Trocknungszwecke mit verwerten zu können, durch eine aus Verfahren 15 und Patent Nr. 273 174 kombinierte Behandlung, so lassen sich durch die insgesamt zur Verfügung stehenden 10 000 WE voraussichtlich 20 kg und mehr Wasser verdunsten, anstatt der von uns eingesetzten 12,6 kg bei reiner Abdampfverwertung. Fanden wir doch früher, daß sich der Wärmeverbrauch beim Arbeiten nach Verfahren 15 bis auf ca. 330 WE herabdrücken läßt, wogegen für die kombinierte Behandlung 500 WE in Ansatz gebracht wurden; genauere Nachrechnung wird die Zulässigkeit schon bestätigen.

Verteilen wir die 20 kg Wasser auf die zu verfeuernden 3,5 + 1 = 4,5 kg Brenntorf, so kommt auf jedes kg davon 4,44 kg auszutreibendes Wasser gegen 3,6 kg vorhin.

Würde uns aber ein so feuchter Rohtorf auch für die Kondensationsmaschine zur Verfügung gestellt, so würde auch die Trocknung desselben entsprechend mehr beanspruchen und damit der Kondensationsbetrieb noch ungünstiger als vorhin gegenüber demjenigen mit freiem Auspuff ausfallen.

Wird für das Kraftwerk Gasbetrieb in Aussicht genommen, so ist pro KW/Std. nach den Bartelschen Angaben ein Verbrauch von nur 2,2 kg Torf vorzusehen, und sollen sich aus Kühlwasser und Abgasen bis zu 1200 WE wieder gewinnen lassen[1]), doch ist es fraglich, ob sich für diese Menge bei den vorliegenden Verhältnissen auch Verwendung findet, so daß wir sie zum Teil übergehen, zum Teil als Reserve betrachten wollen.

Dann kommen zunächst wieder auf die Trocknung von 2,2 kg vergasungsfähigem Torf $2{,}2 \cdot 1{,}06 = 2{,}33$ kg auf 1 KW/Std., also im ganzen 4,53 kg Torf. Dieser Betrag ist an sich schon höher als der für Auspuffdampfbetrieb erhaltene, was noch durch die bei weiterem größere Einfachheit und die geringeren Anlagekosten des letzteren an Bedeutung gewinnt, sodaß dessen Einführung die höchste Beachtung verdient.

Größere Hindernisse als durch die Kosten können der Trocknung vielleicht aus ihrer Unterbringung entstehen, denn für das von Bartel zugrunde gelegte Kraftwerk von 4500 KW werden stündlich bei voller Belastung immerhin $4500 \cdot 4{,}5$ = rund 20 000 kg lufttrockener Torf gebraucht, denen ca. 72 000 kg Wasser zu entziehen sind.

Wird jedoch berücksichtigt, daß voraussichtlich ein Teil der in diesen 72 000 kg steckenden Wärmemenge verwertbar ist sowie daß die Lufttrocknung von $2{,}7 \cdot 4500 = 12\,150$ kg Torf, welche für die Kraftlieferung allein benötigt würden, noch weit größere Flächen und mehr menschliche Beihilfen erfordert als die künstliche, mechanisch betriebene, so kann kaum ein Zweifel über das empfehlenswertere verbleiben.

Mechanische Entwässerung durch Pressen und Schleudern hat sich bisher nicht bewährt, noch weniger die schon in der Einleitung erwähnte Elektro-Osmose mit ihren Abarten; das aus Schweden stammende Ekenbergsche Verfahren zur Herstellung von Briketts scheint in Deutschland nicht zur Ausführung gelangt zu sein oder doch keinen Erfolg gehabt zu haben; da seine Hauptwirkung auf chemische Einflüsse zurückgeführt wird, kann hier eine Beschreibung unterbleiben.

---

[1]) Vgl. Zeitschr. d. Ver. D. Ing. 1912, S. 460.

Auch das Verfahren von Ziegler, Berlin[1]), zur Herstellung von Torfkohle gehört nicht in den Kreis unserer Betrachtungen.

Große Erwartungen haben sich lange Zeit an den Gehrekeschen Torfdampfkessel Patent Nr. 192 959 geknüpft, doch hat er ihnen nicht entsprochen und dient jetzt anderen Zwecken oder ist völlig kalt gestellt.

Die ihm zugrunde liegende Idee bietet manches Bestechende, wenn man die mit der Ausführung verbundenen technischen Schwierigkeiten außer acht läßt. Es sind aber augenscheinlich auch wichtige, bei genauerer Durchrechnung zutage tretende Hindernisse nicht hinreichend gewürdigt worden.

XIII. Abschnitt.

Produkte verschiedener Art.

Klebstoffe, Farb- und Gerbstoffextrakte, Malzextrakte u. dgl.

Die Trocknung klebriger Substanzen in Mulden und Trommeln hat von jeher dadurch besondere Schwierigkeiten gemacht, daß eine kräftige Durcharbeitung der Massen, um ihre Teile mit der vorbeigeleiteten Trockenluft möglichst innig in Berührung zu bringen, sehr leicht zu Klumpenbildungen u. dgl. führte, welche, abgesehen von sonstigen Übelständen, jede gleichmäßige Durchtrocknung vereitelten.

Mehr noch gilt das von den Klebstoffen mit ihrer gallertartigen Beschaffenheit, zumal sie nur verhältnismäßig niedrigen Temperaturen ausgesetzt werden dürfen, um nicht an Wert einzubüßen. Man hat daher zu anderen Verfahren greifen müssen, und zwar zu solchen, bei welchen die zu bearbeitende

[1]) Vgl. Zeitschr. d. Ver. D. Ing. 1904, S. 887.

Masse der Einwirkung des Trockenmittels in dünnen Schichten oder in so feiner Verteilung dargeboten werden konnte, daß sich ihre weitere Durcharbeitung erübrigte.

Als einer der ersten Schritte nach dieser Richtung dürfte die noch heute übliche Formung der gallertartigen Leimbrühe zu dünnen Tafeln von 70 · 200 mm zu nennen sein, welche alsdann auf Horden aus Holzwerk mit Bindfadengeflecht der trocknenden Wirkung der vorbeistreichenden Luft ausgesetzt wurden. Das führte allmählich zur Erbauung von Tunneln, durch welche die mit feuchten Leimtafeln belegten Horden auf fahrbaren Gestellen hindurch bewegt wurden, einem kräftigen Luftstrom entgegen, der nicht nur künstlich erzeugt, sondern außerdem vor dem Eintritt auf eine gewisse Temperatur erwärmt wurde.

Man hatte eben erkannt, daß die natürliche Bewegung und Temperatur der Luft im Freien ein recht unzuverlässiger Faktor ist, daß den dadurch hervorgerufenen Übelständen entgegengearbeitet werden mußte, wenn man den sich immer mehr steigernden Ansprüchen noch nachkommen wollte.

Trockentunnel dieser Art gibt es heute vielfach doch liegt sehr große Wahrscheinlichkeit vor, daß die meisten nicht auf sorgfältiger rechnerischer Grundlage beruhen, sondern nach beliebigen Faustregeln erbaut sind und daß sie deshalb auch nicht diejenigen Ergebnisse aufweisen, welche nach dem Umfang der Einrichtungen von ihnen zu erwarten sind.

Die meisten ihrer Abmessungen scheinen wenigstens übertrieben groß, wie z. B. Horden von 2500 · 1000 mm, Wagen zur gleichzeitigen Aufnahme von 36 dieser Horden und Tunnel bis zu 30 m Länge, wogegen anderen wichtigen Teilen nicht die gebührende Beachtung geschenkt ist wie den Heizflächen, den Gebläsen und ihrer Anordnung.

Dabei fällt noch erschwerend ins Gewicht, daß die Anforderungen an die Lieferung von Wärme und Wind, je nach Feuchtigkeitsgehalt und Temperatur der Außenluft so gewaltig schwanken, daß es selbst einem erfahrenen Arbeiter keine leichte Aufgabe ist, im Innern der Tunnel immer den geeignetsten Zustand aufrechtzuerhalten. Dem Bedarf an

Wärme wird für die Beurteilung meistens die größere Bedeutung beigelegt, indem sich der von der Maschine zum Antrieb der Gebläse verbrauchte Dampf oft anderweitig ver-

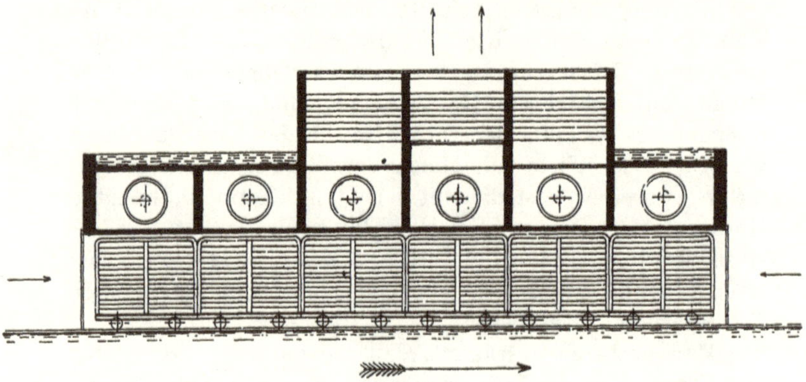

Fig. 201.

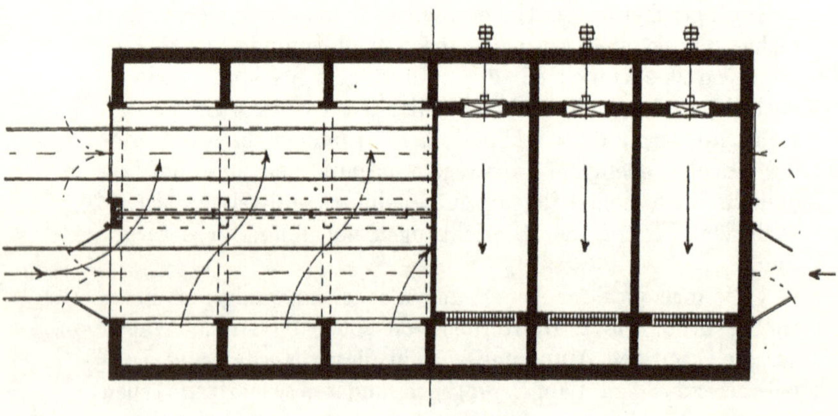

Fig. 202.

werten läßt, also nicht zur Verfügung steht, weshalb wir von ihm auch hier absehen wollen.

Die für die reinen Heizzwecke nötige Wärmemenge richtet sich in erster Linie natürlich nach den Jahreszeiten und schwankt in wirklich ordnungsmäßig angelegten und geführten Anlagen der vorliegenden Art zwischen ca. 2100 WE bei

—15° Außenkälte und ca. 1200 WE bei + 25° Außenwärme, bezogen auf den verbrauchten Dampf für jedes Kilogramm an verdunstetem Wasser, bei mangelhaften Ausführungen ist der Unterschied noch größer. Ein Gegenstrom-Trockner für Leim wurde im Beispiel 18, Verfahren 2 des V. Abschnitts, durchgerechnet und durch die Fig. 74—76 veranschlagt.

Eine bessere Ausnutzung der Wärme bei leichterer Wartung steht zu erwarten durch den in den Fig. 201—203 dargestellten Zonentrockner nach Verfahren 5, welcher für Herstellung von 1500 kg fertigem Leim in 24 Stunden bestimmt ist.

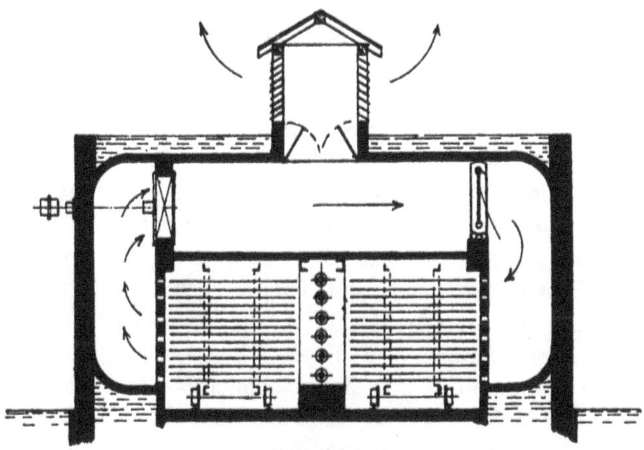

Fig. 203.

Der sehr breite Raum enthält 2 Gleise nebeneinander für je 6 Wagen à 30 Horden, von welchen jede für 80 Tafeln von 70 · 200 mm Platz bietet; eine einzelne derselben wiegt trocken ca. 54 g, so daß sämtliche, gleichzeitig im Trockner untergebrachten ein Trockengewicht von 12 · 30 · 80 · 0,054 = rund 1500 kg repräsentieren; die Ware kann also gerade 24 Stunden in den Tunneln bleiben, und da sie aus Brühe von 29% Trockengehalt erzeugt werden soll, so sind stündlich 153 kg Wasser aus ihr zu verdampfen durch Luft, deren Temperatur 35° C nicht überschreiten darf.

Zur Lösung dieser Aufgabe ist der ganze Apparat der Länge nach in 6 Abteilungen geteilt, die als Zonen bezeichnet werden mögen, von denen drei der mittleren die oben in Fig. 201 u. 202 sichtbaren Abzugsschlote tragen. In jeder Zone treibt ein Gebläse die Luft in bekannter Weise im Kreislauf quer zur Achse der Tunnel herum, wobei sie immer wieder neu erwärmt wird.

Zur Hervorrufung einer nach der Mitte des Trockners gerichteten Bewegung der an seinen beiden Enden eingeführten Frischluft kann dort ein Exhaustor angebracht werden, doch läßt sich derselbe in den meisten Fällen ersparen, indem die Umwälzgebläse schon die Hinüberschiebung der Luft von der einen auf die andere Zone bei entsprechender Anordnung der Kanäle mit übernehmen.

Der trocknende Leim wird also ebenso wie beim Gegenstromtunnel von großen Luftmengen bestrichen, deren Erwärmung und Vorbeiführung hier aber weit gleichmäßiger vor sich geht wie dort. Der Erfolg ist denn auch, daß der Wärmeverbrauch sich erheblich geringer stellt, und zwar unter sonst gleichen Verhältnissen auf ca. 1450 WE bei —15⁰ Außenkälte und ca. 900 WE bei 25⁰ Außenwärme, wieder bezogen auf die Menge Heizdampf, welcher pro kg verdunstetes Wasser verbraucht wird. Das sind also ca. 30—25% weniger als vorhin, ganz abgesehen davon, daß bei dem zuletzt beschriebenen Trockner auch auf eine erheblich wertvollere Qualität des erzeugten Produkts zu rechnen ist.

Ein Apparat der angegebenen Leistung beansprucht einen Raum von ca. 13 · 6,5 m bei 3,5 m Höhe, und steht seiner Herstellung aus Holz, sofern dieselbe besonders billig wird, nur das etwaige Verziehen und Reißen desselben entgegen.

Für solche Klebstoffe, die nicht in Tafeln oder anderen Spezialformen hergestellt zu werden brauchen, sondern welche in körniger Beschaffenheit als Schuppen, Flocken, Pulver od. dgl. verkaufs- und verbrauchsfähig sind, kommen Trockner anderer Bauart zur Verwendung.

Hiervon seien genannt:

Trockner von Alph. Huillard, Suresnes. Ihn zeigt Fig. 204 im Schnitt; er besteht aus einer großen Kammer, in welcher erwärmte Luft und die durch sie zu trocknende Masse im Gegenstrom aneinander vorbeigeleitet werden.

Die Bahn, welche beide dabei beschreiben, geht auf und ab infolge eines endlosen über Walzen auf und ab geleiteten Gurtes aus Drahtgeflecht, zur Mitnahme der dickflüssigen Trockensubstanz und abwechselnd von oben und unten in seine Bahn reichender Zungen, welche der Luft ihren Weg vorschreiben. Der endlose Drahtgurt wird vor seinem Eintritt in die Kammer durch einen Behälter mit der zu trocknenden Masse geleitet, die zwischen seinen Maschen hängen bleibt und mit ihm den Trockenraum durchwandert, bis sie am entgegengesetzten Ende vollkommen trocken anlangt.

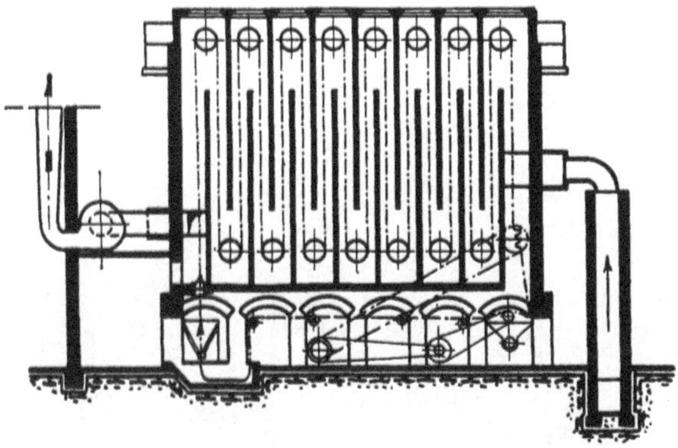

Fig. 204.

Dort wird sie durch leichte Schläge automatisch abgeklopft und fällt in Schuppenform durch einen trichterförmigen Auslauf in ein darunter gestelltes Sammelgefäß, während der Drahtgurt außerhalb der Kammer zurückwandert, sich in dem Behälter mit Masse neu füllt und denselben Weg abermals durchläuft. Von dem Geflecht des Gurtes geben die Fig. 205 u. 206 eine Anschauung, indem sie es einmal im reinen, das andere Mal in dem mit Masse gefüllten Zustand zeigen. Beim Abklopfen der Siebe nach dem Trocknen entwickelt sich leicht etwas Staub, der dann mit der Trockenluft abgeführt wird und aus ihr durch Zyklone od. dgl. wieder abzusondern ist. An Wärme und Kraft zu ihrem Betriebe erfordern Trockner dieser Art ungefähr das gleiche wie alle

Fig. 205.

Fig. 206.

Fig. 207.

anderen, im Gegenstrom arbeitenden Trockner. Angaben über die Beschaffenheit des fertigen Produkts liegen nicht vor.

Mehrfache Anwendung haben gefunden:

Vakuum-Trommel- oder Walzentrockner, wie solche von verschiedenen Firmen hergestellt werden, und zeigt Fig. 207 eine Ausführung der Firma Paul Neubäcker, Danzig.

Der abgebildete Apparat besteht eigentlich aus 2 Trommeln, einer äußeren feststehenden und einer inneren drehbaren, welche durch Dampf oder eine andere Wärmequelle geheizt wird. Auf die Oberfläche der langsam rotierenden inneren Trommel wird die zu trocknende Substanz in dünner Schicht an einer Stelle des Umfangs aufgebracht und von ihr an einer anderen Stelle in getrocknetem Zustand wieder abgeschabt in einen unter dem Trockner befindlichen Sammelbehälter, der unter der gleichen Luftverdünnung und Temperatur steht wie der eigentliche, sich zwischen den beiden Trommeln ausdehnende Trockenraum, nämlich im Mittel unter 72 cm Quecksilbersäule Luftverdünnung, entsprechend 35° C.

Einen anderen Weg zur Aufbringung der Masse auf die rotierende Trommel schlägt Emil Paßburg, Berlin, ein. Der Trockner ist beschrieben und abgebildet im folgenden Abschnitt.

In vieler Beziehung besonders geeignet für die Trocknung der gleichen Stoffe und noch mancher anderen erscheint der Vakuum-Bandtrockner Patent Nr. 141 184 von Gebrüder Glaß, Leipzig, welcher unter anderem von der Firma Volkmar Hänig & Co., Heidenau bei Dresden, und der Aktien-Maschinenbau-Anstalt vorm. Veneluth & Ellenberger, Darmstadt, hergestellt wird — von der ersteren unter dem Namen „kontinuierlicher Vakuumtrockenschrank Heureka“.

Wie aus Fig. 208 und 209 ersichtlich, enthält dieser Apparat mehrere endlose Bänder aus dünnem Metallgewebe, welche so um geheizte Platten herumgespannt sind, daß der obere, ziehende Trum jedes Bandes unmittelbar auf den Platten schleift. Diese sind ganz ähnlich ausgebildet, wie bei anderen Vakuumtrockenschränken, bieten also nichts Besonderes. Dagegen wird es zweifellos Mühe gemacht haben, die dünnen, endlosen Förderbänder von ca. 1 m Breite und ca. 6 m Achsenabstand auf den kaum 70 mm starken Walzen zum tadellos geraden Lauf zu bringen, doch darf diese Aufgabe jetzt wohl als gelöst betrachtet werden.

Alle Bänder laufen in gleicher Richtung um, so daß sie sämtlich an derselben Seite beschickt und an der entgegengesetzten entleert werden. Letzteres geschieht durch einfaches Abfallen des trockenen Materials in den gemeinsamen Sammelbehälter.

Eine sehr glückliche Lösung hat die weitere Aufgabe gefunden, eine dickflüssig schleimige und klebrige zu trocknende Substanz ununterbrochen in den unter hoher Luftver-

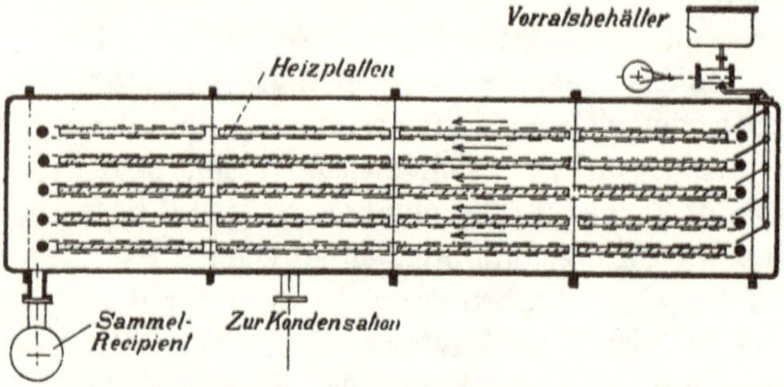

Fig. 208.

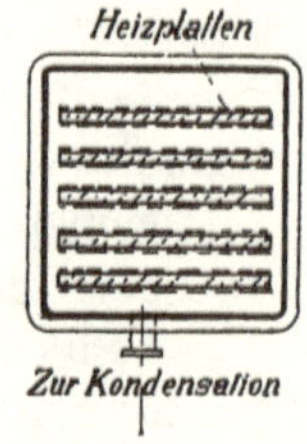

Fig. 209.

dünnung (715—720 mm Quecksilbersäule) gehaltenen Trockenraum einzuführen und über alle Bänder gleichmäßig zu verteilen.

Dazu genügte es keineswegs, quer über den Anfang jeder Siebbahn ein gewöhnliches gerades Brauserohr zu legen, welches von einem auf dem Trockenschrank angebrachten Vorratsbehälter zu versorgen war, denn häufig fanden auch Luftblasen Zutritt zu den Verteilungsröhren und verursachten lästige Störungen. —

Es war also ein anderer Weg einzuschlagen, und dieser wurde darin gefunden, daß die Erfinder sämtliche Löcher der Brauseröhren mit Kapillarröhrchen versahen, welche dem Durchfluß der dickflüssigen Masse einen derartigen Widerstand entgegensetzten, daß es nötig wurde, sie mittels einer Pumpe unter erhöhtem Druck hindurchzupressen.

Durch Anwendung solcher Röhrchen in geeigneter Länge und Weite konnte den Unterschieden in der Zähigkeit der verschiedenartigsten Substanzen weitgehend Rechnung getragen werden, sodaß diese sich mit Leichtigkeit in allen gewünschten Mengen gleichmäßig über die Siebflächen verteilen liessen. Da sich auch die Geschwindigkeit des Hindurchführens durch den Trockenraum der Beschaffenheit jedes Materials anpassen läßt, und da die mit einer Masse von gelatineartiger Beschaffenheit getränkten Siebe, auf denen es ruht, verhindern, daß es in unmittelbare Berührung mit den Heizplatten kommt, wodurch die Gefahr des Übertrocknens noch weiter vermindert ist, so müssen zuverlässig hergestellte Trockenschränke dieser Art als das bis jetzt Geeignetste zum Trocknen aller Substanzen von mehr oder weniger dickflüssiger zu solchen von körniger, schuppen-, schleier- oder pulverförmiger Beschaffenheit bezeichnet werden, insbesondere also zum Trocknen von Kleb- und Farbstoffen neben Extrakten aller Art. Den fertigen Produkten wird ihr gutes Aussehen nachgerühmt, indem die Flüssigkeiten, aus denen sie entstehen, sofort beim Eintritt in den Trockenraum aufquellen, wie Seifenblasen und bald in Form lockerer Kuchen erstarren, ohne die geringste Entwicklung von Staub, der selbst dann kaum entsteht, wenn man das lockere Trockengut nach dem Herausnehmen aus dem Sammelbehälter zwischen den Fingern zerdrückt. Auch sollen manche Substanzen ohne Schädigung ihrer Sondereigenschaften diesem Trockenverfahren unterzogen werden können, welche sonst sehr empfindlich sind, wie Hefe, die ihre volle Triebkraft behält, Diastasemalzextrakt, der sein Gärvermögen nicht einbüßt, und Blut, dessen Eiweißstoffe löslich bleiben.

Die Leistung hängt natürlich von der Beschaffenheit des Trockenguts ab und wird als Anhalt angegeben:

Harzleim. Es trockneten 570 kg einer 70 proz. Lösung auf 6,4 qm Heizfläche in 5 Stunden zu 400 kg fertigem Produkt und wurden somit 170 kg Wasser oder pro Stunde und Quadratmeter 5,3 kg verdunstet.

Gummiarabikum. Einer 52 proz. Lösung wurden auf 16 qm Heizfläche stündlich 33—37 kg Wasser entzogen, also 2—2,2 kg pro Stunde und Quadratmeter.

Der Verbrauch an Wärme wird sich im Dauerbetrieb auf 800—850 WE des Heizdampfes pro 1 kg Wasserverdunstung herabdrücken lassen, wenn alle Abkühlungs- und Undichtigkeitsverluste auf das Mindestmaß beschränkt werden. Die Form, in welcher der Apparat von Volkmar Hänig & Co. gebaut wird, ist aus Fig. 210 ersichtlich.

Der Hauptwert des Apparates liegt jedoch in seinem Gesamt-Aufbau, wie aus folgender Überlegung hervorgehen dürfte.

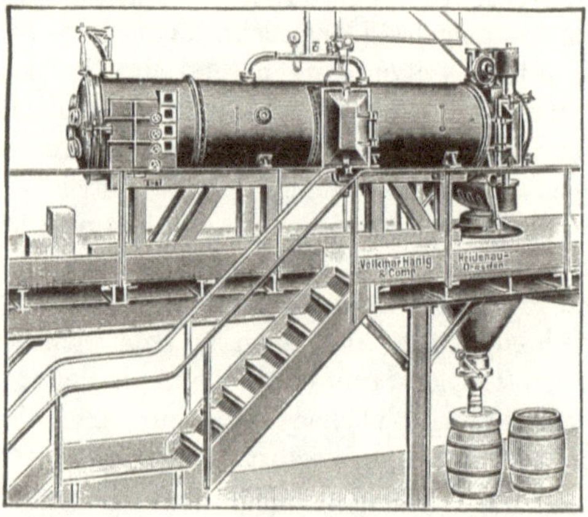

Fig. 210.

Jeder Trockenraum, in dem bei Beschickung und Entleerung Handarbeiten verrichtet werden müssen, steht in seinem Wirkungs- und Ausnutzungsgrad weit hinter einem ununterbrochen beheizten und benutzten zurück, was in unserem Fall besonders für Vakuumschränke gewöhnlicher Bauart gilt, die in mancher Beziehung unseren alten Trockenkammern gleichen. Wenn der ununterbrochene Betrieb zur vollen Geltung kommen soll, so muß er sich nach jeder Richtung hin mit Leichtigkeit regeln lassen, und darin ist von den besprochenen kontinuierlich arbeitenden Vakuumapparaten der Bandtrockner den Trommeltrocknern im sehr wesentlichen Punkt der Heizflächen ohne weiteres überlegen, da von seinen Heizplatten jederzeit beliebig viele angestellt werden können, auf Wunsch mit Dampf von verschiedener Temperatur, so daß sich im Bedarfsfalle auf das Trockengut beim Eintritt nur wenig, dann immer mehr Wärme übertragen läßt oder umgekehrt, falls es nicht etwa erwünscht ist, die stärkste Übertragung in der Mitte zu halten. Dabei ist die Tragfläche für das Trockengut eine sehr große und vollkommen ebene, während sie bei Trommeltrocknern immer ein gleich langes und heißes gekrümmtes Bogenstück darstellt, an welchem sich Einstellungen der beschriebenen Art nicht vornehmen lassen.

Wenn nun auch die Höhe des Vakuums und der Temperatur sowie die Geschwindigkeit des Durcheilens bei beiden Trocknersystemen gleich leicht geregelt werden können, so sind doch die Veränderlichkeit der Heizflächen, unter Umständen auch die große zur Verfügung stehende Tragfläche für manche empfindliche Substanz (Malzextrakt) von so großer Bedeutung, daß sie unbedingt zur Berücksichtigung gezogen zu werden verdienen.

Alle diese Vakuumtrockner sind selbstverständlich auch für viele Farbstoffe, insbesondere für manche Anilinfarben, gut verwendbar, doch dürfen anscheinend andere von ihnen in unmittelbare Berührung mit dampfgeheizten Flächen gebracht werden. Für sie bildet voraussichtlich der unter atm. Druck arbeitende Walzentrockner die geeignetste Bauart, zumal sich nötigenfalls die Walzen aus einem Material herstellen lassen, welches gegen chemische Einflüsse widerstandsfähiger ist als Eisen, wobei das Einwalzensystem und die Ölheizung von Kletzsch, Coswig in Sachsen, in Erwägung zu ziehen sein würde.

Lithopone (Zinkweiß).

In gleicher Weise sollte der Versuch nicht gescheut werden, auch dieses Material auf Walzen zu trocknen, zumal von Möller & Pfeifer, Berlin, sogar ein Trommeltrockner für Lithopone an das Morgensternwerk der Silesia, Verein chem. Fabriken, geliefert wurde.

Gegenüber den gewöhnlich benutzten Band- oder Tunneltrocknern, durch welche das Trockengut, flach auf Horden ausgebreitet, im Gegenstrom geleitet wird, führt die Walzen- oder die Trommeltrocknung jedenfalls schneller zu einem Ergebnis; überall dort aber, wo die von der fertigen Ware verlangte Beschaffenheit eine Trocknung bei geringeren Temperaturen nötig macht, sollten Trockner nach Fig. 95 oder 201—202 anstatt solcher nach dem Verfahren 2 genommen werden.

Kasein.

Kasein ist ein sehr empfindliches Material, welches keinen hohen Temperaturen ausgesetzt werden und nicht mit Eisen in Berührung kommen soll.

Dazu tritt noch eine eigenartige Forderung, welche übrigens gelegentlich auch bei anderen Stoffen vorkommt und dann von entscheidendem Einfluß auf die ganze Bauart des Trockners und die Wahl des Verfahrens werden kann. Da nämlich der gesamte täglich zu trocknende Rohstoff zu bestimmten Zeiten auf einmal angefahren zu werden pflegt und eine schleunige gleichzeitige Inangriffnahme seiner Behandlung erwünscht ist, so hat ein sog. kontinuierlicher Betrieb keinen Zweck, selbst wenn Tunnel zu seiner Ausübung zur Verfügung stehen; mit einer Anzahl Kammern kann der Eigenartigkeit der Vorschrift ebensogut genügt werden.

Das Kasein wird am besten auf Horden aus Peddigrohr oder Holzspangeflecht in dünner Schicht ausgebreitet und dann einem gleichmäßig darüber streichenden Luftstrome ausgesetzt, dessen Temperatur nur ganz allmählich bis zu ca. 40^0 gesteigert werden soll. Zu beachten ist dabei, daß sich die Trocknung nicht über ein gewisses Maß beschleunigen läßt, indem die Oberfläche des Materials leicht verkrustet, so daß sie etwa alle Stunden einmal mit hölzernen Rechen aufzubrechen ist.

Dieser Übelstand läßt sich voraussichtlich vermeiden, wenn eine Behandlung der vorher angewärmten Ware mit warmer, anfänglich nahezu gesättigter Luft nach Verfahren 6 möglich ist, wie es bei dem Entwurf Fig. 211 bis 213 in Aussicht genommen wurde.

Die Anlage ist gedacht als ein Tunnel mit Hordenwagen, welche nach ihrer Beschickung mit Trockengut sämtlich

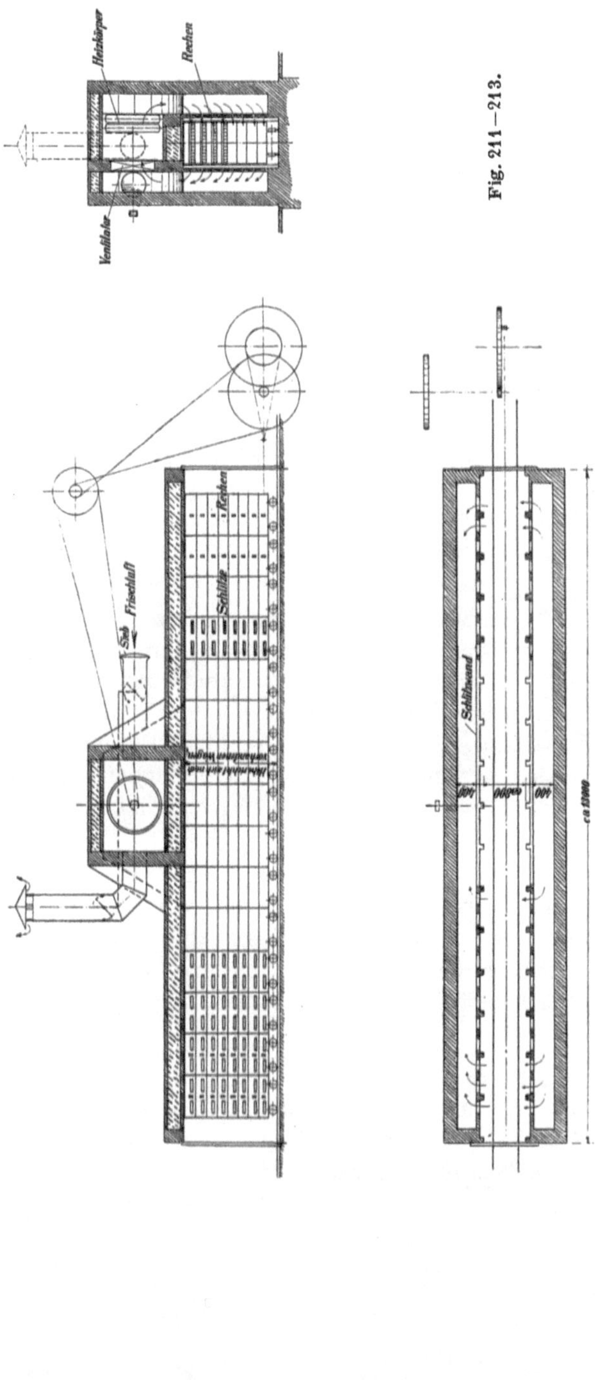
Heizkörper
Rechen
Ventilator
Frischluft
Sieb
Schlitze
Rechen
Schlitzwand

Fig. 211—213.

gleichzeitig eingefahren werden. Die Seiten des Tunnels sind zu bilden aus Wänden mit Schlitzöffnungen, die sich so einregulieren lassen, daß die von dem oben auf dem Tunnel befindlichen Gebläse umgearbeitete Luft ihn auf seiner ganzen Länge und Höhe gleichmäßig durchquert. Die Einrichtungen zur Erwärmung und Erneuerung der Luft befinden sich in der Mitte über dem Tunnel, dessen beide Enden während des Trocknens dicht verschlossen werden; der Trockenvorgang vollzieht sich sonach im wesentlichen nach Verfahren 3.

Wird jetzt mit dem Umarbeiten der Luft begonnen und dabei so verfahren, daß sie sich anfänglich vor dem jedesmaligen Eintritt in den eigentlichen Trockenraum, also in dem Gang zwischen Schlitz- und Außenwand, mit Feuchtigkeit beladen kann, so wird das Trockengut allmählich bei nur geringer Wasserentziehung ohne äußere Verkrustung durchwärmt werden, worauf die Zuführung von Feuchtigkeit vor dem Trockenraum abzustellen ist, da nunmehr die aus dem Trockengut selbst aufsteigende genügt, um die kreisende Luft feucht zu erhalten und eine Verkrustung zu verhüten.

Sollte trotzdem ein Durchrühren des Trockenguts erwünscht bleiben, so läßt sich dasselbe durch Holzrechen bewirken, welche nach jedesmaliger Einschiebung eines Wagens quer über jeder Horde desselben an den Tunnelwänden befestigt werden. Die Wagen sind unter sich und mit einer nach außen verlängerten Stange zu verbinden, so daß sich ihnen durch eine Kurbelwelle eine langsam hin und her gehende Bewegung erteilen läßt.

Sobald nun das Trockengut durchgepflügt bzw. seine Oberfläche aufgebrochen werden soll, wird die Kurbelwelle in Umdrehung versetzt, worauf sich die Wagen mit ihren Horden unter den festsitzenden Holzrechen hin und her bewegen, wobei diese das Umarbeiten besorgen.

Seife.

Nebenstehende schematische Fig. 214 zeigt die Einrichtung des von Joh. Hauff, Berlin O., zum Trocknen von Seife vielfach gelieferten Apparates.

Wir erblicken oben auf dem die ganze übrige Einrichtung umgebenden Holzgetäfel ein durch Wasser gekühltes Walzenpaar, zwischen welches die heißflüssige Seife mittels des Aufnahmetrichters gegeben wird. Sie erstarrt hierbei so weit, daß sie sich durch darunter gespannte Drähte zu schnitzelartigen Streifen zerschneiden läßt und in dieser Form auf das oberste der fünf endlosen Transporttücher fällt, um auf ihnen den durch die Pfeile angedeuteten Weg bis zur unteren Ausfallöffnung des Apparates zu machen.

Der Antrieb der Transportbänder, -tücher oder -siebe erfolgt ebenfalls durch Walzen, deren Umgangszahl sich auf

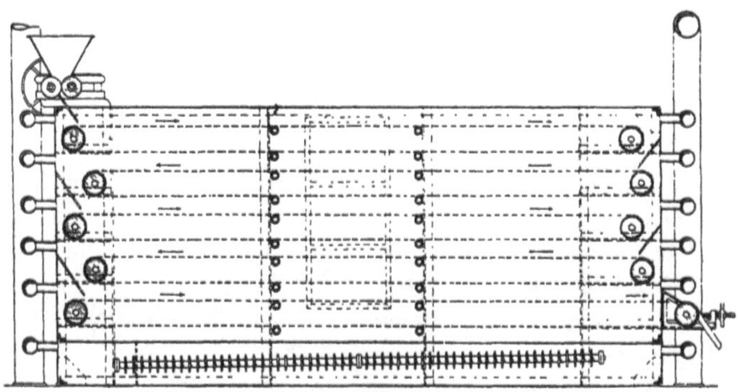

Fig. 214.

verschiedene Geschwindigkeiten einstellen läßt; die Trocknung geschieht durch heißen Wind, welcher entweder von rechts nach links oder von unten nach oben hindurchgeblasen wird, wobei man mit der Temperatur bis auf 70° gehen kann; seine Erwärmung erfolgt durch hoch oder niedrig gespannten Dampf und Heizrohre, welche sich sowohl im Apparat selbst als auch in besonderen Heizkammern unterbringen lassen.

Als Leistung gibt Hauff an, daß in einem derartigen Schrank von ca. 5 m Länge, 1,20 m Breite mit 5 Bändern stündlich bei 70° ungefähr 100 kg Seife ca. 15% Feuchtigkeit entzogen werden können, wobei die Geschwindigkeit derart zu regeln ist, daß die Seife ca. 30 Minuten im Schrank bleibt.

Stärke.

Für Stärke in Blöcken oder in dem üblichen Gebrauchsformat haben die Tunneltrockner der Spezialunternehmung für Stärke-Industrie W. H. Uhland, G. m. b. H., Leipzig-Gohlis, große Verbreitung gefunden.

Die Ein- und Ausbringung des Trockenguts erfolgt bei diesen großen Ausführungen nicht an den Stirnseiten wie bei den von derselben Firma auch gelieferten kleinen, sondern zur Verminderung der Wärme- und Luftverluste beim häufigen Öffnen der Türen an einer Längsseite, so daß Schiebebühnen zur Anwendung kommen müssen, wie aus den Fig. 215 bis 220 zu ersehen ist, welche einen Tunnel mit Kaloriferheizung für Stärkeblöcke darstellen.

Als Trockenzeit für Kartoffelstärke werden 4 Stunden angegeben, als Aufnahmevermögen eines normalen Tunnels ca. 1000 kg (handelstrocken gerechnet), so daß seine Leistung sich auf ca. 250 kg stündlich belaufen würde.

Demgegenüber währt die Trockenzeit in Kammern bei ca. 35° Höchsttemperatur oft bis zu 24 Stunden, in welchen der ursprüngliche Wassergehalt von ca. 40 auf 20% herabgedrückt wird.

Die niedrige Temperatur von 30—35°, welche bei Kammertrocknung nicht gern überschritten wird, soll sich nach Angabe der Firma Uhland in ihren vorerwähnten Tunneln bei fortschreitender Trocknung unbedenklich auf 50—60° erhöhen lassen.

Die Firma liefert auch Vakuumtrockner ähnlicher Art, wie sie von Paßburg, Berlin, für Getreidetrocknung gebaut werden.

Ein solcher Apparat besteht jedoch aus nur einem festliegenden, mit Dampfmantel ganz oder teilweise umgebenen zylindrischen Kessel, in dem sich ein Rührwerk um seine horizontale Achse dreht.

Das Rührwerk wird durch ein mit Schaufeln besetztes Heizrohrbündel od. dgl. gebildet, welchem durch einen der hohlen Tragzapfen Dampf von niedriger Spannung zuströmt,

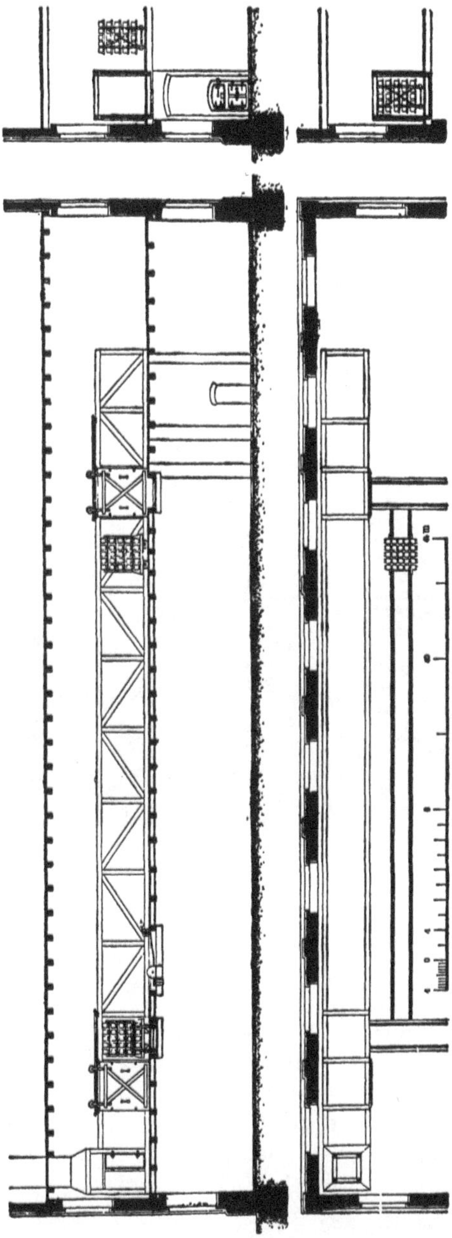

Fig. 215—218.

Zur ersten Klasse gehören ohne Frage die Vakuum-„Schränke“, mit welchem Namen wir alle durch Türen verschließbaren, periodisch zu füllenden und entleerenden Behältnisse bezeichnen, für welche die Namen „Kammer“ oder „Stube“ nicht zutreffen.

Fig. 221.

Solche Schränke werden in vielerlei Gestalt, von rundem oder viereckigem Querschnitt, aus Schmiede- oder Gußeisen, auch wohl aus Bronze oder Kupfer, hergestellt. Fig. 221 zeigt einen rechteckigen gußeisernen Schrank von Emil Paßburg, Berlin NW., in Verbindung mit Kondensator und Luftpumpe.

Alle mit Börtern versehenen Bauarten dienen hauptsächlich zum Trocknen von Harzen, Pasten, Gallerten, Erden u. dgl., welche auf langen Schalen aus Kupfer, verzinktem oder emailliertem Eisen, Porzellan, Steingut eingesetzt werden, welche Arbeit ebenso wie das Herausnehmen bei dem geringen Abstand der Heizplatten voneinander umständlich und zeitraubend ist.

Für Substanzen von mehr flüssiger Beschaffenheit sind hauptsächlich Vakuumtrommeln bestimmt, wovon wir eine Ausführung schon durch Fig. 207 kennen lernten.

Wie dort bereits bemerkt, befindet sich bei Apparaten dieser Art die Trommel, richtiger Walze genannt, innerhalb eines so kräftigen Gehäuses, daß es den äußeren Luftdruck auszuhalten vermag, wenn innen eine, meistens bis zu 70 cm hohe Luftverdünnung erzeugt wird. Die von außen blank polierte, sich in diesem luftverdünnten Raum drehende hohle Walze wird innerlich geheizt, so daß aus einer auf ihre Oberfläche gebrachten dünnen Flüssigkeitsschicht alles durch Wärme zu Verflüchtigende bei dem geringen Druck, der auf ihm lastet, schnell verdampft.

Nötig ist dann freilich, daß die auf diese Weise bei etwa 35° getrocknete Masse von der weit heißeren Trommelwand entfernt wird, sowie sie völlig trocken ist, da sie sonst leicht selbst die Temperatur dieser Wand bzw. die des Heizdampfes annehmen und Schädigungen ausgesetzt würde, welches ja eben durch die niedrige Temperatur verhütet bleiben soll.

Paßburg sucht diesem Übelstand auf verschiedene Weisen vorzubeugen, wovon die Fig. 222 u. 223 einige wiedergeben.

Die dargestellten sog. „Eintauchtrommeln" tauchen nur wenig in die zu trocknende Flüssigkeit, welche sich am Boden des Vakuumgehäuses befindet und durch Einstellung eines Hahnes entsprechend ihrer Abnahme infolge der Trocknung ersetzt wird durch ununterbrochenen neuen Zufluß aus einem Reservoir.

Am Apparat ist eine patentierte Einrichtung angebracht, welche gestattet, die Höhe des Flüssigkeitsniveaus beliebig und konstant einzustellen, wodurch ein Belegen der Trommelwandung mit Flüssigkeit in stets gleichbleibender Schichthöhe und damit ein gleichmäßiges Trockenprodukt erreicht werden soll.

Die Trocknung muß selbstverständlich beendet sein, ehe die Trommel eine Umdrehung vollendet hat, damit das fertige Produkt von ihrer Wandung abgeschabt und diese zur Belegung mit neuer Masse bereit ist, ehe sie damit in Berührung tritt.

Gewisse Schwierigkeiten entstehen hierbei durch die heißen Stirnflächen der Eintauchtrommel, weshalb Fig. 222 links eine flüssigkeitsdichte Abtrennung der Stirnwände von dem evakuierten Raum zeigt, hergestellt durch federnde

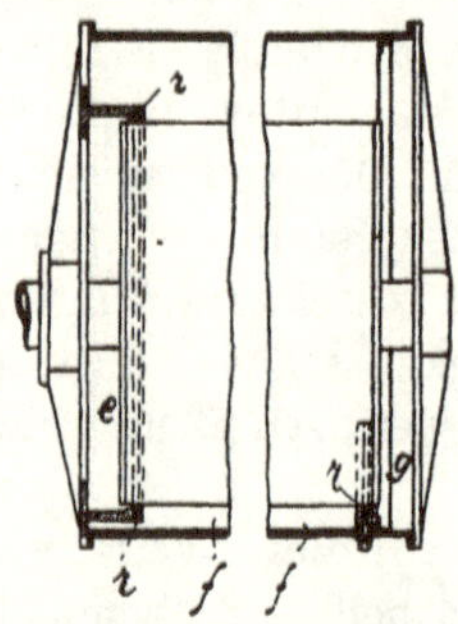

Fig. 222.

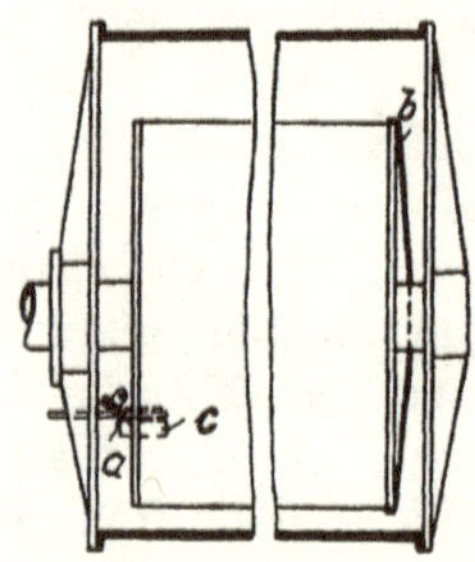

Fig. 223.

Ringe „*r*" aus Kupfer, Bronze od. dgl., welche die Trommel leicht umschließen und in ringförmigen Rändern sitzen, die an die Gehäusedeckel angegossen sind.

In derselben Figur rechts sowie zu beiden Seiten von Fig. 223 sind andere, leicht verständliche Vorbeugungseinrichtungen dargestellt, doch soll sich die eben beschriebene am besten bewähren.

Außer diesen „Eintauchtrommeln" verwendet die Firma Paßburg neuerdings auch Trommeln mit Auftragwalzen, wie wir sie von den Walzentrocknern für Kartoffelflocken kennen, und sogar Vakuumtrockner, in deren Gehäuse zwei dicht aneinander liegende Walzen laufen, genau wie bei dem in Fig. 180 dargestellten Trebertrockner von vorm. Veneluth & Ellenberger, Darmstadt.

Einen solchen Doppeltrommel-Vakuumtrockner zeigt Figur 224, und fallen an ihm insbesondere die beiden großen, durch Scharniertüren geschlossene Hohlräume auf, über welchen er montiert ist.

Sie sind bestimmt zur Aufnahme von trag- oder fahrbaren Behältern für das von den Walzen abgestrichene Trokkengut. Sobald diese Behälter gefüllt sind, was sich durch Schaugläser erkennen läßt, werden sie gegen leere ausge-

Fig. 224.

wechselt, nachdem vorher Luft in den Apparat gelassen wurde.

Die gute Wirkung der Eintauchtrommel, richtiger Eintauchwalze, wird bei schnell kochenden Flüssigkeiten, wie Klebstoffen, Tannin, Malzextrakt u. dgl., sehr beeinträchtigt durch das starke dabei auftretende Schäumen infolge der Überhitzung, welche die Flüssigkeit dadurch erfährt, daß die Walze in sie eintaucht, also ständig in wirksamerer Berührung mit ihr bleibt, als erwünscht ist. Zur Vermeidung oder Verminderung dieses Übelstandes werden Kühlschlangen durch den Flüssigkeitsraum gezogen oder auch Kühlmäntel vorgesehen.

Bei Trocknern mit zwei dicht aneinander laufenden Walzen sind natürlich ähnliche Mißstände neben den von der Flockentrocknung bekannten zu erwarten, sodaß eine Auftragung der Masse durch besondere Auftragwalzen auf die wieder auseinander zu rückenden Trockenwalzen nur empfohlen werden kann, indem sich dadurch in mancher Beziehung ähnliche Verhältnisse bilden lassen, wie sie sich beim Bandtrockner, Pat. 121182, als zweckdienlich erwiesen haben.

Eine oft sehr wertvolle Eigentümlichkeit aller Vakuumtrockner ist, daß sie die volle Wiedergewinnung der aus den trocknenden Substanzen verdunsteten Flüssigkeiten gestatten durch Niederschlagung derselben in einem Oberflächen- anstatt in einem Einspritzkondensator.

Schaltet man in die Leitung, durch welche die wiedergewonnene Flüssigkeit aus dem Kondensator in den zu ihrer Auffangung dienenden Behälter läuft, ein Glasrohr ein, so kann man nach der Stärke des Durchflusses bzw. am Aufhören desselben den Gang bzw. die Beendigung des Trockenvorgangs jederzeit erkennen.

Trotz ihrer vielen Vorzüge ist die Vakuumtrocknung keineswegs als überall empfehlenswert zu betrachten, wobei noch in die Wage fällt, daß ihre Anschaffungskosten oft sehr hohe sind; in vielen Fällen läßt sich sogar der beabsichtigte Zweck gleich gut und mit ebenso großem oder geringerem Wärmeverbrauch durch andere Trockenverfahren erreichen.

So fanden beispielsweise Trommeln für Feuergase von Möller & Pfeifer, Berlin, erfolgreiche Anwendung zum Trocknen von Fichtenzapfen, Kiefernsamen, Speisesalz, Hornabfällen, Koks, Kohlenstaub etc., also von Gegenständen, für welche man eine solche Behandlung kaum für zulässig halten sollte. Anderseits können Walzentrockner, welche unter atm. Druck arbeiten, gelegentlich zu den im luftverdünnten Raum wirkenden in harten Wettbewerb treten. Am meisten steht solches aber zu erwarten von gut durchgebildeten Zonentrocknern, da sie sich allen möglichen Verhältnissen anpassen lassen.

So zeigen z. B. die Figuren 225—227 einen Trockner für empfindliches körniges Gut, welches unter ständiger Bewegung in rotierenden Trommeln durch einen allmählich an

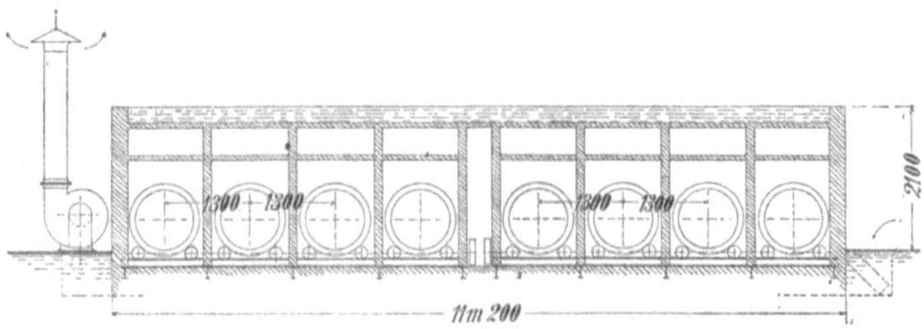

Fig. 225.

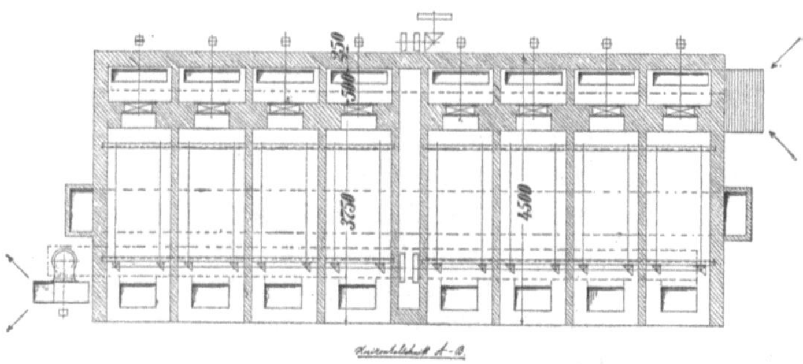

Fig. 226.

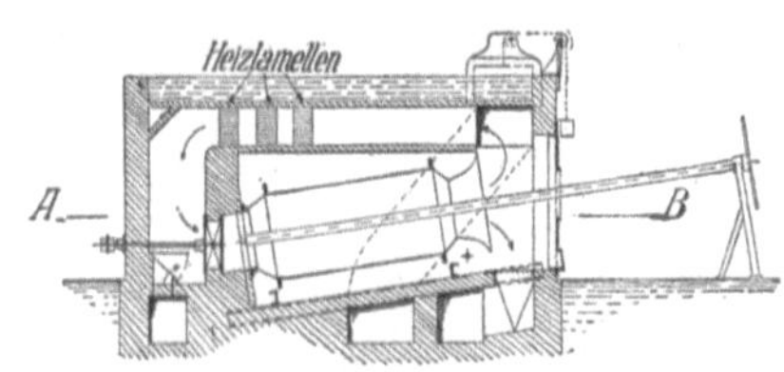

Fig. 227.

Temperatur und Feuchtigkeitsgehalt zu- und abnehmenden Luftstrom nach dem unter Nr. 273 174 (Fig. 93 u. 94) geschützten Verfahren getrocknet werden soll.

Für die successive Füllung und Entleerung der sich ununterbrochen drehenden Trommeln dient eine Mulde, welche an der im Querschnitt sichtbaren schrägen Stange ein- und ausgeführt bez. gekippt wird.

XV. Abschnitt.

Trockner für die Elektrizitätsindustrie.

Einen bedeutenden Umfang hat die Verwendung von Vakuumapparaten in der Elektrizitätsbranche erreicht, und zwar teils zum Trocknen von Ankern, Spulen, ganzen Dynamos und Elektromotoren, teils zum Tränken und Trocknen von Bleikabeln. Die Einrichtungen der ersten Art bezwecken das Austrocknen der Baumwolle- und Jutefasern, womit die Drähte umsponnen sind, und unterscheiden sich von gewöhnlichen Vakuumtrockenschränken hauptsächlich durch ihren größeren Fassungsraum und die mit ihnen in Zusammenhang stehenden Vorrichtungen zum leichten Bewegen der schweren zu trocknenden Gegenstände, wie aus Fig. 228 hervorgeht. An diesem Schrank des Fr. Krupp-Grusonwerks, Magdeburg, fallen die großen ausschwenkbaren Rahmen auf zur Aufnahme ganzer Kabelkörbe.

Neben diesen kommen natürlich noch die verschiedenartigsten Größen und Formen vor, an deren Lieferung andere Firmen, wie Emil Paßburg, Berlin, David Grove, Charlottenburg, u. a., teilweis sehr umfangreich beteiligt sind.

Die Evakuierung und Trocknung bei ca. 70 cm Vakuum nimmt je nach Stärke der Kabel 12—24 Stunden in Anspruch, nach Ablauf welcher Zeit die Tränkungsmasse durch hochgespannten Dampf oder besser noch durch heißes Öl auf ca. 160^0 gebracht sein muß, um sofort durch die inzwischen ebenfalls angewärmten Verbindungsleitungen in den Trockenraum gesaugt werden zu können. Wird beabsichtigt, die heiße Masse unter Druck in die Poren des Isoliermaterials zu pressen, so kann dies durch die Luftpumpe geschehen, nachdem dieselbe auf Druck umgeschaltet wurde.

Fig. 228.

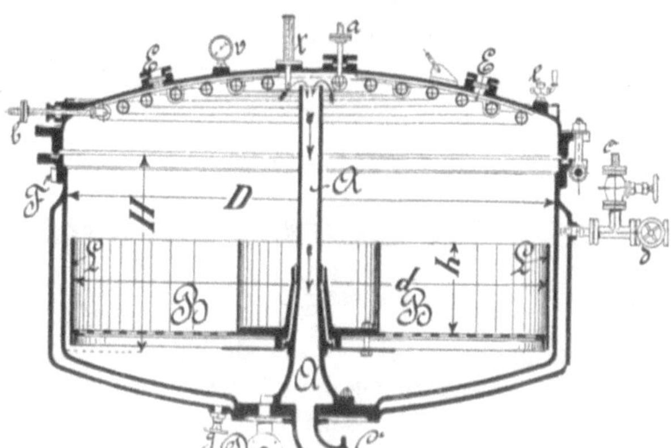

Fig. 229.

Diese Vorgänge entsprechen somit denselben, wie beim Imprägnieren von Holz in den Kesseln Fig. 187 u. 188.

Einen Vakuumkabeltrockner der Julius Pintsch-A.-G., welcher die innere Einrichtung deutlich erkennen läßt, gibt Fig. 229 im Schnitt wieder. Das Charakteristische an ihm ist die Hochführung des Luftabsaugrohres durch den festen Boden bis dicht unter den abnehmbaren gewölbten Deckel, wodurch eine möglichst vollständige Abziehung der Luft angestrebt wird.

Um eine hohe, fast absolute Luftleere, welche für Imprägnierung besonders erwünscht ist, auch mit einer einstufigen Luftpumpe zu erreichen, wendet die Julius Pintsch-A.-G. gegebenenfalls eine Art Windkessel an, welcher gleichzeitig 'mit dem Trockenschrank evakuiert wird; sobald nun in beiden Gefäßen die Luftverdünnung so weit getrieben ist, wie es sich durch die Pumpe gegen den äußeren Atmosphärendruck erreichen läßt, läßt man sie durch gleichzeitige Umstellung einiger Hähne nur noch aus dem Schrank ziehen und in den unter niedrigstem Druck stehenden Windkessel fördern, wodurch es leicht wird, die Luftverdünnung im Schrank auf das höchste Maß gegenüber derjenigen im Windkessel zu treiben.

Wir haben es demnach mit einer stufenweisen, von demselben Kolben in zeitlich voneinander getrennten Abschnitten vollbrachten Leistung zu tun.

XVI. Abschnitt.

Trockner für Gummi, Kautschuk u. dgl.

Eine kaum geringere Bedeutung als für die Elektrizitätsbranche hat die Vakuumtrocknung für die gesamte Gummiindustrie erreicht, indem es dadurch erst möglich geworden ist, gewaschenen Rohgummi in 1—2 Stunden ohne Geruchbelästigung und ohne Feuersgefahr zu trocknen. Ebenso eignet sie sich für die zur Vulkanisierung desselben nötigen Substanzen und ergibt im allgemeinen eine vermehrte Ausbeute von besserer Qualität infolge der durch die Behandlung im geschlossenen luftverdünnten Raum fortfallenden Verluste.

Die zur Verwendung kommenden Trockenschränke bieten keine besonderen Merkmale, indem sie sowohl zylindrisch als viereckig hergestellt und mit den auch für andere Produkte üblichen Heizplatten ausgerüstet werden, auf welchen das Trockengut in den bekannten Schalen zur Aufstellung gelangt. Neuerdings hat die Firma Benno Schilde, G. m. b. H., Hersfeld, ihre bekannten Gegenstrom-Tunneltrockner anscheinend mit Erfolg für das Trocknen der sog. Gummifelle verwendet. Dieselben werden in ähnlicher Weise wie Gewebe oder Tierfelle über Stäbe gehängt, welche ihrerseits wieder nebeneinander auf Querstangen der rechts und links durch den Tunnel gehenden Förderketten ruhen und mit diesen allmählich den Tunnel durchwandern, in gleicher Weise wie bei der Pappentrocknung.

XVII. Abschnitt.

Vakuumtrockner für Explosivstoffe

(Schießbaumwolle, rauchschwaches Pulver).

Für alle Zünd- und Sprengstoffe wird die Trocknung in luftdicht verschlossenen Behältern bei niedrigem Druck und geringer Temperatur aus Sicherheitsgründen empfohlen.

Diese Gründe sind deshalb für die Ausführungsform der verwendeten Schränke bestimmend, indem diese stets Einrichtungen aufweisen, um die Wirkung etwaiger, trotz aller Vorsicht auftretenden Explosionen tunlichst abzuschwächen.

Zur Verarbeitung von Schießbaumwolle etc. werden die Schränke in verhältnismäßig kleinen Abmessungen gebaut, und der Sprengstoff wird auf mit Leinwand bespannten Rähmchen zwischen die Heizplatten gebracht.

Die Türverschlüsse werden leicht gehalten, da sie die Türplatten eigentlich nur bis zum Eintritt eines gewissen Unterdrucks im Schrank auf ihren Dichtungsfalz zuzudrücken haben und dann gelöst werden können, damit die Tür bei Eintritt des geringsten inneren Überdrucks einfach aufschlägt.

Für sehr brisante Explosivstoffe, wie Knallquecksilber und ähnliches, sind die Heizplatten in weiteren Abständen anzuordnen, und versieht Emil Paßburg, Berlin, seine dafür bestimmten Schränke außerdem mit Sicherheitsdeckeln bzw. mit einem Explosionsraum zur Abschwächung etwa auftretender Wirkungen in der Weise, daß solche Schränke gewissermaßen aus einer Bedienungs- und einer Explosionsseite bestehen.

Auf der Bedienungsseite befindet sich die leicht in ihren Angeln bewegliche Tür für die Beschickung sowie alle erforderlichen Meß- und Stellapparate. Sie ist dem Arbeitsraum zugekehrt, in welchen der ganze Schrank überhaupt nicht mehr als nötig hineinragt. Der ganze übrige Teil befindet sich in dem, durch eine Wand vom Arbeitsraum getrennten und stets verschlossen gehaltenen Explosionsraum. Dieser Teil des Schrankes ist überall ringsum mit Sicherheitsventilen besetzt, aus leichten Platten, welche lose auf runden Öffnungen liegen und bei eintretender Luftverdünnung durch den äußern Luftdruck auf ihren Sitz gedrückt werden. Zur besseren Abdichtung dient ein dazwischen gelegter Gummiring.

Über 40 solcher Ventile sind oft an einem Schrank vorhanden, so daß bei einem etwa explosionsartig auftretenden inneren Unterdruck sofort große Öffnungen frei werden können, um ihn unschädlich zu machen. Ganz wesentlich ist dabei, daß die abfliegenden Deckel in dem verschlossenen Explosionsraum verbleiben, wo sie weiteres Unheil nicht anrichten können.

Es steht zu hoffen, daß sich derartige Vorsichtsmaßregeln immer bewähren, damit sie eine noch größere Sicherheit gegen Explosionsschäden gewähren als gute, unter atm. Druck arbeitende Anlagen, wie solche vielfach in der Sprengstoffindustrie in Gebrauch sind.

Trotzdem wird es immer zweckmäßig sein, die einzelnen Trockenhäuser nicht zu groß zu machen und gut gegeneinander zu sichern.

Der Vorzug der Vakuumtrocknung, daß sie eine Rückgewinnung der verdampften Flüssigkeit gestattet, kommt besonders beim rauchschwachen Pulver zur Geltung, da dasselbe erst durch wertvollen Schwefel- oder Essigäther gelöst und dann in die Schränke gebracht wird, wobei die Wiederauffangung des Lösungsmittels große Ersparnisse mit sich bringt.

XVIII. Abschnitt.

Trockner für hohe Temperaturen.

Bei manchen Gegenständen, z. B. Gießereikernen, Schmirgelscheiben, lackierten Waren, Strümpfen, wird hauptsächlich beabsichtigt, sie in einer bestimmten Form festzuhalten oder sie zu erhärten unter oft nur ganz geringfügiger Entziehung von Wasser oder irgendeiner anderen Lösungsflüssigkeit, und hat sich dieser Zweck bisher am besten durch hohe Temperaturen erreichen lassen.

Am vollkommensten dafür ausgebildet sind die sog. Lackieröfen, welche sowohl für unmittelbare Kohlenheizung als auch für Erhitzung durch Gas, Dampf und Heißwasser gebaut werden.

Hiervon ist die letzte Art durch Richard Lehmann, Dresden, dessen Fabrik jetzt in die Hände der Firma Werner & Pfleiderer, Kannstatt, übergegangen ist, besonders ausgebildet, und zwar auf Grund der vorliegenden, mit dem bewährten Backofen von W. A. F. Wieghorst & Sohn, Hamburg, St. Pauli, gemachten Erfahrungen.

In derselben Weise wie bei diesem erfolgt die Beheizung bei dem Lehmannschen Einkammerofen für einfahrbare Wagen Fig. 230 durch eine Anzahl einzelner, unter sich nicht verbundener, nahtloser, gerader Rohre, welche an beiden Enden zugeschweißt sind, nachdem sie zum Teil mit Wasser gefüllt wurden, das also immer darin bleibt und weder verdunstet noch jemals nachgefüllt zu werden braucht.

Die im unteren Teil der Trockenkammer liegenden Rohre ragen mit ihrem Wasser enthaltenden Ende in die Feuerstelle, welche von einem völlig abgetrennten besonderen Heizraum aus beschickt wird, so daß Asche oder Ruß nie mit dem Trockengut in Berührung kommen kann.

Das längere, in der Trockenkammer befindliche Ende der Röhren enthält während des Heizens Dampf, dessen Temperatur sich, entsprechend seiner Spannung, bis auf 300⁰ und

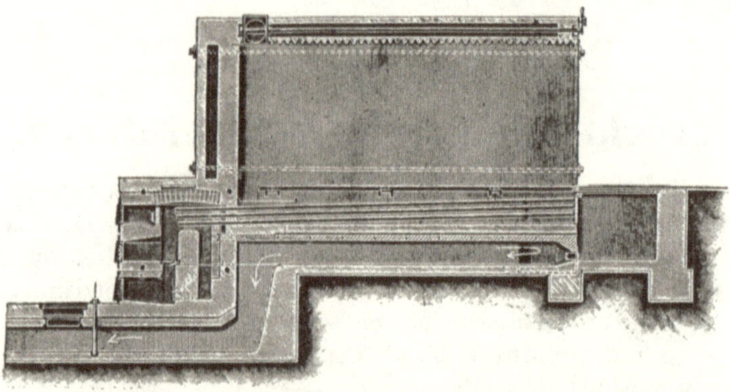

Fig. 230.

darüber treiben läßt, ohne daß dadurch Belästigungen des Bedienungspersonals entstehen und ohne alle Bedenken wegen der Zulässigkeit, da die Rohre auf weit höheren Druck probiert sind und selbst, wenn sie wirklich einmal platzen sollten, keinen großen Schaden bei ihrem geringen Wasserinhalt anrichten.

Über den Heizrohren liegen feste Schienen in der Kammer für die Laufräder flacher Wagen, auf denen die zu trocknenden Gegenstände ruhen.

Der Unterschied gegenüber den Wieghorstschen Backöfen besteht außer in den Abmessungen nur darin, daß Wieghorst auch über den, naturgemäß für seine Zwecke nur flachen, Wagen eine Lage Heizrohre anbrachte, was sich aber bei den Etagenkammern mit mehreren übereinander liegenden ausziehbaren Herden von Lehmann ebenfalls findet.

Trotzdem ist ihm jedenfalls die weitere Ausbildung der Wieghorstschen Idee und Verwertung derselben für andere Industriezweige zuzuschreiben.

Anstatt der Einzelrohr- kommt dort, wo die Verhältnisse es wünschenswert erscheinen lassen, auch die gewöhnliche Umlaufheißwasserheizung zur Anwendung, wobei sich der Ofen mit den Feuerschlangen in einem der tieferen Geschosse aufstellen läßt.

Das wird unter anderem bei allen tunnelartig gebauten Trockenräumen nötig, wobei man sich ihrer größeren Abmessungen wegen mit Temperaturen bis zu ca. 150° begnügt. Bei Kesseldampf von mäßiger Spannung oder Abdampf als Heizmittel könnte man nur auf ca. 80° rechnen.

Die Einrichtung der eigentlichen Trockenräume ist durchweg die gleiche und beschränken sich Änderungen meist allein auf die Gestaltung der Transportmittel für die zu trocknenden Gegenstände. So zeigt Fig. 231 einen Trockenkanal für bedruckte oder lackierte Bleche, bei welchem die Bleche vertikal zwischen die Kämme von endlosen Ketten gestellt werden und mit diesen den Kanal durchwandern.

Zu den Trocknern für hohe Temperaturen gehören auch die sog. „Formöfen" der Strumpfwirkerei, in welchen die einzeln auf hölzerne Strumpfbretter gespannten, oft fast trockenen Strümpfe für ca. 5 Minuten Temperaturen von 140—160° ausgesetzt werden, um ein glattes Aussehen zu erhalten; hierzu wird ebenfalls Heißwasserheizung mit bestem Erfolg verwendet, wogegen von überhitztem Dampf, wie hin und wieder einmal versucht wird, durchaus abgeraten werden muß.

Vollständige schmiedeeiserne Schränke in jeder Form und Einteilung zum Trocknen bzw. Dörren aller möglichen Stoffe, zum Heizen durch Dampf, Wasser, Gas, Öl und unmittelbare Befeuerung liefert unter anderen Gustav Meyer, Nürnberg.

Sehr gut bewährt haben sich ferner durch Heißwasser von 250° beheizte Trockenkammern für Gießereikerne und -Formen, wie aus einer Angabe von C. Irresberger in „Stahl

Fig. 231.

und Eisen"[1]) hervorgeht. Die Einrichtung gleicht im wesentlichen der älteren Jahn-Entzerothschen, von welcher sie sich nur dadurch unterscheidet, daß die Heizflüssigkeit nicht in Dampf von 4 und mehr Atm., sondern in Heißwasser von etwa 40 Atm. besteht, auf dessen Verwendbarkeit vom Verfasser übrigens schon 1906 hingewiesen wurde[2]).

Bei der in „Stahl und Eisen" erwähnten Kammer von 6 · 4 m Bodenfläche und 2 m Höhe zur Aufnahme von drei Reihen Kernen übereinander tritt das Wasser mit ca. 250°

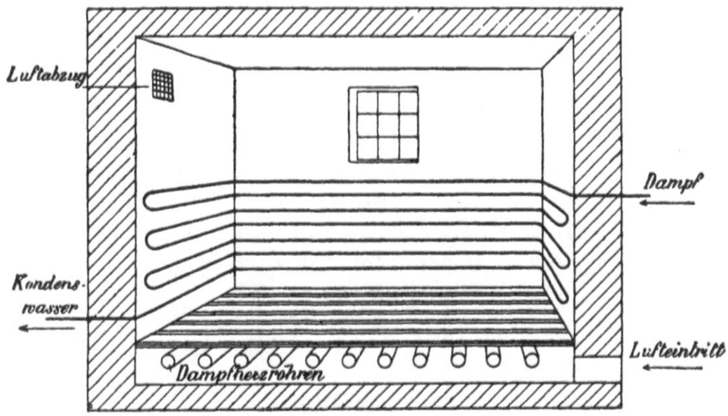

Fig. 232.

in die aus Perkinsrohr von 34 mm äußerem Durchmesser gebildeten Schlangen des Trockenraums und mit ca. 170° wieder in die Feuerschlangen zurück, deren Länge ungefähr $^1/_7$ der im ganzen aufgewandten 35 m beträgt. Für die Art der Verlegung gibt Fig. 232 einen Anhalt. Die Raumtemperatur wird auf ca. 200° erhalten, wobei die Kerne sehr gleichmäßig trocknen unter Ausschluß jeder Gefahr des Übertrocknens oder Verbrennens.

---

[1]) Vom 30. März 1911.

[2]) Vgl. „Trocknen und Trockeneinrichtungen", Techn. Rundschau Nr. 47 des Berl. Tagebl. 1906, 21. Nov.

Ein weiteres Mittel zur Erzeugung hoher Temperaturen für Trockenzwecke besteht in der Verwendung von Öl mit hoher Siedetemperatur als Heizflüssigkeit, wie wir sie bei den Walzentrocknern für Kartoffelflocken bereits kennen lernten.

.Ein auf 200—250° erwärmtes Mineralöl, dessen Siedepunkt erst bei 350° liegt, kann mittels einer Pumpe durch Kessel und Heizkörper aller Art im Kreislauf bewegt werden und bietet dann die großen Vorzüge, daß weder Rohrleitungen noch Apparate irgendwelchen Innendruck auszuhalten haben, und daß sich die gewünschten Temperaturen außerordentlich leicht erzielen, regeln und aufrechterhalten lassen. Es ist jedoch zu beachten, daß Öl mit hohem Siedepunkt meistens auch einen hoch liegenden Erstarrungspunkt hat und daß es also vor zwecklosen Abkühlungen gut geschützt werden soll; selbstverständlich muß es chemisch rein, d. h. harz- und säurefrei, womöglich destilliert sein und darf nicht mehr, als unumgänglich notwendig ist, mit der Luft in Berührung kommen, um Oxydationen tunlichst vorzubeugen.

XIX. Abschnitt.

Trockner für die Papier- und Pappenindustrie.

Die Trockenzylinder der Papiermaschinen wurden an anderer Stelle bereits erwähnt, so daß hier nur ihr allgemeiner Aufbau zu erörtern bleibt, doch findet derselbe sich in den verschiedensten Anordnungen und ist ein charakteristischer Grundzug kaum hervorzuheben.

Je rascher die Maschinen laufen oder je stärker die hergestellten Papiere sind, desto umfangreicher wird die Trockenpartie und läßt sich aus Fig. 233 erkennen, daß man darin schon zu recht ansehnlichen Größen gelangt ist. Das Bild zeigt einen Apparat dieser Art für schnellgehende Papier-

Fig. 233.

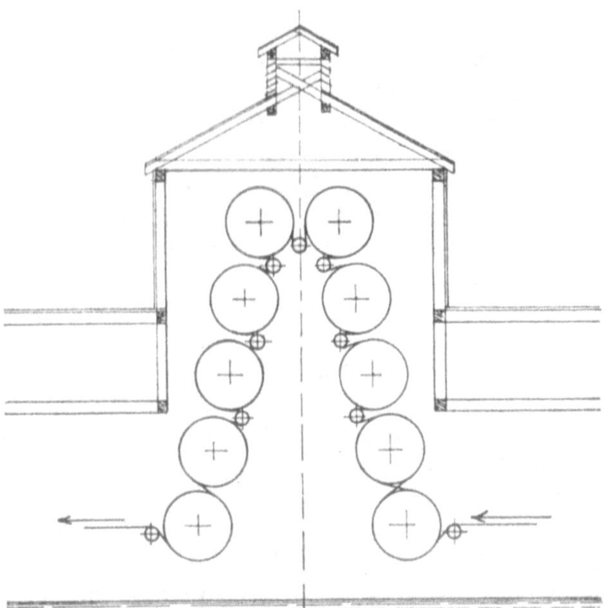

Fig. 234.

maschinen der Maschinenfabrik zum Bruderhaus, Reutlingen und gleicht den gebräuchlichen Ausführungsarten darin, daß die Zylinder sich in einer im wesentlichen horizontalen Richtung aneinander reihen. Denken wir uns anstatt dessen den Aufbau vertikal nach Fig. 234, umgeben ihn mit einem leicht zugänglichen Schacht und heizen den obersten Zylinder mit Dampf von höchster, die folgenden mit solchem von etwas verminderter Spannung, die noch tieferen mit Abdampf und leiten schließlich alles Kondenswasser in die untersten Zylinder, dann bekommen wir eine Einrichtung von so vielen Vorzügen, daß sie eine genauere Prüfung verdient.

Durch den Schacht wird:

1. der Luft eine gewisse Geschwindigkeit erteilt;
2. tritt sie unten kühl ein und zieht in der Mitte oben mit höchster Temperatur und Feuchtigkeit ab;
3. fällt jede Nebelbildung fort;
4. Zugänglichkeit überall bequem.

Ferner wird die Papierbahn allmählich auf die höchste Temperatur gebracht, um ebenso allmählich wieder abzukühlen, und endlich kommen die Heizflächen durch Abstufung in den Temperaturen der einzelnen Zylindermäntel zu einer weitaus günstigeren Wirkung, als wenn die meisten von ihnen gleich warm sind.

Ist doch anzunehmen, daß das feuchte Papier schon nach dem Verlassen einer der ersten Trommeln die gleiche Temperatur wie deren Umfang angenommen hat, daß also keine große Veranlassung für die Wärme in ihnen mehr besteht, auf das Papier überzugehen, um Wasser daraus zu verdampfen, wenn dies nicht durch die außen vorbeistreichende Luft ermöglicht wird. Leider bietet die Durchführung der vertikalen Anordnung in der Praxis erhebliche Schwierigkeiten, selbst bei der zulässigen Verminderung der Trockenzylinder, so daß sie jedenfalls vorläufig noch nicht zu erwarten steht. Auch Pappen lassen sich auf Zylindern behandeln, doch ist es gebräuchlicher, sie in Kammern oder Tunneln zu trocknen; von den recht primitiven Einrichtungen, sie auf Wiesen auszubreiten oder in Häusern mit jalousieartigen Umfassungswänden aufzuhängen, sei ganz abgesehen.

Die weiteste Verbreitung hat jedenfalls der von Benno Schilde, Hersfeld, gebaute Tunneltrockner infolge der guten Durchbildung und Ausführung seiner Einzelheiten gefunden, weshalb wir etwas näher auf ihn eingehen wollen.

Die Pappen werden mittels endloser Ketten hängend durch die Tunnel befördert, welche Bauart den Vorzug hat, daß sie eine besondere Vorrichtung zum Vordrücken der belasteten Wagenreihe und die Rückbeförderung der entladenen Wagen vom Ausgangs- zum Eingangsende unnötig macht.

Die Ketten gehen rechts und links in den oberen Ecken durch den Tunnel, alsdann über ihn hin wieder zurück und

Fig. 235.

sind an beiden Enden um ein paar Kettenräder geschlungen, durch deren Drehung sie weiter bewegt werden können.

Klammerleisten, welche zur Aufhängung der Pappen dienen, verbinden beide Stränge in gewissen Abständen miteinander, welche Anordnung sich auf Fig. 235 deutlich erkennen läßt.

Die Bauart der Klammern ist von wesentlicher Bedeutung für ihre Brauchbarkeit, da sie nicht allein das leichte Anhängen und Wiederherausnehmen der Pappen ermöglichen sollen, sondern auch dem Schwinden derselben während des Trocknens sowohl in der Dicke wie in der Länge zwischen beiden Klammern Rechnung tragen müssen, und da sie endlich auf der fertigen Ware keine sichtbaren Spuren durch Eindrücke oder Stiche hinterlassen dürfen.

Diesen Anforderungen genügen verschiedene Systeme in mehr oder weniger hohem Grade, und sind am bekanntesten diejenigen von F. Krüger, Stolpen i. S., R. Zimmermann, Bautzen neben B. Schilde, Hersfeld.

Der Trockentunnel der letztgenannten wird als fertiges eisernes Gerüst hergestellt, an welchem sich die aus Gipsdielen bestehenden Wände ohne Schwierigkeit an Ort und Stelle befestigen lassen. Sämtliche Türen sind ebenfalls aus schmiedeeisernem Rahmwerk mit Gipsdielenfüllung zusammengesetzt und können von einer Stelle aus gleichzeitig gehoben und gesenkt werden, so daß die Auswechslung und der Vorschub der Pappen auf einen kurzen Zeitraum beschränkt bleibt.

Die Erwärmung der Trockenluft kann zwar durch Kohlen unter Kaloriferen geschehen, erfolgt aber meistens durch Dampf, in welch letzterem Falle Winderwärmer über, unter oder neben dem Kanal an geeigneter Stelle angebracht werden. Die Führung der Trockenluft erfolgte früher ausschließlich im Gegenstrom zum Trockengut und bot keine besonderen Eigentümlichkeiten. Neuerdings wird sie aber von der Firma auf verschiedene andere Art geleitet, um zu erreichen, daß die Pappen im abgekühlten oder im abgekühlten und befeuchteten Zustand aus dem Kanal treten, so daß die bei Gegenstrom so oft erforderliche nachträgliche Kühlung und Wiederanfeuchtung unterbleiben kann.

Von den mancherlei Wandlungen, welche die dazu dienenden Einrichtungen und Anordnungen durchgemacht haben, ist die neueste aus den Fig. 236 u. 237 ersichtlich.

Der länger als gewöhnlich angelegte Tunnel zerfällt in drei Hauptstrecken, nämlich von links nach rechts in das Trockenfeld, das Kühlfeld und das Feuchtfeld, wovon das erste wiederum in 3 Strecken unterteilt ist, so daß der ganze Tunnel aus 5 sich aneinander reihenden Einzellängen besteht, die durch 4 Schiebe- oder Falltüren voneinander getrennt sind; an jedem Ende ist er außerdem durch eine ähnliche Tür geschlossen, so daß beim Vorwärtsrücken der Pappen

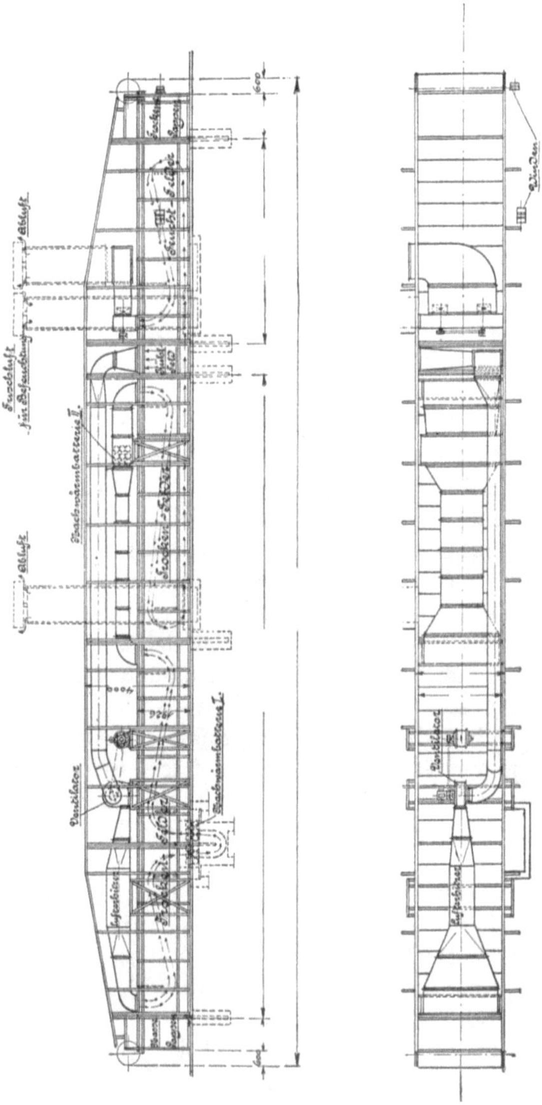

Fig. 236 u. 237.

gleichzeitig 6 Türen geöffnet und wieder geschlossen werden müssen.

Die Frischluft wird vom Ventilator durch das Kühlfeld angesaugt, wobei sie den heißen Pappen Wärme entzieht, um dann durch den Lufterhitzer hindurch mit höchster Temperatur in den Tunnel gedrückt zu werden.

Sie betritt ihn am Einführungsende der nassen Pappen im ersten Trockenfeld, welches sie ebenso wie das zweite im Gleichstrom durcheilt, nachdem ihr auf der Grenze zwischen beiden in einer Heizkammer neue Wärme zugeführt wurde.

Die das zweite Trockenfeld schon mit viel Feuchtigkeit verlassende Luft hat weiter vor ihrem Eintritt in das dritte Trockenfeld nochmals eine Heizkammer zu passieren, um sich dann durch das Trockenfeld selbst im Gegenstrom zu bewegen nach einem Punkt, von dem sie zum Teil ins Freie zieht und zum andern Teil unter dem Tunnel entlang in das Feuchtfeld, auf welchem Wege ihr die erforderliche Menge Frischluft beigemengt wird. Zwei kleinere Exhaustoren saugen das Gemisch durch das Feuchtfeld hindurch ab.

Im Innern des Tunnels sind ferner Vorrichtungen angebracht, welche dem Luftstrom eine wellenförmige Bewegung erteilen und dadurch verhindern sollen, daß die Ränder zuerst trocknen und die Pappen sich werten.

Die mit in dieser Art eingerichteten Apparaten seit Herbst vorigen Jahres erzielten Erfolge werden von der Herstellerin als äußerst befriedigende und mit großen Betriebsersparnissen gegen früher verbundene bezeichnet.

Trotzdem kann die ganze Anordnung weder als einfach betrachtet werden, wie sie für die Bedienung durch wenig einsichtiges Personal erwünscht ist, noch folgt sie den im I. Teil dieses Buches abgeleiteten Gesetzen, während der vom Verfasser schon seit Jahren vorgeschlagene Weg ganz von selbst und zuverlässig zum erstrebten Ziele führt.

Bei einem hiernach in gleicher Weise wie in Fig. 95—97 ausgebildeten Tunnel (Fig. 238 u. 240) werden die durch ihn geleiteten Pappen zunächst einem mäßig erwärmten Strom ziemlich trockener Luft ausgesetzt; sie gelangen beim weiteren

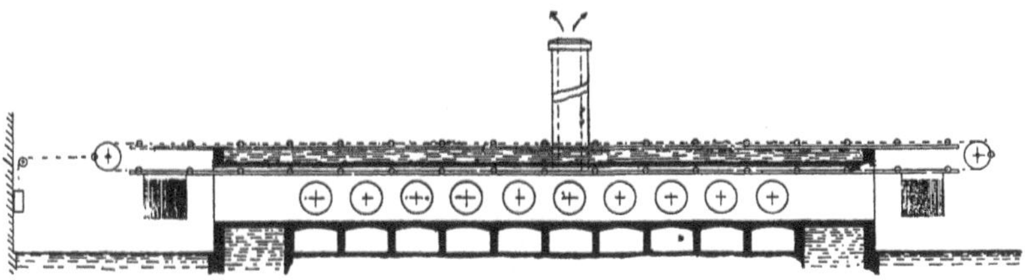

Fig. 238.

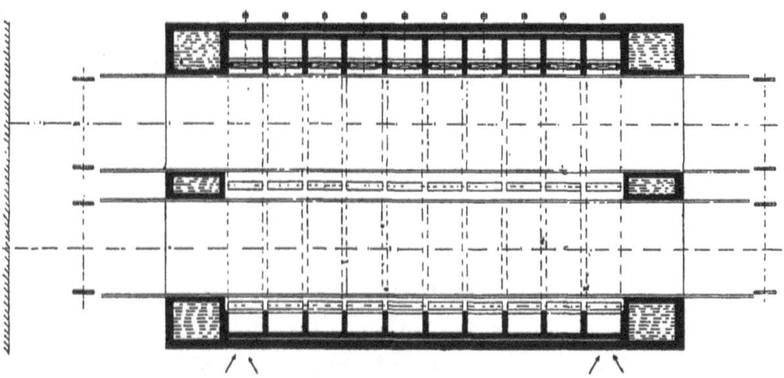

Fig. 239.

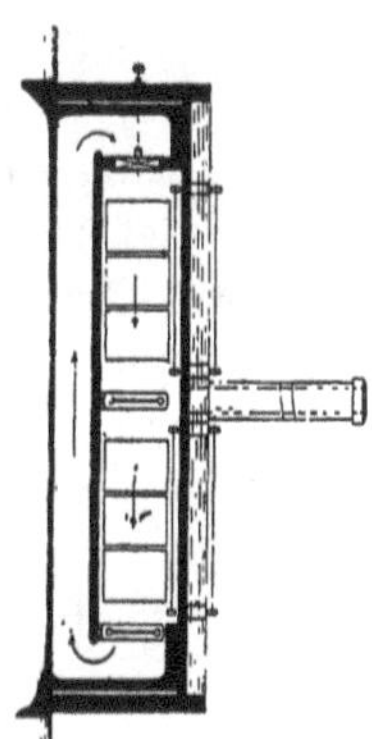

Fig. 240.

Fortschreiten bis ungefähr zur Mitte in immer wärmere und feuchtere Strecken, um alsdann wieder in solche überzugehen, deren Temperatur und Feuchtigkeit bis ans Austrittsende ständig abnimmt. Die Pappen treten kühl und getrocknet zutage, und hat man es durch einfache Verschiebung des Luftabzuges aus der Mitte völlig in der Hand, ihnen jeden für die Satinierung etwa gewünschten Feuchtigkeitsgehalt zu belassen. Wird die wenige Frischluft mit selbsttätig stets auf gleicher Höhe erhaltener Temperatur eingeführt, so sind auch die sonst so störenden Einflüsse des Zustandes der äußeren Atmosphäre so gut wie ausgeschaltet, und der Betrieb gestaltet sich auch für das schwierigste Material zum denkbar einfachsten.

Pappentrockner anderer Herkunft, die wie die älteren Schildeschen im reinen Gegenstrom arbeiten, können hier unberücksichtigt bleiben, da sie keine besonderen Vorzüge aufweisen; gelegentlich werden zwei Tunnel übereinander gelegt, wozu u. a. die Firma Schilde neuerdings Verbesserungen vorschlug, denen sie große Bedeutung zuschreibt, oder es wird der Heizdampf in Niederdruckkesseln erzeugt; auch die Verwertung der mit den Rauchgasen von Kessel- und anderen Feuerungen abziehenden Wärme ist versucht, doch ist alles dies von untergeordneter Bedeutung, solange das gerade für die Trocknung von Pappen wenig geeignete Gegenstromverfahren (Abschnitt V, 2) beibehalten wird.

Ebenso dürfen wir den bekannten Turm von Hiorth, Christiania, übergehen, da er infolge seines von vornherein sehr anfechtbaren Aufbaues den in ihn gesetzten Erwartungen nicht entsprochen hat.

Kartonnagen.

Im 7. Heft vom 13. April 1913 der „Tabak-Börse" finden sich zwei Darstellungen von neueren Trocknern für die Kartonnagen von Zigaretten, welche selbstverständlich auch für Kartonnagen aus Pappe, Holz, Papier zu anderen Zwecken benutzt werden können.

Beide Darstellungen zeigen Tunneltrockner, durch welche auf mehreren Gleisen nebeneinander die Wagen mit ihren dicht übereinander befindlichen Platten oder Horden zur Aufnahme der zu trocknenden Kästchen langsam und allmählich hindurchgeleitet werden.

Für die Bewegung der Trockenluft ist Umarbeitung nach Verfahren 3 vorgesehen, einmal in der Längsrichtung der Tunnel, das andere Mal in der Querrichtung zu ihnen; die Wirkungsweise ist in beiden Fällen gleich.

Auch hier werden unstreitig Tunneltrockner nach dem Patent Nr. 273174 ein besseres Produkt geben.

XX. Abschnitt.

Trockner für die Textil- und Bekleidungsindustrie.

Für das Trocknen von Garn, von Bändern und ähnlichem aufhängbaren Material werden in Färbereien fast allgemein noch Trockenkammern verwendet, was bei kleinen Betrieben allenfalls gehen mag, bei größeren aber den Dampfverbrauch oft recht ungünstig beeinflußt.

Hin und wieder sind wohl andere Einrichtungen anzutreffen, insbesondere bei Betrieben von größerem Umfang Tunneltrockner ähnlicher Bauart, wie soeben bei der Pappentrocknung besprochen.

Für sie gilt das gleiche, was dort gesagt wurde, doch sind bis jetzt nur Apparate mit Vorwärmung der Luft in Gebrauch, abgesehen von spärlichen mit Zwischenerwärmungen gemachten Versuchen, bei welchen jedoch den dafür geltenden Gesetzen keine Beachtung geschenkt wurde, so daß ein verbesserter Erfolg ausblieb.

Wenn sie für Luftumwälzung mit mittlerem Abzug (Patent Nr. 273 174) angelegt sind, eignen sich Tunneltrockner unter anderem für:

Garne, Gewebe } aller Art;
Strohgeflecht;
Säcke.

Statt ihrer hat ein anderer, von Schilde herrührender Apparat, der Hordentrockner, in seinen verschiedenen Ausführungen als Simplex- und als Triotrockner viel Verbreitung gefunden.

Er besteht in seiner jetzigen Gestalt und als Simplextrockner aus einem allseitig geschlossenen kurzen Schacht, in welchem eine Anzahl schubfachähnlicher Kasten mit Drahtgeflechtboden übereinander aufgetürmt sind. Von ihnen wird zu gegebener Zeit jedesmal der unterste durch die Tür *b* her-

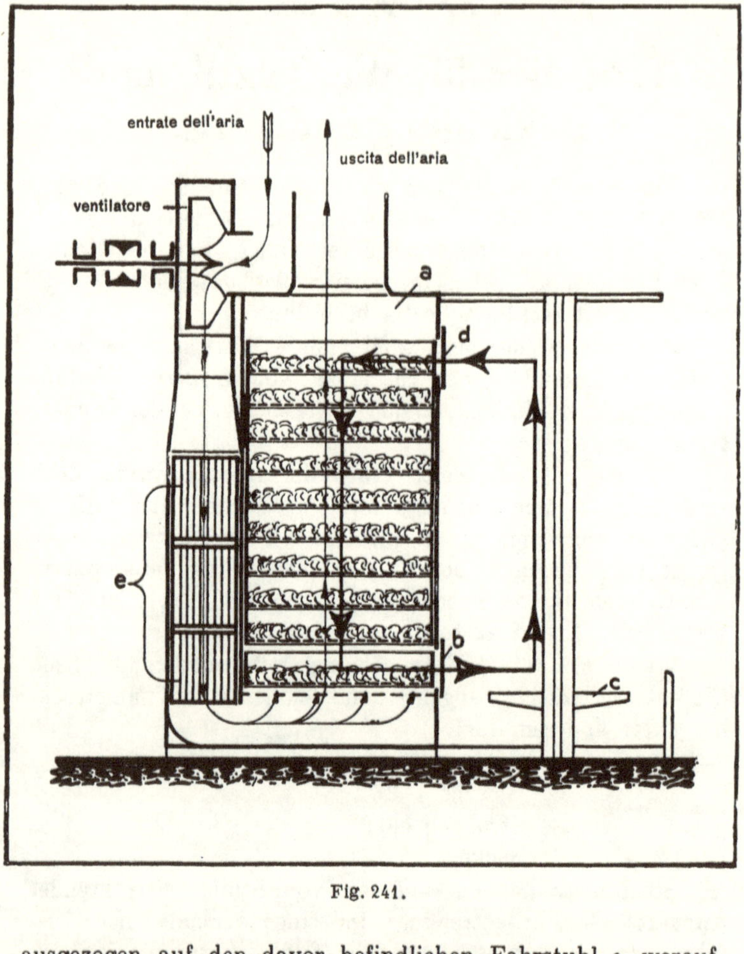

Fig. 241.

ausgezogen auf den davor befindlichen Fahrstuhl *c*, worauf sämtliche Horden im Schacht entsprechend herabsinken. Inzwischen ist der Kasten auf dem Fahrstuhl mit getrocknetem, durch einen solchen mit nassem Material ersetzt und wird nach oben befördert, um dort durch die Tür *d* in den Trockenschacht zu gelangen und allmählich die Reise nach unten zu machen. Die vom Gebläse angesaugte Frischluft durchstreicht auf dem durch die schwach ausgezogenen Pfeile gekennzeichneten Wege zunächst den Vorwärmer *e* und darauf die im Schacht übereinander ruhenden Horden.

Äußerlich gestaltet sich die ganze Einrichtung ohne Gebläse und Luftröhren nach Fig. 242, in welcher die Kette erkennbar ist, durch deren einmaliges Anziehen die soeben

Fig. 242.

beschriebene volle Auswechslung eines Schubkastens (einer Horde) bewirkt wird.

Die Absicht, diesen Apparat noch weiter zu verbessern, führte sodann zur Erbauung des Triotrockners (Fig. 243) mit 2 Schächten und 3 Heizkammern, wovon sich die zuerst von der Trockenluft durchströmte im rechtsliegenden Schacht der Figur unterhalb der dort vor ihrem Austritt ruhenden, trockensten Horde befindet, die zweite unmittelbar über dieser Horde und die dritte zwischen beiden Schächten. Der Weg, den die Horden zu machen haben, ist wieder durch die kräftig hervorgehobenen, derjenige der Trockenluft durch die nur schwach ausgezogenen Pfeile und Striche angedeutet. Beides durchläuft den Apparat teils in gleicher, teils in entgegengesetzter Richtung; das Gebläse saugt die trotz der Zwischenerwärmung noch immer stark heruntergekühlte Luft oben aus dem linksseitigen Schacht, und die Ein- und Aus-

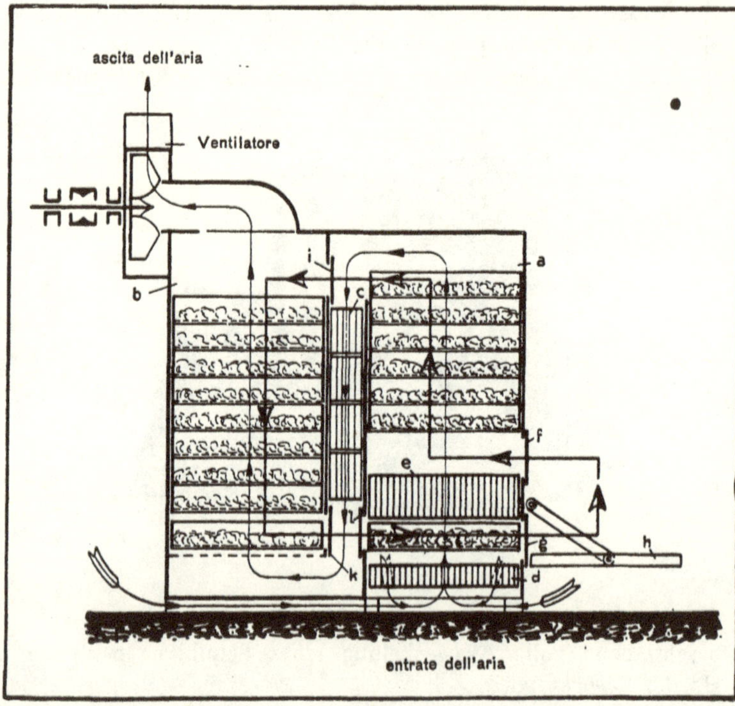

Fig. 243.

ladung des Trockenguts findet dicht übereinander unten am rechtsseitigen Schacht statt. Die Außenansicht (Fig. 244) läßt die von einer Schwinge getragene Schienenbahn *h* erkennen, auf welcher die Hordenkasten ein- und ausgefahren werden. Nicht unerwähnt soll bleiben, daß Schilde großes Gewicht auf die Möglichkeit legt, den mittleren Heizkörper *e* durch Hochdruckdampf erwärmen zu können, obgleich dessen Verwendung für Heizzwecke im allgemeinen gern vermieden wird.

Auch von den übrigen heiz- und trockentechnischen Gesichtspunkten, welche den beiden Trocknern zugrunde liegen, lassen sich die erhofften hervorragenden Wirkungen nicht erwarten, sondern sind solche, wie bei allen Schildeschen Apparaten, lediglich der außergewöhnlichen guten Durchbildung aller mechanischen Einzelheiten und der weit-

Fig. 244.

gehendsten Anpassung derselben an jeden Sonderzweck zuzuschreiben.

So werden beispielsweise die Horden für das Trocknen von sehr leichtem Material durch Deckel aus Drahtgewebe geschlossen; bei besonderer Größe oder zum gleichzeitigen Trocknen verschiedener Stoffe erhalten sie mehrere durch Querwände getrennte Abteilungen; überhaupt wird ihre Einrichtung beliebig umgestaltet, je nach den Eigentümlichkeiten der zu verarbeitenden Ware. .

Diese kann sehr mannigfaltig sein, wie untenstehende Blumenlese zeigt[1]), doch ist immer Bedingung, daß sie der durchströmenden Luft keinen zu großen Widerstand entgegensetzt.

Zur Verbreitung der Simplex- und Triotrockner trägt voraussichtlich die Art ihrer Bedienung viel bei, indem sich dieselbe äußerst einfach gegenüber derjenigen bei der sonst für die betreffenden Gegenstände meistens zur Anwendung kommenden Kammertrocknung gestaltet; ferner bleibt das Personal vollkommen vor den schädlichen Einflüssen von Hitze und Feuchtigkeit bewahrt und endlich sind beide Apparate gewissermaßen als Universaltrockner für kleine und mittlere Leistungen anzusehen, so daß ihnen ein großes Verwendungsgebiet offen steht.

An sonstigen Einrichtungen für Trockenzwecke sind zu erwähnen unter anderem diejenige von Otto Sterkel, Ravensburg (Fig. 245—247), welche zum Arbeiten nach Verfahren 4, Abschnitt V, bestimmt ist, um die Rückgewinnung der aus der Ware zu verdunstenden Flüssigkeit zu ermöglichen. Die Anordnung wurde bereits mit Erfolg für das Trocknen von Filzhüten angewandt, wobei der Ware der vorher für ihre Behandlung verwendete Alkohol zu entziehen, aber nach Möglichkeit wieder aufzufangen war; sie besteht aus folgenden Teilen:

Unter einem Lattenboden im Trockenraum 4 oder auch in einer besonderen in die Windleitung geschalteten Kammer liegen Heizrohre, an welchen sich die in der Pfeilrichtung vorbeiströmende Luft erwärmt.

Dieselbe sättigt sich unter Abgabe von Wärme im Trokkenraum mit Feuchtigkeit, worauf der Ventilator 1 sie oben durch das Rohr 5 und den Kondensator 6 abzieht, um sie

[1]) Wolle, Baumwolle, Verbandwatte, Garn, Putzwolle, Leinenabfälle, Lumpen, Kardenbänder, Kammzugbobinen, Kreuzspulen, Fleyerspulen, Hüte, Hutstumpen, Strümpfe, Verbandstoffe, Kops, Seide und Seidenabfälle, ferner Piassavafiber, Flachs, Stroh- und Bastgeflechte, Hülsen, Holzbrettchen für Bleistiftfabriken, Holzsowie Pappschachteln, Getreide, Malz, Dörrgemüse, Konservenbüchsen, Tabak usw.

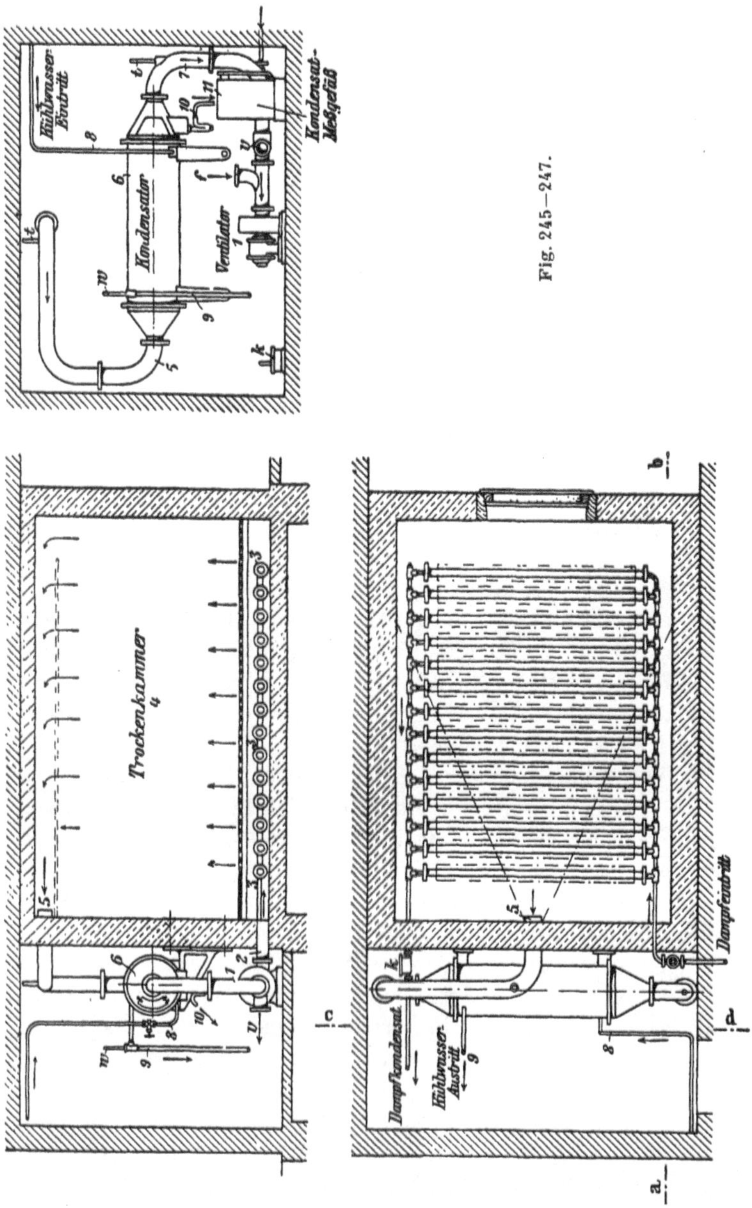
Kühlwasser Eintritt
Kondensator
Ventilator
Kondensat-Meßgefäß
Trockenkammer
Dampfkondensat
Kühlwasser Austritt
Dampfeintritt

Fig. 245—247.

durch das Rohr 2 unter die Heizrohre zu schaffen, von wo sie den Kreislauf abermals antritt; hierzu ist sie wieder brauchbar, nachdem sie ihre Feuchtigkeit im Kondensator abgab. Derselbe ist als Oberflächenkühler gebaut, dem das kalte Wasser durch Rohr 8 zuströmt, wogegen es durch 9, um einige Grade erwärmt, abfließt. Für die Auffangung und eventuelle Messung der darin niedergeschlagenen Lösungsflüssigkeit ist das Rohr 10 und der Topf 11 vorgesehen, welcher in Wirklichkeit vor dem Rohr 7 steht und nicht etwa darin eingeschaltet ist. Wird das Rohr 10 ganz oder teilweise aus Glas hergestellt, so läßt sich an der Menge und dem schließlichen Aufhören des Durchflusses der Gang und das Ende des Trockenvorgangs erkennen, wenn derselbe nicht durch Anwendung endloser Bänder oder Ketten (vgl. Fig. 207—210 u. 224) in der Trockenkammer zu einem ununterbrochenen umgestaltet worden ist.

Weiteres über das Verfahren ist im Abschnitt V nachzulesen.

Die Absicht, die mit dem Arbeiten nach den Verfahren 5 oder 6 verbundenen Vorteile auszunutzen, hat augenscheinlich auch den unter Nr. 196 875 eingetragenen Patentansprüchen der G. m. b. H. Friedrich Haas in Lennep vorgeschwebt, womit ein Arbeitsverfahren für Batterietrockner ähnlich Fig. 85 geschützt werden soll.

Die dazu gegebenen Erläuterungen lassen jedoch eine klare Erkennung der für einen folgerichtigen Trockenvorgang maßgebenden Gesetze vermissen, indem sie vorschreiben, daß die gesamte Menge an Frischluft auf alle Heizkammern verteilt und ihnen gemeinsam und gleichzeitig zugeführt werden soll. Selbstverständlich steht von dieser Handhabung kein Vorteil zu erwarten, indem weit eher die gleichmäßige möglichst vollkommene Sättigung der Luft beim Austritt leidet, als wenn sie im ganzen in normaler Weise von vorn bis hinten, hindurchzieht und dabei immer höhere Temperatur annimmt, da für den auf die Leistung bezogenen Wärmeverbrauch immer nur Temperatur und Sättigungsgrad der Abzugsluft maßgebend sind. Weshalb also die verwickelten, gänzlich unkontrollierbaren Luftzuführungseinrichtungen und die ausdrücklich geforderte Gegenstromrichtung, da an keines von beiden die bezweckte Wirkung geknüpft ist!

Große Bedeutung haben die bei der Appretur der Gewebe angewandten Trockenzylinder, -rahmen etc., doch können wir hier von einer Besprechung absehen, da ihre Wirkung denjenigen anderer ähnlicher Einrichtungen gleicht (vgl. S. 495 u. f.).

Trikotwaren, Leder.

Für die Trocknung hängender Waren bei mäßiger Temperatur in einfachen Trockenstuben werden noch vielfach

Fig. 248.

breite Gebläse nach Fig. 248 benutzt, wie solche unter anderem Georg Kiefer, Feuerbach-Stuttgart, liefert.

Die zu trocknenden Stücke werden im Trockensaal, an dessen einer Seite sich mehrere Spezialgebläse mit breiter Ausströmungsöffnung befinden, aufgehängt.

In jeder Ausblaseöffnung gibt eine automatisch bewegte Luftverteilungsklappe dem Luftstrom eine fortgesetzt wechselnde Richtung, wenigstens für eine gewisse Wegstrecke, da er sich schließlich doch den in den Saalwänden festsitzenden Ausströmungsöffnungen zuwenden muß.

Die meistens aus Rippenrohren bestehenden Heizflächen werden gewöhnlich an den Wänden oder am Fußboden untergebracht, so daß die Gebläse nur eine Umwirbelung der zeitweilig zu erneuernden Luft hervorzurufen haben. Eine gleichmäßige und gründliche Wirkung, wie sie von schon besprochenen Trocknern (vgl. S. 250) zu erwarten ist, darf natürlich von derartigen einfachen Vorrichtungen nicht verlangt werden.

Gardinen.

Das Trocknen der gewaschenen und gestärkten Gardinen und Gardinengewebe bietet Schwierigkeiten verschiedener Art, einmal durch die oft sehr großen Abmessungen, ferner dadurch, daß das Arbeitspersonal sich fortwährend in den Trockenräumen selbst muß aufhalten und bewegen können, und drittens durch die Forderung einer durchaus gleichmäßigen Trocknung der großen Flächen, da die Ware andernfalls mit Recht von den Bestellern zurückgewiesen wird.

Es kommen dabei Abmessungen in Frage für die Webstücke, welche später in einzelne Schals zerschnitten werden, von 65—70 m Länge und von 6½—7 m Breite, welche gewaltigen Größen sich nur einfach in großen Sälen auf horizontale Rahmen spannen lassen; schmälere Stücke werden dagegen oft in Abständen von etwa 25 cm zu mehreren übereinander gespannt. Die Temperatur in den dazu dienenden Räumen soll wegen des sich darin bewegenden Arbeitspersonals 35° nicht überschreiten, doch genügt diese Angabe allein keinenfalls, da trockene Luft von dieser Temperatur noch durchaus erträglich ist, während sie lästig wird, sobald ihr Wärmewert ungefähr 22 WE übersteigt, also wenn sie nach Tab. IX zu ca. 60% gesättigt ist. Eine gleichmäßige Trocknung in den ganzen Spannsälen ist bei ihrer früher und auch jetzt noch vielfach üblichen Einrichtung schwer zu erreichen, indem bei ihnen eine Anzahl Heizröhren möglichst dicht über dem Fußboden unter die Spannflächen verlegt wurde, so daß die daran erwärmte Luft durch die Gardinen hindurch nach oben strömen mußte, wo sie von den dort auf langen Wellen sitzenden Windflügeln, sog. Wedeln, umgewirbelt wurde; Luftgitter und Abzugsschlote in den Wänden ermöglichten einen gewissen Luftwechsel.

Neuerdings sind vielfach Verbesserungen versucht, ohne daß der damit erzielte Erfolg gerade allgemein befriedigte; die meisten Bestrebungen gehen darauf hinaus, den Luftinhalt der Spannsäle nach Verfahren 3, Abschnitt V, umzuarbeiten, doch erfordert dies, wenn es wirklich brauchbar sein und nicht unverhältnismäßig viel Kraft in Anspruch nehmen soll, ausgedehnte Rohrleitungen von großer Weite, deren sachgemäße Unterbringung große Schwierigkeiten bietet.

Wird deshalb hiervon abgesehen, was sich auch aus anderen Gründen empfiehlt, so muß die Nachwärmung der eingeführten Trockenluft in den Spannräumen selbst geschehen, und zwar auf ihrem Wege bis zum Abzugsschlot an möglichst vielen aufeinanderfolgenden Stellen. Heizrohre, welche wie bisher dicht über Fußboden angebracht sind, genügen dieser Forderung allenfalls, wenn sie nicht durch einen zu dichten Lattenrost verdeckt werden, wie es bei sehr breiten Spannrahmen gern geschieht, damit das Arbeitspersonal darauf mit seinen bloßen Füßen beim Aufspannen und Abnehmen der Gardinenbahnen herumlaufen kann, ohne sich zu verbrennen.

Um aber auch bei derartig bedeckten Heizröhren ein stetes neues Erwärmen des langsam den Spannsaal seiner ganzen Länge nach durchziehenden Trockenluftstroms zu erreichen, ist es unbedingt nötig, für eine Querumwälzung in der Art wie bei Verfahren 5, Abschnitt V, Sorge zu tragen, wozu vielleicht schon eine Anzahl von an den Längswänden in kurzen Abständen verteilten, nahe an die Decke reichenden Schächten genügen, welche oben offen und unten bis unter die Heizröhren weiter geführt sind.

Horizontale Wedel unter der Decke, welche die unter ihr hinstreichende Luft immer wieder an die Seitenwände werfen, vermögen diese Umwälzung zu erleichtern, wobei sich die ganze Einrichtung dann so gestaltet, daß die Zufuhr der trockenen, auf ca. 35° erwärmten Frischluft an einer der schmalen Stirnseiten des Spannsaales, die Fortleitung der ebenfalls ca. 35° warmen, aber bis zu 60% gesättigten

Abluft an der entgegengesetzten Seite stattfindet und die Wedel mit den sonstigen dafür vorgesehenen Einrichtungen gleichzeitig eine fortwährende Querumwälzung hervorrufen.

Wäsche.

An den zum Trocknen von Wäsche in Waschanstalten dienenden Dampfmangeln, Plättmaschinen bieten im wesent-

Fig. 249.

lichen nur Konstruktionseinzelheiten Interesse, deren Besprechung den Rahmen dieses Buches überschreitet. Ähnlich steht es mit anderen Wäschetrocknern, doch seien von ihnen in Fig. 249 u. 250 ein Kulissen-, in Fig. 251 ein Kettentrockner der Gebr. Poensgen, Aktiengesellschaft, Düsseldorf, gebracht.

Der erste besteht aus einem Schrank mit ausziehbaren Kulissen *a*, an welchen sich die Wäschestangen *b* befinden; die einzelnen Kulissen laufen unten und oben auf Rollen *h*

Fig. 250.

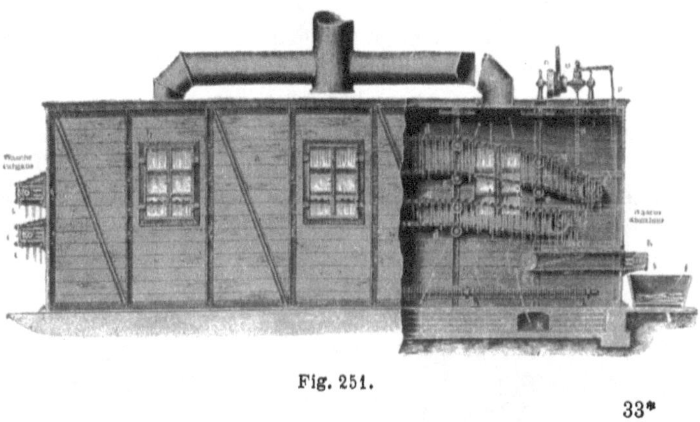

Fig. 251.

und *f* und bilden, wenn hineingeschoben, einen dichten Abschluß. An Rippenrohren erwärmte Luft durchstreicht die nasse Wäsche von unten nach oben, ebenso wie beim Kettentrockner, der im allgemeinen für größere Verhältnisse zur Anwendung kommt und deshalb eine mehr längliche Form hat. In seinem Innern bewegen sich an den beiden Längsseiten je zwei endlose Ketten mit halbrunden Aussparungen zur Aufnahme der Wäschestangen, welche am einen Ende des Apparats, wo die Ketten aus dem ihn umschließenden Kasten heraustreten, frei eingehängt werden, um am andern Ende mit der daraufhängenden Wäsche wieder herauszufallen auf ein kurzes, endloses Band, das sie nach außen in einen dort aufgestellten Wäschekorb befördert.

Für solche und ähnliche Zwecke wird in manchen Fällen eine vertikale Anordnung den Vorzug verdienen, nötigenfalls mit mehrmaligem Auf- und Absteigen der Ketten.

Gewirkte Strümpfe und Handschuhe.

Die Formöfen der Strumpffabrikation werden in den verschiedensten Längen — bis zu 20 m — bei 1—1,2 m Tiefe und 1,2—1,4 m Höhe aus Mauerwerk hergestellt; in ihrem unteren Teil liegen die Heizschlangen aus starkwandigen, engen Röhren, welche fast immer durch Heißwasser erwärmt werden, da die erforderliche Temperatur von 140—160^0 eine sehr hohe Spannung erfordert.

Der obere Teil der Öfen verbleibt für die in zwei Etagen aufzustellenden Strumpfbretter und läßt sich durch so viel in zwei Reihen übereinander liegender Türklappen à ca. 800 m Breite bei ca. 270 m Höhe beschicken, als die Ofenlänge zuläßt. Ein Klappenpaar bzw. 800 mm Ofenlänge mit ca. 20 lfd. m Heizschlangen genügt für ca. 100 Dutzend Strümpfe engl. Länge pro Stunde (vgl. auch S. 489, Trockner für hohe Temperaturen).

XXI. Abschnitt.

Trockner für Nahrungs- und Genußmittel.

Obst, Früchte und Gemüse.

Für die Umwandlung von frischem Obst und Gemüse in getrocknetes erfreut sich der nach Dr. Ryder von der

Fig. 252.

Maschinenfabrik Ph. Mayfarth & Co., Frankfurt a. M., hergestellte Dörrapparat des besten Rufes (Fig. 252).

Er besteht aus einem eisernen Ofen und zwei schrägen sich daran schließenden Darrkanälen aus Holz. Der Ofen hat meistens ovalen Querschnitt, wird von der Seite in derselben Weise beschickt wie ein gewöhnlicher Stubenofen und ist von einem unten und oben offenen Mantel umgeben, auf dessen oberen Rand sich die hölzernen Darrkanäle mittels eines Zwischenstücks in der Weise stützen, daß die im Mantel erhitzte Luft hinübertreten und sie ihrer ganzen Länge nach durchströmen kann, um am oberen Ende frei abzuziehen.

Die Rauchgase werden also nicht mit der Heizluft gemischt, sondern durch ein Ofenrohr in eine vorhandene Esse geleitet.

Jeder der beiden Darrkanäle ist für die Aufnahme von zwei oder drei übereinander liegenden Horden bestimmt, welche jede für sich aus einer Anzahl mit Siebwerk aus verzinntem Draht besponnenen Rahmen bestehen, wie solche in der Abbildung unter dem Apparat stehen und liegen.

Das Arbeiten mit demselben gestaltet sich völlig nach den Erfordernissen des Materials und den Ansichten des Betriebsleiters. Gewöhnlich setzt man die mit zerkleinertem Obst oder Gemüse beschickten Rahmen am oberen Ende in beide Kanäle ein und schiebt sie nach und nach durch andere weiter abwärts, wo sie fertig anlangen oder nochmals denselben Weg antreten; es steht aber auch nichts im Wege, die Horden von unten nach oben wandern zu lassen oder sie durch den einen Kanal hin, durch den anderen her zu schicken, und läßt sich endlich auch noch die Temperatur durch die Stärke des Heizens in weiten Grenzen regeln. Dem System nach ist das Ganze ein etwas kurzer, aber recht gut durchgebildeter Doppeltunneltrockner der Gruppe 2, Abschnitt V, und eignet sich sowohl für Groß-, wie für Kleinbetrieb. Bei besonders hohen Anforderungen läßt sich schließlich eine Reihe der größten Nummern nebeneinander verwenden. Mayfarthsche Ryderdarren werden gebaut in vier verschiedenen Abmessungen mit ungefähren Leistungen von 120, 260, 400 und 1150 kg in 24 Stunden (an frischen Äpfeln), doch findet man oft zwei kleine, statt einer größeren verwandt. Sie lassen sich selbstredend nicht nur zum Dörren von Obst oder Gemüse, sondern auch zum Trocknen von Getreide benutzen, wenn der Luftdurchzug entsprechend vermehrt wird, doch darf man dabei aus den für die Getreidetrocknung maßgebenden Gründen auf keine großen Leistungen rechnen.

In vielen Fabriken von Dörrgemüsen benutzt man auch horizontale Darren von oft großem Flächeninhalt mit darunter liegenden Dampfheizrohren, also Einrichtungen, die sich von gewöhnlichen Trockenkammern kaum unterscheiden und auch alle deren Mängel besitzen.

Für einigermaßen umfangreiche Dauerleistungen wird besser von allen Darren abgesehen und statt ihrer zu Trockentunneln nach Verfahren 5—7, zu Trockentrommeln, vielleicht auch zu Muldentrocknern gegriffen.

Dagegen für Betriebe, die zunächst klein anfangen, für Versuchszwecke und für Betriebe, in denen das Trocknen immer auf geringere Leistungen beschränkt bleibt, sind Mayfarth-Rydersche Darren sehr zu empfehlen; sie haben sich nicht nur für Gemüse und unser deutsches Obst bewährt, wie Äpfel, Birnen, Zwetschen, Kirschen, Pflaumen, sondern auch für Bananen, Kakao, Kaffee, Tee, Gewürze u. dgl. sowie für medizinische Kräuter, für das Trocknen von Borsten, von Filtermasse, von Haar etc. Das Verwendungsgebiet ist also ein sehr umfangreiches.

Kopra[1]).

Wieweit sich die soeben beschriebenen Darren auch zur Trocknung des Kernfleisches der Kokosnuß — der Kopra — eignen, muß dahingestellt bleiben, indem die bisher nach Europa gelangten Beschreibungen über ihre Trocknung nicht besonders ergiebig sind und in den meisten derselben gerade das fehlt, was für den Trockentechniker am notwendigsten ist zur Erbauung geeigneter, ihren Zweck vollkommen erfüllender Einrichtungen. Mit ziemlicher Sicherheit läßt sich aber darauf schließen, daß die gegenwärtig gebräuchlichen auf einer hohen Stufe n i c h t stehen, was zwar teilweise in der Schwierigkeit der Beschaffung aller Erfordernisse und in der Unmöglichkeit, mechanische Kraft zum Antrieb von Gebläsen zur Verfügung zu stellen, begründet ist, was sich aber auch in hohem Maße darauf zurückführen läßt, daß der Europäer gar nicht weiß, was der Überseer eigentlich braucht!

[1]) Vgl. „Tropenpflanzer", Organ des Kolonial-Wirtschaftl. Komitees, Berlin, Jahrg. 1913, Nr. 7.

Nach privaten Erkundigungen und nach dem, was der Verfasser dem Artikel im Beiheft zum „Tropenpflanzer“, Jahrg. 1911, Nr. 10, von Hans Zaepernick: Die Kultur der Kokospalme, zu entnehmen vermochte, dürfte ungefähr folgendes als zutreffend anzunehmen sein.

Wenn die reife Kokosnuß von der sie umgebenden bastartigen Hülle befreit wird, so verbleibt zunächst der von einer sehr harten Schale umschlossene Kern, welcher sich erst durch Spalten der Schale mittels einer Axt freilegen läßt. Das weiße Fleisch der Kerne haftet gern an den Schalenstücken. Die Beseitigung der Letzteren kostet verhältnismäßig viel Zeit und Mühe, wenn das Kernfleisch noch feucht ist, läßt sich dagegen leicht bewerkstelligen, wenn sie etwas angetrocknet werden. Der Trockenprozeß müßte also in zwei Teile geteilt werden, wenn dieser Vorteil zur Geltung kommen soll, was eigentlich nur bei einer natürlichen Trocknung an der Sonne ohne größere Umstände durchzuführen ist. In Deutsch-Neuguinea, wo die künstliche Trocknung am weitesten verbreitet und vorgeschritten zu sein scheint, entfernt man dagegen die Kopraschicht sofort nach dem Öffnen der Nuß aus der Schale, und möge für unsere weiteren Betrachtungen angenommen werden, daß dies stets geschieht.

Die so vorbereitete Kopra wird auf Drahthorden ausgebreitet, für welche sich eine Größe von 1 · 0,5 m am besten bewährt, und auf ihnen in Wagengestelle gesetzt, zu mehreren neben- und zu sechs bis acht und mehr in gleichen Abständen übereinander. Anstatt der Wagen verwendet man auch ortsfeste Gestelle, welche in etwa 2 m Höhe über dem Boden auf einem eisernen Rost stehen, der die Decke eines von vier Mauern umgebenen Raumes bildet. Diese Mauern sind nahe dem Erdboden mit Öffnungen für den Eintritt von Frischluft ausgestattet, die durch Schieber in ihrer Größe dem Bedarf entsprechend eingestellt werden können. Durch den Raum unter dem Rost ziehen sich zwei oder mehrere schmiedeeiserne Rauchröhren von zwei Feuerungen, an denen sich die vorbeistreichende Frischluft erwärmt und durch den Rost unter die Horden gelangt, um durch sie, welche ebenfalls ringsum von geschlossenen Wänden umgeben sind, weiter nach oben zu ziehen und dort durch Öffnungen in der Abdeckung zu entweichen. Die Umfassungswände der Gestelle werden durch hölzerne Türen gebildet, nach deren Öffnung sich entweder die festen Gestelle leicht beschicken oder die fahrbaren aus- und einfahren lassen. Zu beiden Längsseiten des Trockenhauses zieht sich in der Höhe des eisernen Rostes eine breite Galerie, die gegebenenfalls für das Trocknen an der Sonne mitbenutzt werden kann. Die künstliche Trocknung dagegen erfolgt durch die an den Rauchröhren erwärmte Luft, welche von unten nach oben durch die Horden mit der auf ihnen ruhenden Kopra streicht, dabei deren Feuchtigkeit aufnimmt und, mit ihr beladen, ins Freie entweicht.

Einrichtungen dieser Art sollen sich ganz gut bewährt haben, erfordern dann aber eine sehr gewissenhafte Wartung; auch werden sie viel Brennstoff verbrauchen und sind ziemlich feuergefährlich.

Die Angaben über die Leistung sind leider in mancher Beziehung unklar; es bleibt mithin nichts anderes übrig, als das wahrscheinlich Richtigste zugrunde zu legen, und läßt sich dies in nachstehender Weise zusammenfassen.

Jede Horde von $\frac{1}{2}$ qm Fläche läßt sich belegen mit ca. 3 kg feuchter Kopra; die Temperatur im Trockenraum wird auf 40—50° C gehalten, doch scheint es durchaus zulässig, die Frischluft bis auf 70° vorgewärmt einzuführen; kühlt sie dann doch bis zum Austritt auf 40 bis 45° ab, so daß die mittlere Temperatur im Trockenraum sich auf etwa 55° stellt. Die Trockendauer, d. h. die Zeit, welche die Kopra im Trockenraum bei 50° C verbleiben muß, um genügend trocken zu sein, wird zu 12 bis 24 Stunden angegeben, woraus sich schon erkennen läßt, daß die Zuverlässigkeit, mit welcher derartige Anlagen arbeiten, keine sehr große ist. An Feuchtigkeit soll die nasse Kopra etwa 30% enthalten, welche durch die Trocknung auf mindestens 5%, womöglich aber noch tiefer herabzudrücken ist. Als Brennstoff dient die faserige Hülle der Kokosnuß, eventuell auch die harte Schale, doch entwickelt er sehr viel Ruß, wahrscheinlich infolge unzulänglicher Feuerungseinrichtungen, weshalb Versuche mit Heißwasserheizungen zu keinem befriedigenden Ergebnis geführt haben.

Großer Wert wird anscheinend auf die Mitbenutzung der Sonnenwärme gelegt, ob mit Recht oder Unrecht, möge dahingestellt bleiben, indem sich ein regelmäßiger, geordneter Betrieb doch nur schwer dabei aufrechterhalten läßt.

Zu einem weitaus besseren Ergebnis als mit den bisherigen mangelhaften Bauarten, wird unfraglich die in den Figuren 253—256 dargestellte führen, obgleich auch bei ihr von der Mitwirkung von Gebläsen abgesehen werden mußte.

Der Trockner ist bestimmt, um selbst bei feuchter Witterung ohne Beihilfe von Sonnenschein täglich bis zu 2000 kg Nüssen ihre überflüssige Feuchtigkeit zu entziehen und zwar in einem Tunnel, welcher der Quere nach von der erwärmten Trockenluft durchstrichen wird infolge der einseitigen Anordnung der Heizrohre. In den rechtsseitigen Schächten, Fig. 253, zieht die Luft nach oben, in den linksseitigen fällt sie wieder herunter und durchläuft dabei, wenn auch mit mäßiger Geschwindigkeit, die uns bekannten Spiralbahnen von beiden Enden des Tunnels nach den in seiner Mitte liegenden Abzügen.

Das in üblicher Weise gleichmäßig auf Hordenwagen verteilte Trockengut rückt nach und nach von links nach rechts durch den Tunnel, wird also ganz allmählich bis auf die höchste zulässige Temperatur erwärmt und alsdann wieder heruntergekühlt, so daß sich der Trockenvorgang in der bekannten günstigen Weise vollzieht.

Der gezeichnete Trockner enthält ungefähr 145 qm Hordenfläche und bilden die für ihn nötigen, aus Europa zu beschaffenden Eisenteile, wie Kaloriferen, Wagen, Horden usw., entweder kleine, leichte Stücke, oder lassen sie sich ohne Schwierigkeit aus solchen zusammensetzen, so daß sie gut zu verpacken und zu versenden sind. Ihr Gesamtgewicht wird ungefähr 7000 kg betragen.

Kopra in größeren Stücken ist beliebter als solche von kleinerem Kaliber, da sich von ersterer die schlechten Teile beim Sortieren leichter ausscheiden lassen. Dabei macht die gleichmäßige Trocknung nach dem vorstehenden Verfahren keine größeren Schwierigkeiten als die der kleineren Stücke, doch ist selbstverständlich darauf zu achten, daß die Horden nicht gleichzeitig mit verschiedenem Material beschickt werden.

Eine schnellere Trocknung läßt sich nur mit Hilfe von Ventilatoren und durch Aufwand entsprechend größerer Wärme-

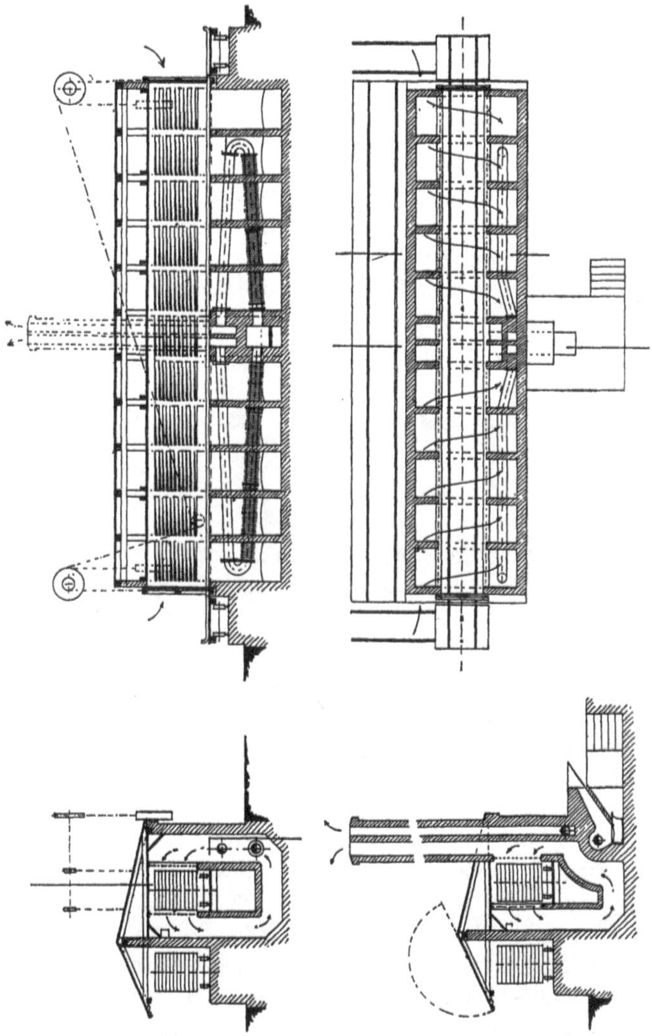

Fig. 253—256.

mengen erreichen, doch muß bei der Kleinheit des Betriebes von der Beschaffung eines Hochdruck-Kessels abgeraten werden, obgleich der darin erzeugte Dampf erst seine Kraft in einer Maschine und dann seine Wärme im Trocken-Apparat abgeben könnte.

Die Kleinheit der Feuerstellen derartiger Kessel verhinhindert an sich schon eine gute Ausnutzung der meisten Brennstoffe; sie macht sie aber für die Verwendung der hier zur Verfügung stehenden völlig ungeeignet.

Dagegen ließe sich sehr wohl die Verwendung von gutem Mineralöl in Erwägung ziehen, da dieses sich sowohl zur Krafterzeugung als auch bei seinem hohen Siedepunkt zum Erwärmen der Heizkörper und Kaloriferen eignet, und zwar ohne daß diese irgendwelchen Innendruck auszuhalten hätten, wie schon bei den Walzentrocknern für Kartoffelflocken und den Trocknern für hohe Temperaturen erwähnt wurde.

Nudeln, Teigwaren — Makkaroni[1]).

Die Fabrikation im kleinen bedient sich gewöhnlicher Trockenräume, deren Temperatur Tag und Nacht gehalten werden soll:

bei Makkaroni auf 22—25° C,
„ kleinen Figurenpasten, sog. Eiergerste etc., auf 25—30° C,
„ Faden- und Bandnudeln auf 25° C bei den feinsten, steigend bis zu ca. 31° C bei den gröberen Sorten.

Beim Belegen mit frischer Ware darf die Temperatur 2—3° niedriger sein, bei Bandnudeln kann sie allmählich eine Steigerung bis zu 40° C erfahren.

Die Trockendauer beträgt mehrere Tage und das während derselben auszutreibende Wassergewicht ungefähr 35% des Naßgewichts, wonach sich die aufzuwendende Menge an Wärme und Luft leicht berechnen läßt.

Die zu trocknenden Nudeln werden auf mit Gaze oder Binsengeflecht überspannte Holzrahmen oder Horden von ca. 0,8 · 2 m gelegt, wogegen Makkaroni und Pasten auf mit Drähten bezogene kommen, welche das auf Pappstreifen

[1]) Nach Oertel, Die Teigwarenfabrikation. Wien, Hartleben.

ruhende Trockengut zu tragen vermögen. Die Rahmen werden im Trockenraum auf Holzgestellen in üblicher Weise so übereinander aufgebaut, daß sie leicht zugänglich bleiben und überall von der Luft bestrichen werden können.

Nach demselben System werden auch große Anlagen für Waren aller Art eingerichtet, wobei sowohl Dampf- als Kaloriferluftheizung zur Anwendung kommen kann, wenn sich nur immer möglichst gleichmäßige Verhältnisse im ganzen Raum aufrechterhalten lassen, da der Stoff eine äußerst aufmerksame Behandlung verlangt.

Diesem einfachen Verfahren stehen die sog. Schnelltrockeneinrichtungen gegenüber, welche für einige Sorten von Teigwaren in Gebrauch sind. So bringt man alle kleinen Sternbuchstaben- und Fassonnudeln schon während des Aufenthalts in Sieben und Poliermaschinen, die ihnen allen überflüssigen Teig abnehmen und ein blankes Aussehen geben, in einen warmen Luftstrom, dessen Einwirkung sie noch weitere 5—12 Stunden nach dem Verlassen der letzten Poliertrommel ausgesetzt bleiben, worauf die Trocknung beendet ist. Interessanter ist ein anderes, für röhrenförmige Makkaroni benutztes Verfahren, welches in der Hauptsache darin besteht, daß man dieselben wie Zigarren aufeinander packt zu einer siebartig durchlöcherten Wand von 10—12 cm Dicke, gleich der Länge der Makkaroni. Denkt man sich diese Wand in einem kurzen Rohrstück errichtet, in dessen eines Ende erwärmte Luft getrieben wird, so muß sie durch die Makkaroniröhren ziehen, um ans andere Ende zu gelangen.[1]) Verschließt man nun beide Enden des Rohrstücks und stellt zwischen den in ihm entstehenden Räumen vor und hinter der Makkaroniwand eine Umführung derselben her, in welche ein Ventilator, eine Heizvorrichtung und ein paar Klappen geschaltet sind, so haben wir eine Anordnung, genau wie wir sie zum Arbeiten nach Verfahren 3, Abschnitt V, gebrauchen für stete Umwälzung der Trockenluft.

Sie bildet gleichzeitig die Grundlage des Patents Yberty, Desanges & Alloath, Paris, für Makkaronitrocknung, welches

[1]) Solange die Röhren nicht durch die Trocknung zusammensintern; was dann geschieht, geht aus der Beschreibung nicht hervor.

somit auf recht schwachen Füßen steht und irgendwelcher Anfechtung kaum standhalten wird.

Zwei Punkte sind indessen für dieses als „neu“ bezeichnete Verfahren von Bedeutung: erstens, daß die Trockendauer dabei auf ca. 6 Stunden herabgemindert werden kann, und zweitens, daß es eine Behandlung der Teigwaren mit Luft von über 90° C anstandslos zuläßt.

Da diese letzte Angabe derselben Quelle entstammt[1]), welche vorhin für Kammertrocknung gewöhnlicher Art 25 bis höchstens 40° zuließ, so zeigt sich wieder, daß in diesem Punkte noch mancherlei zweifelhaft ist und daß Trockentechnikern nicht genug empfohlen werden kann, sich durch vorsichtige Versuche selbst ein Urteil zu bilden.

Im ganzen ist die Patentliteratur reich an Neuerungen für die Nudeltrocknung, ohne jedoch besonders Nennenswertes darin zu bieten.

Eine Hauptschwierigkeit bildet immer die zweckdienliche Aufstapelung größerer Mengen der noch feuchten teigigen Fabrikate, da diese an und für sich der Wasserentziehung bzw. dem eigentlichen Trocknen keine großen Hindernisse bereiten.

Wie dieser Schwierigkeit bei Röhrennudeln begegnet werden kann, haben wir am Ybertyschen Verfahren gesehen; stangenförmige oder Fadennudeln werden stets aufzuhängen

---

[1]) Friedrich Oertel, Die Teigwarenfabrikation. Wien, Hartlebens Verlag. An einer anderen Stelle des Buches findet sich als Trockenzeit für das Ybertysche Verfahren 18—24 Stunden bei Verwendung reichlicher Mengen an Frischluft aufgeführt. Im „Gesundheits-Ingenieur“ 1914, S. 137 sagt C. A. Gullino über „Teigwarentrocknung in Italien“, daß bei Kleinbetrieb für kurze Ware eine Kammertemperatur von 40°, für lange eine solche von 25° angewandt werde; für 1 kg Tagesproduktion sei auf 1 cbm Trockenraum und auf 3—5 Tage à 10 Stunden Trockenzeit zu rechnen. Jede Kammer enthält bis 250 kg Ware und nimmt ihre Füllung 6 Stunden durch 6 Leute in Anspruch. Das auszutreibende Wassergewicht beträgt bis zu 25%, da den Waren noch 3—5% gelassen werde. Diese Angaben stimmen mit den Oertelschen für Kleinbetrieb gut überein.

oder auf Horden auszubreiten sein. In welcher Art die Lagerung aber auch erfolgt, für die Trocknung muß die Ware immer einem Luftstrom ausgesetzt werden, dessen Temperatur und Feuchtigkeitsgehalt zweckmäßig bis zu einer gewissen Höhe ansteigt, um alsdann allmählich wieder abzunehmen, und eignet sich auch hierzu wieder am besten der Zonentrockner mit mittlerem Abzug nach Patent Nr. 273174.

Hefe.

Für die seit einiger Zeit in Aufnahme gekommene Trocknung der Bier- und auch der Weinhefe werden ausschließlich Walzenapparate benutzt, welche der mehr oder weniger dickflüssigen Naßhefe ihren Wassergehalt bis auf 8—10% vom Trockengewicht in derselben Weise entziehen, wie wir es bei den Walzentrocknern für Kartoffelflocken kennen lernten. Die Gesamteinrichtung beschränkt sich auf einen hochstehenden Bottich, am besten mit Rührwerk, dem die Naßhefe durch eine Pumpe aus den Vorratsbehältern im Keller zugepumpt wird, um von dort selbsttätig in den Fülltrichter des Trockners zu laufen.

Verwendet werden sowohl Zweiwalzentrockner mit dicht liegenden Walzen (Trocknungsanlagen-Ges. m. b. H., System Tätosin, Berlin SO.[1]) und von der Aktien-Maschinenbau-Anstalt, Darmstadt), sowie auch Einwalzentrockner mit Auftragewalzen (Louis Soest & Co. m. b. H., Düsseldorf-Reisholz), von welchen Systemen das letztere aus den schon bekannten Gründen jedenfalls den Vorzug verdient. Der Soestsche Apparat ist überhaupt in mancher Beziehung gut durchgebildet, indem nicht nur Dampf von niedriger Spannung zu seiner Heizung verwendet, sondern auch die den Wrasen fortführende Luft gut vorgewärmt und mehrfach am Trockengut vorbeigeleitet wird, so daß sie mit ca. 55° und reichlich gesättigt abzieht; zu ihrer Erwärmung wird das heiße Kondenswasser mit herangezogen.

Es dürfte jedoch anzunehmen sein, daß auch die Zweiwalzentrockner inzwischen Verbesserungen erfuhren.

---

[1]) Vgl. Wochenschrift f. Brauerei 1913, Nr. 27.

Frisches Fleisch.

Denken wir uns den bekannten Kreisprozeß nach Verfahren 3, bei welchem die Luft von der Heizkammer in den Trockenraum und von da wieder in ständigem Wechsel zu neuer Erwärmung in die Heizkammer getrieben wird, einmal vollkommen umgekehrt, so haben wir das den Trockenluftkühlanlagen und Gefrierräumen von Karl Kisch, Berlin, zugrunde liegende Prinzip vor uns.

Dasselbe ist schematisch in Fig. 257 wiedergegeben und hat sich in zahlreichen Ausführungen, besonders zum Kühlen

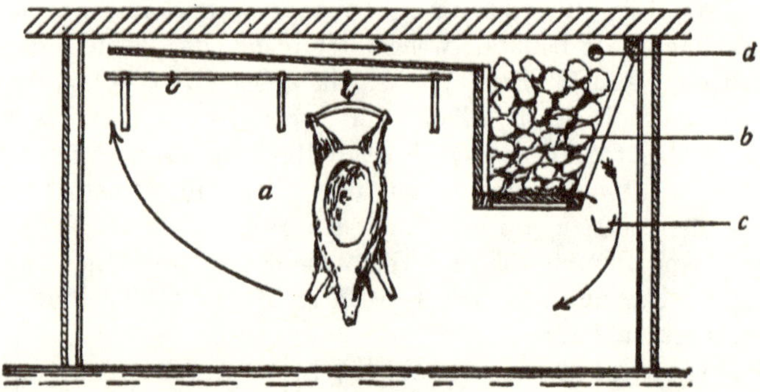

Fig. 257.

und Konservieren von Fleisch, aber auch von anderen Nahrungsmitteln auf das beste bewährt.

In der Abbildung erkennen wir rechts oben den unterwärts und nach dem Kühlraum *a* zu geschlossenen, aber an der schrägen, durch einen Rost gebildeten Wand, sowie oben offenen Eisbehälter *b*, aus welchem das sich bildende Wasser durch eine Rinne *c* nach außen abgeleitet wird. Bemerken wir uns noch, daß unter der eigentlichen Decke des Raumes ein schwach gegen den Eiskasten geneigter und nicht ganz bis an die gegenüberliegende Wand reichender Blindboden eingelegt ist, und daß sich bei *d* eine kleine einstellbare Öffnung für den Zutritt frischer Luft findet, wogegen die verbrauchte mit dem Eiswasser fortgeht, so haben wir die vollständige Einrichtung der Kühlanlage beisammen, in welcher sich die Luft in der durch die Pfeile angegebenen Weise umwälzt.

Dabei kühlt sie während des Sickerns durch den Eisbehälter herunter und gibt gleichzeitig die überschüssige Feuchtigkeit mit ihren Verunreinigungen ab. Im eigentlichen Kühl- oder Gefrierraum dagegen macht sie eine Art Kreislauf durch, indem sie zunächst von der eingebrachten Ware Wärme aufnimmt, solange dieselbe noch eine höhere Temperatur besitzt, dann aber diese Wärme sofort wieder verwendet zur Verdunstung von Feuchtigkeit, welche sie derselben Ware entzieht. Am Ende des Vorgangs ist die Luft also feuchter oder wärmer oder beides, jedenfalls aber leichter geworden als vorher, wodurch ihre Umwälzung so lange bedingt wird, bis sie dasselbe Gewicht zwischen dem Eis wie zwischen der Ware hat, was in Wirklichkeit während des Betriebes niemals eintritt.

Da das Eis bei schnellem Auftauen mehr Wärme absorbiert als bei langsamem, so kann die Temperatur in derartigen Anlagen durch Drosselung der Zufuhr an Frischluft tatsächlich bis unter den Gefrierpunkt erniedrigt werden, selbstverständlich auf Kosten des Eisverbrauchs; die gewöhnlich in Frage kommenden Temperaturen bewegen sich indessen zwischen 0° und 4° C und lassen sich bei bestem Zustand der Arbeitsluft und geringer Zufuhr an Frischluft mit nur wenig Aufwand von Eis aufrechterhalten, wenn die Kühlräume gut gegen Abkühlung geschützt, möglichst in Kellern untergebracht und sorgfältig vor unnützem Luftzutritt bewahrt werden.

Alles dies genügt bei Trocken- bzw. Kühlräumen für Fleisch, Wild u. dgl. noch keineswegs, selbst die Innehaltung der Temperatur- und Feuchtigkeitsgrade auf stets gleichmäßiger Höhe reicht für eine einwandfreie Konservierung nicht zu, wenn nicht gleichzeitig für Helligkeit und die peinlichste Sauberkeit gesorgt ist, welchen Erfordernissen sich am sichersten durch sorgfältige Belegung der Seitenwände mit glasierten, des Fußbodens mit rauhen Porzellanplättchen Rechnung tragen läßt.

Fig. 258 zeigt eine derartige Ausführung für Fleischereibetriebe, welche sich vielfach findet, da sie bei vollkommen sachgemäßer Ausführung den höchsten Anforderungen entspricht. Sie trocknet scheinbar durch Kälte, in Wirklichkeit jedoch durch die vom Fleisch abgegebene und durch die von außen eindringende Wärme; die Wasserverdunstung ist also nur sehr gering, doch wird auch keine große beabsichtigt.

Fig. 258.

Ist die Isolierung und die Bekleidung der Innenwände zuverlässig hergestellt, wie bei Kisch, und sind überflüssige Komplikationen in der Luftführung vermieden, so hält sich frisches Fleisch und Geflügel wohl 3—4 Wochen in einer solchen Kammer, ohne feucht zu werden oder zu beschlagen bzw. ohne an Güte oder gutem Aussehen zu leiden. Der

Eisverbrauch soll dann bei einem Inhalt des Eiskastens = ca. $^1/_6$ des Rauminhalts etwa 10—12 kg pro Tag und qm Bodenfläche betragen.

Von großer Wichtigkeit ist dabei natürlich, daß die Kühlräume so wenig als möglich betreten werden, wie überhaupt der Aufenthalt von Menschen in ihnen auf das äußerste zu beschränken ist. Die Zugänge sollen immer durch doppelte, mit Wärmeschutzmasse gefüllte, dicht schließende Türen abgesperrt sein, von denen sich nur eine nach der andern öffnen läßt. Wird der Raum zwischen diesen beiden Türen aber zu einer Art Vor- oder gar Anrichtkammer ausgebildet, so ist mindestens noch eine dritte Tür vorzusehen, um zwischen der Anricht- und der eigentlichen Kühlkammer einen guten Abschluß erzielen zu können.

Im Bau und im Betrieb derartiger Kühlräume wird leider mancherlei gesündigt, so daß sie dann die von ihnen erwarteten Leistungen nicht erfüllen, was schon zu mancherlei zwecklosen Abänderungen der an sich guten Bauart führte.

So finden sich auch Kühlkammern, bei welchen der Eisbehälter nach außen verlegt wurde, was allein schon einen größeren Aufwand an Eis bedingt; außerdem ist ein Gebläse für die Luftbewegung nötig, da der Eisbehälter naturgemäß tief liegt. Beide Abweichungen erhöhen die Betriebskosten, doch mag es Verhältnisse geben, bei denen es hierauf nicht ankommt.

Auf einem ganz anderen Wege ist es Prof. Josse, Charlottenburg, und seinem Mitarbeiter, Dr. Ing. Gensecke, gelungen, Kälte zu erzeugen, und zwar mittels eines injektorartigen Strahlapparates, bei welchem ein mit höchster Geschwindigkeit aus einer Düse tretender Dampfstrahl in die zu einem Oberflächenkondensator führende Gegendüse überspringt. Wird die so geschaffene Saugwirkung auf ein geschlossenes, etwas Wasser enthaltendes Gefäß übertragen, so läßt sich in demselben eine sehr niedrige Spannung erzeugen, bei welcher sich aus dem Wasser Dämpfe entwickeln von außerordentlich tiefer Temperatur. Es ist den Erfindern gelungen, mit Hilfe eines solchen an sich äußerst einfachen Apparates Temperaturen bis zu —6°, ja unter Zuhilfenahme von Luft in abgemessenen Mengen bis zu —17° bei 0,006 kg pro qcm absolutem Druck im Verdampfer zu erzielen. Da diese, dem Referat über einen von Prof. Josse in der Schiffbautechnischen Gesellschaft im Jahre 1911 gehaltenen Vortrag entnommenen Angaben jedoch nichts Näheres über die erzeugbaren Kältemengen erkennen lassen und auch sonst dem Verfasser nichts über Einführung der Erfindung in die Praxis bekannt wurde, möge es hier mit dem Hinweis darauf sein Bewenden haben.

Speisesalz.

Alles Kochsalz ist eigentlich ein erst durch Trocknung erhaltenes Naturprodukt, wenn von solchem bergmännisch gewonnenen Steinsalz abgesehen wird, welches sich unmittelbar verwenden läßt, ohne daß es einer Reinigung bedarf. Alles übrige wird gewonnen entweder aus Meerwasser in sog. Seegärten oder Meersalinen oder aus natürlichen Salzquellen, deren Wasser durch Zusatz von nicht ganz reinem Steinsalz oder durch Gradierwerke zu einer Sole von verarbeitungswürdiger Sättigung gemacht worden ist.

Die Einrichtungen, welche zur Verdampfung des salzhaltigen Wassers beliebiger Herkunft zwecks Abscheidung der Salzkristalle dienen, können wir übergehen, nicht aber diejenigen, welche sich vielfach nötig machen, um Wasser, welches fertigen Kristallen in wechselnden Mengen von 5—10 Gewichtsprozenten anhaftet, zu entfernen.

Obgleich es sich trotzdem hierbei häufig um eine Massenverarbeitung handelt und Salz Temperaturen bis zu ca. 80° und darüber anstandslos verträgt, wobei es in etwa einer halben Stunde trocknet, hat die unmittelbare Behandlung mit verdünnten Rauchgasen augenscheinlich doch noch wenig oder gar keine Anwendung auf Speisesalze gefunden, die sich im übrigen auch genau so abwickeln würde, wie wir es bei Dungsalzen kennen lernten. Wir wollen deshalb unsere Betrachtungen beschränken auf einige eigenartige, von ihren Erfindern geradezu als „Salztrockner" bezeichnete Einrichtungen, welche sich jedoch wahrscheinlich auch für andere Produkte von körniger Beschaffenheit benutzen lassen werden.

Zunächst sei genannt der durch mehrere Patente geschützte Schnelltrockner von F. A. Bühler, Lichterfelde bei Berlin (Fig. 259). Bei ihm gelangt nach Angabe des Erfinders das feuchte Trockengut durch den Aufgaberegler 2 in eine Eintragwalze 3, welche das Trockengut unter Luftabschluß in das senkrecht stehende Trockenrohr 4 streut.

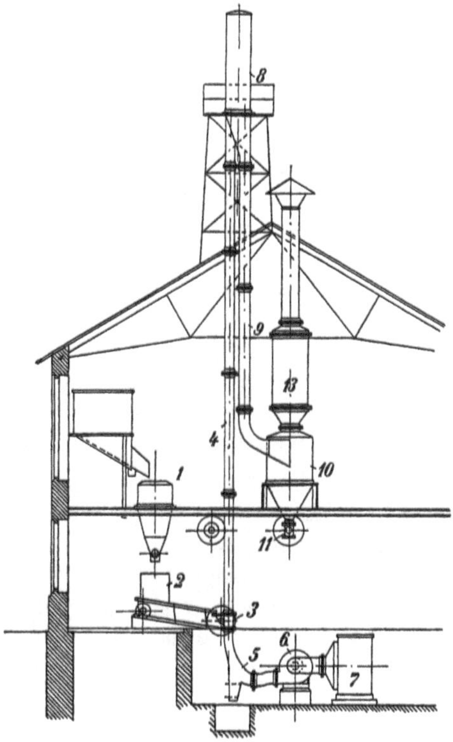

Fig. 259.

In diesem bewegt sich ein kräftiger erwärmter Luft- oder Gas-Strom aufwärts. Das Trockengut wird von demselben erfaßt, in dem Trockenrohr 4 in die Höhe gerissen und in den Stoßfänger 8 geschleudert. Von dort fällt es durch das Fallrohr 9 in den Zyklon 10, in welchem sich infolge der Zentrifugalkraft die schweren Teile des Trockenguts nahezu vollständig scheiden. Die Austragwalze 11 befördert das getrocknete Gut nach außen. Die in der Luft enthaltenen Staubteilchen werden im Filter 13 ausgeschieden, so daß aus dem Abzugsrohr nur reine Luft zusammen mit dem ausgetriebenen Wasserdampf entweicht. Die Geschwindigkeit der Luft wird durch einen Exhaustor 6 hervorgebracht, welcher die aus dem Winderwärmer 7 angesogene Luft durch das Fußrohr 5 und den Rumpf der Eintragwalze 3 in das Trockenrohr 4 preßt.

In denjenigen Fällen, in welchen das Trockengut einer Vortrocknung unterliegt, beispielsweise mittels Zentrifugen, kann die Zentrifuge direkt über dem Aufgaberegler 2 angeordnet werden. Dieser letztere hat den Zweck, den Trockenapparat gleichmäßig mit Trockengut zu beschicken. Die Dauer der Trocknung, gemessen von dem Augenblick an, in welchem das Trockengut in die Speisewalze 3 gelangt, bis zu dem Moment, in welchem es von der Austragwalze 11 abgegeben wird, beträgt 5—7 Sekunden. Diese Zeit genügt, um je nach der Temperatur des erwärmten Luft- oder Gasstroms 2—30% Feuchtigkeit aus dem Trockengut zu entfernen.

Zu dieser seiner Behauptung fügt der Erfinder selbst hinzu — „daß wegen der in der Technik bisher unbekannten Kürze des Trockenvorganges in der Hauptsache nur solche Feuchtigkeit entfernt werde, welche an der Oberfläche der einzelnen Teilchen des Trockenguts hafte."

Abgesehen von der hierdurch eingeschränkten Verwendbarkeit des Apparats, wird dieselbe noch weiter vermindert durch den großen Verbrauch an Kraft, welchen der Betrieb erfordert.

In einem Beispiel berechnet der Erfinder den Luft- und Wärmeaufwand zur Verdunstung von stündlich ca. 57 kg Wasser aus 1000 kg Salz mit 6% Feuchtigkeit, durch heiße Luft von 125°, welche mit 75° zu 25% gesättigt aus dem Zyklon ins Freie tritt, zu ca. 105 000 WE und zu ca. 7000 kg Luft, welche wie bei Verfahren 3 im Kreislauf umgewälzt werden soll.

Bei genauer Prüfung ändern sich diese Werte etwas, und zwar nach Tab. IX in ca. 99 000 WE, 8330 kg Luftumwälzung und ca. 980 kg Lufterneuerung, so daß vom Gebläse ca. 9300 kg stündlich zu bewältigen sind.

Für 1 kg Wasserverdunstung wären demnach ca. 1730 WE aufzubringen und vom Gebläse ca. 163 kg Luft zu bewältigen, von welchen Mengen freilich fast die Hälfte auf die großen Verluste durch die Abkühlung der Einrichtung und die unvermeidliche Erwärmung des Trockenguts kommen.

Der Verbrauch wäre also schon ein recht ansehnlicher, müßte aber trotzdem noch durch einwandfreie und genaue Untersuchungen an ausgeführten Anlagen bestätigt werden, indem eine aufmerksame Beobachtung der nach ganz gleichen Grundsätzen wirkenden Trommeltrockner nicht gerade darauf hindeutet, daß schon eine Trommellänge von 1 m, entsprechend einer Berührungsdauer von $\frac{1}{2}$—2 Minuten zwischen Trockengut und Heizgasstrom, ausreichte, um dasselbe zu erreichen, was hier in 5—7 Sekunden fertig gebracht werden soll. Es scheint also die Annahme, daß ca. 8300 kg Luft stündlich im Trockner von 125 auf 75^0 abkühlen, etwas hoch gegriffen zu sein.

Ganz klar ist aber auch nicht, was durch eine derartig schnelle Trocknung eigentlich für Vorteile erreicht werden sollen, denn da es sich doch wahrscheinlich immer um mehrstündige Benutzung handelt, ist es von ziemlich untergeordneter Bedeutung, ob der Beharrungszustand sich in 10 Sekunden oder in 20 Minuten einstellt, ganz abgesehen davon, daß die Durchwärmung der ganzen Einrichtungen in beiden Fällen eine weit längere Zeit in Anspruch nimmt, so daß in Wirklichkeit bis zum Eintreten des Beharrungszustandes im einen Falle vielleicht auf $\frac{3}{4}$ Stunden, im andern auf 1 Stunde nach Beginn des Anheizens zu rechnen ist. Einer kurzen sich auf Sekunden beschränkenden Trockendauer ist somit nur da eine größere Bedeutung zuzusprechen, wo sie einer mehrere Stunden andauernden gegenübersteht, bei gelegentlichen sich auf wenige Stunden beschränkenden Betrieben.

Soll alle 14 Tage einmal 1 Zentner Salz oder etwa alle Stunde eine andere Sorte getrocknet werden, so ist Schnelltrocknung angebracht; sind dagegen täglich 1000 kg oder mehr von derselben oder selten wechselnden Art zu verarbeiten, so kann unbedenklich von ihr abgesehen werden.

Einer Verbindung von pneumatischer Förderung und Bühlerscher Schnelltrocknung steht bis jetzt noch die hohe Erwärmung entgegen, welche das geförderte Gut bei der Bühlerschen Behandlung erleidet, doch wird sich wohl noch ein Weg finden lassen, um diesem Übelstande abzuhelfen. Jedenfalls befinden sich schon mehrere derartige Apparate in Betrieb, wie z. B. 4 à 2500 kg Stundenleistung in den Notodden-Salpeter-Fabriken, Norwegen.

Miteinander verbundene Trocken- und Transportanlagen für Salze aller Art werden unter anderem geliefert von der Firma Estner & Schmidt, G. m. b. H., Herne i. Westf., und zwar ohne Anwendung von Schnelltrocknung für Normalleistungen von 2000 kg stündlich. Die Transporteinrichtungen bestehen aus Bändern, Schnecken, Becherwerken u. dgl., die Trockner ähneln denjenigen von Huillard (Fig. 204) bzw. denjenigen für Zucker von körniger Beschaffenheit (Fig. 264).

Da sich aber für körniges Material fast alle Trockensysteme, und zwar in den mannigfachsten Ausführungsformen verwenden lassen, so möge von einer weiteren Aufzählung Abstand genommen werden.

Zuckerraffinade.

Die ersten Versuche, feuchte Substanzen unter vermindertem Luftdruck zu trocknen, lassen sich in der Zuckerindustrie nachweisen, in welcher das Eindicken und Erhärten der dünnflüssigen Säfte zu festen Zuckerkristallen durch diese Mittel bereits zu größter Vollkommenheit gelangt war.

Bis zur vollständigen Trockenheit durfte die Masse trotzdem nicht eingekocht werden, da sie dann einen starren Klumpen bilden würde, der sich nur unter Anwendung der größten Mühen aus den Kochern hätte entfernen lassen.

Das Austreiben des verbleibenden Restes an Feuchtigkeit erfordert aber wochenlange sorgfältige Behandlung durch Abtropfenlassen, Ausschleudern oder Absaugen und schließliches Trocknen in erwärmten Räumen.

Die damit verbundenen Unzuträglichkeiten, besonders die lange Dauer der Trockenzeit in den üblichen Kammern oder Stoven veranlaßten deshalb vor etwa 25 Jahren den damaligen

Leiter einer russischen Zuckerraffinerie, den jetzigen Inhaber des Hauses Emil Paßburg, Berlin, zu versuchen, bessere Ergebnisse dadurch zu erhalten, daß er die bis zu einem gewissen Grade erhärteten Brote in einem fast luftleeren Raum fertig trocknete.

Glücklicherweise eigneten sich die russischen Brote besser dazu als die deutschen oder französischen, und so gelang es allmählich, das Verfahren zu einem für die dortigen Verhältnisse gut verwendbaren auszugestalten und nach Überwindung der ersten Schwierigkeiten einzuführen, so daß heute wohl kaum noch eine russische Raffinerie ohne dasselbe arbeitet.

Anders verhält es sich dagegen in außerrussischen Ländern, wo der Zucker weit feinkörniger gekocht wird, indem die daraus hergestellten Brote in den letzten Stadien der Fertigstellung äußerst empfindlich gegen Temperatureinflüsse sind und bei der Abkühlung leicht Risse erhalten, wodurch sie an Wert einbüßen bzw. unverkäuflich werden.

Aber auch dieser Übelstand scheint jetzt beseitigt, wenigstens arbeiten seit einigen Jahren die beiden deutschen Raffinerien Rositz in Sachsen-Altenburg und Braunschweig in Braunschweig, mit Paßburgschen Apparaten, nicht allein auf Brot- sondern auch auf Stangen- und Streifenzucker.

Das dabei in Rositz eingeschlagene Verfahren wird von Dr. W. Bartz ungefähr folgendermaßen beschrieben[1]):

Die Brote kommen von den Nutschen oder Zentrifugen in Vorwärmkammern, in welchen eine Temperatur von 65—75° herrscht, und worin sie selbst nach 12—14 stündigem Aufenthalt 50—55° Wärme annehmen.

Mit dieser Temperatur werden sie in die Vakuumtrockner geschoben, in welchen sie unter vermindertem Luftdruck innerhalb 5 Stunden auf 35—36° herunterkühlen. Dabei darf mit der Luftverdünnung nur allmählich vorgegangen werden, so daß der ihr entsprechende Siedepunkt für Wasser nicht tiefer als ca. 5° unter die Temperatur der Brote sinkt, was eine sehr langsame Wärme- und Wasserabgabe zur Folge hat, die sich von außen nach innen fortpflanzt.

---

[1]) „Die deutsche Zuckerindustrie“ Nr. 14 vom 7. April 1905.

Nunmehr wird die Luftpumpe ab-, der Heizdampf dagegen wieder angestellt, um die Ware von neuem und ebenso allmählich bei atmosphärischem Druck auf 50—52° zu erwärmen, was nach ca. 3 Stunden geschehen ist, worauf die weitere Heizung ein Ende hat und die Brote während der folgenden 7 Stunden sich selbst überlassen bleiben, um in dieser Zeit wieder auf 35—36° abzukühlen.

Sie unterliegen jetzt noch einem zweiten, 7 Stunden dauernden Abpumpen auf eine kurz vor dem Ende möglichst hohe Luftleere und sind alsdann fertig zum Einpapieren, welches sehr vorsichtig in einem gleichmäßig auf ca. 27° erwärmten Raum geschehen muß, der durch Doppelfenster und Verhängen der Türen vor Zugluft geschützt ist, um nachträglichem Springen vorzubeugen.

Der Aufenthalt im Vakuumtrockner stellt sich hiernach auf 22, der ganze Trockenprozeß einschließlich des Vorwärmens auf 36 Stunden, was gegenüber den sonst daraufzuwendenden 6—7 Tagen schon eine recht erhebliche Abkürzung bedeutet, und hat diese gleichzeitig eine entsprechende Verminderung an Platzbedarf sowie eine vielleicht noch größere an Arbeitskräften im Gefolge.

Fig. 260 zeigt einen Vakuumtrockner von 16 m Länge bei 2,4 m Durchmesser, bestimmt für die Aufnahme von 1300 Broten à 13 kg in einer russischen Fabrik; die Heizrohre liegen unten am Boden zwischen den Gleisen und an den inneren Seitenflächen in einer Menge von 0,1—0,5 qm pro Brot von 10—11 kg.

Die Menge der auszutreibenden Feuchtigkeit beträgt bei nicht zentrifugiertem oder abgenutschtem Zucker 3—4, andernfalls ca. 2%, ist also im Verhältnis zur Größe der Brote nur sehr gering.

Infolgedessen wird es der Wärme schwer, an das zu verdampfende Wasser im Innern der Brote zu gelangen, besonders wenn diese in der Mitte auf den eng bepackten Wagen stehen, wie ein Blick auf unser Bild erkennen läßt. Kann sie sich doch dahin fast nur durch Strahlung im vielfachen Zickzack von den Heizflächen aus übertragen, indem die die Ware einhüllenden Dämpfe bei ihrer sehr geringen Dichte und

Strömungsgeschwindigkeit so gut wie nichts durch Leitung dazu beitragen.

Es ist also in der Hauptsache die durch das mehrmalige Erwärmen in den Broten aufgespeicherte Wärme, welche bei der darauffolgenden Druckverminderung das Verdampfen des Wassers bewirkt.

Daraus ist zu schließen, daß sich alle voluminöseren Körper in ähnlicher Weise trocknen lassen, also durch ab-

Fig. 260.

wechselnde Zufuhr an Wärme und Verwertung derselben zur Dampferzeugung, wobei die mit der Verdampfung verbundene Abkühlung der Körper von außen nach innen fortschreitet.

Die der Oberfläche der letzteren auf diese Weise entzogene Wärme läßt sich allenfalls sofort ersetzen, wenn die Abkühlung in einem Raum erfolgt, welcher mit Dampf von höherer Temperatur gefüllt ist, als seiner Spannung entspricht.

Nehmen wir beispielsweise an, die Heizröhren liegen bei unserem Apparat n u r unten am Boden zwischen den Gleisen, so daß eine Umwälzung des Dampfes im Sinne der Pfeile

(s. Fig. 261) eintreten kann; derselbe werde auf 70° Temperatur, das Vakuum jedoch auf ca. 610 mm, entsprechend 60° Siedetemperatur, gehalten, so wird bei hinreichend schneller Dampfzirkulation an der Außenhaut der Brote eine Dampfentwicklung, aber keine Abkühlung stattfinden, solange obige Spannung und Temperatur aufrechterhalten bleibt, was jedenfalls zu dauern hat, bis die Wärme des Brotes allein genügt, um das noch in ihm enthaltene Wasser bei allmählicher Steigerung des Vakuums zu verdampfen.

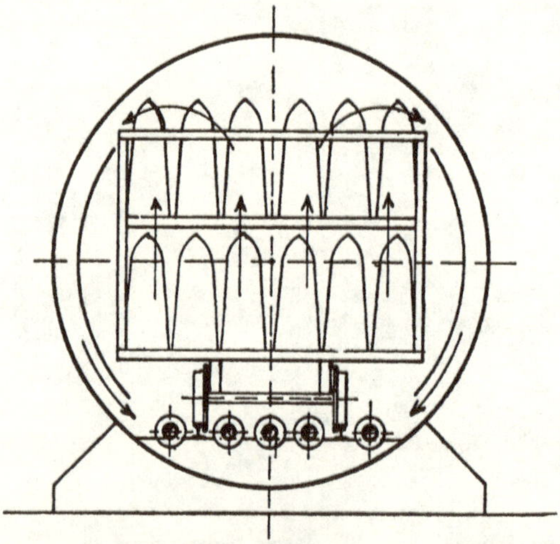

Fig. 261.

Immerhin ist für eine praktische Durchführung dieses Verfahrens ein sehr geringer Wassergehalt, aber eine möglichst hohe spez. Wärme des behandelten Stoffes erwünscht.

Es steht aber auch schwerlich etwas im Wege, die Luftverdünnung ganz auszuschalten und nach dem Verfahren Patent Nr. 224 708, Abschnitt V, mit ca. 50° Anfangstemperatur in Batterie- oder Tunneltrocknern unter atmosphärischem Druck zu arbeiten.

Zucker in Streifen, Stücken, Platten oder als sog. Granulated wird überhaupt immer unter atmosphärischem Druck getrocknet, meistens in Einrichtungen, die den schon beschriebenen mehr oder weniger gleichen.

So baut die Maschinenfabrik Rudolph & Co., Magdeburg-Neustadt, für zerkleinerten weißen Zucker (Granulated) sowohl horizontale als vertikale, von erwärmter Luft durchströmte Trockenapparate; von der vertikalen Anordnung gibt Fig. 262 eine Anschauung, die wohl ohne Erklärung verständlich ist; die horizontalen Trockner sind als schwach geneigte rotierende

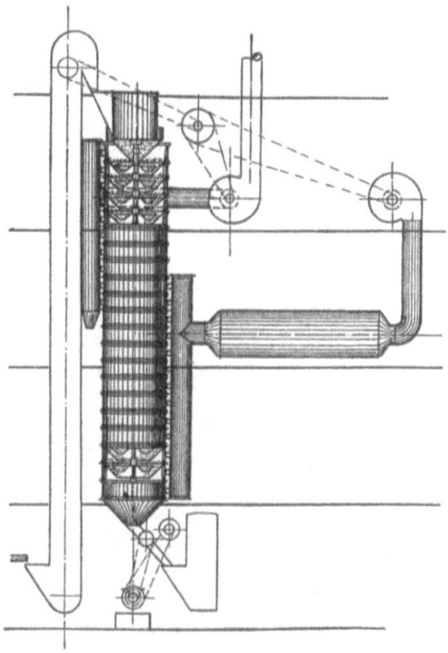

Fig. 262.

Trommeln mit Hubschaufeln an der Innenwand zu denken, welche vom kleinkörnigen Zucker im Gegenstrom zur Luft durchlaufen werden.

Die von der Brieger Maschinenfabrik „Pzillas" für die Trocknung von Streifen, Platten etc. hergestellten Tunneltrockner arbeiten nach Verfahren 2 mit auf ca. 70° C vorgewärmtem Wind; die Zuckerplatten oder Streifen werden auf Hordenwagen, von denen jeder 700—900 kg Streifen- bzw. 500—800 kg Plattenzucker faßt, durch die Tunnel geleitet, für deren Herstellung zunächst doppelte Wände aus Drahtgeflecht auf einer leichten Eisenkonstruktion gebildet werden. Zwischen beide wird Jute gespannt und darauf das Ganze von außen und innen nach einem geschützten Verfahren mit Beton beworfen und geglättet, so daß der Tunnel seiner ganzen Länge nach von Doppelwänden mit Luftschicht umgeben ist.

Über das von Langen & Hundhausen stammende, ebenfalls zur Erzeugung von Zuckerstücken dienende Verfahren war nichts Näheres zu erfahren.

Es mag noch erwähnt werden, daß der Vakuumbandtrockner Fig. 208—210 beim Trocknen von Zuckerlösungen ein voluminöses Produkt von erstaunlich leichter Löslichkeit liefern soll, welchas Schokoladenfabrikanten und Konditoren manche langwierige Arbeit abkürzen könnte.

Sachregister.

www.ingramcontent.com/pod-product-compliance
Lightning Source LLC
LaVergne TN
LVHW092149300926
849161LV00002B/222
* 9 7 8 3 4 8 6 7 4 2 8 1 7 *